Repertorium der Physik.

Enthaltend

eine vollständige Zusammenstellung der neuern Fortschritte dieser Wissenschaft.

Unter Mitwirkung der Herren

Lejeune-Dirichlet, Moser, Neumann, Radicke, Riess, Röber, Strehlke,

herausgegeben

von

HEINR. WILH. DOVE.

III. Band.

Akustik, Theoretische Optik, Meteorologie.

Mit drei Tafeln Abbildungen.

Berlin:

Verlag von Veit & Comp.

1839.

Da es nicht möglich war, in diesem Bande durch Aufnahme aller noch zu besprechenden Gegenstände de ersten Cyclus des Repertoriums abzuschliessen, so wird demselben noch ein vierter folgen, welcher bereits theilweise gedruckt ist. Die Bearbeitung der Akustik in diesem Bande haben die Herren Röber und Strehlke in der Weise unter sich vertheilt, dass der erstere bis p. 106. die Theorie der Combinationstöne und Blasinstrumente dargestellt, der letztere von p. 106—141. alle die Schwingungen elastischer Körper betreffenden Erscheinungen erörtert hat. Die theoretische Optik ist von Herrn Radicke bearbeitet worden. Cauchy's, Neumann's und Schwerd's Arbeiten sind darin ausführlich dargelegt. In dem von mir verfassten Abschnitt Meteorologie habe ich nach einer allgemeinen Einleitung die Vertheilung der Wärme so gedrängt wie möglich betrachtet, aber doch das empirische Material ausführlich mitzutheilen für nothwendig gehalten, da es sich in oft wenig zugänglichen Werken verstreut findet.

Berlin, den 1. Juli 1839.

Dove.

Druckfehler
in dem Artikel Magnetismus
im zweiten Bande des Repertoriums.

Seite	100	Zeile	9	v. u.	statt Behandlung l. Abhandlung
-	105	-	15	- o.	- 12 l. n
-	108	-	10	- u.	- eine l. zwei
-	110	-	7	- -	- dabei l. daher
-	-	-	5	- -	- eingeschüttete l. eingeschaltete
-	119	-	11	- -	- ungewöhnlich l. unmöglich
-	124	-	17	- -	- Zahl l. Kraft
-	132		3	- o.	hinter **bestand** ist einzuschalten: **Da begehrt K. M. von mir den einen Magnetstein zu haben**
-	137	-	6	- -	statt Inclination l. Declination
-	138	-	5	- u.	- m^x l. $m^{x\alpha}$
-	139	-	4	- o.	- gibt l. gilt
-	-	-	10	- -	- brachte l. brauchte
-	145	-	14	- -	- eines l. meines
-	158	-	2	- -	- 96,2 l. 496,2
-	163	-	15	- o.	fällt einmal $\vartheta\ (u - N)$ fort
-	173	-	2	- o.	statt Gewichtsmassen l. Gewichtseinheiten
-	197	-	3	- -	- N. W. l. S. W.
-	200	-	6	- u.	- dieselben l. die Wendestunden
-	220	-	3	- o.	- der Erde l. des Orts
-	-	-	6	- -	- des Orts l. Pols
-	-	-	10	- -	- Polars l. Pols
-	-	-	16	- -	- regelmässigen l. unregelmässigen
-	222	-	12	- -	- d l. d,
-	-	-	13	- u.	- $\vartheta\ (x - z) =$ l. $\varphi h \sin z - \vartheta\ (x - z) =$
-	228	-	10	- -	- freiere l. feinere
-	232	-	4	- o.	hinter **wahrscheinlich** ist einzuschalten: **nicht überall**
-	237	-	10	- u.	$= 18^0\ 41'\ 40'',4$ fällt fort
-	248	-	11	- -	statt 2φ l. 2π
-	250	-	13	- -	- Declination l. Inclination
-	-	-	9	- -	- möglichen l. ungleichen
-	251	-	8	- o.	- kann l. muss
-	-	-	20	- -	- $\sin_9\eta$ l. $\sin^9\eta$; statt $\frac{5}{2}$ l. $\frac{5}{2}$
-	267	-	4	- -	fällt „der" fort
-	269	-	4	- -	statt verschiedenen l. entschiedenen
-	272	-	4	- -	- ursprünglichen l. ungleichen

N. B. Seite 162 ist der Buchstabe l von der Zahl 1 so wenig zu unterscheiden, dass man Zeile 11 v. o. setzen wird $r^2 = (R + q)^2 + m$

- 14 - - statt $l = [$, $m = [$ u. s. w. auf dieser Seite

In den Tafeln Seite 279 — 284:

Seite 279	bei n	= 0,58	statt	0,410121 l.	0,410122
- 280	- -	= 0,03	-	0,014805 -	0,011481
- -	- -	= 27	-	,332452 -	,332453
- -	- -	= 32	-	,245869 -	,245870
- -	- -	= 41	-	,690020 -	,690021
- 282	- -	= 52	-	,458590 -	,458591
- 283	- -	= 0,60	-	,579556 -	,579555
- -	- -	= 2	-	,931851 -	,931852.

Inhaltsverzeichniss zum dritten Bande.

Neunter Abschnitt.

Akustik.

Zehnter Abschnitt.

Theoretische Optik.

Elliptische Polarisation.

Beugungserscheinungen.

Elfter Abschnitt.

Meteorologie.

Temperaturverhältnisse der Erde.

Tägliche Aenderungen der Lufttemperatur.

Veränderungen der Temperatur in der jährlichen Periode.

Nachweisung der Figuren.

Taf. I.

Taf. II.

Taf. III.

zu Schwerd's Beugungserscheinungen.

Neunter Abschnitt.

Akustik

von Roeber.

Combinationstöne und Stösse.

Die ältesten bekannten Nachrichten über Combinationstöne und Stösse fallen in die erste Hälfte des vorigen Jahrhunderts.

Bereits im Jahre 1700 machte Sauveur ein Verfahren bekannt, durch Messung der Stösse, welche von zwei nahe im Einklang befindlichen Tönen hervorgebracht werden, die absolute Vibrationszahl eines Tones zu finden. Indem er diese Stösse dem Unterschied der Schwingungen gleich setzte, bestimmte er die Höhe einer 5 Fuss langen offenen Pfeife auf 100 Schwingungen in der Sekunde. Doch wollte ihm die Wiederholung der Versuche, welche er vor mehreren Musikern mit Erfolg ausgeführt hatte, vor einer von der Pariser Academie ernannten Commission nicht gelingen, auch verliess er später diesen Weg, und bestimmte im Jahre 1713 die Vibrationen der Töne aus den Schwingungsgesetzen gespannter Saiten.

Erst im Jahre 1796 nahm Sarti, Kapellmeister in Petersburg, das Verfahren Sauveur's wieder auf. Er bediente sich zweier 5 Fuss langer offener Pfeifen, erniedrigte den Ton der einen vermittelst eines Schiebers so lange, bis beide, gleichzeitig tönend, in einer Secunde Einen Stoss erzeugten, und fand dann mit Hülfe des Monochords das Verhältniss der Töne gleich 100:99.

Hiernach bestimmte er gleich Sauveur den höheren Ton auf 100 Schwingungen in der Secunde.

Was die physikalische Erklärung dieser Stösse betrifft, so erwähnt schon Sauveur, dass sie von den sich abwechselnd trennenden und wieder vereinigenden Vibrationen zweier Töne in dem Moment hervorgebracht würden, in welchem dieselben gleichzeitig auf unser Ohr einwirkten. Doch beging er anfangs den Fehler, jene 100 Schwingungen für einfache Schwingungen zu nehmen, und erst die Resultate seiner spätern Untersuchungen über schwingende Saiten veranlassten ihn, dieselben als Doppelschwingungen anzusehen.

Weniger noch als die Stösse kannte man im vorigen Jahrhundert das Gesetz und die Erzeugungsweise der Combinationstöne.

Andreas Sorge erwähnt 1745, dass die beiden Töne einer Quinte auf der Orgel gleichzeitig angestimmt noch einen dritten Ton hören lassen, welcher eine Octave tiefer ist, als der Grundton der angestimmten Quinte, dass die beiden Töne einer grossen Terz auf gleiche Weise einen dritten tieferen Ton hervorbringen und bei einer grossen Sexte zugleich die Unterdominante des Grundtons gehört werde.

Im Jahre 1753 beobachtete auch Romieu diesen dritten Ton, doch die ausführlichsten Versuche über denselben sind von Tartini im Jahre 1754.

Lässt man nach ihm auf einer Violine durch einen starken Bogenstrich zwei Töne gleichzeitig und dauernd erklingen, welche in dem Verhältniss

einer	reinen Quinte	gleich	2:3
-	- Quarte	-	3:4
-	grossen Terz	-	4:5
-	kleinen Terz	-	5:6
eines	grossen ganzen Tons	-	8:9
-	kleinen ganzen Tons	-	9:10
-	grossen halben Tons	-	15:16
-	kleinen halben Tons	-	24:25

stehen; so erscheint, wenn die angeführten Zahlen jedesmal die Höhe der betreffenden Töne ausdrücken, in allen diesen Fällen zugleich ein dritter Ton, dessen Höhe durch die Zahl Zwei ausgedrückt wird. Diesen dritten Ton hörte er gleichfalls, wenn die beiden Töne einzeln auf zwei Violinen, besonders deutlich aber, wenn sie auf zwei Oboen gleichzeitig angegeben wurden. Auch entsteht ein solcher dritter Ton nicht bloss bei den angeführten Intervallen, sondern, den Einklang und die Octave allein ausgenommen, bei jedem beliebigen rationalen, oder irrationalen Verhältniss zweier zusammen klingenden Töne.

Als Gesetz für die Höhe des dritten Tones giebt dann Tartini an, dass die Schwingungszahl desselben jedesmal gleich Zwei sei, wenn die Schwingungszahlen der beiden Töne wie 20 und 21 oder 99 und 100, zwei auf einanderfolgende Zahlen der natürlichen Zahlenreihe bilden; auch scheint er für jedes andere Verhältniss der Töne, wenn dasselbe durch relative Primzahlen ausgedrückt wird, die Zahl Zwei zur Bestimmung des dritten Tones anzunehmen.

Vergleichen wir diese Angaben sowohl mit der früheren Beobachtung von Sorge, als mit der aus den späteren Beobachtungen hervorgegangenen allgemeinen Annahme über die Höhe des dritten Tones, so bemerken wir eine auffallende Abweichung der von Tartini gegebenen Bestimmung. Nach der bis dahin allgemein angenommenen Regel ist nämlich die Höhe des Combinationstones grade in den Fällen, wo Tartini denselben ausdrücklich durch die Zahl Zwei bestimmt, gleich Eins, und das einzige Beispiel, wo nach der allgemeinen Erfahrung der Combinationston durch die Zahl Zwei angegeben wird, bildet die grosse Sexte nach dem Verhältniss 3:5, wo die beiden Töne nicht durch zwei aufeinander folgende Zahlen der natürlichen Zahlenreihe ausgedrückt werden.

Doch möchte man nicht mit Chladni und Vieth unbedingt behaupten dürfen, dass Tartini den dritten Ton unrichtig und um eine Octave zu hoch angegeben habe, da sich in der Folge ergeben wird, dass, neben dem um eine Octave tiefern Ton, der von Tartini angegebene Ton wirklich erscheinen musste, und Vieth ja auch erzählt, dass es ihm und dem geschickten Organisten Kindscher auf der Orgel eben so wie Tartini ergangen sei.

Aber auch an und für sich betrachtet, sind die von Tartini angegebenen Beobachtungen nicht geeignet, jeden Zweifel an die Realität derselben zu entfernen.

So wird es schwer, einzusehen, wie der Combinationston der reinen Quinte neben dem Grundtone derselben, mit welchem er gleiche Höhe haben soll, beobachtet werden könne.

Ferner erscheint uns eine so genaue Intonirung der kleineren

Intervalle (wie des grossen halben Tones = 15:16 und des klei nen halben Tones = 24:25), dass mit Sicherheit der betreffende Combinationston gefunden werden könnte, durchaus unmöglich. Wenn auch, was jedoch nicht angegeben ist, ein Monochord zu Hülfe genommen wäre, so mussten bei der damaligen mangelhaften Einrichtung dieses Instruments, nothwendig wesentliche Fehler in der Abmessung der Saitenlängen entstehen, und diese Fehler vergrösserten sich durch die Uebertragung der Töne des Monochords auf die Violine, durch die Erwärmung, welche die Saite und das Instrument während des Spielens erleidet, und selbst durch den ungleichen Druck des Bogens. Nähme man aber z. B. die Töne g und g♯ nicht in dem Verhältniss 24:25, sondern in dem wenig abweichenden Verhältniss 22:23, so würde nach der allgemeinen Regel Tartini's der Combinationston schon beinahe um einen ganzen Ton abweichen und statt des angegebenen C der Comb. D erhalten werden.

Halten wir diese Bedenken nebst der Abweichung der mitgetheilten Resultate von der allgemeinen Erfahrung mit der mystischen Richtung Tartini's überhaupt zusammen; so scheint es allerdings, dass die Spekulation zuweilen die Stelle der wirklichen Beobachtung vertreten habe, was um so mehr zu bedauern ist, da die Versuche eines so tüchtigen musikalischen Talents, ungetrübt durch voreilig gefasste Meinungen, ohne Zweifel der Wissenschaft sehr erspriesslich geworden wären, statt dass sie in Wahrheit eine genauere Untersuchung der Combinationstöne mehr gehemmt als gefördert haben.

Auffallend ist es, dass Tartini bei der grossen Aufmerksamkeit, welche er auf die Combinationstöne richtete, nie von mehreren Combinationstönen redet, da er doch mindestens ausser dem Ton Zwei, den allgemein beobachteten und nach Vieth auf der Violine deutlich hervortretenden Combinationston Eins hätte wahrnehmen müssen.

Die erste Bemerkung dieser Art finden wir zuerst zu Anfange dieses Jahrhunderts bei Thomas Young, welcher sagt, dass einige Intervalle ausser dem Hauptcombinationston noch einen Zweiten erzeugen, und bei der grossen Terz die Quarte unter dem Grundtone ebenso gut gehört werde, als die Doppeloctave.

Dieser geistvolle Physiker lieferte zuerst eine specielle Darstellung der Wirkungen, welche aus dem Zusammentreffen zweier

Töne resultiren. Er erkannte die Identität der Stösse und Combinationstöne, erklärte die ersteren so wie einige Fälle der Erzeugung des Combinationstones völlig genügend, und nur der Mangel an vorliegenden zweckmässigen Beobachtungen konnte ihn verhindern das allgemeine Gesetz für die Geschwindigkeit der Stösse und die Höhe des dritten Tones, was sich so leicht aus seiner Theorie entwickelt hätte, aufzustellen. Ueber die Natur des von ihm beobachteten zweiten Combinationstones findet sich bei ihm nur eine dunkle Bemerkung. Ohne Zweifel ist es diesem Mangel an einem ausgesprochenen allgemeinen Gesetze, durch dessen Bestätigung die zu Grunde liegende Theorie sich in jedem einzelnen Falle würde bewährt haben, zuzuschreiben, dass die Ideen Young's in der Folge unbeachtet blieben.

Man begnügte sich mit der theils aus der Erfahrung abgezogenen, theils aus allgemeinen Reflexionen entsprungenen Regel, dass die Höhe des Combinationstones durch die grösste in den Schwingungszahlen der erzeugenden Töne ohne Rest enthaltenen ganzen Zahl ausgedrückt werde. Berechnet man z. B. den Combinationston von $\bar{c}$ u. $\bar{g}$ oder von $\bar{c}$ u. $\bar{e}$ unter der Voraussetzung, dass sich diese Töne genau wie 2:3 oder 4:5 verhalten, so erhält man allerdings, mit den angeführten Angaben von Sorge und Young übereinstimmend, im ersten Falle den Combinationston c, im zweiten C. Ist aber (wie es wohl in der Wirklichkeit immer vorkommen wird) das Verhältniss der angewandten Töne nicht genau, sondern nur angenähert, gleich 2:3 und 4:5, so giebt die Rechnung einen viel tieferen Combinationston, wohingegen das Ohr, welches geringe Abweichungen nicht unterscheidet, immernoch die Combinationstöne c und C vernimmt. Um diesem Uebelstande abzuhelfen modificirte man die Regel dahin, dass jedesmal dasjenige einfache Verhältniss genommen werden müsse, welchem die Schwingungszahlen der wirklich angewandten Töne am nächsten kommen; und als Wilhelm Weber die von Blein in neuerer Zeit angestellten, ausführlichen Beobachtungen über Combinationstöne in Pogg. Ann. bekannt machte, versuchte er auch die übrigen Combinationstöne durch die erweiterte Regel aufzunehmen, dass überhaupt diejenigen Verhältnisse zu nehmen seien, welche als Partialwerthe des in einen Kettenbruch verwandelten wahren Verhältnisses der erzeugenden Töne diesem Verhältnisse in eben so kleinen Zahlen am nächsten kommen, und jedem dieser Partialwerthe ein besonderer Combinationston entspreche. Vergleicht man indess die so berechneten Werthe mit dem Resultate der neueren Beobachtungen, so ist, nach Webers eigner Bemerkung, ein Missverhältniss zwischen der. jener Rechnung zu Grunde liegenden, theoretischen Ansicht und der wirklichen Erfahrung nicht zu verkennen.

Allerdings kann der einem jeden Partialbruch entsprechende Werth als ein angenäherter Ausdruck an einen der erscheinenden Combinationstöne angesehen werden: jedoch ist derselbe um so weniger genau, je mehr der Partialwerth von dem wahren Verhältniss der erzeugenden Töne abweicht, und in manchen Fällen erscheinen Combinationstöne, welche durch Anwendung der Kettenbrüche nicht gefunden werden. Wir erinnern nur an den schon von Sorge beobachteten Combinationston der grossen Sexte, welcher durch Kettenbrüche nur sehr ungenau, und an die Beobachtung Young's über den zweiten Combinationston der grossen Terz, welcher durch diese Rechnung gar nicht gefunden wird.

Bezeichnen wir die Töne der grossen Sexte durch 3 und 5, so ist der Combinationston gleich 2, und sind die Töne der grossen Terz 4 und 5, so ist der zweite Combinationston 3. Für das erste Intervall giebt aber die Anwendung des Kettenbruches, nach dem Partialwerth $\frac{1}{2}$, den Combinationston gleich $\frac{3}{1}$ oder $\frac{5}{2}$, und für die grosse Terz fällt der einzige Partialwerth mit dem gegebenen Verhältniss $\frac{4}{5}$ zusammen, aus welchem wohl der erste Combinationston $\frac{4}{4} = \frac{5}{5}$, aber nicht der zweite beobachtete Combinationston 3 gefunden wird.

Erst Hällström war es vorbehalten, zuerst das wahre Gesetz des Combinationstones auszusprechen, und dasselbe, so wie dessen Uebereinstimmung mit dem der Stösse in der Erfahrung nachzuweisen. Wir würden ihm auch ohne Zweifel den ersten richtigen Ausdruck für die Geschwindigkeit der Stösse verdanken, wenn nicht ein Versehen des bei den Versuchen assistirenden Organisten verursacht hätte, dass Hällström die Zahl der Stösse doppelt so gross bestimmte als sie wirklich ist.

So blieb, wenn wir nicht durch die spätere Berichtigung Sauveur's das Gesetz der Stösse schon als ausgemacht ansehen, die evidente Feststellung desselben ein Verdienst Scheibler's, dessen Arbeiten zugleich die genaueste Bestimmung der absoluten Schwingungszahl der Töne enthielt, und eine bis dahin nicht beachtete Klasse von Stössen kennen lehrten, deren Kenntniss zugleich zur vollkommensten Bestätigung des von Hällström aufgestellten Gesetzes für Combinationstöne diente.

Wir werden in Folgendem die von Hällström in Pogg. Ann. Bd. 24. S. 438. niedergelegten Resultate und die von dem Verfasser dieser Darstellung in Pogg. Ann. Bd. 32. S. 333 und S. 492 beschriebenen Arbeiten Scheibler's näher ausführen.

Hällström. Gegen die ältere Regel welche die Zahl der Stösse oder der Schwingungen des Combinationstones der Einheit gleich setzt, wenn die Schwingungen der erzeugenden Töne durch zwei relative Primzahlen ausgedrückt werden, macht Hällström geltend, dass sie in ihren Folgerungen weder mit der Erfahrung übereinstimme, noch mit der Einfachheit der Natur und ihrer Gesetze bestehen könne. Lässt man nämlich zusammenklingende Töne, die anfangs in Einklang stehen, immer mehr auseinander weichen, so lehrt die Erfahrung, dass die Geschwindigkeit der Stösse ununterbrochen wächst, ohne dass ein Sprung zu bemerken wäre.

Dagegen giebt die Rechnung z. B. für die Töne 2n und 2n+1 zuerst die Zahl der Stösse gleich Eins, worauf, bei allmähliger Erhöhung des zweiten Tones eine viel geringere Zahl von Stössen erhalten wird, welche mindestens in die doppelte Zahl der Stösse überspringt, sobald der zweite Ton die Höhe 2n+2 erreicht. Durch eine ähnliche Betrachtung die Unzulänglichkeit der genannten Regel zur Berechnung der Combinationstöne nachweisend, entwickelt nun Hallström folgende Theorie der Combinationstöne.

„Wenn zwei Körper gleichzeitig ertönen, so ist klar, dass das „Ohr, zu welchem diese Töne mittelst der Luft fortgepflanzt werden, von geringerer Kraft ergriffen wird, wenn es die Impulse „zu verschiedenen Zeiten empfängt, von stärkerer aber, wenn es „sie gleichzeitig bekommt. Sind die Töne genau von gleicher „Höhe, so wird diese ungleiche Erregung des Ohrs nicht beobachtet, entweder weil in diesem Falle die beiden Körper ihre „Schwingungen gleichzeitig anfangen, wodurch dann auch die Pulsationen dieser Körper der Reihe nach vollbracht werden und „im Ohr anlangen, oder auch, wenn der Anfang der Schwingungen nicht gleichzeitig ist, weil die Pulsationen beider Körper sich „dann niemals erreichen, wodurch dann immer ein und dasselbe „gehört wird. Ist aber die Zahl ihrer Schwingungen verschieden,

„so werden die Impulse, in wie ungleicher Zeit sie auch anfingen, „sich doch nach einiger Zeit erreichen, und allemal, wenn diess „geschieht, wird das Ohr stärker angegriffen werden, und daher „während des Tönens, Schläge in gewisser Ordnung hören, welche, „wenn sie einander nicht sehr rasch folgen, einzeln wahrgenom-„men und gezählt werden können, bei schneller Aufeinanderfolge „aber so auf das Ohr wirken, wie wenn, ausser den beiden ge-„gebenen Körpern, noch ein dritter seine Pulsationen in dasselbe „schickte, und solchergestalt die Empfindung eines dritten Tones „hervorbringen, d. h. des Combinationstones, der in der That aus „der Verbindung beider Töne entsprungen ist. Seien nun r und s „die Schwingungen der gleichzeitig angestimmten Töne und x die „Schwingungen des zugehörigen Combinstionstones in einer Sekunde, „so vollbringen die tönenden Körper in derselben Zeit $\left(=\frac{1}{x}\right)$, in „welcher dem Combinationston eine Schwingung zukommt, respec-„tive $\frac{r}{x}$ und $\frac{s}{x}$ Schwingungen. Diese aber, wenn aus ihrem Zusam-„menklingen eine einzige Pulsation hervorgehen soll, müssen noth-„wendiger Weise in solchem Verhältnisse stehen, dass die Zahl „$\frac{s}{x}$ um eine Einheit die Zahl $\frac{r}{x}$ übertrifft, so dass man hat $\frac{s}{x} =$ „$\frac{r}{x} + 1$, oder $x = s - r$. Dieser Combinationston ist indess nur „als der vorzüglichste oder erste unter mehreren zugleich erschei-„nenden Combinationstönen zu betrachten. Auf gleiche Weise „bringt nämlich der bereits erzeugte Combinationston mit dem „gleichzeitig erklingenden Ton einen zweiten Combinationston her-„vor, dieser mit s einen dritten und mit dem ersten einen vier-„ten und sofort, welche Töne indess nicht immer von solcher „Stärke sind, dass sie in Wirklichkeit alle gehört werden könn-„ten. Als Schema für diese Töne würde man ungefähr folgen-„des haben:

Ursprüngliche Töne	Combinationstöne.
v, s	s — v erster
s — r, v	2r — s zweiter
2r — s, s	2 (s — v) dritter
2v — s, s — v	3v — 2s vierter
u. s. w.	u. s. w."

Vergleicht man das Resultat dieser Betrachtung mit den bis herigen Annahmen, so findet man, dass dieselben in mehreren Stücken zusammentreffen.

Lässt sich nämlich das Verhältniss der erzeugenden Töne durch zwei um Eins verschiedene ganze Zahlen ausdrücken, so ist der von Hällström erster Combinationston genannte Ton derselbe, als der nach der früheren Methode berechnete, da die Differenz von a n und (a+1) n mit dem grössten gemeinschaftlichen Faktor (n) zusammen fällt. Ueberhaupt trifft die Rechnung Hällströms mit der älteren Regel insofern zusammen, als auch sie einen Combinationston liefert, welcher dem grössten gemeinschaftlichen Faktor derjenigen ganzen Zahlen, welche die Schwingungen der erzeugenden Töne bezeichnen, entspricht; allein dieser Combinationston ist nach Hällström nur in dem vorhin angeführten Falle, der erste und hauptsächlichste, und erscheint meistens in der Reihe sämmtlicher Combinationstöne viel später.

So giebt z. B. die Rechnung Hällström's für die Töne 84 und 108 folgende Combinationstöne:

erzeugende Töne	Combinationstöne
84 und 108	24
24 - 84	60
60 - 108	48
48 - 84	36
48 - 60	12
36 - 108	72
12 - 108	96

wo erst der fünfte Combinationston dem grössten gemeinschaftlichen Faktor der Zahlen 84 und 108 entspricht.

Alle übrigen Zahlen, welche in diesen Rechnungen als Werthe der Combinationstöne vorkommen, sind, wie sich leicht allgemein ergiebt, nur die Vielfachen dieses grössten gemeinschaftlichen Faktors bis zu der Zahl, welche den höchsten der erzeugenden Töne bezeichnet, wodurch zugleich die Angabe Tartini's, nach welcher der Combinationston gleich ist dem Zwiefachen des gemeinschaftlichen Faktors, gerechtfertigt wäre. Endlich trifft diese Berechnung der Combinationstöne merkwürdiger Weise mit der vorhin erwähnten scharfsinnigen Erweiterung der älteren Regel durch W. Weber in gewisser Hinsicht zusammen. Sind z. B. die ursprünglichen Töne 51 und 117, so erhält man nach folgende Division

```
51|117|2
  |102|
  ------
   15|51|3
     |45|
     ----
      6|15|2
       |12|
       ----
        3|6|2
         |6|
         ---
```

$\frac{1}{2}$, $\frac{3}{7}$, $\frac{7}{10}$ und $\frac{17}{39}$ als Partialwerthe des betreffenden Kettenbruches, welchem folgende Combinationstöne entsprechen,

$$\text{gegebener Ton: } \frac{51}{1} \text{ oder } \frac{117}{2} = 58\tfrac{1}{2}$$

$$\text{1) Combinationston: } \frac{51}{3} = 17 \text{ oder } \frac{117}{7} = 16\tfrac{5}{7}$$

$$\text{2) Combinationston: } \frac{51}{7} = 7\tfrac{2}{7} \text{ oder } \frac{117}{10} = 11\tfrac{7}{10}$$

$$\text{3) Combinationston: } \frac{51}{17} = 3 \text{ oder } \frac{117}{39} = 3.$$

Diese Werthe 51, 17, $7\frac{2}{7}$, 3 oder $58\frac{1}{2}$, $16\frac{5}{7}$, $11\frac{7}{10}$ 3, sind aber wenig von den obigen Divisoren 51, 15, 6, 3 verschieden, welche letztere nach einem bekannten Satze der Arithmetik genaue Vielfache des grössten gemeinschaftlichen Faktors der gegebenen Zahlen 51 und 117 bilden, und als solche, nach Hällström, zu den wahren Werthen der Combinationstöne gehören. Auch ergiebt sich leicht, dass allgemein, bei beliebigem Verhältniss der erzeugenden Töne, die auf gleiche Weise durch Kettenbrüche erhaltenen Werthe als angenäherte Ausdrücke der Divisoren zu betrachten sind, da sie denselben jedesmal gleich kämen, wenn der auf den entsprechenden Divisor folgende Rest gleich Null würde.

Wenn gleich hiernach die, beiden Rechnungsweisen zu Grunde liegenden, theoretischen Ansichten sich in gewissem Sinne begegnen, so muss doch die Bestimmung Weber's als wesentlich verschieden von der nach Hällström vorgetragenen angesehen werden, da — abgesehen davon, dass die beiden Ausdrücke, welche nach ersterer Rechnung im Allgemeinen für jeden Combinationston erhalten werden, unter sich nicht stimmen — nur der Ausdruck des letzten Combinationstones genau mit der Rechnung Hällström's übereinstimmt, und in den meisten Fällen nach letzterer eine grosse Zahl von Combinationstönen (in dem angeführten Beispiele alle Vielfache von 3 bis zu dem Tone 117) entsteht, von denen nur wenige durch Anwendung der Kettenbrüche gefunden werden.

Um die vorliegende Theorie zunächst durch Beobachtung der

Stösse zu prüfen, bediente sich Hällström einer vortrefflichen Orgel in der Hauptkirch zu Abo. Es wurde dazu diejenige Octave gewählt, in welcher die Stösse von je zwei aufeinandnr folgenden Halbtöne am leichtesten zu zählen sind, nämlich die tiefste Octave eines 8 füssigen Registers von C bis c [1]) und die Zeit von 18 oder 20 Schlägen vermittelst einer Tertienuhr gemessen.

Als Mittel aus 10 bis 12 Versuchen ergab sich für die Zahl der Stösse in einer Sekunde:

C	
C♯	3, 35
D	4, 49
D♯	4, 08
E	4, 95
F	5, 20
F♯	5, 04
G	6, 78
G♯	4, 92
A	6, 14
B	6, 71
H	6, 75
c	8, 79
Summa	67, 20

Setzen wir mit Hällström diese Stösse dem Unterschiede der angewandten Töne proportional, so ergiebt sich aus der Vergleichung dieses Resultates mit der bekannten ungefähren Schwingungszahl der Töne, dass dieser Unterschied, ausgedrückt in ganzen Schwingungen, der einfachen, oder in Vibrationen ausgedrückt, der doppelten Zahl der Stösse gleich sein müsse- Da hiernach der Unterschied von C und c 67, 20 Schwingungen [2]) beträgt,

[1]) In der angeführten Abhandlung ist durch einen Irrthum des bei den Versuchen behülflichen Organisten die tiefste Octave eines 16 füssigen Registers angegeben, wonach die Geschwindigkeit der Stösse im Verhältniss zu den Schwingungszahlen der Töne, doppelt so gross wäre als sie sich wirklich findet. Obige Berichtigung haben wir aus einer späteren Erklärung Hällström's in Berzelius Jahresbericht, funfzehnter Jahrgang, entnommen.

[2]) Unter Schwingungen werden wir in der Folge immer nur ganze oder sogenannte Doppelschwingungen verstehen, und, aus später zu entwickelnden Gründen, durch die Zahl dieser Schwingungen die Höhe der Töne bezeichnen. anstatt, wie gewöhnlich, die Zahl der Vibrationen oder der halben Schwingungen anzugeben.

so würde dieselbe Zahl der Schwingungen dem C zukommen, wenn C und c eine genaue Octave bildeten; doch ergiebt sich für diesen Ton eine genauere Bestimmung aus einer andern Beobachtung Hallström's.

In der Erwartung den Combinationston B zu hören, stimmte er gleichzeitig die beiden Töne C und H an. Statt des Combinationstones aber wurden deutlich 8, 26 starke Schläge in der Sekunde gehört. Diese Stösse entstehen nach der Erklärung Hällström's aus einer neuen Combination zwischen dem Combinationstone von C und H, und dem Tone C. Setzen wir C = m, c = 2m und H = 2m — x Schwingungen, so ist der erste Combinationston von C und H gleich m — x und die Differenz der Schwingungen zwischen diesem Combinationstone und dem Ton m, mithin die Zahl der erzeugten Stösse, gleich x, woraus folgt, dass obige 8, 26 Schläge zugleich die Schwingungen bezeichnen um welche H von der genauen Oktave des Tones C verschieden ist. Bestimmen wir hiernach die Schwingungen des C und berechnen die Werthe der übrigen Töne unter der Voraussetzung einer gleichmässigen Temperatur, so haben wir znr Prüfung der Theorie folgende Tabelle.

angestimmte Töne	Schwingungszahlen derselben	Zahl der Stösse		
		berechnet nach II.	beobachtet	berechnet nach Kettenbrüchen $\sqrt[12]{2} = \frac{16}{17}$
C	66, 67			
C♯	70, 63	3, 96	3, 35	4, 17
D	74, 83	4, 20	4, 49	4, 41
D♯	79, 28	4, 45	4, 08	4, 68
E	84, 00	4, 72	4, 95	4, 96
F	88, 99	4, 99	5, 20	5, 25
F♯	94, 28	5, 29	5, 04	5, 56
G	99, 89	5, 61	6, 78	5, 89
G♯	105, 83	5, 94	4, 92	6, 24
A	112, 12	6, 29	6, 14	6, 61
B	118, 79	6, 67	6, 71	7, 01
H	125, 85	7, 06	6, 75	7, 42
c	123, 34	7, 49	8, 26	7, 87
		66, 67	66, 67	70, 08.

Wenn gleich aus dieser Zusammenstellung kein definitives Urtheil über den relativen Werth beider Methoden abzuleiten ist, so sind doch die grössere Zahl der Stösse, welche nach der früheren Theorie erhalten wird, die Einfachheit der neueren Methode und der Umstand, dass letztere ein so leichtes und genaues Mittel liefert, die Schwingungszahlen der Töne zu bestimmen, Momente, welche die Annahme der **Hällström**'schen Theorie nur begünstigen können.

Nähme man statt des ersten Näherungswerthes für $\sqrt[12]{2}$ den zweiten $\frac{17}{18}$, so würde freilich in dem vorliegenden Falle die Zahl der berechneten Stösse der beobachteten weit näher kommen, allein es ergiebt sich leicht, dass zur Berechnung der Stösse, welche von zwei nahe im Einklang befindlichen Tönen hervorgebracht werden, nur der erste Näherungswerth anzuwenden ist. Anders verhält es sich mit den vorhin erwähnten Stössen von C und H. Setzen wir das Verhältniss dieser Töne gleich $1:\sqrt[12]{2^{11}}$, so sind die aufeinanderfolgenden Näherungswerthe $\frac{1}{2}$, $\frac{8}{15}$, $\frac{9}{15}$, von welchen der zweite ($\frac{9}{15}$) für die beobachteten 8, 26 Stösse $\frac{66,67}{8}=8,33$ Stösse liefert.

Doch wir enthalten uns der weiteren Reflexionen und wenden uns zur Beobachtung der Combinationstöne, welche entschiedener den Werth der neuen Theorie erkennen lassen.

Hällström beobachtete, wie früher Tartini, diese Töne an einer Violine, und erhielt folgende Resultate, welche wir mit den gewöhnlich angenommenen einfachen Verhältnissen der Töne und den aus diesen Verhältnissen berechneten Combinationstönen zusammengestellt haben.

angestimmte Töne	Verhältniss derselben	Combinationstöne berechnet nach Hällström		Combinationstöne beobachtet	Bemerkungen
$\bar{\bar{c}}$ $\bar{\bar{d}}$	8 : 9	8 mit 9 1 — 8 7 — 9 1 — 7 2 — 7	1 = C 7 = $\bar{a}$, $\bar{b}$,[1] 2 = c 6 = $\bar{g}$ 5 = $\bar{e}$	$\bar{c}$ = 5	
$\bar{c}$ $\bar{d}$	8 : 9	wie vorhin	1 = $\underline{C}$ 7 = a, b	a = 7	
$\bar{\bar{c}}$ = $\bar{\bar{d}}$♯	5 : 6	5 — 6 1 — 5	1 = G♯ 4 = $\bar{g}$♯	$\bar{g}$♯ = 4	
$\bar{\bar{c}}$ $\bar{\bar{e}}$	4 : 5	4 — 5 1 — 4 3 — 5	1 = c 3 = $\bar{g}$ 2 = $\bar{c}$	$\bar{g}$ = 3 $\bar{c}$ = 2	$\bar{g}$ stärker als $\bar{c}$
$\bar{\bar{c}}$ $\bar{\bar{f}}$	3 : 4	3 — 4 1 — 3	1 = f 2 = $\bar{f}$	$\bar{f}$ = 2	$\bar{f}$ gut hörbar f nur schwach
$\bar{\bar{c}}$ $\bar{\bar{f}}$♯	32 : 45	32 — 45 13 — 31	13 = g♯, a 19 = $\bar{d}$♯	$\bar{d}$♯ = 19	$\bar{d}$♯ deutlich
$\bar{\bar{c}}$ $\bar{\bar{g}}$	2 : 3	2 — 3	1 = $\bar{c}$	—	$\bar{c}$ nicht leicht von $\bar{\bar{c}}$ unterscheidbar
$\bar{\bar{c}}$ $\bar{\bar{g}}$♯	5 : 8	5 — 8 3 — 5	3 = $\bar{d}$♯ 2 = g♯	$\bar{d}$♯ = 3	$\bar{d}$♯ deutlich
$\bar{\bar{c}}$ $\bar{\bar{a}}$	3 : 5	3 — 5 2 — 3	2 = $\bar{f}$ 1 = f	$\bar{f}$ = 2	hinreichend deutlich
$\bar{\bar{c}}$ $\bar{\bar{b}}$	9 : 16	9 — 16 7 — 9	7 = $\bar{g}$, $\bar{g}$♯ 2 = B	$\bar{g}$ = 7	$\bar{g}$ deutlich, wenngleich wegen des murmelnden B rauh.

[1]) Wo zwei Töne angegeben sind liegt der berechnete zwischen beiden.

angestimmte Töne		Verhältniss derselben	Combinationstöne berechnet nach Hällström		beobachtet	Bemerkungen
$\bar{\bar{c}}$	$\bar{\bar{h}}$	8 : 15	8 — 15	$7 = \bar{a}, \bar{b}$		$\bar{g}$ unter dem Geräusch der übrigen unterscheidbar
			7 — 8	$1 = C$	$\bar{g} = 6$	
			1 — 15	$14 = \bar{\bar{a}}, \bar{\bar{b}}$		
			1 — 7	$6 = \bar{g}$		
$\bar{h}$	$\bar{\bar{d}}$	5 : 6	5 — 6	$1 = G$		Beide unterscheidbar,
			1 — 5	$4 = \bar{g}$		g etwas stärker wegen der
			4 — 6	$2 = g$	$g = 2$	Consonanz
			2 — 5	$3 = \bar{d}$	$\bar{d} = 3$	mit G in $\bar{g}$.
$\bar{h}$	$\bar{\bar{\bar{d}}}$	5 : 12	5 — 12	$7 = \bar{\bar{e}}, \bar{\bar{f}}$		
			5 — 7	$2 = g$	$g = 2$	beide deutlich
			2 — 15	$3 = \bar{d}$	$\bar{d} = 3$	
$\bar{h}$	$\bar{\bar{e}}$	3 : 4	3 — 4	$1 = e$	$\bar{e} = 2$	e deutlich
			1 — 3	$2 = \bar{e}$		
$\bar{h}$	$\bar{\bar{\bar{e}}}$	3 : 8	3 — 8	$5 = \bar{\bar{g}}\sharp$		beide deutlich $\bar{e}$
			3 — 5	$2 = \bar{e}$	$\bar{e} = 2$	stärker als e
			2 — 8	$6 = \bar{\bar{h}}$	$e = 1$	
			2 — 3	$1 = e$		
$\bar{\bar{c}}\sharp$	$\bar{\bar{e}}$	5 : 6	5 — 6	$1 = A$		hinreichend deutlich
			1 — 5	$4 = \bar{a}$	$a = 2$	
			4 — 6	$2 = a$		
$\bar{\bar{d}}$	$\bar{\bar{g}}$	3 : 4	3 — 4	$1 = g$	$g = 1$	beide gehört
			1 — 3	$2 = \bar{g}$	$\bar{g} = 2$	
$\bar{\bar{d}}$	$\bar{\bar{g}}\sharp$	3 : 4	3 — 4	$1 = g\sharp$	$g\sharp = 1$	ebenso
			1 — 3	$2 = \bar{g}\sharp$	$\bar{g}\sharp = 2$	
$\bar{\bar{d}}\sharp$	$\bar{\bar{g}}$	4 : 5	4 — 5	$1 = d\sharp$	$d\sharp$	deutlich
			1 — 4	$3 = \bar{a}\sharp$		

angestimmte Töne	Verhältniss derselben	Combinationstöne berechnet nach Hällström		Combinationstöne beobachtet	Bemerkungen
$\overline{\overline{\overline{d}}}$ $\overline{\overline{\overline{h}}}$	3 : 5	3 — 5 2 — 3	2 = $\overline{g}$ 1 = g	$\overline{g}$ = 2 g = 1	deutlicher ist $\overline{g}$
$\overline{\overline{e}}$ $\overline{\overline{b}}$	32 : 45	32 — 45 13 — 32	13 = $\overline{c}$, $\overline{c}$♯ 19 = $\overline{g}$	$\overline{c}$♯ = 13	deutlich
$\overline{\overline{e}}$ $\overline{\overline{\overline{c}}}$	5 : 8	5 — 8 3 — 5	3 = $\overline{g}$ 2 = $\overline{c}$	$\overline{g}$ = 3 $\overline{c}$ = 2	
$\overline{\overline{f}}$♯ $\overline{\overline{a}}$	5 : 6	5 — 6 1 — 5 4 — 6 1 — 4	1 = d 4 = $\overline{\overline{d}}$ 2 = $\overline{d}$ 3 = $\overline{a}$	d = 1 $\overline{a}$ = 3	beide gehört, d stärker.
$\overline{\overline{f}}$♯ $\overline{\overline{\overline{d}}}$	5 : 8	5 — 8 3 — 5	3 = $\overline{a}$ 2 = $\overline{d}$	$\overline{a}$ = 3 $\overline{d}$ = 2	beide gehört
$\overline{\overline{f}}$♯ $\overline{\overline{h}}$	3 : 4	3 — 4 1 — 3	1 = h 2 = $\overline{h}$	h = 1 $\overline{h}$ = 2	deutlich hörbar
$\overline{\overline{g}}$♯ $\overline{\overline{h}}$	1024 : 1215 [1])	1024 — 1215 191 — 1024 833 — 1215	191 = d♯ 833 = $\overline{\overline{e}}$, $\overline{\overline{f}}$ 382 = $\overline{d}$♯	$\overline{d}$♯ = 382	
$\overline{\overline{h}}$ $\overline{\overline{g}}$	5 : 8	5 — 8 3 — 5	3 = $\overline{d}$ 2 = g	$\overline{d}$ = 3 g = 2	deutlicher $\overline{d}$, doch g nicht ungewiss
$\overline{b}$ $\overline{\overline{g}}$	3 : 5	3 — 5 2 — 3	2 = $\overline{d}$♯ 1 = d♯	$\overline{d}$♯ = 2	sehr deutlich d♯

[1]) 1024 : 1215 ist das von Hällström angenommene Verhältniss, und entsteht, wenn von einer aus zwei grossen ganzen Tönen bestehenden Terz (= 64 : 81) ein grosser halber Ton (15 : 16) weggenommen wird. Nähme man statt dessen das Verhältniss 5 : 6, so erhielte man die Combinationstöne c, $\overline{\overline{e}}$, $\overline{e}$ und $\overline{h}$.

Ist wie in den vorliegenden Fällen das Verhältniss der ursprünglichen Töne durch relative Primzahlen ausgedrückt, so müsste nach der Theorie jede Zahl der natürlichen Zahlenreihe von Eins bis zur grössten von den gegebenen Zahlen einem besonderen Combinationstone entsprechen. Um durch Hülfe dieser einfachen Regel die erhaltenen Resultate leichter mit der Theorie vergleichen zu können, haben wir folgende Tabelle zusammengestellt, und in derselben die sich ergänzenden Beobachtungen, welche das nämliche Intervall bei verschiedenen Tönen betreffen, zusammengezogen.

angestimmte Intervalle	Verhältniss derselben	Combinationstöne beobachtet	Combinationstöne berechnet nach Kettenbrüchen	entsprechende Näherungswerthe des Kettenbruchs
Quarte	3 : 4	1 2	1, 1	$\frac{3}{4}$
grosse Sexte	3 : 5	1 2	3, $2\frac{1}{2}$ 1, 1	$\frac{1}{2}$ $\frac{3}{5}$
grosse Terz	4 : 5	1 2 3	1, 1	$\frac{4}{5}$
kleine Terz	5 : 6	1 2 3 4	1, 1	$\frac{5}{6}$
kleine Sexte	5 : 8	2 3	$2\frac{1}{2}$, $2\frac{1}{3}$ 1, 1	$\frac{2}{3}$ $\frac{5}{8}$
Octave plus kleine Terz	5 : 12	2 3	$2\frac{1}{2}$, $2\frac{1}{5}$ 1, 1	$\frac{2}{5}$ $\frac{5}{12}$
grosser ganzer Ton	8 : 9	5 7	1, 1	$\frac{8}{9}$
grosse Septime	8 : 15	6	8, $7\frac{1}{2}$ 1, 1	$\frac{1}{2}$ $\frac{8}{15}$
kleine Septime	9 : 16	9	9, 8 $2\frac{1}{4}$, $2\frac{2}{7}$ 1, 1	$\frac{1}{2}$ $\frac{4}{7}$ $\frac{9}{16}$

angestimmte Intervalle	Verhältniss derselben	Combinationstöne beobachtet	Combinationstöne berechnet nach Kettenbrüchen	entsprechende Näherungswerthe des Kettenbruchs
übermässige Quart	32 : 45	13	16, 15	$\frac{2}{3}$
		19	$6\frac{2}{5}$, $6\frac{3}{7}$	$\frac{5}{7}$
			1, 1	$\frac{32}{45}$
Octave plus Quarte	3 : 8	1	3, $2\frac{2}{3}$	$\frac{1}{3}$
		2	1, 1	$\frac{3}{8}$
kleine Terz	1024 : 1215	382	$204\frac{4}{5}$, $202\frac{1}{2}$	$\frac{5}{6}$
			$93\frac{1}{11}$, $93\frac{6}{13}$	$\frac{11}{13}$
			64, $62\frac{18}{19}$	$\frac{16}{19}$
			$17\frac{21}{59}$, $17\frac{5}{14}$	$\frac{59}{70}$
			$5\frac{59}{193}$, $5\frac{70}{229}$	$\frac{193}{229}$
			1, 1	$\frac{1024}{1215}$

Berücksichtigt man, dass durch die Individualität des Experimentators und überhaupt durch die Unvollkommenheit unserer Sinne die Zahl der wirklich hörbaren Combinationstöne eine nothwendige Beschränkung erleidet, so liefern diese Beobachtungen eine Bestätigung des von Hällström aufgestellten Gesetzes, wie es kaum erwartet werden konnte.

Nicht im Einklang mit der theoretischen Entwickelung Hällströms scheint die Erfahrung, dass öfter später abgeleitete Combinationstöne deutlich gehört wurden, wo, auch bei angestrengtester Aufmerksamkeit, diejenigen, aus welcher sie hergeleitet wurden, nicht, oder nur schwach gehört werden konnten. Offenbar aber kann ein solches Ausbleiben früherer Combinationstöne nur subjectiven Einflüssen des Beobachters zugeschrieben werden, da bei gleichen, aber von verschiedenen Tönen gebildeten Intervallen mehrmals in dem einen Falle Combinationstöne vorkommen, die in einem andern Falle nicht gehört wurden, und umgekehrt. Auch können wir als indirecte Bestätigung der Hällström'schen Ansicht über die Folge der Combinationstöne die Beobachtung der in dem nächsten Abschnitte beschriebenen verschiedenen Stossgattungen anführen, da, nach den Erfahrungen Scheibler's, die Stärke der Stösse in dem Maasse abnimmt, in welchem die ihre Erzeugung bedingenden Combinationen verwickelter werden, Stösse und Combinationstöne aber sich in physikalischer Hinsicht nur durch die ungleiche Geschwindigkeit der auf das Ohr einwirkenden Impulse unterscheiden.

Uebrigens liefern die Beobachtungen, in welchen nur die entfernteren Combinationstöne gehört werden konnten, gerade die entschiedensten Belege für die Gültigkeit des Hällström'schen Gesetzes, da z. B. bei dem Intervall 8 : 9 in einem Falle nur der Combinationston 5 in einem andern nur der Ton 7 gehört wurde, die Anwendung der Kettenbrüche aber nur einen Combinationston, nämlich den nicht gehörten Ton 1 liefert.

Scheibler. Gewohnt auch die scheinbar geringfügigsten Arbeiten mit der äussersten Genauigkeit auszuführen und selbst die gewöhnlichsten Beschäftigungen mit einem stets auf Vervollkommnung gerichteten Nachdenken zu begleiten, fasste Scheibler, als er um die erste Hälfte des vorletzten Jahrzehend beim Stimmen der zarten und reinen Töne der Maultrommel so recht deutlich die Unvollkommenheit unseres musikalischen Gehörs erkannte, den Gedanken, die Stösse, welche von zwei nahe im Einklang befindlichen Tönen hervorgebracht werden, zum Stimmen der Töne anzuwenden.

Er hatte bemerkt, dass die Geschwindigkeit dieser Stösse mit dem Unterschiede der Töne stetig zu- und abnimmt, so dass zu zwei nahe liegenden Tönen nur Ein dritter Ton gefunden werden kann, welcher mit beiden die nämliche Zahl der Stösse in einer Sekunde erzeugt. Um diesen Umstand zur Stimmung der Töne zu benutzen, suchte er, theils durch Rechnung, theils durch vielfache Versuche, auf dem Monochord in der Nähe der Stelle für $\overline{a}$ zwei Stellen zu bestimmen, deren zugehörige Töne mit dem Tone einer $\overline{a}$- Gabel bei erforderlicher Spannung der Saite genau 4 Stösse in der Sekunde erzeugten und zugleich von dem Tone der für $\overline{a}$ bestimmten Saitenlänge um dieselbe Zahl der Schwingungen, der eine in positivem, der andere in negativem Sinne differirten. Vermittelst dieser Stellen, welche Nebenstellen genannt wurden, stimmte Scheibler, leichter und sicherer als nach dem musikalischen Gehör, das Monochord auf die Weise, dass er der Saite durch zweckmässige Vorrichtung genau diejenige Spannung gab, bei welcher die, durch diese Stellen abgegrenzten Saitenlängen mit der $\overline{a}$ - Gabel 4 Stösse in der Sekunde erzeugten. Die für $\overline{a}$ bestimmte Seitenlänge musste alsdann, wenn die Nebenstellen durchaus richtig bestimmt waren, mit derselben Genauigkeit den Ton der $\bar{a}$-Gabel angeben, mit welcher die Zahl der Stösse nach dem Gange eines Sekundenpendels gemessen war, da die den Nebenstellen entsprechenden Töne von dem Tone der Saite für $\bar{a}$ um gleich viel Schwingungen differirten, und ein gleicher Unterschied der Schwingungszahlen als die Bedingung einer gleichen Geschwindigkeit der Stösse musste angesehen werden. Setzen wir den grössten Fehler in der Bestimmung der Stösse gleich einem halben Stoss in der Sekunde (eine Annahme, welche selbst für ungeübte und wenig sorgfältige Messungen zu gross sein möchte); so beträgt, nach der im vorigen Abschnitte erwähnten Relation der Stösse zum Unterschiede der Schwingungen, die grösste Abweichung des Tones der nach dieser Methode gestimmten Saite von dem Tone der Gabel nicht mehr als eine Vibration, und mit gleicher Genauigkeit konnte vermittelst der Nebenstellen das $\bar{a}$ des Monochords auf andere Instrumente übertragen werden.

Bei den Versuchen, ähnliche Nebenstellen auch für andere Töne des Monochords zu bestimmen fand S. durch das Verhältniss der Saitenlängen die Vermuthung bestätigt, dass die Zahl der Stösse proportional sei dem Unterschiede der erzeugenden Töne, welche Proportionalität später bei Anwendung mehrerer Gabeln auch daraus hervorging, dass die Stösse zweier Gabeln die Summe derjenigen Stösse betragen, welche beide Gabeln mit einer dritten der Tonhöhe nach zwischen ihnen liegenden Gabel erzeugen.

Ohne den mühseligen Weg des direkten Aufsuchens wieder durchzuwandern, berechnete er nun aus den gefundenen Nebenstellen des $\bar{a}$ gleiche Nebenstellen für alle Töne der gleichmässig temperirten chromatischen Tonleiter von a bis $\bar{a}$ und verzeichnete sie mit grösster Sorgfalt auf der Skala des Monochords. Wurde dann mit Hülfe der Nebenstellen des $\bar{a}$ zuerst die Saite des Monochords gestimmt, so dienten diese neuen Nebenstellen, in derselben Weise, wie früher die Nebenstellen des $\bar{a}$, die übrigen Skala-Töne auf andere Instrumente zu übertragen.

So einfach und sicher dieses Verfahren auch erscheint, so wenig entsprach indess die bis dahin erreichte Genauigkeit derjenigen, welche von einer Anwendung der Stösse erwartet werden musste. Theils die Unvollkommenheit des Monochords, theils mannigfaltige äussere Einflüsse bildeten eine Menge, zum Theil nicht sogleich erkennbarer, Schwierigkeiten, welche die Arbeiten S.'s öfter unterbrachen und dadurch die endliche Erreichung des vorgesteckten Zieles sehr verzögerten. Wir begnügen uns in Kurzem diejenigen Mittel anzugeben, durch welche S. den störenden Einflüssen wenigstens in so weit begegnete, als es für den Zweck einer genauen Stimmung hinreichend war.

Nachdem er die Unzulänglichkeit der gewöhnlichen Monochorde nur zu oft erprobt hatte, entschloss er sich zum Bau eines neuen, äusserst festen und sorgfältig gearbeiteten Monochords, welches von seinem Orte nicht mehr versetzt wurde, sorgte dafür, dass der Schieber die verlangten Seitenlängen mit möglichster Schärfe abgrenzte, ohne die Saite weder in horizontaler noch vertikaler Richtung zu verrücken, verzeichnete die Skala mit solcher Genauigkeit, dass die einzelnen Theilpunkte nur durch eine Loupe gesehen werden konnten, und vermied den Einfluss der von dem Stimmenden auf die Saite ausstrahlenden Wärme durch übergelegte verschiebbare hölzerne Leisten.

Um der, bei längeren Arbeiten mit dem Monochord immer noch störenden Veränderlichkeit des Tones zu entgehen, und zugleich grössere, nicht transportable Instrumente stimmen zu können, bereitete er sich für jeden Ton der Skala und für die Töne der tiefern Nebenstellen Stimmgabeln. Zu dem Ende feilte er zu jedem Ton der Tonleiter eine Gabel so viel tiefer, dass dieselbe mit dem Ton der Saite deutliche und genau messbare Stösse erzeugte, suchte dann diejenige Stelle für das verschiebbare Gewicht eines gut gearbeiteten Metronoms, bei welcher auf eine einfache Schwingung genau 3 oder 4 Stösse erfolgten, und stimmte nun eine andere Gabel um so viel höher, dass beide in der nämlichen Zeit dieselbe Zahl der Stösse erzeugten. War auf diese Weise die zweite Gabel dem Ton der Saite gleich gestimmt, so wurde die erste Gabel genau um 4 Stösse in der Sekunde tiefer gefeilt, und konnte nun statt der tiefern Nebenstelle zur Stimmung benutzt werden.

Da bei diesen Messungen die Saite nur auf kurze Zeit der Erwärmung ausgesetzt, und ausserdem durch hölzerne Leisten möglichst geschützt wurde; so war eine wesentliche Störung von Seiten des Monochords nicht mehr zu befürchten, wogegen aber die Behandlung der Gabeln eine grössere Vorsicht erforderte.

Um eine Erwärmung derselben durch unmittelbare Berührung der Hand und durch die beim Halten unvermeidliche Nähe des

Beobachters zu verhüten, wurde jede Gabel an ihrem Stiele mit einem hölzernen Hefte und unter demselben mit einer männlichen Schraube versehen. Beim Gebrauch wurden dann die Gabeln entweder in das eine Ende eines etwa 6 Zoll langen hölzernen Stabes, welcher in einen Resonanzboden fest eingesteckt werden konnte, oder, nach einer spätern Einrichtnug, in die obere Fläche eines kleinen tragbaren Stimmkästchens fest eingeschraubt und vermittelst eines mit einem wollenen Wulst versehenen Stäbchens, oder durch eine ähnliche Vorrichtung wie die eines Klavierklaves angeschlagen.

So verbessert entsprachen die Instrumente allerdings mehr als hinreichend den Anforderungen, welche in musikalischer Hinsicht an eine Stimmung der Töne gemacht werden konnten; da die noch vorhandenen Fehler in jedem Falle kleiner waren, als diejenige Grösse, welche auch das feinste musikalische Gehör noch als Differenz der Töne aufzufassen vermag. Doch für S. war dieser praktische Zweck nicht mehr der Endzweck seiner Bemühungen. Ihm war die genaue Bestimmung der Höhe eines Tones der Gegenstand eines wissenschaftlichen Interesses gerworden, für welchen das bisher Erreichte nicht genügen konnte, und überhaupt hatte die vieljährige Beschäftigung mit akustischen Gegenständen manche Fragen angeregt, deren Erledigung nach der Ueberwindung so vieler Schwierigkeiten um vieles leichter werden musste.

So geschah es, dass die aus rein praktischem Interesse entsprungenen Arbeiten S.'s in ihrem Verlaufe mit den theoretischen Untersuchungen Hällström's über Bestimmung der absoluten Schwingungszahlen der Töne, über Stösse und Combinationstöne zusammentrafen und das von Hällström entdeckte Gesetz nicht allein ebenfalls kennen lehrten, sondern mit einer Genauigkeit bestätigten, welche durch die zu solcher Bestätigung absichtlich unternommenen Versuche nimmer erreicht werden konnte.

Um die absoluten Schwingungszahlen seiner $\overline{a}$-Gabel zu finden bediente sich S. zuerst eines Verfahrens, welches mit dem von Sauveur und Sarty angewandten dem Wesen nach übereinkommt.

Er hatte die für $\overline{a}$ bestimmte Saitenlänge auf dem Monochord in 2000 gleiche Theile getheilt, und die tiefere Nebenstelle für $\overline{a}$ um 18,2 dieser Theile weiter vom Anfang der Saite entfernt gefunden. Nehmen wir nun an, was sich vielfältig durch die bisherigen Resultate herausgestellt hatte, dass der Unterschied der Schwingungszahlen zweier Töne gleich sei der Zahl der durch diese Töne erzeugten Stösse; so haben wir, wenn die Schwingungen des $\bar{a}$, oder der Saitenlänge 2000, x genannt werden, für die Saitenlänge 2018,2 die Schwingungszahl x — 4, wornach sich verhält:

$$2000 : 2018{,}2 = x - 4 : x$$

oder: $$182, : 2018{,}2 = 4 : x,$$

und das angestrichene $\bar{a}$ gleich 443,56 Schwingungen gefunden wird.

Durch eine nicht ganz genaue Rechnungsweise erhielt S. ein von dem angegebenen um einige Schwingungen abweichendes Resultat; doch stimmte dasselbe hinreichend mit den bisherigen Angaben über die absoluten Vibrationszahlen der Töne, um die Richtigkeit der vorausgesetzten Relation zwischen der Zahl der Stösse und dem Unterschiede der Schwingungen vollkommen zu bestätigen und zu fernern Versuchen aufzumuntern.

Da bei dieser Methode ein geringer Fehler in der Bestimmung der Nebenstelle, etwa um 0,1 jener Monochordtheile schon einen Fehler von mehreren Schwingungen in dem Resultate für $\bar{a}$ zur Folge hat, so entschloss sich S., die Stösse zwischen Tönen von grösseren Unterschieden zu messen und bereitete sich zu diesem Behuf zwischen den schon vorhandenen Skalagabeln, Zwischengabeln, so dass von Gabel zu Gabel die Stösse sicher und genau gemessen werden konnten.

Um in einer solchen Reihe, wo nicht mehr jede Gabel von der nächsten um 4 Stösse entfernt sein konnte, die Stösse mit Leichtigkeit zu messen, bediente er sich eines für genauere Messungen besonders eingerichteten Metronoms, dessen Skala er selbst mit äusserster Sorgfalt für die von 50 bis 90 um $\frac{1}{10}$ verschiedenen einfachen Schwingungen in der Minute eintheilte. Bei den vorzunehmenden Messungen wurde dann das durch eine Schraube verschiebbare Gewicht des Metronoms so gestellt, dass, je nach der Geschwindigkeit der Stösse, genau 3, 4, 5 oder 6 Stösse während jeder einfachen Schwingung des Instruments erfolgten, worauf die Zahl der Stösse in der Sekunde aus der auf der Skala abzulesenden Zahl der Schwingungen in einer Minute leicht berechnet werden konnte.

Um die Genauigkeit dieses Verfahrens zu beurtheilen, erwähnen wir, dass es S. in diesen Messungen zu der Fertigkeit gebracht hatte, die Zahl der Schwingungen mit Sicherheit bis auf $\frac{1}{10}$ Schwingung in der Minute zu bestimmen, woraus folgt, dass für eine mittlere Geschwindigkeit des Pendels, nämlich für 60 Schwingungen in der Minute, die möglichen Fehler nicht mehr als $\frac{1}{600}$ der gefundenen Pendelschwingungen, Stösse oder Vibrationen betragen konnten.

War nun durch dieses Mittel die Zahl der Stösse je zweier auf einander folgenden Gabeln zwischen den Tönen eines Intervalls gefunden, so gab die Summe der Stösse den Unterschied der Schwingungen dieser Töne, welcher nur noch mit einem, aus dem Verhältniss der entsprechenden Saitenlängen des Monochords leicht abzuleitenden Faktor multiplizirt wurde, um die absolute Zahl der Schwingungen irgend eines Tones der Saite zu erhalten.

Nehmen wir an, dass bei den einzelnen Messungen, welche dieses Verfahren nothwendig machte, alle Fehler in demselben Sinne gelegen, sich folglich summirt hätten, so würde der für $\bar{a}$ resultirende Fehler nach dem ungefähren Werth des $\bar{a}$ gleich 440 Schwingungen und dem mittleren Werth des Fehlers gleich $\frac{1}{600}$ doch nicht mehr als $\frac{3}{4}$ Schwingungen betragen haben, wogegen die Resultate S.'s öfter um 3 Schwingungen für $\bar{a}$ differirten.

Um diese Zeit hatte ich das Glück, mit den Arbeiten S.'s näher bekannt zu werden. Theils die Ueberzeugung, dass der Grund solcher Verschiedenheit der Resultate nicht in der Methode, sondern lediglich in der Unzuverlässigkeit des Monochords zu suchen sei, theils die Differenz unserer Ansichten über Berechnung der Schwingungen des $\bar{a}$ aus den gefundenen Nebenstellen und ausserdem die mangelhafte Bestimmung dieser Stellen selber bewogen mich, eine Ausdehnung der vorhin erwähnten Gabelreihe auf den ganzen Umfang einer Octave a bis $\bar{a}$ zu veranlassen, was um so mehr den gewünschten Erfolg zu versprechen schien, da es durch die glückliche Entdeckung S.'s, dass ein der Octave nahe liegender Ton mit dieser Octave dieselbe Zahl der Stösse erzeugt, als mit dem Grundton, möglich geworden war, die Grenzen dieses Intervalls bis mindestens auf $\frac{1}{600}$ von 4 Stössen oder Tonschwingungen festzustellen, und somit das Monochord gänzlich zu entbehren.

Scheibler vollführte diese Arbeit mit der ihm eigenen Sorgfalt und Sinnigkeit. Er hatte bemerkt, dass die Tonhöhe einer Gabel schon durch den Einfluss der von dem Messenden ausstrahlenden Wärme merklich geändert wird und erst nach längerer Zeit wieder völlig den vorigen Stand erreicht, obgleich der Unterschied in der Höhe zweier Gabeln, oder die durch denselben bedingte Geschwindigkeit der Stösse, beim Messen, wie überhaupt bei geringer aber relativ gleicher Temperaturveränderung, für unsere Sinne keine merkbare Aenderung erleidet.

Um daher die Aufnahme der ganzen Gabelreihe zugleich zur Ausmittelung der Schwingungen der einzelnen Gabeln zu benutzen, war eine gleichmässige Temperatur sämmtlicher Gabeln und vor Allem jedesmal derjenigen Gabeln, deren Unterschied gerade gemessen werden sollte, eine unerlässliche Bedingung. Nach mancherlei Abänderungen fand es S. am Besten, die Gabeln gut polirt in ein trockenes, durch seine Lage vor schnellem Temperaturwechsel geschütztes Zimmer hinter kleine Vorhänge zu legen. Beim Messen wurden dann jedesmal an einem Tage die Stösse sämmtlicher Skala-Gabeln mit den ersten Zwischengabeln, am zweiten die Stösse der ersten Zwischengabeln mit den darauf folgenden u. s. f. bestimmt, bis alle Entfernungen der ganzen Octave gemessen waren. Die Summe der erhaltenen Stösse gab nun den Unterschied der Schwingungen von a und $\overline{a}$, oder die Anzahl der Schwingungen des a, womit zugleich die absolute Höhe der einzelnen Gabeln gegeben war.

Durch diese Vorarbeiten war es nun leicht, an den einzelnen Gabeln diejenige Correktion anzubringen, welche nöthig war, um, den erhaltenen Werth für a zu Grunde legend, eine Reihenfolge von Tönen darzustellen, welche sich genau wie $1 : \sqrt[12]{2} : \sqrt[12]{2^2} \ldots$ verhielten, worauf die Höhe der Nebengabeln, zum Behuf der Stimmung anderer Instrumente, wieder auf 4 Stösse in der Sekunde corrigirt werden musste.

Nach der endlichen Ausführung dieser Arbeit, welche fast als ideale Lösung der ursprünglich vorgesetzten Aufgabe anzusehen ist, unternahm S. noch mehrere Messungen der ganzen Octave und hatte die Freude, die abweichendsten Resultate für $\overline{a}$ nur um 0,126 Schwingungen in der Sekunde verschieden zu finden.

In folgender Tabelle haben wir das detaillirte Ergebniss einer dieser Aufnahmen zusammengestellt.

Haupt-gabeln	Zwi-schenga-beln	Zahl der Pen-delschläge in der Minute; wenn auf je den 4 Stösse kommen
a		
	1	68,1
	2	67,7
a#		60,0
	1	73,6
	2	74,0
h		60,0
	1	79,9
	2	79,6
c̄		60,0
	1	58,1
	2	57,1
	3	58,0
c̄#		60,0
	1	62,1
	2	61,9
	3	62,3
d̄		60,0
	1	67,0
	2	67,7
	3	66,7
d̄#		60,0
	1	72,4
	2	72,4
	3	72,5

Haupt-gabeln	Zwi-schenga-beln	Zahl der Pen-delschläge in der Minute, wenn auf je-den 4 Stösse kommen
c		60,0
	1	77,9
	2	79,0
	3	76,1
f̄		60,0
	1	62,6
	2	62,4
	3	63,2
	4	62,5
f̄#		60,0
	1	67,4
	2	67,6
	3	66,7
	4	67,2
ḡ		60,0
	1	72,4
	2	73,4
	3	72,8
	4	72,2
ḡ#		60,0
	1	77,9
	2	78,0
	3	76,4
	4	77,6
ā		60,0

Anstatt aus jeder einzelnen Zahl der Pendelschwingungen die Stösse zu berechnen ist es für die Berechnung des $\bar{a}$ bequemer die Summe sämmtlicher Pendelschwingungen zu nehmen. Aus dieser erhält man für den Unterschied der Schwingungen von a bis $\bar{a}$ oder für die Schwingungen des a in einer Sekunde $\frac{3295.4}{60}$ $= 219{,}6667$, woraus für die übrigen Skala-Töne nach vorstehender Tabelle folgende Werthe hervorgehen, die wir mit den nach dem Verhält $1 : \sqrt[12]{2}$ berechneten Schwingungszahlen zusammengestellt haben.

Töne	Schwingungszahlen derselben nach den angestellten Messungen	Schwingungszahlen derselben berechnet nach dem Verhältniss $1 : \sqrt[12]{2}$	Unterschiede
a	219,6667	219,6667	
$\bar{a}$♯	232,720	232,728	0,008
h	246,560	246,567	0,007
$\bar{c}$	261,193	261,230	0,037
$\bar{c}$♯	276,740	276,762	0,022
$\bar{d}$	293,160	293,220	0,060
$\bar{d}$♯	310,585	310,655	0,070
$\bar{e}$	329,073	329,129	0,056
$\bar{f}$	348,605	348,699	0,094
$\bar{f}$♯	369,360	369,433	0,073
$\bar{g}$	391,285	391,402	0,117
$\bar{g}$♯	414,673	414,676	0,003
$\bar{a}$	439,333	439,333 [1]	

[1]) Nach dieser Bestimmung der absoluten Schwingungszahlen seiner $\bar{a}$-Gabel untersuchte S. später die absolute Tonhöhe anderer, eigends zu diesem Zwecke bestellten $\bar{a}$-Gabeln, und fand den Ton von 5 verschiedenen Pariser Gabeln gleich 426,7 bis 440,7, von einer Gabel des Berliner Orchesters gleich 441,62, von 6 Gabeln des Wiener Orchesters gleich 433,66 bis 444,87 Schwingungen. Diese Resultate veranlassten S. zu dem, von der Versammlung deutscher Naturforscher im Jahre 1834 angenommenen Vorschlag, das $\bar{a}$ auf 440 Schwingungen in der Sekunde festzustellen.

Dass aus diesen Resultaten, verglichen mit den von den Physikern durch die verschiedenartigsten Untersuchungen erhaltenen Vibrationszahlen der Töne, auf das Unzweifelhafteste hervorgeht, dass der Unterschied der Schwingungen, oder der halbe Unterschied der Vibrationen, zweier nahe liegenden Töne gleich ist der Zahl der erzeugten Stösse, bedarf keiner weitern Erwähnung.

Auffallend war es uns aber, von einer sehr achtbaren Seite her auf diese Frage aufmerksam gemacht, in keinem der uns bekannten physikalischen Lehrbücher einen bestimmten Ausdruck für die Beziehung der Stösse zu den Schwingungen der erzeugenden Töne und eben so wenig eine genügende Erklärung für die physikalische Entstehungsweise der erstern zu finden.

Nach einer mündlichen Unterredung über diesen Gegenstand erhielt ich von S. einen Versuch zur figürlichen Darstellung der beiden erzeugenden Wellenzüge, welcher mich zu folgender Entwickelung veranlasste.

Nehmen wir, um für unsere Betrachtung den einfachsten Fall herauszuheben, an, dass sich die Schwingungen zweier Töne wie zwei um Eins verschiedene ganze Zahlen verhalten, dass die Maxima der in der Luft erzeugten Verdichtungen und Verdünnungen einander gleich seien und im Anfange das Verdichtungsmaximum des einen Tones mit dem Verdünnungsmaximum des andern zusammen falle. Alsdann werden die auf solche Weise erzeugten Wellenzüge sich durch zwei in Figur I. gezeichnete Curven a b c d ... l, a' b' c' d' ... l' ausdrücken lassen, deren Perpendikel auf die Abscissen-Axe pq in der Richtung ap die Grössen der Verdichtung und in der Richtung a' p die Grössen der Verdünnung darstellen, während die entsprechenden Abschnitte der Abscissen-Axe die zugehörigen Zeiten bezeichnen.

Treffen diese Wellenzüge das Ohr, so wird für dasselbe allerdings die Empfindung jedes einzelnen Tones in ihrer ursprünglichen Eigenthümlichkeit verbleiben, da das System der einen Wellen nicht durch die Durchkreuzung der andern geändert wird und jede Einwirkung auf das Gehör doch immer vermittelst einer gewissen Menge von Lufttheilchen geschieht: ähnlich so, wie für das Auge die einzelnen Systeme der sich im Wasser kreuzenden Wellen erkennbar bleiben, wofern nur ein hinreichender Theil von der Oberfläche des Wassers gesehen wird.

Neben dieser Empfindung der einzelnen Töne aber entsteht

aus dem Zusammentreffen beider Wellenzüge eine dritte neue Empfindung, bedingt durch das gegenseitige Verstärken und Aufheben der zusammenstossenden Verdichtungen und Verdünnungen.

Berücksichtigen wir die gewöhnliche Bedeutung der positiven und negativen Grössen, so lassen sich die, solchergestalt resultirenden, combinirten Verdichtungen und Verdünnungen durch die Summe der zu denselben Abscissen gehörigen Ordinaten beider Curven ausdrücken. Jedoch ist es für die Betrachtung der aus den Endpunkten dieser Ordinaten gebildeten Curve an und für sich vollkommen gleichgültig, welche Grösse zur Einheit der Ordinaten angenommen wird, weshalb wir der grössern Bequemlichkeit und Anschaulichkeit wegen vorziehen, die halbe Summe der vorhin bezeichneten Ordinaten zu nehmen, wornach die neue Curve p α β γ ... mit den Curven a b c ..., a' b' c' ... in ihren Durchschnittspunkten zusammentrifft und überhaupt die Entfernungen dor zu gleichen Abscissen gehörigen Punkte dieser Curven wie c m in λ und c' n in μ halbirt.

Diese Curve p α β γ ... welche in derselben Weise die resultirende Wirkung beider Wellenzüge bezeichnet, wie wir durch die Curven a b c ... a' b' c' ... die einfachen Verdichtungen und Verdünnungen dargestellt haben, zeigt nun ebenfalls von p bis q eine abwechselnde Aufeinanderfolge von Verdichtungen und Verdünnungen. Aber diese Verdichtungen und Verdünnungen sind nicht, wie bei gewohnlichen Tönen, alle einander gleich, so dass der Ablauf des ganzen Wellenzuges als die regelmässige Wiederkehr eines aus zwei gleichen aber entgegensetzton Gliedern bestehenden Binomiums betrachtet werden könnte; sondern die in einem solchen Combinationswellenzuge, wie man ihn nennen könnte, regelmässig wiederkehrenden Systeme sind zusammengesetzt aus einer grössern Anzahl einzelner Verdichtungen und Verdünnungen, deren Maxima, in der Mitte eines solchen Systems am grössten, nach beiden Seiten hin fortwährend abnehmen, bis sie an den Enden selbst in Null übergehen.

Werfen wir einen Blick auf die Zeichnung, so liegt der Anfang eines dieser Systeme in p, wo die Maxima zweier entgegengesetzten einfachen Vibrationen zusammentreffen. Von da, wo die combinirte Wirkung Null und die Linie p A Anfangs gegen die Abscissen-Axe gekrümmt ist, erhebt sich dieselbe allmählig zu der schwachen combinirten Verdichtung p A α. Auf diese Verdichtung folgt dann die stärkere Verdünnung $\alpha B \beta$ u. s. f. bis zu derjenigen Verdichtung, deren Maximum E o zugleich die stärkste combinirte Wirkung und die Mitte des ganzen Systems bezeichnet. Von dieser Mitte aus nimmt dann die combinirte Wirkung in der zweiten Hälfte des Systems in immer schwächern Verdichtungen und Verdünnungen wieder eben so ab, wie sie in der ersten Hälfte zugenommen, und schliesst das System mit einer schwachen combinirten Verdichtung δFq, um ein gleiches in derselben Weise wieder zu beginnen.

Untersuchen wir den Einfluss dieser combinirten Wirkung auf unser Gehör, so ergiebt sich zunächst, dass die resultirenden Verdichtungen und Verdünnungen weder, wegen zu schneller Aufeinanderfolge, einzeln für sich eine gesonderte Auffassung gestatten, noch auch, wegen der Verschiedenheit ihrer Intensitäten zur unmittelbaren Erzeugung eines musikalischen Tones geeignet sind, und also nur die aus diesen Verdichtungen und Verdünnungen zusammensetzten und durch die Zunahme ihrer Maxima in der ersten so wie die Abnahme derselben in der zweiten Hälfte charakterisirten Systeme als nächste Elemente der Empfindung betrachtet werden können.

Folgen nun diese Systeme einander in solchen Zeiträumen, dass der Eindruck eines jeden von ihnen für sich wahrgenommen werden kann, so muss diejenige Empfindung entstehen, welche wir Stoss genannt haben, und das schöne Anschwellen und Abnehmen, welches bei der Dauer eines Stosses von etwa zwei Sekunden so deutlich wahrgenommen wird, ist die Empfindung der Zu- und Abnahme der Intensitäten in den beiden Hälften der Systeme. Geschieht aber die Aufeinanderfolge der Systeme so schnell, dass der gesonderte Eindruck jedes einzelnen Systems nicht mehr wahrgenommen wird; so ist die stetige, während ihrer ganzen Dauer sich völlig gleich bleibende Empfindung unverkennbar der aus den erzeugenden Tönen resultirende Combinationston, und es bleibt uns nur noch übrig, den Zusammenhang der Höhe dieses Tones so wie der Geschwindigkeit der Stösse mit den erzeugenden Tönen nachzuweisen.

Zu diesem Zwecke sei es erlaubt die bekannten Versuche Savart's und Cagniard de Latour's zur Erzeugung der Töne zu berühren. Suchen wir das Gemeinschaftliche dieser Versuche, sowohl derjenigen von Savart über die tiefsten und höchsten hörbaren

Töne, als derjenigen von Cagniard de Latour, welche den Gebrauch der Syrene betreffen, so finden wir, dass die Erzeugung des Tones nur durch die regelmässige Wiederkehr irgend eines auf das Gehör einwirkenden Impulses bedingt wurde, wobei in allen Fällen dieselbe Abhängigkeit der Höhe des Tones von der Zahl der in einer Seknnde erfolgenden Impulse stattfindet. Dieser Impuls erscheint in den angeführten Versuchen entweder als Binomium einer Verdichtung und Verdünnung, oder als blosse Verdichtung, und insbesondere zeigt die Untersuchung Savart's über die tiefsten hörbaren Töne, dass die Entfernung der beiden Maxima eines Binomiums keineswegs abhängt von der Dauer der einzelnen Impulse oder, mit andern Worten, von der Entfernung der Maxima zweier auf einander folgenden Binomien: wornach also die gewöhnliche Erzeugung musikalischer Töne, wo die verschiedenen Maxima der Verdichtung und der Verdünnung alle in gleichen Zeitintervallen einander folgen, nur als ein besonderer Fall der allgemeinen Wiederholung eines aus einer Verdichtung und Verdünnung zusammengesetzten Impulses betrachtet werden muss.

Folgen wir aber dieser allgemeinern Ansicht, so ist es offenbar der Natur der Sache angemessener, die Höhe eines Tones durch die Zahl der in einer Sekunde erfolgenden Impulse, oder, um ein den physikalischen Vorgang ohne Bezug auf unsere Empfindung bezeichnendes Wort zu gebrauchen, durch die Zahl der in einer Sekunde erfolgenden Wellen oder ganzen Schwingungen zu bezeichnen, anstatt, wie gewöhnlich, zu dieser Bezeichnung die Zahl der halben Schwingungen, welche gewöhnlich Vibrationen genannt werden, anzuwenden; ein Vorschlag, zu welchem Poggendorf bereits in den Anmerkungen zu der angeführten Abhandlung, Ann. XXXII, S. 520 veranlasst wurde.

Rücksichtlich des Combinationstones ist es nun gleichfalls, nach der vorliegenden Darstellung, die regelmässige Wiederkehr eines und desselben Impulses, welcher die Erzeugung dieses Tones bedingt, dessen Höhe demnach wiederum durch die Zahl der in einer Sekunde erfolgenden Impulse bestimmt ist, und es unterscheidet sich dieser Ton nur dadurch von den bis dahin unmittelbar hervorgebrachten Tönen, dass dieser Impuls nicht durch das blosse Auftreten einer einfachen Verdichtung, wie bei der Syrene (wenn man nicht ein allenfallsiges Zurücktreten der Lufttheilchen nach dem Verschluss der Oeffnung in Betracht ziehen will), oder durch die Combination einer Verdichtung und Verdünnung, wie in den gewöhnlichen Fällen, sondern durch die Verbindung einer grössern Zahl unter sich ungleicher Verdichtungen und Verdünnungen zu einem grössern Ganzen, welches wir mit dem Namen System bezeichneten, gegeben ist.

Um für diese Systeme einen mehr gebräuchlichen Ausdruck zu suchen, dürfen wir nur die einzelnen Verdichtungen und Verdünnungen mit entsprechenden Hebungen und Senkungen des Wasserspiegels vergleichen, so dass die Figur I. gezeichnete Curve $p\alpha\beta\gamma\ldots$ unmittelbar den Durchschnitt desselben mit einer vertikalen Ebene darstellt. Wie man eine solche Verbindung wellenartiger Theile wiederum mit dem Namen Welle bezeichnen könnte, so würden die aus den entsprechenden Verdichtungen und Verdünnungen zusammengesetzten Systeme nicht unpassend mit dem nämlichen Namen bezeichnet werden, zumal, da für das Binomium einer Verdichtung und Verdünnung diese Benennung schon geläufig ist. Auch würde man, mit direkter Beziehung auf die wirkliche Bewegung der Lufttheilchen, nach einer gleichen Verallgemeinerung der gewöhnlichen Bedeutung, diese Systeme Schwingungen nennen können, welche Benennung, eben so wie die vorige, den Vortheil darbietet, die Elemente der Combinationstöne auf gleiche Weise wie die der gewöhnlichen Töne zu bezeichnen.

Fragen wir nun, um uns der so eben erwähnten Ausdrücke zu bedienen, nach dem Gesetz in der Wiederkehr dieser zusammengesetzten Wellen oder Schwingungen, so ergiebt sich sogleich, dass die Wiederholung derselben so oft geschieht, als das Maximum der Verdichtung des einen Tones mit dem Maximum der Verdünnung des andern zusammentrifft, oder als der Unterschied der Wellenzahlen dieser Töne Eins beträgt.

Zwar bezieht sich unsere Darstellung nur auf den besondern früherhin bezeichneten Fall, jedoch ist es leicht, auch für jeden andern Fall des Zusammenklingens zweier einfachen Töne eine ähnliche Folge von zusammengesetzten Wellen und dieselbe Relation ihrer Zahl zur Wellenzahl der erzeugenden Töne nachzuweisen.

Da nun die zusammengesetzten Wellen, so lange die Zahl derselben in einer Sekunde nicht mehr als 8 beträgt, einzeln als deutlich wahrnehmbare und zählbare Stösse empfunden werden und bei grösserer Geschwindigkeit den Combinationston erzeugen, dessen Höhe unmittelbar durch die Zahl der Wellen gegeben ist; so ergiebt sich als allgemeines Gesetz der Stösse und Combinationstöne, dass die Zahl der Stösse, so wie die Wellen- oder Schwingungszahl der Combinationstöne gleich ist dem Unterschiede der Wellenzahlen der erzeugenden Töne.

Unerwartet war es uns aus den angeführten schätzbaren Anmerkungen Poggendorf's zu ersehen, dass bereits im Jahre 1800 Thomas Young eine ähnliche, aber unverdienter Weise wieder in Vergessenheit gerathene Theorie der Stösse und Combinationstöne geliefert habe. Wir entlehnen in möglichster Kürze aus der Abhandlung über Schall und Licht, übersetzt von Vieth, Gilbert's Ann. Bd. XXII, S. 349, folgende wesentliche Punkte derselben.

„Um den einfachsten Fall zu betrachten, wollen wir anneh-„men, dass die Lufttheilchen, indem sie die Schwingungen fort-„pflanzen, mit gleichförmiger Bewegung vorwärts und rückwärts „gehen. Um ihre Bewegung dem Auge anschaulich zu machen, „wollen wir den gleichförmigen Fortgang der Zeit durch das „Wachsen der Abscissen und die Entfernung des Lufttheilchens „von seiner ursprünglichen Lage durch die Ordinaten darstellen. „(Fig. 2—7.) [1]). Wenn nun zwei oder mehrere Vibrationen nach „einerlei Richtung zusammen treffen, so wird die vereinigte Be-„wegung durch die Summe oder Differenz der Ordinaten darge-„stellt. Bei zwei Tönen in gleicher Stärke und ungefähr von „gleicher Höhe, (wie Fig. 5.) ist die combinirte Schwingung ab-„wechselnd sehr schwach und sehr stark und bringt die Wirkung „hervor, die wir Schläge oder Pulsus nennen (Fig. 8. A mit B), „die um so langsamer und markirter sind, je näher die Töne sich „an Geschwindigkeit der Schwingungen gleich kommen. Von „dergleichen Pulsirungen kann es mehrere Ordnungen geben, wie „es das periodische Zusammentreffen der Zahlen, die ihre Schwin-„gungsverhältnisse ausdrücken, mit sich bringt.

„Nur in der Mitte einer Pulsirung, nicht aber in ihrer gan-„zen Dauer, ist die Stärke des combinirten Tones doppelt so gross, „als die des einfachen.

[1]) In Fig. 2. bezeichnen a b c d und a′ b′ c′ d′ ... die ursprünglichen Töne und a α β γ δ ... den Combinationston; Fig. 7. stellt eine Quarte vor, welche um ungefähr zwei Comma temperirt ist.

„Je grösser der Unterschied der Höhe zweier Töne ist, desto „schneller sind die Schläge, bis sie zuletzt die Vorstellung eines „fortdauernden Tons erwecken: und dies ist der von Tartini be-„schriebene harmonische Fundamentalton. So sind in Figur 3—6 „die Schläge der aus den Intervallen 1:2, 4:5, 9:10, 5:8 zusam-„mengesetzten Schwingungen gezeichnet, welche (wenn anders „die Töne nicht zu tief genommen werden), einen deutlich hör-„baren Ton hervorbringen, wie es dem periodischen gänzlichen „oder ungefähren Zusammentreffen der Schwingungen gemäss ist, „wie auch Fig. 7. zeigt.

„Aber ausser diesem Hauptcombinationston lässt sich bisweilen „noch ein zweiter Ton hören, wenn die zwischenliegenden zusam-„mengesetzten Vibrationen, obgleich unterbrochen, in einem ge-„wissen Zwischenraume wiederkehren. Zum Beispiele in der Coa-„lescenz zweier Töne, die sich wie 7:8 oder 5:7 oder 4:5 ver-„halten, findet sich ein Wiederkehren eines ähnlichen Zustandes „der vereinten Bewegung ungefähr in Zwischenräumen von $\frac{5}{15}$, „$\frac{4}{12}$ oder $\frac{3}{9}$ der ganzen Periode; wesshalb in der grossen Terz „die Quart unter dem Grundtone eben so deutlich gehört wird „als die Doppeloktave, wie man schon einigermaassen aus Fig. 4. „sieht, wo AB beinahe $\frac{1}{3}$ von CD ist."

In einem spätern Aufsatz aus dem Jahre 1803, Gilb. Ann. XXI, S. 293 unterwirft Young diesen Gegenstand einer abermaligen Betrachtung. Als das Wesentlichste aus demselben stehe hier folgende Beschreibung der von ihm erfundenen Wellenstäbchen.

Diese Stäbchen sind, wie Fig. 9. darstellt, in einem Rahmen neben einander gestellt, und können durch eine Schraube festgeklemmt werden. Wird die Schraube gelöst, so nimmt die untere Grenze der Stäbchen die Figur der Curve an, auf welche sie gesetzt werden, und die obere Grenze bildet eine neue Curve deren Ordinaten, Fig. 10, 11, aus der Summe der Ordinaten der untern Curve und der Länge der einzelnen Stäbchen bestehen. Diese Vorrichtung eignet sich nun auf eine sinnreiche Weise zur Darstellung der Combinationen zweier zusammenklingenden Töne. Werden nämlich in Fig. 12. durch die untere Curve die Wellen des einen und durch die Länge der Stäbchen die Wellen des andern von zwei nahe im Einklang befindlichen Tönen dargestellt, so giebt die neue Curve $\alpha\beta\gamma\ldots$ ein anschauliches Bild der aus dem Zusammenklingen dieser Töne hervorgehenden combinirten Wirkungen.

Man ersieht aus diesen Betrachtungen, dass der die optischen Erscheinungen mit klarem Auge durchschauende Physiker nicht minder gründlich und genau die wahre Natur der Stösse und Combinationstöne erkannte. Nicht zu verkennen ist jedoch, dass seine Untersuchungen nicht das eigentliche Gesetz der Stösse und Combinationstöne umfassten, und wenn wir ausser den selbst dem scharfsichtigen Vieth noch dunkeln Stellen über die Bildung mehrerer Combinationstöne finden, dass er, im Verhältniss zu der fast überall nur andeutenden Darstellungsweise, mit ziemlicher Weitläuftigkeit die Anzahl der combinirten kleinen Schwingungen berechnet, so muss es uns erscheinen, als ob ihm selbst mehrere Gegenstände seiner Theorie nicht recht deutlich gewesen seien.

Wenden wir uns zu den weitern Entwickelungen der Scheibler'schen Arbeiten.

Nachdem S. durch die Aufnahme der ganzen Octave sich die Kenntniss der absoluten Schwingungszahlen aller einzelnen Gabeln verschafft hatte, war es leicht, innerhalb der Grenzen von a bis $\bar{a}$ einen Ton von beliebiger Anzahl der Schwingungen zu stimmen. Um einen möglichst reinen Dreiklang zu hören, von dessen Existenz bei der gewöhnlichen Stimmmethode nicht die Rede sein kann, stimmte er zwei Gabeln, so dass sich die Schwingungen des a (=219,667) zu den Schwingungen dieser Gabeln genau wie 4:5:6 verhielten.

Der Erfolg entsprach den Erwartungen, und jedes für musikalische Reinheit empfängliche Ohr wurde von der überraschenden Harmonie und dem schönen gleichmässigen Abfluss der Töne ergriffen.

Als er nun zur Vergleichung mit diesem Accord den Accord aus den Tönen a, $\overline{c\sharp}$, $\bar{e}$ nach den temperirten Verhältnissen $1 : \sqrt[12]{2^4} : \sqrt[12]{2^7}$ zusammenstellte, bemerkte er, statt jenes gleichförmigen Abflusses der Töne, Stösse, wie von zwei nahe im Einklang befindlichen Gabeln, nur etwas schwächer. Es wurde die Geschwindigkeit dieser, wohl nur von Hällström einmal beobachteten, Stösse gemessen und eine direkte Erklärung derselben in der Weise, wie wir die Stösse zweier nahe liegenden Töne betrachtet haben, versucht, jedoch ohne genügenden Erfolg.

S. wandte sich daher zu weitern Versuchen. Er vertauschte

einzeln die drei Gabeln der temperirten Dreiklänge mit Gabeln, welche um die Hälfte einer ganzen Schwingung höher oder tiefer waren, und erhielt zum Resultat: dass die Erhöhung des Grundtones, so wie die Erhöhung der Quinte um eine halbe Schwingung die Zahl der Stösse um einen halben Stoss verminderc, dass eine Vertiefung eines der beiden Töne um eine halbe Schwingung die Zahl der Stösse um einen halben Stoss vermehre, und dass ferner die Erhöhung der Terz um eine halbe Schwingung die Zahl der Stösse um einen Stoss vermehre und eine Verminderung der Terz die Zahl der Stösse um einen Stoss verminderc.

So gaben, wenn wir die Gabeln durch die Schwingungen bezeichnen, die sie nach richtiger Temperatur in einer Sekunde haben mussten:

Schwingungen der Gabeln			Stösse in der Sekunde
219,667	276,762	329,129	4,727
220,167	— —	— —	4,227
219,157	— —	— —	5,227
219,667	277,262	— —	5,727
— —	276,262	— —	3,727
— —	276,762	329,629	4,227
— —	— —	328,629	5,227

Diese auffallende Beziehung der Zahl der Stösse zu den Differenzen der Töne führte mich zu der Ansicht, dass diese Stösse durch die gegenseitige Einwirkung der aus dem Zusammenklingen der drei Töne hervorgehenden Combinationstöne erzeugt wurden, wobei dieselbe Relation der Geschwindigkeit der Stösse zu den Wellenzahlen der Combinationstöne statt fände wie bei gewöhnlichen Tönen.

Berechnen wir nach dieser Ansicht den ersten der angeführten Dreiklänge, dessen Töne durch die Wellenzahlen 219,667; 276,762 und 329,129 gegeben sind, so entsteht aus dem ersten und zweiten Ton ein Combinationston von 57,095, aus dem zweiten und dritten ein Combinationston von 52,367 und aus dem ersten und dritten ein Combinationston von 109,462 Wellen. Sollen nun diese Combinationstöne nach dem für einfache Töne gültigen Gesetz sich wieder zur Bildung von Stössen vereinigen, so kann nur aus dem Zusammentreffen der beiden ersten Combinationstöne eine für unser Ohr wahrnehmbare und zählbare Anzahl von Stössen hervorgehen, da der Unterschied des dritten Combinationstones von den beiden ersten für die Erzeugung einzeln unterscheidbarer Stösse offenbar zu gross ist. Die Zahl der Stösse aber gleich gesetzt dem Unterschiede der Wellen der beiden ersten Combinationstöne, erhalten wie 4,728 Stösse in der Sekunde, welche von den gefundenen 4,727 Stössen nur um 0,001, mithin um weniger als der wahrscheinliche Beobachtungsfehler beträgt, abweichen. Eine gleiche Rechnung für den zweiten Dreiklang zeigt nun ferner, dass die Erhöhung des Grundtones um eine halbe Welle den Werth des ersten Combinationstones, mithin die Differenz der beiden ersten Combinationstöne, um eine halbe Welle und also die Zahl der Stösse um 0,5 Stoss in der Sekunde verringert: und eben so stimmt die Berechnung der übrigen Dreiklänge mit den durch die Erfahrung gefundenen Resultaten.

Ermuntert durch diese Uebereinstimmung berechnete ich nun die Stösse der übrigen aus den Skalatönen von a bis $\bar{a}$ gebildeten grossen Dreiklänge, so wie der aus denselben Tönen gebildeten Quartsexten-Accorde, und S. hatte die Gefälligkeit, die Messung der von diesen Accorden gebildeten Stösse zu übernehmen. Der Gleichförmigkeit wegen ist in folgender Zusammenstellung der erhaltenen Resultate die Zahl der gefundenen einfachen Pendel schwingungen auf diejenige reducirt, welche in der Minute erfolgen musste, wenn auf jede Schwingung 4 Stösse kommen sollten, obgleich bei den Messungen für die höher liegenden grossen Dreiklänge 6 Stösse und für die sämmtlichen Quartsexten-Accorde 3 Stösse auf jede Pendelschwingung genommen waren. Zur Berechnung der Stösse sind für die einzelnen Töne diejenigen Schwingungszahlen angenommen, welche ihnen, $\bar{a}$ gleich 439,333 gesetzt, nach richtiger Temperatur zukommen würden.

Accorde	Gefundene Zahl der Pendelschwingungen	Entsprechende Zahl der Stösse	Berechnete Zahl der Stösse	Unterschied der beiden letzten Columnen
a, $\bar{c}\sharp$, $\bar{e}$	70,90	4,727	4,728	+ 0,001
$\bar{a}\sharp$, $\bar{d}$, $\bar{f}$	74,60	4,973	5,013	+ 0,040
h, $\bar{d}\sharp$, $\bar{f}\sharp$	79,70	5,313	5,311	— 0,002
$\bar{c}$, $\bar{e}$, $\bar{g}$	84,00	5,600	5,626	+ 0,026
$\bar{c}\sharp$ $\bar{f}$, $\bar{g}\sharp$	88,70	5,913	5,960	+ 0,047
$\bar{d}$, $\bar{f}\sharp$, $\bar{a}$	94,10	6,273	6,313	+ 0,040
a, $\bar{d}$, $\bar{f}\sharp$	39,64	2,643	2,660	0,017
a$\sharp$, $\bar{d}\sharp$, $\bar{g}$	42,30	2,820	2,820	—
h, $\bar{e}$, $\bar{g}\sharp$	45,00	3,000	2,995	— 0,005
c, $\bar{f}$, $\bar{a}$	48,50	3,233	3,165	— 0,068

Bedenkt man, dass die grösste Abweichung der gefundenen Stösse von der berechneten, welche sich beim Quartsexten-Accord $\bar{c}$ $\bar{f}$ $\bar{a}$ findet, schon durch die Annahme völlig ausgeglichen wird, dass das wirklich angewandte $\bar{c}$ oder $\bar{a}$ um 0,068 Wellen tiefer oder $\bar{f}$ um 0,034 Wellen höher, oder, bei gleicher Vertheilung des Fehlers auf alle drei Gabeln, $\bar{c}$ und $\bar{a}$ um 0,017 Wellen tiefer und $\bar{f}$ um 0,017 Wellen höher gewesen wäre, als die der Rechnung zu Grunde liegenden Werthe; so wird man nicht allein in den vorliegenden Versuchen die vollkommenste Bestätigung der angewandten Rechnungsweise, sondern zugleich einen Beleg der grossen Annäherung der Scheibler'schen Gabeln an die beabsichtigten Höhen finden. Auch lieferten diese Messungen, in Folge der angedeuteten Betrachtung, ein neues Mittel, die Tonhöhe der einzelnen Gabeln noch weiter zu corrigiren.

Allerdings darf diese Erklärung der Stösse aus dem Zusammentreffen der Combinationstöne bis dahin keineswegs als der Ausdruck des eigentlichen, physikalischen Vorgangs bei der Bildung der Stösse — welcher, da eine unmittelbare Abstraktion aus der Erscheinung in dem vorliegenden Fall unmöglich ist, nur durch Ableitung aus anerkannten physikalischen Principien gefunden werden könnte, — sondern, streng genommen, nur als bequeme Bezeichnung einer Regel zur Berechnung der Stösse betrachtet werden. Jedoch steht diese Regel in einer so genauen Beziehung zur eigentlichen Bildungsweise der Stösse aus zwei einfachen Tönen, und wird in ihren Consequenzen und in ihrer allgemeinen Ausdehnung so vollkommen durch die Erfahrung bestätigt, dass es als auffallendes Beispiel in der Geschichte der Physik dastände, wenn eine spätere theoretische Untersuchung, statt sie zu begründen, sie nur als verfehlten Ausdruck der eigentlichen physikalischen Beziehungen kennen lehrte.

Bedienen wir uns nur des reinen Ausdruckes der Erfahrung, so lehren die vorliegenden, mit den mannigfaltigsten anderweitigen Zusammenstellungen von Tönen übereinstimmenden Versuche, dass bei jedem Zusammenklang zweier, in Bezug auf ihre Höhe wenig von einander verschiedenen Combinationstöne Stösse entstehen, deren Zahl gleich ist dem Unterschiede der Wellenzahlen der Combinationstöne.

Aus diesem reinen Erfahrungssatze ergiebt sich in Bezug auf die bis dahin betrachteten Arten von Stössen als nächste Folgerung, dass eben so während des Zusammenklangs eines einfachen Tones mit einem Combinationstone eine dem Unterschiede der Wellenzahlen gleiche Anzahl von Stössen gebildet werden muss, und dass bei grösseren Unterschieden der Töne, sowohl während des Zusammenklangs zweier Combinationstöne, als eines einfachen Tones mit einem Combinationstone, statt dieser Stösse neue Combinationstöne entstehen, deren Wellenzahl wieder dem Unterschied der Wellen dieser Töne gleich ist.

Denn da die Wellen der Combinationstöne je nach den verschiedenen Eigenthümlichkeiten und Verhältnissen der componirenden Töne auf die mannigfaltigste Weise gestaltet und aus einer grössern oder kleinern Zahl einfacher Schwingungen zusammengesetzt sind; so ist die Bildung der mit dem Zusammenklang der Combinationstöne unzertrennlich verbundenen Stösse offenbar unabhängig von der besondern Gestalt der Wellen dieser Töne, woraus folgt, dass dieselbe Erzeugung der Stösse nach dem nämlichen Gesetz ihrer Geschwindigkeit auch dann statt finden muss, wenn für die Wellen des einen Combinationstones die Wellen eines einfachen Tones gesetzt werden. Jeder Art von Stössen, unter welchen Umständen sie auch gebildet werden möge, ist aber nur das Resultat einheitlicher, auf unser Gehör einwirkender Wellensysteme, und da in physikalischer Hinsicht zwischen Stössen und Tönen nur der Unterschied einer langsamern oder schnellern Wiederholung der einzelnen Systeme besteht, deren Zahl eben sowohl unmittelbar die Höhe des Tones, als die Geschwindigkeit der Stösse bedingt, so ist mit der Bildung der Stösse in den vorhin bezeichneten Fällen zugleich die Bildung neuer Combinationstöne gegeben, deren Wellenzahl wiederum gleich ist dem Unterschiede der Wellenzahlen der zusammenklingenden Töne.

Diese Erzeugung von Stössen und neuen Combinationstönen bildet aber offenbar nur das zweite Glied einer unendlichen Reihe von Stössen und Combinationstönen. Denn wiederholen wir für den Zusammenklang dieser Töne, sowohl unter sich, als mit einfachen Tönen oder den aus denselben unmittelbar resultirenden Combinationstönen, die so eben angestellten Betrachtungen; so werden wir durch fortgesetzte Combinationen objectiv zu einer unendlichen Mannigfaltigkeit von Stössen und Combinationstönen geführt, welche, alle durch dasselbe Gesetz bestimmt, in ihrem Zusammenklingen wiederum nach dem nämlichen Gesetze von Stössen und Combinationstönen begleitet werden.

Ehe wir einige von den zur Bestätigung dieser Betrachtung dienenden Versuchen anführen, müssen wir bemerken, dass wir diejenigen Combinationstöne, welche aus dem Zusammentreffen zweier gewöhnlichen Töne resultiren, Combinationstöne ersten Grades; die, mit dem Zusammentreffen zweier Combinationstöne ersten Grades oder eines Combinationstones ersten Grades mit einem gewöhnlichen Ton verbundenen neuen Töne Combinationstöne zweiten Grades, ferner diejenigen Combinationstöne, welche mit dem Zusammenklingen zweier Combinationstöne zweiten Grades oder eines Combinationstones zweiten Grades mit einem der vorhergegangenen Töne erscheinen, Combinationstöne dritten Grades nennen wollen u. s. f.

I. Stösse, welche mit dem Zusammentreffen zweier Combinationstöne ersten Grades erscheinen.

		1ste	4te	8te	Gabel der Gabelreihe von a bis $\bar{a}$
α.	Wellenzahlen	219,667	232,720	251,886	der einfachen Töne
	Combinations-		13,053	19,166	Töne
		Stösse	6,113		

		a♯	$\overline{c}$	$\overline{g}$♯	$\overline{a}$	
β.	einfache	232,728	261,230	414,676	439,333	Töne
	Combinations-	28,502			24,657	töne
		Stösse 3,843				

II. Stösse beim Zusemmenklingen eines einfachen Tones mit einem Combinationston 1sten Grades.

Zu dieser Klasse gehören die Stösse des Neben-$\overline{a}$ mit a, vermittelst welcher S. die Octave stimmte, sie entstehen nach der Rechnung:

		a	Neben-$\overline{a}$	
α.	Schwingungszahlen der	m	2m—4	einfachen Töne
	Töne der zweiten	m	m—4	Combination
	Stösse	4		

		A	a♯	$\overline{f}$	
	einfache	109,833	232,728	348,699	Töne
β.	zweite	109,833		115,971	Combination
	Stösse	6,138			

	A	$\overline{c}$♯	$\overline{g}$
	109,833	276,762	391,402
γ.	409,833		114,640
	Stösse 4,807		

Bei dem Versuche II. β. wurden ausser den angegebenen Stössen noch andere schwächere Stösse gehört, welche die Messung der erstern etwas erschwerten. Sie entstanden nach folgender Rechnung:

	A	a♯	$\overline{f}$	
einfache	109,833	232,728	348,699	Töne
Combinationstöne		122,895	115,871	ersten Grades
Stösse	6,924			

III. Stösse, bedingt durch das Zusammentreffen eines Combinationstones 1sten Grades mit einem Combinationston 2ten Grades.

	A	a♯	$\overline{c}$♯	12 Schwingungen tiefer als a	
einfache	109,833	232,728	276,762	427,333	Töne
		zweite	44,034	150,571	Combination
erste	109,833			106,537	Combination
	Stösse 3,296				

IV. Stösse eines Combinationstones ersten und eines Combinationstones zweiten Grades.

$\bar{a}$ $\bar{f}$ $\bar{g}\sharp$

219,667   348,699   414,676

129,032   65,977

63,056 — 65,977

Stösse 2,921

V. Stösse zweier Combinationstöne 2ten Grades.

a $\bar{c}\sharp$ $\bar{f}$ $\bar{a}$

219,667   276,762   348,699   439,333

67,095   71,937   90,634

14,842   18,697

Stösse 3,855

VI. Stösse eines Combinatiostones 3ten Grades mit einem einfachen Tone.

Nebengabel des $\bar{a}$=4m—4	3m—4	2m—4	m—4	4 Stösse
A=4	m	m	m	

In allen diesen Fällen stimmte nach den, meist ohne vorherige Kenntniss des berechneten Resultats, angestellten Messungen S.'s die gefundene Zahl der Stösse mit der berechneten bis auf unbedeutende Abweichungen in der zweiten Decimalstelle, und es bedarf nur der Andeutung, wie eine solche Uebereinstimmung der Endresultate nicht ohne genaueste Uebereinstimmung der Zwischenrechnungen mit den wirklichen Werthen der Combinationstöne statt finden kann.

Ueberheben wir uns daher der ängstlichen Sorge, eine mögliche physikalische Deutung unseres Ausdrucks zu vermeiden, so liefern die vorliegenden Versuche, mit einer Genauigkeit, wie sie wohl nicht auf anderem Wege erhalten werden könnte, eine Bestätigung des allgemeinen Gesetzes: dass durch den Zusammenklang jeder Art von Tönen, je nach der Differenz ihrer Höhe, Stösse oder Combinationstöne erzeugt werden, von denen die Zahl der ersteren so wie die Höhe der letztern unmittelbar durch den Wellenunterschied der erzeugenden Töne gegeben wird.

Wie wir bereits früher erwähnten, wurde der Theil dieses

Gesetzes, welcher sich auf die Erzeugung der Combinationstöne bezieht, zuerst von Hällström entdeckt, und durch unmittelbare Versuche mit einer gewiss seltenen Beobachtungsgabe für die aus dem Zusammenklingen zweier einfachen Töne hervorgehenden Combinationen in der Erfahrung nachgewiesen. Wie aber schon die unmittelbare Höhenbestimmung der Töne durch die Unsicherheit des musikalischen Gehörs sehr beschränkt wird, so tritt die Subjectivität unserer Wahrnehmung der Töne noch viel deutlicher hervor bei der Bestimmung der Stärke der Combinationstöne.

Auch in dieser Hinsicht scheint die Beobachtung der Stösse das geeignetste Mittel zu genaueren Bestimmungen zu sein. Nach den Erfahrungen S. nimmt die Stärke der Stösse im Allgemeinen in folgender Ordnung ab:

1) Stösse zweier einfachen Töne
2) - eines Combinationstones 1sten Grades mit einem einfachen Ton.
8) - zweier Combinationstöne 1sten Grades.
4) - eines Combinationstones 2ten Grades mit einem einfachen Ton.
5) - eines Combinationstones 2ten Grades mit einem Combinationston 1sten Grades.
6) - eines Combinationstones 3ten Grades mit einem einfachen Ton.
7) - zweier Combinationstöne 2ten Grades.
8) - eines Combinationstones 3ten Grades mit einem Combinationstone 1sten Grades.

Ueber diese Grenze hinaus können die Stösse, wenn sie durch das Zusammenklingen von Stimmgabeln entstehen, nicht mehr mit Sicherheit gemessen werden, obgleich die Töne einer Orgel noch sehr deutlich Stösse höhern Grades erzeugen. In derselben Ordnung aber, in welcher die Stärke der Stösse abnimmt, muss auch (wenn nicht durch subjektive Einflüsse oder durch ungleiche Stärke der erzeugenden einfachen Töne die eigentliche Reihenfolge verdeckt wird) die Hörbarkeit der Combinationstöne vermindert werden, wornach also im Allgemeinen die Bestimmung gilt, dass die Stösse und Combinationstöne um so schwächer werden, je zusammengesetzter die Combinationen sind, aus welchen sie hervorgehen.

Durch die Anwendung des allgemeinen Gesetzes für die Erzeugung der Stösse und Combinationstöne wurde es mir nun leicht, zur Stimmung kleinerer Intervalle ähnliche Verfahrungsweisen auszumitteln, wie sie S. zur Stimmung der Octave entdeckt hatte.

Setzen wir die Wellenzahl des Grundtons in dem Intervall der reinen Octave = m, der reinen Quinte = 2m, der reinen Quarte = m, so ergiebt sich nach folgender Rechnung:

Octave.

erzeugende Töne	erzeugte Töne	Stösse
m, 2m ± a	m ± a	
m, m ± a	a	= a

Quinte.

2m, 3m ± a	m ± a	
m ± a, 2m	m ∓ a	
m ∓ a, m ± a	2a	2a Stösse

Quarte.

3m, 4m ± a	m ± a	
m ± a, 3m	2m ∓ a	
m ± a, 2m ± a	m ∓ 2a	
m ∓ 2a, m ± a	3a	3a Stösse

welche allgemein für die Töne pm und qm + a, wenn p und q relative Primzahlen sind, pa Stösse liefert, dass ein Ton in der Nähe des höhern Tones eines der angeführten Intervalle mit dem Grundton des Intervalls

bei der Octave die einfache
- - Quinte - doppelte
- - Quarte - dreifache,

Zahl derjenigen, in der Rechnung durch a bezeichneten, Stösse erzeugt, welche derselbe Ton mit dem höhern Ton des Intervalls bildet.

Befände sich dieser dritte Ton, welchen wir Hülfston nennen wollen, in der Nähe des Grundtones, so würde derselbe nach dem angeführten allgemeinen Fall, wo dann qm den Grundton bezeichnete, mit dem höhern Ton

bei der Octave die doppelte
- - Quinte - dreifache
- - Quarte - vierfache

Zahl derjenigen Stösse liefern, welche derselbe Ton mit dem Grundton erzeugt.

Da die Rechnung sowohl für + a als — a geführt ist, so ist es für diese Bestimmungen gleichgültig, ob der Hülfston höher oder tiefer als der zunächst liegende Ton des Intervalls genommen wird.

Benutzen wir nun diese Beziehungen zur Stimmung der Intervalle, so ergiebt sich zunächst für den Fall, dass der Grundton gegeben, die Regel, einen Hülfston so in die Nähe des verlangten Tones zu bringen, dass derselbe mit dem Grundtone zusammenklingend deutliche und messbare Stösse erzeugt, und nun bei der Octave um die ganze Zahl dieser Stösse, bei der Quinte um die Hälfte und bei der Quarte um ein Drittheil derselben den zweiten Ton des Intervalls höher oder tiefer als den Hülfston zu stimmen. Aehnliche Regeln ergeben sich, wenn der Hülfston in der Nähe des Grundtones liegt, oder wenn, bei gegebenem zweiten Ton des Intervalls, der Hülfston wiederum in der Nähe des Grundtones oder des gegebenen Tones genommen wird. Der letzte Fall bildet namentlich die bereits erwähnte Methode zur Stimmung der Octave.

Allerdings bleibt nach diesem Verfahren besonders zu untersuchen, ob der Hülfston, wenn er in der Nähe des zu stimmenden Tones angenommen wurde, tiefer oder höher liegt, als der verlangte Ton, oder, wenn der Hülfston sich in der Nähe des gegebenen Tones befindet, ob von den beiden Tönen, welche mit dem Hülfston die verlangte Zahl der Stösse erzeugen können, wirklich der richtige gefunden sei. Steht zu dieser Bestimmung nicht die Benutzung eines schon bekannten Tones in der Nähe des gesuchten zu Gebote und will man sich nicht auf das Urtheil des musikalischen Gehörs oder auf den Gebrauch eines Monochords verlassen, so kann dieselbe leicht durch eine geringe Aenderung des Hülfstones, wozu eine Temperaturerhöhung der Gabel um etwa 15° R. schon hinreichen wird, oder durch Anwendung eines zweiten Hülfstones geschehen, jedoch übergehen wir die weitere Ausführung, da sie sehr nahe liegt.

Ein gleiches Verfahren liesse sich bei stärkern Tönen, etwa den Tönen der Orgel, auch zur Stimmung der grossen und kleinen Terz und der grossen und kleinen Sexte benutzen: für die schwachen Töne der Gabeln bleibt aber die Anwendung desselben auf die Stimmung der Octave, Quinte und Quarte beschränkt, indess können die übrigen Intervalle leicht durch Anwendung mehrerer Hülfstöne bestimmt werden.

Wir begnügen uns zur Andeutung solcher Wege zwei von S. zur Stimmung der grossen Terz und der Octave aufgefundene Verfahrungsarten anzuführen, nach welchen man leicht die für die Töne der Gabeln oder für Orgeltöne in jedem einzelnen Fall passende Zusammenstellung wird finden können.

Ist die Wellenzahl des Grundtons 4m, so ist die der grossen Terz 5m und der Quinte 6m. Demnach hat man für den Zusammenklang einer Hülfsterz mit dem Grundton und der reinen Quinte folgende Rechnung:

Grundton		Hülfsterz		Quinte
4m		$5m \pm a$		6m
	$m \pm a$		$m \mp a$	
		2a Stösse,		

woraus sich als Regel für die Stimmung der reinen Terz ergiebt: die Stösse zu messen, welche eine Hülfsterz mit einer schon rein gestimmten Quinte und dem Grundton zusammenklingend erzeugt, und um die doppelte Zahl dieser Stösse höher oder tiefer als die angewandte Hülfsterz die reine Terz zu suchen.

Da die reine Quinte erst durch Hülfe eines andern Tones gefunden wird, so ist die Stimmung der grossen Terz directer, mithin genauer, wenn man sich des Zusammenklangs von Grundton, Hülfsterz und Hülfsquinte bedient, weshalb S. nur diese Zusammenstellung anwandte. Für diesen Fall giebt die Rechnung:

Grundton		Hülfsterz		Hülfsquinte
4m		$5m \pm a$		$6m \pm b$
	$m \pm a$		$m \pm b \mp a$	
		$\pm b \mp 2a$ Stösse,		

in welcher die Vorzeichen von a und b von einander unabhängig sind, $b \mp 2a$ oder $2a \mp b$ für $+b$ und $b \pm 2a$ oder $2a \pm b$ für $-b$, woraus sich leicht die betreffende Regel ableiten lässt.

Das von S. späterhin aufgefundene Mittel zur Stimmung der Octave besteht in der Anwendung einer Hülfsquarte. Da sowohl die Stösse einer Hülfsquarte mit dem Grundton, als die Stösse eines Hülfsgrundtones mit der reinen Quinte, das Dreifache derjenigen Stösse sind, welche der Hülfston mit dem nahe liegenden Tone des Intervalls bildet, so muss die Hülfsquarte mit der Octave und mit dem Grundton eine gleiche Zahl von Stössen erzeugen, nämlich das Dreifache derjenigen Stösse, welche die Hülfsquarte mit der reinen Quarte bildet. Vergleicht man das hieraus hervorgehende Verfahren mit der frühern Stimmung der Octave durch Anwendung der Hülfsoctave, so findet man die Genauigkeit dieser spätern Methode doppelt so gross als die der frühern.

Es sei z. B. die Wellenzahl des Grundtone 240, dann ist die der reinen Quarte 320 und der Octave 480. Ist nun die Hülfsquarte um 1 Stoss höher als die reine Quarte, mithin ihre Wellenzahl 321, so bildet sie mit der Octave nach der Rechnung:

erzeugende Töne	Combinationstöne	Stösse
321 und 480	159	3
159 - 321	162	

Drei Stösse und würde, nach einer ähnlichen Rechnung eine gleiche Zahl von Stössen mit dem Grundton erzeugen. Wird aber statt des wahren Grundtones von 240 Wellen ein Ton von 240,1 Wellen genommen, so bildet die Hülfsquarte mit diesem falschen Grundton nach der Rechnung:

erzeugende Töne	Combinationstöne	Stösse
240,1 und 321	80,9	
80,9 - 240,1	159,2	
80,9 - 159,2	78,3	
78,3 - 80,9	2,6	2,6

2,6 Stösse, welche von den mit der Octave oder dem wahren Grundtone erzeugten 3 Stössen um 0,4 abweichen. Sei nun ferner die Hülfsoctave um 4 Stösse tiefer als die reine Octave, mithin ihre Wellenzahl 476, so bildet dieselbe mit dem falschen Grundton nach der Rechnung:

240,1 mit 476	235,9
235,9 - 240,1	4,2 Stösse

4,2 Stösse, deren Unterschied von den mit der Octave oder dem wahren Grundton erzeugten Stössen 0,2 beträgt. Diese 0,2 sind aber nur die Hälfte des vorhin gefundenen Unterschiedes 0,4, und eben so findet man allgemein, dass die Hülfsquarte noch die Hälfte derjenigen Abweichung eines Tones von einem der beiden Töne der Octave anzeigt, welche durch die Hülfsoctave gefunden werden kann.

Die Genauigkeit dieses Verfahrens ist übrigens so gross, dass sich wenn die Hülfsquarte mit der Octave und gleich darauf mit dem Grundton zusammengestellt wurde, jedesmal eine ungleiche Zahl von Stössen ergab, und S. dadurch veranlasst wurde, den Grundton für unrichtig zu halten, obgleich die sorgfältigste Prüfung mit der Hülfsoctave keinen Fehler entdecken liess. Erst später stellte sich heraus, dass diese Ungleichheit der Stösse nur durch die stärkere Erwärmung der in beiden Zusammenstellungen gebrauchten Hülfsquarte verursacht wurde, da beide Messungen, wenn sie an verschiedenen Tagen geschahen, vollkommen dasselbe Resultat gaben. Diese directen Stimmungen der Octave, Quinte, Quarte und grossen Terz sind hinreichend auf mannigfaltige Weise eine chromatische Tonleiter in reinen Intervallen zu verfertigen, welche durch die Ausmessung der einzelnen Intervalle ein bequemes Mittel zu vielfachen Bestimmungen der Wellenzahl des a darbietet. Zur Vergleichung mit dem Resultate der Aufnahme der ganzen Octave unternahm S. die Ausmessung der Intervalle a bis $\overline{c}\sharp$, $\overline{c}\sharp$ bis $\overline{d}$, $\overline{d}$ bis $\overline{e}$ und $\overline{g}\sharp$ bis $\overline{a}$, aus denen sich mit Hinzuziehung der Messung von a bis $\overline{a}$ folgende Werthe für a ergaben:

Gemessene Intervalle	Faktoren, womit die gefundenen Schwingungen multiplicirt wurden, um die Schwingungen des a zu erhalten	Schwingungen des a	Abweichung von dem Resultat der ersten Messung
a bis $\overline{a}$	1	219,667	
a — $\overline{c}\sharp$	4	219,610	— 0,057
$\overline{c}\sharp$ — $\overline{d}$	12	219,642	— 0,025
$\overline{d}$ — $\overline{e}$	6	219,562	— 0,105
$\overline{g}\sharp$ — $\overline{a}$	8	219,755	+ 0,088
a — $\overline{d}$	3	219,618	— 0,049
a — $\overline{e}$	2	219,600	— 0,067
$\overline{c}\sharp$ — $\overline{e}$	4	219,590	— 0,077,

von welchen jedoch der erste Werth am richtigsten sein wird, da die Grenzen einer Octave wegen grösserer Deutlichkeit der Stösse am genauesten festgestellt werden können.

Besitzt man indess eine chromatische Tonleiter in Stimmgabeln, welche sich der gleichschwebenden Temperatur nur so weit zu nähern braucht, als es durch blosses Stimmen nach dem musikalischen Gehör bei einiger Aufmerksamkeit leicht bewirkt werden kann, so lassen sich die Schwingungszahlen der einzelnen Töne, ohne Anwendung von Zwischengabeln, unmittelbar aus den Stössen der grossen Dreiklänge, der Quartsexten- und der Sextenaccorde in folgender Weise berechnen.

Berechnet man nach dem Verhältniss $1:\sqrt[12]{2}$ die Schwingungsverhältnisse einer chromatischen Tonleiter, so erhält man die bekannten Zahlen:

a	= 100 000 000
a♯	= 105 946 309
h	= 112 246 205
$\bar{c}$	= 118 920 711
$\bar{c}$♯	= 125 992 105
$\bar{d}$	= 133 483 985
$\bar{d}$♯	= 141 421 356
$\bar{e}$	= 149 830 707
$\bar{f}$	= 158 740 105
$\bar{f}$♯	= 168 179 283
$\bar{g}$	= 178 179 744
$\bar{g}$♯	= 188 774 863
$\bar{a}$	= 200 000 000.

Von diesen Verhältnissen kommen diejenigen der Quinte und Quarte den einfachen Verhältnissen 2:3 und 3:4 sehr nahe, dagegen ist das Verhältniss der grossen Terz beträchtlich grösser als das einfache Verhältniss 4:5, und, als Folge davon, die kleine Terz und kleine Sexte viel kleiner als die Verhältnisse 5:6 und 5:8. Diese Umstände verursachen, dass bei einer nur einigermassen der gleichschwebenden Temperatur angenäherten Stimmung in den grossen Dreiklängen, wie in:

a — $\bar{c}$♯ — $\bar{e}$
100,0m — 125,9m — 149,8m
25,9m — 23,9m
2m Stösse,

der grössere Combinationston aus Grundton und Terz, und in den Quartsexten-Accorden, wie in:

a — $\bar{d}$ — $\bar{f}$
100,0m — 133,5m — 168,0m
33,5m — 34,5m
1m Stösse,

der grössere Combinationston aus der Quarte und grossen Sexte gebildet wird.

Bezeichnen wir nun die Zahl der Wellen durch den Namen der Töne, so ergibt sich aus dem angeführten Verhalten folgende Gleichung zwischen den Stössen der Dreiklänge und den Wellenzahlen ihrer Töne

$$\bar{c}\sharp - a - (\bar{e} - \bar{c}\sharp) = n,$$

oder $2\bar{c}\sharp - a - \bar{e} = n$ und

$$\bar{f}\sharp - \bar{d} - (\bar{d} - a) = m,$$

oder $\bar{f}\sharp - 2\bar{d} + a = m$,

wo n und m respective die Stösse von a, $\bar{c}\sharp$, $\bar{e}$ und a, $\bar{d}$, $\bar{f}\sharp$ bedeuten.

Da aus den 13 Tönen der chromatischen Tonleiter von a bis $\bar{a}$ sechs grosse Dreiklänge und vier Quartsextenaccorde gebildet werden, so entstehen auf diese Weise zehn Gleichungen, welchen nur noch drei andere Bestimmungen hinzu zu fügen sind, um aus der gegebenen Zahl der Stösse die einzelnen Werthe jener 13 Töne berechnen zu können.

Diese fehlenden Gleichungen ergeben sich, ähnlich den vorigen, aus den Stössen des Sextenaccordes. Berechnet man die Stösse dieses Accordes aus den Wellenzahlen der Töne nach folgenden Combinationen:

$\bar{a}$ = 219,666	41,563	41,563	4,344,
$\bar{c}$ = 261,229	87,470	45,907	
$\bar{f}$ = 348,699			

so erhält man 4,344 Stösse. Statt dieser Stösse hört man indess deutlich Stösse von geringerer Geschwindigkeit, durch welche die vorigen, obgleich immer noch erkennbar, so verdeckt werden, dass nur die letztern mit Sicherheit zu messen sind. Diese Stösse entstehen aus den Combinationen:

a = 219,666	129,033	129,033	3,163 Stösse,
$\bar{f}$ = 348,699	261,229	132,196	
$\bar{c}$ = 261,229			

und der Grund ihrer grössern Stärke ergibt sich leicht aus einer Vergleichung beider Erzeugungsweisen, da zwar in beiden Fällen die Stösse durch das Zusammentreffen eines Combinationstones ersten Grades mit einem Combinationstone zweiten Grades gebildet werden, dieser Combinationston zweiten Grades aber im ersten Fall aus zwei Combinationstönen ersten Grades, dagegen im zweiten Falle aus einem Combinationston ersten Grades und einem einfachen Tone resultirt.

Bedienen wir uns wieder der vorigen Zeichen für die Wellenzahlen der Töne, so ergibt sich für die Zahl dieser Stösse, welche wir p nennen, die Gleichung:

$$\overline{c} - 2\,(\overline{f} - a) = p,$$
$$\text{oder } 2a + \overline{c} - 2\overline{f} = p,$$

und in gleicher Weise entsprechen noch vier andere Gleichungen den übrigen Sextenaccorden zwischen a und $\overline{a}$.

Demnach erhalten wir zur Bestimmung der 12 Töne von a bis $\overline{a}$ folgende Gleichungen, wo $\overset{\mathrm{I}}{n}, \overset{\mathrm{II}}{n} \ldots$ die jedesmalige Zahl der Stösse bedeutet

$$2\overline{c}\sharp - a - \overline{c} = \overset{\mathrm{I}}{n} \qquad a + \overline{f}\sharp - 2\overline{d} = \overset{\mathrm{VII}}{n} \qquad 2a + \overline{c} - 2\overline{f} = \overset{\mathrm{XI}}{n}$$
$$2\overline{d} - a\sharp - \overline{f} = \overset{\mathrm{II}}{n} \qquad a\sharp + \overline{g} - 2\overline{d}\sharp = \overset{\mathrm{VIII}}{n} \qquad 2a\sharp + \overline{c}\sharp - 2\overline{f}\sharp = \overset{\mathrm{XII}}{n}$$
$$2\overline{d}\sharp - h - \overline{f}\sharp = \overset{\mathrm{III}}{n} \qquad h + \overline{g}\sharp - 2\overline{e} = \overset{\mathrm{IX}}{n} \qquad 2h + \overline{d} - 2\overline{g} = \overset{\mathrm{XIII}}{n}$$
$$2\overline{e} - \overline{c} - \overline{g} = \overset{\mathrm{IV}}{n} \qquad \overline{c} + \overline{a} - 2\overline{f} = \overset{\mathrm{X}}{n} \qquad 2\overline{c} + \overline{d}\sharp - 2\overline{g}\sharp = \overset{\mathrm{XIV}}{n}$$
$$2\overline{f} - \overline{c}\sharp - \overline{g}\sharp = \overset{\mathrm{V}}{n} \qquad 2\overline{c}\sharp + \overline{e} - 2\overline{a} = \overset{\mathrm{XV}}{n}$$
$$2\overline{f}\sharp - \overline{d} - \overline{a} = \overset{\mathrm{VI}}{n}$$

Lassen wir die zwölfte und vierzehnte Gleichung weg, welche als Probe der erhaltenen Werthe dienen können, so ergibt sich:

$$a = 3\overset{\mathrm{I}}{n} + 12\overset{\mathrm{IV}}{n} + 12\overset{\mathrm{V}}{n} + 2\overset{\mathrm{VI}}{n} - 4\overset{\mathrm{VII}}{n} + 12\overset{\mathrm{IX}}{n} + 8\overset{\mathrm{X}}{n} + 4\overset{\mathrm{XI}}{n} - 6\overset{\mathrm{XIII}}{n} + 3\overset{\mathrm{XV}}{n}$$

$$a\sharp = 3\overset{\mathrm{I}}{n} + \overset{\mathrm{III}}{n} + 12\overset{\mathrm{IV}}{n} + 12\overset{\mathrm{V}}{n} + 2\tfrac{1}{2}\overset{\mathrm{VI}}{n} - 4\overset{\mathrm{VII}}{n} + \overset{\mathrm{VIII}}{n} + 12\overset{\mathrm{IX}}{n} + 8\tfrac{1}{2}\overset{\mathrm{X}}{n} + 3\tfrac{1}{2}\overset{\mathrm{XI}}{n}$$
$$- 5\tfrac{1}{2}\overset{\mathrm{XIII}}{n} + 3\overset{\mathrm{XV}}{n}$$

$$h = 2\overset{\mathrm{I}}{n} + 2\overset{\mathrm{II}}{n} + 2\overset{\mathrm{III}}{n} + 11\overset{\mathrm{IV}}{n} + 12\overset{\mathrm{V}}{n} + 1\tfrac{1}{2}\overset{\mathrm{VI}}{n} - \overset{\mathrm{VII}}{n} + 2\overset{\mathrm{VIII}}{n} + 12\overset{\mathrm{IX}}{n} + 9\tfrac{1}{2}\overset{\mathrm{X}}{n}$$
$$+ 1\tfrac{1}{2}\overset{\mathrm{XI}}{n} - 4\tfrac{1}{2}\overset{\mathrm{XIII}}{n} + 4\overset{\mathrm{XV}}{n}$$

$$\overline{c} = 4\overset{\mathrm{I}}{n} - 2\overset{\mathrm{II}}{n} - 2\overset{\mathrm{III}}{n} + 16\overset{\mathrm{IV}}{n} + 16\overset{\mathrm{V}}{n} + 3\overset{\mathrm{VI}}{n} - 8\overset{\mathrm{VII}}{n} - 2\overset{\mathrm{VIII}}{n} + 16\overset{\mathrm{IX}}{n} + 11\overset{\mathrm{X}}{n}$$
$$+ 6\overset{\mathrm{XI}}{n} - 9\overset{\mathrm{XIII}}{n} + 4\overset{\mathrm{XV}}{n}$$

$$\overline{c}\sharp = 4\overset{\mathrm{I}}{n} + 15\overset{\mathrm{IV}}{n} + 15\overset{\mathrm{V}}{n} + 2\tfrac{1}{2}\overset{\mathrm{VI}}{n} - 5\overset{\mathrm{VII}}{n} + 15\overset{\mathrm{IX}}{n} + 10\tfrac{1}{2}\overset{\mathrm{X}}{n} + 4\tfrac{1}{2}\overset{\mathrm{XI}}{n} + 7\tfrac{1}{2}\overset{\mathrm{XIII}}{n} + 4\overset{\mathrm{XV}}{n}$$

$$\overline{d}=\overset{\text{I}}{4n}+\overset{\text{IV}}{16n}+\overset{\text{V}}{16n}+\overset{\text{VI}}{3n}-\overset{\text{VII}}{6n}+\overset{\text{IX}}{16n}+\overset{\text{X}}{11n}+\overset{\text{XI}}{5n}-\overset{\text{XIII}}{8n}+\overset{\text{XV}}{4n}$$

$$\overline{d}\sharp=\overset{\text{I}}{3\tfrac{1}{2}n}+\overset{\text{II}}{n}+\overset{\text{III}}{1\tfrac{1}{2}n}+\overset{\text{IV}}{15\tfrac{1}{2}n}+\overset{\text{V}}{16n}+\overset{\text{VI}}{2\tfrac{3}{4}n}-\overset{\text{VII}}{4n}+\overset{\text{VIII}}{n}+\overset{\text{IX}}{16n}+\overset{\text{X}}{11\tfrac{3}{4}n}$$
$$+\overset{\text{XI}}{3\tfrac{3}{4}n}-\overset{\text{XIII}}{7\tfrac{1}{4}n}+\overset{\text{XV}}{4\tfrac{1}{2}n}$$

$$\overline{e}=\overset{\text{I}}{4n}+\overset{\text{IV}}{18n}+\overset{\text{V}}{18n}+\overset{\text{VI}}{3n}-\overset{\text{VII}}{6n}+\overset{\text{IX}}{18n}+\overset{\text{X}}{13n}+\overset{\text{XI}}{5n}-\overset{\text{XIII}}{9n}+\overset{\text{XV}}{5n}$$

$$\overline{f}=\overset{\text{I}}{5n}-\overset{\text{II}}{n}-\overset{\text{III}}{n}+\overset{\text{IV}}{20n}+\overset{\text{V}}{20n}+\overset{\text{VI}}{3\tfrac{1}{2}n}-\overset{\text{VII}}{8n}-\overset{\text{VIII}}{n}+\overset{\text{IX}}{20n}+\overset{\text{X}}{13\tfrac{1}{2}n}+\overset{\text{XI}}{6\tfrac{1}{2}n}$$
$$-\overset{\text{XIII}}{10\tfrac{1}{2}n}+\overset{\text{XV}}{5n}$$

$$\overline{f}\sharp=\overset{\text{I}}{5n}+\overset{\text{IV}}{20n}+\overset{\text{V}}{20n}+\overset{\text{VI}}{4n}-\overset{\text{VII}}{7n}+\overset{\text{IX}}{20n}+\overset{\text{X}}{14n}+\overset{\text{XI}}{6n}-\overset{\text{XIII}}{10n}+\overset{\text{XV}}{5n}$$

$$\overline{g}=\overset{\text{I}}{4n}+\overset{\text{II}}{2n}+\overset{\text{III}}{2n}+\overset{\text{IV}}{19n}+\overset{\text{V}}{20n}+\overset{\text{VI}}{3n}-\overset{\text{VII}}{4n}+\overset{\text{VIII}}{2n}+\overset{\text{IX}}{20n}+\overset{\text{X}}{15n}+\overset{\text{XI}}{4n}$$
$$-\overset{\text{XIII}}{9n}+\overset{\text{XV}}{6n}$$

$$\overline{g}\sharp=\overset{\text{I}}{6n}-\overset{\text{II}}{2n}-\overset{\text{III}}{2n}+\overset{\text{IV}}{25n}+\overset{\text{V}}{24n}+\overset{\text{VI}}{4\tfrac{1}{2}n}-\overset{\text{VII}}{11n}-\overset{\text{VIII}}{2n}+\overset{\text{IX}}{25n}+\overset{\text{X}}{16\tfrac{1}{2}n}$$
$$+\overset{\text{XI}}{8\tfrac{1}{2}n}-\overset{\text{XIII}}{13\tfrac{1}{2}n}+\overset{\text{XV}}{6n}$$

$$\overline{a}=\overset{\text{I}}{6n}+\overset{\text{IV}}{24n}+\overset{\text{V}}{24n}+\overset{\text{VI}}{4n}-\overset{\text{VII}}{8n}+\overset{\text{IX}}{24u}+\overset{\text{X}}{17n}+\overset{\text{XI}}{7n}-\overset{\text{XIII}}{12n}+\overset{\text{XV}}{6n}$$

Am bequemsten wird man nach diesen Formeln nur einen oder zwei Töne berechnen und dann die übrigen Werthe unmittelbar aus den zu Grunde liegenden Gleichungen bestimmen.

Vorliegende Bestimmung der absoluten Schwingungszahlen hat offenbar den Vorzug der grössten Einfachheit, wenn die zu bereitenden Gabeln zugleich zu musikalischen Zwecken dienen sollen. Für die Töne stärker klingender Instrumente können indess zu ähnlichen Berechnungen nur solche Stösse benutzt werden, welche aus dem Zusammenklang zweier Töne resultiren, da z. B. auf der Orgel bei gleichzeitigem Anstimmen der Töne a, $\overline{c}\sharp$, $\overline{e}$ neben den eigentlichen Stössen des Dreiklangs zugleich die Stösse von a und $\overline{c}\sharp$, von $\overline{c}\sharp$ und $\overline{e}$ und von a und $\overline{e}$ gehört werden, unter welchem Gewirre von vier verschiedenen Stossarten die sichere Messung einer einzelnen unmöglich ist.

Wir sind bis jetzt durch das sehr merkliche Schwanken in der Geschwindigkeit der Stösse bei gewöhnlichen Orgeln abgehalten worden, eine für solche Töne passende Bestimmungsweise, deren sich leicht mehrere finden lassen, anzuwenden. Würde man aber, nach der Methode von Weber, den Einfluss des ungleichen Windes durch die Anwendung compensirter Pfeifen aufheben, und zum Messen der Stösse ein compensirtes aber nicht aufliegendes Pendel oder die Schläge eines Chronometers anwenden; so möchte die durch S. erreichte Genauigkeit in der Bestimmung der absoluten Schwingungszahlen leicht eben so übertroffen werden, wie S. über die bisherigen Tonbestimmungen hinaus gegangen ist.

Klirrtöne.

A. Seebeck, Pogg. Ann. Bd. 40. pag. 539.

Erst nachdem die vorige Darstellung abgegeben lernte ich die genannte Abhandlung Seebeck's kennen, in welcher aus gleichen Gründen, wie im Vorigen, das Wesen des Tones als die regelmässige Wiederkehr irgend eines Impulses erklärt, und nachgewiesen wird, dass die sachgemässe Bezeichnung der Höhe eines Tones in der Angabe der Zahl der wiederholten einfachen oder zusammengesetzten Impulse; nicht aber in der gewöhnlichen Angabe der Verdichtungen und Verdünnungen bestehe.

Nach der durch mehrfache Versuche unterstützten Entwickelung dieser Ansicht wendet sich der Verfasser zur Mittheilung seiner Versuche über Klirrtöne.

Klirrtöne der Saiten. Bekanntlich beobachtete Chladni, als er eine schwingende Saite auf einen in ihrer Mitte untergesetzten Steg schlagen liess, die sonderbare Erscheinung, dass ausser der höhern Octave des Grundtones der Saite noch ein zweiter Ton (von Chladni Klirrton genannt) gehört wurde, welcher die untere Quinte des Grundtones bildete. Nörrenberg wiederholte diesen Versuch, fand aber den zweiten Ton der aufschlagenden Saite um eine Quarte höher als den Grundton und glaubte daher die Angabe Chladni's einem Irrthum zuschreiben zu müssen.

Nach den Beobachtungen Seebeck's sind nun beide Angaben richtig, indem sowohl die Quinte unter dem Grundtone, als die Quarte über demselben, jedoch erstere mit grösserer Deutlichkeit, gehört wird. Auch bestätigt Seebeck im Allgemeinen die Angaben Chladni's über die Höhe der Klirrtöne, welche entstehen, wenn der Steg unter andere Stellen der Saite gesetzt wird. Ueber die Natur dieser Töne besitzen wir indess noch keine genügende Erklärung.

Klirrtöne der Stimmgabeln. In den Schriften der Berliner Akademie, 1824, erwähnt E. G. Fischer folgenden Versuch: Wenn man eine tönende Stimmgabel so auf den Tisch setzt, dass der Stiel die Tischfläche nur beinahe berührt, so hört man ausser dem gewöhnlichen Ton der Gabel noch dessen tiefere Octave.

Diese Erscheinung wurde neuerdings weiter von Seebeck verfolgt, und es ergab sich das interessante Resultat, dass eine $\bar{\bar{a}}$-Gabel auf diese Weise ausser dem von Fischer beobachteten Tone a, noch die Töne d, A, F, D und allenfalls noch tiefere hervorbringt, so dass sich die Schwingungszahlen dieser Töne, von dem gewöhnlichen Tone der Gabel an gerechnet, umgekehrt zu einander verhalten wie die Zahlen: 1, 2, 3, 4, 5, 6. Wenn man die Gabel recht stark anschlägt und dann sehr leise auf den Tisch aufsetzt, so hört man zuerst den tiefsten dieser Töne, und wie die Stärke der Schwingungen nachlässt, kommen der Reihe nach die übrigen Töne zum Vorschein, bis man zuletzt den Ton der Gabel selbst hört.

Diese Töne bezeichnet Seebeck gleichfalls mit dem Namen Klirrtöne, und gibt über ihre Entstehungsweise folgende Erklärung.

Da der Theil der Stimmgabel, welcher sich zwischen den gegen die Krümmung zusammen gerückten Knoten befindet, den Stiel der Gabel in der Richtung seiner Länge in schwingende Bewegung setzt, so wird die leicht berührte Tischfläche eine Reihenfolge von Stössen erleiden, deren höchste Zahl der Schwingungszahl der Gabel (nach ganzen Schwingungen gerechnet) gleich sein wird. Durch jeden Stoss aber wird die Gabel, je nach der Heftigkeit desselben und dem Grade der Kraft, mit welcher sie gegen die Tischfläche gehalten wird, mehr oder minder in die Höhe geworfen, so dass bei einer gewissen Stärke der Schwingungen anfänglich nur der 6te, dann der 5te, 4te u. s. w. Stoss die Fläche treffen, und die Aufeinanderfolge dieser Schläge die vorhin angegebene Reihe der Töne erzeugen wird, deren höchster Ton die nämliche Höhe hat, als der eigentliche Ton der Gabel, aber in qualitativer Hinsicht von demselben verschieden ist.

Auf dieselbe Weise hat Dove früher (Maas und Messsen 4. p. 17) diese Töne erklärt und dabei zugleich auf eine zweite Klasse der Klirrtöne aufmerksam gemacht, welche dadurch hervorgebracht wird, dass man eine von den Zinken der tönenden Stimmgabel mit der Oberfläche eines festen Körpers in Berührung bringt. Mit besonderer Deutlichkeit erscheinen übrigens diese Töne, wenn die Gabel an den ohne Berührung mit einem andern festen Körper befindlichen Theil eines Blattes Papier ungefähr in paralleler Lage mit der Oberfläche desselben gehalten wird. Man hat es dann zuweilen in seiner Gewalt einen beliebigen dieser Klirrtöne hervorzubringen und denselben beinahe so lange als die Resonanz des Papiers dauert, anzuhalten.

An diese Bemerkung erlaube ich mir noch die Beobachtung anzuschliessen, dass tiefe Stimmgabeln öfter ausser dem gewöhnlichen Tone noch einen zweiten erzeugen, welcher die höhere Octave desselben bildet. Diesen höhern Ton bemerkte ich besonders deutlich bei zwei Gabeln, welche ungefähr das kleine a angeben, wo derselbe die nämliche Dauer und beinahe dieselbe Stärke hat, als der Grundton. In gleicher Weise verhalten sich auch die Stösse, welche beide Gabeln sowohl mit einander als mit andern Tönen erzeugen und diese höhere Töne scheinen die Ursache der öfter vorkommenden Erscheinung zu sein, dass zwei Gabeln, wenn sie sehr stark angeschlagen werden, anfangs eine doppelt so grosse Zahl von Stössen zu bilden scheinen als nachher, den Schwingungszahlen der Grundtöne entsprechend, gehört wird. Offenbar sind diese höhern Töne von den vorher beschriebenen Klirrtönen wesentlich verschieden; aber eben so wenig können sie aus den bekannten Schwingungsgesetzen der Stäbe erklärt werden, und es ist mir bis jetzt nicht gelungen ihre Entstehungsweise zu ermitteln.

Ueber Luftschwingungen in cylindrischen Röhren

von William Hopkins, Transact. of the Cambridge Philosoph. Society Vol. V. (Pogg. Ann. 44 p. 246).

Um die Gesetze der Luftschwingungen in cylindrischen Röhren zu untersuchen bediente sich Euler der Voraussetzungen, dass an dem verschlossenen Ende einer Röhre keine Bewegung der Lufttheilchen, sondern nur eine Veränderung ihres Dichtigkeitszustandes, dagegen an dem offenen Ende derselben keine Veränderung der Dichtigkeit, sondern nur eine Bewegung der Lufttheilchen statt finde.

Diese Voraussetzungen bezeichnen indess nur angenähert die wirklichen Zustände an den Enden der Röhre, da jede verschliessende Substanz in geringem Grade durch die Schwingungen der eingeschlossenen Luftsäule bewegt wird, und eine Mittheilung der tönenden Bewegung an die umgebende Luft nicht gedacht werden kann, ohne dass die vibrirenden Lufttheilchen an dem offenen Ende der Röhre eine Veränderung ihrer Dichtigkeit erleiden. Auch ermangeln die unter diesen Voraussetzungen abgeleiteten Folgerungen in so fern der Uebereinstimmung mit der gewöhnlichsten Erfahrung, als nach dieser der Ton der Röhre sehr bald verschwindet, wenn die Bewegung der Lufttheilchen nicht mehr durch eine äussere Ursache unterhalten wird, wohingegen nach jenen Folgerungen die den Lufttheilchen einmal mitgetheilten Schwingungen in unveränderter Stärke fortdauern müssten, wenn nicht durch die Reibung an den Wänden der Röhre eine allmählige Verminderung der Bewegung bedingt wäre, welche Ursache jedoch viel zu gering ist, um jene rasche Abnahme des Tons bewirken zu können.

Diese Umstände veranlassten Poisson, (Mémoire de l'Academie Tom II,) die Aufgabe der Bewegung elastischer Flüssigkeiten in cylindrischen Röhren unter einem neuen Gesichtspunkte zu behandeln.

Bereits hatte Euler nachgewiesen, dass die gleichzeitigen Geschwindigkeiten und Verdichtungen eines Lufttheilchens, welches in einer cylindrischen Röhre von einer einfachen fortschreitenden Welle solicitirt wird, stets dasselbe Verhältniss zu einander haben. Poisson gründet nun seine neue Behandlungsweise auf die Voraussetzung, dass ein solches constantes Verhältniss an dem Ende der Röhre für die ganze Dauer der Bewegung in derselben fortbestehe. Nehmen wir als Exponent dieses Verhältnisses den Quotienten der Geschwindigkeit in die Verdichtung, so wird derselbe für die Lufttheilchen an dem Ende einer verschlossenen Röhre um so grösser, je weniger die verschliessende Substanz, vermöge ihrer Natur, an den Bewegungen der eingeschlossenen Luft Theil nimmt, dagegen wird derselbe sehr klein sein, wenn die Luft in der Röhre an dem betreffenden Ende mit der umgebenden Luft frei communicirt.

Unter diesen Voraussetzungen, welche die Annahme eines beliebigen Grades der Elasticität der verschliessenden Substanz gestatten und den Bedingungen zur Fortpflanzung des Schalls an dem offenen Ende der Röhre genügen, entwickelt nun Poisson nicht allein die bis dahin bekannten Gesetze über Schwingungen in Röhren; sondern zeigt zugleich, dass die Bewegung, wenn sie nicht mehr durch eine äussere Ursache unterhalten wird, in kurzer Zeit unmerklich werden müsse.

Durch eine genauere experimentale Untersuchung fand indess Hopkins in neuerer Zeit, dass die Lage der Knoten in einer offenen Röhre wesentlich verschieden von derjenigen ist, welche übereinstimmend aus den theoretischen Entwickelungen Euler's und Poisson's hervorgeht. Hieraus folgernd, dass die Annahme Poisson's eben so wenig als die frühere von Euler mit den wirklichen physikalischen Vorgängen übereinstimme, versucht nun Hopkins die Einführung einer Voraussetzung, welche, indem sie sich an die unmittelbaren Ergebnisse der Erfahrung anschliesst, nicht den Schein der Willkührlichkeit hat, welcher die Poisson'sche Annahme einer directen Prüfung entzieht.

In der nachfolgenden Darstellung wird man das Wesentliche der hieraus hervorgegangenen mathematischen Entwickelungen so wie der sie begleitenden Versuche zusammengestellt finden.

Nehmen wir an, die cylindrische Röhre AB, Fig. 13, sei an dem Ende B durch eine Substanz von irgend einem Grade der Elasticität senkrecht gegen die Axe verschlossen und an dem andern Ende A durch eine vibrirende Platte begrenzt, welche die Communication der in der Röhre enthaltenen Luft mit der äussern vollkommen verhindert, so haben wir, wenn v sehr klein ist in Verhältniss zu a, die gewöhnlichen Gleichungen

$$\left.\begin{aligned} v &= f(at-x) + F(at+x) \\ as &= f(at-x) - F(at+x), \end{aligned}\right\} \quad (A)$$

wo v die Endgeschwindigkeit eines Lufttheilchens in der Entfernung x vom Ende A zur Zeit t, s die gleichzeitige Condensation desselben und a die Fortpflanzungsgeschwindigkeit des Schalls bezeichnet. f und F sind willkührliche Functionen, welche durch die jedesmaligen Bedingungen zu bestimmen sind.

Da die unmittelbar an der vibrirenden Platte befindliche Luft beständig dieselbe Geschwindigkeit hat, als die Platte selbst, so haben wir, wenn $\varphi(at)$ die Geschwindigkeit der Platte bezeichnet, als erste Bedingungsgleichung

$$\varphi(at) = f(at) + F(at). \quad (1)$$

Die zweite Gleichung zur Bestimmung von f und F wird durch die Bewegung der Substanz, welche die Röhre in B verschliesst, gegeben. Diese Bewegung, welche durch die abwechselnden Verdichtungen und Verdünnungen der Luft an dem Ende B hervorgebracht und durch die Natur der Substanz bedingt wird, hat nothwendig dieselbe Periode, als die vibratorische Bewegung innerhalb der Röhre, und jede ihrer Vibrationen wird, wenn keine Modification der Bewegung an dem Ende B stattfindet, um die Zeit, welche zur Fortpflanzung des Schalls von A bis B erforderlich ist, später als die entsprechenden Vibrationen der Platte eintreten. Um eine solche Modification, welche nach den angestellten Versuchen wirklich statt zu finden scheint, in die Rechnung einzuführen, setzt Hopkins das Zeitintervall zwischen den entsprechenden Schwingungen der Platte und des Verschlusses gleich $\frac{l+c}{a}$, wo l die Länge der Röhre und c eine willkührliche Constante bedeutet, welche in jedem besondern Falle durch den Versuch bestimmt werden muss. Bezeichnet demnach ψ die Funktion der Zeit, welche die Geschwindigkeit des Verschlusses ausdrückt, so haben wir, da diese Geschwindigkeit der Geschwindigkeit der anliegenden Luft (für welche $x=l$) gleich ist, die Gleichung

$$\psi\big(at-(l+c)\big)=f(at-l)+F(at+l).$$

Aus der Gleichung (1) folgt

$$\psi(at+l)=f(at+l)+F(at+l),$$

und wenn man zwischen dieser und der vorigen Gleichung $F(at+l)$ eliminirt

$$f(at+l)=f(at-l)+\varphi(at+l)-\psi\big(at-(l+c)\big),$$

oder, $at+l$ für at gesetzt

$$f(at+2l)=f(at)+\varphi(at+2l)-\psi(at-c). \qquad (B)$$

Ist nun durch die Natur des Verschlusses die Function ψ bekannt, und ausserdem φ gegeben, so lässt sich durch die Gleichung (B) die Form der Function f finden, wornach die Bewegung in der Röhre vollkommen bestimmt sein wird.

Auch werden diese Gleichungen, welche unter der Voraussetzung, dass die Röhre in B geschlossen sei, gebildet wurden, gleichfalls für eine in B offene Röhre gelten, wenn $\psi\big(at-(l+c)\big)$ allgemein die Geschwindigkeit der Lufttheilchen an dem Ende B bezeichnet.

Setzen wir nun, um v und as zu bestimmen $at+x$ für $at+l$ in die Gleichung (2), so erhalten wir,

$$F(at+x) = -f\big(at-(2l-x)\big)+\psi\big(at-(2l+c-x)\big),$$

und, indem wir diesen Ausdruck für $F(at+x)$ in (A) substituiren,

$$\left.\begin{aligned} v &= f(at-x)-f\big(at-(2l-x)\big)+\psi\big(at-(2l+c-x)\big) \\ as &= f(at-x)+f\big(at-(2l-x)\big)-\psi\big(at-(2l+c-x)\big) \end{aligned}\right\} (C)$$

Diese Ausdrücke von v und as werden nnn von Hopkins in ähnlicher Weise, wie es von Poisson geschehen, weiter entwickelt.

Bezeichnet τ einen beliebigen Zeitraum vom Anfange der Bewegung in A an gerechnet, bis der erste Impuls die doppelte Länge der Röhre durchlaufen, so dass $o < \tau < \frac{2l}{a}$, so wird die Zeit (t) allgemein durch $\tau+\frac{2nl}{a}$ bezeichnet werden. Um nun die einzelnen Glieder der Gleichung (C), wenn $\tau+\frac{2nl}{a}$ für t gesetzt wird, zu entwickeln, ergibt sich zunächst aus (B)

$$f(a\tau+2l) = f(a\tau)+\varphi(a\tau+2l)-\psi(a\tau-c)$$

und, indem $a\tau-x$ für $a\tau$ gesetzt wird,

$$f(a\tau+2l-x) = f(a\tau-x)-\psi\big(a\tau-(x+c)\big)+\varphi(a\tau+2l-x).$$

Setzen wir in diese Gleichung $a\tau+2l$ für $a\tau$, so ergibt sich

$$f(a\tau+4l-x)=f(a\tau+2l-x)-\psi\big(a\tau+2l-(x+c)\big)+\varphi(a\tau+4l-x)$$

und in Verbindung mit dem Vorigen

$$\begin{aligned} f(a\tau+4l-x) = f(a\tau-x) &- \psi\big(a\tau-(x+c)\big)+\varphi(a\tau+2l-x) \\ &- \psi\big(a\tau+2l-(x+c)\big)+\varphi(a\tau+4lx), \end{aligned}$$

so dass wir bei fortgesetzter Operation erhalten

$$f\left(a\left(\tau+\frac{2nl}{a}\right)-x\right) = f(a\tau-x)-\left\{\begin{array}{l} \psi\big(a\tau-(x+c)\big) \\ \psi\left(a\left(\tau+\frac{2l}{a}\right)-(x+c)\right) \\ \psi\left(a\left(\tau+\frac{4l}{a}\right)-(x+c)\right) \\ \quad\vdots \qquad \vdots \qquad \vdots \\ \psi\left(a\left(\tau+\frac{2(n-1)l}{a}\right)-(x+c)\right) \end{array}\right.$$

$$\left\{\begin{array}{l}\varphi\left(a\left(\tau+\frac{2l}{a}\right)-x\right)\\ \varphi\left(a\left(\tau+\frac{4l}{a}\right)-x\right)\\ \varphi\left(a\left(\tau+\frac{6l}{a}\right)-x\right)\\ \quad\vdots\\ \varphi\left(a\left(\tau+\frac{2nl}{a}\right)-x\right)\end{array}\right.$$

oder

$$f\left(a\left(\tau+\frac{2nl}{a}\right)-x\right)=f(a\tau-x)-\sum_{r=1}^{r=n}\left\{\psi\left(a\left(\tau+\frac{2(r-1)l}{a}\right)-(x+c)\right)-\varphi\left(a\left(\tau+\frac{2rl}{a}\right)-x\right)\right\}$$

und in gleicher Weise

$$f\left(a\left(\tau+\frac{2nl}{a}\right)-(2l-x)\right)=f\left(a\tau-(2l-x)\right)$$
$$-\sum_{r=1}^{r=n}\left\{\psi\left(a\left(\tau+\frac{2(r-1)l}{a}\right)-(2l+c-x)\right)-\varphi\left(a\left(\tau+\frac{2rl}{a}\right)-(2l-x)\right)\right\}$$

Diese Ausdrücke in (C) substituirt geben dann für v und as zur Zeit $\tau+\frac{2nl}{a}$

$$v=f(a\tau-x)-f\left(a\tau-(2l-x)\right)$$
$$-\sum_{r=1}^{r=n}\left\{\psi\left(a\left(\tau+\frac{2(r-1)l}{a}\right)-(x+c)\right)-\psi\left(a\left(\tau+\frac{2(r-1)l}{a}\right)(-2l+c-x)\right)\right\}+\psi\left(a\left(\tau+\frac{3nl}{a}\right)-(2l+c-x)\right)$$
$$+\sum_{r=1}^{r=n}\left\{\varphi\left(a\left(\tau+\frac{2rl}{a}\right)-x\right)-\varphi\left(a\left(\tau+\frac{2rl}{a}\right)-(2l-x)\right)\right\}$$

$$\text{(D)}$$

$$as=f(a\tau-x)+f\left(a\tau+(2l-x)\right)$$
$$-\sum_{r=1}^{r=n}\left\{\psi\left(a\left(\tau+\frac{2(r-1)l}{a}\right)-(x+c)\right)+\psi\left(a\left(\tau+\frac{2(r-1)l}{a}\right)-(2l+c-x)\right)\right\}-\psi\left(a\left(\tau+\frac{2nl}{a}\right)-(2l+c-x)\right)$$

$$+\sum_{\substack{r=1\\r=n}}\left\{\varphi\left(a\left(\tau+\frac{2rl}{a}\right)-x\right)+\varphi\left(a\left(\tau+\frac{2rl}{a}\right)-(2l-x)\right)\right\}$$

In dem ersten Ausdruck stellt $f(a\tau-x)$ die Geschwindigkeit irgend eines Partikelchens dar, so lange sich die erste Welle von A bis B fortpflanzt, oder τ kleiner ist als $\frac{l}{a}$, und, wenn diese Welle vollkommen in B reflectirt würde, giebt $f(a\tau-x) - f\left(a\tau-(2l-x)\right)$ die Geschwindigkeit eines Partikelchens innerhalb der Sphäre der reflectirten Welle, so lange τ kleiner als $\frac{2l}{a}$.

Der allgemeine Ausdruck für v muss stets so beschaffen sein, dass v sehr klein bleibt in Verhältniss zur Fortpflanzungsgeschwindigkeit des Schalls, da nur unter dieser Voraussetzung die Gleichungen (A) bestehen, oder überhaupt tönende Vibrationen erhalten werden.

Um zu untersuchen, unter welchen Umständen v dieser Bedingung genügt, müssen wir die Form der Funktionen φ, f, ψ, berücksichtigen. Damit tönende Vibrationen entstehen, müssen die Werthe von φ, also auch die von f und ψ periodisch wiederkehren, so dass φ (z), f (z) und ψ (z) so oft die nämlichen Werthe erhalten, als z um eine gewisse Grösse wächst. Nehmen wir also an, dass die Werthe dieser Funktionen mit demselben Zeichen wiederkehren, so oft z um $m\lambda$, und mit entgegengesetztem Zeichen, so oft z um $\frac{m^1}{2}\lambda$ zunimmt, wo m eine beliebige ganze und m^1 eine beliebige ungerade Zahl bezeichnet.

Betrachten wir nun zuerst den Fall einer verschlossenen Röhre, in welchem ψ klein ist in Verhältniss zu φ.

Es sei

$$2l=\frac{m^1}{2}\lambda,\ \text{oder}\ l=m^1\frac{\lambda}{4},$$

so heben die entsprechenden Glieder in den auf einander folgenden Theilen des allgemeinen Ausdruckes für v einander auf, so dass v stets zwischen denselben Grenzen bleibt, und die Vibrationen gleichförmig fortgehen. Eine solche Länge der Röhre wird also die Erzeugung tönender Vibrationen gestatten.

Ist

$$2l = m\lambda, \text{ oder } l = m\frac{\lambda}{2},$$

so sind die auf einander folgenden Glieder des allgemeinen Ausdrucks einander gleich, und da der Werth von φ grösser ist, als der von ψ, so wird für jeden Punkt der Röhre, ausgenommen für einen solchen, dessen x die Gleichung $\varphi(at-x) = \varphi\Big(at-(2l-x)\Big)$ befriedigt $\left(\text{nämlich } x = l - m\frac{\lambda}{2}\right)$, die Geschwindigkeit beständig zunehmen, und bald grösser werden, als es mit der Natur tönender Wellen bestehen kann.

Setzen wir endlich

$$2l = m'\frac{\lambda}{2} \pm \lambda', \text{ oder } l = m'\frac{\lambda}{4} \pm \frac{\lambda'}{2},$$

wo $\lambda' < \frac{\lambda}{2}$, so wird die Summe der Gliederpaare in $\sum(\varphi)$, wenn der Werth von φ continuirlich ist, abwechselnd ein Maximum erreichen; so dass die Summe der paarigen Glieder, welche gleich Null ist, wenn $l = m'\frac{\lambda}{4}$ und mit der Zahl der Glieder beständig zunimmt, wenn $l = m\frac{\lambda}{2}$, abwechselnd zu- und abnimmt bis zu irgend einem Werthe, wenn l eine Grösse zwischen $m'\frac{\lambda}{4}$ und $m\frac{\lambda}{2}$ bezeichnet. Sind diese Maxima und Minima von v nicht grösser, als es mit unserer ursprünglichen Voraussetzung verträglich ist, so können bei einer solchen Länge der Röhre tönende Vibrationen bestehen; woraus sich also die Möglichkeit tönender Vibrationen (besonders wenn ψ nicht sehr klein ist) ergibt, wenn auch die Länge der Röhre beträchtlich von $m'\frac{\lambda}{4}$ verschieden ist. Sollte die Funktion φ nicht streng continuirlich sein, so wird die vorstehende Folgerung in allen praktischen Fällen doch mindestens angenähert wahr bleiben.

Betrachten wir nun den Fall einer offenen Röhre, für welchen ψ grösser ist als φ und f [1]).

---

[1]) Setzt man nämlich die Verdichtung am Ende der Röhre gleich Null, so erhält man nach den Gleichungen (A) $o = f(at-l) - F(at+l)$, und, indem man $at - l + x$ für at setzt, $o = f\Big(at - l(2l-x)\Big) - F(at+x)$,

Setzen wir demgemäss

$$\psi\Big(at-(2l+c-x)\Big)=2\,f\Big(at-(2l-x)\Big)-\psi_{1}\Big(at-(2l+c'-x)\Big),$$

so folgt aus (C)

$$v=f(at-x)+f\Big(at-(2l-x)\Big)-\psi_{1}\Big(at-(2l+c'-x)\Big),$$

und nach dem nämlichen Verfahren wie vorhin erhält man

$$\begin{aligned}
v=(-1)^{n}&\Big(f(a\tau-x)+f\Big(a\tau-(2l-x)\Big)\Big)\\
&+\sum_{r=1}^{r=n}(-1)^{n-r}\Big\{\psi_{1}\Big(a\Big(\tau+\frac{2(r-1)l}{a}\Big)-(x+c')\Big)\\
&+\psi'\Big(a\Big(\tau+\frac{2(r-1)l}{a}\Big)-(2l+c'-x)\Big)\Big\}+\psi_{1}\Big(a\Big(\tau+\frac{2nl}{a}\Big)\\
&\qquad-(2l+c'-x)\Big)\\
&+\sum_{r=1}^{r=n}(-1)^{n-r}\Big\{\varphi\Big(a\Big(\tau+\frac{2rl}{a}\Big)-x\Big)+\varphi\Big(a\Big(\tau+\frac{2rl}{a}\Big)\\
&\qquad-(2l-x)\Big)\Big\}
\end{aligned}\qquad\text{(E)}$$

$$\begin{aligned}
as=(-1)^{n}&\Big(f(a\tau-x)+f\Big(a\tau-(2l-x)\Big)\Big)\\
&+\sum_{r=1}^{r=n}(-1)^{n-r}\Big\{\psi_{1}\Big(a\Big(\tau+\frac{2(r-1)l}{a}\Big)-(x+c')\Big)\\
&-\psi_{1}\Big(a\Big(\tau+\frac{2(r-1)l}{a}\Big)-(2l+c'-x)\Big)\Big\}+\psi_{1}\Big(a\Big(\tau+\frac{2nl}{a}\Big)\\
&\qquad-(2l+c'-x)\Big)\\
&+\sum_{r=1}^{r=n}(-1)^{n-r}\Big\{\varphi\Big(a\Big(\tau+\frac{2rl}{a}\Big)-x\Big)-\varphi\Big(a\Big(\tau+\frac{2rl}{a}\Big)\\
&\qquad-(2l-x)\Big)\Big\}.
\end{aligned}$$

---

was die erste Gleichung (A) in $v=f(at-x)+f\big(at-(2l-x)\big)$ verwandelt. Da nun die Geschwindigkeit am Ende der Röhre durch $\psi\big(at-(l+c)\big)$ bezeichnet wird, so folgt $\psi\big(at-(l+c)\big)=2\,f(at-l)$, welcher Grösse sich die Funktion ψ um so mehr nähern wird, je weniger die Verdichtung von Null verschieden ist.

Aus diesem Ausdrucke für v folgt, nach einer gleichen Schlussfolge wie vorhin, dass tönende Vibrationen in einer offenen Röhre nicht bestehen könen, wenn l zu nahe gleich ist einem ungeraden Vielfachen von $\frac{\lambda}{4}$, dass sie aber unterhalten werden können, wenn l nicht zu sehr von einem geraden Vielfachen von $\frac{\lambda}{4}$ verschieden ist [1])

Uebereinstimmend mit diesen Folgerungen zeigen ferner die Ausdrücke für as in (D) und (E), dass die Verdichtungen und Verdünnungen an der Oberfläche der Platte um so mehr der Bewegung der Platte widerstreben, je mehr sich die Länge der Röhre derjenigen annähert, bei welcher tönende Vibrationen nicht bestehen können, dass sie aber die Schwingungen der Platte begünstigen, wenn sich die Länge der Röhre von dieser letztern um $\frac{\lambda}{4}$ unterscheidet. Denn im erstern Falle summiren sich sämmtliche Glieder von $\sum \varphi$ mit dem jedesmaligen Vorzeichen von $\varphi\,(a\tau + 2nl)$, im letztern Falle aber reducirt sich as auf $\psi\left(a\left(\tau + \frac{2nl}{a}\right) - (2l+c)\right)$ in der Gleichung (D) und auf $\psi_1\left(a\left(\tau + \frac{2nl}{a}\right) - (2l+c')\right)$ in (E), also, da ψ und ψ_1 klein sind in Verhältniss zu φ, auf eine geringere Grösse als diejenige, welche den Widerstand bestimmen würde, wenn keine Reflexion der Wellen statt fände.

Um die Abnahme des Tones in einer offenen Röhre, wenn die Schwingungen der Platte aufhören, zu erklären, entwickelt Hopkins den Ausdruck für v noch unter einer andern Form.

Es sei

$$\psi_1\left(at - (x + c')\right) = \beta f(at - x) + \psi'\left(at - (x + c'')\right),$$

oder

$$\psi\left(at - (x + c)\right) = (2 - \beta) f\,(at - x) - \psi'\left(at - (x + c'')\right),$$

dann wird die Gleichung (C):

$$v = f\,(at - x) + (1 - \beta)\, f\left(at - (2l - x)\right) - \psi'\left(at - (2l + c'' - x)\right)$$

---

[1]) In diesen Folgerungen wurde die Constante c' nicht berücksichtigt, deren Werth jedoch, wie man später sehen wird, beträchtlich ist.

Da ψ dieselbe Periode hat, als f, und ausserdem anzunehmen ist, dass die Formen beider Funktionen nicht sehr von einander abweichen, so kann man β offenbar einen solchen Werth beilegen, dass ψ^1 klein wird, in Verhältniss zu f und φ. Vermittelst des Ausdrueks für $\psi\left(at-(x+c)\right)$ erhalten wir nun aus (B)

$$f(a\tau+2l-x) = -(1-\beta)f(a\tau-x)+\varphi(a\tau+2l-x)+\psi^1\left(a\tau-(x+c^{11})\right),$$
$$= -b\,f(a\tau-x)+\varphi(a\tau+2l-x)+\psi^1\left(a\tau-(x+c^{11})\right)$$

wenn $1-\beta=b$, und in weiterer Entwickelung ergibt sich für die Zeit $\tau+\frac{2nl}{a}$

$$v=(-b)^n\left(f(a\tau-x)+b\,f\left(a\tau-(2l-x)\right)\right)$$
$$+\sum_{\substack{r=1\\r=n}}(-b)^{n-r}\left\{\psi^1\left(a\left(\tau+\frac{2(r-1)l}{a}\right)-(x+c^{11})\right)\right.$$
$$\left.\pm b\psi^1\left(a\left(\tau+\frac{2(r-1)l}{a}\right)-(2l+c^{11}-x)\right)\right\}-\psi^1\left(a\left(\tau+\frac{2nl}{a}\right)\right.$$
$$\left.-(2l+c^{11}-x)\right) \quad (F)$$
$$+\sum_{\substack{r=1\\r=n}}(-b)^{n-r}\left\{\varphi\left(a\left(\tau+\frac{2rl}{a}\right)-x\right)+b\,\varphi\left(a\left(\tau+\frac{2rl}{a}\right)\right.\right.$$
$$\left.\left.-(2l-x)\right)\right\}.$$

Da b kleiner als Eins ist, und n sehr bald eine hohe Zahl bezeichnet (z. B. für eine Röhre, welche als offene Labialpfeife den Ton $\bar{c}$ angeben würde, ist n nach einer Sekunde etwa 256), so kann nach kurzer Zeit die erste Reihe dieses Ausdruckes, so wie ein Theil der folgenden Glieder vernachlässigt werden.

Daraus folgt, dass die Bewegung in Röhren mittlerer Länge nach einem kleinen Theil einer Sekunde unabhängig ist von ihrem anfänglichen Zustande, welcher, mag sich die eingeschlossene Luft zur Zeit Null in Ruhe befinden oder nicht, durch $f(a\tau-x)$ $+b\,f\left(a\tau-(2l-x)\right)-\psi^1\left(a\tau-(2l+c^{11}-x)\right)$ bezeichnet wird, so lange $t<\frac{2l}{a}$.

Wenn ferner die Schwingungen der Platte aufhören, also nach einem gewissen Werthe von r alle folgenden Glieder des

Ausdruckes für v gleich Null sind, so muss in kurzer Zeit die Bewegung in der Röhre unmerklich werden.

Auch ergeben sich aus diesem Ausdruck dieselben Folgerungen, welche vorhin aus der ersten Gleichung in (E) abgeleitet wurden. Uebrigens reducirt sich die Gleichung (F), wenn wir $\psi^1(z)$ für jeden Werth der Veränderlichen gleich Null setzen, auf die nämliche, welche Poisson gegeben, und welche daher für das bisherige dieselben, für die Lage der Knoten aber, da auch zugleich die Constante c^{11} wegfällt, andere Resultate liefern wird, als die vorstehenden Ausdrücke.

Bedienen wir uns, um die Lage der Knoten in einer verschlossenen Röhre zu bestimmen der Gleichung (C), wo

$$v = f(at-x) - f\Big(at-(2l-x)\Big) + \psi\Big(at-(2l+c-x)\Big)$$

so erhalten wir, wenn wir die Funktion χ vernachlässigen (oder annehmen, dass die verschliessende Substanz vollkommen starr sei), $v = o$, wenn

$$at-x-\Big(at-(2l-x)\Big) = m\lambda, \text{ oder } l-x = m\frac{\lambda}{2},$$

wo m eine beliebige ganze Zahl oder Null bezeichnet.

Diese Bedingung, welche von t unabhängig ist, lehrt, dass alle Punkte, deren Entfernung von dem verschlossenen Ende der Röhre gleich Null oder gleich einem Vielfachen von $\frac{\lambda}{2}$ ist, während der ganzen Dauer der Bewegung sich in vollkommener Ruhe befinden, und sie ist die nämliche, welche bisher für die Lage der Knoten in einer verschlossenen Röhre angenommen wurde.

Setzen wir aber, um ψ zu berücksichtigen,

$$f\Big(at-(2l-x)\Big) - \psi\Big(at-(2l+c-x)\Big) = \chi\Big(at-(2l+c_1-x)\Big) \quad (3)$$

so erhalten wir

$$v = f(at-x) - \chi\Big(at-(2l+c_1-x)\Big),$$

wo $\chi\Big(at-(2l+c_1-x)\Big)$ die von dem verschlossenen Ende reflectirte Welle bezeichnet.

Diese Funktion χ wird die nämliche Periode haben als f oder ψ, und, da ψ klein ist, beinahe so gross sein als f; woraus folgt, dass keine vollkommenen Knoten, aber Punkte der kleinsten Bewegung in der Röhre existiren, für welche

$$at-x-\Big(at-(2l+c_1-x)\Big) = m\lambda, \text{ oder } l-x = m\frac{\lambda}{2} - \frac{c_1}{2}$$

Um die Constante c_1 durch c auszudrücken bedient sich Hopkins der Annahmen, dass

$$f(-z) = -f(z);\ \psi(-z) = -\psi(z):\ \chi(-z) = -\chi(z)$$

und dass f(z), ψ(z) und χ(z) ihr erstes Maximum erreichen, wenn $o < z < \frac{\lambda}{2}$.

Aus der ersten dieser Annahmen folgt: $f(o) = o$. Setzen wir daher $at-(2l-x) = o$, so gibt die Gleichung (3)

$$-\psi(-c) = \chi(-c_1), \text{ oder } \psi(-c) = \chi(c_1)$$

Da nun χ(z) grösser ist als ψ(z), und c_1 und c kleiner anzunehmen sind, als diejenigen Werthe von z, bei welchen diese Funktionen ihr erstes Maximum erreichen, so muss c_1 beträchtlich kleiner und mit entgegengesetztem Vorzeichen behaftet sein als c.

Setzen wir daher $c_1 = -\frac{c}{k}$, so haben wir für die Entfernung der Punkte der kleinsten Vibration von dem Ende der Röhre

$$l-x = m\frac{\lambda}{2} + \frac{c}{2k}$$

und für v

$$v = f(at-x) - \chi\left(at-(2l-\frac{c}{4}-x)\right)$$

Wenn die Bewegung an dem verschlossenen Ende keine Verzögerung erleidet, so ist $c=o$, mithin, übereinstimmend mit der bisherigen Annahme

$$l-x = m\frac{\lambda}{2},$$

so dass also die Verzögerung sämmtliche Knoten um $\frac{c}{2k}$ weiter vom Ende der Röhre entfernen, auf den Abstand der Knoten von einander $\left(=\frac{\lambda}{2}\right)$ aber ohne Einfluss sein würde.

Betrachten wir nun den Fall einer offenen Röhre, für welchen ψ(z) grösser ist, als f(z).

Setzen wir wie früher

$$\psi\left(at-(2l+c-x)\right) = 2f\left(at-(2l-x)\right) - \psi_1\left(at-(2l+c'-x)\right), \quad (4)$$

so ist

$$v = f(at-x) + f\left(at-(2l-x)\right) - \psi_1\left(at-(2l+c'-x)\right).$$

Vernachlässigen wir wieder ψ_1, so erhalten wir für $v=o$ die gewöhnliche Bedingung

$$at-x-\Big(at-(2l-x)\Big)=m^1\frac{\lambda}{2}, \text{ oder } l-x=m^1\frac{\lambda}{4},$$

(m^1 gleich einer beliebigen ungeraden Zahl), nach welcher, unabhängig von der Zeit, in den Punkten, welche um ein ungerades Multiplum von $\frac{\lambda}{4}$ von dem Ende der Röhre entfernt sind, vollkommene Ruhe statt finden würde.

Setzen wir aber

$$f\Big(at-(2l-x)\Big)-\psi_1\Big(at-(2l+c^1-x)\Big)=\chi^1\Big(at-(at+c_{11}-x)\Big), \quad (5)$$

wo χ^1 nothwendig kleiner ist, als f, so ist

$$v=f(at-x)+\chi^1\Big(at-(2l+c_{11}-x)\Big), \quad (6)$$

woraus folgt, dass nicht vollkommene Knoten, sondern nur Punkte der kleinsten Vibration in der Röhre existiren, für welche

$$at-x-\Big(at-(2l+c_{11}-x)\Big)=m^1\frac{\lambda}{2}, \text{ oder } l-x=m^1\frac{\lambda}{4}-\frac{c_{11}}{2}.$$

Um c_{11} durch c auszudrücken, findet man unter gleichen Annahmen wie im vorigen Falle aus (4): (4)

$$(-c)=-\psi^1(-c_1), \text{ oder } \psi(c)=-\psi_1(c^1).$$

Da nun $\psi(z)$ bedeutend grösser ist, als $\psi_1(z)$, so wird c grösser als c^1 und mit entgegengesetztem Vorzeichen behaftet sein, wesshalb wir setzen

$$-c^1=k_1 c, \text{ wo } k_1>1.$$

Ferner erhalten wir aus (5)

$$-\psi_1(-c^1)=\chi^1(-c_{r1}), \text{ oder } \chi^1(c_{11})=-\psi_1(c^1).$$

Ist nun, was nach der Ansicht von **Hopkins** nicht fern von der Wahrheit sein wird, $\chi^1(z)$ beinahe gleich $\psi_1(z)$, so haben wir

$$c_{11}=-c^1 \text{ beinahe, oder } c_{11}=k_1 c,$$

was für die Lage der Knoten liefert

$$l-x=m^1\frac{\lambda}{4}-\frac{k_1 c}{2}$$

Wenn daher die Phase der Vibrationen an dem Ende einer offenen Röhre eine Verzögerung gleich c erleidet, so werden sämmtliche Knoten dem offenen Ende um die Grösse $\frac{k_1 c}{2}$ näher gebracht. Ueberhaupt ist die Wirkung einer solchen Verzögerung auf jeden Punkt in der Röhre die nämliche, als wenn die Röhre um $\frac{k^1 c}{2}$ verlängert würde, da die Gleichung (G), welche sich für $c_{11} = k_1 c$ in

$$v = f(at - x) + \chi^1\left(at - (2l + k_1 c - x)\right).$$

verwandelt, dieselbe Bewegung anzeigt, als

$$v = f(at - x) + \chi^1\left(at - (2l^1 - x)\right).$$

$$\text{wenn } l_1 = l + \frac{k_1 c}{2}$$

Beträgt die Verzögerung für eine offene und eine verschlossene Röhre dieselbe Grösse, so ist, wenn ε und ε^1 die respectiven Versetzungen der Knoten bezeichnen,

$$\varepsilon = -k k_1{}^1,$$

woraus folgt, dass die Versetzung der Knoten in einer offenen Röhren beträchtlich grösser ist, als in einer verschlossenen.

Folgende Zusammenstellung enthält nun die Hauptfolgerungen dieser Theorie.

I. In jeder Röhre, sie sei offen oder verschlossen, bildet sich, wie auch aus den frühern Theorieen hervorgeht, eine Reihe von Knoten, welche alle um $\frac{\lambda}{2}$ oder um die halbe Länge einer Schallwelle von einander entfernt sind.

II. Wenn die an dem einen Ende erregte Bewegung bei ihrer Mittheilung an die Lufttheilchen des entgegengesetzten äussersten Querschnittes eine Verzögerung erleidet, gleich der Zeit, in welcher der Schall den Weg c durchlaufen würde, so ist die Entfernung des letzten Knotens von dem Ende der Röhre in einer verschlossenen Röhre gleich $\frac{\lambda}{2} + \frac{c}{2k}$, oder etwas grösser als die halbe Wellenlänge, und in einer offenen Röhre gleich $\frac{\lambda}{4} - \frac{k_1 c}{2}$ oder merklich kleiner, als ein Viertheil der Wellenlänge.

Nach Euler und Poisson ist diese Entfernung im ersten Falle $\frac{\lambda}{2}$ und im zweiten $\frac{\lambda}{4}$, so dass, wenn wir $\frac{c}{2k}$, als sehr klein, nicht berücksichtigen, durch die Annahme von Hopkins das System der Knoten in einer offenen Röhre dem Ende um $\frac{k_1 c}{2}$ näher gerückt wird.

III. Die Knoten sind nicht Punkte vollkommener Ruhe, sondern Stellen der kleinsten Vibration

IV. Tönende Vibrationen, welches auch ihre Periode sei, können bei beliebiger Länge der Röhre erhalten werden, ausgenommen, wenn die Länge der verschlossenen Röhre sich zu sehr einem geraden, und die Länge der offenen Röhre sich zu sehr einem ungeraden Vielfachen von $\frac{\lambda}{4}$ annähert.

V. Die Intensität der Vibrationen variirt mit der Länge der Röhre: sie ist am grössten bei den so eben bezeichneten Längen, und am kleinsten, wenn sich die Längen der Röhren von diesen um $\frac{\lambda}{4}$ unterscheiden.

VI. Eben so variirt der Widerstand der Verdichtungen und Verdünnungen gegen die Bewegung der Platte. Er ist für beide Röhren am grössten im ersten und am kleinsten im zweiten Falle der vorigen Nummer.

VII. Der anfängliche Zustand in der Röhre, mag sich die eingeschlossene Luft zu Anfange der Zeit in Ruhe befinden, oder durch irgend eine Ursache in Bewegung gesetzt sein, afficirt nur während einer kurzen Zeit, welche von der Länge der Röhre abhängig ist, die Form der folgenden Undulationen.

VIII. Wenn die äussere Ursache der Bewegung aufhört, so müssen die Vibrationen selbst nach einem kleinen Theil einer Secunde unmerklich werden, vorausgesetzt, dass die Länge der Röhre nicht über einige Fuss hinausgeht.

Wenden wir uns jetzt zu den Versuchen, welche theils die vorliegende theoretische Behandlung veranlassten, theils zur Prüfung der erhaltenen Resultate dienten.

Fig. 13 ist eine Zeichnung des Apparates. AB ist eine vertikale gläserne Röhre, in deren oberem Ende eine kurze Metallröhre gleitet, so dass die ganze Röhre nach Belieben verlängert oder verkürzt werden kann. Um die Luft in dieser Röhre in schwingende Bewegung zu setzen, befindet sich unter A eine Platte aus gewöhnlichem Fensterglas, welche durch eine Zange in der Mitte genau horizontal gehalten, und auf gewöhnliche Weise durch Streichen mit einem Violinbogen zum Tönen gebracht wird.

M bezeichnet einen schmalen Metallrahmen, welcher mit einer zarten Membrane bedeckt ist, und vermittelst eines dünnen Drahtes oder Fadens in der Röhre beliebig höher oder tiefer gestellt werden kann. Fig. 14 zeigt diesen Rahmen mit der Membrane a b in grösserem Maassstabe. Durch Umdrehung des schmalen Cylinders, an welchem die Membrane befestigt ist oder durch Verschiebung der kleinen Brücke c d (wodurch die Länge des schwingenden Theils geändert wird) kann die Membrane auf die Höhe eines gegebenen Tones gestimmt werden. Diese Vorrichtung dient dazu, auf ähnliche Weise, wie es früher von Savart geschehen, die Intensität der Vibrationen in der Röhre aus der Bewegung einer kleinen Quantität Sand, welche über die Membran gestreut ist, zu erkennen, und die Membrane wird zu diesem Zwecke um so empfindlicher sein, je genauer sie den Ton der Röhre angibt.

Die übrigen in der Figur gezeichneten Theile dienen nur zum bequemen Richten und Halten des Apparates.

Für die Versuche über die Intensität der Vibrationen müssen wir indess noch bemerken, dass der Mund (A) der Röhre sorgfältig nur über ein Schwingungssegment der Platte gestellt wurde, weil im entgegengesetzten Falle die Vernachlässigung der theoretischen Bedingung, welche eine gleiche Erregung sämmtlicher zu einem Querschnitt der Röhre gehörigen Lufttheilchen verlangte, zu falschen Resultaten geführt haben würde [1]).

Durch diese einfachen aber zweckmässigen Vorrichtungen gelangte Hopkins zu folgenden experimentalen Resultaten.

1. Setzt man vermittelst der Platte die Luft einer offenen

---

[1]) Wenn der Mund der Röhre sich über einer Knotenlinie befindet, so werden die durch die neben einander liegenden Schwingungssegmente in der Röhre erzeugten Vibrationen einander aufheben, und sich in einiger Entfernung vom Anfange der Röhre vollkommen zerstören, wenn die Knotenlinie den unter der Röhre befindlichen Theil der Platte genau halbirt.

Einen interessanten Fall der Interferenz solcher Schallwellen beschreibt Hopkins in folgendem Experiment. Man breite über das offene Ende B der zweischenkligen Röhre A B A' Fig. 15. eine feine Membrane oder ein Stück gewöhnliches Schreibpapier, auf welche man eine geringe Quantität Sand streut. Setzt man dann die offenen Enden A und A' der gleichen und ähnlichen Zweige CA und CA' über zwei Segmente einer vibrirenden Platte, welche in demselben Sinne schwingen, so wird der Sand augenblicklich eine starke Bewegung der Membrane anzeigen. Bringt man aber die Enden A und A' sorgfältig über ähnliche Abtheilungen ähnlicher Schwingungssegmente, die in entgegengesetztem Sinne sich bewegen, so wird der Sand auf der Membrane vollkommen ruhig bleiben und also zeigen, dass die beiden, längs AC und AC' fortgeführten Schallwellen bei ihrem Zusammentreffen in C einander völlig aufheben, so dass kein Ton längs der Röhre CB fortgepflanzt wird.

Röhre in tönende Vibrationen und bringt die Membrane bis nahe an das offene Ende B, so zeigt der Sand eine bedeutende Bewegung der Luft an dieser Stelle. Erniedrigt man nun, während die Röhre in tönendem Zustande erhalten wird, allmählig die Membrane, so bemerkt man, dass die Bewegung des Sandes abnimmt bis zu einer Stelle, wo keine oder nur eine kaum merkliche Bewegung stattfindet. Ueber diese Stelle hinaus nimmt die Bewegung wieder zu, und wenn die Röhre lang genug ist im Verhältniss zur Schwingungszeit der Platte, so gelangt man bei weiterem Fortgang abwechselnd zu Stellen der grössten Bewegung und Stellen der Ruhe oder der kleinsten Vibration bis man das untere Ende der Röhre erreicht hat. Diese Ruhestellen oder Knoten findet man, unabhängig von der Länge der Röhre, alle in gleichen Abständen von einander, die Entfernung des obersten Knotens vom offenen Ende aber kleiner als die Hälfte eines solchen Abstandes.

Vergleichen wir dieses Resultat mit den übereinstimmenden Nummern I und II, so ist die Entfernung zwischen zwei auf einander folgenden Knoten gleich der Länge einer halben Welle, oder $\frac{\lambda}{2}$, und die Entfernung des letzten Knotens vom offenen Ende gleich $\frac{\lambda}{4} - C$, wo C diejenige Grösse bezeichnet, welche die Versetzung der Knoten genannt wurde.

2. Wenn die Membrane genau auf die Tonhöhe der Platte gestimmt, also sehr empfindlich ist, so bemerkt man in den Knotenpunkten keine vollkommene Ruhe wonach also, übereinstimmend mit III, diese Stellen nur als Stellen der kleinsten Vibration betrachtet werden dürfen.

Da sich mit einer solchen Membrane die Stelle der Knoten nicht gut ermitteln lässt, so ist es zweckmässig, die Empfindlichkeit der Membrane durch Aenderung des Tones zu vermindern, bis sie entweder genau im Knoten oder noch eine Strecke oberhalb und unterhalb des Knotens in Ruhe erscheint. Im letztern Falle wird der Knoten in der Mitte des Raumes sich befinden, in welchem die Membrane in Ruhe bleibt.

3. Man nehme eine Röhre, deren Länge ein ungerades Vielfache von $\frac{\lambda}{4}$ beträgt und stimme die Membrane so, dass sie nur

im Knoten oder nur eine kleine Strecke oberhalb oder unterhalb des Knotens in Ruhe bleibt. Verlängert man dann durch Ausziehen der kupfernen Röhre die ganze Länge um etwas weniger als $\frac{\lambda}{4}$, so wird die Membrane in einer beträchtlichen Strecke auf beiden Seiten des Knotens vollkommen in Ruhe bleiben, und man findet auf solche Weise, übereinstimmend mit V, dass die Intensität der Vibrationen in einer offenen Röhre am geringsten ist, wenn die Länge etwas weniger als ein gerades Multiplum von $\frac{\lambda}{4}$, oder $2m\frac{\lambda}{2} - C$, beträgt, und dass sie um so geringer wird, je mehr sich die Länge einer kaum geringern Grösse als einem ungeraden Multiplum von $\frac{\lambda}{4}$, oder $(2m+1)\frac{\lambda}{4} - C'$ annähert.

4. In einer geschlossenen Röhre findet man, wie in einer offenen, die Entfernung der Knoten von einander gleich $\frac{\lambda}{2}$. Die Distanz des äussersten Knotens vom verschlossenen Ende ist jedoch dieselbe, wie die zweier auf einander folgender Knoten, nämlich $\frac{\lambda}{2}$. (No. II). Auch findet man, übereinstimmend mit V, dass die stärksten Vibrationen erregt werden, wenn die Länge der Röhre ungefähr gleich ist einem Multiplum von $\frac{\lambda}{2}$, und die geringsten Vibrationen, wenn sie ein ungerades Multiplum von $\frac{\lambda}{4}$ beträgt. Ferner ist die Bewegung in den Knoten einer offenen Röhre stärker, als sie in den correspondirenden Fällen einer geschlossenen gefunden wird.

5. Bringt man die Platte sehr nahe an den Mund A einer offenen Röhre, und lässt die Länge der Röhre gradual zu- und abnehmen, so findet man: dass die Platte bei gewissen Längen mit Leichtigkeit vibrirt und noch mehrere Sekunden nach Wegnahme des Bogens forttönt, dass aber, wenn man sich von diesen Längen entfernt, die Platte einen grössern Druck des Bogens erfordert und nur kürzere Zeit, nach Wegnahme desselben, hörbar forttönt, bis es zwischen gewissen Grenzen in der Länge der Röhre beinahe unmöglich wird, die Platte in Vibration zu bringen und der Ton beinahe augenblicklich nach Wegnahme des Bogens ververschwindet. Diese Phänomene kehren wieder, wenn die Länge

der Röhre um $\frac{\lambda}{2}$ zunimmt, und wenn bei einer Länge l die Schwingungen der Platte unmöglich sind, so wird die Platte bei der Länge $l+\frac{\lambda}{4}$ mit derselben Leichtigkeit vibriren, als wenn die Röhre weggenommen wäre.

So weit stimmten die Phänomene mit den Resultaten der vorstehenden Entwickelung; aber die beobachteten Werthe von l differirten wesentlich von den dort angezeigten, und diese Differenz nahm mit der Entfernung der Platte von dem Munde der Röhre, wenigstens für kleine Distanzen, beträchtlich zu.

Offenbar rührte diese Abweichung daher, dass die theoretische Bedingung, welche an dem Ende A eine völlige Ausschliessung der Luft in der Röhre von der äussern Luft verlangte, nicht genügend erfüllt war.

Um dieser Bedingung zu genügen, brachte Hopkins die Röhre so nahe an die Oberfläche der Platte als es ohne Störung der Schwingungen geschehen konnte, und füllte den Zwischenraum aus mit einer kleinen Menge einer Flüssigkeit, welche durch ihre Adhäsion auch während der Schwingungen die Communication der eingeschlossenen Luft mit der äussern vollkommen verhinderte.

Bei Anwendung dieser Vorsicht ergab sich, übereinstimmend mit IV, dass die Vibrationen der Platte von der Gegenwart der offenen Röhre nicht afficirt werden, wenn deren Länge $2m\frac{\lambda}{4}-C$, und die der geschlossenen $(2m+1)\frac{\lambda}{4}$ beträgt, dass es aber allmählig unmöglich wird, die Platte in Schwingung zu setzen, wenn sich die Längen solchen annähern, welche von jenen um $\frac{\lambda}{4}$ verschieden sind. Uebrigens ist die Vernachlässigung dieser Vorsicht ohne Einfluss auf die Lage der Knoten, da diese nur von der Periodicität der Vibrationen, nicht aber von den Verdichtungen und Verdünnungen an der Oberfläche der Platte, welche nothwendig durch den Zwischenraum zwischen Röhre und Platte modificirt werden, abhängen.

6. Die Röhren, welche Hopkins am passendsten zu seinen Versuchen fand, hatten 1,3 bis 1,5 Zoll Durchmesser. Bei einem grössern Querschnitt wird im Allgemeinen der Mund der Röhre sich nicht mehr ganz über einem Schwingungssegment der Platte

befinden und bei viel engern Röhren ist man dem Uebelstande ausgesetzt, die Fläche der Membrane sehr klein zu machen, um nicht durch ein zu grosses Verhältniss derselben zur Weite der Röhre die Vibrationen der Luft zu stören.

Zur Bestimmung der Knoten bediente sich daher Hopkins mit Vortheil der in der vorigen Nummer beschriebenen Phänomene, da die Röhrenlängen, welche für die Schwingungen der Platte am günstigsten sind, beinahe eben so genau bestimmt werden können, als die Lage der Knoten vermittelst der Membrane.

Seien l_1 und l_2 zwei beobachtete Werthe für eine solche Länge der Röhre, so erhält man λ durch die Gleichung

$$\frac{\lambda}{2} = \frac{l_1 - l_2}{n}$$

wo n eine ganze Zahl ist. C oder die Versetzung der Knoten findet man durch die Gleichung

$$l_1 = (2m_1 + 1)\frac{\lambda}{4} - C$$

$$\text{oder } l_2 = (2m_2 + 1)\frac{\lambda}{4} - C,$$

nach welchen

$$C = (2m_1 + 1)\frac{\lambda}{4} - l_1$$

$$\text{oder } C = (2m_2 + 1)\frac{\lambda}{4} - l_2$$

7. Die Versetzung der Knoten wächst mit der Länge der Schallwellen und mit dem Durchmesser der Röhre, wie aus den beiden folgenden Tabellen hervorgeht.

Tab. I.

Durchmeser der Röhre = 1,35 [1])			
Werth von $\frac{\lambda}{2}$ bei der Temperatur 63° F.	Entfernung der Knoten vom Ende B		Versetzung der Knoten
	berechtet	beobachtet	
2,044	11,24	10,88	0,36 } Mitt. = 0,365
	7,15	6,78	0,37
3,994	9,98	9,51	0,47
4,82	7,23	6,64	0,59

[1]) Die Maasse sind alle in engl. Zollen gegeben.

Tab. II.

Werthe von $\frac{\lambda}{2}$	Versetzung der Knoten	
	Durchmesser der Röhre = 1,35	Durchmesser der Röhre = 0,8
2,044	0,23	0,08
3,994	0,4	0,1

Die Zahlen der ersten Tabelle wurden durch Anwendung einer Membrane, die der zweiten aber durch die in der vorigen Nummer angegebenen Methode gefunden. Die Werthe von $\frac{\lambda}{2}$ waren durch eine besondere oben verschlossene Röhre von nahe 100 Zoll Länge vermittelst einer Membrane bestimmt. Bei der Bestimmung des ersten Werthes von $\frac{\lambda}{2}$ war die Entfernung des betreffenden Knotens vom obern Ende 45 $\frac{\lambda}{2}$, und da diese Entfernung nach der Angabe Hopkin's wenigstens bis auf $\frac{1}{20}''$ genau gemessen wurde, so wird der Fehler in der Bestimmung des Werthes von $\frac{\lambda}{2}$ nicht über 0,001 Zoll betragen. Mit der Bestimmung, welche für $\frac{\lambda}{2}$ den Werth 2,044 lieferte, stimmen die beobachteten beiden ersten Knotenlagen in Tab. I. nahe genug überein, da nach diesen $\frac{\lambda}{2}$ gleich $\frac{10,88 - 6,78}{2}$ oder 2,05 sein würde, so dass die Zahlen der 4ten Columne keinen Zweifel lassen über die Zunahme der Versetzung der Knoten mit der Länge der Schallwellen.

Nicht so genau sind die Resultate der zweiten Tabelle, da dieselben merklich von den gleichbedeutenden Werthen der ersten Tabelle abweichen. Jedenfalls aber wird die Zunahme der Versetzung mit der Erweiterung der Röhre nicht verkannt werden können.

8. Wenn sich die Störung gleichförmig über den Mund A der Röhre verbreitet, und an dieser Stelle die Communication der innern Luft mit der äussern verhindert wird, so kann die Resonanz der offenen Röhre kaum wahrgenommen werden, wenn ihre Länge etwas kleiner ist, als ein gerades Vielfache von $\frac{\lambda}{4}$, also

gleich $2m\frac{\lambda}{4} - C$; so wie sich aber die Länge der Röhre einer Grösse nähert, die kleiner ist, als ein ungerades Vielfache von $\frac{\lambda}{4}$, also gleich $(2m+1)\frac{\lambda}{4} - C$, wächst die Resonanz und erlangt zuletzt eine starke Intensität, bis bei fortwährender Annäherung dieselbe Schwingungsweise der Platte nicht mehr bestehen kann.

Diese Resultate stehen in völligem Einklange mit No. V, wenn, wie wir annehmen müssen, die Stärke des Tones mit der Intensität der Vibrationen zu- und abnimmt. Nach der gewöhnlichen Annahme giebt dagegen eine offene Röhre die stärkste Resonanz, wenn ihre Länge beinahe gleich ist einem geraden Vielfachen von $\frac{\lambda}{4}$, und Savart bezeichnet diese letztere Länge als das Resultat seiner eigenen Versuche mit Röhren, welche ungefähr gleichen Durchmesser hatten, als die von Hopkins gewöhnlich gebrauchten, behauptet aber, dass die Länge kleiner werde, wenn der Durchmesser zunimmt, möge sich die Störung über die ganze Mündung der Röhre verbreiten, oder nicht.

Diese Verschiedenheit der Resultate hat nach Hopkins ihren Grund darin, dass die Bedingungen der Theorie nicht vollkommen erfüllt wurden. Verbreitet sich die Störung nicht über den ganzen Mund der Röhre, so werden, wenn die Länge der Röhre ein ungerades Vielfache von $\frac{\lambda}{4}$ beträgt, die an dem nicht bedeckten Theile von A zurückgeworfenen Wellen den von der Platte ausgehenden Wellen gerade entgegengesetzt sein und dieselben daher mehr oder weniger aufheben. Ist aber die Länge der Röhre ein gerades Vielfache von $\frac{\lambda}{4}$, so vereinigen sich die von dem unbedeckten Theile des Mundes A zurückgeworfenen Wellen mit denen, welche unmittelbar von der Platte hervorgebracht werden, und dieses scheint die Ursache der gewöhnlich beobachteten Resonanz zu sein, welche jedoch ungleich schwächer ist, als diejenige, welche Hopkins in seinen Experimenten beobachtete.

In Bezug auf die von Savart gefundene Abhängigkeit zwischen der Länge, bei welcher die stärkste Resonanz gehört werde, und dem Durchmesser der Röhre, bemerkt Hopkins, dass, wie er aus seinen Versuchen mit Gewissheit schliesse, eine solche Abhängigkeit nicht existire, wenn die mehrmals genannten Vorsichtsmaassregeln genau beobachtet werden, ausgenommen den Einfluss, welchen die Weite der Röhre auf die Versetzung der Knoten ausübe.

Eine allgemeine Bestätigung der Resultate von Hopkins findet sich in den Versuchen von Willis. Er befestigte ein Zungenstück an eine gleitende offene Röhre, und beobachtete die Intensität des Tones, so wie die Bewegungen der Zunge bei verschiedenen Längen der Röhre. Er fand auf diese Weise, dass die Röhre, wenn ihre Länge ungefähr einem geraden Vielfachen von $\frac{\lambda}{4}$ gleich war, genau den Ton der Zunge ohne wahrnehmbare Resonanz gebe. Wurde dann die Röhre verlängert, so wurde der Ton gedrückt, die Excursionen der Zunge verringerten sich, und als die Länge sich einem ungeraden Vielfachen von $\frac{\lambda}{4}$ annäherte, gerieth die Zunge in convulsivische Bewegungen, bis sie zuletzt aufhörte, einen musikalischen Ton hervorzubringen; bei weiterer Verlängerung der Röhre aber nahm die Zunge augenblicklich wieder ihre ursprüngliche Form der Vibration an, indem sie anfangs einen Ton von schwacher Intensität hervorbrachte.

Diese Erscheinungen sind in so fern von den Hopkins'schen Resultaten abweichend, als die Intensität des Tones statt zuzunehmen, wenn die Röhrenlänge sich einem ungeraden Vielfachen von $\frac{\lambda}{4}$ annäherte, vielmehr abnahm, wovon indess der Grund in der verminderten und unregelmässigen Bewegung der biegsamen Zunge gesucht werden muss, ein Umstand, welcher bei der Steifigkeit der von Hopkins angewandten Glasplatte nicht statt finden konnte. Ueberhaupt gestattet die Natur der an und für sich sehr schätzbaren Untersuchungen von Willis nicht, die erhaltenen Resultate zu mehr als einer allgemeinen Prüfung der mathematischen Theorie von Hopkins zu benutzen.

8. No. VII und VIII endlich finden ihre Bestätigung durch die gewöhnlichen Phänomene der Blasinstrumente; No. VIII durch das Verschwinden des Tones kurze Zeit nach dem die Ursache der Bewegung aufhört, und No. VII durch die Leichtigkeit, mit welcher in schnellen Passagen sich verschiedene Perioden der Schwingungen einstellen, wenn theils durch die Art des Anbla-

sens, theils durch Modifikationen der Röhre eine Aenderung der Bewegung bedingt wird.

Schliesslich erwähnen wir noch der physikalischen Erklärung, welche Hopkins über die Versetzung der Knoten in einer offenen Röhre mittheilt.

Man nehme an, dass die Undulationen, wenn sie aus der Röhre heraustreten, durch einen gewissen Raum fortrücken, ehe sie divergirend im freien Raume diejenige Form annehmen, unter welcher von keinem Punkte ihres Weges reflectirte Wellen zurückgesandt werden. Alsdann wird von jedem Punkte dieses Raumes, während die Theile einer Welle successiv durch denselben hindurch gehen, eine Partialwelle nach der Röhre hin reflectirt werden, und sämmtliche von allen Punkten reflectirte Partialwellen bilden eine reflectirte Gesammtwelle, deren Periode nothwendig dieselbe ist als die Periode der aus der Röhre heraustretenden Wellen, aber später eintritt, als wenn die ganze Welle durch unmittelbare Reflexion am Ende der Röhre entstanden wäre.

Setzen wir die Zeit dieser Verzögerung gleich $\frac{2c}{a}$ (c kleiner als die Länge des reflectirenden Raumes), so wird der Erfolg in Bezug auf die Lage der Knoten derselben sein, als wenn die Röhre um c verlängert wäre und die Reflexion unmittelbar am Ende der Röhre statt fände, so dass die Knoten um den Raum c dem Ende der Röhre näher gebracht werden.

Um diesen Vorgang in die Rechnung aufzunehmen und der mathematischen Untersuchung Allgemeinheit zu geben, bediente sich Hopkins der Annahme, dass überhaupt am Ende der Röhre eine Verzögerung der Bewegung statt finde.

Auf den Fall einer verschlossenen Röhre ist indess die vorige Beachtungsweise nicht mehr anwendbar und in der That konnte Hopkins, ungeachtet der sorgfältigsten Messungen, keine wahrnehmbare Verrückung der Knoten in einer verschlossenen Röhre entdecken. Bei näherer Betrachtung findet man freilich, dass die Bewegung des Verschlusses eine Verlängerung des verdichtenden und eine Verkürzung des verdünnenden Theils der zurückgeworfenen Schallwelle, und dadurch eine kleine Verrückung der Knoten nach dem Ende A hin bewirken muss. Allein wenn auch eine solche ungemein kleine Verrückung der Knoten in einer verschlossenen Röhre wirklich beobachtet werden könnte, und damit die vorliegenden Folgerungen der Theorie sämmtlich durch die Erfahrung bestätigt würden; so scheint uns doch jene einfache Annahme keineswegcs als genauer und vollständiger Ausdruck der Zustände am Ende der Röhre betrachtet werden zu dürfen, zumal da sie nicht einmal die von Hopkins aufgefundene Abhängigkeit der Knotenlage von der Länge der Wellen und dem Durchmesser der Röhre in sich begreift.

Jedenfalls aber liefern die theoretischen Entwickelungen von Hopkins eine genauere Darstellung der Erscheiuungen, als die bisherigen Behandlungsweisen, und wir verdanken der Vereiuigung derselben mit einer musterhaften experimentalen Untersuchung eine wesentliche Erweiterung und Berichtigung unserer akustischen Kenntnisse.

Ueber Vocallaute und Zungenpfeifen.

Robert Willis: Transact. of the Cambridge Philosop. Society Vol. III und daraus in Pogg. Ann. Bd. 24.

Um das Jahr 1770 beschäftigten sich Kempelen und Kratzenstein mit der künstlichen Hervorbringung von Vocallauten. Sie suchten ihren Zweck durch Instrumente zu erreichen, welche den menschlichen Sprachwerkzeugen nachgebildet waren, und in einem Hohlkörper bestanden, dessen Luft durch eine angebrachte Zunge in tönende Bewegung gesetzt wurde. Zum Gelingen der Versuche ist es indess wichtig, dass der Ton der Zunge so rein und weich als möglich sei, wesshalb die gewöhnliche Einrichtung der Zunge in den sogenannten Schnarrwerken zu diesem Zwecke ganz unbrauchbar ist. Kempelen machte daher die Zunge von Elfenbein und überzog die untere Seite derselben, so wie den von der Zunge berührten Theil der Röhre, mit Leder, und Kratzenstein wurde bei dieser Gelegenheit der Erfinder der frei durchschlagenden Zungen.

Dieser letztern Einrichtung, als der bessern, bediente sich auch Willis und wiederholte den Versuch Kempelen's in der Weise, dass er an die Zunge einen trichterförmigen von der Zunge aus sich erweiternden Raum brachte und die Mündung desselben in der von Kempelen vorgeschriebenen Weise mit der Hand bedeckte. Bald ergab sich indess, dass die Erzeugung der Vokale nur von der Verengung der Oeffnung abhängig sei, welche mit demselben Erfolge durch Verschiebung eines auf die Mündung des Trichters gelegten Brettes bewirkt werden konnte. War der Trichter flach, wie in Fig. 16. und wurde auf diese Weise die Oeffnung allmählig vergrössert, so entstanden sehr deutlich sämmtliche Vokallaute in der Ordnung U O A E I, welche, mit gewissen Einschränkungen, auch durch cylindrische, kubische oder anders geformte Hohlkörper erhalten wurden.

Der Erfolg dieser vorläufigen Versuche veranlasste Willis die Wirkung cylindrischer Röhren von verschiedener Länge zu untersuchen, zu welchem Ende er den Fig. 17. gezeichneten Apparat zusammensetzte. TV bezeichnet eine rechtwinklig gebogene Windröhre, PQ einen Stempel, welcher die Röhre TV und die Zunge R aufnimmt, und ABCD die leere Röhre eines Fernrohres, welche den mit Leder überzogenen Stempel luftdicht umschliesst, sich aber vor- und rückwärts schieben lässt, damit die Luftsäule PB nach Belieben verlängert oder verkürzt werden könne. Um die Luftsäule länger zu machen, als es die einfache Röhre erlaubte, wurde über diese noch eine zweite genau anschliessende Röhre geschoben u. s. f. Die Gesammtlänge dieser Röhren betrug 12 Fuss, der innere Durchmesser von ABCD 1,3 Zoll. Vermittelst dieses Apparates wurden nun folgende Resultate erhalten.

Es seien Fig. 18. die Stücke ab, bc, cd .... gleich der Länge einer gedeckten Pfeife, welche mit dem angewandten Zungenstück im Einklang tönt, oder gleich einem Viertheil der ganzen Schallwelle, welche die Zunge für sich hervorbringt [1]).

Wird dann die Röhre allmählig ausgezogen, so dass PB respective die Länge a I, a E u. s. f. erreicht, so nimmt der Ton mit Beibehaltung seiner Höhe nach einander die in der Figur angegebenen Vokallaute I E A O U an.

Geht die Länge von PB über ab hinaus, so kommt, wie es die Figur darstellt, dieselbe Reihe der Vokale wieder zum Vorschein, aber in umgekehrter Ordnung. Ueber ac verlängert giebt die Röhre wieder dieselbe Ordnung der Vokale wie im Anfange,

---

[1]) Willis nimmt den verdichtenden oder verdünnenden Theil einer Welle für eine ganze Schallwelle, so dass die Zahl der Wellen nach seiner Benennung doppelt so gross ist, als wir sie angeben werden.

so dass bei fortgesetzter Verlängerung stets derselbe Cyclus von Vokalen jedoch mit abnehmender Stärke des Lautes erhalten wird, als von b bis d. Die Mittelpunkte dieser Cyclen sind alle um ac von einander entfernt, und ihre Abstände von den Punkten jedes besondern Vokales auf beiden Seiten sind einander gleich und für alle Mittelpunkte dieselben. Nimmt man ein anderes Zungenstück, dessen halbe Schallwelle gleich a_1 c_1, c_1 c_1,... Fig. 19. so liegen die Mittelpunkte a_1. c_1, c_1, ... der Cyclen um eine halbe Schallwelle dieser Zunge auseinander, aber die Abstände der Vokalpunkte von diesen Mittelpunkten sind dieselben, wie vorhin. Bezeichnet man also die halbe Wellenlänge (ac), oder die doppelte Länge einer gedeckten Pfeife von dem Tone der Zunge, durch a, und die Länge einer Röhre, welche einen gewissen Vokal hervorbringt, durch v, so wird derselbe Vokal durch eine Röhre von der Länge $na \pm v$ hervorgebracht, wenn n eine beliebige ganze Zahl bezeichnet.

Ist der Ton der Zunge höher, als der Ton einer gedeckten Pfeife, deren Länge der Röhrenlänge eines gewissen Vokals in der ersten Reihe gleich ist, so werden von diesem Laut an die folgenden Vokale unmöglich. Ist z. B. ab, Fig. 20. gleich einem Viertheil der von der Zunge erregten Schallwelle und kleiner als die zu U gehörige Röhrenlänge, so findet man, dass die Reihe der Vokallaute niemals über O hinausgeht und jenseits des Punktes b statt des U, welches bei einer tiefern Zunge erscheinen würde, wieder ein O zum Vorschein kommt, welches die umgekehrte Reihe der Vokale O A E I beginnt. Bei höhern Zungen werden in gleicher Weise noch mehr Vokallaute abgeschnitten.

Diese Beschränkung der Vokale stimmt nach der Bemerkung von Willis genau mit derjenigen, welche bei der menschlichen Stimme beobachtet wird. So ist die richtige Länge der Röhre für den Vokal O gleich der Länge einer gedeckten Pfeife, welch den Ton $\overline{\overline{c}}$ angiebt, und singt man einen höhern Ton, so wird es unmöglich, den Vokal O hervorzubringen. Daher sind Sängerinnen unfähig in höhern Tönen U oder O zu singen.

In der Nähe von b werden die Vokale undeutlich, wesshalb die Länge für das kurze U in dem englischen Worte, but, und für das lange U in boot nicht genau bestimmt werden kann und der letztere Ton um so unvollkommner erscheint, je tiefer der Ton der Zunge ist. Ueberhaupt sind die Vokale im Anfange ihrer Erzeugung am deutlichsten, wie ja auch die Laute der menschlichen Stimme, wenn man sie anhält, an Deutlichkeit verlieren.

Bei Bass- und Tenor-Zungen erhält man auf beiden Seiten von b und d, Fig. 21 eine gleiche Reihe von Vokalen I', E', A', wie in der Nähe der Punkte a und b; doch sind diese Vokale weit undeutlicher und ihre Abstände von einander doppelt so gross, als in den vorhin beschriebenen Fällen.

Cylinder von gleicher Länge geben, wie auch ihre Durchmesser verschieden sein mögen, einen gleichen Vokallaut; und so weit die Versuche von Willis reichen, zeigte sich als allgemeines Gesetz, dass irgend zwei Hohlkörper von beliebiger Gestalt und Materie, welche, auf ähnliche Weise als gewöhnliche Labialpfeifen angeblasen, dieselbe Tonhöhe haben, dem Tone einer Zunge denselben Vokallaut ertheilen.

Die Abstände der Vokalpunkte sind in der ersten Reihe von a immer etwas kleiner als die Abstände der entsprechenden Punkte von den Mittelpunkten der folgenden Cyclen. Diese Verringerung variirt von einer Zunge zur andern und scheint eine Folge der unregelmässigen Bewegung der Lufttheilchen in den Querschnitten des ersten Theils der Röhre zu sein, da die Abstände von den Mittelpunkten der folgenden Cyclen keiner solchen Veränderung unterworfen sind. Als die wahren Röhrenlängen sind daher in folgender Tabelle die halben Entfernungen der Punkte gleichlautender Vokale, welche auf beiden Seiten des Punktes c liegen, von einander angegeben, und die 4te Columne enthält die Töne gedeckter Labialpfeifen, deren Länge der Vokallänge gleichkommt, unter der Voraussetzung, dass die Vokallänge für O den Ton c'' liefert

Vokallaute		Röhrenlänge in englischen Zollen	entsprechende Tonhöhe
I	See	0,38	g^{v}
E	Pet	0,6	c^{v}
	Pay	1,0	d^{iv}
A	Paa	1,8	f^{iii}
	Part	2,2	des^{ii}
	Paw	3,05	g^{ii}
A°	Nought	3,8	es^{ii}
O	No	4,7	c^{ii} [1])
	But	unbestimmt	
U	Boot	— —	

Diese Zahlen sind indess nur als möglichste Annäherungen an diejenigen Röhrenlängen zu betrachten, bei welchen der betreffende Vokal am deutlichsten gehört wird, da die genaue Bestimmung dieser Längen durch den allmähligen Uebergang der Vokale in einander erschwert wird.

Diese Erscheinungen führten Willis zu folgender Ansicht über die physikalische Natur der Vokallaute.

Nach den bekannten akustischen Gesetzen schreitet jede in einer Röhre erzeugte Schallwelle mit der Geschwindigkeit des Schalles fort bis zum Ende der Röhre, wird dort, je nachdem das Ende verschlossen oder offen ist, unter Beibehaltung oder Umkehrung des Dichtigkeitszustandes nach dem andern Ende zurückgeworfen, erleidet hier eine abermalige Reflexion u. s. f. bis durch die Reibung an den Wänden der Röhre, mehr aber durch die Unvollkommenheit der Reflexion, die Bewegung in kurzer Zeit unmerklich wird.

[1]) Wir haben diese von Willis angegebenen Töne der Vergleichung wegen nicht weglassen wollen, obgleich sie offenbar viel höher sein müssen, da die ganze Schallwelle des Tones c mindestens 2 engl. Fuss und also die wahre Länge einer gedeckten Labialpfeife von demselben Tone mindestens 6 Zoll beträgt.

Betrachten wir hiernach den physikalischen Vorgang in den so eben beschriebenen Experimenten, so ergiebt sich, dass jede von der Zunge ausgehende Verdichtung am Ende der Röhre als verdünnender Impuls zurückkehrt, in diesem Zustande vom Anfange der Röhre wieder zurückgeworfen wird, u. s. f., so dass jede von der Zunge ausgehende primäre Verdichtung eine Reihe abwechselnd verdünnender und verdichtender Sekundärpulsationen, und in gleicher Weise jede primäre Verdünnung eine Reihe sekundärer Verdichtungen und Verdünnungen zur Folge hat, welche mit jedem neuen Gliede an Stärke abnehmen, und einander in den Zeiträumen folgen, in welchen der Schall die doppelte Länge der Röhre durchläuft.

Um diese Folge von Verdichtungen und Verdünnungen figürlich darzustellen, nehme man die unbegränzte Linie Af_2, Fig. 22. zur Bezeichnung der Zeit und stelle die Verdichtungen durch Punkte über, die Verdünnungen durch Punkte unter der Linie dar. Ferner bezeichne man durch A, B, C.... die unmittelbar durch die Zunge erzeugten Verdichtungen und Verdünnungen, durch a_1 a_2.... die aus A, und durch b_1 b_2... die aus B durch Reflexion entstandenen sekundären Pulsationen etc., und nehme der Einfachheit wegen an, dass letztere nach der dritten Pulsation unmerklich werden.

Betrachten wir nun zuvörderst den Fall, dass die Länge der Röhre kleiner sei, als ein Viertheil der von der Zunge erregten Schallwelle, mithin das Intervall der sekundären Impulse, Aa_1 oder a_1 a_2 kleiner als das Intervall, AB, der primären, so wird die Aufeinanderfolge sämmtlicher Pulsationen durch Fig. 22. dargestellt werden.

Wenden wir auf diese Reihe von Pulsationen das allgemeine Gesetz an, dass jede regelmässige Wiederholung irgend eines einfachen oder zusammengesetzten Impulses einen Ton erzeugt, dessen Höhe durch die Zahl der Impulse in einer gegebenen Zeit, und dessen Qualität durch die Form der wiederholten Elemente bedingt wird; so ist es klar, dass in dem vorliegenden Falle die Wiederholung sämmtlicher Pulsationen von A bis C nach den Zeiträumen AC, CE etc. einen Ton erzeugen wird, dessen Höhe der Tonhöhe der Zunge gleich und dessen Qualität durch die Natur des zusammengesetzten Elementes von A bis C oder von C bis E bestimmt ist.

Dieser Ton ist offenbar derjenige, welcher von Willis in seinen Experimenten beobachtet wurde. Um aber die physikalische Bedingung derjenigen Qualität desselben, welche wir Vokallaut nennen, aufzusuchen, scheint es einfacher und der Sache angemessener, die Reihe der Pulsationen als zusammengesetzt aus zwei von einander unabhängigen Wellenzügen zu betrachten, von welchen der eine durch die Wiederholung der Pulsationen Aa_1 a_2 nach den Zeiträumen AC, CE..... und der andern durch die Wiederkehr der gleichen, aber entgegengesetzten Pulsationen Bb_1 b_2 nach den Zeiträumen BD, DF.... gebildet wird. Da diese beiden Wellenzüge sich nur durch die entgegengesetzten Dichtigkeitszustände der entsprechenden Pulsationen A und B, a_1 und b_1... von einander unterscheiden, so werden ihre Töne einander vollkommen gleich sein, und daher, wie nach dem Resultat der vorigen Betrachtungsweise, zusammen nur die Empfindung eines einzigen Tones erzeugen, dessen Qualität und Tonhöhe nothwendig dieselbe ist, als die jedes einzelnen der beiden Töne.

Betrachten wir nun die Natur der in beiden Wellenzügen wiederkehrenden Elemente, so ergiebt sich, dass jedes derselben in einer Folge einfacher Schallwellen Aa_1, Bb_1 von der vierfachen Länge der angesetzten Röhre besteht und daher für sich den nämlichen Ton erzeugen würde, als eine gedeckte Labialpfeife von der Länge der angesetzten Röhre, so dass jeder der beiden Wellenzüge durch die Wiederholung eines kurzen musikalischen Tones gebildet wird.

Da nun, so weit die Erscheinungen von Willis verfolgt wurden, die Art des Vokallautes allein durch das Intervall der sekundären Impulse, oder mit andern Worten, durch die Höhe des wiederholten Tones bedingt zu sein scheint, so gelangen wir zu folgendem von Willis aufgestelten Gesetz: dass jede regelmässige Wiederholung eines musikalischen Tones einen Vokallaut erzeugt, dessen Höhe durch die Zahl der Wiederholungen in einer gegebenen Zeit, und dessen Art des Lautes durch die Höhe des wiederholten Tones bedingt wird.

Dieses Gesetz wurde in seiner einfachsten Form von Willis auf eine evidente Weise durch folgenden Versuch bestätigt. Ein Stück einer Uhrfeder wurde in eine Pincette gespannt, so dass die Länge des schwingenden Theiles beliebig abgeändert werden konnte. Wurde nun die Feder gegen die Zähne eines rotirenden Rades gehalten, so erzeugten die auf einander folgenden Schläge in bekannter Weise einen von der Zahl derselben abhängigen Ton, der aber im vorliegenden Falle, ähnlich wie in der Verbindung einer Zunge mit einer Röhre, aus der Wiederholung eines durch die Länge des schwingenden Theils der Feder bestimmten Tones bestand, und mit Abänderung derselben die nämliche Modifikation annehmen musste, als der Ton der Röhre. Wirklich behielt der so hervorgebrachte Ton, so lange das Rad sich gleichförmig umdrehte, die nämliche Höhe, nahm aber nach und nach alle Vokallaute an, so wie man die Länge der Feder veränderte, und zwar, wenn man von dem Rauhen und Unangenehmen des Tones an sich absah, mit besonderer Deutlichkeit.

Es bleibt uns nun noch übrig die Uebereinstimmung dieses Gesetzes mit den übrigen Erscheinungen nachzuweisen.

Setzen wir zur bequemern Bezeichnung AB = s und nehmen diejenige Linie, welche die Einheit der Zeit bezeichnet. zugleich zur Darstellung des Raumes, welchen der Schall in der Zeiteinheit durchläuft, so bezeichnet a die halbe Wellenlänge des einfachen Tones der Zunge oder die doppelte Länge einer gedeckten Labialpfeife, welche den Ton der Zunge angibt, und s die doppelte Länge der angesetzten Röhre. Wird nun die Röhre um die halbe Wellenlänge der Zunge verlängert, so ist der Abstand der sekundären Impulse A a_1, a_1 a_2 gleich $2a \pm s$, und die Reihe der Impulse die in Fig. 23 gezeichnete. Diese Reihe ist offenbar nach den beiden ersten Primärwellen von E ab, die nämliche, als die in Fig. 22, und allgemein findet man auf gleiche Weise, dass bei jeder Verlängerung der Röhre um n a die Reihe der Pulsationen dieselbe bleibt.

Ist die Röhre nicht um a, sondern nur um so viel verlängert, dass ihre ganze Länge $a - \frac{1}{2}s$, also das Internall der sekundären Impulse $2a - s$ beträgt, so wird die Reihe der Pulsationen durch Fig. 24 dargestellt. Nach den vier ersten primären Pulsationen besteht diese Reihe, wie die beiden vorigen, aus der Wiederholung eines Tones, dessen Wellenlänge gleich 2s; und die nämliche Folge von Pulsationen wird bei jeder durch $na - \frac{1}{2}s$ bezeichneten Röhrenlänge erhalten.

Vernachlässigen wir daher den für die Erzeugung des Vokallautes ohne Zweifel unwesentlichen Umstand, dass die Impulse der einzelnen wiederkehrenden Töne in diesem Falle mit wachsender, in Fig. 22 aber mit abnehmender Intensität einander folgen; so ergibt sich durch Verbindung dieses Falles mit dem vorigen, übereinstimmend mit der Erfahrung, dass jede durch $n a \pm v$ bezeichnete Röhrenlänge den nämlichen Vokallaut erzeugt, welchen die Röhrenlänge ($v = \frac{1}{2} s$) hervorbringt.

Setzen wir die Länge der Röhre gleich $\frac{1}{2} a + \frac{1}{2} s$ oder $\frac{1}{2} a - \frac{1}{2} s$, also das sekundäre Intervall gleich $a + s$ und $a - s$, so erhalten wir eine Reihe von Impulsen wie Fig. 25 und 26, welche gleichfalls die regelmässige Wiederholung eines Tones darstellt, dessen Wellenlänge s indess halb so gross ist, als in den vorigen Fällen. Zu derselben Reihefolge von Impulsen gelangt man, wenn die Länge der Röhre allgemein $(n + \frac{1}{2})\ a \pm \frac{1}{2} s$ beträgt.

Da nun dieser Ton derselbe ist, als derjenige, welcher bei einer Röhrenlänge gleich $\frac{1}{4} s$ wiederholt werden würde, die Intensität desselben aber wegen der weit geringern Veränderung des Dichtigkeitszustandes in den aufeinander folgenden Impulsen (b_1 a_2 ..... ungleich schwächer sein wird, als in den vorigen Fällen, so folgt, dass auf beiden Seiten der Punkte b, d... Fig. 18 und 21 eine gleiche Reihe von Vokalpunkten, aber in doppelt so grossen Abständen und mit geringerer Deutlichkeit der Vokale erhalten wird, als von a oder c, wie es die Erfahrung bestätigt.

In den bisherigen Betrachtungen wurde angenommen, dass die Periode der Zungenschwingungen durch die Länge der angesetzten Röhre nicht verändert werde. In der That aber bemerkte Willis, wie wir bei der Darstellung der Hopkin'schen Versuche erwähnten, dass die Tonhöhe der Zunge, wenn sie aus schwachem Metallblech bestand, durch gewisse Längen der Röhren merklich verändert wurde, und dass die Zunge bei diesen Röhrenlängen verstummte, wenn sie durch ihre Steifigkeit verhindert wurde, eine andere Art der Vibration anzunehmen. In gleicher Weise zeigte sich auch, dass die Länge der Windröhre die Schwingungen der Zunge modificire und dieselben am meisten störe, wenn ihre Länge, falls sie direkt mit der Windlade verbunden war, ein ungerades Multiplum des Viertheils der Schallwelle betrug. Wegen des Details dieser Erscheinungen müssen wir indess um so mehr auf die Original-Abhandlung verweisen, als dieselben in Deutschland schon vor längerer Zeit der Gegenstand genauerer Untersuchungen von W. Weber gewesen sind.

Wir verweilen nur noch bei einigen Experimenten, welche theils zur Bestätigung der obigen Ansicht dienen, theils für die Praxis nicht unwichtig sein möchten.

Bringt man in die Röhre Figur 27 einen verschiebbaren nicht

anschliessenden Stempel MN, so nimmt der Ton der Zunge, wie in den früheren Versuchen, aber minder deutlich, einen Vokallaut an, welcher durch die Länge NB bestimmt wird, während die Schwingungen der Zunge in gleicher Weise modificirt werden, als durch eine gedeckte Röhre von der Länge PM.

Ist die Zunge R, wie in Figur 28 und 29, in der Windröhre befestigt, und umschliesst die Röhre AB luftdicht den verschiebbaren Stempel PQ, so wird der Laut des Vokals durch die Länge PB bestimmt. In diesen Fällen wird, wie in Fig. 17, die Zunge in ihren Bewegungen am meisten gestört, wenn die Länge von PB ein ungerades Multiplum des Viertheils der durch die Zunge erregten Schallwellen beträgt; aber diese Störung variirt mit der Entfernung der Zunge von der Mündung der Röhre, und ist am grössten, wenn diese Entfernung ein ungerades Multiplum des Viertheils der Welle beträgt, dagegen fast unwahrnehmbar, wenn sie einem Multiplum der halben Wellenlänge gleich ist, oder die Zunge sich genau an der Mündung der Röhre befindet.

Aus diesem Grunde räth Willis bei dem Bau der Orgeln von der gewöhnlichen Einrichtung der Zungenpfeifen abzugehen und die Zunge, statt am verschlossenen Ende der Röhre, in der Mündung derselben anzubringen. Die Zunge giebt dann einen weit stärkern Ton, spricht leicht an, und erleidet keine Störung in ihren Schwingungen.

Befindet sich endlich das Zungenstück, wie in Figur 28, (wenn der Stempel PQ weggedacht wird) in einer an beiden Seiten offenen Röhre, so ist die Störung am grössten, wenn die Länge der Röhre ein Multiplum der halben Wellenlänge beträgt, und die Vokallaute sind, übereinstimmend mit der Theorie die nämlichen, als diejenign, welche durch eine gedeckte Röhre von der halben Länge AB hervorgebracht werden.

Ton der Insecten.

Ziemlich allgemein hat man bisher angenommen, dass der Ton, welchen die Insekten während der Flugbewegung hören lassen, durch den Schlag der Flügel bewirkt werde, ohne jedoch diese Meinung, welche durch den offenbaren Zusammenhang zwischen der Bewegung der Flügel und der Erzeugung des Tones hinreichend begründet schien, einer besondern Prüfung zu unterwerfen. Nach einer nähern Untersuchung fand Burmeister (Pogg. Ann. Bd. 38. p. 283), dass die Bildung des Tones keineswegs durch die Erschütterung der Luft vermittelst der Flügel bedingt ist, indem der summende Ton auch dann noch, nur etwas höher gehört wird, wenn die Flügel bis auf den Grund abgeschnitten sind.

Auf den Mechanismus des Fliegens gründet nun Burmeister folgende Erklärung der Tonbildung. Die Bewegung der Flügel wird, ausser durch die Muskeln, welche zum unmittelbaren Spannen und Heben derselben bestimmt sind, indirekt noch durch vier Paar Seitenmuskeln und durch den unpaaren grossen Rückenmuskel bewirkt. Indem die Seitenmuskeln die Brusthöhle in der Richtung von oben nach unten zusammenziehen, wodurch die Seiten des Brustkastens sich wölben, drückt die herabgezogene Rückendecke auf das kurze frei in die Brusthöhle hineinragende Ende des Flügels und dreht dassesbe um den zwischen den Enden liegenden Stützpunkt, so dass der äussere grössere Theil des Flügels sich hebt, was durch die eigentlichen Hebemuskeln noch befördert wird. Erschlaffen darauf diese Muskeln, so sinkt der Flügel wieder, und diese Senkung kann durch die Contraction des Rückenmuskels, wobei der Rücken sich wölbt, befördert werden. Mit dieser Bewegung des Flügels ist also ein Zusammenziehen und Erweitern der Brusthöhle und dadurch ein Austreiben und Einziehen der Luft durch die Luftlöcher des Brustkastens nothwendig verbunden, welches, regelmässig wiederholt, in ähnlicher Weise wie bei der Sirene, den Ton erzeugt, welchen wir während der Flugbewegung der Insekten wahrnehmen.

Mit dieser Ansicht stimmt sehr gut, dass der Ton, welcher überhaupt mit der Anstrengung des Thieres merklich variirt, um so mehr an Höhe zunimmt, je mehr man von den Flügeln abschneidet, da die Verkleinerung der Flügel das Spiel der Muskeln erleichtert, und somit eine Beschleunigung desselben gestattet. Besonders entscheidend für dieselbe ist aber das Verschwinden des Tones, wenn die Luftlöcher des Brustkastens verklebt werden. Freilich stirbt das Thier dann bald an Erstickung, doch lebt es, da das Athmen durch die Luftlöcher des Hinterleibes eine Zeit lang unterhalten werden kann, für den Versuch noch lange genug. Geschieht das Verkleben mit einer aufgelösten Substanz, etwa mit aufgelöstem Gummi, so wird man natürlich mit der Reizung des

Thieres so lange warten, bis die aufgestrichene Substanz hinreichend getrocknet ist. R.

Interferenz des Tones.

Nachdem Vieth im Jahre 1804 darauf aufmerksam machte, dass, wenn man eine tönende Klangscheibe bei dem Ohre vorbeiführt, der Ton verschwindet, sobald die gegen die Fläche des Ohrs senkrechte Scheibe mitten vor dem Ohre sich befindet, dahingegen wieder erscheint bei weiterer Fortbewegung der Scheibe, hat man die Bedingungen des Zusammentreffens entgegengesetzter Schwingungen mannigfach modificirt. Die unmittelbar sich darbietende Abänderung des Viethschen Versuches ist dadurch gegeben, dass man die dem Ohre parallel gehaltene Klangscheibe vor dem Ohre dicht vorbeiführt, wobei der Ton über jeder Ruhelinie des darauf gestreuten Sandes verschwindet. Das Trommelfell befindet sich hier genau in dem Zustande der Membrane in dem p. 71 angeführten Versuche von Hopkins. Wendet man statt der Klangscheibe eine kreisrunde Glocke an, so wird diese während des Tönens sich elliptisch krümmen und zwar so, dass die Brennpunkte dieser Ellipse, wenn sie in dem einen Durchmesser im Mittelpunkte zusammengefallen sind, dann sogleich in dem darauf senkrechten Durchmesser auseinandergehn. Die von vier um Quadranten von einander abstehenden Punkten ausgehenden Verdichtungen und Verdünnungen heben sich bei ihrem Zusammentreffen in der Mitte daher vollkommen auf. (Dove in Pogg. Ann. 44. p. 272.)

Seitdem Weber durch seine vortrefflichen Versuche über die Unterbrechung der Schallstrahlen gezeigt hat, dass die Flächen, in welcher der Ton rings um eine tönende Stimmgabel verschwindet, hyperbolisch gekrümmt sind, und dadurch den Parallelismus der akustischen und optischen Interferenzerscheinungen erwiesen hat, ist es natürlich in den Erscheinungen des einen Gebietes ein Analogon für die des andern zu suchen. Auf diese Weise ist der Vorschlag von Herschel entstanden, eine Röhre zu construiren, welche unter einer gewissen Anzahl in ihr fortschreitender Töne einen bestimmten unterdrückt. Obgleich nun dieser akustische Versuch dem Phänomen der Neutonschen Ringe näher zu stehen scheint, als den eigentlichen Absorptionsphänomenen, so ist das von Kane erhaltene positive Resultat desselben doch ein neuer Beweis, mit welcher Sicherheit theoretische Betrachtungen in diesen Gebieten der Empirie vorausgehn können.

Um einen Gangunterschied zwischen zwei Schallstrahlen hervorzubringen, wurden von Kane Röhren von der Form (Fig. 30. 31. 32) construirt. In den beiden ersten Röhren verhielten sich die Wege wie 2 : 3, in den beiden letzten wie 7 : 6. Der kürzere Weg war bei jenen 10 Zoll, bei der dritten 18, die längeren daher 15 und 21. Da die beiden erstern Röhren genau dieselben Resultate gaben, so folgt daraus, dass die Gestalt der Wege auf die Erscheinung keinen Einfluss äussert. Die Schallwellen wurden mittelst eines Mundstücks erst bei jeder Röhre einzeln und dann bei dem Systeme aus beiden erregt. Im ersten Fall waren die Töne bei dem kürzeren Rohre c′ c″ h″ c‴, und bei dem längeren a a′ e″ a″ c‴ e‴. Wurden die Röhren zusammen angestimmt, so wurden die der kürzern Röhre allein angehörigen Töne vollständig vernichtet, während die Töne der mittleren vollständig erkannt wurden. Das beiden gemeinsame e″ e‴ erschien deutlicher, a″ und h″ schien in einander zu fliessen. Noch entscheidender waren die Ergebnisse der dritten Röhre. Die Töne des kürzern Schenkels waren f f′ c″ f‴ und die des längern d d′ a′ d″ f″ a″ a″ c‴. Es waren also aus den Tönen des kürzeren Rohres die Töne f′ und c″, und aus denen des längern Rohres die Töne d′ und a′ verschwunden. (Phil. May. 7. p. 301. Pogg. Ann. 37. 435.)

Das Gegenstück zu den bisher beschriebenen Interferenzphänomenen bilden Wheatstone's Versuche, durch welche er den Satz der Bernouillischen Theorie, dass, wenn eine an beiden Enden offne Röhre den Grundton angiebt, die Luftportionen zu beiden Seiten der Mitte der Röhre sich in entgegengesetzter Richtung zu einander bewegen, empirisch erwiesen hat. Eine ohngefähr einen Zoll weite, 13 Zoll lange Röhre zu einem vollständigen Kreise umgebogen, daher mit einander nahe gegenüberstehenden offnen Enden, war in der Mitte durch ein Gewinde so drehbar, dass sie die Form eines S annehmen konnte. Zwischen den einander zugekehrten Enden wurde eine Klangscheibe eingeschaltet, welche ihren Grundton angab. Die in Beziehung auf die beiden Enden zugleich in entgegengesetzter Richtung stattfindenden Schwingungen erzeugten im Rohre keine Resonanz. Diese trat aber sehr stark hervor, wenn die Röhre so in ihrer Mitte gedreht wurde, dass die beiden einander nun nicht mehr gegenüberstehenden Enden der Röhre über Theile der Scheibe zu stehen kamen, welche in Beziehung auf diese entgegengesetzt schwangen, in Beziehung auf die Oeffnungen der Röhre hingegen gleichartig. (Second. Report. p. 556. Pogg. Ann. 28. 447.) (D.)

Mittheilung tönender Schwingungen

a) fester und luftförmiger Körper an feste.

Wheatstone hat über die Fortpflanzung der Töne durch starre lineare Leiter (Royal Inst. 5. p. 223 u. Pogg. Ann. 26. p. 251) Versuche angestellt, welche die Bedeutung der Resonanz für die Wahrnehmbarkeit der Töne auf eine überraschende Weise zeigen. Tannenstäbe wurden zu einer Gesammtlänge von 40 Fuss zusammengefügt und das untere Ende des so erhaltenen senkrechten Stabes auf einen Resonanzboden gestellt. Der Ton einer Stimmgabel, deren Stiel auf das obere Ende gestemmt wurde, ward nun mit voller Deutlichkeit vernommen, verschwand aber sogleich, wenn der Stab den Resonanzboden nicht mehr berührte. Befindet sich das ursprünglich tönende und das resonirende Instrument in ganz getrennten Zimmern, und geht der geradlinige starre Verbindungsleiter ohne die trennende Wand, von welcher er durch umwickeltes Leder oder Kautschuk getrennt ist, zu berühren, durch ein enges röhrenförmiges Loch derselben, so kann man den durch Resonanz hörbaren fortgeleiteten Ton wahrnehmen, ohne den ursprünglichen zu hören. Geradfaserige Holzstäbe sind die besten Fortleitungsmittel. Das resonnirende Instrument kann eine Guitarre oder eine Harfe sein. Auf diese Weise wurden die Töne eines Fortepianos nach der Höhe geleitet. Das obere Ende ging in den Bauch der Guitarre durch die Oeffnung derselben, das untere zugeschärfte Ende desselben berührte den Resonanzboden etwa einen Viertelzoll hinter dem Stege zwischen den Mittelsaiten. Das Hörbarwerden ist zwar von der Gestalt des resonirenden Instruments unabhängig, doch erhält man die Töne am vollsten und stärksten, wenn die hauptsächliche Schwingungsebene desselben senkrecht auf den Leitungsdrath steht. Bei steigender Neigung werden die Töne gedämpft und erhalten Metallklang. Die Leitung nach unten geschieht bequem vermittelst eines Drahtes, an welchem das resonirende Instrument das spannende Gewicht abgiebt. Bei der Violine und dem Violoncell ist der Befestigungspunkt für den fortleitenden Drath nicht weit vom Stimmstocke zu wählen. Ein Resonanzboden vermag ebenso die Töne eines Blasinstrumentes zu wiederholen, doch ist die Schwächung der Töne bei dem Uebergange aus einem luftförmigen in einen starren Körper so gross, dass diese Fortleitung nur bei Zungenpfeifen mit Erfolg angewendet werden kann. Der $\frac{1}{40}$ Zoll dicke messingene Zuleitungsdrath wird $\frac{1}{4}$ Zoll vom Ende umgebogen und dann auf dem ruhenden Ende der Zunge festgebunden mittelst des Seidenfadens, mittelst dessen man sonst die Zunge selbst anbindet. Soll der Ton herabwärts fortgeleitet werden, so muss der Spieler die Zunge des Instruments auf der Unterlippe ruhen lassen, bei dem Hinaufleiten muss sie hingegen die Oberlippe berühren. Biegungen des Leiters schwächen den Ton, am stärksten, wenn die Umbiegung rechtwinklig ist. Ueberschreitet sie diese Grenze, so wächst die Intensität wiederum bis zur Parallelität. Longitudinale Schwingungen sind zur Fortleitung passender als transversale, welche leichter seitwärts in das umgebende Medium übergehn, besonders wenn der Stab grössere Dimensionen hat. Dies ergab sich deutlich, als ein Holzstab, gestützt auf den Steg einer Violine, die transversalen Schwingungen der Saiten derselben fortleitete. Der Ton wurde dann ohne Resonanz schon unmittelbar gehört. Gesprochene und gesungene Laute werden vollkommen, jedoch schwach zu jedem der vorher erwähnten Resonanzinstrumente übergeführt, indem man den Leiter entweder unmittelbar mit einem nahe am Kehlkopf liegenden Theile des Halses oder Kopfes verbindet, oder mit einem Resonanzboden, welchen man dem Munde des Sprechenden oder Singenden sehr genähert hat.

Die Wheatstoneschen Versuche sind von Grassmann (zur Akustik. p. 19) wiederholt worden. An ein viereckiges hölzernes Stäbchen von $\frac{1}{2}$ Zoll Querschnitt wurden 4 Abstracten aus dünnem Tannenholz, an jeder Seite eine unten angeleimt. Der Stab wurde nun unter die Oeffnung des Bodens gebracht, durch welche er hindurchgeführt war, so dass nahe unter derselben sich die biegsamen Abstracten trennten. Von 4 Violoncell-Spielern nahm jeder das untere Ende desselben, und klemmte es in den Steg seines Instruments. Den Resonnanzboden bildete eine Guitarre.

b) Fester und luftförmiger Körper an flüssige und umgekehrt.

Joh. Müller hat gefunden (Experimentale Untersuchungen über die Physiologie des Gehörs, Berlin, 1838), dass Schallwellen der Luft, welche unmittelbar sich dem Wasser sehr schwer mittheilen, dies leicht thun durch Vermittelung einer gespannten Membrane. Wurde nämlich eine einfüssige messingene oder hölzerne Pfeife ohne Seitenlöcher so angeblasen, dass das untere Ende derselben in Wasser tauchte, so hörte man, wenn die Ohren mit Bolzen von gedrehtem Papier, deren in den Gehörgang gebrachtes Ende vorher gekaut war, verstopft waren, durch einen an das andre Ende derselben gehaltenen, in das Wasser getauchten Stab, oder eine Glasröhre den Ton nur sehr schwach, hingegen sehr stark, wenn das untere Ende der Röhre mit einer wenig gespannten Schweinsblase zugebunden war, besonders wenn der Stab sich in der Richtung der Wellenbewegung oder in der Direction der Pfeife befindet. Zwischen dem Conductor und der Pfeife eingeschaltete gespannte oder ungespannte Membranen schwächten den Schall nicht. Wurde ein festes Holzbrettchen eingeschaltet, so hörte man den Ton in der Nähe der Oberfläche desselben ziemlich stark auch in ziemlicher Entfernung vom Hauptzuge der Erschütterungen. Die mit Luft gefüllte Schwimmblase eines Fisches verstärkte noch mehr durch Resonanz den Ton, wenn sie zwischen dem Conductor und der mit Blase überbundenen Pfeife eingeschaltet wurde. Auch erfahren die Schallwellen an den Wänden fester Körper eine theilweise Reflexion. Wurde nämlich in ein grosses Wasserbecken ein an dem einen Ende verschlossener Glascylinder eingetaucht, so erschien der Schall stärker, wenn Conductor und Pfeife sich vor der Mündung desselben befanden, auch wenn die Resonanz des Cylinders durch inwendig aufgestrichenes Talg und das Anlegen der Hand auf die äussere Fläche gedämpft war. Die Schallwellen eines festen Körpers der Blase mitgetheilt wurden ebenfalls durch sie verstärkt. Die Blase wurde bei diesen Versuchen an einem Stäbchen durch Einklemmen befestigt, welches den Rand des Gefässes berührte, auf welchen eine tönende Stimmgabel aufgesetzt wurde.

c) Flüssiger Körper an feste und umgekehrt.

Auf dem Wasser eines bis an den Rand gefüllten Beckens liess Müller eine das Becken nicht berührende Schale schwimmen, in welcher durch Herabfallen eines Körpers ein Schall erregt wurde. Durch den in das Wasser getauchten Conductor hörte man nun diesen Schall in den verstopften Ohren sehr deutlich, woraus hervorgeht, dass tönende feste Körper nicht bloss ihre Schallwellen mit grosser Stärke an das Wasser abgeben, sondern dass auch das Wasser sie mit grosser Stärke wieder an feste zurückgiebt. Der Schall wird zwar geschwächt bei dem Uebergang aus dem festen Körper in den flüssigen, aber unbedeutender als bei dem Uebergang in die Luft. (Dass übrigens auch wirklich musikalische Töne auf ähnliche Weise durch Wasser vermittelst fester Körper dem Ohre zugeleitet werden können, geht daraus hervor, dass eine Stimmgabel mit den zum Tönen angeschlagenen Zincken in ein Glas Wasser getaucht, dann vermittelst des hineingetauchten Conductors sehr deutlich hörbar wird. In dem stark widerstehenden Medium wird aber die Elongation der Schwingungen schnell vermindert, die Intensität des Tones nimmt daher sehr rasch ab.)

Wie leicht überhaupt ein mechanischer Stoss von einem festen Körper an einen flüssigen abgegeben werde und von diesem wieder an einen festen übertragen, geht aus dem Versuche von Bellani hervor (biblioth. univ. 52. p, 216, u. Pogg. Ann. 28. p. 245), dass eine durch Abbrechen des Schwanzes unter Wasser zerplatzende Glassthräne das Glassgefäss, in welchem das Wasser sich befindet, zersprengt, selbst wenn das Wasser eine freie Oberfläche hat.

Stellt man eine 18 bis 20 Zoll lange Eprouvette auf einen Resonanzboden, schüttet einige Grn. Phosphor hinein und füllt sie mit heissem Wasser, so giebt nach Cagniard de la Tour der geschmolzene Phosphor bei dem Erstarren einen kurzen Ton, welcher mit dem fast gleiche Höhe hat, welcher durch longitudinales Reiben der mit Wasser gefüllten Röhre entsteht. Eine unten verschlossene Röhre mit 3 Fuss langer Wassersäule gab einen hydraulischen Ton von 800 einfachen Schwingungen, eine ganz offene Röhre würde also 1600 geben. Mit einer Phosphorsäule von 27 Zoll Höhe und 1,5 Zoll hoher Wasserdeckung entstand kein Ton mehr. (Journ. de chim. med. 1832, p. 616. Pogg. Ann. 26. p. 352.) D.

Primäre Töne in Flüssigkeiten.

Vermittelst einer mittelst eines Kautschukbeutels unter Flüssigkeiten angeblasenen Pfeife, die er conduit siffleur nennt, findet

Cagniard de la Cour, dass bei einer 20″ langen Säule reines Wasser 1478 Schwingungen in der Secunde macht, Alkohol von 30° B. 1400, Chlorcalciumlösung von 13° B 1488, Schwefelsäure von 66° B. 1280, Salzsäure von 21° B. 1479, Quecksilber 640. Diess gab einen trompetenartigen Ton. (Berzelius Jahresbericht 12, p. 4. Pogg. Ann. 26. 352.) In Eis und flüssigem Wasser von 0° ist die Schallgeschwindigkeit gleich. (Journ. de Chim. med. 1833. p. 309.) Der Ton einer durch eine mit Wasser gefüllte Pumpe in Bewegung gesetzten Sirene ward viel stärker vernommen, wenn bei gleichbleibendem Abstande des Ohres von derselben das Ohr untergetaucht war, als wenn der Ton aus dem Wasser vermittelst der Luft das Ohr erreichte. Mit zunehmender Tiefe des Eintauchens des Ohres änderte sich die Stärke des Tones nicht merklich, woraus folgt, dass die Zunahme des Druckes auf die Luft im Ohr keinen Einfluss kabe.

Primäre Töne in festen Körpern.

Nach Cagniard de la Tour wird der durch longitudinale Vibration eines Metalldrahtes erzeugte Ton durch Härten mittelst kalten Hämmerns (écrouissement) weder tiefer, noch höher. Hingegen giebt ein durch Löschen gehärteter (trempé) Stahldrath longitudinal schwingend einen tiefern Ton, als ein ungehärteter Draht. In geringerem Grade findet dieses auch bei dem Eisen statt. Eine durch kaltes Hämmern gehärtete Stimmgabel giebt transversal schwingend einen tiefern Ton, als eine angelassene.

Tomlinson hat in den Records of general Science Versuche bekannt gemacht, über die Veränderung der Höhe des Tones von Glassgefässen, wenn sie am Rande mit dem feuchten Finger gestrichen werden und bis zu verschiedener Tiefe mit einer bestimmten Flüssigkeit gefüllt werden. Er fand, dass in jedes Glassgefäss bis zu einer bestimmten Höhe eine Flüssigkeit eingegossen werden kann, ohne dass der Ton merklich geändert wird. Diese Höhe ist in demselben Glase für verschiedene Flüssigkeiten verschieden. Tomlinson nennt die Begrenzungslinie der Flüssigkeit dann die Vibrationsaxe.

Es wird genügen, für ein Gefäss die Versuchsreihe in Beziehung auf verschiedene Flüssigkeiten anzugeben. Der Ton wurde stets erniedrigt mit steigender Höhe der füllenden Flüssigkeit.

1) Wasser, Vibrationsaxe $1\frac{6}{20}$ Zoll.

C	$1\frac{6}{20}''$	G	$1\frac{1}{20}''$
H	$1\frac{8}{20}$	Fis	$2\frac{15}{20}$
b	$1\frac{16}{20}$	F	$2\frac{18}{20}$
A	$2\frac{2}{20}$	E	3
Gis	$2\frac{7}{20}$		

2) Reines Quecksilber. Vibrationsaxe $0\frac{13}{20}$.

H	$0\frac{16}{20}''$	H	$1\frac{18}{20}''$
b.	1	b	2
A	$1\frac{3}{20}$	A	$2\frac{1}{20}$
Gis	$1\frac{4}{20}$	Gis	$2\frac{3}{20}$
G	$1\frac{7}{20}$	G	$2\frac{4}{20}$
Fis	$1\frac{8}{20}$	Fis	$2\frac{6}{20}$
F.	$1\frac{10}{20}$	F	$2\frac{8}{21}$
E	$1\frac{11}{20}$	E	$2\frac{10}{20}$
Dis	$1\frac{12}{20}$	Dis	$2\frac{11}{20}$
D	$1\frac{14}{20}$	D	$2\frac{12}{20}$
Cis	$1\frac{15}{20}$	Cis	$2\frac{14}{20}$
C.	$1\frac{17}{20}$	C	$2\frac{16}{20}$
		h.	$2\frac{17}{20}$

3) Schwefelsäure vom spezifischen Gewicht 1,852. Vibrationsaxe $1\frac{2}{20}$.

H.	$1\frac{7}{20}''$	F.	$2\frac{10}{20}''$
b.	$1\frac{13}{20}$	E	$2\frac{13}{20}$
A	$1\frac{18}{20}$	Dis	$2\frac{16}{20}$
Gis	$2\frac{1}{20}$	D	$2\frac{18}{20}$
G	$2\frac{2}{20}$	Cis	$3\frac{1}{20}$
Fis	$2\frac{8}{20}$		

4) Salpetersäure vom spezifischen Gewicht 1,351. Vibrationsaxe $1\frac{2}{20}$.

H	$1\frac{11}{20}''$	Fis	$2\frac{12}{20}''$
b	$1\frac{18}{20}$	F	$2\frac{15}{20}$
A	$2\frac{2}{20}$	E.	$2\frac{17}{20}$
Gis	$2\frac{6}{20}$	Dis	3
G	$2\frac{9}{20}$		

5) Salzsäure vom spezifischen Gewicht 1,139. Vibrationsaxe $1\frac{7}{20}$.

H	$1\frac{12}{20}$	G	$2\frac{11}{20}$
b . . . . , .	$1\frac{19}{20}$	Fis	$2\frac{13}{20}$
A	$2\frac{6}{20}$	F	$2\frac{16}{20}$
Gis	$2\frac{8}{20}$	E	$2\frac{19}{20}$

6) Leinöl vom spezifischen Gewicht 0,933. Vibrationsaxe $1\frac{9}{20}$.

H	$1\frac{12}{20}$	G	$2\frac{14}{20}$
b	$1\frac{18}{20}$	Fis	$2\frac{17}{20}$
A	$2\frac{4}{20}$	F	3
Gis	$2\frac{10}{20}$		

7) Olivenöl vom spezifischen Gewicht 0,810. Vibrationsaxe $1\frac{5}{20}$.

H	$1\frac{15}{20}$	Gis	$2\frac{12}{20}$
b	$2\frac{1}{20}$	G	$2\frac{15}{20}$
A	$2\frac{6}{20}$	Fis	$2\frac{18}{20}$

Statt Gläser durch Eingiessen von Wasser abzustimmen, findet es Tomlinson bequemer, eine Anzahl Gläser auf einen Tisch zu stellen und dann mit einer Flöthe einen Ton anzugeben, wobei das mit diesem Tone im Einklang sich befindende Glas mittönt.

Bei Gelegenheit dieser Versuche hat Tomlinson auch die sichtbar werdenden Vibrationen der eingefüllten Flüssigkeit näher untersucht und dargestellt. Da aber diese Zeichnungen nichts wesentlich Neues enthalten, so muss in dieser Beziehung auf das Werk verwiesen werden.

Bei gewöhnlicher Temperatur vibriren fette Oele und Schwefelsäure nicht, ja, giesst man dieselbe auf Quecksilber, so heben sie die Vibrationen desselben auf. Giesst man Wasser dazu, so erhebt sich das Oel auf die Oberfläche und bleibt an derselben ruhig, während Wasser und Quecksilber vibriren. Ist aber das Oel schwerer als Wasser, so vibrirt das Quecksilber nicht. Da aber die Viscosität des Oeles abnimmt bei steigender Wärme, so giebt es einen Grad derselben, wo sie leicht in Vibration gerathen. Dieser Grad ist bei

Olivenöl	238 °F
Hanföl	180 -
Es schwingt so leicht wie Wasser . .	340 -

Ricinusöl	368
Rüböl	310
Leinöl	367
Schwefelsäure	239°

Giesst man Quecksilber zu diesen erhitzten Oelen, so hört durch die Temperaturerniedrigung alle Vibration auf. Giesst man schnell Wasser in ein tönendes Glas, so erniedrigt sich der Ton sogleich, dauert aber noch einige Secunden fort; giesst man aber Oel hinein, so hört der Ton augenblicklich auf. Erst bei einer Temperatur von 250° F verhält sich Oel wie Wasser.

Dass Oel auf tönenden Scheiben untauglich zur Bildung kleiner Kräuselungen sei, aber bei Erwärmung dünnflüssig werdend, sie ohne Weiteres erzeuge, bemerkte schon Faraday (Pogg. Ann. 26. 225.). Auch hängt damit die Beobachtung von Franklin zusammen, welche er 1762 bei seiner Ueberfahrt nach Madeira machte, wo er bemerkte, dass das Oel der Schiffslampe bei den Schwankungen des Schiffes vollkommen ruhig blieb, während das darunter befindliche Wasser heftig schwankte. (D.)

Tonerzeugung durch erhitzte Röhren.

(L'Institut, No. 131, p. 366, Pogg. Ann. 42, p. 610.)

August Pinaud fand, als er zur Verfertigung eines Differentialthermometers das eine Ende einer ungefähr drei Millimeter dicken Röhre zu einer Kugel ausgeblasen hatte, und die Röhre, während die Kugel noch sehr heiss war, bei Seite legte, dass dieser kleine Apparat einen zwar schwachen, aber sehr reinen Ton hervorbrachte, welcher allmählig verhallte und mit der Wärme der Kugel ganz verschwand. Er wiederholte darauf den Versuch mit Röhren von verschiedener Länge und Weite und erhielt immer, je nach den Dimensionen derselben, bald höhere, bald tiefere Töne. Ueberhaupt liess sich die Erscheinung mit solcher Leichtigkeit hervorbringen, dass Pinaud die bisherige Nichtbeachtung derselben nur dadurch begreiflich findet, dass man beim Ausblasen der Kugel gewöhnlich so lange hineinzublasen pflegt, bis die Kugel erkaltet ist, das Gelingen des Versuches aber erfordert, dass man mit dem Blasen einhalte, wenn die Kugel fast noch braunroth glüht.

Obgleich nun diese Erscheinung nicht so unbekannt ist, als P. zu glauben scheint [1]), vielmehr vielfach, sowohl beim Erhitzen von Röhren, welche an dem einen Ende verschlossen, als auch bei Röhren, welche an beiden Seiten offen waren, beobachtet wurde; so verdanken wir doch Pinaud die erste Untersuchung über die physikalische Entstehungsweise dieses Tones und über die Abhängigkeit seiner Höhe von den Dimensionen des Apparates.

Er bemerkte, dass die innere Wand der tönenden Röhre, welche er Kugelröhre nennt, mit Feuchtigkeit bekleidet war, und vermuthete daher, dass Wasserdampf die Hauptursache der Erscheinung sei. Diese Vermuthung bestätigte sich dadurch, dass eine ausgetrocknete und mit trockener Luft an dem einen Ende zu einer Kugel ausgeblasenen Röhre keinen Ton hervorbrachte, dieselbe Röhre aber sogleich deutlich tönte, als Röhre und Kugel inwendig befeuchtet und darauf letztere erhitzt wurde.

Hierauf giebt P. folgende Erklärung über die Entstehung des Tones. Die in der Kugel befindliche Feuchtigkeit wird durch die Wärme ausgedehnt, und verdichtet sich darauf an den Wänden der kalten Röhre. Dadurch entsteht ein leerer Raum, welcher durch die feuchte Luft sogleich wieder ausgefüllt wird. Diese Luft bringt auf's Neue Feuchtigkeit in die Kugel, welche wiederum ausgedehnt und in der Röhre niedergeschlagen wird u, s. f., so dass durch die fortwährende Unterbrechung des Gleichgewichts die Lufttheilchen in der Röhre parallel der Axe hin und her bewegt und dadurch in tönende Schwingung versetzt und erhalten werden. Mit Recht findet daher P. in dieser Erscheinung ein Analogon der chemischen Harmonika, indem der Unterschied beider Tonbildungen nur darin beruht, dass im ersten Falle der Wasserdampf schon fertig vorhanden ist, im letztern aber erst aus seinen Elementen gebildet wird.

Die Bestimmung der Höhe des Tones schien anfangs durch die kurze Dauer desselben sehr erschwert zu sein, bis P. entdeckte, dass man die schon erkaltete Kugel nur in die Flamme einer Weingeistlampe zu halten braucht, um sogleich den Ton hervorzurufen und in gleicher Höhe sehr lange zu unterhalten.

Wenn der Ton zufällig nicht zum Vorschein kommt, so ist

---

[1]) Herr Oberlehrer Emsmann in Frankfurt hat mir vor mehreren Jahren ganz ähnliche Beobachtungen mitgetheilt. D.

die Röhre zu trocken, und man hat alsdann nur die Röhre oder auch die Kugel inwendig zu befeuchten. Zur freiwilligen Entstehung des Tones ist indess immer eine sehr hohe Temperatur erforderlich; man erhält aber, ehe die Kugel diese Temperatur angenommen hat, oder nachdem sie bis unter dieselbe erkaltet ist, nach der Angabe P's. einen Ton von der nämlichen Höhe, wenn man auf dieselbe Weise, wie man auf einem hohlen Körper einen Ton hervorbringt, in die Röhre bläst. Ist aber die Kugel vollständig erkaltet, so erhält man auf diese Weise, wenn es überhaupt gelingt, einen reinen und gleichmässigen Ton zu erzeugen, einen viel höhern Ton.

Für den durch Anwendung der Weingeistflamme hervorgebrachten Ton findet nun P. folgende allgemeine Gesetze:

1. Der Ton des Apparates ist, bei Gleichheit aller übrigen Umstände, desto tiefer, je länger die Röhre ist.

2. Bei gleichen Dimensionen der Röhre ist der Ton desto tiefer, je grösser die Kugel ist.

3. Alle übrigen Umstände gleich gesetzt, ist der Ton desto höher, je grösser der Durchmesser der Röhre.

Das letztere Gesetz, dessen experimentale Nachweisung am schwierigsten erscheint, ergab sich aus folgendem Versuch. Es wurde an eine kurze, enge Röhre eine kleine Kugel und an eine längere, weitere Röhre eine grössere Kugel ausgeblasen. Sowohl wegen des grössern Volumens der Kugel, als wegen der grössern Länge der Röhre hätte nun nach den beiden erstern Gesetzen der Ton der zweiten Röhre der tiefere sein müssen. Statt dessen aber gab die erstere Röhre den tiefere Ton, so dass aus doppeltem Grunde das dritte Gesetz gefolgert werden musste.

P. bemerkt, dass zur Erzeugung des Tones keineswegs eine cylindrische Form der Röhre nöthig sei. Eine Röhre, dicht an der Kugel erhitzt und daselbst ausgezogen, um sie zu verengen, gab, als sie bis auf die ursprüngliche Länge abgeschnitten und in eine Weingeistflamme getaucht wurde, wieder einen Ton, aber etwas tiefer als zuvor. Ein Versuch, welcher gleichfalls zur Bestätigung des dritten Gesetzes dient.

Nachdem diese drei Gesetze im Allgemeinen experimentell festgestellt waren, suchte P. die Zahl der Tonschwingungen als

Function: 1) der Länge der Röhre, 2) des Durchmessers derselben, und 3) des Durchmessers der Kugel auszudrücken. Bezeichnet man mit n die Anzahl der Schwingungen, mit l die Länge der Röhre, mit r den Durchmesser der Röhre und mit R den Durchmesser der Kugel, so gibt P folgende Formel

$$n = C \frac{r^{\alpha}}{l^{\beta} R^{\gamma}},$$

in welcher C, α, β und γ zu bestimmende Constanten bedeuten.

Die zur nähern Bestimmung dieser Function angestellten Versuche beziehen sich indess bloss auf eine Verkürzung der Röhre bei ungeändertem Durchmesser derselben und ungeänderter Grösse der Kugel; obgleich zu den verschiedenen Versuchen Röhren von ungleichen Weiten und ungleichen Kugeln genommen waren. Die Kugeln hatten immer eine solche Glasdicke, dass die Hitze der Lampe ihre Gestalt nicht vermindern konnte. Die erhaltenen Töne wurden mit den Tönen einer Flöte oder Geige nach dem Gehör verglichen.

1. Versuch.

Röhrenlänge	Töne	Längen-verhältniss	Musikalische Intervalle.
6 Zoll	c	1	Einklang.
5 —	d (zweifelhaft)	$\frac{5}{6}$	Secunde.
4 —	e	$\frac{2}{3}$	grosse Terz.
3 —	g	$\frac{1}{2}$	Quinte.
2 —	h	$\frac{1}{3}$	Septime.

2. Versuch.

8 —	gis	1	Einklang.
6 —	h (natürlich)	$\frac{3}{4}$	kleine Terz.
4 —	$\overline{\text{dis}}$	$\frac{1}{2}$	Quinte.

3. Versuch.

12 —	d	1	Einklang.
10 —	e (zweifelhaft)	$\frac{5}{6}$	Sekunde.
9 —	f (natürlich)	$\frac{3}{4}$	kleine Terz.

4. Versuch.

10 —	g	1	Einklang.
3 —	$\overline{\text{g}}$ (bis auf ein Komma)	$\frac{3}{10}$	Octave.

5. Versuch.

Röhrenlänge	Töne	Längen-verhältniss	Musikalische Intervalle.
6 Zoll	h	1	Einklang.
5 —	$\overline{\text{cis}}$	$\frac{5}{6}$	Secunde.
4 —	$\overline{\text{dis}}$	$\frac{2}{3}$	grosse Terz.
3 —	$\overline{\text{fis}}$	$\frac{1}{2}$	Quinte.
2 —	$\overline{\text{b}}$ oder $\overline{\text{ais}}$	$\frac{1}{3}$	Septime.

6. Versuch.

9 —	f	1	Einklang.
8 —	fis (zu hoch)	$\frac{8}{9}$	verm. Sekunde.
6 —	a	$\frac{2}{3}$	grosse Terz.
4½ —	$\overline{\text{c}}$	$\frac{1}{2}$	Quinte.
3 —	$\overline{\text{c}}$	$\frac{1}{3}$	Septime.

Als das theils unmittelbare, theils durch Rechnung abgeleitete Resultat dieser Versuche erhalten wir nun von P. folgende Zusammenstellung:

Töne	c	d	cs	c	f	g	as	a	h	$\overline{\text{c}}$	$\overline{\text{d}}$	$\overline{\text{a}}$
entsprechende Röhrenlänge	1	$\frac{4}{5}$	$\frac{3}{4}$	$\frac{2}{3}$	$\frac{5}{8}$	$\frac{1}{2}$	$\frac{15}{32}$	$\frac{5}{12}$	$\frac{3}{8}$	$\frac{5}{16}$	$\frac{1}{4}$	$\frac{1}{6}$

Man sieht, dass diese Zahlen unter der Voraussetzung berechnet wurden, dass das Verhältniss der Röhrenlängen bei gleichen Intervallen stets dasselbe sei. So wird für $\overline{\text{d}}$, als Quinte von g, die Röhrenlänge $\frac{1}{4}$, und für $\overline{\text{a}}$ die Länge $\frac{1}{6}$ angegeben. Folgen wir aber dieser Rechnungsweise, so würden, bei fortgesetzter Theilung der Röhre, die Schwingungszahlen des Tones bald sehr gross, und, wenn die Röhre ganz abgeschnitten würde, zuletzt unendlich werden müssen, da doch für diesen letztern Fall die Rechnung den nämlichen Ton anzeigen muss, welchen die Kugel, im erhitzten Zustande angeblasen, für sich geben würde. Offenbar ist der Einfluss der Kugel auf die Höhe des Tones der nämliche, als ob die Röhre um ein, für alle Röhrenlängen constantes Stück verlängert wäre, was bei dieser Rechnung ganz unbeachtet geblieben. Wollte man eine gleiche Temperatur der in der Röhre enthaltenen Lufttheilchen annehmen, so würde die Kugel in den angegebenen Fällen einer halben Röhrenlänge gleich zu setzen sein, und die Berechnung der Töne für die in den verschiedenen Versuchen angewandten Längenverhältnisse sich wie folgt gestalten:

Länge der Röhre	Röhrenlänge des ganzen Systems	entsprechend Töne	beobachtete Töne
1	$\frac{3}{2}$	c	c
$\frac{8}{9}$	$\frac{25}{18}$	cis — dis	cis
$\frac{5}{6}$	$\frac{4}{3}$	d	d
$\frac{3}{4}$	$\frac{5}{4}$	dis	dis
$\frac{2}{3}$	$\frac{7}{6}$	e	e
$\frac{1}{2}$	1	g	g
$\frac{1}{3}$	$\frac{5}{6}$	ais	h
$\frac{3}{10}$	$\frac{4}{5}$	h	c

wo die Zahlen der beiden letzten Columnen genau genug stimmen, wenn man bedenkt, dass eine Verkürzung der Röhre in der Nähe der Kugel, wegen der geringern Geschwindigkeit des Schalls in der verdünnten Luft, den Ton mehr erhöht, als eine entsprechende Verkürzung der Röhre in weiterer Entfernung von der Kugel. Jedenfalls ergiebt sich aus dieser Betrachtung, dass bei gleichem Durchmesser der Kugel und gleicher Weite der Röhre die Zahl der Tonschwingungen sich umgekehrt verhalten muss, wie eine von dem Ton der Kugel abhängige Constante vermehrt um eine Function von der Länge der Röhre; wornach also auch die von P. gegebene Formel nicht richtig sein kann, welche noch ausserdem den Fehler hat, dass nach derselben n unendlich wird für R gleich Null, da doch in diesem Falle der Ton des Systems dem Ton der blossen Röhre gleich sein muss. Ueberhaupt müssen wir gestehen, dass uns, in Betracht der verschiedenen Temperaturen in der Röhre, der Zweck der vorliegenden Versuche nicht deutlich ist, wenn nicht etwa eben das Gesetz der Temperaturzunahme nach der Kugel hin dadurch gefunden werden sollte. Zu einem solchen Zwecke wäre aber freilich eine geregeltere Erwärmung und eine genauere Bestimmung der Töne, als nach dem blossen Gehör, eine unerlässliche Bedingung.

Ueber die Abhängigkeit des Tones von dem Durchmesser der Kugel erhalten wir nur einen einzigen Versuch. An dem Ende einer 4 — 5 Zoll langen und 2 — 3 Linien weiten Röhre wurde eine ziemlich grosse Kugel ausgeblasen, von so dünnem Glase, dass das Volum derselben durch die Hitze der Weingeistflamme bedeutend verringert wurde. Zu Anfange des Versuchs war der Ton g, zu Ende desselben h, und die Kugel wurde vor ihrer Verkleinerung durch 20,3 Grm., nach derselben durch 10,5 Grm. Quecksilber gefüllt. Hiernach findet es P. wahrscheinlich, dass bei hinreichend sorgfältigem Verfahren die Erhöhung des Tones um eine Terz sich als die Folge einer Volumverminderung der Kugel um die Hälfte erweisen würde. (R.)

Zur Geschichte der Entdeckung der Klangfiguren.

Der erste, welcher die ruhenden Stellen auf schwingenden Körpern sichtbar gemacht hat, ist ohne Frage Chladni. Zwar behauptet Biot[1]), schon Galiläi habe sich kleiner Körper bedient, um die in Ruhe bleibenden Stellen schwingender Oberflächen anschaulich zu machen, wie man aus dessen erstem Dialoge über die Bewegung sehen könne, jedoch findet sich in dem erwähnten Dialoge nichts, was mit Grund hierauf bezogen werden könnte. Galiläi sagt zwar, er habe oft die Schwingungen eines durch Reiben mit dem Finger zum Tönen gebrachten Trinkglases, sowohl auf der innern, als auf der äussern Seite beobachtet, wenn er Wasser in das Glass goss und dieses selbst in ein grösseres mit Wasser gefülltes Gefäss stellte; aber es findet sich keine Andeutung darüber, dass während des Tönens gewisse Stellen des Glases in Ruhe geblieben wären. Ausserdem spricht Galiläi noch von einer Reihe einander paralleler Linien, welche er erhielt, als er ein Messer rasch über eine Messingfläche hin führte, doch lässt die genauere Betrachtung jener Stelle keinen Zweifel darüber, dass hier von jener Tonerzeugung die Rede ist, wenn ein konstantes Hinderniss fortwährend auf dieselbe Weise aufgehoben wird, wobei dann die Spuren, welche ein Körper auf dem andern zurücklässt, gleiche Abstände von einander haben; z. B. wenn man ein schräg gehaltenes Messer über eine ebene Metallfläche in rascher Bewegung hinführt, so schneidet dasselbe parallele Linien

[1]) Précis élémentaires de Physique, Tom I, p. 388.

in das Metall ein, die gleichweit von einander entfernt sind. Von der Schnelligkeit, mit der das Messer bewegt wird, hängt die Anzahl der in derselben Zeit erhaltenen Einschnitte, so wie die Höhe der dabei gehörten Töne ab. Wenn man mit benetztem Finger über eine polirte Tischfläche oder über eine getünchte Wand hinfährt, so sieht man gleichweit von einander entfernte Flecke, wobei ein tiefer Ton vernommen wird. Von der Hervorbringung solcher Töne handelt ausführlicher W. Weber in seiner Abhandlung über die Zungenpfeifen.

Ueber die Schwingungen elastischer Körper.

a. Elastische Stäbe.

1. Spannung.

Hr. de Schultin in Helsingfors hat gezeigt,[1]) dass der allgemeine Ausdruck für die Spannung des elastischen und unelastischen Fadens derselbe ist, in Uebereinstimmung mit Euler's Untersuchungen[2]) während die Mécanique analytique (p. 151—159. Neue Ausgabe) die Spannung des elastischen Fadens von der des unelastischen verschieden darstellt. Poisson hat die Richtigkeit der Behauptung des Herrn de Schultin anerkannt und sich darüber auf folgende Weise ausgesprochen:

„In einem nicht elastischen Faden ist die Spannung T ausgedrückt durch:

$$T = \int p\, ds,$$

wo p die tangentielle Componente der gegebenen Kräfte und ds das Element der Curve bezeichnet. Dieser Werth kann unmittelbar aus der Betrachtung des Funicular-Polygons abgeleitet werden und er führt nur Eine einzige willkührliche Constante ein, die von dem besondern Werthe von T an einem Ende der Curve abhängig ist. In Bezug auf eine obere, elastische, homogene Curve von constanter Dicke, hat Euler folgenden Werth für die Spannung gefunden:

$$T = \int p\, ds - \frac{k}{2v^2}$$

---

[1]) Schumacher's astronomische Nachrichten Nr. 155 u. 170.

[2]) In der Abhandlung der Petersburger Commentarien für 1771: Genuina principia doctrinae de statu aequilibrii et motu corporum tam perfecte flexibilium quam elasticorum.

wo v den Krümmungsradius, und $\frac{k}{v}$ das Moment der Kraft der Elasticität bezeichnet. Diese beiden Werthe sind, wie man sieht, wesentlich von einander verschieden, aber man kann sie in einer einzigen Formel zusammenfassen, welche mit jeder von ihnen zusammenfällt vermöge der Gleichungen der Curve, welche sich auf jeden von diesen beiden Fällen beziehen. Diese Formel verdankt man Herrn de Schultin und in seiner Bezeichnung hat man folgenden allgemeinen analytischen Ausdruck der Spannung

$$(A + \int x\, dm).\, \frac{dx}{ds} + (B + \int Y\, dm) \frac{dy}{ds} + (C + \int Z\, dm) \frac{dz}{ds}{}^{1}).$$

2. Lage der Schwingungsknoten
auf einem geraden, elastischen mit beiden Enden frei transversal schwingenden Stabes.

Euler giebt in den Petersburger Commentarien[2]) eine Gleichnng, welche die Lage der Schwingungsknoten auf einem geraden tönenden Stabe bei transversaler Schwingung bestimmt. Diese Gleichung ist folgende:

$$e^{uw} \pm e^{w(1-u)} + (1 \mp e^{w}) \sin uw + (1 \mp e^{w}) \cos uw = o,$$

wo $u = \frac{s}{a}$. s ist der Abstand des Schwingungsknotens vom Ende des Stabes, dessen Länge = a, und die Gleichung

$$\cos w = \frac{2}{e^{w} + e^{-w}}$$

bestimmt w. Die obern Zeichen gelten, wenn sin w positiv, die untern, wenn sin w negativ ist.

In Uebereinstimmung mit dieser Eulerschen Gleichung sind die folgenden Ausdrücke, in deren s, den Abstand des ersten Schwingungsknotens vom Ende des Stabes, s_2 den Abstand des 2ten Schwingungsknotens von demselben Ende u. s. w. bezeichnet, während n die Anzahl der Schwingungsknoten bedeutet. Die Ausdrücke selbst sind nun, wenn die Länge des Stabes der Einheit gleich gesetzt wird:

---

[1]) Nr. 170 von Schuhmacher's Astron. Nachrichten.

[2]) Investigatio motuum, quibus laminae et virgae elasticae contremiscunt. Comm. Petrop. pro anno 1779.

$$s^1 = \frac{0,66107588}{2n-1.}$$

$$s_2 = \frac{2,50874842}{2n-1.}$$

$$s_3 = \frac{4,50038305}{2n-1.}$$

$$s_4 = \frac{6,50001656}{2n-1.}$$

$$s_5 = \frac{8,50000072}{1n-1.^{*})}$$

Diese Formeln bedürfen für n=2, n=3. n=4 einer mit der wachsenden Anzahl der Schwingungsknoten geringer werdenden Correction, welche für n=5 und höhere n unmerklich ist, so dass die obigen Ausdrücke unmittelbar die Lage der Schwingungsknoten vom Ende des Stabes ergeben.

Als genäherte Formeln dienen folgende:

$$s_1 = \frac{2}{3.\ (2n-1)}$$

$$s_2 = \frac{5}{2.\ (2n-1)}$$

$$s^3 = \frac{9}{2.\ (2n-1)}$$

$$s_4 = \frac{13}{2.\ (2n-1)}$$

Hieraus folgt die angenäherte Proportion:

$s_1 : (s_2 - s_1) : (s_3 - s_2) : (s_4 - s_3) \ldots = s : 11 : 12 : 12 \ldots$

an deren Stelle man wohl noch die ganz unrichtige:

$s_1 : (s_2 - s_1) : (s_3 - s_2) \ldots = 1 : 2 : 2 \ldots$ antrifft.

Um der Mühe, die Abstände der Schwingungsknoten zu berechnen, zu überheben, folgt hier eine Tafel derselben von n=2, bis n=13; in Fig. 30 sind die Schwingungsknoten für die einfachsten 8 Schwingungsarten dargestellt, wobei vorausgesetzt wird, dass 8 Stäbe von gleicher Dimension in einer Ebene neben einander gelegt worden sind. Vielleicht verdient es auch hier noch einer Erwähnung, dass man die Schwingungsknoten eines mit beiden Enden frei schwingenden geraden Stabes durch den Durchschnitt einer Sinuslinie und einer Kettenlinie finden kann, wenn man die erhaltenen Durchschnitte auf den Stab projizirt.

---

[3]) Poggendorf's Annalen Bd. XXVII. S. 505.

T a f e l

für

die Abstände der Schwingungsknoten

vom Ende eines mit beiden freien Enden transversal schwingenden Stabes, dessen Länge = 1.

	n = 2	n = 3.	n = 4.	n = 5.	n = 6.	n = 7.	n = 8.	n = 9.	n = 10.	n = 11.	n = 12.	n = 13.
s_1	0,22416	0,13211	0,09444	0,07345	0,06016	0,05085	0,04407	0,03889	0,03479	0,03148	0,02874	0,02644
s_2		0,5	0,35854	0,27875	0,22807	0,19298	0,16725	0,14757	0,13204	0,11946	0,10908	0,10035
s_3				0,5	0,40913	0,34618	0,30002	0,26473	0,23686	0,21430	0,19569	0,18001
s_4						0,5	0,43333	0,38235	0,34211	0,30952	0,28261	0,26000
s_5								0,5	0,44737	0,40476	0,36957	0,34000
s_6										0,5	0,45652	0,42000
s												0,5

Die Vergleichung mit der Erfahrung zeigt, dass die Resultate der Theorie mit derselben in guter Uebereinstimmung sind, so dass man annehmen darf, die noch übrig bleibenden Differenzen haben in der ungleichen Dichtigkeit der angewandten Stäbe ihren Grund. Die ältesten Versuche hierüber hat wohl Daniel Bernoulli angestellt, der mit eisernen Ladestöcken experimentirte und durch das Gefühl die Stellen bestimmte, wo die Bebungen dieser schwingenden Stäbe aufhörten. Mit grösserer Schärfe können die Schwingungsknoten durch trockenen staubfreien Sand bemerklich gemacht werden.

Was die Wahl der Stäbe betrifft, so eignen sich zu Versuchen vorzüglich solche Stahlstäbe, 3—4 Fuss lang, 5—6 Linien breit und 2 Linien dick, auf denen man eine grössere Menge von Schwingungsknoten sichtbar machen kann. Diese Stäbe können zwischen die konischen Spitzen zweier durch kleine Hebel leicht drehbaren Schrauben gespannt werden, welche durch zwei vertikale Holzstäbe hin durchgehen. Diese werden selbst durch ein horizontales Queerstück zusammengehalten, und können durch eine Schraubzwinge an einem Tische befestigt werden. Um nun den Stab so schwingen zu lassen, dass er eine bestimmte Anzahl von Schwingungsknoten erhält, wird man denselben in 2 solchen Schwingungsknoten einspannen, welche in der oben mitgetheilten Tabelle einem bestimmten n entsprechen. Man kann einen Schwingungsknoten nahe am Ende des Stabes wählen, den zweiten entfernter vom andern Ende. Denn wollte man z. B. die zu $n=13$ gehörende Schwingung hervorbringen, so würde bei einer symmetrischen Unterstützung in Bezug auf die beiden Enden leicht die zu $n=12$ oder $n=11$ gehörende Schwingung erhalten werden. Offenbar muss man diejenige Unterstützung oder Einspannung wählen, welche am meisten von jeder einer andern Schwingungsart zugehörigen verschieden ist. Um ganz sicher zu gehen, kann man noch einen dritten Schwingungsknoten, der der verlangten Schwingungsart angehört, mit einem Finger der linken Hand unterstützen, am besten auf der untern Seite des Stabes, damit der Sand auf der obern Seite kein Hinderniss der Anordnung finde. Hat man Grund, an der genauen geometrischen Form oder an der gleichen Dichtigkeit des Stabes zu zweifeln, so wird man ohne Berechnung der Lage der Schwingungsknoten dieselben durch allmähliche Versuche auffinden können, wobei die Bemerkung von

Nutzen sein wird, dass, wenn es nur überhaupt gelingt, bei irgend einer Uuterstützung oder Einspannung einen Ton aus dem Stabe zu locken, die ruhende Sandlinie immer durch den wahren jener Schwingungsart zugehörigen Schwingungsknoten geht, der auf der Axe des Stabes liegt. Man hat also nur nöthig, wenn die zuerst gefundene ruhende Linie auch die Axe unter einem Winkel durchschneidet, die beiden Spitzen der von beiden Seiten den Stab einklemmenden Schrauben in eine Ebene zu führen, welche durch den wahren Schwingungsknoten gehend den Stab senkrecht schneidet. Erst dann, wenn diese wahre Unterstützung getroffen ist, wird man den schönen vollen Ton vernehmen, welcher den Schwingungen solcher Stahlstäbe eigen ist. Die wahren Schwingungsknoten können nur auf irgend eine Weise bezeichnet werden.

Die Anwendung solcher grossen Stahlstäbe kann auch bei jenen Versuchen empfohlen werden, wo nicht einzelne ruhende Punkte, sondern die ganze schwingende Oberfläche betrachtet wird. Die Stäbe zeigen mit Lycopodium bestreut und mit dem Violinbogen gestrichen, jene bekannten Wolken und wandernden Halbkugeln. Eben so kann man durch seitlich mit Wachs befestigte Glimmerblättchen die Gegenwart der von Faraday entdeckten Luftströme nachweisen, die sich in den über den Stab gegossenen Flüssigkeiten bilden und die je nach der Höhe des Tons ein bald weiteres, bald engeres Netz zeigen. Um die Faraday'schen Versuche über die Schwingungen eines vertikalen Stabes in einer Flüssigkeit anzustellen, befestigt man die Schraubzwingen mit den Holzstücken an einen vertikal stehenden Gegenstande, wie z. B. an einem Büchsenschranke, und setzt das mit der Flüssigkeit gefüllte Gefäss unter den nun vertikal stehenden Stab bis zum Eintauchen seines untern Endes. Man sieht dann deutlich in der Flüssigkeit die wie die Zähne eines Kamms gestalteten Erhebungen.

b. Elastische Flächen.

2. Knotenlinien schwingender elastischer Quadratscheiben von homogener Beschaffenheit.

Um einer künftigen theoretischen Untersuchung über die ruhenden Curven auf schwingenden, elastischen homogenen Quadratscheiben eine nützliche Vorarbeit zu liefern, habe ich mich nicht weiter mit Messungen auf metallenen Scheiben beschäftigt, die fast immer nur Aggregate unregelmässiger Krystallsysteme sind, sondern 3 planparallele Quadratscheiben aus Spiegelglas angewendet, von denen 2 in dem mathematischen Institute des Geheimen-Raths Pistor in Berlin, die 3te in dem optischen Institute in München geschliffen war. Die Seite der einen betrug im Mittel aus mehreren Messungen 69,21 Pariser Linien, die Seite der zweiten 69,38 P. L. Die erste war ohngefähr Eine Linie dick, die zweite noch etwas dicker. Die Münchner Scheibe hatte 59,08 Linien Seite bei einer Dicke von anderthalb Linien. Diese 3 Scheiben, welche nach ihrer zunehmenden Dicke mit Nr. I, Nr. II und III bezeichnet werden sollen, wurden zuvor mit einer Lage von Goldblatt überzogen, um die Schärfe der Figuren zu erhöhen.

Zur Messung der Coordinaten der ruhenden Curven oder der Knotenlinien[1]) wurde ein vom Mechanikus Oertling zu Berlin ausgeführter Messapparat angewendet. Dieser besteht im Wesentlichen aus zwei starken rechtwinklicht gegen einander gestellten, eingetheilten Linealen, von denen das Eine auf einer 12 Pariser Linien dicken ebenen Marmorplatte befestigt ist, während das zweite rechtwinklicht gegen das erste bewegt werden konnte. Das bewegliche Lineal trägt ein Mikroskop mit Fadenkreutz, dessen Durchschnitt auf die ruhenden Sandlinien der auf die Marmorplatte gelegten Quadratscheibe gebracht wurde. Die beiden Lineale sind unmittelbar in halbe Pariser Linien getheilt und geben durch die Nonien $\frac{1}{50}$tel der Pariser Linie an. Die sämmtlichen Klangcurven wurden so hervorgebracht, dass die Unterstützung nur auf der untern, nicht auch auf der obern Seite der Scheibe erfolgte, aus einem schon oben bei den Schwingungen der geraden Stäbe angeführten Grunde. Noch bemerke ich, dass zur Bestimmung der Ordinaten der Curven selten weniger als 30 bis 40 einzelne Messungen vorgenommen worden sind, deren Mittel in Theilen der als Einheit angenommenen Seite ausgedrückt ist. Nach diesen Messungen sind die auf Tafel II befindlichen Figuren construirt, über welche ich hier die nöthigen Erläuterungen geben werde, die übrigen Curven einer Quadratscheibe sollen bei einer andern Gelegenheit mitgetheilt werden.

[1]) Es möchte vielleicht zweckmässig sein, die ruhenden Linien einer schwingenden Oberfläche nicht allein Klangfiguren zu nennen, sondern diese Benennung für alle Gebilde zu gebrauchen, welche in den auf der schwingenden Oberfläche befindlichen festen oder flüssigen Körpern hervorgerufen werden.

Fig. 34. Taf. II.

wird hervorgebracht, wenn man mit zwei Fingern der linken Hand die beiden Mittelpunkte der Gegenseiten des Quadrats unterstützt und ausserdem noch einen Punkt der Diagonale, der etwa um den dritten Theil derselben von der Ecke entfernt ist, während man die Ecke selbst mit dem Violinbogen streicht.

Wenn man nun die Seite des Quadrats in 20 gleiche Theile theilt, und die um einen solchen Theil von einander abstehenden Abscissen von der Mitte der Seite zählt, so hat man für die drei Scheiben, I, II, III

x	y		
	I	II	III
0 Zwanzigtheile	0,0801	0,0799	0,0796
1	0,0859	0,0855	0,0856
2	0,1021	0,1018	0,1017
3	0,1282	0,1281	0,1277
4	0,1632	0,1631	0,1621
5	0,2058	0,2054	0,2045

Der Durchschnittspunkt der Diagonale mit dieser Curve war entfernt von einer Seite des Quadrats um 0,2274 | 0,2274 | 0,2270. Wie man diese Durchschnittspunkte der Curven bestimmen könne, wird weiter unten klar werden.

Fig. 35. Taf. II.

wird durch folgende Unterstützung erhalten: Man setze drei Finger der linken Hand auf die Punkte, wo die Curven, aus denen diese Figur zusammengesetzt ist, sich am nächsten kommen. Wenn man will, kann man auch noch den vierten dieser Punkte unterstützen. Die Mitte der Seite wird mit dem Violinbogen gestrichen. Wenn für den halben längsten Bogen die Seite des Quadrats als Abscissenaxe, die durch die Mittelpunkte zweier Gegenseiten gezogene Gerade als Ordinatenaxe gilt, und die vom Mittelpunkte der Seite gezählten Abscissen nach einander die Werthe 0, $\frac{1}{20}$, $\frac{2}{20}$ u. s. w. annehmen, so erhält man in Theilen der als Einheit angenommenen Seite ausgedrückt:

x	y I	y II	y III
0	0,2342	0,2340	0,2339
1	0,2340	0,2339	0,2334
2	0,2333	0,2332	0,2328
3	0,2313	0,2312	0,2312
4	0,2266	0,2267	0,2268

Für den kürzern Bogen, der auf dem so eben betrachteten beinahe normal ist, wurden die Abstände von der nächsten Seite als Ordinaten betrachtet, und die Abscissen auf dieser Seite selbst von einer Ecke angenommen, und ihnen die Werthe $\frac{1}{10}$, $\frac{2}{10}$ u. s. w. beigelegt. So wurde erhalten:

x	y I	y II	y III
1	0,2362	0,2359	0,2363
2	0,2382	0,2382	0,2376
3	0,2416	0,2416	0,2417
4	0,2526	0,2526	0,2520

Man sieht aus der Uebereinstimmung dieser auf 3 den Dimensionen nach verschiedenen Scheiben erhaltenen Resultate, dass die gewöhnliche Annahme, der Abstand der vier Curven von den Seiten betrage $\frac{1}{4}$ oder 0,25 der Seitenlänge, sehr ungenau sei. Eben so wenig bestätigt sich bei Quadratscheiben als bei geraden Stäben der Satz, dass $(s_2 - s_1) : s_1 = 2 : 1$, wenn s_1 den Abstand der ersten Knotenlinie vom nächsten Rande, und s_2 den Abstand der 2ten Knotenlinie von demselben Rande bezeichnet. Um sich für ein Paar einzelne Fälle von der Richtigkeit der ausgesprochenen Behauptung zu überzeugen, braucht man nur einen Blick auf die Figuren 39, 40 und 41 zu werfen.

Fig. 36. Taf. II.

wird erhalten, wenn man die Unterstützung wie in Fig. 34 macht, und nur den dritten Finger näher nach der Ecke der Scheibe rückt. Wie in Figur 34, so wird auch hier die obere Ecke rechts mit dem Violinbogen gestrichen. Auf der dritten Scheibe Nr. III liess sich diese Schwingung wegen der Dicke der Scheibe nicht mehr hervorbringen. Ich muss hierbei bemerken, dass zuweilen Scheiben Anfangs gewisse höhere Schwingungen nicht hervorbringen, in welche sie später nach längerem Gebrauch für einfachere Schwingungen ohne Mühe gebracht werden können. Diess war bei den Scheiben I und II für die Figuren 37, 40 und 41 Taf. II der Fall.

Zuerst mögen die kleinen über die Ecken gespannten Curven betrachtet werden, und dann erst die scheinbar geraden Linien, welche durch die Mitte der Seiten gehen. Wird die Seite der Scheibe, die als Abscissenaxe dienen soll, in 32 gleiche Theile getheilt, und werden die Abscissen selbst von der Ecke als Anfangspunkt gezählt, so hat man

x	y	
	I	II
$\frac{1}{32}$	0,2354	0.2352
2	0,2112	0,2110
3	0,1848	0,1846
4	0,1558	0,1555
5	0,1243	0,1242
6	0,0906	0,0904
7	0,0533	0,0533

Der Abstand des Durchschnitts dieser Curve mit der Diagonale von einer Seite des Quadrats wurde auf I 0,1405, auf II 0,1402 gefunden.

Um den Zug der den Seiten des Quadrats scheinbar parallelen Linien zu ermitteln, wurden die Abstände dieser Linien von den Seiten gemessen, wobei die untere Seite in 20 gleiche Theile getheilt als Abscissenaxe galt. Wenn eine Ecke als Anfangspunkt der Coordinaten angenommen wurde, so fand sich:

x	y	
	I	II
1	0,5001	0,5000
2	0,5001	0,50015
3	0,5002	0,5001
4	0,5000	0,50015
5	0,4999	0,4999
6	0,4998	0,4999
7	0,4997	0,4998
8	0,4996	0,4997
9	0,4996	0,4995

woraus sich übereinstimmend für beide Scheiben eine kleine Biegung der Linien ergiebt. Der Abstand der beiden Scheitel der Curven war nicht bestimmt genug gebildet, um eine Messung zuzulassen. In der Zeichnung ist diese Stelle unbestimmt gelassen.

Fig. 37. Taf. II.

besteht aus zwei hyperboliscben Curven und 4 dazwischen liegenden congruenten Bogen. In Bezug auf ihre Darstellung möge folgendes bemerkt werden. Wenn man annimmt, die Figurentafel stehe vertikal, so wurde die obere und untere Ecke links unterstützt und der dritte Finger ohngefähr unter den Scheitel des kleinern Curvenbogens zunächst der vertikalen Quadratseite rechter Hand gesetzt; die Streichstelle war der Mittelpunkt der genannten verticalen Quadratseite. Noch bemerke ich, dass ich auf beiden Scheiben für diese Figur immer dieselben Unterstützungspunkte und dieselbe Streichstelle angewendet habe, um auch in dieser Beziehung beide Scheiben gleichartig zu behandeln.

Ich werde nun zunächst die in der Nähe der Diagonalen befindlichen hyperbolischen Curven betrachten. Eine Ecke ist Anfangspunkt der Coordinaten und die obere oder untere horizontale in 50 gleiche Theile getheilte Seite ist Abscissenaxe. Unter der Bezeichnung d sind die Differenzen der Ordinaten der Curven und der Diagonalen angegeben. Kaum bedarf es noch der Bemerkung, dass bei der Messung dieser, wie aller übrigen Curven die

Ordinaten sämmtlicher Theile der Curven bei der Berechnung des Mittelwerths benutzt worden sind. Es wurde auf diese Weise erhalten:

x	y	d	y	d
	I		II	
0,02	0,0172	− 0,0028	0,0181	− 0,0019
0,04	0,0389	− 0,0011	0,0386	− 0,0014
0,06	0,0590	− 0,0010	0,0589	− 0,0011
0,08	0,0795	− 0,0005	0,0793	− 0,0007
0,10	0,0999	− 0,0001	0,0999	− 0,0001
0,12	0,1203	+ 0,0003	0,1204	+ 0,0004
0,14	0,1406	+ 0,0006	0,1407	+ 0,0007
0,16	0,1606	+ 0,0006	0,1609	+ 0,0009
0,18	0,1808	+ 0,0008	0,1810	+ 0,0010
0,20	0,2005	+ 0,0005	0,2008	+ 0,0008
0,22	0,2204	+ 0,0004	0,2204	+ 0,0004
0,24	0,2399	− 0,0001	0,2400	± 0,0000
0,26	0,2595	− 0,0005	0,2597	− 0,0003
0,28	0,2793	− 0,0007	0,2794	− 0,0006
0,30	0,2992	− 0,0008	0,2992	− 0,0008
0,32	0,3193	− 0,0007	0,3194	− 0,0006
0,34	0,3396	− 0,0004	0,3397	− 0,0003
0,36	0,3599	− 0,0001	0,3599	− 0,0001
0,38	0,3803	+ 0,0003	0,3803	+ 0,0003
0,40	0,4008	+ 0,0008	0,4009	+ 0,0009
0,42	0,4217	+ 0,0017	0,4218	+ 0,0018
0,44	0,4421	+ 0,0021	0,4427	+ 0,0027
0,46	0,4638	+ 0,0038	0,4645	+ 0,0045

Aus dem Zeichenwechsel in der Columne d sieht man, dass die Curve von der Diagonale 3 Mal geschnitten wird, so dass die ganze hyperbolische Curve die beiden Diagonalen in 12 Punkten schneidet. Die Zeichnung lässt natürlich über die durch die Messungen auf beiden Scheiben so bestimmt nachgewiesenen Biegungen in Zweifel. Um die Mitte habe ich zwar die Scheitel der Curven immer getrennt erhalten, aber ihr gemessener Abstand differirte um mehrere Zehntheile der Pariser Linie, während die übrigen einzelnen Messungen gewöhnlich bis höchstens um $\frac{1}{10}$ der Pariser Linie ungleich waren. Desshalb wird es wohl besser sein, den Abstand dieser Scheitel aus der Gleichung der Curve, wenn sie einmal gefunden sein wird, zu bestimmen. Im Mittel ergab sich übrigens dieser Abstand aus 40 Messungen 0,0379 auf I und 0,0373 auf II in Theilen der Quadratseite.

Bei den 4 kleineren Curven der Figur 37 wurde zuerst eine Seite des Quadrats als Abscissenaxe betrachtet, wobei die Abscissen von der Mitte der Seite gezählt um 50tel der Seite von einander verschieden genommen wurden. Auf diese Weise wurde erhalten:

x	y	
	I	II
0,00	0,1411	0,1411
0,02	0,1406	0,1405
0,04	0,1388	0,1387
0,06	0,1357	0,1355
0,08	0,1308	0,1308
0,10	0,1238	0,1237
0,12	0,1139	0,1138
0,14	0,0995	0,0997
0,16	0,0777	0,0772

Diese Messungen erstrecken sich bis in die Gegend, wo die Curve sich biegt, für den 2ten Theil des gegen den ersten fast normalen Bogens wurde der Anfangspunkt der Coordinaten in die Ecke der Quadratscheibe verlegt und die frühere Ordinatenaxe als Abscissenaxe genommen. Hier wurde erhalten:

x	y	
	I	II
0,02	0,3140	0,3139
0,04	0,3206	0,3206
0,06	0,3294	0,3291
0,08	0,3419	0,3417
0,10	0,3603	0,3602
0,12	0,3923	—

No. 39 besteht immer aus 3 von einander getrennten Curven, welche niemals mit Ausnahme der mittelsten in gerade Linien übergehen können. Um die durch die stärksten Linien angedeutete Figur zu erhalten, unterstützt man die Mittelpunkte zweier Gegenseiten und den Punkt B, während der Rand der Scheibe ohngefähr in der Mitte zwischen B und C gestrichen wird. Abscissenaxe ist eine vertikale Seite, Anfangspunkt der Coordinaton eine Ecke des Quadrats. Theilte man noch die Seite in 20 gleiche Theile, so wurde erhalten:

x	y	
	I	II
0,05	0,1411	0,1415
0,10	0,1422	0,1420
0,15	0,1415	0,1414
0,20	0,1390	0,1389
0,25	0,1352	0,1353
0,30	0,1310	0,1309
0,35	0,1270	0,1270
0,40	0,1233	0,1232
0,45	0,1208	0,1207

Diesen Messungen über die ruhenden Curven auf schwingenden elastischen und homogenen Quadratscheiben füge ich noch andere hinzu, welche sich auf die Pole dieser Curven beziehen.

Ueber die Pole der Knotenlinien auf Quadratscheiben.

Unter Polen der Knotenlinien einer Scheibe wollen wir diejenigen festen Punkte verstehen, in welchen sich die demselben Tone zugehörigen Klangfiguren schneiden, wenn man die Unterstützungspunkte innerhalb gewisser Gränzen verändert. Um diese Pole mit Bestimmtheit nachzuweisen, kann man sich mattgeschliffener Glasscheiben bedienen, auf welchen die Umrisse der sauber dargestellten Sandfigur mit einer fein zugespitzten Bleifeder nachgezogen werden [1]). Darauf schüttet man den Sand von der Scheibe, verrückt die Unterstützungsstelle und bringt bei unveränderter Streichstelle, wobei der Ton sich nicht verändern darf, und nachdem frischer Sand auf die Scheibe gebracht worden, die Umrisse der erhaltenen Figur auf die Scheibe. Die Veränderungen der Unterstützungspunkte, welche keine Veränderung des Tons bewirken, liegen innerhalb gewisser Gränzen. Hat man eine Anzahl solcher Figuren, die demselben Tone angehören, auf der Scheibe verzeichnet, so wird man wahrnehmen, dass sich dieselben alle in einer bestimmten Anzahl von festen Punkten durchschneiden, deren Lage auf Scheiben von derselben Form eine unveränderliche Beziehung zu den Seiten hat. Eben diese festen allen demselben Tone angehörigen Knotenliniendurchschnitte mögen Pole derselben heissen.

Zur Bestimmung dieser Pole auf den mit Goldblatt belegten Scheiben No. I und II habe ich ein anderes Mittel angewendet. Nachdem die Sandcurve in grösster Schärfe hervorgebracht war, so wurde die Scheibe schnell angehaucht. Der Hauch verschwand in wenigen Secunden, wenn das Zimmer, in welchem die Versuche angestellt wurden, nicht eine Temperatur unter 13° R. hatte, aber unter dem Sande blieb noch Feuchtigkeit zurück und band hier den Sand an die Scheibe. So blieb noch Zeit übrig, dieselbe mit neuem Sande zu überstreuen, und bei veränderter Unterstützung eine neue Figur hervorzubringen, welche die zuerst hervorgebrachte nicht unter zu spitzen Winkeln schneiden muss, um die Durchschnittspunkte mit möglichster Bestimmtheit zu erhalten. Es gelingt zuweilen wohl noch eine dritte demselben Tone zugehörige Figur zu erhalten, wo sich denn alle in denselben Polen

---

[1]) Man kann diese Linien, um sie recht augenfällig zu machen, mit einer satten Farbe, wie Zinnober, nachziehen.

schneiden. So erhält man dann in der That den Anblick, welchen Taf. II. die Figur 38 oder 39 oder 40 gewährt, in welchen 3 nach einander hervorgebrachte Figuren in Einer Zusammenstellung vorliegen. Natürlich befinden sich zwischen den gezeichneten Curven unendlich viele andere demselben Tone zugehörigen Curven, die durch unmerkliche Stufen in einander übergehen. Für die theoretische Untersuchung derselben wird die Ausmittelung einer geringen Anzahl möglichst weit auseinander liegender Linien, die zu einer bestimmten Unterstützung gehören, hinreichend sein. Ich übergehe hier die zur Bestimmung derselben angestellten Messungen, und bemerke nur noch, dass die Figuren 38, 39, 40 und 41 nach solchen Messungen gezeichnet sind, obwohl ihre Darstellung durch Zirkel und Lineal weniger genau ausgefallen ist, als die Construction der Figuren 33, 34, 35, 36, 37, welche mit dem Apparate selbst, welcher zur Messung gedient hatte, gezeichnet wurden. Zu diesem Ende war an dem beweglichen Lineal ein kleines dreiseitiges, in eine Spitze endigendes Prisma angebracht, welches sich in einer prismatischen Fassung senkrecht auf die Marmorptatte bewegte, auf der ein genaues Reissbrett befestigt war.

Die Zahl der Pole der Knotenlinien auf einer Quadratscheibe scheint sich nach der Zahlenform $4k + 1$ zu richten, denn Figur 38 bietet 5, Fig. 39 9, Fig. 40 13 und Figur 41 17 solcher Pole dar. Die kleinste Anzahl findet sich in Fig. 38. Um die 3 durch die stärksten Linien bezeichneten Curven hervor zu bringen, unterstützt man 2 Endpunkte der Diagonale, und ausserdem noch den Punkt A, während eine der nicht unterstützten Ecken des Quadrats mit dem Violinbogen gestrichen wird. Der Ton ändert sich nicht, wenn man die Mitten zweier Gegenseiten des Quadrats unterstützt, ausserdem noch den Punkt A, und daranf die Mitte einer nicht unterstützten Seite streicht. Man erhält dann die drei Curven in Fig. 38, deren Scheitel einander am nächsten kommen. Die 3 Curven jener Figur, welche zwischen den 2 betrachteten Systemen liegen, erhält man, unter Beibehaltung des Punktes A und der letzten Streichstelle, nur werden die beiden andern Unterstützungspunkte gleichweit von der die Mitten der beiden Gegenseiten verbindenden Geraden abgerückt

Der Abstand des Punktes A, der zugleich auf der Diagonale liegt, von einer Seite d. Q. wurde in Theilen der Seite gefunden.

I	II	III
0,2390	0,2390	0,2380.

Wie man das eine Curvensystem in Figur 39 erhält, ist schon oben bemerkt worden. Für die beiden andern bleibt der Unterstützungspunkt B und die Streichstelle unverändert, aber die beiden andern Unterstützungspunkte werden gleichweit zu beiden Seiten der die Mitten der Gegenseiten verbindenden Geraden genommen. Der Abstand des Punktes B von den beiden nächsten Seiten des Quadrats war

	I	II
	0,11995	0,1200
Der Abstand des Pols C vom nächsten Rande	0,1418	0,1418.

Dass die äusseren den Seiten zunächt liegenden Curven sich niemals in gerade Linien verwandeln können, ist wohl hieraus klar, da sonst die Abstände der Pole B und C einander gleich werden müssten.

Die Figur 40 hat 13 Pole. Sie ist jedesmal aus einem System von 5 gesonderten Curven zusammengesetzt. Um die durch einen stärkere Zeichnung ausgedrückten Curven zu erhalten, unterstützt man die Mittelpunkte zweier Gegenseiten und ausserdem noch den Punkt D und streicht den nächsten Rand. Von den vielen bei demselben Tone möglichen Curvensystemen sind nur 3 ausgewählt, und es sind die zusammengehörigen theils durch stärkere, theils durch schwächere theils durch punktirte Linien unterschieden.

Die Abstände von den Seiten waren für die Diagonalpunkte E und F,

	I	II
E	0,2153	0,2152
F	0,1640	0,1642
Abstand von D vom nächsten Rande	0,1538	0,1537.

In Fig. 41 sind 17 Klangfiguren-Pole. Man bringt diese jedes Mal aus 5 Curven bestehende Figur hervor, wenn man die Mitten zweier Gegenseiten unterstützt, ausserdem einen dritten Finger unter I setzt, und den nächsten obern Rand streicht. Bleiben der Unterstützungspunkt I und die Streichstelle ungeändert, während die beiden andern Unterstützungspunkte gleichweit rechts und links von der die Mitten der Gegenseiten verbindenden Geraden abgerückt werden, so erhält man andere demselben Tone zugehörige

Curven, von denen noch Ein System in Fig. 41 dargestellt ist. Die Abstände der Diagonalpunkte H und I von den Seiten wurden gefunden

	I	II
H	0,3519	0,3518
I	0,1043	0,1039
Der kürzeste Abstand des Pols G von der nächsten Seite	0,0696	0,0693
Der Abstand des Pols von der darauf normalen Seite des Quadrats	0,3617	0,3614,

In Fig. 42 sind alle bis jetzt gefundenen 41 Pole besonders dargestellt. Auf rechteckigen Scheiben kommen solche Pole ebenfalls vor, indessen habe ich noch keine Messungen darüber angestellt.

Ueber akustische Figuren auf schwingenden Flächen überhaupt.

Bei der Untersuchung der Schwingungen einer Fläche kann es natürlich nicht genügen, nur die Grenzen der in entgegengesetzter Bewegung begriffenen Gebiete der schwingenden Fläche kennen zu lernen, vielmehr muss die Untersuchung auf alle Punkte derselben ausgedehnt werden. Schon Chladni hat auf die am stärksten bewegten Punkte der schwingenden Fläche aufmerksam gemacht, wie aus den Worten hervorgeht: „Zu dem Aufstreuen lässt sich gewöhnlicher Sand gebrauchen; jedoch wird auch die Anwesenheit einiger feinen Staubtheile nützlich sein können, um die Mittelpunkte der Schwingungen, d. i. die Stellen, wo die Schwingungen am grössten sind, sichtbar zu machen, weil an diesen der feinste Staub sich anhäuft.“ *) Später hat Savart in einem, im J. 1827 in der Pariser Akademie gelesenen Aufsatze **) die durch Lycopodium auf schwingenden Flächen gebildeten akustischen Figuren untersucht. Nach seiner Ansicht sind diese Figuren ein Beweis für das Dasein einer zweiten Theilungsart der

*) Chladni's Akustik, S. 120.

**) Annales et chimie et de physique, Tom. XXXVI. p. 187.

Scheibe; denn er hält die ganze Scheibe für den Sitz vieler, über einander greifender Theilungsarten, von denen besonders zwei hervortreten. Die erste ist die gewöhnliche, am besten durch aufgestreuten, staubfreien Sand sichtbar zu machende, die zweite stellt sich in den Bildungen zarter Pulver, wie z. B. des Lycopodiums, dar, und hängt mit der ersten so zusammen, dass sie aus derselben mit Sicherheit vorhergesagt werden kann. Man sieht in den beiden Figurenreihen 43—47. der Tafel II. die Abbildung solcher Figuren, die ich nach eigener Beobachtung gezeichnet habe. Die erste Reihe zeigt die mit Lycopodium erhaltenen Figuren, die zweite Reihe die mit einem zusammengesetzten Pulver (wovon später die Rede sein soll) erhaltenen Figuren. Nach Savart hat Faraday diesem Gegenstande seine Aufmerksamkeit gewidmet, und er gelangt durch seine Untersuchungen, welche in den Philos. Transact. für das Jahr 1831 enthalten sind, zu dem Schlusse, dass diese Bildungen in pulverförmigen Substanzen durch Luftströme hervorgebracht werden, die von den ruhenden Stellen der Scheibe nach den am stärksten erschütterten Theilen derselben gehen. Im luftverdünnten Raume fehlen daher diese Figuren ganz. Der Inhalt der Untersuchungen Faraday's lässt sich unter folgenden Abtheilungen bequem übersehen:

Ueber die Figuren und Formen, welche die Theilchen fester Körper auf schwingenden elastischen Flächen annehmen:

A. in atmosphärischer Luft, 6—32.

B. im luftverdünnten Raume, 33—37.

C. unter einer, die schwingende Fläche bedeckenden Flüssigkeit, 38—62.

D. über die Formen und Zustände, welche Flüssigkeiten auf schwingenden Flächen annehmen, 63—129.

A. Ueber die Figuren und Formen, welche Theilchen fester Körper auf schwingenden Flächen in atmosphärischer Luft annehmen.

Um die bereits erwähnten Figuren, welche sich in der Nähe der Vibrations-Centra bilden, hervorzubringen, kann man beliebige Scheiben oder Stäbe von Glas, Holz, Metall, oder Membrane anwenden. Will man die Figuren in einem sehr grossen Maassstabe haben, so kann man grosse Flächen von starkem Zeichenpapier über einen Rahmen spannen. Unter den Metallen ist Stahl wegen der langen Dauer seiner Schwingungen vorzüglich brauchbar; man wendet dieses Metall entweder in grossen, mehrere Fuss langen Stäben oder in Scheiben von mehreren Quadratzollen Oberfläche an.

Zum Ueberstreuen der Scheiben und Stäbe kann man verschiedene zarte und leichte Pulver gebrauchen, z. B. chemisch reine Kieselerde, Zinnoxyd, Mennige, besonders Lycopodium. Um dieses gleichmässig über die schwingende Fläche zu bringen, so bindet man über das Gefäss, welches das Lycopodium enthält, einen linnenen Lappen, durch dessen Oeffnungen nun das Pulver hindurchfällt, und so eine gleichmässige Ueberstreuung der Platte hervorbringt. Wendet man aber ein aus 24 Theilen Fernambuk, 12 Theilen Alaun, 12 Theilen Bimstein, einem kleinen Antheil von weissem Fischbein, Veilchenwurzel nnd einigen Tropfen Bergamottöl zusammengesetztes Pulver*) an, so sieht man nicht nur die vom Lycopodium hervorgebrachten Erscheinungen, sondern auch die Wege, welche die auf die Scheibe gebrachten Häufchen während ihrer Bewegung beschrieben haben. Um das erwähnte Pulver anzuwenden, nimmt man dasselbe zwischen die Fingerspitzen und lässt kleine Portionen davon auf die Scheibe fallen. Wegen der Cohäsion seiner Theilchen bilden sich immer kleine Häufchen, die bei den Schwingungen der Scheibe langsam nach den Knotenlinien wandern, so dass sie mehrere Minuten brauchen, ehe sie das Ziel ihrer Bewegung erreicht haben. Ich habe mehrere Versuche angestellt, um durch die Verbindung zweier oder mehrerer einfacher Pulver eine Zusammensetzung aufzufinden, welche die angegebene Eigenschaft, die durchlaufenen Wege dauernd zu bezeichnen, ebenfalls besässe, kann aber bis jetzt das zusammengesetzte Pulver durch kein einfacheres ersetzen.

Wird eine quadratische Scheibe mit Lycopodium überstreut, so bilden sich, wenn die 4 Mittelpunkte der Seiten unterstützt werden, und eine Ecke mit dem Violinbogen gestrichen wird, ausser den eigentlichen ruhenden Linien, in der Nähe der 4 Ecken wirbelnde Wolken von ovaler Form, um so grösser, je mehr Lycopodium aufgestreut wird, jedoch immer so, dass der zugespitzte Theil der Basis der Wolke nach der Ecke gerichtet ist. Wenn die Bewegung der schwingenden Scheibe schwächer wird, so bleibt

*) Das erwähnte Pulver bildet mit einigen Zusätzen eine Art Zahnpulver.

in jeder Ecke eine Gruppe halbkugelförmiger Erhöhungen zurück.*) Taf. II. Fig. 43. a.

In der entsprechenden Figur 43. b., welche mit dem zusammengesetzten Pulver durch dieselbe Schwingungsart der Scheibe hervorgebracht wird, sieht man die krummlinigten Bahnen, welche die Theilchen des Pulvers von dem Orte, wo sie aufgestreut wurden, bis zu den Knotenlinien beschrieben haben. Dass diese Bahnen nach den Knotenlinien breiter werden, fällt ebenfalls in die Augen. Die Vibrations-Centra erscheinen hier als Stammstellen, aus denen die Bahnen wie Zweige hervorgehen, um sich nach den ruhenden Linien hin zu biegen. Wird die Bewegung der Scheibe schwächer, so bilden sich aus diesem Pulver, wie beim Lycopodium, jene halbkugelförmigen Häufchen. Je höher die Schwingungsart der Scheibe ist, desto weniger bilden sich an den Vibrationsmittelpunkten die schon erwähnten wirbelnden Wolken, vielmehr sieht man selbst während der stärksten Erschütterung der elastischen Fläche immer nur halbkugelförmige oder platte, runde, im Verschwinden und im Umbilden begriffene Häufchen, die Fläche mag mit Lycopodium oder mit irgend einem anderen zarten Pulver überstreut sein.

Taf. II. Fig. 44. a. ist von Faraday fast ausschliesslich bei seinen Untersuchungen über die Staubfiguren benutzt. In dieser Figur erscheinen die wirbelnden Wolken in der Nähe der Mittelpunkte der Seiten, jedoch muss ich bemerken, dass durch diese Wolken noch Curven von geringer Breite bis zu den Ecken gehen. Diese Curven sind nicht immer zu sehen und erscheinen nur in den Momenten der stärksten Erschütterung.

In Fig. 45. Taf. II. sind 6 Vibrations-Centra. Je zwei an der Diagonale gelegene sind in Fig. 45. a. durch zarte Staublinien mit einander verbunden. Aus der entsprechenden Fig. 45. b. sieht man, dass diese Staublinien zwischen den Stellen der Scheibe lie-

*) Wenn man auf grosse schwingende Stahlstäbe eine dicke Schicht von Lycopodium streut, so sieht man, dass aus den gebildeten Halbkugeln besonders um die höchste Stelle eine Menge von kleineren Kügelchen ausgeschleudert werden, welche, da ihnen immer neue Kügelchen folgen, für das Auge die Erscheinung von Haaren darbieten, die aus den Häufchen hervorwachsen. Auch bei Quecksilbertropfen, die auf einer amalgamirten Kupferscheibe auf einem schwingenden Theile derselben sich befinden, sieht man eine ähnliche Erscheinung.

gen, von wo eine Bewegung der Theilchen nach entgegengesetzten Seiten stattfindet. Denkt man noch die zweite Diagonale gezogen, so bemerkt man, wie sich Theilchen des zusammengesetzten Pulvers, nachdem sie sich fast parallel der ersten Diagonale bewegt haben, plötzlich in der Mitte zwischen beiden Knotenlinien fast rechtwinklig gegen die erste Richtung bewegt haben, um nach den Knotenlinien zu gehen. Wird die Scheibe, ehe sie schwingt, stark geneigt, so fällt dieses Pulver eben so wenig, als jedes andere herunter, diess geschieht aber jedes Mal, wenn die Scheibe tönt, zum offenbaren Beweise, dass Momente vorhanden sind, in denen die Theilchen der Pulver nicht an der Scheibe haften. So hört man Quecksilber, welches die schwingende Fläche bedeckt, deutlich aufschlagen, und halbfeuchter Sand, der sich an den Vibrations-Centris mit Ausspritzung aller Flüssigkeit zu halbharten Kugeln zusammenballt, bringt sogar deutliche Töne hervor, die von dem Schwingungstone der Scheibe verschieden sind. Taf II. Fig. 46. hat 8, Fig. 47. 16 Vibrations-Centra. Die letztere Figur pflegt sich im Lycopodium besonders bestimmt darzustellen. Die zur Hervorbringung der erwähnten Figuren nöthige Unterstützung habe ich nicht weiter erwähnt, weil sie im Früheren schon angegeben ist. Was ist nun der Grund der Bildung der erwähnten eigenthümlichen Staubwolken und Staubfiguren? Sind die Stellen, wo sie entstehen, wie Savart meint, die einzigen, wo die schwingende Platte beinahe eben oder horizontal bleibt, und bleiben die Theilchen, die auf den erschütterten Stellen nicht liegen können, hier beisammen? Gegen diese Erklärung wendet Faraday ein, dass selbst bei einer absichtlichen Neigung der Platte von 6 — 10 Graden gegen den Horizont, die viel grösser ist, als die Neigung der schwingenden Theile der Fläche gegen die Ebene der Knotenlinien, die Wolken aus zarten Pulvern aufwärts nach den Vibrationsmittelpunkten ansteigen und sich hier so lange halten können, als die Scheibe kräftig erschüttert wird. Faraday leitet die Entstehung jener Wolken von Luftströmen her, welche von den Knotenlinien der schwingenden Platte zu den Vibrationsmittelpunkten gehen. Mehrere von ihm angestellte Versuche sind dieser Erklärung durchaus günstig. Wurden kleine Stücke von Karten in Winkelform, so dass ein Schenkel dem Rande der quadratischen Scheibe parallel lag, in der Nähe der Vibrationscentra in Taf. II. Fig. 44. a. befestigt, so ging das Pulver in die Winkel hinein, wie wenn Ströme von den Wänden der Karte aufgefangen worden wären. Werden am Rande grosser Stahlstäbe Glimmerblättchen und Wachskügelchen vertikal befestigt, so tritt das Lycopodium nun näher an die Blättchen und Kügelchen, so dass die in der Mitte des Stabes schwebende Wolke eine ungleiche Breite hat, während bei freiem Rande der mittlere Theil des Stabes von einer überall gleich breiten Wolke bedeckt ist. Im Kleinen sieht man die ganze Erscheinung schon recht gut an einer horizontal gehaltenen, mit Lycopodium bestreuten Stimmgabel. Die transversal schwingenden Flächen bedecken sich sogleich mit den langgezogenen Staubwolken. Dagegen wird das Lycopodium von den Seitenflächen, welche auf den transversal schwingenden Flächen senkrecht stehen, falls man dieselben überstreut, wie weggeweht, ganz so, als wenn Luftströme den Stab umkreiseten, die sich auf den transversal schwingenden Flächen begegneten und hier die Wolke über der Axe des Stabes schwebend erhielten. Auch bei den Stimmgabeln bilden sich, wenn die Schwingungen schwächer werden, auf den transversal schwingenden Flächen halbkugelförmige Häufchen, was niemals auf den beiden anderen Seitenflächen geschieht. Auf diesen bemerkt man nur einen leisen Anflug von Lycopodium.

Ganz der Idee von solchen Luftströmen entsprechend war es, wenn Faraday auf schwingenden Platten Goldblättchen auf die Scheibe gelegt sich blasenartig erheben sah. Feine Kieselerde, auf ein Buch gestreut und der schwingenden Platte möglichst nahe gebracht, pflog nach der Platte, als wenn ein Luftstrom von dem Pulver nach der Platte ginge, und ich habe mehrere Male bemerkt, wie ein vertikal schwebendes Goldblättchen in der Nähe des Randes der schwingenden Scheibe an einem mit der Scheibe nicht zusammenhängenden Körper befestigt, sich so bewegte, als wenn dasselbe von einem Luftstrome nach der Scheibe zu geblasen würde.

Diese Luftströme haben ihren Grund in der mechanischen Einwirkung der schwingenden Oberfläche auf die darüber befindliche Luft. So wie der schwingende Theil der Platte sich aufwärts bewegt, so wird die darüber ruhende Luft aus ihrer Stelle getrieben, und zwar um so stärker, je näher dieselbe dem Oscillations-Centrum ist, um so weniger, je näher sie den Knotenlinien sich befindet. Wenn nun die Platte beim Anfange der zweiten Hälfte ihrer Vibration zur Gleichgewichtslage zurückweicht, so kann die über dem Oscillations-Centrum befindliche Luft nicht so schnell in den über der schwingenden Platte gebildeten leeren Raum eindringen, als die näher an den Knotenlinien befindliche, wodurch nothwendig ein Luftstrom erzeugt werden muss, der über die schwingende Scheibe weg von den Knotenlinien zu den Vibrationsmittelpunkten gehen wird. Natürlich muss die gegen diese Punkte getriebene Luft auf einem anderen, dem ersten entgegengesetzten Wege zu den Knotenlinien zurückkehren.

Diese doppelte Luftströmung erkannte Faraday auf stark vibrirenden Scheiben theils daran, dass das Lycopodium sich in der Mitte erhob und seitwärts an den Vibrationsmittelpunkten niederfiel, theils daran, dass sich das Lycopodium über grossen Flächen schwingenden Zeichenpapiers an jeder bewegten Stelle mit einem darüber gehaltenen Lampenglase ansammeln liess. Am bestimmtesten jedoch lässt sich die Gegenwart dieser doppelten Ströme nachweisen, wenn die mit einem zarten Pulver bedeckte Fläche unter einer ihr parallelen Glas- oder Glimmerscheibe schwingt, die vermittelst kleiner Wachskügelchen auf den Knotenlinien befestigt sein kann. Dann zeigen sich in dem aufgestreuten Pulver keine halbkugelförmigen Häufchen, vielmehr ordnet sich dasselbe in linearen Formen an, die mit dem Oscillations-Centrum concentrisch sind. Wenn die Platten stark vibriren, so zeigen sich die doppelten Luftströme darin, dass die Figuren dicht über der schwingenden Fläche gegen das Oscillations-Centrum, in der Nähe der Glas- oder Glimmerscheibe von ihm wegrollen. Ist die, beide Scheiben trennende Luftschicht sehr dünn, so wird das Lycopodium wie aus einem Blasebalge heftig nach dem Rande hin geblasen. Hiernach war zu erwarten, dass im luftverdünnten Raume die jetzt betrachteten Staubfiguren sich anders verhalten würden, da hier die Kraft der etwa noch entwickelten Luftströme sehr schwach sein musste.

B. Ueber die Figuren, welche Theilchen fester Körper über schwingenden Flächen im luftverdünnten Raume annehmen.

Faraday hat diese Versuche auf doppelte Weise angestellt, ein Mal durch die Vibrationen einer runden, unter der Glocke auf 4 Korkfüssen ruhenden Glasscheibe, die vermöge eines durch die Lederringe zur Glocke hinausgeleiteten und ausserhalb longitudinal erschütterten Glasstabes transversal vibrirte, und zweitens durch die Vibrationen eines Stücks Pergament, welches über einen im Innern der Glocke befindlichen Trichter gespannt, durch ein Pferdehaar zum Schwingen gebracht wurde, das durch die Mitte des Membrans hindurchgezogen, unten durch ein Knötchen festgehalten und zur Glocke hinausgeleitet war. Im ersten, wie im zweiten Falle bildete das über die schwingende Fläche gestreute Lycopodium die oben besprochenen Staubfiguren, so lange die Luft unter der Glocke die Spannung der äussern atmosphärischen Luft hatte. War aber die Luft bis zu einer Spannung von 2—1 Zoll Engl. verdünnt, so ging das Pulver quer über die Platte nach den ruhenden Knotenlinien, so wie es Sand in freier Luft gethan haben würde, und an den Oscillationsmittelpunkten bildeten sich keine Wolken. Noch auf eine andere Weise habe ich mich von dem Ausbleiben der Staubfiguren im luftverdünnten Raume überzeugt. Eine stark tönende quadratische Stahlscheibe wurde durch einen 12 Zoll langen, im Innern der Glocke befindlichen Violinbogen zum Schwingen gebracht. Der Violinbogen selbst war an einem zur Glocke luftdicht hinausgeführten dünnen messingnen Cylinder, der sich oben in eine Scheibe endigte, befestigt. Wenn man diese Scheibe drehte und zugleich den Cylinder auf und ab bewegte, so liess sich die Stahlscheibe, die zwischen eine auf dem Teller befestigte Zange geklemmt war, zum Tönen bringen. Als die Stahlscheibe bei einer Spannung der Luft von 2 Linien vibrirte, ging das Lycopodium, ohne an den Rändern Wolken zu bilden, nach den Knotenlinien, wo es sich stark anhäufte. Der übrige Theil der Scheibe blieb schwach mit Lycopodium bedeckt, ohne eine Spur von jenen halbkugelförmigen Häufchen, die sich immer bei schwächerer Schwingung einstellen, wenn die Vibrationen in der freien atmosphärischen Luft geschehen. Als aber allmählig Luft zugelassen wurde, so fanden sich auch die bekannten Erscheinungen ein, und an denselben Stellen, wo im luftverdünnten Raume eine dünne Schicht von Lycopodium gleichmässig die schwingende Fläche überzogen hatte, zeigte sich eine grosse Menge jener halbkugelförmigen Häufchen. Dieser Versuch wurde mehrere Male mit demselben Erfolge wiederholt.

Aus den angeführten Versuchen geht mit Bestimmtheit hervor, dass im luftverdünnten Raume Savart's secundäre Klangfiguren gar nicht vorhanden sind, eben so wenig in der atmosphärischen Luft. Diese kann wohl durch ihre Strömungen an den Punkten der stärksten Erschütterung einer schwingenden Scheibe in zarten Pulvern stehende Bildungen hervorrufen, aber diese sind nicht, wie die Sandfiguren, welche die in entgegengesetzter Schwingung begriffenen Gebiete trennen, von einer besondern Theilungsart der Scheibe abhängig. Da der Einfluss des Mediums, in welchem die Scheibe schwingt, durch das Bisherige festgestellt ist, so musste es von grossem Interesse sein, zu untersuchen, welche Aenderungen in den beobachteten Erscheinungen durch die Wahl dichterer Medien, als die atmosphärische Luft, hervortreten würden.

C. Ueber die Figuren und Formen, welche Theilchen fester Körper auf schwingenden Flächen unter einer die schwingenden Flächen bedeckenden Flüssigkeit annehmen.

Faraday übergoss eine auf 4 Korkfüsse gestellte kreisrunde Glasscheibe, die durch einen in der Mitte aufgesetzten und longitudinal erregten Glasstab in transversale Schwingungen versetzt werden konnte, mit einer 2—3 Zoll hohen Wasserschicht und streute Messingfeilicht oder Sand über die Platte. Beide Pulver begaben sich, während die Scheibe vibrirte, nicht nach den Knotenlinien, sondern nach den Stellen der stärksten Erschütterung, und bildeten daselbst regelmässige Figuren. Selbst Pergament oder Leinewand über Rahmen gespannt, zeigten diese Figuren. Wasser über den Vibrationscentris auf ebenen Scheiben anzuhäufen gelang nicht, wenn man aber krumme Flächen anwendet, wie z. B. die innere Seite eines bis zu einer gewissen Höhe mit Wasser angefüllten Trinkglases, dessen Rand mit dem Bogen gestrichen wird, so erhebt sich das Wasser an den 4 oder 6 Oscillationsmittelpunkten über das Niveau der um die Mitte in Ruhe bleibenden Flüssigkeit. Oel häuft sich auf ebenen Scheiben um die Vibrations-Centra an und bildet daselbst flüssige Linsen, die sich durch ihre Vergrösserungskraft beim Lesen einer Druckschrift sichtbar machen. Auch Eiweiss lässt sich an den Punkten der stärksten Erschütterung anhäufen. Im grossen Maasstabe kann man diese Anhäufung an den genannten Stellen durch halbflüssigen Sand hervorbringen, der über eine grosse Fläche von starkem über einen Rahmen gespanntem Zeichenpapier ausgebreitet wird. Wenn der Sand auch in unregelmässigen Häufchen von beliebiger Form auf die Fläche gebracht wird, so treten doch bald eine bestimmte Anzahl halbkugelförmiger Häufchen aus den Theilen zusammen und wandern nach den Vibrationsmittelpunkten, über welche sie nicht hinaus gehen, wenn jene auch nahe am Rande liegen. An den Vibrationsmittelpunkten angelangt, erheben sich die halbflüssigen Häufchen bedeutend. Dabei wird alle Flüssigkeit theils in der Richtung der Normale, theils in Seitenrichtung aus dem flüssigen Häufchen ausgetrieben, und es bilden sich halbharte Kugeln, welche ganz deutlich die zunächst tiefere Octave hören lassen, indem sie nur halb so viel Impulse als die Luft von der schwingenden Scheibe erleiden. Die erwähnten Kugeln haben auf grossen Flächen nicht selten einen halben Zoll Durchmesser.

Alle bis dahin betrachteten Erscheinungen in der Bewegung der aus den Theilchen fester Körper bestehenden Häufchen in der Luft und in Flüssigkeiten lassen sich aus dem mechanischen Impulse erklären, welcher den Theilchen durch die vereinte Wirkung der vibrirenden Fläche und des umgebenden Mediums mitgetheilt wird. Wenn z. B. in der Luft der unter einem Häufchen befindliche Theil der Platte emporsteigt, so theilt er dem darüber befindlichen specifisch schwerern Häufchen eine grössere Wurfbewegung als der umgebenden Luft mit, und wenn er bei Vollbringung der zweiten Hälfte seiner Vibration unter dem Häufchen zurückweicht, so bildet sich ein partielles Vacuum, in welches die Luft rings um das Häufchen mit grösserer Leichtigkeit eindringt als das Häufchen selbst, und so wie diess geschieht, reisst die Luft das Pulver am untern Rande des Häufchens mit sich fort. Bei der Schnelligkeit der Vibrationen kann das Auge diesen Vorgang nicht mehr unterscheiden, und desshalb erscheint der centrale Theil des Häufchens beständig im Emporsteigen begriffen. Die Bildung der Kugeln aus halbflüssigem Sande, welche oben erwähnt wurde, hat ebenfalls in dem Fortreissen des Sandes an der Basis ihren Grund.

D. Ueber die Formen und Zustände, welche Flüssigkeiten auf vibrirenden Flächen annehmen.

Dass die Oberfläche einer Flüssigkeit, die einen schwingenden Körper berührt, in eine Wellenbewegung oder Kräuselung versetzt wird, erwähnt schon Galilaei in seinem ersten Dialoge über die Bewegung als etwas Bekanntes; später haben Chladni, Oersted, Wheatstone und Weber diese Erscheinung beobachtet, die im Wesentlichen in Folgendem besteht:

Wenn vibrirende Platten mit einer Flüssigkeit bedeckt werden, so geräth die Oberfläche derselben in regelmässige rechtwinklig angeordnete Kräuselungen, deren Anzahl auf demselben Raume der schwingenden Platte von der Höhe des Tons abhängig ist, und deren Gebiet rings um die Vibrationsmittelpunkte sich um so weiter nach den Knotenlinien hin erstreckt, je stärker die Vibrationen der Scheibe sind, wobei jedoch gewöhnlich in der Nähe der Knotenlinien breite, ruhende Flächen auf der Flüssigkeit erscheinen, wie stark auch die Schwingungen anwachsen.*) Es ist sogar eine gewisse Stärke derselben nöthig, um nur überhaupt die Kräuselungen hervorzubringen.**) Die vibrirenden Platten können aus Glas, Holz, Metall, für Quecksilber aus amalgamirtem Kupfer bestehen, und zur Hervorbringung grosser Kräuselungen können fichtene Latten, mehrere Fuss lang, einige Zolle breit und mehrere Achtelzolle dick, benutzt werden. Diese Latten tragen in der Mitte eine Glasplatte mit der Flüssigkeit, und die Vibrationen der Latten, die sich der Platte mittheilen, werden durch Streichen eines feuchten Stabes mit den Fingern hervorgebracht. Faraday wandte selbst Latten von 18 Fuss Länge an, auf denen die Wasserschicht $\frac{1}{4}$ Zoll tief, 28 Zoll lang und 20 Zoll breit war, und worin jeder der entstandenen Wasserhügel oder Häufchen 1 bis 2 Zoll Umfang hatte. Gleichwohl erschienen diese Häufchen von derselben Beschaffenheit als diejenigen, welche die kleinsten Kräuselungen bilden.

Was die Wahl der Flüssigkeiten betrifft, so können leicht alle dazu benutzt werden, doch mit besonderm Vortheil Alkohol, Terpentinöl, Eiweiss, Milch, Dinte, welche letztere mit einem gleichen Theile Wasser vermischt, die Kräuselungen besonders im Sonnenschein sehr schön zeigt, wegen vermiedener Reflexion vom Glase. Warmes Oel zeigt die Erscheinung hinlänglich, nicht minder Eiweiss. Auf Quecksilber, welches, um eine glänzende Ober-

*) Ich habe indessen bei der Untersuchung der einfacheren Schwingungen einer Quadratscheibe, welche, mit Dinte bedeckt, vibrirte, gefunden, dass bei starker Schwingung die Kräuselungen selbst auf den Knotenlinien sich zeigten. Bei den höheren Schwingungen tritt diess niemals ein.

**) Bringt man die Flüssigkeit auf die Ränder der vilbrirenden Scheibe, so erscheinen den Rändern parallele Wellen ohne Kräuselung.

fläche zu geben, mit stark verdünnter Essig- oder Salpetersäure übergossen worden, zeigen sich die Kräuselungen sehr schön, und wenn man eine Schicht verdünnter Dinte darüber giesst, so treten die Gipfel der Quecksilberhügel aus dem schwarzen Grunde glänzend hervor.

Alle diese, die Kräuselungen bildenden Häufchen ordnen sich zuletzt auf langen durch Stege unterstützten Glasplatten, wenn die Schwingungen einige Zeit hindurch dauern, in parallelen oder rechtwinklig einander durchkreuzenden Reihen an, wobei die Seitendimension der Häufchen unverändert bleibt. War der Wasserpful, den man durch Dämme von Wachs mit Terpentin gemischt einschliessen kann, vierseitig und der erregende Glasstab in seiner Mitte, so zeigten sich zuerst ringähnliche, dem erregenden Stabe concentrische Häufchen. Bei Verstärkung der Vibrationskraft wuchs die Höhe der Erhebungen, aber nicht ihre Seitendimension, und dann bildeten sich lineare Häufchen quer durch die Ringe, quer über die Platte und parallel mit den Stegen, und zuletzt reihten sich die Häufchen rechtwinklig in gleichförmiger Anordnung, anfangs die Ränder der Platten unter 45° schneidend, allmählig aber durch Drehung ihnen parallel.

Wenn man Sand gleichförmig auf eine Platte streut, auf der grosse Wasserhügel, z. B. 6 auf 1 Quadratzoll hervorgebracht sind, so bildet der Sand zwischen den regelmässig gestellten Häufchen regelmässige Figuren, wie Taf. II. Fig. 48, die nach dem Aufhören der Bewegung liegen bleiben. Zuweilen bildet sich eine andere Häufchenanordnung, die aber bald in die vorige übergeht. Diese zweite Art hat die Häufchen in einer Richtung zusammengezogen und in der andern verlängert. Aufgestreuter Sand ordnet sich dabei, wie in Taf. II. Fig. 49. Streut man Lycopodium über das Wasser, so durchbrechen bei stärkerer Schwingung die Häufchen die Decke des Lycopodiums, und lassen eine Art von rechtwinkligem Gewebe über dem Wasser zurück.

Die vollendete Gestaltung der Häufchen, die an den Vibrationscentris beginnt, wenn hier die grösste Wassertiefe stattfindet, hängt ausser vielen Umständen auch von der Form der Platte ab; denn halbkreisförmige oder anders gestaltete Platten zeigen zwar eine rechtwinklige Anordnung der Häufchen, aber nur auf Augenblicke, indem die Lage derselben sich fortwährend ändert.

Bei der Untersuchung der Reflexion des Lichts von einer gekräuselten Oberfläche, wozu sich Dinte oder Quecksilber am besten eignen, findet man, dass das Bild eines Häufchens nicht stille steht, sondern sich in einer geschlossenen Bahn, wie bei Wheatstone's Kaleidophon, bewegt, verschieden nach der Lage des Lichts und des beobachtenden Auges, aber constant für jede besondere Lage und Vibrationsgeschwindigkeit.

Besonders aus diesem letzten Umstande ist klar, dass diese Häufchen auf Flüssigkeiten nicht permanente, den Lycopodiumkugeln ähnliche Erhöhungen sein können, in welchen die Flüssigkeit in der Mitte aufsteigt und an den Seiten herabfliesst, bestimmt und regulirt durch die Cohäsivkraft der Flüssigkeit, sondern dass sie mit jeder Vibration der Platte aufgerichtet und zerstört werden. Auch sind die Häufchen nicht alle zugleich vorhanden, sondern bilden zwei Reihen von gleicher Zahl und Anordnung, die nicht gleichzeitig, sondern abwechselnd bestehen.

Diese Ansicht wurde bestätigt, als Faraday Wasserkräuselungen auf Glas hervorbrachte, die vier bis fünf Häufchen auf den Zoll enthielten. Wie eine Lichtflamme unter die Platte gesetzt, und ein Schirm von durchscheinendem Papier darüber gestellt wurde, so gab jedes Häufchen in einem gewissen Abstande vom Schirm einen funkelnden Lichtstrom, d. h. der abwechselnd erschien und verschwand, so wie das Häufchen stieg oder sank. (Taf. II. Fig. 50.) Gleich weit von diesen, an den mit × bezeichneten Stellen, erschienen schwächere Sterne. Bei Häufchen von ähnlicher Grösse, die auf Dinte hervorgebracht wurden und durch die man einen beleuchteten Schirm betrachtete, war eine Damenbrettartige Figur zu sehen, welche bei der Veränderung der Stelle des Auges gewisse Modificationen in der Intensität des Lichts darbot. Besonders als diese Erscheinungen in einem grossen Maasstabe auftraten, indem Häufchen von drittehalb Zoll Durchmesser hervorgebracht wurden, zeigte schon der blosse Anblick, dass die Häufchen nicht still standen, sondern stiegen und fielen, so wie auch, dass zwei Klassen von ihnen, regelmässig und abwechselnd angeordnet, vorhanden waren. Mit Wasser getränkte Sägespähne wurden unter diesen grossen, steigenden und sinkenden Häufchen weggeschwemmt und an gleich weit von denselben entfernten Stellen angehäuft, wobei ihr Hin- und Hergehen deutlich bewies, wie das Wasser beim Steigen und Sinken der Häufchen von einem zum andern oscillirte.

Der Vorgang, durch den diese Häufchen gebildet werden, ist in gewisser Weise dem analog, durch welchen die bereits beschriebenen Ströme und wirbelnden Häufchen entstehen. Beim Emporsteigen sucht die Platte die auf ihr ruhende Flüssigkeit zu heben und beim Herabsinken von derselben zurückzuweichen. Die Kraft, welche sie der Flüssigkeit mittheilt, kann sich wegen der physischen Beschaffenheit der Flüssigkeit von Theilchen zu Theilchen fortpflanzen. Wenn die Theilchen sich im Maximo ihrer Erhebung befinden, dann beginnt die Platte von ihnen zurückzuweichen; wenn sie aber wieder zu steigen beginnt, so stösst sie auf das in entgegengesetzter Bewegung begriffene Häufchen. Denn entgegengesetzt ist seine Bewegung durch den atmosphärischen Druck und den dem Häufchen durch die Platte vermittelst Adhäsion mitgetheilten Kraftheil. Desshalb erhöhen sich die Häufchen nicht, sondern breiten sich seitwärts aus. Alle in Thätigkeit befindlichen Kräfte vereinigen sich, um an genau intermediären Punkten ein ähnliches System von Häufchen zu heben. Auf diese Weise oscilliren die beiden Systeme bei jeder Vibration der Platte und zwar so lange, als die Platte sich mit einer gewissen Stärke bewegt. Dass zuletzt die rechtwinklige und quadratische Anordnung von den Häufchen angenommen wird, hat darin seinen Grund, weil bei dieser Form die Flüssigkeit in ihren Undulationen den kleinsten Widerstand gegen die Bewegung der Platte darbietet. Die Flüssigkeit kann als ein Pendel betrachtet werden, das unter einem gegebenen Impulse hin- und herschwankt, wobei die Grösse der Oscillation oder die Anzahl der Häufchen durch das specifische Gewicht, die Cohäsion, die Friction, die Intensität der Vibrationskraft und andere Umstände bestimmt wird. Wächst die Zahl der Vibrationen in einer gegebenen Zeit, so vermehren sich die Häufchen, weil die Oscillation, um schneller zu sein, in einem kleinern Raume geschehen muss. Die Beständigkeit der Seitendimension, wenn die Geschwindigkeit der vibrirenden Platte variirt, ist ein sehr merkwürdiges Phänomen und erscheint für die mathematische Untersuchung über die Undulationen der Flüssigkeiten von Wichtigkeit.

Die so eben betrachteten Häufchen, welche die Kräuselungen auf der Oberfläche der Flüssigkeiten bilden, sind identisch mit den sogenannten stehenden Wellen, welche durch das Zusammentreffen erregter und von den Wänden des Gefässes reflectirter Wellen erzeugt werden. Aber jene Häufchen entstehen nicht auf diese Weise, sondern daraus, dass die Vibrationen der Flüssigkeit zwei Mal so viel Zeit, als die Vibrationen der Platte erfordern. Als Faraday eine schwach concave Zinnplatte mit Quecksilber übergoss, so bildete sich in der Mitte eine regelmässige Gruppe rechtwinkliger Kräuselungen; in einem Abstande von der Mitte gingen sie in eine Anzahl concentrischer, ringförmiger Erhöhungen über, und ausserhalb derselben, wo die Flüssigkeit das Metall eben noch benetzte, entstanden weder Ringe, noch Häufchen. Hieraus ist klar, dass die Bildung der Häufchen nicht von reflectirten Wellen herrühren könne, da es unmöglich ist, dass sie gleichzeitig die kreisförmigen Ringe und die quadratische Kräuselung zu bilden im Stande waren. Uebrigens bedarf es zur Bildung der Kräuselungen nicht einer begrenzten Tiefe der Flüssigkeit; denn Faraday sah noch in einem Glascylinder von 14 Zoll Tiefe die Oberfläche der Flüssigkeit sich mit Kräuselungen bedecken, und wenn verschiedene Flüssigkeiten, wie Quecksilber, Wasser und Oel, über einander standen, so zeigten sich Kräuselungen an der gemeinschaftlichen Grenze der beiden Flüssigkeiten.

Um zu untersuchen, wie sich die Flüssigkeiten bei seitlichen oder oberflächlichen Verschiebungen überhaupt verhalten würden, stellte Faraday eine 16—17 Zoll lange Holzplatte vertikal (Taf. II. Fig. 51.), und liess sie, etwa $\frac{1}{3}$ Zoll in Wasser getaucht, transversal schwingen. Da zeigten sich permanente, riffartige Undulationen, welche von der Platte direkt ausgingen und den Zähnen eines weiten Kammes ähnlich sahen. (Taf. II. Fig. 52.) Diese Riffe, welche zu beiden Seiten aus zwei abwechselnden Reihen bestanden, bildeten sich am regelmässigsten, wenn man an dem Ende der Holzplatte ein Brettchen, 8 Zoll lang und 3 Zoll breit, befestigte, und, um die Seitenstörungen zu vermeiden, an dessen Seitenkanten, senkrecht gegen seine Ebene zwei Zinnplättchen von 5 Zoll Länge und 4 Zoll Breite anbrachte.

Diese riffartigen, stehenden Undulationen sind hinsichtlich ihrer Entstehung, Anordnung und Wirkung den schon erklärten Häufchen und Kräuselungen analog, d. h. sie sind das Resultat derjenigen auf der Richtung der erregenden Kraft senkrechten Vibrationsbewegung, durch welche das Wasser sich am leichtesten den regelmässigen und abwechselnden Volumensänderungen in unmittelbarer Nachbarschaft der oscillirenden Theile anpassen kann.

Aus dieser Betrachtungsweise war einleuchtend, dass ähnliche Erscheinungen erzeugt werden würden, wenn man eine Substanz in Berührung mit der Oberfläche einer Flüssigkeit, senkrecht oder unter irgend einem Winkel gegen dieselbe vibriren liesse. Desshalb wurde ein Lineal in einen Schraubstock horizontat eingespannt, so dass es vertikal vibriren konnte, und an seinem freien Ende ein Kork angekittet der die Wasserfläche eines Gefässes berührte. Als nun das Lineal, welches auch in einem seiner Schwingungsknoten mit den Fingern gehalten werden kann, durch einen mit den Fingern (Taf. II. Fig. 53.) geriebenen Glasstab*) in Vibration gesetzt wurde, bildete sich um den Kork ein schöner regelmässiger Stern, der am vollkommensten ausgebildet war, wenn der Korkcylinder die Oberfläche nur gerade berührte. Eine ungefähre Vorstellung von dieser Erscheinung giebt Fig. 54. auf Taf. II., welche ich nach eigener Beobachtung zu zeichnen versucht habe. Der mittelste weisse Kreis stellt die Peripherie des Korks dar. Hält man das Auge in die Richtung seiner Axe, so gewahrt man zuerst an der Peripherie eine regelmässige Anordnung von Undulationen, die wie die Zähne eines Rades aussehen, und die bis zu der Stelle reichen, wo die Flüssigkeit nicht mehr gekrümmt ist. Hier sieht man nun zwei oder mehrere concentrische Wellenreihen von viereckiger Anordnung, die weniger im Wasser als im Quecksilber hervortreten, aber auch für jenes sich durch die Reflexion von den Wänden des Gefässes bemerklich machen, wenn man den Kork in die Nähe derselben bringt. In der Richtung der Vierecke erstrecken sich die Riffe wie schmale Blumenblätter, nach aussen breiter werdend, aber fast plötzlich etwas zugespitzt endend. Die Refraction einer Lichtflamme durch diesen Stern erzeugt auf einem darüber befindlichen Schirme eine sehr schöne Figur. Dass die Bildung des Sterns am schönsten ausfällt, wenn der Kork die Oberfläche nur eben berührt, ist eine nothwendige Folge der Abhängigkeit der Riffe von der bei jeder Vibration verschobenen und wieder zurückgeführten Wasserportion. Wenn diese, die nur einen Theil der gesammten Oberfläche ausmacht, sich an oder nahe an der Oberfläche befindet, so entstehen die Riffe frei in deren

*) Hält man das Lineal in einem Schwingungsknoten bei der tiefsten Schwingungsart, so wird der longitudinal erregte Glasstab in die Mitte des Lineals gesetzt, was leicht mit Siegellack geschehen kann.

unmittelbarer Nachbarschaft. Befindet sie sich in einer grösseren Tiefe, so breitet sich die Verschiebung über eine grössere Masse und Oberfläche aus, und da nur jedes Theilchen sich durch einen geringeren Raum und mit geringerer Geschwindigkeit bewegt, so müssen die Vibrationen stärker sein und die Riffe schwächer werden und zuletzt ganz verschwinden. Man sieht diese Riffe auch, wenn man eine grosse Stimmgabel mit dem Ende einer Zinke entweder vertikal oder geneigt, oder in irgend einer Lage mit der Oberfläche einer Flüssigkeit, wie Wasser, Dinte, Milch u. s. w. in Berührung bringt, eben so auf der Oberfläche einer in einem Glase enthaltenen Flüssigkeit, dessen Rand mit dem angefeuchteten Finger oder mit dem Violinbogen erregt wird. Diese Riffe sieht man auch bei den schon oben erwähnten Kräuselungen, welche sich auf wasserbedeckten schwingenden Flächen bilden, indem sie die Kräuselungen durchsetzen. Bei einer aufmerksamen Betrachtung der gekräuselten Wasserflächen sieht man, wie diese Riffe sich weiter als die eigentlichen Kräuselungen erstrecken und mit jeder Aenderung des Bogenstrichs kleine Aenderungen erfahren, sowohl in der Ausdehnung, als in der Lage überhaupt.

Aehnliche Riffe sieht man an flachen, steinlosen Sandküsten an der Windseite, in der Richtung des Windes, wo das Wasser nicht tief genug ist, um eine eigentliche Wellenbildung zu gestatten. Man erblickt dieselben auch, wiewohl verworren, auf Strassenpflastern, Wegen und Dächern, wenn Windstösse den Regen begleiten.

Die bisher beschriebenen Erscheinungen können sich auf der Oberfläche derjenigen Flüssigkeiten zeigen, die man gewöhnlich als unelastisch ansieht; sie können nicht in das Innere derselben eindringen. Der Analogie nach scheint es nicht unmöglich, dass ähnliche Erscheinungen auch in den Gasen und Dämpfen stattfinden, wo die Elasticität die, für das Vibriren nöthige Bedingung liefert, welche bei den Flüssigkeiten in einer plötzlichen Begrenzung der Masse durch eine nicht eingeschlossene, verschiebbare Oberfläche gegeben ist. Wenn dem so ist, so muss die über einer vibrirenden Platte befindliche Luft sich in zahlreiche Portionen theilen, welche zwei abwechselnde Reihen bilden, eine dichter und eine dünner, als die gewöhnliche Atmosphäre. Lässt man grosse Papierflächen mit Lycopodium dick überstreut, schwingen, so sieht man die grossen Lycopodiumwolken durch eine Menge regelmässig angeordneter, flacher, gegen die Papierfläche geneigter Abtheilungen, zertheilt, aber es bleibt zweifelhaft, ob hier die Luft in Unterabtheilungen für sich schwingt, oder ob die bemerkte Bewegung des Lycopodiums von dem Anstosse der in Unterabtheilungen vibrirenden Papierfläche herrührt. Vibrirt die atmospärische Luft wirklich seitwärts, so beschränkt sich ihre Wirkung wahrscheinlich nicht auf die unmittelbare Nachbarschaft der Platte, sondern sie erstreckt sich bis auf einigen Abstand von derselben. Vielleicht treten diese seitlichen Vibrationen gemeinsehaftlich mit den tönenden auf und sind von Einfluss auf die Erzeugung der Töne und auf ihre Eigenschaften. (F. Strehlke.)

Zehnter Abschnitt.

Theoretische Optik.

Von
Radicke.

Cauchy's Arbeiten.

Die analytischen Untersuchungen Cauchy's, denen die Lichttheorie die Vollkommenheit ihrer jetzigen Gestalt verdankt, sind hauptsächlich in dem dritten, vierten und fünften Bande seiner Exercices de mathematiques und in seinem Memoire sur la dispersion de la lumière (Prague 1836) enthalten.

In dem dritten und vierten Bande der Exercices sind, unabhängig von aller Anwendung auf das Licht, die allgemeinen Gesetze des Gleichgewichts für ein System materieller Punkte aufgestellt, welche durch anziehende oder abstossende Kräfte auf einander wirken. In dem fünften Bande sind diese Untersuchungen, mit besonderer Rücksicht auf den Lichtäther, weiter fortgeführt, und ein Theil der wichtigsten der von Fresnel aufgestellten Gesetze, die hierdurch eine strengere Begründung erhalten, abgeleitet. Es erscheinen die letzteren jedoch nur als eine Annäherung an die Wahrheit, da ihre Entwickelung auf der Weglassung der unbedeutenderen Glieder aus den allgemeinen strengen Formeln beruht.

Da indess die Farbenzerstreuung von sehr kleinen Grössen abhängen musste, welche mit den fortgelassenen Gliedern rücksichtlich ihrer Kleinheit von gleicher Ordnung sein konnten, so ging Cauchy späterhin zu den vollständigen Formeln zurück und fand nicht nur, dass es möglich sei, aus der Wellentheorie die Farbenzerstreuung zu erklären, sondern kam auch auf neue Gesetze für die Dispersion. Die sich hierauf beziehenden Untersuchungen bilden den Inhalt der Theorie de la disperion, welche überdies in einem kurzen Abriss die Deduction der in den Exercices entwikkelten allgemeinen Grundformeln, sowie insbesondere der Formeln, welche sich auf einfachbrechende und einaxige, doppeltbrechende Mittel beziehen, in einer neuen, allgemeineren Form enthält.

Cauchy's Memoire sur la theorie de la lumière, welches sich in den Memoires de l'Academie des sciences befindet, und gleichzeitig in das Bulletin des sciences (Tom. XIII.) aufgenommen wurde, enthält nur die Zusammenstellung einiger der Hauptresultate aus dem fünften Bande der Exercices.

Die übrigen Arbeiten Cauchy's, welche in den Comptes rendus und in dem Bulletin des sciences zerstreut sind, enthalten minder Ausgeführtes und sind meist eine mehr oder weniger allgemeine Angabe der Resultate noch nicht veröffentlichter Untersuchungen.

Von der Undulationsbewegung des Aethers.

Bedeutet μ die Masse eines bestimmten Aethermoleküls, dessen (rechtwinklige) Coordinaten im Zustande des Gleichgewichts x, y, z sind; bedeutet ferner m die Masse eines der Nachbar-Moleküle, welches von dem ersteren um r entfernt ist, und zu Coordinaten $x + \Delta x$, $y + \Delta y$, $z + \Delta z$ hat; sind endlich α, β, γ die Winkel, welche die Verbindungslinie beider Moleküle mit den Axen der x, y, z bildet, und ist f (r) die Kraft, mit welcher sich zwei um r von einander entferne Masseneinheiten anziehen oder abstossen: so sind die Gleichungen, welche die Bewegung von μ ausdrücken, falls das Gleichgewicht gestört wird:

$$1)\quad \left\{ \begin{aligned} \frac{d^2\xi}{dt^2} &= S\left(m\left(\cos\alpha + \frac{\Delta\xi}{r}\right)\frac{f[r(1+\varepsilon)]}{1+\varepsilon}\right) \\ \frac{d^2\eta}{dt^2} &= S\left(m\left(\cos\beta + \frac{\Delta\eta}{r}\right)\frac{f[r(1+\varepsilon)]}{1+\varepsilon}\right) \\ \frac{d^2\zeta}{dt^2} &= S\left(m\left(\cos\gamma + \frac{\Delta\zeta}{r}\right)\frac{f[r(1+\varepsilon)]}{1+\varepsilon}\right) \end{aligned} \right.$$

In diesen Gleichungen stellen ξ, η, ζ die Verschiebungen des Aethertheilchens μ, bezüglich in den Richtungen der Axen der x, x, z, zur Zeit t vor, εr die Grösse der Verschiebung im Raume, und $\xi + \Delta\xi$, $\eta + \Delta\eta$, $\zeta + \Delta\zeta$ die Verschiebungen des Moleküls m in der Richtung der Axen, während das Summenzeichen sich auf die, den verschiedenen umliegenden Molekülen zukommenden Werthe von m, r, α, β, γ bezieht.

Jene Gleichungen gelten ganz allgemein, für jede Art der Gleichgewichtsstörung, so wie für jedes irgend wie aus Molekülen zusammengesetzte Medium.

Die Bewegung der hypothetischen ätherischen Flüssigkeit, welcher man die Erregung der Lichtempfindung zuschreibt, denkt man sich nun so vor sich gehend, dass die Verschiebungen im Vergleich mit den Moleküldistancen sehr klein ausfallen. Es muss daher für diesen Fall ε, $\Delta\xi$, $\Delta\eta$, $\Delta\zeta$, mit r verglichen, sehr gering vorausgesetzt werden, so dass sich ohne merklichen Fehler bei der Entwickelung von ε die höheren Potenzen jener Grössen vernachlässigen lassen. Der Ausdruck, auf den sich ε unter dieser Voraussetzung reducirt, ist

$$\varepsilon = \frac{1}{r}(\cos\alpha\,\Delta\xi + \cos\beta\,\Delta\eta + \cos\gamma\,\Delta\zeta).$$

Durch Substitution dieses Werthes in die Gleichungen 1) erhält man, als Ausdrücke für die lichterzeugende Bewegung, von welcher Constitution der Aether übrigens sein möge,

$$2)\quad \begin{cases} \dfrac{d^2\xi}{dt^2} = S\left(m\,\dfrac{f(r)+\cos^2\alpha\,\mathfrak{f}(r)}{r}\,\Delta\xi\right) + S\left(m\,\dfrac{\cos\alpha\cos\beta\,\mathfrak{f}(r)}{r}\,\Delta\eta\right) \\ \qquad + S\left(m\,\dfrac{\cos\alpha\cos\gamma\,\mathfrak{f}(r)}{r}\,\Delta\zeta\right) \\ \dfrac{d^2\eta}{dt^2} = S\left(m\,\dfrac{\cos\beta\cos\alpha\,\mathfrak{f}(r)}{r}\,\Delta\xi\right) + S\left(m\,\dfrac{f(r)+\cos^2\beta\,\mathfrak{f}(r)}{r}\,\Delta\eta\right) \\ \qquad + S\left(m\,\dfrac{\cos\beta\cos\gamma\,\mathfrak{f}(r)}{r}\,\Delta\zeta\right) \\ \dfrac{d^2\zeta}{dt^2} = S\left(m\,\dfrac{\cos\gamma\cos\alpha\,\mathfrak{f}(r)}{r}\,\Delta\xi\right) + S\left(m\,\dfrac{\cos\gamma\cos\beta\,\mathfrak{f}(r)}{r}\,\Delta\eta\right) \\ \qquad + S\left(m\,\dfrac{f(r)+\cos^2\gamma\,\mathfrak{f}(r)}{r}\,\Delta\zeta\right), \end{cases}$$

wo der Kürze wegen $r\,f^1(r) - f(r) = \mathfrak{f}(r)$ gesetzt ist.

Für den Fall ebener Wellen lassen sich die Integrale dieser Gleichungen auf folgende Form bringen:

$$3)\quad \begin{cases} \xi = S\,[\mathfrak{d}\cos\varkappa\varrho + \mathfrak{g}\sin\varkappa\varrho] \\ \eta = S\,[\mathfrak{e}\cos\varkappa\varrho + \mathfrak{h}\sin\varkappa\varrho] \\ \zeta = S\,[\mathfrak{f}\cos\varkappa\varrho + \mathfrak{i}\sin\varkappa\varrho], \end{cases}$$

wo ϱ die Entfernung der Wellenebene vom Ursprung der Coordinaten ist, und $\varkappa$, welches sich von Farbe zu Farbe ändert, die vom Anfangspunkt der Coordinaten ab gerechnete Entfernung eines bestimmten Punktes derjenigen Normale der Wellenebenen, welche durch jenen Anfangspunkt geht. Mit Hülfe dieser Integrale findet man als Gleichungen, welche die Bewegung in ebenen Wellen ausdrücken, für homogenes Licht, d. h., wenn man nur ein Glied der Summen (3) benutzt:

$$4)\quad \begin{cases} \dfrac{d^2\xi}{dt^2} = -(L\xi + R\eta + Q\zeta) + \left(L'\dfrac{d\xi}{d\varrho} + R'\dfrac{d\eta}{d\varrho} + Q'\dfrac{d\zeta}{d\varrho}\right) \\ \dfrac{d^2\eta}{dt^2} = -(R\xi + M\eta + P\zeta) + \left(R'\dfrac{d\xi}{d\varrho} + M'\dfrac{d\eta}{d\varrho} + P'\dfrac{d\zeta}{d\varrho}\right) \\ \dfrac{d^2\zeta}{dt^2} = -(Q\xi + P\eta + N\zeta) + \left(Q'\dfrac{d\xi}{d\varrho} + P'\dfrac{d\eta}{d\varrho} + N'\dfrac{d\zeta}{d\varrho}\right) \end{cases}$$

Was die Bedeutung der Coefficienten betrifft, so ist

$$5)\quad \begin{cases} L=\mathfrak{A}+S(\mathfrak{C}\cos^2\alpha),\ M=\mathfrak{A}+S(\mathfrak{C}\cos^2\beta),\ N=\mathfrak{A}+S(\mathfrak{C}\cos^2\gamma) \\ L'=\mathfrak{A}'+S(\mathfrak{C}'\cos^2\alpha),\ M'=\mathfrak{A}'+S(\mathfrak{C}'\cos^2\beta),\ N'=\mathfrak{A}'+S(\mathfrak{C}'\cos^2\gamma) \\ P=S(\mathfrak{C}\cos\beta\cos\gamma),\ Q=S(\mathfrak{C}\cos\gamma\cos\alpha),\ R=S(\mathfrak{C}\cos\alpha\cos\beta) \\ P'=S(\mathfrak{C}'\cos\beta\cos\gamma),\ Q'=S(\mathfrak{C}'\cos\gamma\cos\alpha),\ R'=S(\mathfrak{C}'\cos\alpha\cos\beta) \\ \mathfrak{A}=S\left(\dfrac{2m f(r)}{r}\sin^2\tfrac{1}{2}(\varkappa r\cos\delta)\right),\ \mathfrak{A}'=S\left(\dfrac{m f(r)}{\varkappa r}\sin(\varkappa r\cos\delta)\right) \\ \mathfrak{C}=\dfrac{2m f(r)}{r}\sin^2\tfrac{1}{2}(\varkappa r\cos\delta),\ \mathfrak{C}'=\dfrac{m f(r)}{\varkappa r}\sin(\varkappa r\cos\delta), \end{cases}$$

und δ der Winkel zwischen der Normale der ebenen Wellen und der Verbindungslinie μm der Moleküle.

Die Glieder der Summe $\mathfrak{A}'$, sowie der Werth von $\mathfrak{C}'$ ändern mit $\cos\delta$ zugleich ihr Zeichen. Sind daher die zu den positiven Werthen von $\cos\delta$ gehörigen Glieder genau den zu dessen negativen Werthen gehörigen gleich, so vernichten sich die in L', M', N', P', Q', R' enthaltenen Glieder paarweise, und die Gleichungen (4) reduciren sich auf:

$$6)\quad \begin{cases} \dfrac{d^2\xi}{dt^2} = -(L\xi + R\eta + Q\zeta) \\ \dfrac{d^2\eta}{dt^2} = -(R\xi + M\eta + P\zeta) \\ \dfrac{d^2\zeta}{dt^2} = -(Q\xi + P\eta + N\zeta). \end{cases}$$

Dieser Fall tritt ein, wenn die Moleküle so vertheilt sind, dass in jeder durch μ gehenden Richtung zu jeder Seite von μ die Moleküle gleiche Entfernung und resp. gleiche Massen haben.

Die Annahme einer solchen Vertheilung führt zu Gesetzen,

welche mit denen zusammenfallen, die nach den Erfahrungen für einfach brechende Mittel, für einaxige Krystalle und für zweiaxige Krystalle des prismatischen Systems gelten.

Für die eben genannten Medien giebt es allemal eine Lage des Coordinaten-Systems, bei welcher zwei der drei Grössen $\frac{d^2\xi}{dt^2}, \frac{d^2\eta}{dt^2}, \frac{d^2\zeta}{dt^2}$ verschwinden, wenn zwei der drei Grössen ξ, η, ζ der Null gleich sind, oder in Worten: es existiren drei auf einander senkrechte Richtungen (Polarisationsrichtungen), denen die Schwingungen parallel bleiben, wenn sie anfänglich denselben parallel waren.

An die Stelle der Gleichungen (6) tritt alsdann die einzige Gleichung:

$$7)\quad \frac{d^2 8}{dt^2} = - s^2 8,$$

in welcher 8 die Verschiebung in der betreffenden Richtung vorstellt. Die Lage der Polarisationsrichtungen, wenn die Cosinus der Winkel, welche dieselben mit den alten Coordinatenaxen bilden, durch A, B, C bezeichnet werden, so wie die Werthe von s, sind bestimmt durch die Gleichungen:

$$8)\quad \begin{cases} (L - s^2)A + RB + QC = 0 \\ RA + (M - s^2)B + PC = 0 \\ QA + PB + (N - s^2)C = 0 \\ A^2 + B^2 + C^2 = 1 \end{cases}$$

und für s ergiebt sich hieraus, indem man A, B, C eliminirt,

$$9)\quad \begin{cases} (L - s^2)(M - s^2)N - s^2) - P^2(L - s^2) + Q^2(M - s^2) \\ \qquad - R^2(N - s^2) + 2PQR = 0. \end{cases}$$

Diese cubische Gleichung congruirt mit derjenigen, welche die Halbaxen des Ellipsoids

$$10)\quad Lx^2 + My^2 + Nz^2 + 2Pyz + 2Qxz + 2Rxy = 1$$

bestimmt, wenn man unter den drei Werthen von $\frac{1}{s^2}$, welche jene Gleichung liefert, die Quadrate seiner Halbaxen, und unter den drei Systemen von A, B, C, welche sich aus (8) (für die drei Werthe von s^2) ergeben, die Cosinus der Winkel zwischen den Coordinatenaxen und den genannten Halbaxen versteht.

Die Gleichung (9) giebt jedesmal drei reelle Werthe von s^2; es existiren also stets drei, und zwar sich rechtwinklig schneidende Polarisationsrichtungen, und es haben dieselben gleiche Lage mit den Axen jenes Ellipsoids, deren Länge überdies die Werthe von s bestimmt.

Das Gesetz, nach welchem sich die schwingende Bewegung richtet, ergiebt sich aus der Gleichung (7), aus welcher man durch Integration zieht:

$$11) \quad \aleph = \aleph_0 \cos st + \aleph_1 \int_0^t \cos st\, dt,$$

wenn $\aleph_0$ die Verschiebung zur Zeit $t = 0$, und $\aleph_1$ die Anfangsgeschwindigkeit des Aetherthcilchens, d. h. $\frac{d\aleph}{dt}$ für $t = 0$ bedeutet.

Mittelst (3) lässt sich der Ausdruck für $\aleph$ auf folgende Form bringen:

$$(11a) \quad \aleph = \frac{\pi_0(\varrho + \omega t) + \pi_0(\varrho - \omega t)}{2} + \int_0^t \frac{\pi_1(\varrho + \omega t) + \pi_1(\varrho - \omega t)}{2} dt,$$

wenn man

$$12) \quad \frac{s}{\varkappa} = \omega$$

setzt, und $\aleph_0$ (welches die Form $V \cos \varkappa\varrho + W \sin \varkappa\varrho$ hat) durch $\pi_0(\varrho)$, $\aleph_1$ (welches die Form $V_1 \cos \varkappa\varrho + W_1 \sin \varkappa\varrho$ hat) durch $\pi_1(\varrho)$ bezeichnet. Für den Fall, dass die Anfangsverschiebung in einer Polarisationsrichtung geschieht, erhält man daher, jenachdem man $\pi_1(\varrho) = + \omega\pi_0'(\varrho)$ oder $\pi_1(\varrho) = - \omega\pi_0'(\varrho)$ nimmt,

$$\aleph = \pi_0(\varrho + \omega t)$$

$$\text{oder} \quad \aleph = \pi_0(\varrho - \omega t).$$

Da nun $\pi_0(\varrho + \omega t)$ eine Function des Cosinus und des Sinus des Bogens $\varkappa(\varrho + \omega t)$ ist, so erlangt die Ausweichung der Aethertheilchen $\aleph$, so wie deren Oscillationsgeschwindigkeit $\frac{d\aleph}{dt}$ denselben Werth, so oft $\varkappa(\varrho + \omega t)$ um 2π wächst. Ein Aethertheilchen gelangt also wiederum an denselben Ort, so oft t um $\frac{2\pi}{\varkappa\omega}$ wächst, folglich ist

$$13) \quad \frac{2\pi}{\varkappa\omega} = \frac{2\pi}{s} = T$$

die Schwingungsdauer. Ferner haben zwei Aethertheilchen gleichzeitig dieselbe Lagenveränderung und dieselbe Geschwindigkeit, wenn dem einen der Werth ϱ, dem andern der Werth $\varrho + \frac{2\pi}{\varkappa}$ zugehört, d. h. die Bewegungen sind in zwei Wellenebenen gleich, wenn ihre Distanz $\frac{2\pi}{\varkappa}$ ist; es ist folglich

$$14) \quad \frac{2\pi}{\varkappa} = l$$

die Wellenlänge des Wellensystems.

Da endlich noch $\varkappa(\varrho + \omega t)$ ungeändert bleibt, wenn ϱ um $\Delta\varrho$ und t um Δt gleichzeitig so wächst, dass $\Delta\varrho = -\omega\Delta t$ ist, so pflanzt sich die Bewegung nach der Zeiteinheit um $-\omega$ längs der Normale der Wellenebene fort.

Aus der Gleichung $\delta = \pi_0(\varrho - \omega t)$ ergiebt sich ein zweites System ebener Wellen, von derselben Schwingungsdauer und von derselben Wellenlänge, welches zur Fortpflanzungsgeschwindigkeit $+\omega$ hat, also sich nach der entgegengesetzten Seite ausbreitet, so dass beide Wellensysteme ein einziges bilden.

Die aus dem Obigen sich ergebende Abhängigkeit der Wellenlänge von der Schwingungsdauer schliesst die sonst bestrittene Möglichkeit der Dispersion (als Folge der Theorie) in sich.

Da ferner zu den drei verschiedenen Werthen von s drei verschiedene Werthe von ω gehören, so pflanzt sich die Bewegung verschieden schnell fort, je nachdem die Schwingungen in der einen oder der andern Polarisationsrichtung erfolgen; und falls die Anfangsverschiebung nicht mit einer Polarisationsrichtung zusammenfällt, zerlegen sich die Bewegungen nach denselben, so dass im Allgemeinen jede Gleichgewichtsstörung drei auf einander senkrecht polarisirten, sich ungleich schnell fortpflanzenden Wellensystemen Entstehung giebt.

Insofern $\omega = \frac{2\pi}{s}$ ist, steht die Fortpflanzungsgeschwindigkeit in geradem Verhältniss mit der Länge derjenigen Axe des oben erwähnten Ellipsoids, nach deren Richtung das Wellensystem polarisirt ist, und da somit die Schwingungsrichtung sowohl, als die Fortpflanzungsgeschwindigkeit durch die Lage und Form des Ellipsoids bestimmt wird, so führt die Kenntniss des letzteren auch zur Kenntniss der Reflexions-, Refractions- und Polarisationsgesetze.

Die für die Mittel verschiedener Natur verschieden ausfallenden Polarisationsgesetze sind daher von den Werthen der Coefficienten der Gleichung (10), welche die Form und Lage des Ellipsoids bestimmen, abhängig, während diese Coefficienten wiederum von der Vertheilung der Aethermoleküle, und von der Natur der anziehenden und abstossenden Kräfte, d. h. von der Function $f(r)$ abhängen.

Ist das Mittel einfach brechend, so ist die Fortpflanzungsgeschwindigkeit und Schwingungsrichtung unabhängig von der Lage der Wellensysteme; es darf daher weder die Form des Ellipsoids, noch seine Lage gegen die Normale der ebenen Wellen geändert werden, wenn die Wellenebene eine andere Stellung erhält. Das Ellipsoid muss daher ein Umdrehungs-Ellipsoid sein, und seine Umdrehungsaxe muss in die Normale des ebenen Wellensystems fallen.

Die Bedingungen, die man hiernach für die Aethervertheilung erhält, sind, wenn man die höhern Potenzen von r vernachlässigt, und wenn man der Kürze wegen

$$S\left[\pm \tfrac{1}{2}\, \mathrm{mrf}(r) \cos^2 \alpha\right] = \lambda'$$
$$S\left[\pm \tfrac{1}{2}\, \mathrm{mrf}(r) \cos^2 \beta\right] = \lambda''$$
$$S\left[\pm \tfrac{1}{2}\, \mathrm{mrf}(r) \cos^2 \gamma\right] = \lambda'''$$
$$S\left[\tfrac{1}{2}\, \mathrm{mr}f(r) \cos^4 \alpha\right] = \mu'$$
$$S\left[\tfrac{1}{2}\, \mathrm{mr}f(r) \cos^4 \beta\right] = \mu''$$
$$S\left[\tfrac{1}{2}\, \mathrm{mr}f(r) \cos^4 \gamma\right] = \mu'''$$
$$S\left[\tfrac{1}{2}\, \mathrm{mr}f(r) \cos^2 \beta \cos^2 \gamma\right] = \nu'$$
$$S\left[\tfrac{1}{2}\, \mathrm{mr}f(r) \cos^2 \gamma \cos^2 \alpha\right] = \nu''$$
$$S\left[\tfrac{1}{2}\, \mathrm{mr}f(r) \cos^2 \beta \cos^2 \alpha\right] = \nu''$$

setzt,

$$15)\quad \lambda' = \lambda'' = \lambda'''$$

$$16)\quad \nu' = \nu'' = \nu''' = \tfrac{1}{3}\mu' = \tfrac{1}{3}\mu'' = \tfrac{1}{3}\mu'''$$

$$17)\quad S[\mathrm{mrf}(r)\cos\beta\cos\gamma] = S[\mathrm{mrf}(r)\cos\gamma\cos\alpha] = S[\mathrm{mrf}(r)\cos\alpha\cos\beta] = 0$$

$$18)\quad S[\mathrm{mr}f(r)\cos\beta\cos^3\gamma] = S[\mathrm{mr}f(r)\cos\gamma\cos^3\alpha] = S[\mathrm{mr}f(r)\cos^3\alpha\cos\beta]$$
$$= S[\mathrm{mr}f(r)\cos^3\alpha\cos\gamma] = S[\mathrm{mr}f(r)\cos^3\gamma\cos\beta] = S[\mathrm{mr}f(r)\cos^3\beta\cos\alpha] = 0.$$

Ist das Mittel doppelt brechend und einaxig, so hängt bekanntlich die Fortpflanzungsgeschwindigkeit und die Schwingungsrichtung nur von der Lage des Wellensystems gegen die optische Axe ab; es muss also das Ellipsoid dieselbe Form und dieselbe Lage gegen die Normale des Wellensystems haben, so oft die letztere denselben Winkel mit der optischen Axe bildet.

Die hieraus sich ergebenden Bedingungen für die Constitution des Aethers sind, bei Vernachlässigung der höhern Potenzen von r, die Gleichungen (17 und 18), und die Gleichungen

$$\lambda' = \lambda''$$
$$\nu' = \nu''$$
$$\nu''' = \tfrac{1}{3}\mu' = \tfrac{1}{3}\mu''$$

Für die zweiaxigen Krystalle des prismatischen Systems endlich, d. h. für den Fall drei verschiedener, auf einander senkrechter Elasticitätsaxen, sind die Gleichungen (17 und 18) die allein zu erfüllenden, vorausgesetzt, dass die Coordinatenaxen mit den Elasticitätsaxen zusammenfallen.

Berücksichtigt man die aufgestellten Bedingungen, und bezeichnet man die Cosinus der Winkel zwischen der Normale der Wellenebene und den Elasticitätsaxen durch a, b, c, so reduciren sich die Ellipsoidscoefficienten auf nachstehende Ausdrücke:

1. für zweiaxige Mittel auf:

$$19)\quad \left\{\begin{array}{l} L = \varkappa^2 \left[(\mu' + \lambda')\, a^2 + (\nu''' + \lambda'')\, b^2 + (\nu'' + \lambda''')\, c^2\right] \\ M = \varkappa^2 \left[(\nu''' + \lambda')\, a^2 + (\mu'' + \lambda'')\, b^2 + (\nu' + \lambda''')\, c^2\right] \\ N = \varkappa^2 \left[(\nu'' + \lambda')\, a^2 + (\nu' + \lambda'')\, b^2 + (\mu''' + \lambda''')\, c^2\right] \\ P = 2\varkappa^2\, \nu'\, bc,\ Q = 2\varkappa^2\, \nu''\, ac.\ R = 2\varkappa^2\, \nu'''\, ab, \end{array}\right.$$

2. für einaxige Mittel auf:

$$20)\quad \left\{\begin{array}{l} L = \varkappa^2 \left[(3\nu''' + \lambda'')\, a^2 + (\nu''' + \lambda'')\, b^2 + (\nu'' + \lambda''')\, c^2\right] \\ M = \varkappa^2 \left[(\nu''' + \lambda'')\, a^2 + (3\nu''' + \lambda'')\, b^2 + (\nu'' + \lambda''')\, c^2\right] \\ N = \varkappa^2 \left[(\nu'' + \lambda'')\, (a^2 + b^2) + (\mu''' + \lambda''')\, c^2\right] \\ P = 2\varkappa^2\, \nu''\, bc,\ Q = 2\varkappa^2\, \nu''\, ac,\ R = 2\varkappa^2\, \nu'''\, ab, \end{array}\right.$$

3. für einfach brechende Mittel auf:

$$21)\quad \left\{\begin{array}{l} L = \varkappa^2\ (2\nu'''\ a^2 + \nu''' + \lambda'''),\ M = \varkappa^2\ (2\nu'''\ b^2 + \nu''' + \lambda'''), \\ N = \varkappa^2\ (2\nu'''\ c^2 + \nu'' + \lambda'''),\ P = 2\varkappa^2\, \nu'''\, bc,\ Q = 2\varkappa^2 \nu'''\, ac, \\ \qquad R = 2\varkappa^2\, \nu'''\, ab. \end{array}\right.$$

In diesen Ausdrücken wird $\lambda' = \lambda'' = \lambda''' = 0$, wenn das Molekülsystem im Ruhezustand keinen Druck auf drei, auf den Elasticitätsaxen senkrechte Ebenen ausübt.

Fortpflanzungsgeschwindigkeit und Schwingungsrichtung.

Da $\omega = \dfrac{s}{\varkappa}$ ist, so erhält man die Fortpflanzungsgeschwindigkeit für die ebenen Wellensysteme, wenn man aus der Gleichung (9) die Werthe von s bestimmt, nachdem man für L, M, N, P, Q, R die Werthe aus (21, 20 oder 19) substituirt hat, je nachdem das Mittel einfach brechend, einaxig oder zweiaxig ist, und das so genommene s durch $\varkappa$ dividirt. Die Gleichung für die Schwingungsrichtungen ist:

$$\frac{x}{A} = \frac{y}{B} = \frac{z}{C},$$

in welche man für die besonderen Fälle die aus (8) mittelst des gefundenen s gezogenen Werthe für A, B, C zu setzen hat.

a) Einfach brechende Mittel.

In Folge der Gleichungen (21) geht (9) über in

$$(\nu''' + \lambda''' - \omega^2)^2 (3\nu''' + \lambda''' - \omega^2) = 0.$$

Es haben also zwei Wellensysteme die gemeinsame Geschwindigkeit

$$\nu''' + \lambda''',$$

und zwar sind dies diejenigen, in welchen die Schwingungen in der Richtung der Aequatorialaxen des Ellipsoids, also in der Wellenebene erfolgen; sie setzen sich also zu einem einzigen Wellensystem zusammen. Das dritte System hat die Geschwindigkeit

$$3\nu''' + \lambda''',$$

und die Schwingungen in demselben erfolgen in der Richtung der Aequatorialaxe, also in der Richtung der Normale der Wellenebene. Das Wellensystem wird, da keine optische Erscheinung seine Existenz bekundet, als auf den Gesichtssinn nicht wirkend angesehen, eine Vorstellung, welche durch die demselben eigene geringe Intensität der Bewegung begünstigt wird.

b) Einaxige Krystalle.

Wenn man den Druck auf die Coordinatenebenen im natürlichen Zustande als verschwindend klein, also $\lambda'' = \lambda''' = 0$ annimmt, so sind die Werthe der Coefficienten des Ellipsoids die folgenden:

$$L = \varkappa^2 (3\nu''' a^2 + \nu''' b^2 + \nu'' c^2)$$
$$M = \varkappa^2 (\nu''' a^2 + 3\nu''' b^2 + \nu'' c^2)$$
$$N = \varkappa^2 (\nu'' a^2 + \nu'' b^2 + \mu''' c^2)$$
$$P = 2\varkappa^2 \nu'' bc, \quad Q = 2\varkappa^2 \nu'' ac, \quad R = 2\varkappa^2 \nu''' ab.$$

Für einaxige Krystalle zerfällt daher die Gleichung (9) in folgende beide Factoren:

$$22) \quad \nu''' a^2 + \nu''' b^2 + \nu'' c^2 - \omega^2 = 0,$$

$$23) \quad \begin{aligned} &(3\nu''' a^2 + 3\nu''' b^2 + \nu'' c^2 - \omega^2)(\nu'' a^2 + \nu'' b^2 + \mu''' c^2 - \omega^2) \\ &\qquad - 4\nu''^2 c^2 (a^2 + b^2) = 0, \end{aligned}$$

und der letzte Faktor zerfällt wiederum in die beiden Factoren:

$$24) \quad \nu'' - \omega^2 = 0$$

$$25)\quad 3\nu'''(a^2+b^2)+\mu'''c^2-\omega^2=0,$$

sobald die Bedingung

$$26)\quad (\mu'''-\nu'')(3\nu'''-\nu'')=4\nu''^2$$

erfüllt ist.

Die Fortpflanzungsgeschwindigkeiten in den drei Wellensystemen, wenn man dieselben durch ω', ω'', ω''' bezeichnet, sind daher gegeben durch

$$\omega'^2=\nu'''(a^2+b^2)+\nu''c^2$$
$$\omega''^2=\nu''$$
$$\omega'''^2=3\nu'''(a^2+b^2)+\mu'''c^2.$$

Die Gleichungen für die Schwingungsrichtungen werden daher beziehlich:

$$\frac{x}{a}=\frac{y}{b}=-\frac{\mu'''-\nu''}{2\nu''}\;\frac{cz}{a^2+b^2}$$
$$ax+by=0,\; z=0$$
$$\frac{x}{a}=\frac{y}{b}=\frac{3\nu'''-\nu''}{2\nu''}\cdot\frac{z}{c}$$

Im zweiten (dem gewöhnlichen) Wellensysteme geschieht daher die Schwingung in der Wellenebene und senkrecht gegen die optische Axe; in den beiden andern Systemen dagegen erfolgt sie in einer Ebene, welche auf der Wellenebene senkrecht steht und der optischen Axe parallel ist, und zwar im ersten (dem ungewöhnlichen) nahe in der Wellenebene, im dritten (auf den Gesichtssinn nicht wirkenden) nahe senkrecht gegen die Wellenebene. Die Schwingungen im gewöhnlichen und ungewöhnlichen Wellensystem erfolgen mithin in derjenigen Ebene, welche man die Polarisationsebene zu nennen pflegt.

Wie sich die Fortpflanzungsgeschwindigkeiten und Schwingungsrichtungen ändern, wenn λ'' u. λ''' erhebliche Werthe haben, wird weiter unten erörtert werden.

c. Zweiaxige Krystalle.

Die Gleichung (9) geht, wenn die Bedingungen

$$27)\quad \begin{cases} (\mu''-\nu')(\mu'''-\nu')=4\nu'^2 \\ (\mu'''-\nu'')(\mu'-\nu'')=4\nu''^2 \\ (\mu'-\nu''')(\mu''-\nu''')=4\nu'''^2 \end{cases}$$

erfüllt sind, und wenn man den Druck auf die Coordinatenebenen im natürlichen Zustande verschwindend klein, also $\lambda'=\lambda''=\lambda'''=0$ annimmt, über in:

$$(\mu' a^2 + \mu'' b^2 + \mu''' c^2 - \omega^2)\left(\omega^4 - [(\nu'' + \nu''') a^2 + (\nu''' + \nu') b^2 + (\nu' + \nu'') c^2]\,\omega^2 + \nu'' \nu''' a^2 + \nu''' \nu' b^2 + \nu' \nu'' c^2\right) + \left(16\nu' \nu'' \nu''' - (\mu' - \nu'')(\mu'' - \nu''')(\mu''' - \nu') - (\mu' - \nu''')(\mu'' - \nu')(\mu''' - \nu'')\right) \times a^2 b^2 c^2 = 0,$$

und zerfällt, wenn überdies

28) $(\mu'-\nu'')(\mu''-\nu''')(\mu'''-\nu')+(\mu'-\nu''')(\mu''-\nu')(\mu'''-\nu'')=16\nu'\nu''\nu'''$

ist, in folgende zwei Faktoren:

29) $\mu' a^2 + \mu'' b^2 + \mu''' c^2 - \omega^2 = 0,$

30) $$\omega^4 - [(\nu'' + \nu''') a^2 + (\nu''' + \nu') b^2 + (\nu' + \nu'') c^2]\,\omega^2 + \nu'' \nu''' a^2 + \nu''' \nu' b^2 + \nu' \nu'' c^2 = 0,$$

von denen der letzte liefert:

31) $$\omega^2 = \tfrac{1}{2}[(\nu''+\nu''')a^2+(\nu'''+\nu')b^2+(\nu'+\nu'')c^2] \pm \tfrac{1}{2}\sqrt{[(\nu''-\nu''')^2 a^4 + (\nu'''-\nu')^2 b^4 + (\nu'-\nu'')^2 c^4 + 2(\nu'-\nu'')(\nu'-\nu''')b^2 c^2 + 2(\nu''-\nu''')(\nu''-\nu')c^2 a^2 + 2(\nu'-\nu'')(\nu'-\nu''')a^2 b^2]}.$$

Bezeichnet man durch $\sigma', \sigma'', \sigma'''$ die natürlichen Logarithmen der Quotienten $\frac{\mu'' - \nu'}{2\nu'}$, $\frac{\mu''' - \nu''}{2\nu''}$, $\frac{\mu' - \nu'''}{2\nu'''}$, so wird für einfach brechende Mittel $\sigma' = \sigma'' = \sigma''' = 0$; sind dagegen σ', σ'', σ''' nicht Null, aber unendlich klein von der ersten Ordnung, so wird in Folge der Gleichungen (27) $\sigma' + \sigma'' + \sigma''' = 0$, wenn man nicht über die Glieder der zweiten Ordnung hinausgeht. Ist der genaue Werth von $\sigma' + \sigma'' + \sigma'''$ gleich τ, welches demnach eine Grösse dritter Ordnung ist, so lässt sich, wenn man die zweite Potenz von τ vernachlässigt, aus (27) die Gleichung (28) ableiten, so dass, wenn die Bedingungen (27) erfüllt sind, die Gleichung (28) bis auf die fünfte Ordnung genau ist. Umgekehrt wird $\sigma' + \sigma'' + \sigma''' = 0$, sobald die Bedingung (28) erfüllt ist.

Sind σ', σ'', σ''' von der ersten Ordnung, so sind es auch die Differenzen

32) $\nu''' - \nu''$, $\nu' - \nu'''$, $\nu'' - \nu'$, $\mu'' - \mu'''$, $\mu''' - \mu'$, $\mu' - \mu''$,

und wenn man die Glieder der zweiten Ordnung vernachlässigt, ist zugleich:

$$\mu' = 3(\nu'' + \nu''' - \nu'),\quad \mu'' = 3(\nu''' + \nu' - \nu''),\quad \mu''' = 3(\nu' + \nu'' - \nu''').$$

Für die einfachsten Fälle, in denen die Normale der Wellenebene mit einer der Axen zusammenfällt, ergeben sich aus (29 u. 31) für ω die nachfolgenden Werthe.

Bezeichnet man die Fortpflanzungsgeschwindigkeit durch ω',

ω'' oder ω''', je nachdem das Wellensystem nach der Axe der x, der y oder der z polarisirt ist, so hat man

1. wenn die Normale der Axe der x parallel ist,

$$\omega'^2 = \mu', \quad \omega''^2 = \nu''', \quad \omega'''^2 = \nu''$$

2. wenn die Normale der Axe der y parallel ist,

$$\omega'^2 = \nu''', \quad \omega''^2 = \mu'', \quad \omega'''^2 = \nu'$$

3. wenn die Normale der Axe der z parallel ist,

$$\omega'^2 = \nu'', \quad \omega''^2 = \nu', \quad \omega'''^2 = \mu'''$$

Die Fortpflanzungsgeschwindigkeiten der in den Wellenebenen schwingenden (lichterzeugenden) Wellensysteme sind also paarweise gleich, wie es die Erfahrung bestätigt, und da die Wellensysteme von gleicher Geschwindigkeit nach derselben Ebene polarisirt sind, so muss man sich die Schwingungen in der Polarisationsebene erfolgend denken.

Die Schwingungsrichtung für den allgemeinen Fall erhält man durch die Substitution der Werthe von L, M, N, P, Q, R aus (19) in (8). Für das eine Wellensystem, dessen Werth von ω^2 durch die Gleichung (29) gegeben ist, ergiebt sich:

$$\mathrm{b}\,[2\nu'''\,\mathrm{aB} - (\mu'' - \nu''')\,\mathrm{bA}] + \mathrm{c}\,[2\nu''\,\mathrm{aC} - (\mu''' - \nu'')\,\mathrm{cA}] = 0$$

$$\mathrm{c}\,[2\nu'\,\mathrm{bC} - (\mu''' - \nu')\,\mathrm{cB}] + \mathrm{a}\,[2\nu'''\,\mathrm{bA} - (\mu' - \nu''')\,\mathrm{aB}] = 0$$

$$\mathrm{a}\,[2\nu''\,\mathrm{cA} - (\mu' - \nu'')\,\mathrm{aC}] + \mathrm{b}\,[2\nu'\,\mathrm{cB} - (\mu'' - \nu')\,\mathrm{bC}] = 0,$$

also

$$\frac{\mathrm{B}}{\mathrm{C}} = \frac{2\nu'}{\mu''' - \nu'}\,\frac{\mathrm{b}}{\mathrm{c}}, \quad \frac{\mathrm{C}}{\mathrm{A}} = \frac{2\nu''}{\mu' - \nu''}\,\frac{\mathrm{c}}{\mathrm{a}}, \quad \frac{\mathrm{A}}{\mathrm{B}} = \frac{2\nu'''}{\mu'' - \nu'''}\,\frac{\mathrm{a}}{\mathrm{b}}.$$

Vernachlässigt man die kleinen Differenzen (32), so wird

$$\frac{\mathrm{A}}{\mathrm{a}} = \frac{\mathrm{B}}{\mathrm{b}} = \frac{\mathrm{C}}{\mathrm{c}} = \pm 1;$$

die Schwingungen stehen daher nahe senkrecht auf der Wellenebene. Sie gehören demjenigen Wellensystem an, welches, sei es durch Intensitätsschwäche oder in Folge der ihm eigenen Natur, auf das Auge keinen Eindruck hinterlässt.

Für die beiden andern Wellensysteme erhält man, wenn man die Quadrate und Produkte der kleinen Differenzen (32) vernachlässigt, und ω', A', B', C' auf das eine, ω'', A'', B'', C'' auf das andere Wellensystem bezieht,

$$\nu'(\nu' - \omega'^2)\frac{\mathrm{A}'}{\mathrm{a}} = \nu''(\nu'' - \omega''^2)\frac{\mathrm{B}'}{\mathrm{b}} = \nu'''(\nu''' - \omega'^2)\frac{\mathrm{C}'}{\mathrm{c}},$$

$$\nu'(\nu' - \omega'^2)\frac{\mathrm{A}''}{\mathrm{a}} = \nu''(\nu'' - \omega'^2)\frac{\mathrm{B}''}{\mathrm{b}} = \nu'''(\nu''' - \omega'^2)\frac{\mathrm{C}''}{\mathrm{c}},$$

durch welche Gleichungen die Schwingungsrichtungen bestimmt sind.

Ist dagegen nicht $\lambda' = \lambda'' = \lambda''' = 0$, so erhält man aus (9) statt der Gleichungen (29 und 30), wenn man die Bedingungen (27 und 28) noch als erfüllt annimmt, die Gleichungen

29a) $\omega^2 = (\mu' + \lambda')\,a^2 + (\mu'' + \lambda'')\,b^2 + (\mu''' + \lambda''')\,c^2 = 0$

30a) $(\omega^2 - \lambda' a^2 - \lambda'' b^2 - \lambda''' c^2)^2$

$$- [(\nu''+\nu''')a^2 + (\nu'''+\nu')b^2 + (\nu'+\nu'')c^2]\,(\omega^2 - \lambda' a^2 - \lambda'' b^2 + \lambda''' c^2)$$
$$+ (\nu''\nu''' a^2 + \nu'\nu''' b^2 + \nu'\nu'' c^2)\,(a^2 + b^2 + c^2) = 0,$$

von denen die letzte geschrieben werden kann:

30b)

$$\left(\omega^2 - \tfrac{1}{2}[(\nu''+\nu'''+2\lambda')a^2 + (\nu'+\nu'''+2\lambda'')b^2 + (\nu'+\nu''+2\lambda''')c^2]\right)^2 =$$
$$\tfrac{1}{4}\Big((\nu''-\nu''')^2 a^4 + (\nu'''-\nu')^2 b^4 + (\nu'-\nu'')^2 c^4 + 2(\nu'-\nu'')(\nu'-\nu''')b^2c^2$$
$$+ 2(\nu''-\nu''')(\nu''-\nu')c^2a^2 + 2(\nu'-\nu'')(\nu'-\nu''')a^2b^2\Big).$$

Für diesen Fall ergiebt sich:

1. wenn die Normale der Wellenebene der Axe der x parallel ist,
$$\omega'^2 = \lambda' + \mu',\quad \omega''^2 = \lambda' + \nu''',\quad \omega'''^2 = \lambda' + \nu'',$$
2. wenn die Normale der Wellenebene der Axe der y parallel ist,
$$\omega'^2 = \lambda'' + \nu''',\quad \omega''^2 = \lambda'' + \mu'',\quad \omega'''^2 = \lambda'' + \nu',$$
3. wenn die Normale der Wellenebene der Axe der z parallel ist,
$$\omega'^2 = \lambda''' + \nu'',\quad \omega''^2 = \lambda''' + \nu',\quad \omega'''^2 = \lambda''' + \mu'''.$$

Sollen also noch, wie die Erfahrung es fordert, diese Geschwindigkeiten paarweise gleich werden, so müssen zwischen den Grössen λ', λ'', λ''' noch gewisse Beziehungen stattfinden. Nach Cauchy's Angabe entspricht der Erfahrung die Statuirung der folgenden Bedingungen:

a) $\lambda' + \nu''' = \lambda''' + \nu'$, $\lambda' + \nu'' = \lambda'' + \nu'$, $\lambda'' + \nu''' = \lambda''' + \nu''$.

Dies vorausgesetzt, geschehen die Schwingungen in den Wellensystemen von gleicher Geschwindigkeit in derjenigen Axe, welche auf der Ebene der Normalen beider Systeme senkrecht steht, mithin senkrecht gegen die Polarisationsebene, gerade so, wie es von Fresnel behauptet wurde. *)

---

*) Wie man aus dem Obigen sieht, erhält man die Fresnelschen Gesetze für die Fortpflanzungsgeschwindigkeit in den zweiaxigen Krystallen, man mag die Bedingungen $\lambda' = \lambda'' = \lambda''' = 0$, oder die Bedingungen $\lambda' + \nu''' = \lambda''' + \nu'$, $\lambda' + \nu'' = \lambda'' + \nu'$, $\lambda'' + \nu''' = \lambda''' + \nu''$ als erfüllt gelten lassen. In dem einen Falle fällt die Schwingungs-

Für die Schwingungsrichtung im allgemeinen Falle hat man unter den letzten Voraussetzungen, wenn man

$$\nu'(b^2+c^2)+\nu''(a^2+c^2)+\nu'''(a^2+b^2)=V$$

setzt,

$$\nu'(\omega^2+\nu'-V)\frac{A}{a}=\nu''(\omega^2+\nu''-V)\frac{B}{b}=\nu'''(\omega^2+\nu'''-V)\frac{C}{c}$$

Bei den einaxigen Krystallen wird die zweite der obigen Bedingungen, $\lambda'+\nu''=\lambda''+\nu'$, von selbst erfüllt, und die beiden andern fallen in die einzige $\lambda''+\nu'''=\lambda'''+\nu''$ zusammen. Lässt man nun diese Bedingung gelten statt der Bedingung $\lambda''=\lambda'''=0$, so kommt man wiederum auf die Theorie, dass die Schwingungen senkrecht gegen die Polarisationsebene erfolgen, und die hieraus folgenden Formeln ergeben sich aus den letzten für die zweiaxigen Krystalle aufgestellten, wenn man $\lambda'=\lambda''$ und $\nu'=\nu''$ setzt.

Strahl und Wellenfläche.

Wenn im ersten Augenblick, d. h. für $t=o$, nur eine Bewegung in der Nähe der durch den Ursprung der Coordinaten gehenden Ebene $ax+by+cz=\varrho=o$ stattfindet, so dass $\varkappa_0(\varrho)$ u. $\varkappa_1(\varrho)$ verschwindet, wenn $\varrho >\pm$ i ist (unter i eine sehr kleine Grösse verstanden): so ist der Gleichung (11a) zufolge die Bewegung nach der Zeit t nur in der Nähe der Ebenen

$$33)\quad \begin{cases} ax+by+cz=\omega t & \text{und} \\ ax+by+cz=-\omega t \end{cases}$$

merklich, und zwar in zwei Schichten von der Dicke 2i, welche durch die genannten Ebenen halbirt werden. Denkt man sich nun zur Zeit $t=o$ Bewegung in unendlich vielen verschiedenen Ebenen $ax+by+cz=o$ erregt, so wird jede derselben nach der Zeit t ein Paar Schichten erregt haben, deren Halbirungsebenen

---

richtung in die Polarisationsebene, im andern Falle in die auf der Polarisationsebene senkrechte Richtung. Für die erste Annahme entschied sich Cauchy in seinen *Exercices* und in seiner *Dispersion*; für die zweite Annahme späterhin in einem Briefe an Libri (Compt. rend. 1836, Pogg. Ann. 39 p. 50), indem er die erste für unstatthaft erklärte, weil die Drucke auf den Coordinatenebenen im Ruhezustand, seinen spätern Untersuchungen zufolge, im Vacuum nicht verschwänden.

durch Gleichungen von der Form (33) repräsentirt sind. Die einhüllende Fläche aller dieser Ebenen ist die **Wellenfläche**, in welcher wegen des Zusammenwirkens der Bewegungen in den sich unter kleinen Winkeln schneidenden Wellenebenen, die Lichtwirkung erst merklich wird. Die Radien Vectoren der Wellenfläche bilden die **Lichtstrahlen**.

Die Gleichung der Wellenfläche lässt sich herstellen, wenn man in den Gleichungen (33) a, b, c variiren lässt und die zugehörigen ω der Gleichung (9) entnimmt.

Aus der ersten der Gleichungen (33) erhält man

$$34)\quad \frac{d\omega}{da}=\frac{x}{t},\quad \frac{d\omega}{db}=\frac{y}{t},\quad \frac{d\omega}{dc}=\frac{z}{t},$$

während der Gleichung (9) zufolge, welche durch $F(a,b,c,\omega)=0$ bezeichnet sei, ω eine homogene Function des ersten Grades von a, b, c ist. Es sind also $\frac{d\omega}{da}$, $\frac{d\omega}{db}$, $\frac{d\omega}{dc}$ Functionen von $\frac{b}{a}$ u. $\frac{c}{a}$, welche in (34) substituirt, nach der Elimination der letztgenannten Quotienten die Gleichung der Wellenfläche in der Form

$$35)\quad \Pi\left(\frac{x}{t},\ \frac{y}{t},\ \frac{z}{t}\right)=0$$

liefern.

Hieraus folgt zugleich, dass die Geschwindigkeit in der Richtung der Lichtstrahlen constant ist. Bedeutet nämlich r' die Länge des Strahls, und sind a', b', c' die Cosinus der Winkel zwischen Strahl und Coordinatenaxen, so ist, wenn die Coordinaten des Endpunktes des Strahls durch x, y, z bezeichnet werden,

$$36)\quad x=a'r',\ y=b'r',\ z=c'r',$$

und die Gleichung der Wellenfläche wird

$$\Pi\left(\frac{a'r'}{t},\ \frac{b'r'}{t},\ \frac{c'r'}{t}\right)=0,$$

also

$$r'=t\,\omega\,(a',\ b',\ c'),$$

d. h. die Länge des Strahls ist der Zeit proportionirt.

Zur Entwickelung der Gleichung der Wellenfläche bediente sich **Cauchy** einer Eigenheit derjenigen Fläche, welche durch (9) repräsentirt wird, wenn man a, b, c als Coordinaten, die durch x, y, z vorgestellt sein mögen, denkt, und ω mit t vertauscht. Nimmt man r zum Radius Vector dieser Fläche, und a, b, c zu Cosinus der Winkel zwischen demselben und den Axen, so ist

$$37)\quad x = ar,\ y = br,\ z = cr,$$

also lässt sich die Gleichung der Fläche, nämlich

$$38)\quad F\,(x,\ y,\ z,\ t) = 0,$$

schreiben:

$$F\,(ar,\ br,\ cr,\ t) = 0,$$

oder, da F (x, y, z, t) homogen ist,

$$39)\quad F\left(a,\ b,\ c,\ \frac{t}{r}\right) = 0.$$

Es ist mithin

$$\frac{t}{r} = \omega,$$

und es verwandelt sich (33) in:

$$40)\quad a\mathfrak{x} + b\mathfrak{y} + c\mathfrak{z} = \frac{t^2}{r}.$$

Die durch diese Gleichung vorgestellte Ebene, welche die Wellenfläche berührt, steht also auf dem Radius Vector der Fläche (38) senkrecht, und zwar in der Entfernung $\frac{t^2}{r}$ vom Mittelpunkte.

Noch bequemer wird die Form von (40), wenn man a, b, c mittelst (37) eliminirt, d. h. wenn man für dieselbe schreibt:

$$(I)\quad \mathfrak{x}x + \mathfrak{y}y + \mathfrak{z}z = t^2.$$

Um nun die Gleichung der Wellenfläche zu entwickeln, welche nichts anderes, als die Enveloppe dieser Ebene (I) ist, ziehe man aus (9)

$$41)\quad \omega^2 = \Gamma\,(a, b, c).$$

Man hat sodann zugleich aus (38)

$$(II)\quad t^2 = \Gamma\,(x, y, z).$$

Bezeichnet man $\frac{1}{2}\,\frac{d\Gamma}{dx}$, $\frac{1}{2}\,\frac{d\Gamma}{dy}$, $\frac{1}{2}\,\frac{d\Gamma}{dz}$, beziehlich durch $\Phi\,(x, y, z)$, $X\,(x, y, z)$, $\Psi\,(x, y, z)$, so findet sich aus (I u. II)

$$\mathfrak{x}dx + \mathfrak{y}dy + \mathfrak{z}dz = 0,$$

$$\Phi\,(x, y, z)\,dx + X\,(x, y, z)\,dy + \Psi\,(x, y, z)\,dz = 0,$$

und nach Elimination von dz, wenn man die Coefficienten von dx u. dz der Null gleich setzt, ergiebt sich

$$42)\quad \frac{\Phi\,(x, y, z)}{\mathfrak{x}} + \frac{X\,(x, y, z)}{\mathfrak{y}} = \frac{\Psi\,(x, y, z)}{\mathfrak{z}}.$$

Da $\Gamma\,(x, y, z)$ eine homogene Function ist, so hat man überdies:

$$x\Phi(x,y,z) + yX(x,y,z) + z\Psi(x,y,z) = \Gamma(x,y,z),$$

so dass man aus (I, II 42)

$$\frac{\Phi(x,y,z)}{x} = \frac{X(x,y,z)}{y} = \frac{\Psi(x,y,z)}{z} = \frac{\Gamma(x,y,z)}{xx + yy + zz} = 1,$$

und mithin

$$\text{(III)} \quad \Phi(x,y,z) = x, \quad X(x,y,z) = y, \quad \Psi(x,y,z) = z.$$

erhält.

Man gewinnt demnach die Wellenfläche aus (II), wenn man x, y, z mittelst (III) eliminirt.

Da ferner (9) nach ω^2 vom dritten Grade ist, so giebt es stets drei Werthe von ω^2, und die Wellenfläche besteht aus drei Zweigen.

Ist $\Gamma(a, b, c)$ nur ein genäherter Werth von ω^2, und ist der vollständige Werth

$$\omega^2 = \Gamma(a,b,c) + \Gamma_1(a,b,c),$$

so hat man für die Gleichungen (II und III) zu substituiren:

$$t^2 = \Gamma(x', y', z') + \Gamma_1(x', y', z')$$

$$\Phi(x,y,z) + \varphi(x,y,z) = x, \quad X(x', y', z') + \chi(x', y', z') = y,$$

$$\Psi(x', y', z') + \psi(x', y', z') = z,$$

wo φ, χ, ψ in Bezug auf Γ_1 ist was Φ, X, Ψ in Bezug auf Γ war.

Sind nun $\Gamma_1(x,y,z)$, $x'-x$, $y'-y$, $z'-z$ unendlich klein von der ersten Ordnung, und vernachlässigt man die Glieder der zweiten Ordnung, so findet man als Endresultat in Betracht der Homogeneität der Functionen:

$$\text{(IV)} \quad t^2 = \Gamma(x,y,z) - \Gamma_1(x,y,z).$$

a) Wellenfläche für einfach brechende Mittel.

Da in diesem Falle in zwei Wellensystemen $\omega^2 = \nu''' + \lambda'''$ und für das dritte $\omega^2 = 3\nu''' + \lambda'''$ ist, so ist, zufolge (II und III), die Gleichung der beiden in einen einzigen zusammenfallenden Zweige der Wellenfläche, in denen die Schwingungen in der Wellenebene erfolgen, die Kugel

$$t^2 = \frac{x^2 + y^2 + z^2}{\nu''' + \lambda'''},$$

der dritte Zweig die Kugel

$$t^2 = \frac{x^2 + y^2 + z^2}{3\nu''' + \lambda'''}.$$

b) Wellenfläche für einaxige Krystalle.

In diesem Falle hat man für die drei Wellensysteme:

$$\omega^2 = (\nu'' + \lambda'')(a^2 + b^2) + (\nu'' + \lambda''')c^2$$
$$\omega^2 = (\nu''' + \lambda'')(a^2 + b^2) + (\nu'' + \lambda''')c^2$$
$$\omega^2 = (3\nu''' + \lambda'')(a^2 + b^2) + (\mu''' + \lambda''')c^2$$

Man erhält daher aus (II und III) für die Zweige der Wellenfläche drei Ellipsoide:

$$\frac{x^2 + y^2}{\nu'' + \lambda''} + \frac{z^2}{\nu''' + \lambda'''} = t^2$$
$$\frac{x^2 + y^2}{\nu''' + \lambda''} + \frac{z^2}{\nu''' + \lambda'''} = t^2$$
$$\frac{x^2 + y^2}{3\nu''' + \lambda''} + \frac{z^2}{\mu''' + \lambda'''} = t^2.$$

Für $\lambda'' = \lambda''' = 0$ wird das erste eine Kugel, für $\nu''' + \lambda'' = \nu''' + \lambda''$ (d. h. falls die Schwingungen enkrecht gegen die Polarisationsebene erfolgen) wird das zweite eine Kugel. In beiden Fällen gehört die Kugelfläche dem gewöhnlichen Wellensystem an.

c) Wellenfläche für zweiaxige Krystalle.

Ist zuvörderst $\lambda' = \lambda'' = \lambda''' = 0$, und bezeichnet man in (31) das erste Glied durch $\Gamma(a, b, c)$, das zweite durch $\Gamma_1(a, b, c)$, so hat man

$$\omega^2 = \Gamma(a, b, c) \pm \Gamma_1(a, b, c)$$
$$43)\quad t^2 = \Gamma(x, y, z) \mp \Gamma_1(a, b, c),$$

während man aus (III) erhält:

$$44)\quad x = \frac{2}{\nu'' + \nu'''}\,\mathfrak{x},\quad y = \frac{2}{\nu''' + \nu'}\,\mathfrak{y},\quad z = \frac{2}{\nu' + \nu''}\,\mathfrak{z}.$$

Setzt man diese Werthe statt a, b, c in (31), und vertauscht ω durch t, so resultirt:

$$t^4 - 4\left(\frac{\mathfrak{x}^2}{\nu'' + \nu'''} + \frac{\mathfrak{y}^2}{\nu''' + \nu'} + \frac{\mathfrak{z}^2}{\nu' + \nu''}\right)t^2$$
$$+ 16\left(\frac{\nu''\nu'''\mathfrak{x}^2}{(\nu''+\nu''')^2} + \frac{\nu'\nu'''\mathfrak{y}^2}{(\nu'+\nu''')^2} + \frac{\nu'\nu''\mathfrak{z}^2}{(\nu'+\nu'')^2}\right)$$
$$\times\left(\frac{\mathfrak{x}^2}{(\nu''+\nu''')^2} + \frac{\mathfrak{y}^2}{(\nu'+\nu''')^2} + \frac{\mathfrak{z}^2}{(\nu'+\nu'')^2}\right) = 0.$$

Vernachlässigt man die Quadrate der kleinen Differenzen (32), so kann man

$$\frac{2}{\nu''+\nu'''},\quad \frac{2}{\nu'+\nu'''},\quad \frac{2}{\nu'+\nu''}$$

durch

$$\tfrac{1}{2}\left(\frac{1}{\nu''}+\frac{1}{\nu'''}\right),\ \tfrac{1}{2}\left(\frac{1}{\nu'}+\frac{1}{\nu'''}\right),\ \tfrac{1}{2}\left(\frac{1}{\nu'}+\frac{1}{\nu''}\right)$$

ersetzen, so dass man für

$$\Gamma\,(x, y, z) = \tfrac{1}{2}\Big((\nu''+\nu''')\,x^2 + (\nu'+\nu''')\,y^2 + (\nu'+\nu'')\,z^2\Big) =$$

$$2\left(\frac{x^2}{\nu''+\nu'''}+\frac{y^2}{\nu'+\nu'''}+\frac{z^2}{\nu'+\nu''}\right)$$

schreiben kann:

$$45)\quad \Gamma\,(x,y,z) = \tfrac{1}{2}\left((\nu''+\nu''')\frac{x^2}{\nu''\nu'''}+(\nu'+\nu''')\frac{y^2}{\nu'\nu'''}+(\nu'+\nu'')\frac{z^2}{\nu'\nu''}\right) =$$

$$\Gamma\left(\frac{x}{\sqrt{\nu''\nu'''}},\ \frac{y}{\sqrt{\nu'\nu'''}},\ \frac{z}{\sqrt{\nu'\nu''}}\right).$$

Da ferner $\Gamma_1\,(x, y, z)$, so wie die Differenzen (32) unendlich klein von der ersten Ordnung sind, so darf man für die durch (44) gegebenen Werthe von x, y, z die sich wenig von ihnen unterscheidenden

$$x = \frac{x}{\sqrt{\nu''\nu'''}},\ y = \frac{y}{\sqrt{\nu'\nu'''}},\ z = \frac{z}{\sqrt{\nu'\nu''}}$$

setzen, so dass

$$46)\quad \Gamma_1\,(x, y, z) = \Gamma_1\left(\frac{x}{\sqrt{\nu''\nu'''}},\ \frac{y}{\sqrt{\nu'\nu'''}},\ \frac{z}{\sqrt{\nu'\nu''}}\right)$$

wird.

Die Werthe von $\Gamma\,(x, y, z)$ und $\Gamma_1\,(x, y, z)$ aus (45 und 46) in (43) setzend, erhält man alsdann für die Wellenfläche

$$t^4 - \left((\nu''+\nu''')\frac{x^2}{\nu''\nu'''}+(\nu'+\nu''')\frac{y^2}{\nu'\nu'''}+(\nu'+\nu'')\frac{z^2}{\nu'\nu''}\right)t^2$$

$$+ (x^2+y^2+z^2)\left(\frac{x^2}{\nu''\nu'''}+\frac{y^2}{\nu'\nu'''}+\frac{z^2}{\nu'\nu''}\right) = 0,$$

oder

$$(x^2+y^2+z^2)\,(\nu' x^2+\nu'' y^2+\nu''' z^2)$$
$$-\,[\nu'(\nu''+\nu''')x^2+\nu''(\nu'+\nu''')y^2+\nu'''(\nu'+\nu'')z^2]\,t^2+\nu'\nu''\nu'''t^4 = 0,$$

in welcher Form sie von Fresnel gegeben worden ist.

Die Durchschnitte dieser Fläche mit den Coordinatenebenen bestehen (wie bekannt) aus einem Kreise und einer Ellipse, deren Gleichungen für die Ebene yz

$$\frac{y^2+z^2}{\nu'} = t^2,\quad \frac{y^2}{\nu'''}+\frac{z^2}{\nu''} = t^2,$$

für die Ebene xz

$$\frac{z^2+x^2}{\nu''} = t^2,\quad \frac{z^2}{\nu'}+\frac{x^2}{\nu'''} = t^2$$

und für die Ebene xy

$$\frac{x^2+y^2}{\nu'''}=t^2, \quad \frac{x^2}{\nu''}+\frac{y^2}{\nu'}=t^2$$

sind.

Was den dritten Zweig der Wellenfläche betrifft, in welchem die Schwingungen nahe senkrecht gegen die Wellenebene erfolgen, so erhält man für denselben aus (29) sogleich das Ellipsoid

$$\frac{x^2}{\mu'}+\frac{y^2}{\mu''}+\frac{z^2}{\mu'''}=t^2.$$

Für den Fall, dass nicht die Bedingungen $\lambda'=\lambda''=\lambda'''=0$, sondern die Bedingungen (a) erfüllt sind, erhält man aus (29a) für den dritten Zweig das Ellypsoid

$$\frac{x^2}{\mu'+\lambda'}+\frac{y^2}{\mu''+\lambda''}+\frac{z^2}{\mu'''+\lambda'''}=t^2.$$

Für die beiden andern Zweige findet sich, wenn man die Bedingungen (27) als erfüllt voraussetzt, und die Quadrate und Producte der kleinen Differenzen (32) vernachlässigt, und wenn man der Kürze wegen

$$\nu''+\nu'''+2\lambda'=g, \quad \nu'+\nu'''+2\lambda''=h, \quad \nu'+\nu''+2\lambda'''=i$$

setzt,

$$\frac{1}{4}\left\{t^2-2\left(\frac{x^2}{g}+\frac{y^2}{h}+\frac{z^2}{i}\right)\right\}^2=\frac{(\nu''-\nu''')^2x^2}{g^2}+\frac{(\nu'''-\nu')^2y^2}{h^2}+\frac{(\nu'-\nu'')^2z^2}{i^2}$$
$$+\frac{2(\nu'-\nu'')(\nu'-\nu''')y^2z^2}{h^2i^2}+\frac{2(\nu''-\nu''')(\nu''-\nu')z^2x^2}{i^2g^2}+\frac{2(\nu'-\nu'')(\nu'-\nu''')x^2y^2}{g^2h^2}$$

welcher Gleichung sich dieselbe Form geben lässt, welche die Gleichung (47) hat.

Dispersion.

Die sich aus den obigen Principien ergebende Abhängigkeit der Fortpflanzungsgeschwindigkeit von der Wellenlänge hat Cauchy benutzt, Formeln zu entwickeln, nach denen sich die Werthe der Brechungsverhältnisse und Wellenlängen, welche durch Beobachtungen für einfach brechende Mittel gefunden worden sind, berichtigen, und, wenn sie nur für einzelne Farbenstrahlen bestimmt worden sind, für die übrigen Farbenstrahlen berechnen lassen.

Da die Unterschiede zwischen den Brechungsverhältnissen der verschiedenen Farbenstrahlen bei einem und demselben Mittel sehr gering sind, so darf man sich nicht mehr, wie bisher, mit den genäherten Werthen von ω (oder s) begnügen. Die Zahl der Glieder des vollständigen Ausdruckes für s^2, welche in Rechnung gezogen werden müssen, wird sich in jedem besondern Fall nach der Genauigkeit der zum Grunde gelegten Messungen richten.

Der vollständige Werth von s^2 für einfach brechende Mittel ist:

$$48)\quad s^2 = a_1 \varkappa^2 + a_2 \varkappa^4 + a_3 \varkappa^6 + \ldots \text{in inf.},$$

wo

$$\alpha^n = (-1)^{n+1} S \frac{m r^{2n-1} \cos^{2n} \alpha}{1.\ 2.\ 3.\ \ldots\ 2n} \left(f(r) + \frac{1}{2n+1} f'(r) \cos^2 \alpha \right)$$

ist, so dass, wenn r unendlich klein von der ersten Ordnung ist, a_1 der ersten, a_2 der dritten, a_3 der fünften Ordnung etc. angehört.

Kehrt man die Reihe für s^2 um, so kommt man auf eine Reihe von der Form

$$49)\quad \varkappa^2 = b_1 s^2 + b_2 s^4 + b_3 s^6 + \ldots \text{in inf.},$$

in welcher b_1, b_2, b_3 ... beziehlich mit a_1, a_2, a_3 ... von gleicher Ordnung sind.

Die Coefficienten b_1, b_2, b_3 . . . ändern sich nur von Mittel zu Mittel, so dass, wenn $\varkappa_1$ und s_1, $\varkappa_2$ und s_2, $\varkappa_3$ und s_3 . . . verschiedenen Farbenstrahlen desselben Mittels angehören, aus den zugehörigen Gleichungen

$$\varkappa_1^2 = b_1 s_1^2 + b_2 s_1^4 + b_3 s_1^6 + \ldots$$
$$\varkappa_2^2 = b_1 s_2^2 + b_2 s_2^4 + b_3 s_2^6 + \ldots$$
$$\varkappa_3^2 = b_1 s_3^2 + b_2 s_3^4 + b_3 s_3^6 + \ldots$$

etc.

die Constanten b_1, b_2, b_3 . . . eliminirt werden können (wobei natürlich so viele Gleichungen in Rechnung gezogen werden müssen, als Glieder in der Reihe (49) beibehalten worden sind.)

Die resultirende Gleichung hat sodann die Form

$$50)\quad c_1 \varkappa_1^2 + c_2 \varkappa_2^2 + c_3 \varkappa_3^2 + \ldots = 0,$$

wo c_1, c_2, c_3 . . . nur von den Werthen s_1, s_2, s_3 . . . abhängen, und welche geschrieben werden möge

$$51)\quad K_1 + K_2 + K_3 + \ldots = 0.$$

Da $s = \frac{2\pi}{T}$ ist, also nur mit der Schwingungsdauer sich ändert, so ist das zu einem bestimmten Farbenstrahl gehörige s für alle Mittel constant; und wenn $\varkappa$ und ω diesem Strahl im leeren

Raum, $\varkappa'$ und ω' demselben Strahl in irgend einem andern Mittel entsprechen, so ist wegen $s = \varkappa\omega$ und $s = \varkappa'\omega'$ das Verhältniss der Fortpflanzungsgeschwindigkeiten $\frac{\omega}{\omega'} = \frac{\varkappa'}{\varkappa}$ das Brechungsverhältniss dieses Mittels. Bezeichnet man das letztere durch w, so hat man $\varkappa' = \varkappa w$, und setzt man überdies $w^2 = W$, so verwandelt sich die Gleichung (51), wie man aus (50) ersicht, für das neue Mittel in

$$52)\quad K_1 W_1 + K_2 W_2 + K_3 W_3 + \ldots = 0.$$

Sind ferner W', W'' ... etc. die Quadrate der Brechungsverhältnisse anderer Mittel, so ergiebt sich ebenso für diese:

$$53)\quad \begin{cases} K_1 W_1' + K_2 W_2' + K_3 W_3' + \ldots = 0 \\ K_1 W_1'' + K_2 W_2'' + K_3 W_3'' + \ldots = 0 \end{cases}$$

etc.

Findet man für nöthig, in der Reihe (49) $n - 1$ Glieder beizubehalten, so kann man aus $n - 1$ solcher Gleichungen, wie in (53) angedeutet sind, in Verbindung mit (51) die Quotienten $\frac{K_1}{K_n}, \frac{K_2}{K_n}, \frac{K_3}{K_n}, \ldots \frac{K_{n-1}}{K_n}$ eliminiren, und auf eine Gleichung kommen, welche nur W_1, W_2, W_3 ... W_n enthält, und aus welcher sich daher W_n berechnen lässt, wenn W_1, W_2, W_3 ... W_{n-1} gegeben ist. Die Zahl der in (49) beizubehaltenden Glieder ergiebt sich, wenn man nach und nach 2, 3, 4 etc. beibehielte, bis man auf eine Zahl käme, bei welcher die zuletzt erwähnte Endgleichung so nahe von den gemessenen Brechungsverhältnissen erfüllt wird, dass man die Differenzen mit den Beobachtungsfehlern von gleicher Ordnung zu halten berechtigt ist.

Statt auf diesem Wege die nöthige Gliederzahl zu bestimmen und die Endgleichung herzustellen, wählte Cauchy ein bequemeres Verfahren, welches ihn überhob, für jedes neu hinzugezogene Glied die ganze Rechnung zu wiederholen. Er berechnete nämlich Glied für Glied die Reihe

$$54)\quad w + w' + w'' + w''' + \ldots,$$

in welche er W so entwickelt dachte, dass w, $w + w'$, $w + w' + w''$ etc. die Werthe werden, welche sich für W ergeben, wenn man beziehlich 1, 2, 3 ... Glieder der Reihe (49) beibehält. Er legte hierbei die Brechungsverhältnisse zum Grunde, welche Fraunhofer für Wasser, Kalilösung, Terpenthinöl und einige Kron- und Flintglassorten durch Messungen bestimmt hat, und wusste zur Compensation der Beobachtungsfehler in die Berechnung eines jeden

Gliedes der Reihe (54) für jeden Strahl in jeder Substanz die gemessenen Werthe für alle Strahlen in allen Substanzen hineinzuziehen.

Als er das vierte Glied der Reihe (54) hinzugezogen hatte, wichen sämmtliche berechnete Werthe von W von den Messungswerthen um weniger als 0,000159 ab, welches die grösste Differenz ist, die sich zwischen den Resultaten der Messungen da zeigten, wo Fraunhofer dieselbe Substanz einer doppelten Messung unterworfen hatte.

Die von Fraunhofer bestimmten Brechungsverhältnisse für die Strahlen B, C, D, E, F, G, H, welche durch W_1, W_2, W_3, W_4, W_5, W_6, W_7 bezeichnet sein mögen, nämlich

Substanzen.	w_1	w_2	w_3	w_4	w_5	w_6	w_7
Wasser a*)	1,330935	1,331712	1,333577	1,335851	1,337818	1,341293	1,344177
Wasser b	1,330977	1,331709	1,333577	1,335849	1,337788	1,341261	1,344162
Kalilösung	1,399629	1,400515	1,402805	1,405632	1,408082	1,412579	1,416368
Terpenthinöl	1,470496	1,471530	1,474434	1,478353	1,481736	1,488198	1,493874
Kronglas No. 13.	1,524312	1,525299	1,527982	1,531372	1,534337	1,539908	1,544684
„ „ 9.	1,525832	1,526849	1,529587	1,533005	1,536052	1,541657	1,546566
„ Litt. M.	1,554774	1,555933	1,559075	1,563150	1,566741	1,573535	1,579470
Flintglas No. 3.	1,602042	1,603800	1,608494	1,614532	1,620042	1,630772	1,640373
„ „ 30.	1,623570	1,625477	1,630585	1,637356	1,643466	1,655406	1,666072
„ „ 23. a*)	1,626564	1,628451	1,633666	1,640544	1,646780	1,658849	1,669680
„ „ 23. b	1,626596	1,628469	1,633667	1,640495	1,646756	1,658848	1,669686
„ „ 13.	1,627749	1,629681	1,635036	1,642024	1,648260	1,660285	1,671062

*) Die durch a und b bezeichneten Reihen enthalten die Werthe, welche sich aus der Messung an Prismen von verschiedenen brechenden Winkeln ergaben.

unterschieden sich von den nach der Formel

$$55)\quad W = w + w' + w'' + w'''$$

berechneten Brechungsverhältnissen nur um folgende Werthe (in Einheiten der letzten Decimale ausgedrückt:)

Substanzen.		W_1	W_2	W_3	W_4	W_5	W_6	W_7
Wasser	a	−4	18	−5	−8	13	0	−12
	b	−2	−2	3	0	1	−4	3
Kalilösung		9	0	−3	−4	−4	12	−8
Terpenthinöl		−11	3	−12	20	−9	2	7
Kronglas No. 13.		11	−11	0	0	−11	12	−1
„ „ 9.		−4	−7	20	−10	13	−24	10
„ Litt. M.		0	1	−4	2	−3	4	−1
Flintglas No. 3.		−2	−10	6	7	−4	−8	12
„ „ 30.		−7	11	−20	18	−6	13	−7
„ „ 23.	a	−1	3	2	−5	5	−2	−3
	b	12	5	8	−24	13	4	−16
„ „ 13.		−2	−12	4	10	−8	−7	14

Für die Luft wird die Uebereinstimmung vollkommen, d. h. die Werthe von W werden der Einheit gleich, wenn man statt des ersten Gliedes, w, das arithmetische Mittel aus der Summe der Quadrate aller Brechungsverhältnisse, d. h. $\frac{1}{7}(W_1 + W_2 + W_3 + W_4 + W_5 + W_6 + W_7)$, nimmt, und demgemäss die davon abhängigen w', w'', w''' ändert.

Zum Verständniss der unten folgenden Formel (56), in welche sich die Formel (55) durch diese Modification umwandelt, führe man für die nachfolgenden Summen, welche sich von Mittel zu Mittel ändern, die nebenstehenden Bezeichnungen ein:

$$\tfrac{1}{7}[W_1 + W_2 + W_3 + W_4 + W_5 + W_6 + W_7] = U$$
$$W_1 + W_2 + W_3 + W_4 - W_5 - W_6 - W_7 = U'$$
$$- W_1 - W_2 + W_3 + W_4 + W_5 + W_6 - W_7 = U''$$
$$- W_1 + W_2 + W_3 - W_4 - W_5 + W_6 + W_7 = U''';$$

ferner denke man sich unter β_c, γ_c, δ_c die nachstehenden Constanten, welche für alle Mittel dieselben bleiben, sich nur von Strahl zu Strahl ändern, und auf die Strahlen B, C, D . . . sich beziehen, je nachdem man dem Index c den Werth 1, 2, 3... beilegt,

$c =$	$\beta_c =$	$\gamma_c =$	$\delta_c =$
1	0,190836	— 0,16423	— 0,2357
2	0,168772	— 0,08707	0,1094
3	0,109002	0,06720	0,2435
4	0,031390	0,18408	— 0,1162
5	— 0,038191	0,20259	— 0,1476
6	— 0,171628	0,04688	0,0207
7	— 0,290181	— 0,24876	0,1269

Endlich setze man:

$$f''\beta = -\beta_1 - \beta_2 + \beta_3 + \beta_4 + \beta_5 + \beta_6 - \beta_7 = -0{,}138854$$

$$f'''\beta = -\beta_1 + \beta_2 + \beta_3 - \beta_4 - \beta_5 + \beta_6 + \beta_7 = -0{,}368070$$

$$f'''\gamma = -\gamma_1 + \gamma_2 - \gamma_3 - \gamma_4 - \gamma_5 - \gamma_6 + \gamma_7 = -0{,}444990$$

$$A_1 = U' - U$$

$$A_2 = U'' - U - (U' - U) f''\beta$$

$$A_3 = U''' - U - (U' - U) f'''\beta - [U'' - U - (U' - U) f''\beta] f'''\gamma$$

Alsdann ist die Gleichung, welche aus (55) entspringt, wenn man w durch U ersetzt, und mittelst welcher sich die Brechungsverhältnisse sehr bequem berechnen lassen:

$$56)\qquad W_c = U + A_1\beta_c + A_2\gamma_c + A_3\delta_c.$$

Die hiernach berechneten Correctionen der obigen Brechungsverhältnisse sind:

Substanzen.		w_1	w_2	w_3	w_4	w_5	w_6	w_7
Wasser	a	— 8	15	— 2	— 4	13	— 6	— 6
	b	— 4	— 3	5	3	1	— 9	7
Kalilösung		4	— 2	0	0	— 3	5	— 1
Terpenthinöl		— 5	6	—16	15	— 9	11	— 1
Kronglas No. 13.		13	—10	— 1	— 2	—11	14	— 3
„ „ 9.		— 3	— 6	19	—11	13	—22	8
„ Litt. M.		2	2	— 4	0	— 3	6	— 4
Flintglas No. 3.		2	— 8	3	2	— 4	— 2	6
„ „ 30.		— 4	15	—22	11	— 7	18	—11
„ „ 23.	a	1	3	2	— 6	5	— 1	— 4
	b	16	7	6	—27	12	10	—22
„ „ 13.		—14	—18	11	20	7	—24	31

Die Bemerkung, dass, während die Glieder U, w', w'', w''' eine abnehmende Reihe bilden sollten, für das Terpenthinöl bei einigen Strahlen $w''' > w''$ wurde, bewog Cauchy, diese Substanz als zu den doppelt brechenden Medien gehörig, und für die deswegen die zum Grunde liegenden Gesetze nicht mehr streng gälten, von den Rechnungen auszuschliessen.

Die hierdurch sich ändernden Werthe der Constanten β_ζ, γ_ζ, δ_ζ, $f''\beta$, $f'''\beta$, $f''\gamma$ sind folgende:

$i =$	$\beta_\zeta =$	$\gamma_\zeta =$	$\delta_\zeta =$
1	0,190868	— 0,16970	— 0,2737
2	0,168734	— 0,08510	0,1688
3	0,108921	0,07534	0,1612
4	0,031477	0,17924	— 0,0547
5	— 0,038125	0,19999	— 0,1698
6	— 0,171613	0,04521	0,0654
7	— 0,290264	— 0,24541	0,1061

$f''\beta = -0{,}138675$, $f'''\beta = -0{,}368439$, $f'''\gamma = -0{,}41949$.

Die Correctionen der Brechungsverhältnisse werden nach dieser Aenderung:

Substanzen.		w_1	w_2	w_3	w_4	w_5	w_6	w_7
Wasser	a	— 8	14	0	— 5	13	— 7	6
	b	— 5	— 3	3	5	1	— 7	6
Kalilösung		5	— 4	0	0	— 4	5	0
Kronglas No. 13.		11	— 8	— 4	1	—13	16	— 3
„ „ 9.		— 5	— 4	15	— 7	11	—19	8
„ Litt. M.		— 1	7	—12	6	— 5	11	— 5
Flintglas No. 3.		8	—18	17	— 8	— 1	— 9	9
„ „ 30.		— 2	13	—18	8	— 6	16	—10
„ „ 23.	a	— 2	8	— 4	— 2	4	2	— 6
	b	14	10	2	—25	12	11	—22
„ „ 13.		—17	—13	3	26	— 9	—20	29

Die Auswerthung der Constanten U, A_1, A_2, A_3 Behufs der Berechnung der Brechungsverhältnisse mittelst der Gleichung (56) setzt die Kenntniss aller (durch Messung gefundenen) Brechungsverhältnisse voraus. Man kann indess diese vier Constanten eliminiren, wenn man vier der Brechungsverhältnisse allein kennt, und sonach durch blosse Rechnung die drei übrigen finden. Sind z. B. w_1, w_3, w_5, w_7 bekannt, so ergiebt sich aus (56):

$$w_1 = U + A_1\beta_1 + A_2\gamma_1 + A_3\delta_1$$
$$w_3 = U + A_1\beta_3 + A_2\gamma_3 + A_3\delta_3$$
$$w_5 = U + A_1\beta_5 + A_2\gamma_5 + A_3\delta_5$$
$$w_7 = U + A_1\beta_7 + A_2\gamma_7 + A_3\delta_7,$$

und die Elimination liefert:

$$w_2 = 0{,}47143\, w_1 + 0{,}73685\, w_3 - 0{,}24587\, w_5 + 0{,}03759\, w_7$$
57) $$w_4 = 0{,}09913\, w_1 + 0{,}16566\, w_3 + 0{,}82448\, w_5 - 0{,}08927\, w_7$$
$$w_6 = -0{,}15023\, w_1 + 0{,}07584\, w_3 + 0{,}62126\, w_5 + 0{,}44313\, w_7$$

Numerische Werthe von l, T und s.

Bezeichnet man die Wellenlängen für die Strahlen B, C, D, E, F, G, H beziehlich durch l_1, l_2, l_3, l_4, l_5, l_6, l_7, so ist, den Fraunhoferschen Messungen zufolge, für die atmosphärische Luft: $l_1 = 6876$, $l_2 = 6564$, $l_3 = 5888$, $l_4 = 5260$, $l_5 = 4843$, $l_6 = 4291$, $l_7 = 3928$,

wenn man $\frac{1}{10000000}$ Millimeter als Einheit nimmt.

Die Wellenlängen für jedes andere Mittel erhält man aus den vorstehenden Werthen, wenn man sie mit den betreffenden Brechungsverhältnissen multiplicirt.

Für die Fraunhoferschen Substanzen giebt die Ausführung der Multiplication:

Substanzen.	l_1	l_2	l_3	l_4	l_5	l_6	l_7
Wasser	5168	4929	4415	3937	3620	3199	2922
Kalilösung	4915	4687	4197	3742	3439	3037	2773
Terpenthinöl	4678	4461	3993	3558	3268	2883	2629
Kronglas No. 3.	4513	4304	3853	3435	3156	2786	2543
„ „ 9.	4508	4299	3849	3431	3153	2783	2540
„ Litt. M.	4424	4219	3776	3365	3091	2727	2487
Flintglas No. 3.	4294	4093	3660	3258	2989	2631	2394
„ „ 30.	4237	4038	3611	3212	2947	2592	2358
„ „ 23.	4229	4031	3604	3206	2941	2586	2352
„ „ 13.	4226	4028	3601	3203	2938	2584	2351

Legt man 1,000276 als Brechungsverhältniss der Luft zum Grunde, so erhält man für den leeren Raum, indem man die vorstehenden Werthe mit 1,000276 multiplicirt:

$l_1 = 6880$, $l_2 = 6566$, $l_3 = 5889$, $l_4 = 5261$, $l_5 = 4844$, $l_6 = 4292$, $l_7 = 3929$.

Nimmt man ferner mit Roemer und Cassini die Fortpflanzungsgeschwindigkeit ω des Lichts im leeren Raum gleich 310177500 Meter, so liefert die Gleichung

$$T = \frac{1}{\omega}$$

für die Undulationsdauer der Strahlen B, C, D, E, F, G, H in Trillionteln, die Zeitsecunde als Einheit genommen, beziehlich

2218, 2117, 1899, 1696, 1562, 1384, 1267;

und hieraus findet sich mittelst der Gleichung

$$s = \frac{2\pi}{T}$$

für den billionten Theil von s beziehlich:

2833, 2968, 3309, 3704, 4023, 4541, 4960.

Berechnung der Brechungsverhältnisse mit Hülfe der Wellenlängen.

Aus der Gleichung (49) erhält man, wenn man $\varkappa$ auf die Luft und $\varkappa'$ auf ein beliebiges anderes Mittel bezieht,

$$\varkappa'^2 + w^2\varkappa^2 + b_1 s^2 + b_2 s^1 + b_3 s^6 + \text{etc.}$$

also

$$w^2 + b_1\omega^2 + b_2\omega^2 s^2 + b_3\omega^2 s^4 + \ldots$$

oder abkürzend,

$$w^2 = g + h s^2 + i s^4 + \ldots$$

Will man hieraus die Brechungsverhältnisse (w) berechnen, so muss man die Werthe von g, h, i für jeden Fall zu bestimmen wissen, und für s die aus den Wellenlängen abgeleiteten Werthe setzen. Die obigen, von Fraunhofer bestimmten Wellenlängen sind aber nicht in demselben Grade, wie seine Brechungsverhältnisse genau, vielmehr lehrt die weitere Untersuchung, dass die Beobachtungsfehler bei denselben sich mit dem dritten Gliede der Reihe (49) vergleichen lassen, so dass die Bestimmungsformel sich auf

$$58)\quad w_c^2 = g + h s_c^2 + i s_c^4$$

reducirt. Die Werthe von g, h, i ergeben sich aus der Vergleichung mit der jetzt gleichfalls nur auf drei Glieder beschränkten Gleichung (56),

$$59)\quad W_c = U + A_1\beta_c + A_2\gamma_c,$$

und zwar findet sich auf diesem Wege

$$g = U + 0{,}40503\,A_1 - 1{,}2677\,A_2$$
$$h = -\,0{,}025988\,A_1 + 0{,}18623\,A_2$$
$$i = -\,0{,}0000921\,A_1 - 0{,}0059056\,A_2,$$

während man hat:

$c =$	1	2	3	4	5	6	7
s_c^2	8,0233	8,8093	10,9508	13,7220	16,1862	20,6208	24,6053
s_c^4	64,374	77,604	119,923	188,294	261,992	425,218	605,423

Berechnung der Wellenlängen.

Aus den Gleichungen (58 und 59) lässt sich der Werth von s_c^2 in folgender Form ableiten:

$$s_c^2 = B + B_1\beta_c + B^2\gamma_c.$$

und hieraus, mittelst der Gleichung

$$s^2 = \left(\frac{2\pi\omega}{l}\right)^2$$

eine Gleichung zur Bestimmung der Wellenlängen, welche die Form

$$\frac{1}{l^2} = C + C_1\beta_c + C_2\gamma_c$$

hat. Behandelt man dieselbe eben so wie die Gleichung (56) zur Darstellung der Interpolationsgleichungen (57), so ergiebt sich

$$\frac{1}{l_2^2} = 0{,}65735\,\frac{1}{l_1^2} + 0{,}36384\,\frac{1}{l_3^2} - 0{,}02119\,\frac{1}{l_6^2}$$

$$\frac{1}{l_4^2} = -\,0{,}44208\,\frac{1}{l_1^2} + 1{,}29516\,\frac{1}{l_3^2} + 0{,}14692\,\frac{1}{l_6}$$

$$\frac{1}{l_5^2} = -\,0{,}55325\,\frac{1}{l_1} + 1{,}19070\,\frac{1}{l_3^2} + 0{,}36255\,\frac{1}{l_6^2}$$

$$\frac{1}{l_7^2} = 1{,}09480\,\frac{1}{l_1^2} - 1{,}83757\,\frac{1}{l_3} + 1{,}74277\,\frac{1}{l_6^2},$$

zur Bestimmung von l_2, l_4, l_5, l_7, wenn l_1, l_3, l_6 gegeben sind.

Bedingungen des Ausbleibens der Dispersion.

Aus den Formeln für die Fortpflanzungsgeschwindigkeit lassen sich Gesetze für die anziehenden oder abstossenden Kräfte der Aetheriheilchen ableiten, welche, wenn sie befolgt werden, die

Dispersion aufheben und daher geeignet sind, eine Vorstellung von dem Verhalten des Aethers im leeren Raum und in den Gasarten zu geben.

Soll nämlich keine Dispersion stattfinden, so müssen die Fortpflanzungsgeschwindigkeiten (und somit die Brechungsverhältnisse) von der Wellenlänge unabhängig seyn; es muss also wegen

$$\omega T = 1 \quad \text{und} \quad s = \varkappa \omega$$

die Undulationsdauer T proportional der Wellenlänge l, und mithin auch s proportional $\varkappa$ sein.

Die Gleichung (48), welche die allgemeine Beziehung der Grössen s und $\varkappa$ für einfach brechende Mittel angiebt, lässt sich vermöge der Bedingungen der einfachen Brechung, auf folgende Form bringen:

$$s^2 = S \left\{ \frac{m}{\varkappa^2 r^2} \frac{d\left(\left(\cos \varkappa r - \frac{\sin \varkappa r}{\varkappa r} + \frac{1}{3} \varkappa^2 r^2\right) f(r)\right)}{dr} \right\}$$

Diese Gleichung wird noch einfacher, wenn man statt der Summation Integrationen einführt. Ist nämlich p der Winkel zwischen dem Radius Vector und einer festen Axe, und q der Winkel zwischen einer durch diese Axe gehenden festen Ebene und der beweglichen Ebene, welche durch dieselbe Axe und den Radius Vector geht, so lässt sich, wenn Δ die Dichtigkeit des Aethers in dem Orte des Moleküls μ bedeutet, die letzte Gleichung schreiben:

$$s^2 = S\,[m\,F(r)] = \int_{r_0}^{r\infty}\int_0^{2\pi}\int_0^{\pi} \Delta\, r^2\, F(r) \sin p\; dp\; dq\; dr,$$

wenn man sich unter r_0 und r_∞ zwei Werthe von r denkt, von denen der erste die kleinste Distanz benachbarter Moleküle, der zweite unendlich gross ist, oder wenigstens die grösste Distanz vorstellt, in welcher noch eine merkliche gegenseitige Einwirkung stattfindet, so dass F (r∞) als verschwindend gedacht werden kann.

Da

$$\int_0^{\pi} \sin p\; dp = 2, \quad \int_0^{2\pi} dq = 2\pi$$

ist, so wird aus der letzten Gleichung, wenn man die Dichte des Aethers als constant voraussetzt,

$$s^2 = 4\pi\Delta \int_{r_0}^{r\infty} r^2\, F(x)\, dr$$

$$= 4\pi\Delta \int_{r_0}^{r\infty} \frac{d\left(\frac{1}{\varkappa^2}\left(\cos \varkappa r - \frac{\sin \varkappa r}{\varkappa r} + \frac{1}{3}\varkappa^2 r^2\right) f(r)\right)}{dr}\, dr$$

Insofern endlich das Product

$$\frac{1}{\varkappa^2}\left(\cos \varkappa r - \frac{\sin \varkappa r}{\varkappa r} + \tfrac{1}{3}\varkappa^2 r^2\right)$$

für sehr grosse Werthe von r nahe gleich $\frac{1}{3} r^2$ ist, und für sehr kleine Werthe von r die demselben gleiche Reihe

$$\tfrac{1}{5}\frac{\varkappa^2 r^4}{1.2.3} - \tfrac{1}{7}\frac{\varkappa^4 r^6}{1.2.3.4.5} + \text{etc.}$$

nahe dem ersten Gliede gleich ist, so lässt sich ohne erheblichen Fehler

$$s^2 = \frac{4\pi\Delta}{3}\left[r^3 \infty\, f(r\infty) - \tfrac{1}{10}\varkappa^2 r_0^{\,4} f(r_0)\right]$$

annehmen. Nun erhält s^2 einen endlichen positiven Werth 1) wenn $r^3 f(r)$ sich für ein unendlich grosses r auf eine positive endliche Constante reducirt, 2) wenn $r^4 f(r)$ für ein unendlich kleines r eine negative endliche Constante wird.

Das erste tritt z. B. ein, wenn

$$60)\quad f(r) = \frac{G}{r^3}$$

und G eine positive Constante, das zweite, wenn z. B.

$$61)\quad f(r) = -\frac{H}{r^4}$$

und H eine positive Constante ist. Im ersten Fall wird

$$s^2 = \frac{4\pi}{3}\Delta G,$$

also unabhängig von $\varkappa$; im zweiten Fall wird

$$s^2 = \frac{4\pi}{30}\Delta H \varkappa^2,$$

also proportional $\varkappa^2$. Es wird daher s unabhängig von $\varkappa$, wenn die Moleküle sich mit einer Kraft anziehen, welche der Entfernung umgekehrt proportional ist, und es stehen s und $\varkappa$ in demselben Verhältniss, wenn die Moleküle sich mit einer Kraft abstossen, welche der vierten Potenz der Entfernung umgekehrt proportional ist.

Statt der Bedingung (60) kann man auch allgemein

$$f(r) = \frac{\varphi(r)}{r^3}$$

nehmen, wenn $\varphi(r)$ eine Function ist, welche sich für $r = \infty$ auf G reducirt, ohne für $r = 0$ unendlich zu werden; und statt der Bedingung (61) lässt sich

$$f(r) = \frac{\varphi(r)}{r^4}$$

nehmen, wenn $\varphi(r)$ sich für $r = 0$ auf H reducirt, und für $r = \infty$ nicht unendlich wird; also wenn man z. B.

$$\varphi(r) = H e^{-ar} \text{ oder } \varphi(r) = H e^{-ar} \cos b r, \text{ etc.}$$

mithin

$$f(r) = -\frac{H e^{-ar}}{r^2} \text{ oder } f(r) = -\frac{H e^{-ar} \cos b r}{r^2}$$

annimmt, unter a u. b reelle Constanten, und zwar unter a eine positive verstanden.

Aus (62) folgt

$$\omega^2 = \frac{4\pi}{30} \Delta H,$$

so dass die Fortpflanzungsgeschwindigkeit von der Wellenlänge unabhängig wird, und mithin keine Dispersion stattfindet, wenn sich die Aethertheilchen abstossen, und zwar im umgekehrten Verhältniss der vierten Potenz der Entfernung.

Zugleich folgt aus der letzten Gleichung, dass sich in den nicht zerstreuenden Mitteln die Brechungsverhältnisse umgekehrt wie die Quadratwurzeln aus der Dichte des Aethers verhalten.

Von der Reflexion und Refraction.

In dem *Memoire sur la dispersion* p. 55. hat Cauchy die Ausdrücke für die Verschiebungen ξ, η, ζ in einfach brechenden Mitteln auf die Form

$$63) \left\{ \begin{aligned} \xi &= \sin\tau\,(G \cos\upsilon + H \sin\upsilon) \\ \eta &= -\cos\tau\,(G \cos\upsilon + H \sin\upsilon) \\ \zeta &= J \cos\upsilon + K \sin\upsilon \end{aligned} \right.$$

gebracht, wo υ der Kürze wegen für $\varkappa\,(x \cos\tau + y \sin\tau) - st$ steht, τ den Winkel zwischen der in der Ebene xy gedachten Normale des Wellensystems und der Axe der x bedeutet, und die Axe der z der Wellenebene parallel vorausgesetzt ist.

Ist die Ebene yz die Trennungsfläche zweier Mittel, und gehören ξ, η, ζ dem einfallenden Wellensysteme an, so dass τ der Einfallswinkel ist, so unterscheiden sich die Ausdrücke für die Verschiebungen in dem reflectirten und gebrochenen Wellensystem von denen in (63) nur durch die Werthe von τ, s, G, H, J, K.

Mit Hülfe des Princips, dass die Verschiebungen in den beiden Systemen des ersten Mittels denen des dritten Systems im zweiten Mittel an der Trennungsfläche während der Bewegung gleich bleiben, und in dieser Trennungsfläche nicht die Verschiebungen des einen Mittels durch die des anderen eine Veränderung erleiden, hat Cauchy in dem erwähnten Memoire p. 56. aus den obigen Gleichungen das Cartesische Brechungsgesetz, so wie die Wahrheit abgeleitet, dass die Brechung die Farbe des homogenen Lichtes nicht ändert. Ebendiese Gesetze, so wie das Reflexionsgesetz, das Brewstersche Gesetz über den Polarisationswinkel und die Relationen zwischen den Vibrationsintensitäten der einfallenden, reflectirten und gebrochenen Wellensysteme hatte er schon früher (Bulletin des sciences T. XIV. p. 6.) nach denselben Grundsätzen, mit Hinzuziehung des Princips, „dass der Druck in Bezug auf die Trennungsfläche für beide Mittel derselbe sei“, unter der Voraussetzung hergeleitet, dass in beiden Mitteln der Aether dieselbe Dichtigkeit habe.

Auf ebendiese Resultate kam Cauchy späterhin, wie er in einem Briefe an Libri (Pogg. 39. p. 51.) angiebt, auf einem neuen Wege, ohne die Gleichheit der Dichtigkeit vorauszusetzen.

In einem Briefe an Ampère (Pogg. 39. p. 36.) führt er ferner an, dass er dadurch zu einer Theorie der Absorption gekommen sei, dass er von den Formeln (4) ausging, indem alsdann die cubische Gleichung, welche s^2 bestimmt, Wurzeln liefere, die, in Reihen entwickelt, ungerade Potenzen von $\varkappa$, multiplicirt mit $\sqrt{-1}$ enthalten, wodurch $\varkappa$ zum Theil für ein gegebenes s^2 imaginär werde. Die Einführung von negativen Exponentialgrössen zeige, dass es Fälle giebt, in denen die Verschiebungen in mehr oder weniger bedeutenden Entfernungen von der Oberfläche des brechenden Mittels unmerklich werden, so dass dasselbe, wenn dieser Abstand mit den Wellenlängen vergleichbar sei, undurchsichtig werde. Da die betreffenden Functionen $\varkappa$ enthielten, so erkläre sich zugleich die theilweise Absorption, namentlich die Erscheinungen im Turmalin. Ferner seien die Formeln auch geeignet, die Gesetze der circularen Polarisation im Bergkrystall, Terpenthinöl etc. zu liefern, und es ginge aus ihnen zugleich hervor, dass die Bahn der Aethertheilchen im Allgemeinen elliptisch sei, und nur in besonderen Fällen linear werde, und dass die Polarisation längs der optischen Axe des Bergkrystalls nicht vollkommen kreisförmig, sondern schwach elliptisch sei.

In Bezug auf die Totalreflexion fand er (Pogg. Ann. 39. p. 40.), dass die Intensität im zweiten Mittel, in einem Abstande x von der Trennungsfläche, proportional $e^{-a\varkappa' x}$ sei, wenn $\varkappa'$ den Werth $\frac{2\pi}{l}$ für das zweite Mittel bedeute, $a = \sqrt{b^2 - 1}$, $b = w \sin \tau$ und $\frac{1}{w}$ das Brechungsverhältniss sei, und wo also b die Stelle des Refractionssinus vertritt. Ist der Einfallswinkel τ grösser als der Winkel der totalen Reflexion, so schiebt die Reflexion die reflectirten Wellen um eine gewisse Strecke vorwärts, der einfallende Strahl mag nach der Reflexionsebene oder senkrecht auf dieselbe polarisirt sein, und zwar erreicht diese Verschiebung eine halbe Wellenlänge, wenn $\tau = 90°$ wird.

Für jeden anderen Winkel sind die Verschiebungen verschieden, und zwar ist, wenn $\frac{\mu}{\varkappa}$ die vorgeschobene Strecke des senkrecht gegen die Einfallsebene, $\frac{\nu}{\varkappa}$ die Strecke des nach diesen Ebenen polarisirten Strahls bedeutet,

$$64)\quad \operatorname{tang} \tfrac{1}{2}\mu = w \frac{a}{\cos \tau}, \quad \operatorname{tang} \tfrac{1}{2}\nu = \frac{1}{w}\,\frac{a}{\cos \tau}.$$

Eliminirt man aus diesen Gleichungen a und b, so erhält man die von Fresnel hypothetisch aufgestellte Formel für den Unterschied beider Strecken, nämlich

$$\cos(\mu - \nu) = \frac{2\,w^2 \sin^4 \tau - (w^2 + 1)\sin^2 \tau + 1}{(w^2 + 1)\sin^2 \tau - 1}.$$

Aus den Formeln (64) ergiebt sich eine sehr einfache Form für die Gleichungen, welche den grössten Phasenunterschied und den zugehörigen Einfallswinkel bestimmen.

Aus (64) nämlich folgt

$$\operatorname{tang} \tfrac{1}{2}\mu = w^2 \operatorname{tang} \tfrac{1}{2}\nu,$$

oder, wenn man $w = \cot \omega$ setzt,

$$\sin \tfrac{1}{2}(\mu - \nu) = \cos 2\omega \sin \tfrac{1}{2}(\mu + \nu).$$

Es erreicht daher $\mu - \nu$ seinen grössten Werth, wenn $\mu + \nu =$ ist, für welchen Fall

$$\sin \tfrac{1}{2}(\mu - \nu) = \cos 2\omega,$$

also

$$65)\quad \mu - \nu = \pi - 4\,\omega$$

wird. Da ferner aus (64) sich

$$\cos^2 \tau = \frac{\sin \frac{1}{2} (\mu - \nu) \cos \frac{1}{2} \nu}{\sin \frac{1}{2} \mu}$$

ableiten lässt, so hat man für den zugehörigen Einfallswinkel τ

$$\cos^2 \tau = \cos 2\,\omega.$$

Ist das Maximum des Phasenunterschiedes gegeben, so führt (65) auf den Werth des erforderlichen Brechungsverhältnisses, nämlich auf $w = \cot \frac{1}{4} [\pi - (\mu - \nu)]$.

Sollte z. B. $\mu - \nu = \frac{1}{2} \pi$ sein, das reflectirte Licht also unter dem Maximumwinkel circularpolarisirt werden, so müsste

$$w = \cot \tfrac{1}{8} \pi = 2{,}4142$$

sein.

Aus $\mu + \nu = \pi$ geht übrigens hervor, dass der Phasenunterschied nie eine halbe Undulation erreichen kann.

Wird ein Strahl mehrere Male in derselben Ebene total reflectirt, und bedeuten μ', ν'; μ'', ν'' . . . die Werthe von μ und ν für die zweite, dritte . . . Reflexion, so ist der Gangunterschied nach der letzten Reflexion

$$\frac{\mu + \mu' + \mu'' \ldots - (\nu + \nu' + \nu'' \ldots)}{\pi},$$

und wenn überdies sämmtliche Einfallswinkel gleich sind, nach der nten Reflexion

$$\frac{n\,(\mu - \nu)}{\pi}.$$

Endlich folgert Cauchy aus seiner Analyse, dass μ u. ν sich nicht ändern, wenn das Einfallslicht, statt geradlinig polarisirt zu sein, elliptisch polarisirt ist, so dass, wenn $\mu - \nu$ oder $\mu + \mu' + \mu'' \ldots - (\nu + \nu' + \nu'' \ldots)$ ein Multiplum von π oder Null ist, der reflectirte Strahl mit dem einfallenden ähnlich polarisirt ist.

Neumann's Untersuchungen.

Zu den vornehmsten Arbeiten Neumann's gehören: 1) Die Theorie der doppelten Strahlenbrechung (Pogg. Ann. 25. p. 418), 2) die Abhandlung: Ueber den Einfluss der Krystallflächen bei der Reflexion des Lichtes und über die Intensität des gewöhnlichen und ungewöhnlichen Strahls. (Berlin. 1837.) 3) Die Theorie der elliptischen Polarisation des Lichts, welche durch Reflexion an Metallen erzeugt wird. (Pogg. Ann. 26. p. 89.)

Die erste Abhandlung stimmt in ihren Resultaten im Wesentlichen mit den entsprechenden Cauchy's überein. Neumann schlug dabei denselben Weg ein, welchen Navier (Mem. de l'Acad. 1824) genommen hatte, um die Gesetze der kleinen Bewegungen zu finden, die in festen elastischen Mitteln, durch Vermittlung anziehender und abstossender Kräfte nach einer Gleichgewichtsstörung erfolgen; indem er nur Behufs der Anwendung auf krystallinische Medien, die Form der Function, welche die gegenseitige Einwirkung der Aethertheilchen ausdrückt, von theoretischen Betrachtungen geleitet, modificirte. In Folge seiner Untersuchungen hielt er sich, wie anfänglich Cauchy, für genöthigt, anzunehmen, dass die Schwingungen in der Polarisationsebene geschähen.

Eine bedeutende Lücke wurde dagegen ausgefüllt durch die zweite Abhandlung, deren Gegenstand die

Gesetze der Reflexion und Refraction für vollkommen durchsichtige Mittel

sind. Der näheren Angabe des Inhalts derselben mögen einige, zum Theil schon früher bekannte Formeln vorausgeschickt werden, welche die Lage der ebenen reflectirten und gebrochenen Wellen, so wie die Lage der gewöhnlichen und ungewöhnlichen Strahlen bestimmen, und welche zur Entwickelung der gegenständlichen Resultate benutzt worden sind.

I. Formeln für einaxige Krystalle

a) beim Uebergang des Lichts aus einem unkrystallinischen Mittel in ein krystallinisches.

Wenn φ den Einfallswinkel,

φ' den Brechungswinkel des gewöhnlich gebrochenen,

φ'' den Brechungswinkel des ungewöhnlich gebrochenen Wellensystems,

μ die Fortpflanzungsgeschwindigkeit des gewöhnlichen Wellensystems,

μ'' die Fortpflanzungsgeschwindigkeit des unter dem Winkel φ'' gebrochenen Wellensystems,

$\varkappa$ die Fortpflanzungsgeschwindigkeit des, der optischen Axe parallelen, ungewöhnlichen ebenen Wellensystems,

A, B, C; a, b, c; α, β, γ; α', β', γ'; α'', β'', γ'' die Cosinus der Winkel zwischen den Elasticitätsaxen, und beziehlich dem Einfallsloth, der Normale des einfallenden, des reflectirten, des gewöhnlich gebrochenen, des ungewöhnlich gebrochenen Wellensystems*),

ω den Winkel zwischen der Einfallsebene und dem Hauptschnitt (das Azimuth der Einfallsebene)

bedeuten, so ist, wenn die Geschwindigkeit im umgebenden Mittel = 1 ist,

$$\sin \varphi' = \mu \sin \varphi$$
$$\sin \varphi'' = \mu'' \sin \varphi$$
$$\mu''^2 = \varkappa^2 + (\mu^2 - \varkappa^2)\,\gamma''^2,$$

und wenn man, da die Lage der auf der optischen Axe senkrechten Elasticitätsaxen beliebig ist, B = 0 nimmt,

$$a = A \cos \varphi - C \sin \varphi \cos \omega$$
$$b = \sin \varphi \sin \omega$$
$$c = C \cos \varphi + A \sin \varphi \cos \omega.$$

Die Werthe für α, β, γ; α', β', γ'; α'', β'', γ'' erhält man aus den vorstehenden Gleichungen, wenn man φ beziehlich mit $-\varphi$; φ', φ'' vertauscht.

b) Beim Austritt aus dem Krystall in ein unkrystallinisches Mittel.

Für den Fall, dass das einfallende Wellensystem ein gewöhnliches ist, bezeichne ψ' den Einfallswinkel, $\xi_{,}'$ den Reflexionswinkel des gewöhnlich reflectirten, $\xi_{,}''$ den des ungewöhnlich reflectirten Wellensystems, und ι' den Brechungswinkel des austretenden Strahls. Für den Fall, dass das einfallende Wellensystem ein ungewöhnliches ist, bezeichne ψ'' den Einfallswinkel und $\xi_{,,}'$, $\xi_{,,}''$, ι'' beziehlich, was eben durch $\xi_{,}'$, $\xi_{,}''$, ι' vorgestellt wurde. Endlich mögen a', b', c'; α', β', γ'; $\alpha_{,}'$, $\beta_{,}'$, $\gamma_{,}'$; $\alpha_{,}''$, $\beta_{,}''$, $\gamma_{,}''$; a'', b'', c''; α'', β'', γ''; $\alpha_{,,}'$, $\beta_{,,}'$, $\gamma_{,,}'$; $\alpha_{,,}''$, $\beta_{,,}''$, $\gamma_{,,}''$ die Winkel zwischen den Elasticitätsaxen und respective den Normalen der zu ι', ψ', $\xi_{,}'$, $\xi_{,}''$,

---

*) Die Cosinus C, c, γ, γ', γ'' beziehen sich auf die mit der optischen Axe zusammenfallenden Elasticitätsaxen.

ι'', ψ'', $\xi_{,}'$, $\xi_{,}''$ gehörenden Wellensysteme vorstellen, die letzten Winkel immer auf die optische Axe bezogen; und A, C mögen die vorhin gebrauchte Bedeutung haben. Es ist alsdann

$$\sin^2 \iota' = \frac{\sin^2 \psi'}{\mu^2} = \frac{\sin^2 \xi_{,}'}{\mu^2} = \frac{\sin^2 \xi_{,}''}{\pi^2 - (\pi^2 - \mu^2)\, \gamma_{,}''^2},$$

$$\sin^2 \iota'' = \frac{\sin^2 \psi''}{\pi^2 - (\pi^2 - \mu^2)\, \gamma''^2} = \frac{\sin^2 \xi_{,,}'}{\mu^2} = \frac{\sin^2 \xi_{,,}''}{\pi^2 - (\pi^2 - \mu^2)\gamma_{,,}''^2}$$

$$a' = A \cos \iota' - C \cos \iota' \cos \omega'$$

$$b' = \sin \iota' \sin \omega'$$

$$c' = C \cos \iota' + A \sin \iota' \cos \omega'.$$

Aus den letzten Gleichungen findet man auch a'', b'', c''; α', β', γ'; α'', β'', γ''; $\alpha_{,}'$ . . .; $\alpha_{,,}'$ . . .; $\alpha_{,,}''$ . . ., wenn man ι' beziehlich vertauscht mit ι'', ψ', ψ'', $-\xi_{,}'$, $-\xi_{,}''$, $-\xi_{,,}'$, $-\xi_{,,}''$. Für $\xi_{,}''$ ist die negative Wurzel aus der bestimmenden quadratischen Gleichung zu nehmen; die positive Wurzel gehört demjenigen ungewöhnlichen Wellensysteme an, welches unter dem Winkel ι' austreten würde. Aehnlich verhält es sich mit $\xi_{,,}''$.

II. Formeln für zweiaxige Krystalle.

a) Beim Eintritt aus einem unkrystallinischen Mittel in den Krystall.

φ bezeichne den Einfallswinkel,

φ' den Brechungswinkel des gewöhnlich gebrochenen ebenen Wellensystems,

φ'' den Brechungswinkel des ungewöhnlich gebrochenen ebenen Wellensystems,

o sei die Geschwindigkeit des gewöhnlichen ebenen Wellensystems,

e die Geschwindigkeit des ungewöhnlichen ebenen Wellensystems,

u und u' seien die Winkel zwischen den optischen Axen*) und der Normale des gewöhnlichen ebenen Wellensystems, (und zwar so, dass u > u'),

*) Unter den optischen Axen sind hier, wie in der Folge, die Normalen der Kreisschnitte der Elasticitätsfläche zu verstehen, welche Neumann die wahren optischen Axen nennt, zum Unterschied von denjenigen, welche mit den Normalen der Kreisschnitte des Fresnelschen Ellipsoids zusammenfallen.

v und v' seien die Winkel zwischen den optischen Axen und der Normale des ungewöhnlichen ebenen Wellensystems,

2j sei der Winkel zwischen den Ebenen, welche durch die Normale des gewöhnlichen Wellensystems und die optischen Axen gehen,

2k derselbe Winkel in Bezug auf die Normale des ungewöhnlichen Wellensystems,

2n der Winkel zwischen den optischen Axen,

$\varkappa$, ν, μ seien die Geschwindigkeiten der auf den Elasticitätsaxen senkrechten Wellenebenen, und zwar $\varkappa$ die grösste und μ die kleinste,

q' oder q'' sei der Winkel zwischen dem gebrochenen Strahl und der Normale des zugehörigen ebenen Wellensystems, je nachdem der Strahl ein gewöhnlicher oder ungewöhnlicher ist,

ψ' oder ψ'' sei der Winkel zwischen der Einfallsebene und derjenigen Ebene, welche durch den gebrochenen Strahl und seine Normale geht, je nachdem dieser Strahl ein gewöhnlicher oder ungewöhnlicher ist,

A, B, C seien die Winkel zwischen dem Einfallsloth und der μ, ν und $\varkappa$ Axe,

α', β', γ' oder α'', β'', γ'' seien die Cosinus der Winkel zwischen der Normale des gebrochenen ebenen Wellensystems und der μ, ν und $\varkappa$ Axe, je nachdem solches ein gewöhnliches oder ein ungewöhnliches ist.

Es ist alsdann

$$o^2 = \frac{\varkappa^2 + \mu^2}{2} + \frac{\varkappa^2 - \mu^2}{2} \cos(u - u')$$

$$e^2 = \frac{\varkappa^2 + \mu^2}{2} + \frac{\varkappa^2 - \mu^2}{2} \cos(v + v')$$

$$\frac{\sin^2\varphi'}{o^2} = \frac{\sin^2\varphi''}{e^2} = \sin^2\varphi$$

$$\cos^2 n = \frac{\varkappa^2 - \nu^2}{\varkappa^2 - \mu^2}, \quad \sin^2 n = \frac{\nu^2 - \mu^2}{\varkappa^2 - \mu^2}$$

$$\operatorname{tang} q' = \frac{1}{Oo^2}, \quad \operatorname{tang} q'' = \frac{1}{Ee^2}$$

$$\frac{1}{O} = \pm \frac{\varkappa^2 - \mu^2}{2} \sin(u - u') \sin j$$

$$\frac{1}{E} = \pm \frac{\pi^2 - \mu^2}{2} \sin (v + v') \cos k$$

$$\cos\psi' = -\frac{1}{O \sin\varphi'}\left(\frac{A\alpha'}{o^2 - \mu^2} + \frac{B\beta'}{o^2 - \nu^2} + \frac{C\gamma'}{o^2 - \pi^2}\right)$$

$$\cos\psi'' = -\frac{1}{E \sin\varphi''}\left(\frac{A\alpha''}{e^2 - \mu^2} + \frac{B\beta''}{e^2 - \nu^2} + \frac{C\gamma''}{e^4 - \pi^2}\right)$$

b) Beim Austritt aus einem Krystall in ein unkrystallinisches Mittel.

Wenn m für $\frac{\pi^2 + \mu^2}{2}$, m' für $\frac{\pi^2 - \mu^2}{2}$ geschrieben, und ι', ι'', ψ', ψ'', $\xi_{,}'$, $\xi_{,}''$. $\xi_{,,}'$, $\xi_{,,}''$ in dem oben festgestellten Sinne gebraucht werden; wenn ferner u, u'; $u_{,}$, $u_{,}'$; $v_{,}$, $v_{,}'$; v, v'; $u_{,,}$, $u_{,,}'$; $v_{,,}$, $v_{,,}'$ beziehlich in Bezug auf ψ', $\xi_{,}'$, $\xi_{,}''$, ψ'', $\xi_{,,}'$, $\xi_{,,}''$ sind, was vorher u, u'; v, v' in Bezug auf φ' und φ'' waren, so ist

$$\text{a)} \left\{ \begin{array}{l} \sin^2\psi' = [m - m' \cos (u - u')] \sin^2\iota' \\ \sin^2\xi_{,}' = [m - m' \cos (u_{,} - u_{,}')] \sin^2\iota' \\ \sin^2\xi_{,}'' = [m - m' \cos (v_{,} + v_{,}')] \sin^2\iota' \end{array} \right.$$

$$\text{b)} \left\{ \begin{array}{l} \sin^2\psi'' = [m - m' \cos (v + v')] \sin^2\iota'' \\ \sin^2\xi_{,,}' = [m - m' \cos (u_{,,} - u_{,,}')] \sin^2\iota'' \\ \sin^2\xi_{,,}'' = [m - m' \cos (v_{,,} + v_{,,}')] \sin^2\iota'' \end{array} \right.$$

Die Werthe für die verschiedenen u und v ergeben sich aus den folgenden Relationen.

Es seien y' und y'' die Neigungen der Schwingungsrichtungen gegen die Einfallsebene in den zu ψ' und ψ'' gehörenden Systemen, und zwar so gerechnet, dass y' — 90 und y'' — 90 die Azimuthe der zugehörenden Strahlen sind. Die Winkel y' — 90 und y'' — 90 sind hierbei positiv zu denken, und gleich Null, wenn die Strahlen, während sie in der Einfallsebene liegen, einen grössern Winkel mit dem Einfallsloth bilden, als die Normale ihrer Wellenebene; gleich 180° dagegen im entgegengesetzten Fall. Ferner seien $z_{,}'$, $z_{,}''$, $z_{,,}'$, $z_{,,}''$ die Azimuthe der Schwingungsrichtungen in den Systemen $\xi_{,}'$, $\xi_{,}''$, $\xi_{,,}'$, $\xi_{,,}''$, und zwar so gerechnet, dass sie mit y' und y'' zusammenfallen, wenn ι' und $\iota'' = 0$ sind. Ueberdies seien 2i, 2k; 2i', 2k'; 2i'', 2k'' für die Systeme ψ'. ψ'', $\xi_{,}'$, $\xi_{,}''$, $\xi_{,,}'$, $\xi_{,,}''$, was oben für die Systeme φ' und φ'' durch 2j und 2k bezeichnet wurde. Endlich seien U und U' die Winkel zwischen dem Einfallsloth und den optischen Axen, 2J der Winkel zwischen den beiden Ebenen, die durch das Einfallsloth und die optischen

Axen gehen, und X das Azimuth der Einfallsebene in Bezug auf die Halbirungsebene des Winkels 2J, so dass für $\psi' = 0$, $X = y$ wird. Alsdann lässt sich u, u', y', i als Function von U, U', X, ψ darstellen, mittelst der Gleichungen:

$$\begin{aligned}
\cos u &= \cos U \cos\psi' + \sin U \sin\psi' \cos(X+J)\\
\cos u' &= \cos U' \cos\psi' + \sin U' \sin\psi' \cos(X-J)\\
-\sin u \cos(y'+i) &= \cos U \sin\psi' - \sin U \cos\psi' \cos(X+J)\\
-\sin u' \cos(y'-i) &= \cos U' \sin\psi' - \sin U' \cos\psi' \cos(X-J)\\
\sin u \sin(y'+i) &= \sin U \sin(X+J)\\
\sin u' \sin(y'-i) &= \sin U' \sin(X-J)\\
\cos v &= \cos U \cos\psi'' + \sin U \sin\psi'' \cos(X+J)\\
\cos v' &= \cos U' \cos\psi'' + \sin U' \sin\psi'' \cos(X-J)\\
\sin v \sin(y''-k) &= \cos U \sin\psi'' - \sin U \cos\psi'' \cos(X+J)\\
\sin v' \sin(y''-k) &= \cos U' \sin\psi'' - \sin U' \cos\psi'' \cos(X+J)\\
-\sin v \sin(y''-k) &= \sin U \sin(X+J)\\
-\sin v' \sin(y''+k) &= \sin U' \sin(X-J)\\
\cos 2n &= \cos U \cos U' + \sin U \sin U' \cos 2J\ ^{*)}.
\end{aligned}$$

Diese Gleichungen gehen in die zur Elimination von $u_{,}$, $u_{,}'$, $v_{,}$, $v_{,}'$ dienenden über, wenn man diese Grössen beziehlich für u, u', v, v' setzt und ψ', ψ'', y', y'', i, k ersetzt durch $-\xi_{,}'$, $-\xi_{,}''$, $z_{,}'$, $z_{,}''$, i', k'; und diese gehen wiederum in die zur Elimination von $u_{,,}$, $u_{,,}'$, $v_{,,}$, $v_{,,}'$ dienenden über, wenn man die untern Indices verdoppelt.

Die Gleichungen (a) führen, wenn man die Eliminationen vollzieht, zu derselben biquadratischen Gleichung, deren Wurzeln ψ', $\xi_{,}'$, $\xi_{,}''$ und ein vierter Werth sind, welcher die Neigung der zu ι' gehörigen ungewöhnlichen Wellenebene gegen die brechende Ebene vorstellt. Ebenso führen die Gleichungen (b) zu einer und derselben biquadratischen Gleichung, deren Wurzeln ψ'', $\xi_{,,}'$, $\xi_{,,}''$ und die Neigung der zu dem ungewöhnlichen Wellensystem ι'' gehörigen gewöhnlichen Wellennormale gegen das Einfallsloth sind.

---

*) Ebendiese Formeln dienen auch zur Elimination von u, u', v, v' aus den correspondirenden Gleichungen für den Fall des Eintritts des Lichts in den Krystall, wozu nur, um die Bezeichnung der oben gebrauchten anzupassen, ψ' und ψ'' durch φ' und φ'' zu ersetzen sind.

Hypothesen, welche die Basis der zu den folgenden Resultaten führenden Untersuchungen bilden.

Die Voraussetzungen, welche Neumann seinen Untersuchungen zum Grunde legte, sind folgende:

In allen vollkommen durchsichtigen Körpern hat der Aether dieselbe Dichtigkeit, und die verschiedenen Mittel unterscheiden sich optischer Seits nur durch die Elasticität desselben, also gerade umgekehrt, wie es Fresnel annahm.

Die Schwingungen geschehen in der Polarisationsebene. Hierbei unterschied er die Polarisationsebene der Planwellen (durch deren Normale und die Schwingungsrichtung gehend) und die Polarisationsebene der Strahlen (durch die Strahlen und die Schwingungsrichtung gehend.)

Der Aether in einem Mittel ist mit dem jedes angrenzenden Mittels so verbunden, dass in der Trennungsfläche keine Veränderung der Schwingungsbewegung, welche eine Folge des erregten Zustandes im ersten Mittel ist, durch die dadurch angeregte Bewegung im zweiten Mittel eintritt; so dass die Summe der Verschiebungen, welche die Grenztheilchen in Folge der Bewegungen in dem einfallenden und reflectirten Wellensystem erleiden, genau denen gleich sind und bleiben, welche sie durch die Wellenbewegung im zweiten Mittel erfahren. Da demzufolge die nach jeden drei auf einander Senkrechten zerlegten Bewegungen in beiden Mitteln gleich sind, so möge das gedachte Princip: das Princip der Gleichheit der Componenten heissen.

Die lebendige Kraft in der einfallenden Wellenebene ist bei vollkommener Durchsichtigkeit der Mittel gleich der Summe der lebendigen Kräfte in den reflectirten und gebrochenen Wellensystemen. Dieses Princip möge das Princip der lebendigen Kräfte heissen.

Einfach brechende Mittel.

Intensität der reflectirten und gebrochenen Strahlen.

Die hierher gehörigen Resultate sind nur eine Reproduction der bewährten Fresnelschen, aber aus den veränderten Principien entwickelt. Sind S, R_s, D_s die nach der Einfallsebene zerlegten

Bewegungen im einfallenden, reflectirten und gebrochenen Wellensystem, und P, R_p, D_p die senkrecht gegen die Einfallsebene zerlegten Bewegungen in denselben Wellensystemen, so sind die aus dem Princip der Gleichheit der Componenten abgeleiteten Gleichungen, wenn die Zerlegungen nach dem Perpendikel auf der Einfallsebene, nach dem Einfallsloth, und nach einer der brechenden Fläche parallelen Richtung geschehen, und wenn φ den Einfallswinkel und φ' den Brechungswinkel bedeutet:

$$R + R_p = D_p$$

$$S \cos\varphi - R_s \cos\varphi = D_s \cos\varphi'$$

$$S \sin\varphi + R_s \sin\varphi = D_s \sin\varphi'$$

Da ferner die Intensitäten (die lebendigen Kräfte), wenn sie im Einfallslichte P^2 u. S^2 sind, — im reflectirten Lichte R_p^2 u. R^{s2}, im gebrochenen Lichte

$$D_p^2 \frac{\sin\varphi' \cos\varphi'}{\sin\varphi \cos\varphi} = T_p^2 \text{ und } D_s^2 \frac{\sin\varphi' \cos\varphi'}{\sin\varphi \cos\varphi} = T_s^2$$

werden, so sind die Gleichungnn, welche aus dem Princip der lebendigen Kräfte entspringen,

$$P^2 = R_p^2 + D_p^2 \frac{\sin\varphi' \cos\varphi'}{\sin\varphi \cos\varphi},$$

$$S^2 = R_s^2 + D_s^2 \frac{\sin\varphi' \cos\varphi'}{\sin\varphi \cos\varphi},$$

von denen die letzte jedoch schon aus den vorigen Gleichungen abgeleitet werden kann. Hieraus ergiebt sich für die Intensitäten:

$$R_p^2 = P^2 \frac{\tang^2 (\varphi - \varphi')}{\tang^2 (\varphi + \varphi')}$$

$$T_p^2 = P^2 \frac{\sin^2 (\varphi - \varphi')}{\sin^2 (\varphi + \varphi')}$$

$$T_p^2 = P^2 \frac{\sin 2\varphi \sin 2\varphi'}{\sin^2 (\varphi + \varphi') \cos^2 (\varphi - \varphi')}$$

$$T_s^2 = S^2 \frac{\sin 2\varphi \sin 2\varphi'}{\sin^2 (\varphi + \varphi')}$$

mithin für die Tangenten des Azimuths der Polarisationsebene des reflectirten und gebrochenen Systems:

$$\frac{R_p}{R_s} = \frac{\cos (\varphi + \varphi')}{\cos (\varphi - \varphi')} \frac{P}{S}$$

$$\frac{D_p}{D_s} = \frac{1}{\cos (\varphi - \varphi')} \frac{P}{S}.$$

Einaxige Krystalle.

Vibrationsintensität der reflectirten und gebrochenen Wellensysteme.

Werden die oben (I, a) angewendeten Bezeichnungen beibehalten, und haben P, S, R_p, R_s die bei den einfach brechenden Mitteln gebrauchte Bedeutung, während D' und D'' die Bewegungen im gewöhnlichen und ungewöhnlichen System vorstellen, so sind die Gleichungen, welche aus dem Princip der Gleichheit der Componenten folgen,

$$1)\left\{\begin{aligned} P + R_p &= D' \frac{A \sin\omega}{\sqrt{1-\gamma'^2}} + D'' \frac{C \sin\varphi'' - A \cos\omega \cos\varphi''}{\sqrt{1-\gamma''^2}} \\ (S - R_s)\cos\varphi &= - D' \frac{\cos\varphi' (C \sin\varphi' - A \cos\varphi' \cos\omega)}{\sqrt{1-\gamma'^2}} \\ &\quad + D'' \frac{A \cos\varphi'' \sin\omega}{\sqrt{1-\gamma''^2}} \\ (S + R_s)\sin\varphi &= - D' \frac{\sin\varphi' (C \sin\varphi' - A \cos\varphi' \cos\omega)}{\sqrt{1-\gamma'^2}} \\ &\quad + D'' \frac{\sin\varphi'' \sin\omega}{\sqrt{1-\gamma''^2}}, \end{aligned}\right.$$

und die Gleichung, welche aus dem Princip der lebendigen Kräfte folgt:

$$2)\quad (P - R_p)\sin\varphi \cos\varphi = D' \frac{\sin\varphi' \cos\varphi' A \sin\omega}{\sqrt{1-\gamma'^2}} + D'' \frac{(C \cos\varphi'' \sin^2\varphi' - A \sin\varphi'' \cos^2\varphi' \cos\omega)}{\sqrt{1-\gamma''^2}}.$$

Aus den Gleichungen (1 und 2) lassen sich nun folgende Werthe für die Vibrationsintensitäten in den reflectirten und gebrochenen Wellensystemen ziehen:

$$D' = 2 \frac{\sqrt{1-\gamma'^2} \sin\varphi \cos\varphi}{N} \Big(P \sin(\varphi + \varphi'') A \sin\omega - S [C (\sin\varphi'' \sin\varphi \cos\varphi + \cos\varphi'' \sin^2\varphi') - A \cos\omega (\cos\varphi'' \sin\varphi \cos\varphi + \sin\varphi'' \cos^2\varphi')]\Big),$$

$$D'' = 2 \frac{\sqrt{1-\gamma''^2} \sin\varphi \cos\varphi}{N} \Big(P \sin(\varphi+\varphi')(C \sin\varphi' - A \cos\omega \cos\varphi') + S \sin(\varphi + \varphi') \cos(\varphi - \varphi') A \sin\omega\Big),$$

$$R_p = pP + sS,$$
$$R_s = p'P + s'S,$$

wo der Kürze wegen gesetzt ist:

$$N = \sin(\varphi + \varphi')(C \sin\varphi' - A\cos\omega\cos\varphi')$$
$$\times [C(\sin\varphi''\sin\varphi\cos\varphi + \cos\varphi''\sin^2\varphi')$$
$$- A\cos\omega(\cos\varphi''\sin\varphi\cos\varphi + \sin\varphi''\cos^2\varphi')]$$
$$+ A^2\sin^2\omega\sin(\varphi + \varphi')\cos(\varphi - \varphi')\sin(\varphi + \varphi''),$$
$$Np = \sin(\varphi + \varphi')(C\sin\varphi' - A\cos\omega\cos\varphi')$$
$$\times [C(\sin\varphi''\sin\varphi\cos\varphi - \cos\varphi''\sin^2\varphi')$$
$$- A\cos\omega(\cos\varphi''\sin\varphi\cos\varphi - \sin\varphi''\cos^2\varphi')]$$
$$+ A^2\sin^2\omega\sin(\varphi - \varphi')\cos(\varphi + \varphi')\sin(\varphi + \varphi''),$$
$$Ns = -\sin(\varphi - \varphi')(C\sin\varphi' - A\cos\omega\cos\varphi')$$
$$\times [C(\sin\varphi''\sin\varphi\cos\varphi + \cos\varphi''\sin^2\varphi')$$
$$- A\cos\omega(\cos\varphi''\sin\varphi\cos\varphi + \sin\varphi''\cos^2\varphi')]$$
$$- A^2\sin^2\omega\sin(\varphi + \varphi')\cos(\varphi - \varphi')\sin(\varphi - \varphi'').$$
$$Np' = -A\sin\omega(C\sin\varphi' - A\cos\omega\cos\varphi')\sin 2\varphi\sin(\varphi' - \varphi'')$$
$$Ns' = -A\sin\omega(C\sin\varphi' + A\cos\omega\cos\varphi')\sin 2\varphi\sin(\varphi' - \varphi'').$$

Polarisationswinkel; Ablenkung und Drehung der Polarisationsebene.

Die Definitionen, welche sich für den Polarisationswinkel in Bezug auf unkrystallinische Medien geben lassen, nämlich: als denjenigen Einfallswinkel, unter welchem ein senkrecht gegen die Einfallsebene polarisirter Strahl gar keinen reflectirten Strahl liefert, oder: als denjenigen Winkel, unter welchem natürliches Licht reflectirt werden muss, wenn der reflectirte Strahl vollständig und zwar nach der Reflexionsebene polarisirt sein soll — sind nicht mehr allgemein anwendbar. Jede der Definitionen lässt sich indess so verallgemeinern, dass sie die genannten Erklärungen als specielle Fälle in sich schliesst, und zugleich auf krystallinische Mittel angewendet werden kann. Zuerst liesse sich derjenige Einfallswinkel darunter verstehen, unter welchem senkrecht gegen die Einfallsebene polarisirtes Licht kein gegen die Reflexionsebene senkrecht polarisirtes Licht reflectirt; zweitens als denjenigen Einfallswinkel, unter welchem natürliches Licht durch die Reflexion vollständig polarisirt wird.

Der ersten Definition zufolge wäre, da bei senkrecht auf die Einfallsebene polarisirtem Einfallslicht die Intensität des reflectirten Lichts

$$R_p^2 + R_s^2 = (p^2 + p'^2)\, P^2$$

ist, die Gleichung, welche den betreffenden Einfallswinkel bestimmt,

$$p = 0.$$

Die zweite Definition dagegen, welche mit der von Seebeck angenommenen übereinstimmt, und welche auch Neumann angenommen hat, liefert zur Bestimmung des Polarisationswinkels die Gleichung

$$3)\quad ps - p's' = 0,$$

und für den Winkel a, welchen die Polarisationsebene des reflectirten Strahls mit der Reflexionsebene bildet — die sogenannte Ablenkung der Polarisationsebene — die Gleichung

$$4)\quad \operatorname{tang} a = \frac{s'}{s}.$$

Ist die Reflexionsebene dem Hauptschnitt parallel, also $\omega = 0$, so wird auch s' und mithin $a = 0$, so dass der Polarisationswinkel durch $p = 0$ bestimmt ist. Dies führt auf die Gleichung

$$\sin^2\varphi = \frac{(1 - \varkappa^2)\, A^2 + (1 - \mu^2)\, C^2}{1 - \varkappa^2\, \mu^2},$$

welche schon von Seebeck für den Polarisationswinkel aus theoretischen Betrachtungen abgeleitet und mit der Erfahrung übereinstimmend gefunden wurde.

Steht die Reflexionsebene auf dem Hauptschnitt senkrecht (so dass $\omega = 90°$ ist), so findet sich für den Polarisationswinkel

$$\cos(\varphi+\varphi') = \frac{(A^2\cos^2\varphi - \sin^2\varphi')^2 + A^2\cos^2(\varphi+\varphi')\sin^2(\varphi-\varphi')\,\dfrac{\varkappa^2-\mu^2}{1-\mu^2}}{A^2\cos(\varphi+\varphi') - C^2\sin^2\varphi'\cos(\varphi-\varphi')}$$

welche Gleichung sich jedoch, da sie vom vierten Grade ist, nur näherungsweise auflösen lässt. Den Werth von $\sin^2\varphi$ nach Potenzen von $\dfrac{\varkappa^2 - \mu^2}{1 - \mu^4}$ entwickelnd, erhält man:

$$\sin^2\varphi = \frac{1}{1 + \mu^2}\Bigg(1 + \mu^2\, C^2\, \frac{\varkappa^2 - \mu^2}{1 - \mu^4}$$
$$+ \tfrac{1}{4}\,[4\mu^4 - (1 - 5\mu^2 - \mu^4 + \mu^6)\, A^2]\, C^2 \left(\frac{\varkappa^2 - \mu^2}{1 - \mu^4}\right)^3 + \dots\Bigg)$$

Zur Prüfung jener Formel berechnete Neumann die Polarisationswinkel nach derselben für eine Reihe von Seebeck am Kalkspath angestellter Messungen, welche mit den berechneten Werthen hier folgen:

Neigung der reflect. Fläche gegen die Axe		Berechnete Polarisat.-W.		Beobachtete Polarisat.-W.		Differenz.
0°	12′	58°	54′,9	58°	56′	+ 1′,1
0	23	58	54,9	58	56,1	+ 1,2
27	2	59	19,1	59	3,9	— 15,2
45	23,5	59	53,4	59	50,9	— 2,5
45	29	59	53,5	59	47,7	— 5,8
45	43,5	59	54,1	59	46,7	— 7,4
64	1,5	60	26,3	60	14,8	— 11,7
89	47,5			60	33,4	

Als allgemeine, für jede mögliche Lage der Reflexionsebene geltende Gleichung für den Polarisationswinkel ergiebt sich aus (3):

$$\begin{aligned} &\cos(\varphi+\varphi')\sin(\varphi-\varphi'')A^2\sin^2\omega + (C\sin\varphi' - A\cos\omega\cos\varphi') \\ 5)\quad &\times[C(\sin\varphi''\sin\varphi\cos\varphi - \cos\varphi''\sin^2\varphi') \\ &- A\cos\omega(\cos\varphi''\sin\varphi\cos\varphi - \sin\varphi''\cos^2\varphi')] = 0, \end{aligned}$$

woraus sich φ'' eliminiren lässt, mittelst:

$$\tang^2\varphi''\left(\frac{1 - \varkappa^2\sin^2\omega\sin^2\varphi}{\sin^2\varphi}\right) =$$
$$\mu^2(C + A\cos\omega\tang\varphi'')^2 + \varkappa^2(A - C\cos\omega\tang\varphi'')^2.$$

Nach diesen Gleichungen hat Neumann die Polarisationswinkel berechnet, welche Seebeck auf der natürlichen Bruchfläche des Kalkspaths beobachtet hatte, und in folgende Tafel zusammengestellt:

ω		Berechnete Polarisat.-W.		Beobachtete Polarisat.-W.		Differenz.
0°	0′	57°	20′,1	57°	19′,7	— 0′,4
22	30	57	42,9	57	45,9	+ 3,0
45	0	58	34,9	58	33,9	— 1,0
67	30	59	30,1	59	29,1	— 1,0
90	0	59	53,4	59	50,9	— 2,5

Aus (5) ist ersichtlich, dass der Polarisationswinkel für $+\omega$ und $-\omega$ derselbe ist, und die Rechnung lehrt, dass er denselben Werth auch für $180 - \omega$ erhält, wie es schon früher von Brewster und Seebeck aus den Beobachtungen erschlossen wurde.

Die Elimination von φ'' aus (5) ergiebt, wenn man abkürzend

$$A^2 \sin^2\omega \cos(\varphi + \varphi') \cos(\varphi - \varphi') + A^2 \cos^2\omega \cos^2\varphi' - C^2 \sin^2\varphi')^2$$
$$+ A^2 \sin^2\omega \cos^2(\varphi + \varphi') \sin^2(\varphi - \varphi') = M$$
$$A^2 \sin^2\omega \cos(\varphi + \varphi') + (A^2\cos^2\omega\cos^2\varphi' - C^2\sin^2\varphi')\cos(\varphi - \varphi') = Q$$

setzt,

$$6)\quad \sin^2\varphi = \frac{1}{1+\mu^2} - \frac{\varkappa^2 - \mu^2}{1-\mu^4}\,\frac{M}{Q}\cos(\varphi - \varphi'),$$

oder näherungsweise, wenn man die Glieder fortlässt, welche von den höhern Potenzen der kleinen Differenz $\varkappa^2 - \mu^2$ abhängen,

$$\sin^2\varphi = \frac{1}{1+\mu^2} - \frac{\varkappa^2 - \mu^2}{1-\mu^4}\left(\frac{A^2\cos^2\omega - C^2\mu^2}{1+\mu^2}\right).$$

In den vier Azimuthen, welche durch $\cos\omega = \pm\frac{C}{A}\mu$ bestimmt sind, wird $\sin^2\varphi = \frac{1}{1+\mu^2}$, und es stimmt daher alsdann der Polarisationswinkel mit dem eines unkrystallinischen Körpers überein, dessen Brechungsverhältniss $\frac{1}{\mu}$ ist.

Was die Ablenkung der Polarisationsebene bei der Reflexion unter dem Polarisationswinkel betrifft, so lässt sich für dieselbe aus (4) ableiten:

$$7)\quad \operatorname{tang} a = \frac{A\sin\omega\cos(\varphi + \varphi')}{C\sin\varphi' - A\cos\omega\cos\varphi'},$$

wobei zu bemerken ist, dass

$$\frac{A\sin\omega}{C\sin\varphi' - A\cos\omega\cos\varphi'}$$

die Tangente des Winkels ist, welchen die Einfallsebene mit der Polarisationsebene des gewöhnlich gebrochenen ebenen Wellensystems bildet, so dass

„die Tangente der Ablenkung gleich ist der Tangente des Winkels zwischen der Einfallsebene und der Polarisationsebene des gewöhnlich gebrochenen Wellensystems, multiplicirt mit dem Cosinus der Summe des Polarisationswinkels und des zugehörigen gewöhnlichen Brechungswinkels.“

Aus der Formel folgt, dass die Polarisationsebene gar nicht abgelenkt wird

1) wenn A = 0 ist, also auf der geraden Endfläche,

2) wenn ω = 0 oder 180° ist, also wenn die Reflexionsebene dem Hauptschnitt parallel ist,

3) in den beiden durch die Gleichung $\cos\omega = -\frac{C}{A}\operatorname{tang}\varphi' = \frac{C}{A}\mu$ gegebenen Azimuthen.

Es giebt demnach auf jeder schief gegen die optische Axe geneigten Fläche 4 Azimuthe ohne Ablenkung, von denen die beiden unter No. 3. angegebenen mit dem einen der unter No. 2. angegebenen auf derjenigen Fläche zusammenfallen, für welche $\frac{A}{C} = \operatorname{tang}\varphi' = \mu$ ist (beim Kalkspath also auf der 58°55′ gegen die Axe geneigten Fläche.)

Beschränkt man sich auf die Glieder, welche von der ersten Potenz von $\varkappa^2 - \mu^2$ abhängen, so erhält man für a aus (7):

$$\operatorname{tang} a = A \sin\omega\,(A\cos\omega + C\mu)\,\frac{(1+\mu^2)}{2\mu}\,\frac{\mu^2 - \varkappa^2}{1-\mu^4}.$$

Es ist daher für negative Krystalle a positiv zwischen $\omega = 0$ und $\omega = \operatorname{arc}\left(\cos = -\frac{C}{A}\mu\right)$, negativ zwischen dem letzten Werth von ω und $\omega = 180°$; zwischen diesen Winkeln dagegen positiv und zwischen jenen negativ, wenn der Krystall positiv (d. h. $\varkappa < \mu$) ist. Was das Zeichen von a betrifft, so ist (wenn [Fig. 55.] adbc die Krystallfläche, ab der Durchschnitt des Hauptschnitts ist, wenn ferner der in den Krystall fallende Theil derjenigen Geraden, welche durch a mit der optischen Axe parallel gehend gedacht wird, einen spitzen Winkel mit der Richtung ab bildet, wenn eg der Durchschnitt der Reflexionsebene ist, und wenn endlich das Licht von der Seite von ad her einfällt), afc $= \omega$ zu nehmen und a positiv zu denken, wenn die Polarisationsebene für das den reflectirten Strahl empfangende Auge rechts liegt, negativ, wenn sie links liegt.

Die Azimuthe, in denen die Ablenkung ihren grössten Werth erreicht, ist gegeben durch

$$\cos\omega = -\tfrac{1}{4}\frac{C}{A}\mu \pm \sqrt{\tfrac{1}{2} + \tfrac{1}{16}\frac{C^2}{A^2}\mu^2}.$$

Hieraus folgt, dass, wenn die Neigung der Krystallfläche gegen die Axe von 0° bis 90° wächst, das eine dieser Azimuthe von 45° bis 90°, das zweite von 135° bis 180° wächst, jedoch so, dass das Wachsen des letztern weit schneller geschieht, als das des erstern. Ist $\frac{A}{C} = \mu$ geworden, so ist für das erste Azimuth grösster Ablenkung $\cos\omega = \frac{1}{2}$, für das zweite $\omega = 180°$, also letzteres verschwunden. Jenseits dieser Neigung der Krystallfläche giebt es daher nur eine Richtung grösster Ablenkung. Stellt sich diese Richtung senkrecht gegen den Hauptschnitt, so verschwindet auch diese Ablenkung, und zwar tritt dies auf der gegen die Axe senkrechten Fläche ein, wo, wie schon oben gesagt wurde, nie eine Ablenkung stattfindet.

Wenn das Einfallslicht polarisirt ist, so ist die Polarisationsebene des reflectirten Lichts gegen die des einfallenden um einen Winkel geneigt, den man die Drehung der Polarisationsebene nennt.

Ist δ_p die Drehung für den Fall, dass das Einfallslicht senkrecht gegen die Einfallsebene polarisirt ist, und δ_s für den Fall, dass es parallel der Einfallsebene polarisirt ist, so hat man

$$\operatorname{tang}\delta_p = \frac{p'}{p},\quad \operatorname{tang}\delta_s = \frac{s'}{s}.$$

Dies giebt, ausgewerthet,

$$\operatorname{tang}\delta_p = \frac{-A\sin\omega\,(C\sin\varphi' - A\cos\omega\cos\varphi')\sin 2\varphi\,\operatorname{tang}(\varphi'-\varphi'')}{\sin(\varphi-\varphi')\cos(\varphi+\varphi')\sin(\varphi+\varphi')(1-\gamma'^2) - M\operatorname{tang}(\varphi'-\varphi'')}$$

$$\operatorname{tang}\delta_s = \frac{A\sin\omega\,(C\sin\varphi' + A\cos\omega\cos\varphi')\sin 2\varphi\,\operatorname{tang}(\varphi'-\varphi'')}{\sin(\varphi+\varphi')\cos(\varphi-\varphi')\sin(\varphi-\varphi')(1-\gamma'^2) + M'\operatorname{tang}(\varphi'-\varphi'')}$$

wo abkürzend gesetzt ist:

$$M = \sin(\varphi-\varphi')\cos^2(\varphi+\varphi')A^2\sin^2\omega + \sin(\varphi+\varphi')(C\sin\varphi' - A\cos\omega\cos\varphi')\,T,$$

$$M' = \sin(\varphi+\varphi')\cos^2(\varphi-\varphi')A^2\sin^2\omega - \sin(\varphi-\varphi')(C\sin\varphi' - A\cos\omega\cos\varphi')\,T'',$$

$$T = \gamma'\sin\varphi\cos\varphi' + C\sin^3\varphi' + A\cos\omega\cos^3\varphi',$$

$$T' = \gamma'\sin\varphi\cos\varphi' - C\sin^3\varphi' - A\cos\omega\cos^3\varphi',$$

und wo φ'' bestimmt ist durch die Gleichung:

$$\sin(\varphi'+\varphi'')\sin(\varphi'-\varphi'') = (1-\gamma''^2)\sin^2\varphi'\,\frac{\mu^2-\varkappa^2}{\mu^2}.$$

Geschieht die Reflexion unter dem Polarisationswinkel, so ergänzen sich δ_p und δ_s zu 90°, und δ_s wird der oben behandelten Ablenkung gleich.

Es findet keine Drehung statt auf der gegen die Axe senkrechten Fläche, so wie auf den übrigen Flächen, wenn die Reflexionsebene mit dem Hauptschnitt zusammenfällt. Ferner verschwindet δ_p auf jeder Fläche in jedem Azimuth der Reflexions-Ebene zwischen 0° und $\pm$ 90°, und δ_s in jedem Azimuth zwischen $\pm$ 90° und 180° für einen bestimmten Einfallswinkel. Die zu diesem Einfallswinkel gehörenden gewöhnlich gebrochenen Wellen-Normalen bilden einen Kegel, welcher sich folgendermaassen construiren lässt:

Ist HH' (Fig. 56.) der Durchschnitt der Krystallfläche mit dem Hauptschnitt, und bildet die Axe, welche durch H nach unten zu gehend gedacht wird, mit HH' einen spitzen Winkel, so denke man in N auf der Krystallfläche eine Senkrechte errichtet, und in derselben einen Punkt O so, dass $ON = 1$ wird, mache $MN = M'N = \frac{1}{2} \frac{A}{C}$, und beschreibe aus M und M' mit dem Radius MN zwei Kreise. Die von O nach der Peripherie von M gehenden Linien sind alsdann die Richtungen derjenigen gewöhnlich gebrochenen Wellennormalen für die $\delta_p = 0$ wird, während die von O nach dem Kreise M' gehenden Linien die Richtungen derjenigen gewöhnlichen Wellen-Normalen sind, für welche $\delta_s = 0$ wird.

Bedeuten δ_p und δ_s das Azimuth der Polarisationsebene der Einfallsstrahlen, für welches der reflectirte Strahl beziehlich parallel und senkrecht gegen die Reflexionsebene polarisirt ist, so hat man

$$\operatorname{tang} \delta_s = -\frac{s'}{p}, \quad \operatorname{tang} \delta_p = -\frac{s}{p'},$$

Beide Azimuthe werden einander gleich, wenn die Reflexion unter dem Polarisationswinkel geschieht, und es verschwindet alsdann der reflectirte Strahl.

Allgemein ist, wenn δ das Azimuth der Polarisationsebene des reflectirten Strahls, b das des einfallenden Strahls bedeutet,

$$\operatorname{tang} \delta = \frac{\frac{p}{s'} \operatorname{tang} b + \operatorname{tang} \delta^s}{1 - \operatorname{cotg} d_p \operatorname{tang} b}$$

Unterscheidet sich das den Krystall umgebende Mittel hinsichtlich seiner brechenden Kraft wenig von dem Krystall selbst, so ist ein genäherter Werth des Polarisationswinkels φ bestimmt durch

$$\sin^2\varphi = \frac{(1-\pi^2)\,A^2 + (1-\mu^2)\,C^2}{1-\mu^2\pi^2-(\pi^2-\mu^2)\,A^2\sin^2\omega},$$

und die Ablenkung b der Polarisationsebene durch

$$\tang b = \frac{(\mu^2-\pi^2)\,A\sin\omega\,(C\sin\varphi' + A\cos\omega\cos\varphi')}{1-\mu^2-(\pi^2-\mu^2)\,A^2\sin^2\omega}.$$

Ist das Brechungsverhältniss des umgebenden Mittels ν grösser als das gewöhnliche und ungewöhnliche Brechungsverhältniss des Krystalls, oder ist es kleiner als beide, so giebt es, wie aus der Formel folgt, stets einen Polarisationswinkel. Liegt dagegen ν zwischen dem gewöhnlichen und dem ungewöhnlichen Brechungsverhältniss, so giebt es Fälle, wo sich gar kein Polarisationswinkel findet. Liegt z. B. ν genau in der Mitte zwischen dem Brechungsexponent des gewöhnlichen und ungewöhnlichen Strahls, so wird

$$\sin^2\varphi = \frac{A^2 - C^2}{\psi + 2A^2\sin^2\omega},$$

wo $\psi = 1 - \pi^2\nu^2$ ist, so dass der Polarisationswinkel unmöglich wird für alle Flächen, welche mit der Axe einen geringeren Winkel als 45° bilden. Ist die reflectirende Fläche der Axe parallel, so giebt es zwischen $\omega = 0$ und einem nicht viel unter 45° liegenden Werthe keinen Polarisationswinkel, und für $\omega = 0$ giebt es einen solchen nur in dem kleinen Intervall der Neigungen der Flächen gegen die Axe von 45° bis $A^2 - C^2 = \psi$, in welchem Intervall er von 0° bis 90° variirt.

Brewster hat eine Reihe Ablenkungen beobachtet für den Fall der Reflexion an der von Cassiaöl bedeckten natürlichen Bruchfläche des Kalkspaths; es sind jedoch von demselben die Einfallswinkel nicht mit angegeben, so dass eine genaue Vergleichung mit den Formeln unmöglich ist. Indess zeugt die Uebereinstimmung hinsichtlich des Ganges der Werthe, wenn man in den Formeln $\varphi = 45°$ setzt, hinlänglich für die Richtigkeit der Theorie.

In dem Fall endlich, dass ν dem Brechungsverhältnisse des gewöhnlichen Strahls gleich wird, ist das reflectirte Licht stets polarisirt, und zwar, das Einfallslicht mag polarisirt sein oder nicht, in einem Azimuthe c, welches bestimmt ist durch

$$\tang c = \frac{C\sin\varphi + A\cos\omega\cos\varphi}{A\sin\omega}.$$

Es wird ferner gar kein Licht reflectirt, wenn das Einfallslicht im Azimuth c' polarisirt ist, und

$$\operatorname{tang} c' = -\frac{A \sin \omega}{C \sin \varphi - A \cos \omega \cos \varphi}$$

ist, und die Intensität des reflectirten Lichts ist am grössten, wenn jenes im Azimuth c'' polarisirt ist, und

$$\operatorname{tang} c'' = \frac{C \sin \varphi - A \cos \omega \cos \varphi}{A \sin \omega}$$

ist.

Intensität der gebrochenen Strahlen.

Bezeichnet man durch J'^2 die Intensität des gewöhnlich gebrochenen, durch J''^2 die des ungewöhnlich gebrochenen Wellensystems, so findet sich, wenn man der Kürze wegen

$$C \sin \varphi'' - A \cos \omega \cos \varphi'' = \sigma''$$

$$C \sin \varphi' - A \cos \omega \cos \varphi' = \sigma'$$

$$\frac{\sin 2\varphi''}{\sin 2\varphi'}\left(1 + \frac{\gamma'' \sigma'' \sin(\varphi' + \varphi'') \sin(\varphi' - \varphi'')}{(1 - \gamma''^2) \sin \varphi'' \cos \varphi''}\right) = U$$

setzt,

$$J'^2 : J''^2 = D'^2 : D''^2 U,$$

und daher, wenn das Einfallslicht im Azimuthe b polarisirt ist,

8) $J'^2 : J''^2 =$

$$\left(\frac{A \sin\omega}{\sqrt{1-\gamma''^2}} \sin b - \left(\frac{\sigma''(\cos \varphi - \varphi'')}{\sqrt{1-\gamma''^2}} + \frac{\gamma''(\sin^2\varphi' - \sin^2\varphi'')}{\sqrt{1-\gamma''^2}\,\sin(\varphi + \varphi'')}\right)\cos b\right)^2 \times$$
$$\sin^2(\varphi+\varphi'') : \left(\frac{\sigma'}{\sqrt{1-\gamma'^2}} \sin b + \frac{A \sin\omega}{\sqrt{1-\gamma'^2}} \cos(\varphi - \varphi') \cos b\right)^2 \sin^2(\varphi+\varphi')\,U.$$

Der gewöhnliche Strahl verschwindet demnach für

$$\operatorname{tang} b = \frac{\sigma''}{A \sin \omega} \cos(\varphi - \varphi'') + \frac{\gamma''(\sin^2\varphi' - \sin^2\varphi'')}{A \sin\omega \sin(\varphi + \varphi'')},$$

und der ungewöhnliche Strahl verschwindet für

$$\operatorname{tang} b = -\frac{A \sin\omega \cos(\varphi - \varphi')}{\sigma'},$$

mithin für dasjenige Azimuth, in welchem ein Strahl polarisirt sein muss, wenn er nach der Brechung an einem unkrystallinischen Körper in demselben Azimuth polarisirt sein soll, wie der gewöhnliche Strahl in einem krystallinischen Mittel.

Aus (8) folgt für den Fall, dass das Einfallslicht senkrecht gegen die Einfallsebene polarisirt ist, dass der gewöhnliche Strahl verschwindet, 1) wenn die brechende Ebene auf der Axe senkrecht steht, 2) wenn das Licht im Hauptschnitt einfällt; dass dagegen der ungewöhnliche Strahl für $\sigma' = 0$ verschwindet, d. h. wenn der gewöhnliche Strahl senkrecht gegen die Einfallsebene polarisirt ist (für welchen Fall auch tang $\delta_p = 0$ ist), und demzufolge in dem zum Kreis M der vorigen Figur gehörigen Strahlenkegel liegt.

Ferner folgt für den Fall, dass der Einfallsstrahl nach der Einfallsebene polarisirt ist, dass der ungewöhnliche Strahl für A = 0 und für $\sin\omega = 0$ verschwindet, während der gewöhnliche verschwindet, wenn der ungewöhnliche Strahl in einem Kegel vierter Ordnung liegt, dessen Gleichung näherungsweise

$$\operatorname{tang}\varphi'' = \frac{A\cos\omega}{C}\left(1 + \frac{\varkappa^2 - \mu^2}{2\mu^2}\,\frac{A^2\sin^2\omega\,(1 - A^2\sin^2\omega)}{C^2}\right)$$

ist, und nahe dem zum Kreise M' der vorigen Figur gehörenden Kegel entspricht.

Vibrationsintensitäten der von der Hinterfläche eines Krystalls gebrochenen und reflectirten Wellensysteme.

Bedeutet die Vibrationsintensität in der einfallenden Wellenebene D' oder D'', je nachdem diese eine gewöhnliche oder ungewöhnliche ist; sind ferner $R_,'$ und $R_,''$ die Vibrationsintensitäten respective in den gewöhnlichen und ungewöhnlichen reflectirten Wellensystemen, falls sie von D' herrühren, dagegen $R_{,,}'$ und $R_{,,}''$, falls sie von D'' herrühren; sind überdies S' und P' die nach der Einfallsebene und senkrecht darauf zerlegten Bewegungen im austretenden Wellensystem, falls sie von D' herrühren, und S'' und P'', falls sie von D'' herrühren; führt man endlich noch folgende Bezeichnungen ein:

$$\frac{A\sin\omega}{\sqrt{1-\gamma'^2}} = \sin y' \qquad \frac{C\sin\psi' - A\cos\psi'\cos\omega}{\sqrt{1-\gamma'^2}} = \cos y'$$

$$\frac{A\sin\omega}{\sqrt{1-\gamma''^2}} = \sin y'' \qquad \frac{C\sin\psi'' - A\cos\psi''\cos\omega}{\sqrt{1-\gamma''^2}} = \cos y''$$

$$\frac{A\sin\omega}{\sqrt{1-\gamma_,'^2}} = \sin z_,' \qquad \frac{C\sin\xi_,' + A\cos\xi_,'\cos\omega}{\sqrt{1-\gamma_,'^2}} = -\cos z_,'$$

$$\frac{A\sin\omega}{\sqrt{1-\gamma_,''^2}} = \sin z_,'' \qquad \frac{C\sin\xi_,'' + A\cos\xi_,''\cos\omega}{\sqrt{1-\gamma_,''^2}} = -\cos z_,''$$

$$\frac{A\sin\omega}{\sqrt{1-\gamma_{,,}'^2}} = \sin z_{,,}' \qquad \frac{C\sin\xi_{,,}' + A\cos\xi_{,,}'\cos\omega}{\sqrt{1-\gamma_{,,}'^2}} = -\cos z_{,,}'$$

$$\frac{A\sin\omega}{\sqrt{1-\gamma_{,,}''^2}} = \sin z_{,,}'' \qquad \frac{C\sin\xi_{,,}'' + A\cos\xi_{,,}''\cos\omega}{\sqrt{1-\gamma_{,,}''^2}} = -\cos z_{,,}'',$$

wo die verschiedenen y und z die Azimuthe der Polarisationsebenen vorstellen; und setzt man

$$\frac{\gamma''}{\sqrt{1-\gamma''^2}} \sin(\xi_{,,}' - \psi'') \sin(\xi_{,,}' + \psi'') = J$$

$$\frac{\gamma_,''}{\sqrt{1-\gamma_,''^2}} \sin(\xi_,' - \xi_,'') \sin(\xi_,' + \xi_,'') = K'$$

$$\frac{\gamma_{,,}''}{\sqrt{1-\gamma_{,,}''^2}} \sin(\xi_{,,}' - \xi_{,,}'') \sin(\xi_{,,}' + \xi_{,,}'') = K'':$$

so sind die Gleichungen, welche aus dem Princip der Gleichheit der Componenten folgen:

$$P' = D' \sin y' + R_,' \sin z_,' + R_,'' \cos z_,''$$
$$S' \cos\iota' = -D' \cos y' \cos\psi' - R_,' \cos z_,' \cos\xi_,' + R_,'' \sin z_,'' \cos\xi_,''$$
$$S' \sin\iota' = -D' \cos y' \sin\psi' + R_,' \cos z_,' \sin\xi_,' - R_,'' \sin z_,'' \sin\xi_,''$$
$$P'' = D'' \cos y'' + R_{,,}' \sin z_{,,}' + R_{,,}'' \cos z_{,,}''$$
$$S'' \cos\iota'' = D'' \sin y'' \cos\psi'' - R_{,,}' \cos z_{,,}' \cos\xi_{,,}' + R_{,,}'' \sin z_{,,}'' \cos\xi_{,,}''$$
$$S'' \sin\iota'' = D'' \sin y'' \sin\psi'' + R_{,,}' \cos z_{,,}' \sin\xi_{,,}' - R_{,,}'' \sin z_{,,}'' \cos\xi_{,,}''$$

und die Gleichungen, welche aus dem Princip der lebendigen Kräfte folgen:

$$P' \sin\iota' \cos\iota' = D' \sin y' \sin\psi' \cos\psi'$$
$$- R_,' \sin z_,' \sin\xi_,' \cos\xi_,' - R_,'' (\cos z_,'' \sin\xi_,'' \cos\xi_,'' - K')$$
$$P'' \sin\iota'' \cos\iota'' = D'' (\cos y'' \sin\psi'' \cos\psi'' + J)$$
$$- R_{,,}' \sin z_{,,}' \sin\xi_{,,}' \cos\xi_{,,}' - R_{,,}'' (\cos z_{,,}'' \sin\xi_{,,}'' \cos\xi_{,,}'' - K'').$$

Aus diesen Gleichungen resultirt für die Vibrationsintensitäten der reflectirten Wellensysteme:

$$R_,' = -\frac{D'}{M'} \frac{\sin(\iota' - \psi')}{\sin(\iota' + \psi')} \Big([\sin y' \sin z_,'' \cos(\iota' + \psi'')$$
$$+ \cos y' \cos z_,'' \cos(\iota' - \xi_,'')] \sin(\iota' + \xi_,'') - \cos y' K' \Big)$$

$$R_,'' = -\frac{D'}{M'} \sin(\iota' - \psi') \Big(\sin y' \cos z_,' \cos(\iota' + \psi')$$
$$- \cos y' \sin z_,' \cos(\iota' - \xi_,') \Big)$$

während

$$M' = [\sin z_,' \sin z_,'' \cos(\iota' - \psi')$$
$$+ \cos z_,' \cos z_,'' \cos(\iota' - \xi_,'')] \sin(\iota' + \xi_,'') - \cos z_,' K'$$

ist;

$$R_{,,}' = -\frac{D''}{M'' \sin(\iota'' + \xi_{,,}')} \Big([\cos y'' \sin z_{,,}'' \cos(\iota'' + \psi'')$$

$$- \sin y'' \cos z_{,,}'' \cos(\iota'' - \xi_{,,}'')] \sin(\iota'' - \psi'') \sin(\iota'' + \xi_{,,}'')$$

$$- \sin z_{,,}'' \sin(\iota'' + \xi_{,,}'') J + \sin y'' \sin(\iota'' - \psi'') K'' \Big)$$

$$R_{,,}'' = - \frac{D''}{M''} \Big([\cos y'' \cos z_{,,}' \cos(\iota'' + \psi'')$$

$$+ \sin y'' \sin z_{,,}' \cos(\iota'' - \xi_{,,}')] \sin(\iota'' - \psi'') - \cos z_{,,}' J \Big)$$

während

$$M'' = [\sin z_{,,}' \sin z_{,,}'' \cos(\iota'' - \xi_{,,}')$$

$$+ \cos z_{,,}' \cos z_{,,}'' \cos(\iota'' - \xi_{,,}'')] - \cos z_{,,}' K''$$

ist.

Entwickelt man diese Ausdrücke nach Potenzen von $\varkappa^2 - \mu^2$, so erhält man für die ersten, von $\varkappa^2 - \mu^2$ unabhängigen Glieder, welche sich als Näherungswerthe von $R_{,}'$, $R_{,}''$, $R_{,,}'$, $R_{,,}''$ betrachten lassen:

$$R_{,}' = - \frac{D' \sin(\iota' - \psi')}{\sin(\iota' + \psi')}$$

$$\times \left(\sin y' \sin z_{,}' \frac{\cos(\iota' + \psi')}{\cos(\iota' - \psi')} + \cos y' \cos z_{,}' \right)$$

$$R_{,}'' = - \frac{D' \sin(\iota' - \psi')}{\sin(\iota' + \psi')}$$

$$\times \left(\sin y' \cos z_{,}' \frac{\cos(\iota' + \psi')}{\cos(\iota' - \psi')} - \cos y' \sin z_{,}' \right)$$

$$R_{,,}' = - \frac{D'' \sin(\iota'' - \psi'')}{\sin(\iota'' + \psi'')}$$

$$\times \left(\cos y'' \sin z_{,,}'' \frac{\cos(\iota'' + \psi'')}{\cos(\iota'' - \psi'')} - \sin y'' \cos z_{,,}'' \right)$$

$$R_{,,}'' = - \frac{D'' \sin(\iota'' - \psi'')}{\sin(\iota'' + \psi'')}$$

$$\times \left(\cos y'' \cos z_{,,}'' \frac{\cos(\iota'' + \psi'')}{\cos(\iota'' - \psi'')} + \sin y'' \sin z_{,,}'' \right).$$

Für die gebrochenen Strahlen erhält man ferner:

$$P' = \frac{D' \sin y' \sin 2\psi'}{\sin(\iota' + \psi') \cos(\iota' - \psi')}$$

$$+ R_{,}'' \sqrt{\frac{1 - y'^2}{1 - y_{,}''^2}} \frac{\cos y' \sin(\xi_{,}' - \xi_{,}'')}{\sin(\iota' + \psi') \cos(\iota' - \psi')}$$

$$S' = - \frac{D' \cos y' \sin 2\psi'}{\sin(\iota' + \psi')}$$

$$+ R_{,}'' \sqrt{\frac{1 - y'^2}{1 - y_{,}''^2}} \frac{\sin y' \sin(\xi_{,}' - \xi_{,}'')}{\sin(\iota' + \psi')}$$

$$P'' = \frac{D''\sqrt{\frac{1-\varkappa'^2}{1-y''^2}}\cos y_{,,}' \sin(\psi_{,,}' + \psi'')}{\sin(\iota'' + \psi_{,,}')\cos(\iota'' - \psi_{,,}')}$$
$$\times\left(1 + \frac{R_{,,}''}{D''}\sqrt{\frac{1-y''^2}{1-y_{,,}''^2}}\,\frac{\sin(\xi_{,,}' - \xi_{,,}'')}{\sin(\psi_{,,}' + \psi'')}\right)$$

$$S'' = \frac{D''\sqrt{\frac{1-\varkappa'^2}{1-y''^2}}\sin y_{,,}' \sin(\psi_{,,}' + \psi'')}{\sin(\iota'' + \psi_{,,}')}$$
$$\times\left(1 + \frac{R_{,,}''}{D''}\sqrt{\frac{1-y''^2}{1-y_{,,}''^2}}\,\frac{\sin(\xi_{,,}' - \xi_{,,}'')}{\sin(\psi_{,,}' + \psi'')}\right),$$

wo $\varkappa'$, $y_{,,}'$, $\psi_{,,}'$ sich auf ein eingebildetes Wellensystem beziehen, nämlich auf dasjenige gewöhnlich gebrochene, welches sich bilden würde, wenn ein Strahl beim Eintritt in den Krystall sich so bräche, dass das ungewöhnliche System mit dem System D'' zusammenfiele, und zwar bedeutet $\varkappa'$ die Neigung seiner Normale gegen die Axe, $J_{,,}'$ das Azimuth seiner Polarisationsebene, und $\psi_{,,}'$ die Neigung der Wellenebene gegen die Krystallfläche. Es ist demnach

$$\varkappa' = C\cos\psi_{,,}' + A\sin\psi_{,,}'\cos\omega$$
$$\cos y_{,,}' = \frac{C\sin\psi_{,,}' - A\cos\psi_{,,}'\cos\omega}{\sqrt{1-\varkappa'^2}},\quad \sin y_{,,}' = \frac{A\sin\omega}{\sqrt{1-\varkappa'^2}}.$$

Aus den aufgestellten Formeln ergiebt sich das Polarisations-Azimuth der aus einem Krystall austretenden Strahlen. Bezeichnet man nämlich dasselbe in Bezug auf die Austrittsebene durch α'', wenn der einfallende Strahl ein ungewöhnlicher war, und durch α', wenn er ein gewöhnlicher war, so ist

$$\operatorname{tang}\alpha'' = \frac{P''}{S''} + \frac{\operatorname{cotg} y_{,,}'}{\cos(\iota'' - \psi_{,,}')}$$
$$\operatorname{tang}\alpha' = \frac{P'}{S'} = -\frac{\operatorname{tang} y'}{\cos(\iota' - \psi')}$$
$$\times\left(1 + \frac{R_{,}''}{D'}\sqrt{\frac{1-y'^2}{1-y_{,}''^2}}\,\frac{\sin(\xi_{,}' - \xi_{,}'')}{\sin y'\cos y'\sin(\xi_{,}' + \xi_{,}'')}\right).$$

Mit Hülfe derselben Formeln lässt sich überdies die Intensität der austretenden Strahlen, nämlich $P'^2 + S'^2$ und $P''^2 + S''^2$ bestimmen. Hierbei, wie zur Bestimmung von α'' und α', wird aber die Kenntniss von D' und D'' vorausgesetzt, welche, als zu Strahlen gehörig, die im Innern des Krystalls sich befinden, nur indirect bestimmt, nämlich aus der Beschaffenheit der in den Krystall dringenden Strahlen berechnet werden können.

Man erhält D′ und D″ aus den Formeln pag. 187, unabhängig von der Lage der Eintrittsfläche, wenn man die Azimuthe der Polarisationsebenen der Systeme D′ und D″ einführt, also

$$\frac{A \sin\omega}{\sqrt{1-\gamma'^2}} = \sin x' \qquad \frac{C \sin\varphi' - A \cos\omega \cos\varphi'}{\sqrt{1-\gamma'^2}} = \cos x'$$

$$\frac{A \sin\omega}{\sqrt{1-\gamma''^2}} = \sin x'' \qquad \frac{C \sin\varphi'' - A \cos\omega \cos\varphi''}{\sqrt{1-\gamma''^2}} = \cos x''$$

setzt. Es wird nämlich alsdann

$$D' = \frac{\sin 2\varphi}{\sin(\varphi+\varphi')}$$

$$\times\left(\frac{[P \sin x'' - S' \cos x'' \cos(\varphi-\varphi'')]\sin(\varphi+\varphi'') - SG}{[\sin x' \sin x'' \cos(\varphi-\varphi') + \cos x' \cos x'' \cos(\varphi-\varphi'')]\sin(\varphi+\varphi'') + \cos x' G}\right)$$

$$D'' = \sin 2\varphi$$

$$\times\left(\frac{P \cos x' + S \sin x' \cos(\varphi-\varphi')}{[\sin x' \sin x'' \cos(\varphi-\varphi') + \cos x' \cos x'' \cos(\varphi-\varphi'')]\sin(\varphi+\varphi'') + \cos x' G}\right),$$

wo G für

$$\frac{\gamma''}{\sqrt{1-\gamma''^2}} \sin(\varphi'-\varphi'') \sin(\varphi'+\varphi'')$$

steht; oder näherungsweise, wenn man Alles vernachlässigt, was von der kleinen Differenz $\varkappa^2 - \mu^2$ abhängt,

$$D' = \frac{\sin 2\varphi}{\sin(\varphi+\varphi')}\left(\frac{P \sin x'}{\cos(\varphi-\varphi')} - S \cos x'\right)$$

$$D'' = \frac{\sin 2\varphi}{\sin(\varphi+\varphi')}\left(\frac{P \cos x'}{\cos(\varphi-\varphi')} + S \sin x'\right).$$

Neumann hat diese Formeln auf die Bestimmung der Intensität der aus einem Krystallprisma tretenden Strahlen für einige besondere Fälle angewendet.

Fällt nämlich die Eintrittsebene mit der Austrittsebene zusammen, und ist die Kante des Prismas der optischen Axe parallel, so hat man nur (wegen $\omega = 0$) in den allgemeinen Formeln

$$\sin x' = \sin x'' = \sin y' = \sin y'' = \sin z_{,}' = \sin z_{,}'' = \sin z_{,,}' = \sin z_{,,}'' = 0$$

zu setzen.

Ist die Kante des Prismas der Axe parallel, und stehen die Eintrittsebene und die Austrittsebene senkrecht auf derselben, so ist $C = 0$ und $\omega = 90$, also

$$\cos x' = \cos x'' = \cos y' = \cos y'' = \cos z_{,}' = \cos z_{,}'' = \cos z_{,,}' = \cos z_{,,}'' = 0,$$

$$\gamma' = \gamma'' = \gamma_{,}' = \gamma_{,}'' = \gamma_{,,}' = \gamma_{,,}'' = \varkappa' = 0$$

in den allgemeinen Formeln zu setzen.

Ist der Krystall von parallelen Flächen begrenzt, ein Fall,

welcher bei der Theorie der Farben dünner krystallinischer Blättchen im polarisirten Licht seine Anwendung findet, so erhält man die Lage der Polarisationsebene und das Verhältniss der Intensität der beiden austretenden Strahlen, wenn man in den allgemeinen Formeln

$$y' = x',\ y'' = x'',\ z_{\prime}' = z_{\prime\prime}' = z',\ z_{\prime}'' = z_{\prime\prime}'' = z'',\ y_{\prime\prime}' = x',$$
$$\iota' = \iota'' = \varphi,\ \psi' = \varphi',\ \psi'' = \varphi'',\ \psi_{\prime\prime}' = \varphi',\ \xi_{\prime}' = \xi_{\prime\prime}' = \varphi',\ \xi_{\prime}'' = \xi_{\prime\prime}'',$$
$$\varkappa' = \gamma',\ \gamma_{\prime}' = \gamma_{\prime\prime}',\ \gamma_{\prime}'' = \gamma_{\prime\prime}''$$

setzt.

Ferner hat Neumann die Intensitätsausdrücke angewendet auf die Bestimmung der Lage eines krystallinischen Blättchens, bei welcher polarisirt auffallende Strahlen ihr Minimum der Intensität besitzen, nachdem sie durch einen Turmalin gegangen sind, der in solchem Azimuthe β' aufgestellt ist, dass er das Licht vernichten würde, wenn das Blättchen unkrystallinisch wäre, d. h. wenn

$$\tang \beta' = -\frac{S \cos^2 (\varphi - \varphi')}{P}$$

ist.

Ist die doppelte Strahlenbrechung nur schwach, so dass man die von $\varphi' - \varphi''$ abhängigen Glieder vernachlässigen kann, so verschwinden die Strahlen bis auf Grössen von der Ordnung $(\varphi' - \varphi'')^2$ in folgenden zwei Fällen:

1) wenn $P \cos x' + S \sin x' \cos (\varphi - \varphi') = 0$

2) wenn $P \sin x' - S \cos x' \cos (\varphi - \varphi') = 0$

ist. Dies giebt zwei Werthe von x', mit denen zugleich die zu bestimmenden Werthe von ω gegeben sind. Es ist aber nicht für jedes φ ein ω möglich. Das Azimuth wird nämlich nur möglich, 1) wenn der gebrochene Strahl mit der Axe einen grössern Winkel bildet, als mit dem Einfallsloth, 2) im entgegengesetzten Fall, in Bezug auf den ersten Werth von x', wenn

$$\frac{\sin^2 \varphi'}{A^2} - 1 < \left(\frac{S \cos (\varphi - \varphi')}{P}\right)^2$$

ist, und in Bezug auf den zweiten Werth, wenn

$$\frac{\sin^2 \varphi'}{A^2} - 1 < \left(\frac{P}{S \cos (\varphi - \varphi')}\right)^2$$

ist.

Für den Fall dagegen, dass der Krystall stärker doppelt brechend ist, wird, wenn h' durch

$$\tang h' = -\frac{P}{S \cos(\varphi - \varphi')}$$

bestimmt ist, für das eine Azimuth

$$\sin(x' - h') = \frac{R_{,}''}{D'} \sqrt{\frac{1 - \gamma'^2}{1 - \gamma_{,}''^2}} \frac{\sin(\varphi' - \xi_{,}'')}{2 \sin 2\varphi'};$$

und für das andere Azimuth, wenn h'' durch

$$\tang h'' = \frac{S \cos(\varphi - \varphi')}{P}$$

bestimmt ist,

$$\sin(x' - h'') =$$

$$-\sin h'' \frac{C \cos\varphi - A \sin\varphi \cos\omega}{\sqrt{1 - \gamma'^2} \cos(\varphi - \varphi')} \frac{\sin(\varphi - \varphi')}{\sin(\varphi + \varphi')} \frac{\sin(\varphi' - \varphi'')}{2}.$$

Dieselben Formeln enthalten die Lösung des umgekehrten Problems, für ein gegebenes Azimuth ω den zugehörigen Einfallswinkel φ zu finden.

Zweiaxige Krystalle.

Vibrationsintensitäten der reflectirten und gebrochenen Wellensysteme.

Wendet man P, S, R_p, R_s, D', D'' in dem pag. 187 gebrauchten Sinne, und im Uebrigen die Bezeichnungen (II, a) an, und nennt man x' und x'' beziehlich die Winkel zwischen der Einfallsebene und der Schwingungsrichtung im gewöhnlichen und ungewöhnlichen Wellensystem (so dass $x' = 90 + \psi'$ und $x'' = 90 + \psi''$ wird), so heissen die Gleichungen, welche aus dem Princip der Gleichheit der Componenten und aus dem der lebendigen Kräfte sich ableiten lassen:

$$(S + R_s) \sin\varphi = - D \cos x' \sin\varphi' + D'' \cos x'' \sin\varphi''$$
$$(S - R_s) \cos\varphi = - D' \cos x' \cos\varphi' + D'' \cos x'' \cos\varphi''$$
$$P + R_p = D' \sin x' + D'' \sin x''$$
$$(P - R_p) \sin\varphi \cos\varphi = D' (\sin x' \sin\varphi' \cos\varphi' - \sin^2\varphi' \tang q')$$
$$+ D'' (\sin x'' \sin\varphi'' \cos\varphi'' - \sin^2\varphi'' \tang q'');$$

und diese liefern:

$$R_p = p P + s' S$$
$$R_s = p' P + s S,$$

wo p, p', s, s' durch folgende Gleichungen bestimmt sind:

$$Np = \cos x'' \sin(\varphi + \varphi'') [\sin x' \sin(\varphi - \varphi') \cos(\varphi + \varphi') + \sin^2\varphi' \operatorname{tang} q'] + \cos x' \sin(\varphi + \varphi') [\sin x'' \sin(\varphi - \varphi'') \cos(\varphi + \varphi'') + \sin^2\varphi'' \operatorname{tang} q'']$$

$$Ns = -\cos x' \sin(\varphi - \varphi') [\sin x'' \sin(\varphi + \varphi'') \cos(\varphi - \varphi'') - \sin^2\varphi'' \operatorname{tang} q''] - \cos x'' \sin(\varphi - \varphi'') [\sin x' \sin(\varphi + \varphi') \cos(\varphi - \varphi') - \sin^2\varphi' \operatorname{tang} q']$$

$$Np' = -\sin 2\varphi \cos x' \cos x'' \sin(\varphi' - \varphi'')$$

$$Ns' - \sin 2\varphi [\sin x' \sin x'' \operatorname{stn}(\varphi' - \varphi'') \cos(\varphi' + \varphi'') - \sin x'' \sin^2\varphi' \operatorname{tang} q' + \sin x' \sin^2\varphi'' \operatorname{tang} q'']$$

und

$$N = \cos x'' \sin(\varphi + \varphi'') [\sin x' \sin(\varphi + \varphi') \cos(\varphi - \varphi') - \sin^2\varphi' \operatorname{tang} q'] + \cos x' \sin(\varphi + \varphi') [\sin x'' \sin(\varphi + \varphi'') \cos(\varphi - \varphi'') - \sin^2\varphi'' \operatorname{tang} q''].$$

Für die gebrochenen Strahlen hat man:

$$ND' = 2 \sin\varphi \cos\varphi \Big(P \cos x'' \sin(\varphi + \varphi'') - S [\sin x'' \sin(\varphi + \varphi'') \cos(\varphi - \varphi'') - \sin^2\varphi'' \operatorname{tang} q'']\Big)$$

$$ND'' = 2 \sin\varphi \cos\varphi \Big(P \cos x' \sin(\varphi + \varphi') + S [\sin x' \sin(\varphi + \varphi') \cos(\varphi - \varphi') - \sin^2\varphi' \operatorname{tang} q']\Big),$$

und die Intensität selbst ist $D'^2\, U'$ und $D''^2\, U''$, wo

$$U' \sin\varphi \cos\varphi = \sin\varphi' \cos\varphi' - \sin x' \sin^2\varphi' \operatorname{tang} q'$$

$$U'' \sin\varphi \cos\varphi = \sin\varphi'' \cos\varphi'' - \sin x'' \sin^2\varphi'' \operatorname{tang} q''.$$

Für die folgenden, einfachsten Fälle reduciren sich diese Formeln auf die nachstehenden:

1) Wenn die Einfallsebene den spitzen Winkel der optischen Axen halbirt und senkrecht auf deren Ebene steht:

$$R_s = -\frac{\sin(\varphi - \varphi')}{\sin(\varphi + \varphi')} S$$

$$R^p = \frac{\left(\sin(\varphi - \varphi'') \cos(\varphi + \varphi'') \pm \frac{\sin\varphi^{2\prime\prime}}{e^2 E}\right) P}{\sin(\varphi + \varphi'') \cos(\varphi - \varphi'') \mp \frac{\sin\varphi^{2\prime\prime}}{e^2 E}}$$

$$D' = \frac{\pm 2 \sin\varphi \cos\varphi\, S}{\sin(\varphi + \varphi')}$$

$$D'' = \frac{\pm 2 \sin\varphi \cos\varphi\, P}{\sin(\varphi + \varphi'') \cos(\varphi - \varphi'') \mp \frac{\sin^2 \varphi''}{e^2 E}}$$

$$U = \frac{\sin\varphi' \cos\varphi'}{\sin\varphi \cos\varphi}, \quad U'' = \frac{\sin\varphi'' \cos\varphi'' \mp \frac{\sin^2 \varphi''}{e^2 E}}{\sin\varphi \cos\varphi},$$

wo das obere oder untere Zeichen zu nehmen ist, je nachdem das Einfallsloth auf der Seite der πAxe oder der νAxe liegt, in Beziehung auf die Normale der gebrochenen Wellenebene, vorausgesetzt, dass die $\varkappa$Axe den spitzen Winkel der optischen Axen halbirt.

2) Wenn die Einfallsebene mit der Ebene der optischen Axen zusammenfällt, und die Normalen der gebrochenen Wellenebenen in dem stumpfen Winkel derselben liegen, werden die Formeln genau die vorigen, nur dass das obere oder untere Zeichen zu nehmen ist, je nachdem das Einfallsloth in Bezug auf die Normale der gebrochenen Wellenebene auf der Seite der $\varkappa$Axe oder der μAxe liegt.

3) Wenn die Einfallsebene den stumpfen Winkel der optischen Axen halbirt, und auf deren Ebene senkrecht steht:

$$R_s = - \frac{\sin(\varphi - \varphi'')\, S}{\sin(\varphi + \varphi'')}$$

$$R_p = \frac{\left(\sin(\varphi - \varphi') \cos(\varphi + \varphi') \pm \frac{\sin^2 \varphi'}{o^2 O}\right) P}{\sin(\varphi + \varphi') \cos(\varphi - \varphi') \mp \frac{\sin \varphi'}{o^2 O}}$$

$$D' = \frac{\pm 2 \sin\varphi \cos\varphi\, P}{\sin(\varphi + \varphi') \cos(\varphi - \varphi') \mp \frac{\sin^2 \varphi'}{o^2 O}}$$

$$D'' = \frac{\pm 2 \sin\varphi \cos\varphi\, S}{\sin(\varphi + \varphi'')}$$

$$U' = \frac{\sin\varphi' \cos\varphi' \mp \frac{\sin^2 \varphi'}{o^2 O}}{\sin\varphi \cos\varphi}, \quad U'' = \frac{\sin\varphi'' \cos\varphi''}{\sin\varphi \cos\varphi},$$

wo das obere oder untere Zeichen zu nehmen ist, je nachdem das Einfallsloth in Bezug auf die Normale der gebrochenen Wellenebene auf der Seite der νAxe oder der μAxe liegt.

4) Wenn die Einfallsebene in die Ebene der optischen Axen fällt, und die Normalen der gebrochenen Wellenebenen in dem spitzen Winkel derselben sich befinden, so stimmen die Formeln

mit den vorhergehenden überein, sobald man das obere oder untere Zeichen wählt, je nachdem das Einfallsloth in Rücksicht auf die Normale der gebrochenen Wellenebene auf der Seite der πAxe oder der μAxe liegt.

Intensität der reflectirten und gebrochenen Strahlen bei der konischen Refraction.

Wird ein Strahl beim Eintritt in einen Krystall so gebrochen, dass die Normalen der beiden gebrochenen Wellensysteme mit einer der optischen Axen zusammenfallen, so gehören zu jedem der beiden Wellensysteme eine unendliche Menge Strahlen, welche eine Kegelfläche bilden. Beide Kegelflächen fallen aber in eine einzige zusammen, und es correspondirt jedem gewöhnlichen Strahl ein ungewöhnlicher, welcher mit demselben folgendermaassen zusammenhängt. Denkt man sich durch die optische Axe zwei auf einander senkrechte Ebenen gelegt, so gehört zu dem gewöhnlichen Strahl, welcher im Durchschnitt der ersten Ebene mit dem Strahlenkegel liegt, ein ungewöhnlicher Strahl, welcher im Durchschnitt der zweiten Ebene mit dem Strahlenkegel sich befindet. Ueberdies geschehen die Schwingungen des ersten Strahls parallel der zweiten Ebene, die des zweiten Strahls parallel der ersten Ebene, so dass jeder gewöhnliche Strahl mit dem ihn deckenden ungewöhnlichen gleiche Schwingungsrichtung hat.

Ist q′ der Winkel zwischen dem gewöhnlichen Strahl und der optischen Axe, q″ der Winkel zwischen dem ungewöhnlichen Strahl und der Axe, λ der Winkel zwischen der Einfallsebene und der Ebene der optischen Axen, und ω, in demselben Sinne gerechnet wie λ, das Azimuth des ungewöhnlichen Strahls in Bezug auf die Einfallsebene, so ist

$$\operatorname{tang} q' = \frac{\pi^2 - \mu^2}{2\nu^2} \sin 2n \sin(\omega' + \lambda)$$

$$\operatorname{tang} q'' = \frac{\pi^2 - \mu^2}{2\nu^2} \sin 2n \cos(\omega' + \lambda).$$

Nennt man Q die Vibrationsintensität desjenigen Strahlenpaars, dessen Azimuth in Bezug auf die Ebene der optischen Axen $\wp = \omega' + \lambda$ ist, so hat man

$$FQ = 4 \sin\varphi \cos\varphi \Big(P \sin(\varphi + \varphi') \cos(\omega - \lambda)$$
$$- S \Big[\sin(\varphi + \varphi') \cos(\varphi - \varphi') \sin(\omega - \lambda)$$
$$- \frac{\pi^2 - \mu^2}{2\nu^2} \sin 2n \sin^2\varphi' \sin\omega\Big]\Big),$$

wo F für

$$\sin(\varphi + \varphi') \Big(\sin(\varphi + \varphi') \cos(\varphi - \varphi')$$
$$- \frac{\pi^2 - \mu^2}{2\nu^2} \sin 2n \sin^2\varphi' \cos\lambda\Big)$$

abkürzend gesetzt ist.

Was den reflectirten Strahl betrifft, so hat auf denselben die konische Brechung keinen Einfluss, und man erhält R_p und R_s, indem man in den Ausdrücken für p, s, p′, s′

$$x' = 180 + \tfrac{1}{2}\lambda,\ x'' = 90 - \tfrac{1}{2}\lambda,\ \varphi' = \varphi'',$$

$$\operatorname{tang} q' = \frac{\pi^2 - \mu^2}{2\nu^2} \sin 2n \sin\tfrac{1}{2}\lambda,\ \operatorname{tang} q'' = \frac{\pi^2 - \mu^2}{2\nu^2} \sin 2n \cos\tfrac{1}{2}\lambda$$

nimmt.

Vorstehendes gilt für den Fall, dass das einfallende Licht polarisirt ist, und zwar in dem Azimuthe, dessen Tangente $\frac{P}{S}$ ist.

Wenn das einfallende Licht unpolarisirt ist, so findet man, wenn die Intensität des Einfallslichtes durch J^2, die Intensität jedes der gebrochenen Strahlen durch J'^2 bezeichnet wird,

$$J'^2 = 2 J^2 \frac{\sin 2\varphi \sin 2\varphi'}{\sin^2(\varphi + \varphi')} \left(\frac{\cos^2(\omega - \lambda)}{\cos^2(\varphi - \varphi')} + \sin^2(\omega - \lambda)\right).$$

Das Licht ist also in dem Refractionskegel nur dann gleichmässig verbreitet, wenn die brechende Ebene auf der optischen Axe senkrecht steht, und im Allgemeinen ist die Lichtstärke am grössten im Azimuth $\omega = \lambda$, am kleinsten im Azimuth $\omega = \lambda - 90$, und das Maximum verhält sich zum Minimum, wie $1 : \cos^2(\varphi - \varphi')$.

Vom Polarisationswinkel.

Der Polarisationswinkel ist wiederum bestimmt durch die Gleichung

$$p s - p' s' = 0,$$

welche sich auf die Form

$$0 = \sin x' \cos x'' \cos (\varphi + \varphi') + \sin x'' \cos x' \cos (\varphi + \varphi'')$$
$$+ \sin^2\varphi \left(\frac{\sin j \sin (u - u') \cos x''}{\sin (\varphi - \varphi')} + \frac{\cos k \sin (v + v') \cos x'}{\sin (\varphi - \varphi'')} \right) \frac{\pi^2 - \mu^2}{2}$$

bringen lässt.

Als Näherungswerth findet sich, wenn man die Glieder fortlässt, welche von $(\pi^2 - \mu^2)^2$ abhängen, U und U′ die Winkel zwischen dem Einfallsloth und den optischen Axen bedeuten, und X das Azimuth der Reflexionsebene vorstellt, gerechnet von derjenigen Ebene, welche den Winkel halbirt zwischen den durch das Einfallsloth und die optischen Axen gehenden Ebenen, und wenn man endlich $\pi^2 + \mu^2 = m$, $\pi^2 - \mu^2 = m'$ setzt:

$$\sin \varphi =$$
$$\frac{1 - m}{1 - m\nu^2} \left(1 + \frac{\cos U \cos U' (1 + \mu^2 + \pi^2) - \sin U \sin U' \cos 2X}{1 - m^2} m' \right).$$

Aus diesem Näherungsausdruck ergeben sich zwei Theoreme, welche denen für einaxige Krystalle entwickelten ganz analog sind, nämlich:

1) Dass der Polarisationswinkel ein Grösstes und Kleinstes ist in zwei auf einander senkrechten Azimuthen der Einfallsebene, wie auch die reflectirende Fläche liegen mag. In jeden zwei Einfallsebenen, welche gegen die Einfallsebene des Maximums und Minimums gleich geneigt sind, werden die Polarisationswinkel gleich, und die beiden Einfallsebenen des Maximums und Minimums sind dem grössten und kleinsten Radius Vector desjenigen Schnittes parallel, den die Elasticitätsfläche mit der, durch ihren Mittelpunkt der reflectirenden Ebene parallel gehenden, Ebene bildet.

2) Steht die reflectirende Ebene auf einer optischen Axe senkrecht, so sind die Polarisationswinkel in allen Azimuthen gleich.

Fällt die Einfallsebene mit einem Hauptschnitt zusammen, so reduciren sich die Werthe für den Polarisationswinkel auf die nachstehenden:

1) Wenn die Einfallsebene senkrecht steht auf der, den stumpfen Winkel der optischen Axen halbirenden Elasticitätsaxe, und 90 — J die Neigung des Einfallslothes gegen eben diese Elasticitätsaxe bedeutet, so hat man

$$\sin \varphi = \frac{(1 - \nu^2) \cos^2 J + (1 - \pi^2) \sin^2 J}{1 - \pi^2 \nu^2}.$$

2) Wenn die Einfallsebene senkrecht steht auf der, den spitzen Winkel der optischen Axen halbirenden Elasticitätsaxe,

und 90 — J die Neigung des Einfallslothes gegen eben diese Elasticitätsaxe vorstellt, so hat man:

$$\sin^2\varphi = \frac{(1-\nu^2)\cos^2 J + (1-\mu^2)\sin^2 J}{1-\nu^2\mu^2}.$$

3) Fällt die Einfallsebene mit der Ebene der optischen Axe zusammen, und ist J die Neigung des Einfallslothes gegen die mittlere Elasticitätsaxe, so hat man:

$$\sin^2\varphi = \frac{(1-\mu^2)\cos^2 J + (1-\varkappa^2)\sin^2 J}{1-\mu^2\varkappa^2}.$$

Ablenkung der Polarisationsebene.

Ist α das Azimuth der Polarisationsebene des unter dem Polarisationswinkel reflectirten Strahls, so ist

$$\tang\alpha = \frac{s'}{s},$$

oder in anderer Form:

$$tg\alpha = -\frac{\sin(\varphi'-\varphi'')}{\cos x'\sin x''\sin(\varphi-\varphi')+\cos x''\sin x'\sin(\varphi-\varphi'')}\times$$

$$\Big(\sin x'\sin x''\cos(\varphi'+\varphi'')$$

$$+\frac{\sin(u-u')\sin j\sin x''-\sin(v+v')\cos k\sin x'}{\cos(u-u')-\cos(v+v')}\sin(\varphi'+\varphi'')\Big).$$

Geht man nicht weiter, als bis zur ersten Potenz von $\varkappa^2-\mu^2$, und führt für x′, x″, u, u′, v, v′, j, k die pag. 181, 182 und 203 gebrauchten, die Lage des Einfallslothes bestimmenden Grössen U, U′, X ein, so wie denjenigen Winkel 2J, welchen die durch das Einfallsloth und die optischen Axen gehenden Ebenen mit einander bilden, so er- hält man als Näherungswerth:

$$tg\alpha = \frac{m'\sin^2\varphi}{\sin 2\varphi'\sin(\varphi-\varphi')}\Big(\sin U\sin U'\sin 2X\cos\varphi'$$

$$+[\sin(U+U')\sin X\cos J+\sin(U-U')\cos X\sin J]\sin\varphi'\Big).$$

Die Einfallsebene, für welche keine Ablenkung stattfindet, ergiebt sich, wenn man den eingeklammerten Factor gleich Null setzt:

I. Wenn die reflectirende Ebene der Axe μ parallel, also $U = U'$ ist, so tritt dieses Ausbleiben der Ablenkung ein

1) bei $\sin X = 0$

2) bei $\cos X = -\cotg U\cos J\tang\varphi'$.

II. Wenn die reflectirende Ebene der Axe $\varkappa$ parallel ist, so verschwindet α, wegen $U + U' = 180°$

1) bei $\sin X = 0$

2) bei $\cos X = -\operatorname{cotg} U' \sin J \operatorname{tang}\varphi'$.

III. Ist die reflectirende Ebene der Axe ν parallel, so verschwindet α entweder (wenn das Einfallsloth im stumpfen Winkel der optischen Axe liegt)

1) bei $\sin X = 0$

2) bei $\cos X = -\dfrac{\sin(U + U') \operatorname{tang}\varphi'}{2 \sin U \sin U'}$

oder (wenn das Einfallsloth im spitzen Winkel der optischen Axen liegt)

1) bei $\cos X = 0$

2) bei $\sin X = -\dfrac{\sin(U - U') \operatorname{tang}\varphi'}{2 \sin U \sin U'}$

Es existiren also im Allgemeinen 4 Azimuthe ohne Ablenkung, von denen zwei mit dem Hauptschnitt zusammenfallen, die beiden anderen aber nur dann vorhanden sind, wenn die betreffenden Formeln reelle Werthe für X liefern.

Was die Fälle (I.) betrifft, so giebt es stets ein zweites Paar Azimuthe, wenn $\operatorname{tg}^2\varphi' \leqq \dfrac{4\operatorname{tg}^2 n}{\cos^2 n}$ ist; der grösste Werth von X' ist alsdann

$$\cos X = -\frac{\operatorname{tg}\varphi' \cos^2 n}{2 \sin n},$$

und die Tangente der Neigung der reflectirenden Ebene gegen den Hauptschnitt $\mu\nu$ ist gleich sin n. Wenn dagegen $\operatorname{tg}^2\varphi' > \dfrac{4 \operatorname{tg}^2 n}{\cos^2 n}$ ist, so existirt das zweite Paar Azimuthe nur auf den Flächen, für welche tang g zwischen 0° und

$$\tfrac{1}{2} \operatorname{tg}\varphi' \cos^2 n - \tfrac{1}{2} \sqrt{\operatorname{tg}^2\varphi' \cos^4 n - 4 \sin^2 n},$$

und für welche tang g zwischen

$$\tfrac{1}{2} \operatorname{tg}\varphi' \cos^2 n + \tfrac{1}{2} \sqrt{\operatorname{tg}^2\varphi' \cos^4 n - 4 \sin^2 n}$$

und 90° liegt.

Dasselbe gilt für den Fall (II), wenn man n durch 90 — n ersetzt.

Für den Fall (III) existirt das zweite Paar Azimuthe nur zwischen tang g' = 0 und

$$\tang g' = -\frac{\tg\varphi'}{2\cos^2 n} + \sqrt{\frac{\tg^2\varphi'}{4\cos^4 n} + \tg^2 n},$$

und zwischen

$$\tang g' = \frac{\tg\varphi'}{2\cos^2 n} + \sqrt{\frac{\tg^2\varphi'}{4\cos^4 n} + \tg^2 n}$$

und $g' = 90°$, wo g' den Winkel zwischen dem Einfallsloth und der Axe $\varkappa$ bedeutet.

Es fehlt demnach stets das zweite Paar Azimuthe, wenn die reflectirende Fläche auf einer optischen Axe senkrecht steht, und die Ablenkung ist gegeben durch

$$\tang\alpha = \frac{m' \sin^2\varphi \sin 2n \sin X}{2\cos\varphi' \sin(\varphi - \varphi')}.$$

Drehung der Polarisationsebene.

Es bezeichne δ_s die Drehung, welche ein mit der Einfallsebene parallel polarisirter Strahl durch die Reflexion erleidet, $90 - \delta_p$ dieselbe, wenn der Einfallsstrahl senkrecht gegen die Einfallsebene polarisirt ist; d_s das Azimuth der Polarisationsebene des Einfallsstrahls, wenn der reflectirte parallel der Einfallsebene polarisirt ist; $90 - d_p$ dasselbe, wenn der reflectirte Strahl senkrecht gegen die Einfallsebene polarisirt ist. Alsdann ist

$$\tg\delta_s = \frac{s'}{s},\quad \tg d_s = -\frac{s'}{p}$$

$$\tg\delta_p = \frac{p'}{p},\quad \tg d_p = -\frac{p'}{s},$$

so dass $\tg\delta_s \tg\delta_p = \tg d_s \tg d_p$, wie bei den einaxigen Krystallen gilt.

Die Winkel δ_s, δ_p, d_s, d_p verschwinden also, wenn

$$p' = 0 \quad \text{und} \quad s' = 0$$

ist, d. h. für

$$\sin(\varphi' - \varphi'') \cos x' \cos x'' = 0$$

$$\sin x' \sin x'' \sin(\varphi' - \varphi'') \cos(\varphi' + \varphi'') + \sin x' \sin^2\varphi'' \tg q' - \sin x'' \sin^2\varphi' \tg q' = 0.$$

Vernachlässigt man die höhern Potenzen von $\sin(\varphi' - \varphi'')$, so gehen diese Gleichungen über in

$$0 = \sin\varphi' [\sin(U + U') \cos J \sin X + \sin(U - U') \sin J \cos X] - \cos\varphi' \sin U \sin U' \sin 2X$$

$$0 = \sin\varphi' [\sin(U + U') \cos J \sin X + \sin(U - U') \sin J \cos X] + \cos\varphi' \sin U \sin U' \sin 2X.$$

Diese Gleichungen bestimmen zwei Kegelflächen, welche von den gebrochenen Wellennormalen gebildet werden, deren zugehörige Einfallsstrahlen ihre (parallele oder senkrechte) Polarisationsebene durch die Reflexion nicht ändern. Beide Kegelflächen sind einander gleich und ähnlich, haben das Einfallsloth gemeinschaftlich und sind um dasselbe nur um 180° gegen einander verdreht; es ist daher nur nöthig, die erste derselben zu betrachten. Zwei Zweige derselben schneiden sich rechtwinklig im Einfallsloth und enthalten überdies die optischen Axen in sich; eine vierte Seite des Kegels lässt sich leicht geometrisch construiren mittelst der Proportion

$$\sin(J - X) : \sin(J + X) = \operatorname{tg} U' : \operatorname{tg} U,$$

und eine fünfte Seite ist der Durchschnitt der Ebene der optischen Axen mit einer auf derselben senkrechten, durch das Einfallsloth gehenden Ebene.

Wenn die reflectirende Ebene mit der Axe $\varkappa$ oder μ parallel ist, so löst sich der Kegel in eine Ebene und eine Kegelfläche zweiter Ordnung auf. Die erste geht durch das Einfallsloth und steht senkrecht auf der Axe $\varkappa$ oder μ; die Kegelfläche schneidet die reflectirende Ebene in einem Kreise, welcher durch die drei Punkte geht, in denen dieselbe von dem Einfallsloth und den beiden optischen Axen getroffen wird.

Fällt das Einfallsloth mit der Axe $\varkappa$ oder ν oder μ zusammen, so löst sich die Kegelfläche in zwei sich senkrecht schneidende Ebenen auf, parallel mit ν und μ, oder mit $\varkappa$ und μ, oder mit $\varkappa$ und ν.

Wenn δ das Polarisationsazimuth des reflectirten Wellensystems, a das des einfallenden bedeutet, so hat man wiederum:

$$\operatorname{tang} \delta = \frac{\frac{p}{s} \operatorname{tang} a + \operatorname{tang} \delta_s}{1 + \operatorname{tang} a \operatorname{tang} d_p}.$$

Verschwinden der gebrochenen Strahlen.

Wenn das einfallende Licht senkrecht gegen die Einfallsebene polarisirt ist, so verschwindet der gewöhnliche oder der ungewöhnliche Strahl, je nachdem $\cos x'' = 0$ oder $\cos x' = 0$ ist; die übrig bleibenden gebrochenen Strahlen bilden also Seiten der vorher betrachteten Kegelfläche.

Wenn das einfallende Licht nach der Einfallsebene polarisirt war, so verschwindet der gewöhnliche oder der ungewöhnliche gleichfalls, wenn der ungewöhnliche oder der gewöhnliche nahe in die betrachtete Kegelfläche fällt, die für diesen Fall

$$D' : D'' = \cos x' \sin(\varphi + \varphi'') \cos(\varphi - \varphi'') - \sin^2\varphi'' \operatorname{tang} q'' :$$
$$\sin x' \sin(\varphi + \varphi') \cos(\varphi - \varphi') - \sin^2\varphi' \operatorname{tang} q',$$

ist, und wenn $\operatorname{tang} q'$ und $\operatorname{tang} q''$ nur kleine Grössen sind.

Wenn der Einfallswinkel und das Azimuth der Einfallsebene gegeben sind, so ist das Azimuth a', nach welchem das einfallende Licht polarisirt sein muss, wenn der ungewöhnliche Strahl verschwinden soll, bestimmt durch:

$$\operatorname{tang} a' = - \operatorname{tang} x' \cos(\varphi - \varphi') + \frac{\sin^2\varphi' \operatorname{tang} q'}{\cos x' \sin(\varphi + \varphi)},$$

und das Azimuth a'', bei welchem der gewöhnliche verschwindet, durch

$$\operatorname{tang} a'' = \operatorname{tang} x' \cos(\varphi - \varphi'') - \frac{\sin^2\varphi'' \operatorname{tang} q''}{\cos x'' \sin(\varphi + \varphi'')}.$$

Wenn das Einfallslicht im Azimuth a' polarisirt ist, so wird

$$D' = - \frac{2 \sin\varphi \cos\varphi}{\cos x' \sin(\varphi + \varphi')} S,$$

$$R_s = - \frac{\sin(\varphi - \varphi')}{\sin(\varphi + \varphi')} S,$$

$$R_p = - \frac{\sin x' \sin(\varphi - \varphi') \cos(\varphi + \varphi') + \sin^2\varphi' \operatorname{tang} q'}{\cos x' \sin(\varphi + \varphi')} S,$$

und das Polarisationsazimuth δ' des reflectirten Strahls

$$\operatorname{tang} \delta' = - \frac{\cos(\varphi + \varphi')}{\cos(\varphi - \varphi')} \operatorname{tg} a' + \frac{2 \sin 2\varphi \sin^2\varphi' \operatorname{tang} q'}{\sin 2(\varphi - \varphi') \sin(\varphi + \varphi') \cos x'}.$$

Ist das Einfallslicht im Azimuth a'' polarisirt, so wird

$$D'' = \frac{2 \sin\varphi \cos\varphi}{\cos x'' \sin(\varphi + \varphi'')} S,$$

$$R^s = - \frac{\sin(\varphi - \varphi'')}{\sin(\varphi + \varphi'')} S,$$

$$R_p = \frac{\sin x'' \sin(\varphi - \varphi'') \cos(\varphi + \varphi'') + \sin^2\varphi'' \operatorname{tang} q''}{\cos x'' \sin(\varphi + \varphi'')} S,$$

und das Polarisationsazimuth δ'' des reflectirten Strahls

$$\operatorname{tang} \delta'' =$$
$$- \frac{\cos(\varphi + \varphi'')}{\cos(\varphi - \varphi'')} \operatorname{tang} a'' - \frac{2 \sin 2\varphi \sin^2\varphi'' \operatorname{tg} q''}{\cos x'' \sin 2(\varphi - \varphi'') \sin(\varphi + \varphi'')}$$

Intensität der aus einem Krystall austretenden Strahlen.

Haben die ι, ψ, ξ, y, z dieselben Bedeutungen, wie bei den einaxigen Krystallen (I, 1), und sind p', p'', $r_{\prime}'$, $r_{\prime}''$, $r_{\prime\prime}'$, $r_{\prime\prime}''$ in Bezug auf die Systeme D', D'', $R_{\prime}'$, $R_{\prime}''$, $R_{\prime\prime}'$, $R_{\prime\prime}''$, (in dem Sinne des pag. 197. gebraucht), was q' und q'' vorher in Bezug auf die Systeme D' und D'' waren, so sind die Gleichungen, welche aus dem Princip der Gleichheit der Componenten und aus dem der lebendigen Kräfte folgen:

$$P' = D' \sin y' + R_{\prime}' \sin z_{\prime}' + R_{\prime}'' \sin z_{\prime}''$$
$$S' \sin\iota' = - D' \cos y' \sin\psi' + R_{\prime}' \cos z_{\prime}' \sin\xi_{\prime}' - R_{\prime}'' \cos z_{\prime}'' \sin\xi_{\prime}''$$
$$S' \cos\iota' = - D' \cos y' \cos\psi' - R_{\prime}' \cos z_{\prime}' \cos\xi_{\prime}' + R_{\prime}'' \cos z_{\prime}'' \cos\xi_{\prime}''$$
$$P' \sin\iota' \cos\iota' = D' (\sin\psi' \cos\psi' \sin y' - \sin^2\psi' \operatorname{tg} p') - R_{\prime}' (\sin\xi_{\prime}' \cos\xi_{\prime}' \sin z_{\prime}' + \sin^2\xi_{\prime}' \operatorname{tg} r_{\prime}') - R_{\prime}'' (\sin\xi_{\prime}'' \cos\xi_{\prime}'' \sin z_{\prime}'' + \sin^2\xi_{\prime}'' \operatorname{tg} r_{\prime}'')$$
$$P'' = D'' \sin y'' + R_{\prime\prime}' \sin z_{\prime\prime}' + R_{\prime\prime}'' \sin z_{\prime\prime}''$$
$$S'' \sin\iota'' = D'' \cos y'' \sin\psi'' + R_{\prime\prime}' \cos z_{\prime\prime}' \sin\xi_{\prime\prime}' - R_{\prime\prime}'' \cos z_{\prime\prime}'' \sin\xi_{\prime\prime}''$$
$$S'' \cos\iota'' = D'' \cos y'' \cos\psi'' - R_{\prime\prime}' \cos z_{\prime\prime}' \cos\xi_{\prime\prime}' + R_{\prime\prime}'' \cos z_{\prime\prime}'' \cos\xi_{\prime\prime}''$$
$$P'' \sin\iota'' \cos\iota'' = D'' (\sin\psi'' \cos\psi'' \sin y'' - \sin^2\psi'' \operatorname{tg} p'') - R_{\prime\prime}' (\sin\xi_{\prime\prime}' \cos\xi_{\prime\prime}' \sin z_{\prime\prime}' + \sin^2\xi_{\prime\prime}' \operatorname{tg} r_{\prime\prime}') - R_{\prime\prime}'' (\sin\xi_{\prime\prime}'' \cos\xi_{\prime\prime}'' \sin^2 z_{\prime\prime}'' + \sin^2\xi_{\prime\prime}'' \operatorname{tg} r_{\prime\prime}''),$$

welche zur Bestimmung von P', S', P'', S'', $R_{\prime}'$, $R_{\prime}''$, $R_{\prime\prime}'$, $R_{\prime\prime}''$ dienen.

Die sehr complicirten Ausdrücke, welche sich hieraus für $R_{\prime}'$, $R_{\prime}''$, $R_{\prime\prime}'$, $R_{\prime\prime}''$ ergeben, reduciren sich, wenn man Alles vernachlässigt, was von $\varkappa^2 - \mu^2$ abhängt, auf folgende, als erste Näherung dienende:

$$R_{\prime}' = - D' \frac{\sin(\iota' - \psi')}{\sin(\iota' + \xi'')} \times \left(\frac{\cos(\iota' + \psi')}{\cos(\iota' - \xi_{\prime}')} \sin y' \sin z_{\prime}' + \cos y' \cos z_{\prime}'\right)$$

$$R_{\prime}'' = D' \frac{\sin(\iota' - \psi')}{\sin(\iota' + \xi_{\prime}')} \times \left(\frac{\cos(\iota' + \psi')}{\cos(\iota' - \xi_{\prime}')} \sin y' \cos z_{\prime}' - \cos y' \sin z_{\prime}'\right)$$

$$R_{,,}' = D'' \frac{\sin(\iota'' - \psi'')}{\sin(\iota'' + \xi_{,,}'')}$$

$$\times \left(\frac{\cos(\iota'' + \psi'')}{\cos(\iota'' - \xi_{,,}'')} \sin y'' \cos z_{,,}'' - \cos y'' \sin z_{,,}''\right)$$

$$R_{,,}'' = - D'' \frac{\sin(\iota'' - \psi'')}{\sin(\iota'' + \xi_{,,}'')}$$

$$\times \left(\frac{\cos(\iota'' + \psi'')}{\cos(\iota'' - \xi_{,,}'')} \sin y'' \sin z_{,,}'' + \cos y'' \cos z_{,,}''\right).$$

Für die Strahlen, welche eine von parallelen Flächen begrenzte Krystallplatte verlassen, erhält man D' und D'' aus den Formeln pag. 204. und P', S', P'', S'' aus den obigen Gleichungen, wenn man in denselben $\iota' = \iota'' = \varphi$, $\psi' = \varphi'$, $\psi'' = \varphi''$, $y' = x'$, $y'' = x''$, $p' = q'$, $p'' = q''$, $\xi_{,}' = \xi_{,,}'$, $\xi_{,}'' = \xi_{,,}''$, $z_{,}' = z_{,,}'$, $z_{,}'' = z_{,,}''$ setzt.

Lässt man alles von $\varkappa^2 - \mu^2$ Abhängende fort, so ergiebt sich als erste Näherung:

$$P' = \frac{\sin 2\varphi \sin 2\varphi'}{\sin^2(\varphi + \varphi') \cos(\varphi - \varphi')}$$

$$\times \left(\frac{P \sin x'}{\cos(\varphi - \varphi')} - S \cos x'\right) \sin x'$$

$$S' = - \frac{\sin 2\varphi \sin 2\varphi'}{\sin^2(\varphi + \varphi')}$$

$$\times \left(\frac{P \sin x'}{\cos(\varphi - \varphi')} - S \cos x'\right) \cos x'$$

$$P'' = \frac{\sin 2\varphi \sin 2\varphi'}{\sin^2(\varphi + \varphi') \cos(\varphi - \varphi')}$$

$$\times \left(\frac{P \cos x'}{\cos(\varphi - \varphi')} + S \sin x'\right) \cos x'$$

$$S'' = - \frac{\sin 2\varphi \sin 2\varphi'}{\sin^2(\varphi + \varphi')}$$

$$\times \left(\frac{P \cos x'}{\cos(\varphi - \varphi')} + S \sin x'\right) \sin x'$$

Theorie der elliptischen Polarisation, welche durch Reflexion von Metallen erzeugt wird.

Den von Brewster entdeckten Erscheinungen des von Metallflächen reflectirten Lichtes (Pogg. Ann. XXI. 219.) scheinen folgende zwei Grundsätze zum Grunde zu liegen:

1) Die Vibrationsintensität des von Metallflächen reflectirten Lichtes ist bei demselben Einfallswinkel verschieden, je nachdem die einfallenden Strahlen nach der Reflexionsebene oder senkrecht gegen dieselbe polarisirt sind, und es erreicht diese Verschiedenheit ihr Maximum beim Polarisationswinkel, von welchem aus sich die Intensitäten der Gleichheit nähern, bis dieselbe bei 0° und 90° Incidenz vollkommen ist.

2) Der nach der Reflexionsebene polarisirte Theil des reflectirten Lichts ist dem senkrecht gegen diese Ebene polarisirten Theil stets um einen Bruchtheil einer Wellenlänge voraus. Diese Verzögerung des zweiten Theils gegen den ersten fängt bei einer Incidenz von 0° an, und nimmt zu bis zur Incidenz 90°, wo sie zu einer halben Wellenlänge angewachsen ist. Bei der Reflexion unter dem Polarisationswinkel beträgt sie eine Viertelwellenlänge.

Es ist daher sowohl das Verhältniss der Vibrationsintensitäten in den beiderlei Strahlen (von Neumann Verhältniss der Schwächung genannt), als die Grösse der Verzögerung eine Function des Einfallswinkels. Sind diese Functionen bekannt, so ist es zugleich die Schwingungsbahn der reflectirten Strahlen, und es lassen sich demzufolge auch die Bedingungen auffinden, unter denen die Polarisation wiederum geradlinig wird, so wie die Ebenen, in welchen die Schwingungen alsdann erfolgen, d. h. die Polarisations-Azimuthe, bestimmen.

Reflexion an Metallen für den Fall, dass die Polarisationsebene der einfallenden Strahlen + 45° gegen die Reflexionsebene geneigt ist.

Ist p^2 die Intensität des senkrecht gegen die Einfallsebene polarisirten Theils des reflectirten Lichts, s^2 die Intensität des nach dieser Ebene polarisirten Theils, also $\frac{p}{s}$ die Schwächung; ist ferner δ die Verzögerung des ersten Theils, also $\frac{\delta}{\lambda}$ die Verzögerung in der Zeit, wenn die Wellenlänge gleich λ, und die Undulationsdauer T zur Einheit genommen wird; und sind endlich x und y die Verschiebungen im reflectirten Licht parallel und senkrecht gegen die Reflexionsebene, so beschreiben die Aethertheilchen nach νmaliger Reflexion in derselben Ebene eine Ellipse, deren Gleichung

$$\left(\frac{x^2}{p^\nu}\right)^2 + \left(\frac{y^2}{s^\nu}\right) - \frac{2\,xy}{p^\nu s^\nu} \cos \frac{\nu\delta}{\lambda} 2\pi = \left(\frac{T}{2x}\right)^2 \sin^2 \frac{\nu\delta}{\lambda} 2\pi$$

ist.

Diese Ellipse verwandelt sich in eine gerade Linie, wenn

$$1) \quad \sin \frac{\nu\delta}{\lambda} 2\pi = 0, \ \cos \frac{\nu\delta}{\lambda} 2\pi = \pm 1$$

ist, und die Neigung α dieser Linie gegen die Reflexionsebene (das Azimuth der Polarisationsebene) ist bestimmt durch

$$2) \quad \operatorname{tang} \alpha = \pm \left(\frac{p}{s}\right)^\nu.$$

Da nun nach **Brewster's** Beobachtungen nach zweimaliger Reflexion unter dem Polarisationswinkel die geradlinige Polarisation hergestellt wird, und die Azimuthe der Polarisationsebene des einfallenden und reflectirten Lichts in diesem Falle auf verschiedenen Seiten der Reflexionsebene liegen, so muss für den Polarisationswinkel

$$\sin \frac{2\delta}{\lambda} 2\pi = 0, \ \cos \frac{2\delta}{\lambda} 2\pi = 1,$$

also

$$\delta = (2\mu + 1) \frac{\lambda}{4}$$

sein, während aus anderen Betrachtungen folgt, dass μ eine gerade Zahl sein muss, so dass die entsprechende Verzögerung als eine Viertel-Wellenlänge betragend angesehen werden kann. Für das Azimuth der Polarisationsebene hat man alsdann

$$\operatorname{tang} \alpha = -\left(\frac{p}{s}\right)^2.$$

Es lässt sich daher aus dem beobachteten Azimuth das Verhältniss der Schwächung für den Polarisationswinkel berechnen. So findet man aus den **Brewsterschen** Messungen folgende Werthe:

	α		$\frac{p}{s}$	β	
Silber	39°	48′	0,91	42°	23′
Kupfer	29		0,74	36	40
Quecksilber	26		0,70	34	56
Platin	22		0,64	32	27
Spiegelmetall	21		0,62	31	44
Stahl	17		0,55	28	56
Blei	11		0,44	23	48
Bleiglanz	2		0,18	10	35

(Die mit β überschriebene Spalte enthält die Winkel, deren Tangente $\frac{p}{s}$ ist.)

Für jeden anderen Einfallswinkel ist die Verzögerung δ, so wie die Schwächung tang β eine andere.

Für den allgemeinen Werth von δ stellte Neumann folgende Relation auf:

$$\text{(I)} \quad \operatorname{tang} \tfrac{1}{2} \frac{\delta}{\lambda} 2\pi = \operatorname{tang} i \operatorname{tang} r,$$

in welcher i den Einfallswinkel und r den zugehörigen Brechungswinkel vorstellt. Dieser Brechungswinkel ist auf einen eingebildeten, gebrochenen Strahl zu beziehen, und zwar auf denjenigen, welcher sich aus dem Cartesischen Gesetz ergeben würde, wenn das Metall das Licht so bräche, dass bei der Reflexion unter dem Polarisationswinkel der gebrochene Strahl auf dem reflectirten senkrecht stände.

Die Formel (I) stimmt nicht nur in Rücksicht auf die aus derselben abgeleiteten numerischen Resultate mit den Brewster-schen Beobachtungen überein, sie lässt sich auch auf die Formel reduciren, welche Brewster selbst aus seinen Beobachtungen abgeleitet hat (Pogg. Ann. XXI. 237, 238), nämlich auf

$$\operatorname{tang} \varphi = \frac{\cos (i + r)}{\cos (i - r)},$$

wo φ bestimmt ist durch

$$\frac{\delta}{\lambda} 2\pi = 90 - 2\varphi.$$

Für die Abhängigkeit der Schwächung vom Einfallswinkel stellte Neumann folgende Relation auf:

$$\text{(II)} \quad \tan 2\beta = \frac{\tan 2\beta_1}{\sin \frac{\delta}{\lambda} 2\pi},$$

wo β_1 den Werth von β für den Polarisationswinkel bedeutet.

Auf diese Formel wurde er durch folgendes, von Brewster aufgestellte Gesetz geleitet.

Unter welchem Winkel das Licht auch einfallen mag, immer ist es möglich, die geradlinige Polarisation nach einer bestimmten Anzahl Reflexionen unter demselben Winkel herzustellen. Ist nun n die kleinste Zahl der Reflexion, nach welchem dieses für einen Einfallswinkel i eintritt, welcher grösser als der Polarisationswinkel ist, und ist das Azimuth der Polarisationsebene alsdann α_1, so giebt es jedesmal einen zweiten Einfallswinkel i', der kleiner als der Polarisationswinkel ist, unter welchem das Licht nach ebenso vielen Reflexionen geradlinig polarisirt wird, und zwar in einem Azimuth α_2, welches absolut genommen gleich α_1 ist. Liegt die Polarisationsebene des einfallenden Strahls auf der rechten Seite der Einfallsebene, so liegt die des reflectirten Strahls, welcher im Azimuth α_1 polarisirt ist, stets links, die Polarisationsebene, welche dem Azimuth α_2 angehört, dagegen nur dann links, wenn n eine gerade Zahl ist. Da nun die positiven Azimuthe nach einer geraden Zahl Reflexionen rechts, nach einer ungeraden Zahl links liegen (vorausgesetzt, dass man dem p und s solche Vorzeichen giebt, dass bei senkrechter Incidenz $\frac{p}{s}$ mit dem Polarisationsazimuth des einfallenden Lichts gleiches Zeichen erhält), so ist α_2 stets negativ, und α_1 negativ für einen geraden Zahlenwerth von n, positiv für einen ungeraden.

Es ergiebt sich nämlich aus diesem Gesetz mittelst der Gleichungen (1 und 2) für den Winkel i

$$\delta = \frac{(n-1)\lambda}{2n},$$

und für den Winkel i'

$$\delta = \frac{\lambda}{2n}.$$

so dass sich die zu i und i' gehörigen Verzögerungsphasen $\frac{2\pi\delta}{\lambda}$ zu 180° ergänzen, und da die Azimuthe α_1 und α_2, also auch die Schwächungen gleich sein müssen, so folgt, dass β eine Function von $\sin\frac{2\pi\delta}{\lambda}$ sein muss.

Die Richtigkeit der Formel (II) hat sich bei der Vergleichung der aus ihr sich ergebenden numerischen Werthe von β, mit den aus Brewster's (für eine Reihe zusammengehöriger Einfallswinkel angestellten) Beobachtungen an Stahl und Silber ergebenden Werthen bewährt. (S. Pogg. Ann. XXVI. 101, 103.)

Metallreflexion für den Fall, dass das einfallende Licht in einem beliebigen Azimuthe a polarisirt ist.

Mit der Lage der Polarisationsebene des einfallenden Strahls ändert sich auch die Polarisationsebene desjenigen Strahls, in welchem durch wiederholte Reflexion die Schwingungsbahn wieder geradlinig geworden ist. Für den Fall, dass das Polarisationsazimuth des Einfallslichtes a ist, und die geradlinige Schwingung durch n Reflexionen in derselben Ebene und unter demselben Einfallswinkel wiederhergestellt wird, findet man

$$\tang \alpha = \mp \tang a \tang^n \beta,$$

wo das — oder + Zeichen zu nehmen ist, je nachdem $\frac{2n\delta}{\lambda}$ eine ungerade oder gerade Zahl ist, vorausgesetzt jedoch, dass n die kleinste zur linearen Polarisation erforderliche Zahl der Reflexionen ist.

Bedeutet ϑ das Azimuth im reflectirten Strahl für den Fall, dass a = 45° ist, so erhält die vorige Gleichung die Form

$$\tang \alpha = \tang a \tang \vartheta,$$

unter welcher sie Brewster, der sie aus seinen Beobachtungen abgeleitet hatte, hinstellte.

Findet lineare Polarisation nach n Reflexionen statt, so findet sie auch nach 2 n, 3 n, 4 n . . . Reflexionen statt, und zwar ist dann allgemein nach mn Reflexionen

$$\tang \alpha = \mp \tang a \tang^{mn} \beta,$$

also für a = 45°

$$\tang \alpha = \tang^m \vartheta$$

Die letzte Gleichung ist gleichfalls schon von **Brewster** gegeben und durch Versuche bewährt worden.

Wenn ein im Azimuthe a polarisirter Strahl unter dem Polarisationswinkel reflectirt wird, so wird er wiederum geradlinig polarisirt durch eine zweite Reflexion, sobald beide Reflexionsebenen parallel sind oder auf einander senkrecht stehen, und zwar muss die neue Reflexion wiederum unter dem Polarisationswinkel erfolgen. Es wird hierzu aber ein anderer Einfallswinkel erfordert, sobald die Reflexionsebenen einen anderen Winkel als 0° und 90° mit einander bilden. Geschieht ferner die erste Reflexion unter einem ganz beliebigen, aber bestimmten Winkel i, und bilden die Reflexionsebenen irgend einen gegebenen Winkel b mit einander, so lässt sich jedesmal ein Einfallswinkel finden, unter welchem die zweite Reflexion erfolgen muss, wenn wiederum geradlinige Polarisation eintreten soll. Dieser Einfallswinkel muss nämlich ein solcher sein, bei welchem die durch die erste Reflexion erfolgende Verzögerung durch die zweite Reflexion zu einer halben Wellenlänge ergänzt wird. Die Verzögerung in Folge der ersten Reflexion ist hier jedoch nicht die aus der Gleichung (I) für das gegebene i bestimmte, da sich dieselbe nur auf die Componenten bezieht, welche parallel und senkrecht gegen die erste Reflexionsebene gerichtet sind, während hier die Verzögerung derjenigen Componenten zu verstehen ist, welche sich auf die zweite Reflexionsebene beziehen. Bezeichnen wir die erste Verzögerung mit δ, die zweite mit δ', und die durch die zweite Reflexion hervorgebrachte mit δ'', so ist die Bedingung der geradlinigen Polarisation:

$$3)\quad \sin 2\pi\left(\frac{\delta' + \delta''}{\lambda}\right) = 0$$

oder

$$4)\quad \operatorname{tang}\frac{2\pi\delta'}{\lambda} + \operatorname{tang}\frac{2\pi\delta''}{\lambda} = 0.$$

Nun findet sich als Gleichung, welche den Werth von δ' bestimmt, wenn man

$$\frac{p}{s}\operatorname{tang} a = \operatorname{tang}\gamma$$

setzt,

$$5)\quad \operatorname{tang}\frac{2\pi\delta'}{\lambda} = \frac{\sin\frac{2\pi\delta}{\lambda}}{\cos\frac{2\pi\delta}{\lambda}\cos 2b - \sin 2b\operatorname{cotg}2\gamma};$$

so dass man, um den erforderlichen Einfallswinkel an der zweiten reflectirenden Fläche zu bestimmen, aus

$$\tang \frac{2\pi\delta''}{\lambda} + \frac{\sin \frac{2\pi\delta}{\lambda}}{\cos \frac{2\pi\delta}{\lambda} \cos 2b - \sin 2b \cotg 2\gamma} = 0$$

mittelst (I) $\tang \frac{2\pi\delta''}{\lambda}$ eliminiren müsste. Hat man in einer Tafel zum Voraus für jeden Einfallswinkel die entsprechende Verzögerung berechnet, so lässt sich diese weitläufige Rechnung umgehen, indem man zuerst mittelst (5) $\frac{2\pi\delta'}{\lambda}$ berechnet, alsdann aus (3) das zugehörige δ'' berechnet, und hierzu den Einfallswinkel aufsucht.

Auch die für verschiedene Werthe von b von Brewster gemessenen (auf Stahl und Silber sich beziehenden) Einfallswinkel an der zweiten Fläche, bei einer vorgängigen Reflexion unter dem Polarisationswinkel und unter Winkeln von 80° und 68° stimmen hinlänglich mit den aus vorstehenden Formeln abgeleiteten Werthen überein. (Man vergl. Pogg. Ann. XXVI. p. 111 und 113.)

Wird ein Strahl nach einander an verschiedenen Metallen reflectirt, und zwar beziehlich unter den Winkeln i, i', i'' . . ., und sind $\left(\frac{p}{s}\right)_i$, $\left(\frac{p}{s}\right)_{i'}$, $\left(\frac{p}{s}\right)_{i''}$ . . . die entsprechenden Schwächungsverhältnisse, δ_i, $\delta_{i'}$, $\delta_{i''}$ . . . die zugehörigen Verzögerungen, so wird die geradlinige Polarisation hergestellt, sobald

$$\sin \left(\frac{\delta_i + \delta_{i'} + \delta_{i''} + \ldots}{\lambda}\right) 2\pi = 0$$

ist, und zwar in einem Azimuth α, welches gegeben ist durch

$$\tang \alpha = \pm \left(\frac{p}{s}\right)_i \left(\frac{p}{s}\right)_{i'} \left(\frac{p}{s}\right)_{i''} \ldots,$$

wo das (+) oder (—) Zeichen zu nehmen ist, je nachdem

$$\cos \frac{\delta_i + \delta_{i'} + \delta_{i''} + \ldots}{\lambda} 2\pi$$

negativ oder positiv ist, vorausgesetzt jedoch, dass das Einfallslicht im Azimuthe + 45° polarisirt ist.

Aus den aufgestellten Principien erklärt sich auch die Herstellung der geradlinigen Polarisation des durch Totalreflexion circular oder elliptisch polarisirten Lichtes, nachdem man es einer neuen Reflexion an einer Metallfläche unterworfen hat. Ist das Licht durch die totale Reflexion kreisförmig polarisirt, so ist dieselbe mit einer Metallreflexion gleichgeltend, für welche $\frac{p}{s} = 1$ und $\frac{2\pi\delta}{\lambda} = \frac{1}{2}\pi$ ist. Die neue Reflexion an dem Metall muss daher unter einem Winkel geschehen, für welchen die Verzögerung eine Viertel-Wellenlänge beträgt, also unter dem Polarisationswinkel, und das resultirende Polarisations-Azimuth ist bestimmt durch

$$\tang \alpha = \frac{p}{s} = \tang \beta.$$

Für eine Reflexion an einer Stahlfläche findei sich hieraus $\alpha = 29^\circ\, 53'$ statt der von Brewster beobachteten $30\frac{1}{2}^\circ$; und für eine Reflexion an einer Silberfläche $\alpha = 42^\circ\, 24'$ statt der beobachteten $42\frac{1}{2}^\circ$.

Erlitt das Licht bei einem Einfallsazimuth von 45° eine oder mehrere Totalreflexionen in einer und derselben Ebene, ist die hierdurch erzeugte Verzögerung δ, und lässt man es alsdann von einer Metallfläche in einer Ebene reflectiren, welche mit der ersten den Winkel b bildet; so findet man den Einfallswinkel, unter welchem die lineare Polarisation hergestellt wird, aus dem entsprechenden Werthe von δ'', welcher sich aus (4) unter jenen Bedingungen ergiebt. Die Gleichung (4) verwandelt sich für diesen Fall in

$$\tang \frac{2\pi\delta''}{\lambda} + \frac{\tang \frac{2\pi\delta}{\lambda}}{\cos 2b} = 0.$$

Diese Formel lehrt:

1) Dass für $\frac{2\pi\delta}{\lambda} = \frac{1}{2}\pi$, d. h. für eine kreisförmige Polarisation, die erforderliche Incidenz vom Reflexions-Azimuth b unabhängig und dem Polarisationswinkel gleich ist.

2) Dass für jeden Werth von δ, wenn $b = 45^\circ$ ist, die erforderliche Incidenz dem Polarisationswinkel gleich ist.

3) Dass für $\frac{2\pi\delta}{\lambda} < \frac{1}{2}\pi$ die erforderliche Incidenz grösser

oder kleiner als der Polarisationswinkel ist, je nachdem b zwischen 0° und 45°, oder zwischen 45° und 90° liegt; dass dagegen das Umgekehrte stattfindet, wenn $\frac{2\pi\delta}{\lambda} > \frac{1}{2}\pi$ ist.

Combinationen von Reflexionen an Metallen und Brechungen in Krystallplatten.

Brewster fand (Pogg. Ann. XXI. 253, 254), dass ein linear polarisirter Strahl, nachdem er von einer Metallfläche reflectirt worden, wiederum die lineare Polarisation annehme, wenn er durch ein Krystallblättchen geleitet würde, und der Hauptschnitt des letzteren eine bestimmte Lage habe.

Aus dem Vorigen ist klar, dass dieser Fall eintreten muss, wenn die durch die Metallreflexion bewirkte Verzögerung in Verbindung mit der Verzögerung im Krystall, welche durch die ungleiche Geschwindigkeit der gewöhnlichen und ungewöhnlichen Strahlen erzeugt wird, eine ganze Zahl halber Wellenlängen beträgt, oder sobald sich beide Verzögerungen aufheben.

Brewster experimentirte mit einer krystallisirten Glasplatte, deren Mitte das bläuliche Weiss der ersten Ordnung im polarisirten Lichte zeigte, und welche wie ein positiver Krystall wirkte. Die Verzögerung der ungewöhnlichen Strahlen gegen die gewöhnlichen betrug also eine Viertel-Wellenlänge der mittleren Strahlen, und wenn die Reflexion am Metall unter dem Polarisationswinkel geschah, also der Gangunterschied der beiden Strahlenportionen, welche respective parallel der Reflexionsebene und senkrecht gegen dieselbe polarisirt sind, eine Viertel-Wellenlänge betrug, so musste die lineare Polarisation hergestellt werden, sobald z. B. der durch die Reflexion beschleunigte Lichtantheil ausschliesslich im Krystall die ungewöhnliche Brechung erlitt, sobald also die Axe des positiven Krystalls die Reflexionsebene senkrecht kreuzte. In der That wird dies durch Brewster's Beobachtungen bestätigt, und das Azimuth α der wiederhergestellten Polarisation, für welches die Theorie

$$\tan g\,\alpha = +\frac{p}{s} = \beta$$

liefert, stimmt im Allgemeinen sehr genau mit den Messungen. Die beobachteten und berechneten Werthe sind nämlich folgende:

	Beobachtete β	Berechnete β
Silber	42	42° 23′
Kupfer	36½	36 40
Quecksilber	35	34 56
Platin	34	32 27
Spiegelmetall	32	31 44
Stahl	30½	28 56
Blei	26	23 48
Bleiglanz	17½	10 35

Geschieht die Reflexion nicht unter dem Polarisationswinkel, so unterscheiden sich die gewöhnlich und die ungewöhnlich gebrochenen Strahlenportionen beim Eintritt in den Krystall nicht mehr bei der vorigen Stellung um eine Viertel-Wellenlänge, und die lineare Polarisation erfordert eine eigene Lage des Hauptschnittes.

Diese Lage ergiebt sich aus der Gleichung (5), wenn man $\frac{2\pi\delta'}{\lambda} = \frac{1}{2}\pi$ setzt. Man erhält demnach zur Bestimmung des Werthes von b die Gleichung

$$\cos\frac{2\pi\delta}{\lambda}\operatorname{tang}2\gamma = \operatorname{tang}2b.$$

Für den Fall, dass das Licht anfänglich im Azimuth $+ 45°$ polarisirt war, verwandelt sich diese Formel in

$$\operatorname{tang}2b = \operatorname{tang}2\beta_{\iota}\ \operatorname{cotg}\frac{2\pi\delta}{\lambda}.$$

Aus dieser Formel ergiebt sich das Gesetz für die Drehung des Hauptschnittes, d. h. für die Aenderung des Werthes von b, im Allgemeinen in derselben Weise, wie Brewster es angiebt, nämlich, dass von $i = 90°$ bis zur Incidenz unter dem Polarisationswinkel b von $+ 45°$ bis $0°$ abnimmt, und dass von der Incidenz unter dem Polarisationswinkel bis zu $i = 0$, b negativ von $0°$ bis $- 45°$ wächst. Indess zeigen die numerischen Werthe eine ziemlich bedeutende Abweichung, wie die folgende Tafel beweist:

i	Berechnete b		Beobachtete b
90°	45°		45°
88	40	42′	38½
83½	30		23½
75	0		0
60	— 29	56	— 22½
40	— 40	2	— 37

Für die starken Differenzen zwischen den Resultaten der Rechnung und der Beobachtung hält Neumann noch eine besondere Erklärung für nöthig.

Die Polarisationsebene des austretenden Strahls hat immer ein positives Azimuth α, wie gross auch der Reflexionswinkel war. Es ist nämlich

$$\tan g\,\alpha = \left(\frac{p}{s}\right)_i = \frac{\tan g\,2\beta_1}{\sin\frac{2\pi\delta_i}{\lambda}},$$

wo $\left(\frac{p}{s}\right)_i$ und δ_i der Incidenz i entsprechen, während bei der Herstellung der linearen Polarisation durch zwei Reflexionen

$$\tan g\,\alpha = -\left(\frac{p}{s}\right)_i^2 = -\left\{\frac{\tan g\,2\beta_1}{\sin\frac{2\pi\delta_i}{\lambda}}\right\}^2$$

war.

Die von Brewster bemerkte Färbung des Lichtes, welche sich zeigt, wenn dasselbe nach wiederholter Reflexion an Metallen durch ein Kalkspathrhomboeder (oder ein Nicolsches Prisma) zerlegt wird, erklärt sich daraus, dass sowohl die Verzögerung δ, als die Schwächung $\frac{p}{s}$ von der Wellenlänge abhängig sind. Die Farbenfolge ist nämlich eine ganz andere als diejenige, welche man erblickt, wenn man die reflectirenden Metallflächen durch ein brechendes krystallinisches Blättchen ersetzt, und die Dicke oder die Neigung des letzteren gegen die einfallenden Strahlen ändert. Der

Grund dieser Abweichung von der Newtonschen Scale scheint namentlich in der ausnehmend grossen Verschiedenheit der Brechungsverhältnisse für die verschiedenen Farbenstrahlen, so wie in dem merkwürdigen Umstande zu liegen, dass die Brechungswinkel für das blaue Ende des prismatischen Spectrums sich grösser erwiesen haben, als für dessen rothes Ende.

Die aufgestellte Theorie reicht hin, die ganz allgemeinen Formeln für die Farben zu entwickeln, welche nach einer beliebigen Anzahl Reflexionen unter beliebigem Einfallswinkel und in beliebigen Reflexionsazimuthen erzeugt werden.

Für den Fall, dass das einfallende Licht homogen, vom Brechungsindex m und im Azimuthe a polarisirt ist, und dass n Reflexionen in derselben Ebene und unter gleichen Incidenzen stattgehabt haben, findet man, wenn A_m^2 die Intensität des ungewöhnlichen Bildes ist, nachdem das Licht durch ein Kalkspathrhomboeder gegangen ist, dessen Hauptschnitt sich im Azimuthe b befindet,

$$A_m^2 = [p_m^n \sin a \cos b - s \quad \cos a \sin b]^2$$
$$+ p_m^n s_m^n \sin 2a \sin 2b \sin^2 \frac{2n\pi\delta}{\lambda}.$$

In diesem Ausdruck stellen p_m, s_m die Werthe von p und s für die in Rede stehende Strahlengattung vor, und ändern sich von Farbe zu Farbe mit dem Werthe von m. Es lässt sich daher die Farbe des ungewöhnlichen Bildes im weissen Lichte durch den Ausdruck

$$A^2 = \Sigma A_m^2$$

repräsentiren, wenn man durch Σ die Verbindung andeutet, welche man nach der Newtonschen Regel für die Composition der Farben mit den zu den verschiedenen Farben gehörigen Werthen von A_m^2 vornehmen muss, um die resultirende Farbe zu erhalten.

Setzt man in die obige Gleichung $p = s = 1$, wodurch dieselbe übergeht in

$$(A_m^2) = \sin^2 (a - b) + \sin 2a \sin 2b \sin^2 \frac{2n\pi\delta}{\lambda},$$

so liefert sie die Intensität des ungewöhnlichen Bildes, welches durch einen Strahl erzeugt ist, der, ursprünglich im Azimuthe a polarisirt, durch ein krystallinisches Blättchen gegangen ist, dessen Hauptschnitt mit der Einfallsebene zusammenfällt, und in welchem der ungewöhnliche Strahl um $n\delta$ verzögert worden ist, sobald man sich unter b wiederum das Azimuth des Hauptschnittes des analysirenden Prismas denkt.

Die Ausdrücke A_m^2 und (A^{m^4}) geben die Mittel an die Hand, die Farben bei der Metallreflexion mit denjenigen zu vergleichen, welche krystallinische Blättchen darbieten.

Airy's Theorie der Ringsysteme im Bergkrystall.

Airy ist der erste, welcher Gleichungen für die Formen der im polarisirten Licht sich zeigenden Farbenringe aus den Principien der Wellenlehre entwickelte, und zwar geschah dies für den Fall, dass der Krystall, welcher die Ringerscheinungen erzeugt, einaxig ist, dass die Ein- und Austrittsfläche desselben senkrecht auf der optischen Axe steht, und dass das Licht unter sehr kleinen Winkeln einfällt. (Pogg. Ann. XXIII. p. 204.)

Zuerst behandelte er den Fall, in welchem der Krystall linear polarisirtes Licht linearpolarisirt bricht, wie es in allen Krystallen mit Ausnahme des Bergkrystalls geschieht, und fand — unter der Voraussetzung, dass das Einfallslicht linear polarisirt ist, α den Winkel zwischen der Reflexionsebene des Polarisations- und Zerlegungsspiegels, φ den Winkel zwischen der Reflexionsebene des letzten Spiegels und dem durch den einfallenden Strahl gelegten Hauptschnitt, und c^2 die Intensität des einfallenden Lichtes vorstellt — für die Intensität des vom Zerlegungsspiegel reflectirten Lichtes den Ausdruck

$$1)\quad \frac{c^2}{2}\Big(1 + \cos 2\,(\alpha + \varphi)\,.\,\cos 2\,\varphi + \cos\frac{2\pi}{\lambda}\,\Theta\,\sin 2\,(\alpha + \varphi)\,\sin 2\varphi\Big).\,^{*})$$

In diesem Ausdruck, welcher nur für homogenes Licht gilt, dessen Wellenlänge λ ist, bedeutet Θ die Grösse, um welche der vom

---

*) Bei der Entwickelung dieses Ausdrucks ist auf den Lichtverlust bei der Brechung und Reflexion im Krystall und im Zerlegungsspiegel nicht Rücksicht genommen.

gewöhnlichen Strahl im Krystall zurückgelegte Weg (gemessen durch den Weg, welchen derselbe in gleicher Zeit in der Luft zurückgelegt haben würde) den Weg desjenigen ungewöhnlichen Strahls übertrifft, welcher mit ihm parallel austritt, also sich mit ihm zu einem interferirten Strahl vereinigt.

Der Werth von Θ ist für kleine Werthe des Einfallswinkels

$$T \frac{(a^2 - b^2)\, \vartheta^2}{2b},$$

wo ϑ den Einfallswinkel, T die Dicke der Platte, b die Geschwindigkeit des gewöhnlichen Strahls, a die Geschwindigkeit des, sich senkrecht gegen die Axe bewegenden, ungewöhnlichen Strahls bedeutet.

Da der Eintrittswinkel wegen der Parallelität der Grenzflächen des Krystalls dem Austrittswinkel gleich ist, so giebt der Ausdruck (1) die Intensität eines Punktes an, welcher nur um den Winkel ϑ von der Mitte (d. h. von dem Punkte, von welchem aus die senkrecht den Krystall durchwandernden Strahlen ins Auge treten) entfernt sind. Da ferner φ die Lage der Ebene angiebt, in welcher die Strahlen den Krystall verlassen, so kann man, wenn man jenen Ausdruck (1) einer Constanten J^2 gleich setzt, die daraus entspringende Gleichung als die Gleichung einer Curve ansehen, in welcher durchgängig die Intensität J^2 herrscht, und in welcher φ den Radius Vector und ϑ den Polarwinkel vorstellt. Setzt man $J^2 = 0$, so hat man die Gleichung für so viele dunkel erscheinende Curven, als Werthe von Θ derselben genügen. Wird $J^2 = 0$ für einen bestimmten Werth von φ unabhängig von ϑ, so werden die Curven von einer geraden dunklen Linie durchschnitten, deren Lage durch diesen Werth von φ bestimmt ist.

Kreuzen sich die Reflexionsebenen beider Spiegel senkrecht, so wird die Intensität

$$\frac{c^2}{2} \sin^2 2\varphi \sin^2 \frac{\pi\Theta}{\lambda},$$

und verschwindet daher für jeden Werth von λ, also für jede Farbe, wenn $\vartheta = 0$, und wenn $\varphi = 0$, oder $= 90°$, oder $= 180°$, oder $= 270°$ ist, ein Umstand, welcher die Erscheinung der dunklen Mitte und des dunklen Kreuzes erklärt. — Da ϑ der Entfernung des Austrittspunktes des Strahls von der Mitte (wo die Strahlen senkrecht einfallen) nahe gleich ist, so gehört jeder bestimmte Werth von ϑ einem Kreisringe an, und es bilden sich daher dunkle Ringe, deren Radien diejenigen Werthe von ϑ sind, welche Θ einer ganzen Zahl Wellenlängen gleich machen.

Wenn die Reflexionsebenen beider Spiegel parallel sind, so wird die Intensität

$$\frac{c^2}{2}\left(1 + \cos^2 2\varphi + \cos\frac{2\pi\Theta}{\lambda}\sin^2 2\varphi\right);$$

sie erreicht daher ihr Maximum c^2, und zwar für jede Farbe, wenn $\vartheta = 0$, und wenn $\varphi = 0$, oder $= 90^\circ$, oder $= 180^\circ$, oder $= 270^\circ$ ist —, ein Umstand, welcher die weisse Mitte und das weisse Kreuz erklärt. Da für diejenigen Werthe von ϑ der Ausdruck ein Maximum wird, für welche der vorige ein Minimum ist, und umgekehrt, so folgt zugleich, dass die Farben denen des vorigen Falls complementar sind.

Endlich folgt aus dem allgemeinen Ausdruck, dass bei jeder anderen Neigung der Spiegel die Ringe sich in acht Sectoren von complementarer Färbung theilen, indem er ein Maximum wird zwischen $\varphi = 0$ und $\varphi = 90 - \alpha$ für dieselben Werthe von ϑ, für welche er ein Minimum wird zwischen $\varphi = 90 - \alpha$ und $\varphi = 90^\circ$, und umgekehrt, und indem sich dies wiederholt, wenn diese Winkel um 90° wachsen.

Wenn das einfallende Licht elliptisch polarisirt ist, so wird der Ausdruck für die Intensität:

$$\frac{c^2}{2}\Big(1 + \cos 2\beta \cos 2\varphi \cos 2(\beta + \alpha + \varphi)$$

$$+ \cos\frac{2\pi\Theta}{\lambda}\cos 2\beta \sin 2\varphi \sin 2(\beta + \alpha + \varphi)$$

$$- \sin\frac{2\pi\Theta}{\lambda}\sin 2\beta \sin 2\varphi\Big),$$

wo, wenn das elliptisch polarisirte Licht durch Totalreflexion entstanden ist, welche eine Verzögerung um eine Viertel-Undulation veranlasst, β den Winkel zwischen der Reflexionsebene und der ursprünglichen Polarisationsebene vorstellt, und wo also circulare Polarisation eintritt, wenn $\beta = 45^\circ$ wird. In letzterem Falle ist die Intensität

$$\frac{c^2}{2}\left(1 - \sin\frac{2\pi\Theta}{\lambda}\sin 2\varphi\right),$$

also unabhängig von α, so dass sich die Erscheinung bei der Drehung des Zerlegungsspiegels nicht ändert. Da sie ferner gleich $\frac{1}{2}c^2$ wird, wenn $\varphi = 0, = 90^\circ, = 180^\circ, = 270^\circ$ ist, so ist ein schwaches weisses Kreuz vorhanden, parallel und senkrecht gegen die Reflexionsebene des Spiegels. Da überdies die Maxima zwischen $\varphi = 0$ und $\varphi = 90^\circ$, so wie zwischen $\varphi = 180^\circ$ und $\varphi = 270^\circ$ mit den Minimis zwischen $\varphi = 90^\circ$ und $\varphi = 180^\circ$, so wie zwischen $\varphi = 270^\circ$ und $\varphi = 360^\circ$ denselben Werthen von ϑ angehören, so sind die anstossenden Quadranten einander complementar gefärbt.

Wenn im Fall der elliptischen Polarisation die beiden Spiegel sich senkrecht kreuzen (d. h. $\alpha = 90^\circ$ ist), so wird die Intensität $\frac{1}{4}c^2 \sin^2 2\varphi$, sobald $\varphi = 0, = 90^\circ, = 180^\circ, = 270^\circ$ ist, so dass parallel und senkrecht gegen die Reflexionsebene ein schwaches Kreuz erscheint. Für die Werthe von ϑ, welche die Intensität sonst zum Verschwinden bringen, ergiebt sich als Bedingung

$$\vartheta^2 = \frac{\lambda}{\Theta}\left(n + \frac{B}{2\pi}\right),$$

welche Gleichung die Form der isochromatischen Curven bestimmt, und in welcher n für den 1ten, 2ten, 3ten . . . Ring beziehlich den Werth 0, 1, 2 . . . hat, und B bestimmt ist durch

$$\tang B = \frac{\tang 2\beta}{\sin 2(\beta + \varphi)}.$$

Ist β nur klein, so ist auch B nur gering, ausser wenn $\sin 2(\beta + \varphi)$ selber nur gering ist, wo dann B schnell auf $+ 90^\circ$ und $- 90^\circ$ wächst. Dies tritt ein, wenn $\sin 2(\beta + \varphi)$ von sehr kleinen negativen Werthen durch Null hindurch zu sehr kleinen positiven Werthen übergeht, und es bilden sich daher an diesen Stellen in den Ringen starke Einbiegungen, die aber wegen der schwachen Intensität an den betreffenden Orten schwer bemerkbar sind, und dieserhalb die Ringe elliptisch erscheinen lassen.

Ringfiguren des Bergkrystalls.

Die Hypothesen, welche Airy aufstellte, um die Erscheinungen im Bergkrystall zu erklären, sind folgende:

1) Der gewöhnliche und der ungewöhnliche Strahl sind elliptisch polarisirt, und zwar liegt die grosse Axe der Bahn des

ersteren senkrecht gegen den Hauptschnitt, die des letzteren im Hauptschnitt.

2) Von den gebrochenen Strahlen ist der eine rechts, der andere links elliptisch polarisirt.

3) Das Axenverhältniss der Bahn ist in beiden Strahlen bei gleicher Neigung gegen die Axe dasselbe, und gleich Eins, wenn sie sich längs der optischen Axe selbst fortpflanzen. Mit der Neigung gegen die optische Axe nimmt jenes Verhältniss rasch zu.

4) Die ellipsoidische Wellenfläche der ungewöhnlichen Strahlen wird von der sphärischen Wellenfläche der gewöhnlichen Strahlen nicht berührt, sondern gänzlich eingeschlossen.

Die Intensität J^2 des, vom Zerlegungsspiegel reflectirten Strahls wird auf Grund dieser Voraussetzungen, wenn das Einfallslicht linear polarisirt ist,

$$c^2 \left(\frac{1-k^2}{1+k^2}\right) \cos^2 (\alpha + 2\varphi) \sin^2 \frac{\pi\Theta}{\lambda}$$

$$+ c^2 \left(\cos\alpha \cos \frac{\pi\Theta}{\lambda} + \frac{2k}{1+k^2} \sin\alpha \sin \frac{\pi\Theta}{\lambda}\right),$$

wo c, α, φ, Θ, λ die vorige Bedeutung haben, und k derjenige ächte Bruch ist, welcher das Axenverhältniss der elliptischen Bahnen ausdrückt.

Bei senkrechter Kreuzung beider Spiegel (für $\alpha = 90°$) wird

$$J^2 = c^2 \sin^2 \frac{\pi\Theta}{\lambda} \left(\frac{4k^2}{(1+k^2)^2} + \left(\frac{1-k^2}{1+k^2}\right)^2 \sin^2 2\varphi\right).$$

Da J^2 hiernach für jedes φ verschwindet, wenn Θ der Null oder einer ganzen Zahl Wellenlängen gleich sind, so müssen die Ringe kreisförmig sein.

Der aus dem Biotschen Gesetz (dass die Mitte im homogenen Licht dunkel wird, nach einer Drehung, welche der Dicke der Platte direct, und der Grösse λ^2 umgekehrt proportional ist) abgeleitete hypothetische Gangunterschied Θ ist

$$\Theta = T \left(\frac{e}{\lambda\pi} + \frac{a^2 - b^2}{2b} \vartheta^2\right),$$

wo e eine Constante vorstellt. Nimmt man Θ positiv, so gelten die Ausdrücke für rechts gewundene Krystalle; ändert man dabei das Zeichen von k, so werden sie auf links gewundene Krystalle anwendbar. Nimmt man dagegen Θ negativ, so werden sie auf rechtsgewundene Krystalle anwendbar, wenn man das Zeichen von k ändert.

Da das Licht, dem obigen Ausdruck zufolge, am schwächsten ist für $\varphi = 0, = 90°, = 180°, = 270°$, und am stärksten für $\varphi = 45°, = 135°, = 225°, = 315°$, und da der Unterschied zwischen diesem Minimum und Maximum um so stärker wird, je kleiner k ist, so erklären sich die dunklen Büschel, welche die äussersten Ringe beschatten.

Der allgemeine Ausdruck verwandelt sich, wenn man

$$\tang \psi = \frac{2k}{1 + k^2} \tang \alpha$$

und

$$\tang \omega = \frac{(1 + k^2)^2 \cos^2 \alpha + 4k^2 \sin^2 \alpha + (1 - k^2)^2 \cos^2 (\alpha + 2\varphi)}{(1 + k^2)^2 \cos^2 \alpha + 4k^2 \sin^2 \alpha - (1 - k^2)^2 \cos^2 (\alpha + 2\varphi)}$$

macht, in

$$\tang \left(\frac{2\pi\Theta}{\lambda} - \psi\right) = \tang \psi \tang \omega.$$

Es ist also $\frac{2\pi\Theta}{\lambda}$ um ω grösser als ψ (oder $\psi + \pi$, oder $\psi + 2\pi$ etc.) Da ferner, wenn k nahe gleich 1 und $\alpha < 90°$ ist, $\tang \omega$ immer einen positiven Werth hat, also ω zwischen 0 und 90° liegt, und da ω am grössten wird für $\varphi = 90° - \frac{1}{2}\alpha, 180° - \frac{1}{2}\alpha, 270° - \frac{1}{2}\alpha, 360 - \frac{1}{2}\alpha$, so haben an den eben bezeichneten Stellen die Ringe eine Ausbiegung, welche indess keine volle Ringbreite beträgt — und dies ist der Grund des quadratischen Aussehens der Ringe. Diese Ausbiegungen (die abgerundeten Ecken der Quadrate) liegen auf der einen oder der anderen Seite der Reflexionsebene des zweiten Spiegels; je nachdem der Krystall rechts oder links gewunden ist.

Dass bei paralleler Lage der beiden Spiegel die Ringe kreisförmig, ununterbrochen und nur an den Enden des Gesichtsfeldes durch weisse Büschel aufgehellt werden, welche parallel und senkrecht gegen die Reflexionsebene der Spiegel gerichtet sind, ergiebt sich aus der allgemeinen Formel, wenn man $\alpha = 0$ setzt.

Da für $\alpha = 0$ auch $\omega = 0$ und $\psi = 0$ oder 2π etc. ist, und da für $\alpha = 90°$ auch $\omega = 90°$ und $\psi = \frac{1}{2}\pi$ oder $\frac{3}{2}\pi$ etc. wird, so nimmt $\frac{2\pi\Theta}{\lambda}$, wenn man α von 0 bis 90° wachsen lässt, d. h. wenn man den zweiten Spiegel allmälig um 90° dreht, um 180° zu. Dasselbe erfolgt, wenn man α von 90° bis 180° wachsen lässt. Die Ringe scheinen sich daher bei einer Drehung der Spiegel nach der Linken zu vergrössern, wenn der Krystall rechts gewunden ist. Aendert man das Zeichen von Θ oder k, so erfolgt ein Abnehmen statt eines Wachsens, folglich scheinen sich bei gleicher Drehung die Ringe zu verengern, wenn der Krystall links gewunden ist. Beides stimmt vollkommen mit der Erfahrung.

Unter der Voraussetzung, dass das einfallende Licht kreisförmig polarisirt ist, wird der Ausdruck für die Intensität

$$J^2 = \frac{c^2}{2}\Big(1 - \frac{1-k^2}{1+k^2}$$

$$\times \Big(\sqrt{\frac{4k^2}{(1+k^2)^2}\cos^2 2\varphi + \sin^2 2\varphi} + \frac{2k}{1+k^2}\cos 2\varphi\Big)$$

$$+ 2\,\frac{1-k^2}{1+k^2}$$

$$\times \sqrt{\Big(\frac{4k^2}{(1+k^2)^2}\cos^2 2\varphi + \sin^2 2\varphi\Big)}\cos^2\Big(\frac{\pi\Theta}{\lambda} + \frac{\chi}{2}\Big)$$

wo

$$\tan\chi = \frac{1+k^2}{2k}\tan 2\varphi$$

ist. Es verschwindet demnach J^2 für keinen besonderen Werth von φ, und mithin werden die Ringe an keiner Stelle unterbrochen. Da ferner der Factor von $\cos^2\left(\frac{\pi\Theta}{\lambda} + \frac{\chi}{2}\right)$ nur klein ist, 1) wenn $1 - k$ gering ist (d. h. in der Mitte), 2) für kleinere Werthe von k, wenn $\sin 2\varphi = 0$ ist, so ist die Intensität in der Mitte, und in einiger Entfernung von der Mitte in den Linien parallel und senkrecht gegen die Reflexionsebene nur schwach.

Die Gleichung, welche die Gestalt der dunklen Ringe bestimmt, ist

$$\cos^2\left(\frac{\pi\Theta}{\lambda} + \frac{\chi}{2}\right) = 0.$$

Da χ von 0° bis 90° und von 90° bis 180° etc. wächst, wenn 2φ von 0° bis 90° und von 90° bis 180° etc. zunimmt, und an den Grenzen, d. h. bei 0°, 90°, 180° etc. mit 2φ zusammenfällt, so weicht χ nie sehr von 2φ ab, und man kann als Gleichung für die dunklen Ringe

$$\frac{\pi\Theta}{\lambda} = \frac{\pi}{2} - \varphi, \text{ oder } = \frac{3\pi}{2} - \varphi \text{ etc.}$$

nehmen, woraus folgt, dass Θ und mithin auch ϑ mit φ beständig wächst, und dass mithin die Ringform eine Spirale ist. Ist der Krystall rechts gewunden, so ist diese Spirale nach links gedreht, ist er links gewunden, so ist sie nach rechts gedreht, wie es die Erfahrung bestätigt. Eine ganz ähnliche Reihe für Θ ergiebt sich, wenn man φ um 180° vergrössert, so dass die Ringe aus zwei in einander gewickelten ganz gleichen Spiralen bestehen, deren Ausgangspunkte diametral einander gegenüberstehen.

Da ferner $\chi > 2\varphi$ ist zwischen $\varphi = 0$ und $\varphi = 45°$, zwischen $\varphi = 90°$ und $\varphi = 135°$ etc., dagegen $\chi < 2\varphi$ zwischen $\varphi = 45°$ und $\varphi = 90°$, zwischen $\varphi = 135°$ und $\varphi = 180°$ etc., so erhalten die Spiralen ein quadratisches Ansehen.

Endlich wird $J^2 = \frac{1}{2}c^2$ für $k = 1$, und zwar unabhängig von λ, und mithin ist die Mitte im gemeinen Licht weiss.

Wenn zwei gleich dicke Quarzplatten, von denen die eine rechts, die andere links gewunden ist, über einander gelegt werden, so erblickt man bei linear polarisirtem Einfallslicht bekanntlich vier in demselben Sinne gedrehte Spiralen, welche sich in der Mitte zu einem rechtwinkligen, schief gegen die Reflexionsebene geneigten Kreuz vereinigen, und welche von einer Reihe von Kreisen durchschnitten sind. Die Windung der Spiralen erfolgt dabei so, dass ihre Durchschnittspunkte mit den Kreisen in der Reflexionsebene und senkrecht auf derselben liegen, und in einiger Entfernung von der Mitte zeigen sich dunkle Büschel.

Alle diese Einzelnheiten folgen aus dem Ausdruck, welcher sich für die Intensität J^2 aus den obigen Principien ergiebt, nämlich aus:

$$J^2 = c^2 \frac{(1-k^2)}{(1+k^2)^4}\left(16k^2 \cos^2 2\varphi + 4(1+k^2)^2 \sin^2 2\varphi\right)$$
$$\times \sin^2 \frac{\pi\Theta}{\lambda} \sin^2\left(\frac{\pi\Theta}{\lambda} - \chi\right),$$

in welchem

$$\operatorname{tang}\chi = \frac{1+k^2}{2k} \operatorname{tang} 2\varphi$$

gesetzt ist. Legt man dem k einen positiven Werth bei, so gilt diese Formel für den Fall, dass der links gewundene Krystall dem Zerlegungsspiegel zugekehrt ist; nimmt man dagegen k negativ, so gilt sie für den Fall, dass der rechts gewundene Krystall dem Auge zunächst liegt. Es existiren hiernach zwei Systeme dunkler Linien:

$$1)\quad \text{für } \sin \frac{2\pi\Theta}{\lambda} = 0 \qquad (a)$$

d. h. für $\frac{\pi\Theta}{\lambda} = 0, = \pi, = 2\pi$ etc.,

also Kreise, deren Durchmesser mit denen der Kreise einer einzigen Platte übereinstimmen;

$$2)\quad \text{für } \sin^2 \left(\frac{\pi\Theta}{\lambda} - \chi\right) = 0 \qquad (b)$$

d. h. für $\frac{\pi\Theta}{\lambda} = \chi, = \pi + \chi, = 2\pi + \chi$ etc.

Aus gleichem Grunde, wie im vorigen Falle ϑ, weicht hier χ sehr wenig von 2φ ab, und es ist durch diese Gleichung mithin ebenfalls eine Spirale vorgestellt. Es existiren aber vier solcher Spiralen, weil man dieselben Werthe für χ, vergrössert um π, 2π, 3π erhält, wenn man φ um 90°, 180°, 270° vermehrt, und zwar weichen die Spiralen in ihren Lagen um 90° von einander ab.

Durch Verbindung der Gleichungen (a) und (b) kommt man auf die Durchschnittspunkte der beiderlei Curven; und zwar führt sie auf

$$\chi = 0, = \pi, = 2\pi \text{ etc.},$$

d. h. auf

$$\varphi = 0, = \tfrac{1}{2}\pi, = \pi \text{ etc.},$$

folglich auf Punkte, welche in Linien liegen, die parallel und senkrecht gegen die Reflexionsebene durch die Mitte gezogen werden.

Da zwischen $\varphi = 0$ und $\varphi = 45$, $\chi > 2\varphi$ ist, und zwischen $\varphi = 45°$ und $\varphi = 90°$, $\chi < 2\varphi$ ausfällt, so werden die Spiraltheile zwischen den Kreisen flacher als in den Durchschnittspunkten mit den Kreisen, und es erscheinen daher dieselben quadratähnlich.

Ferner ist die Mitte dunkel, da für $k = 1$, $J = 0$ wird.

Den Ursprung der dunklen Spiralen erhält man, wenn man in (b) $\vartheta = 0$ setzt, wodurch sich ergiebt:

$$\varphi = \frac{eT}{2\lambda_1^2},\ \varphi = \frac{eT}{2\lambda^2} + \pi,\ \varphi = \frac{eT}{2\lambda^2} + 2\pi \text{ etc.}$$

Es ist aber $\frac{eT}{\lambda^2}$ der Winkel, um welchen der Zerlegungsspiegel nach links gedreht werden muss, wenn die Mitte in einer rechts gewundenen Platte dunkel werden soll, und es bilden demnach die Anfänge der Spiralen ein Kreuz, dessen Arme um die Hälfte dieses Drehungswinkels gegen die Reflexionsebene und die darauf Senkrechte geneigt sind.

Aus dem Umstande, dass χ mit k zugleich sein Zeichen ändert, folgt, dass die Richtung der Spiralen mit k die Richtung ändert; die Windung geht nämlich nach rechts oder links hin, je nachdem die rechts gewundene Platte vorn oder hinten liegt.

Schwerd's analytische Entwickelung der Beugungs-Erscheinungen.

Die im Folgenden betrachteten Beugungserscheinungen, welche Schwerd aus den Grundsätzen der Undulationslehre *) ableitete, sind diejenigen, welche man erblickt, wenn man durch die, dicht an's Auge gehaltenen, beugenden Oeffnungen auf eine, in der Weite des deutlichen Sehens befindliche Lichtquelle sieht, oder wenn man auf die letztere ein Fernrohr so richtet, dass sie ohne beugenden Schirm deutlich durch dasselbe gesehen wird, und alsdann den Schirm vor dem Objectiv befestigt.

Der Punkt, in welchem der Schirm von der Axe des Auges oder des Fernrohrs getroffen wird, ist optischer Mittelpunkt, und jene Axe die optische Axe genannt worden.

Die in die Oeffnung tretenden, von einem Punkt ausgehenden Strahlen sind, wegen der grösseren Entfernung ihres Ausgangspunktes, als parallel betrachtet worden.

Da jedes Aethermolekül in der beugenden Oeffnuug als sphärische (Elementar)- Wellen verbreitend angesehen, und mithin als Strahlen aussendend gedacht wird, da ferner alle Parallelstrahlen

*) Die Beugungserscheinungen, aus den Fundamentalgesetzen der Undulationstheorie analytisch entwickelt. Mannheim. 1835.

in dem bewaffneten oder unbewaffneten Auge die Empfindung eines Lichtpunktes erregen, so kommt es bei der Bestimmung der Beugungsbilder nur darauf an, die Farbe und Intensität der Systeme von Parallelstrahlen zu kennen, welche von den verschiedenen Richtungen her ins Auge oder auf das Objectiv fallen. Der Winkel, den diese Richtungen mit einer auf dem Schirm senkrecht gedachten Linie bilden, heisst der Beugungswinkel. Derselbe ist im Folgenden durchgängig mit ψ bezeichnet, während der Winkel zwischen der Richtung der directen Strahlen und der Normale des Schirms, welcher bei fester Lage des Schirms sich nicht ändert, mit χ bezeichnet ist. Die Wellenlänge ist durchgängig durch λ vorgestellt.

Beugung durch eine schmale hohe Oeffnung.

Wenn der Schirm, welcher die Oeffnung enthält, den Winkel λ mit der Wellenebene der einfallenden Strahlen bildet, wenn ferner die Intensität der, die Oeffnung erfüllenden, directen Lichtmasse $(A \cos\chi)^2$ beträgt, so dass also A dem Flächeninhalt der Oeffnung proportional ist, und wenn endlich γ die Breite der Oeffnung, und $(A)^2$ die Intensität eines bestimmten Punktes des Beugungsbildes vorstellt, welcher von denjenigen Strahlen gebildet wird, die gegen den Schirm um den Winkel $90-\psi$ geneigt sind, so ist:

$$(A)^2 = (A \cos\chi)^2 \left(\frac{\sin[\pi\gamma(\sin\psi - \sin\chi)\lambda^{-1}]}{\pi\gamma(\sin\psi - \sin\chi)\lambda^{-1}}\right)^2.$$

Bezeichnet ferner (U) die Oscillationsgeschwindigkeit im optischen Mittelpunkte N zur Zeit t, T die Schwingungsdauer, x die Entfernung der Lichtquelle von N und β die Entfernung des optischen Mittelpunktes vom nächsten Rande des Schirms, so ist:

$$(U) = (A)\sin\left(2\pi\left(\frac{t}{T} - \frac{x}{\lambda} - \frac{(\beta + \frac{1}{2}\gamma)(\sin\psi - \sin\chi)}{\lambda}\right)\right).$$

Für den Fall, dass der Schirm senkrecht auf den directen Strahlen steht, ist, wenn man $2\pi\gamma \sin\psi\lambda^{-1}$ durch γ_1 bezeichnet,

$$(A)^2 = A^2 \left(\frac{\sin \frac{1}{2}\gamma_1}{\frac{1}{2}\gamma_1}\right)^2.$$

Es wird also für $\psi = 0$, $(A) = A$, d. h. in der Mitte des Beugungsbildes ist die Intensität dem des directen Lichtes gleich.

Da $(A) = 0$ wird für $\gamma_1 = \pm \frac{1}{2}m\pi$, so ist das Beugungsbild in den Punkten dunkel, in welchen

$$\gamma \sin\psi = \pm m\lambda$$

ist, und diese Punkte bilden die Grenzen der (allein sichtbaren) Spectra erster Klasse. Da ferner $\gamma \sin\psi$ der Gangunterschied der von den Rändern kommenden Strahlen ist, so beträgt derselbe an den Grenzen der Spectra eine ganze Zahl Wellenlängen.

Die Richtungen, in denen sich diese Grenzen befinden, lassen sich leicht aus

$$\sin\psi = \pm \frac{m\lambda}{\gamma}$$

berechnen, und dieser Ausdruck lehrt zugleich, dass die Spectra um so breiter werden, je enger die Oeffnung ist.

Die genannten Richtungen können aus der vorstehenden Formel folgendermassen construirt werden:

Man beschreibe auf der Projection BCB' (Fig. 57.) der Schirmfläche einen Halbkreis BAB', dessen Radius CA = 1 ist, theile die Linie BB' von C aus in Theile von der Länge $\frac{\lambda}{\gamma}$, und errichte in den Theilpunkten die Senkrechten CA, $2\psi^{(1)}$, $4\psi^{(2)}$, ... $2_{\prime}\psi_{\prime}^{(1)\prime}$, $4_{\prime}\psi_{\prime}^{(2)}$ ... Alsdann sind $AC\psi^{(1)}$, $AC\psi^{(2)}$, $AC\psi^{(3)}$, ... $AC\psi^{(1)\prime}$, $AC\psi^{(2)\prime}$, $AC\psi^{(3)\prime}$ ... die Werthe der Beugungswinkel ψ.

Daraus, dass für $\gamma < \lambda$, $\sin\psi > 1$ wird, folgt, dass nur ein (und zwar unbegrenztes) Spectrum sich bilden kann, wenn die Oeffnungsbreite kleiner als die Wellenlänge ist.

An den Stellen, wo der Gangunterschied eine ungerade Anzahl halber Wellenlängen beträgt, also $\gamma \sin\psi = \pm (4m \pm 1) \frac{1}{2}\lambda$ wird, ist die Intensität

$$(A)^2 = A^2 \left(\frac{1}{(2m \pm \frac{1}{2})\pi}\right)^2,$$

und verhält sich daher umgekehrt wie die Quadrate der ungeraden Zahlen.

Für den Fall, dass der Schirm schief gegen die optische Axe geneigt ist, wird die Gleichung, welche die Grenzen der Spectra bestimmt,

$$\sin\psi - \sin\chi = \pm \frac{m\lambda}{\gamma},$$

woraus folgt, dass auch hier für sie der Gangunterschied der Randstrahlen, $\gamma (\sin\psi - \sin\chi)$ eine ganze Zahl Wellenlängen beträgt.

Die modificirte Construction für die zu den dunklen Stellen gehörigen Beugungswinkel ist alsdann folgende:

Es wird wiederum über der Projection A'NA (Fig. 58.) von dem optischen Mittelpunkte N aus ein Kreis mit dem Radius NA $= 1$ beschrieben, NR senkrecht auf AA', und NH so gezogen, dass RNH $= \chi$ wird, ferner HP senkrecht auf AA' gefällt. Schneidet man alsdann zu beiden Seiten von P auf AA' Theile ab, welche gleich $\frac{\lambda}{\gamma}$ sind, und errichtet in den Theilpunkten die Senkrechten $2\psi^{(1)}$, $4\psi^{(2)}$, ... $2_{,}\psi_{,}^{(1)}$, $4_{,}\psi_{,}^{(1)}$ ... so sind $N\psi^{(1)}$, $N\psi^{(2)}$ ... $N\psi_{,}^{(1)}$, $N\psi_{,}^{(2)}$ ... die Richtungen, in denen die dunklen Stellen liegen, während in H die Mitte des Bildes liegt. Die Ungleichheit der Bogen $H\psi^{(1)}$, $\psi^{(1)}\psi^{(2)}$ ..., $H\psi^{(1)}$, $H\psi^{(2)}$, welche die Breite der Spectra repräsentiren, veranlasst das Unsymmetrische des Bildes zu beiden Seiten der Mitte H.

Beugung durch eine parallelogrammartige Oeffnung.

Man nenne die Länge der Seiten des Parallelogramms a u. b, und denke durch den optischen Mittelpunkt N in dem Schirm zwei Linien P und Q gezogen, von denen die erste auf der Richtung der directen, die zweite auf der Richtung der gebeugten Strahlen senkrecht steht, bezeichne die Winkel zwischen P u. a, P u. b, Q u. a, Q u. b beziehlich durch ϱ, φ, ϱ'', φ'', und setze, übrigens die früheren Bezeichnungen beibehaltend,

$$a_{1} = 2\pi a\,(\sin\varrho''\,\sin\psi - \sin\varrho\,\sin\chi)\,\lambda^{-1}$$
$$b_{1} = 2\pi b\,(\sin\varphi''\,\sin\psi - \sin\varphi\,\sin\chi)\,\lambda^{-1}.$$

Alsdann ist die Intensität des gebeugten Lichtes

$$2)\quad (A)^2 = A\cos\chi)^2 \left(\frac{\sin\frac{1}{2}a_1}{\frac{1}{2}a_1}\right)^2 \left(\frac{\sin\frac{1}{2}b_1}{\frac{1}{2}b_1}\right)^2.$$

Mit Hülfe dieser Formel lässt sich die Form des Beugungsbildes folgendermassen construiren:

Beschreibt man um den optischen Mittetpunkt N (Fig. 59.) über der Schirmfläche abXY eine Kugelfläche mit einem Radius NX, welcher der Brennweite des Objectivs oder der Vereinigungsweite der Strahlen im Auge gleich ist, so lässt sich diese Fläche als den Ort der Erscheinung betrachten. Man ziehe nun NH den directen, NT den gebeugten Strahlen parallel, ferner Na und Nb parallel mit den Seiten a und b der Oeffnung, und lege durch H und T auf die letzten Linien senkrechte Ebenen, welche die Kugelfläche in den Kreisen XX, YY, TT, T'T' schneiden. Die ersten beiden Kreise nannte Schwerd Hauptkreise, die beiden letzten coordinirte Kreise des Punktes T.

Sind nun P, M, M′, M″ die Projectionen der Punkte H, T, T′, T″ auf der Schirmfläche, und A, B, A_1, B_1 die Durchschnittspunkte der Linien Na, Nb mit den 4 Kreisebenen, so ist

$$AA_1 = \sin\varrho'' \sin\psi - \sin\varrho \sin\chi$$
$$BB_1 = \sin\varphi'' \sin\psi - \sin\varphi \sin\chi,$$

also

$$3)\quad (A)^2 = (A \cos\chi)^2$$
$$\times \left(\frac{\sin[\varkappa a.\ AA_1\ \lambda^{-1}]}{\varkappa a.\ AA_1\ \lambda^{-1}}\right)^2 \left(\frac{\sin[\varkappa b.\quad {}_1\ \lambda^{-1}]}{\varkappa b.\ BB_1\ \lambda^{-1}}\right)^2.$$

In der Mitte H des Bildes ist also wegen $AA_1 = BB_1 = 0$, die Intensität $(A)^2 = (A \cos\chi)^2 =$ der Intensität des ungebeugten Lichtes.

In dem Hauptkreise XHX ist $AA_1 = 0$, und es wird daher der letzte Factor des Ausdruckes (3) der Einheit gleich, so dass $(A)^2$ dieselbe Form wie bei einer strichförmigen Oeffnung erhält, und deswegen das Bild in diesem Kreise dem Bilde einer strichförmigen Oeffnung gleicht.

Da ferner $(A)^2 = 0$ wird, wenn

$$BB_1 = \pm \frac{m\lambda}{b}$$

wird, so ist das Bild von dunklen Linien durchschnitten, welche mit YHY parallel sind, und deren Projection von YY um $\pm \frac{\lambda}{b}$, $\pm \frac{2\lambda}{b}$ $\pm \frac{3\lambda}{b}$ . . . abstehen.

Ganz Aehnliches gilt von dem Factor

$$\frac{\sin[\varkappa a.\ AA_1\ \lambda^{-1}]}{\varkappa a.\ AA_1\ \lambda^{-1}},$$

so dass ein zweites System dunkler Linien das Bild durchschneidet, welche parallel XHX sind, und deren Projectionen von XX um die Grössen $\pm \frac{\lambda}{a}$, $\pm \frac{2\lambda}{a}$, $\pm \frac{3\lambda}{a}$ . . . abstehen.

Das Bild besteht demnach aus parallelogrammförmigen Spectren, deren Winkel die Supplemente der Winkel des Oeffnungsparallelogramms sind.

Es findet sich überdies, dass $b.\ BB_1 = PM'.\ h'$ und $a.\ AA_1 = PM''.\ h''$ ist, wo h′ und h″ die auf a und b senkrechten Höhen des Oeffnungsparallelogramms sind, und hieraus folgt, dass die beiden Systeme dunkler Linien zusammenfallen mit den dunklen Linien spaltförmiger Oeffnungen, deren Breite respective h' u. h'' ist.

Die Projection des Bildes auf dem Schirm hat, dem Vorigen zufolge, die Form der Figur (60).

In den beiden Hauptrichtungen XX und YY nimmt die Intensität denselben Gang, wie bei einer Spaltöffnung, und hinsichtlich der Winkelspectra ist die Intensität eines Punktes T dem Product der coordinirten Punkte T' und T'' auf den Hauptkreisen gleich.

Beugung durch eine dreieckige Oeffnung.

Man nenne die Länge der Seiten des Dreiecks a, b u. c, und denke durch den optischen Mittelpunkt N in dem Schirm zwei Linien P u. Q, von denen die erste auf der Richtung der directen, die zweite auf der Richtung der gebeugten Strahlen senkrecht steht, bezeichne die Winkel zwischen P und a, P und b, P und c, Q und a, Q und b, Q und c beziehlich durch ϱ, φ, ξ, ϱ'', φ'', ξ'', und setze

$$a_1 = 2\pi a \, (\sin \varrho'' \sin \psi - \sin \varrho \sin \chi) \, \lambda^{-1}$$
$$b_1 = 2\pi b \, (\sin \varphi'' \sin \psi - \sin \varphi \sin \chi) \, \lambda^{-1}$$
$$c_1 = 2\pi c \, (\sin \xi'' \sin \psi - \sin \xi \sin \chi) \, \lambda^{-1}.$$

Alsdann ist die Intensität des gebeugten Lichtes

$$4) \quad (A)^2 = \left(\frac{2A \cos \chi}{c_1}\right)^2$$
$$\times \left\{\left(\frac{\sin \frac{1}{2} a_1}{\frac{1}{2} a_1}\right)^2 + \left(\frac{\sin \frac{1}{2} b_1}{\frac{1}{2} b_1}\right)^2 - 2 \frac{\sin \frac{1}{2} a_1}{\frac{1}{2} a_1} \frac{\sin \frac{1}{2} b_1}{\frac{1}{2} b_1} \cos \tfrac{1}{2} c_1 \right\}.$$

Nun sei wiederum abXY (Fig. 61.) der Schirm, N der optische Mittelpunkt, NH die Richtung der directen, NT die Richtung der gebeugten Strahlen, ferner seien P u. M die Projectionen von H und T, Na. Nb, Nc den Dreiecksseiten a, b, c parallel, und XHX, YHY, ZHZ seien die auf jenen Linien senkrecht stehenden Hauptkreise. Legt man alsdann durch T, mit den Hauptkreisen parallel, die drei coordinirten Kreise, (welche den Schirm in MA_1, MB_1, MC, schneiden mögen), und nennt die auf a, b senkrechten Höhen des Dreiecks h', h'', so findet sich:

$$a_1 = 2\pi a \, \lambda^{-1}. \, AA_1 = 2\pi h'' \, \lambda^{-1}. \, PM''$$
$$b_1 = 2\pi b \, \lambda^{-1}. \, BB_1 = 2\pi h' \, \lambda^{-1}. \, PM'$$
$$c_1 = 2\pi c \, \lambda^{-1}. \, CC_1.$$

Für $AA_1 = BB_1 = 0$ wird $(A)^2 = (A \cos\chi)^2$, d. h. in der Mitte ist die Intensität der des directen Lichtes gleich.

Ist nur AA_1 oder BB_1 oder $CC_1 = 0$, so kann $(A)^2$ nicht verschwinden, und es giebt daher auf den Hauptkreisen keine dunklen Stellen.

Betrachten wir die Intensität auf einem Hauptkreise, z. B. auf XHX, und setzen demnach $AA_1 = 0$, so hat man für die Stellen, an welchen $b_1 = \pm 2m\varkappa$, also

$$BB_1 = \pm \frac{m\lambda}{b} \text{ oder } PM' = \pm \frac{m\lambda}{h'}$$

ist,

$$(A)^2 = \left(\frac{A \cos\chi}{\varkappa h' \lambda^{-1}.PM'}\right) = \left(\frac{A \cos\chi}{2m. \frac{1}{2}\varkappa}\right)^2.$$

Diese Stellen, welche den dunklen Stellen bei einer parallelogrammförmigen Oeffnung entsprechen, nehmen sonach ab mit dem Quadrate ihrer Entfernung von der Mitte des Bildes, oder umgekehrt wie die Quadrate der geraden natürlichen Zahlen. Schwerd nennt diese Punkte die Minima des Hauptkreises.

Maxima des Hauptkreises nennt er dagegen die Punkte, für welche $\frac{1}{2}b_1 = \pm (2m + 1) \frac{1}{2}\varkappa$, also

$$BB_1 = \pm \frac{(2m + 1) \frac{1}{2} \lambda}{b} \text{ oder } PM' = \pm \frac{(2m + 1) \frac{1}{2} \lambda}{h'},$$

und mithin

$$(A)^2 = \frac{(A \cos\chi)^2}{[(2m + 1) \frac{1}{2}\varkappa]^2} + \frac{(A \cos\chi)^2}{[(2m + 1) \frac{1}{2}\varkappa]^4}$$

ist, so dass die Intensität in ihnen mit dem Quadrate der Entfernung von der Mitte abnimmt, und zwar nahe in dem Verhältniss der Quadrate der ungeraden natürlichen Zahlen.

Dasselbe gilt für die beiden anderen Hauptkreise.

Was nun die Räume zwischen den Hauptkreisen betrifft, so wird der Gleichung (4) zufolge die Intensität Null, wenn

$$\varkappa b \lambda^{-1}. BB_1 = \pm m\varkappa \text{ und } \varkappa a \lambda^{-1}. AA_1 = \pm n\varkappa,$$

oder

$$\varkappa h' \lambda^{-1}. PM' = \pm m\varkappa \text{ und } \varkappa h'' \lambda^{-1}. PM'' = \pm n\varkappa,$$

d. h. wenn

$$PM' = \pm \frac{m\lambda}{h'} \text{ und } PM'' = \pm \frac{n\lambda}{h''}$$

ist, also in den Durchschnittspunkten der beiden Systeme von Linien, welche beim Parallelogramm dunkel waren.

Man wird daher, wenn man den Grundriss des Bildes construiren will, durch einen als Mittelpunkt des Bildes genommenen Punkt drei Linien XX, YY, ZZ (Fig. 62.) senkrecht auf die Seiten des Oeffnungsdreiecks ziehen müssen, und auf dieselben Längen auftragen, welche beziehlich $\frac{\lambda}{h'}$, $\frac{\lambda}{h''}$, $\frac{\lambda}{h'''}$ gleich sind, oder was dasselbe ist, welche proportional der Länge der Dreiecksseiten sind. Durch die Theilpunkte sind alsdann Linien zu ziehen, welche den anderen Hauptrichtungen parallel sind. Die Durchschnittspunkte dieser Linien entsprechen denjenigen Punkten, welche im Bilde dunkel sind. Nur die Durchschnittspunkte auf den Hauptrichtungen bleiben hell und entsprechen den Minimis dieser Richtungen.

Was die Intensität in der Mitte der Winkelspectra betrifft, so verhält sich dieselbe zur Intensität in den coordinirten Punkten der Hauptrichtungen wie beim Parallelogramm. Es ist nämlich für dieselben

$$\pi h' \lambda^{-1}.\ PM' = \pm (2m + 1) \tfrac{1}{2}\pi$$

und zugleich

$$\pi h'' \lambda^{-1}.\ PM'' = \pm (2n + 1) \tfrac{1}{2}\pi,$$

und die zugehörige Intensität

$$(A)^2 = \frac{(A \cos\chi)^2}{(\frac{1}{2}\pi)^4} \cdot \frac{1}{(2m + 1)^2 (2n + 1)^2}.$$

Beugung durch eine kreisförmige Oeffnung.

Betrachtet man den Kreis als ein regelmässiges Vieleck von sehr vielen Seiten, nennt D den Durchmesser des umschriebenen Kreises, N die Seitenzahl, und ξ die Neigung der Seiten gegen eine in dem Schirm senkrecht auf die Richtung der directen Strahlen gezogene Linie, und setzt

$$2\pi D \sin\psi \lambda^{-1} = D_1$$

so ist der Ausdruck für die Intensität:

$$(A)^2 = \left\{A \cos\chi \frac{\sin\frac{\pi}{N}}{\frac{1}{2}\pi . \frac{1}{2}D_1}\right\}^2$$

$$\times S \left\{\cos\xi \sin\left(\tfrac{1}{2}D_1 \cos\frac{\pi}{N} \cos\xi\right) \frac{\sin[\frac{1}{2}D_1 \sin\frac{\pi}{N} \sin\xi]}{\frac{1}{2}D_1 \sin\frac{\pi}{N} \sin\xi}\right\}^2.$$

$D \sin\psi$ ist hier wiederum der Gangunterschied der von den Endpunkten des Durchmessers kommenden, gebeugten Strahlen.

Das Beugungsbild besteht aus concentrischen Ringen, und als Werthe von D_1, welche den Minimis der Intensität entsprechen, findet sich, wenn man $N = 180$ setzt,

$$1 \text{ Min.} \quad \frac{219{,}6}{180}\pi = 1{,}220\pi = 219^\circ{,}6$$

$$2 \text{ Min.} \quad \frac{401{,}9}{180}\pi = 2{,}233\pi = 401^\circ{,}9$$

$$3 \text{ Min.} \quad \frac{582{,}8}{180}\pi = 3{,}238\pi = 582^\circ{,}8$$

$$4 \text{ Min.} \quad \frac{763{,}3}{180}\pi = 4{,}241\pi = 763^\circ{,}3$$

$$5 \text{ Min.} \quad \frac{943{,}7}{180}\pi = 5{,}243\pi = 943^\circ{,}7$$

$$6 \text{ Min.} \quad \frac{1124{,}0}{180}\pi = 6{,}245\pi = 1124^\circ{,}0.$$

Die hierzu gehörigen Beugungswinkel ψ sind:

$$\frac{1{,}220\,\lambda}{D}, \quad \frac{2{,}233\,\lambda}{D}, \quad \frac{3{,}238\,\lambda}{D}, \quad \frac{4{,}241\,\lambda}{D}, \quad \frac{5{,}243\,\lambda}{D}, \quad \frac{6{,}245\,\lambda}{D},$$

und sonach die Breite der ersten 5 Ringe:

$$\frac{1{,}013\,\lambda}{D}, \quad \frac{1{,}005\,\lambda}{D}, \quad \frac{1{,}003\,\lambda}{D}, \quad \frac{1{,}002\,\lambda}{D}, \quad \frac{1{,}002\,\lambda}{D}.$$

Die Entfernung der Minima von der Mitte ist folglich etwas grösser, als bei einem Spalt und einer vierseitigen Oeffnung, die Ringbreite nimmt vom Centrum aus etwas ab und nähert sich der Breite der Spectra vierseitiger Oeffnungen.

Die vorstehenden Werthe haben sich als sehr genau mit Fraunhoferschen Messungen übereinstimmend erwiesen.

Die Lichtscheibe innerhalb des ersten Ringes ist die Scheibe, als welche uns die Fixsterne bei der Betrachtung durch stark vergrössernde Fernröhre erscheinen, in denen die Apertur die Rolle der beugenden Oeffnung spielt.

Beugung durch eine Reihe congruenter, gleich weit von einander entfernter Oeffnungen.

Es bezeichne e die Entfernung der correspondirenden Punkte zwei benachbarter Oeffnungen, μ den Winkel zwischen der Linie, auf welcher die e gemessen werden, und der im Schirm senkrecht auf die directen Strahlen gezogenen Linie, μ'' den Winkel zwischen derselben Linie und der im Schirm senkrecht auf die gebeugten Strahlen gezogenen Linie, ferner ε den Gangunterschied der aus zwei benachbarten Oeffnungen tretenden Lichtbündel, so dass

$$\varepsilon = e\,(\sin\mu''\,\sin\psi - \sin\mu\,\sin\chi)$$

ist. Alsdann ist die Intensität des gebeugten Lichts, wenn die Zahl der Oeffnungen n ist, ε_1 für $2\pi\varepsilon\lambda^{-1}$ gesetzt wird, und A_1^2 die Intensität des von einer einzigen der Oeffnungen gebeugten Lichtes vorstellt,

$$(A)^2 = A_1^2 \left(\frac{\sin\frac{1}{2} n\,\varepsilon_1}{\sin\frac{1}{2}\varepsilon_1}\right)^2,$$

oder wenn man abkürzend

$$\frac{\sin\frac{1}{2} n\,\varepsilon_1}{n \sin\frac{1}{2}\varepsilon_1} = P$$

setzt,

$$(A)^2 = n^2 A_1^2\, P^2.$$

Die Lichtstärke nimmt also mit dem Quadrat der Oeffnungszahl zu, und da $(A)^2$ mit A_1^2 zugleich verschwindet, so sind auch hier dieselben Stellen dunkel, welche bei einer einzigen der Oeffnungen dunkel sind. Diese dunklen Stellen bilden die Grenzen derjenigen Spectra, welche Fraunhofer Spectra erster Klasse nannte.

Es verschwindet aber auch $(A)^2$, wenn P^2 verschwindet, es treten also noch dunkle Stellen zu dem Beugungsbilde einer einzigen Oeffnung hinzu, und diese bilden die Grenzen der von Fraunhofer Spectra zweiter und dritter Klasse genannten Farbenfelder.

Der Factor P^2 ist periodisch. und die Periode kehrt wieder, wenn der Gangunterschied ε um eine ganze Zahl Wellenlängen wächst. Er erreicht sein Maximum, die Einheit, wenn $\frac{1}{2}\varepsilon_1 = \pm m\pi$ ist, und an diesen Stellen ist die Intensität $n^2 A_1^2$, d. h. das n^2fache der Intensität, welche an derselben Stelle herrschen würde, wenn nur eine Oeffnung vorhanden wäre. Diese Stellen, in denen das Licht die grösste Stärke hat, bilden die Mitte der Spectra zweiter Klasse, und wurden von Schwerd Maxima zweiter Klasse genannt. Für sie ist

$$\varepsilon = \pm m\lambda.$$

Die dunklen Stellen, welche aus dem Verschwinden des Factors P^2 entspringen, nennt Schwerd Minima zweiter Klasse. Sie bilden die Grenzen der Spectra dritter Klasse und entsprechen der Bedingung

$$\tfrac{1}{2} n \varepsilon_1 = \pm m\pi$$

oder

$$\tfrac{1}{2} \varepsilon_1 = \pm \frac{m}{n} \pi.$$

Diejenigen Stellen sind jedoch ausgenommen, für welche $\frac{m}{n}$ eine ganze Zahl, weil alsdann $P^2 = 1$ wird, und welche der Mitte der Spectra zweiter Klasse entsprechen. Die erwähnten Grenzen liegen also zwischen den Spectren zweiter Klasse da, wo der nfache Gangunterschied zweier benachbarten Strahlenbündel eine ganze Zahl Wellenlängen beträgt.

Die kleineren Maxima von P^2, nämlich diejenigen, in denen der Zähler von P^2 der Einheit gleich wird, nennt Schwerd Maxima dritter Klasse, und sie bilden die Mitte der Spectra dritter Klasse. Für sie ist

$$\varepsilon = \pm \frac{2m + 1}{n} \tfrac{1}{2} \lambda,$$

und sie werden also da erzeugt, wo der nfache Gangunterschied eine ungerade Anzahl halber Wellenlängen beträgt. Hierbei sind jedoch diejenigen Stellen ausgenommen, welche den Maximis der zweiten Klasse zunächst liegen, da sie durch kein Minimum getrennt werden.

Es existiren daher bei zwei Oeffnungen keine Spectra dritter Klasse; bei drei Oeffnungen existirt eins, und seiner Mitte entspricht:

$$\tfrac{1}{2}\varepsilon_1 = \pm \tfrac{1}{2}\pi, \quad \tfrac{1}{2}\varepsilon_1 = \pm \tfrac{3}{2}\pi, \quad \tfrac{1}{2}\varepsilon_1 = \pm \tfrac{5}{2}\pi \text{ etc.,}$$

bei vier Oeffnungen existiren zwei, und für ihre Mitte hat man

$$\tfrac{1}{2}\varepsilon_1 = \pm \tfrac{3}{8}\pi, \quad \tfrac{1}{2}\varepsilon_1 = \pm \tfrac{5}{8}\pi; \quad \tfrac{1}{2}\varepsilon_1 = \tfrac{11}{8}\pi, \quad \tfrac{1}{2}\varepsilon_1 = \tfrac{13}{8}\pi \text{ etc.;}$$

und allgemein befinden sich bei n Oeffnungen zwischen je zwei Spectren zweiter Klasse n — 2 Spectra dritter Klasse.

Da ferner der Mitte der Spectra zweiter Klasse die Bedingung $\varepsilon = \pm m\lambda$ entspricht, so hängt Zahl und Lage derselben nicht von der Oeffnungszahl ab, während beides sich in Bezug auf die Spectra dritter Klasse ändert.

Endlich sind die Spectra zweiter Klasse doppelt so breit als die Spectra dritter Klasse.

Die Intensität in der Mitte der Spectra dritter Klasse ist

$$(A)^2 = A_1^2 \left\{\frac{1}{\sin\frac{(m+\frac{1}{2})\pi}{n}}\right\}^2,$$

also am geringsten im mittelsten Spectrum, für welches $(A)^2 = A_1^2$ gleich der Intensität derselben Stelle bei einer einzigen Oeffnung ist, vorausgesetzt, dass die Oeffnungszahl eine ungerade ist. Sind eine gerade Zahl Oeffnungen vorhanden, so sind die dunkelsten Spectra die beiden mittleren, und zwar ist in ihnen die Helligkeit wenig grösser als an derselben Stelle bei einer einzigen Oeffnung.

Es ist daher die Intensität im mittelsten Spectrum bei 30 Oeffnungen $\frac{1}{9}$, bei 5 Oeffnungen $\frac{1}{25}$, bei 100 Oeffnungen $\frac{1}{10000}$, wenn man die Intensität zur Einheit nimmt, welche herrschen würde, wenn durchgängig, wie in den Spectren der zweiten Klasse, $(A)^2 = n^2 A_1^2$ wäre, und hieraus erklärt sich das scheinbare Verschwinden der Spectra dritter Klasse bei sehr vielen Oeffnungen, indem ihr Licht bei dem Glanz der Spectra zweiter Klasse unbemerkbar wird. Die seitlichen Spectra dauern wegen ihrer grössern Lichtstärke zwar länger aus, als die mittleren (die Intensität des äussersten sinkt nämlich nie unter $\frac{n^2 A_1^2}{22,2}$), verschwinden aber auch endlich wegen ihrer geringen Breite.

Die Lage der betrachteten Spectra lässt sich durch folgende Construction bestimmen.

Wenn eP′P″ (Fig. 63.) die Ebene des Schirms, N der optische Mittelpunkt, NH die Richtung der directen, NT die Richtung der gebeugten Strahlen ist, und Ne parallel mit der Linie gezogen ist, welche gleichliegende Punkte der Oeffnungen verbindet; wenn ferner durch H und T die Kreisebenen P′HP′ und P″TP″ senkrecht gegen Ne gelegt werden: so ist die Entfernung der Durchschnittspunkte EE_1 dieser Ebenen mit Ne

$$EE_1 = \sin\mu'' \sin\psi - \sin\mu \sin\chi,$$

also

$$P = \frac{\sin[n\pi e\lambda^{-1}.\, EE_1]}{n \sin[\pi e\lambda^{-1}.\, EE_1]}.$$

Die Bedingung der Maxima zweiter Klasse ist daher

$$EE_1 = \pm \frac{m\lambda}{e}.$$

Man erhält sonach die Oerter derselben, wenn man auf Ne von E aus mit der Einheit $\frac{\lambda}{e}$ Längen aufträgt, und durch die Theilpunkte senkrecht auf Ne Ebenen legt. Die Durchschnittslinien dieser Ebenen mit der Kugelfläche gehen durch die Mitte der Spectra zweiter Klasse.

Die Bedingung der Minima zweiter Klasse ist

$$EE_{\iota} = \pm \frac{m}{n} \frac{\lambda}{e},$$

und die Ebenen, welche von den vorhergehenden um $\frac{1}{n}, \frac{2}{n}, \frac{3}{n} \ldots$ ihrer Distanz abstehen, schneiden die Kugelfläche in den Grenzlinien der Spectra dritter Klasse.

Hiernach ist es leicht, den Grundriss jedes beliebigen Beugungsbildes zu construiren.

Hat man z. B. drei parallelogrammartige Oeffnungen (Fig. 64) so construirt man zuerst nach dem Früheren die Spectra erster Klasse, indem man Einheiten von der Grösse $\frac{\lambda}{h'}$, $\frac{\lambda}{h''}$ auf XX u. YY aufträgt, und durch die Theilpunkte Linien parallel mit YY und XX zieht. Alsdann zieht man EE parallel mit der Verbindungslinie AA_{ι}, trägt Einheiten von der Grösse $\frac{\lambda}{e}$ auf, 01_{ι}, $1_{\iota}2_{\iota}$, $2_{\iota}3_{\iota}$ etc., und zieht durch die Theilpunkte Linien senkrecht auf EE. Diese Linien halbiren die Spectra zweiter Klasse. Sodann theilt man die Linien 01_{ι}, $1_{\iota}2_{\iota}$, $2_{\iota}3_{\iota}$ etc. in drei gleiche Theile, und die durch die neuen Theilpunkte gezogenen Senkrechten grenzen die Spectra dritter Klasse unter sich und von den doppelt so breiten der zweiten Klasse ab. Nur wenn EE_{ι} einer Seite der Parallelogramme parallel ist, werden die Spectra der ersten Klasse denen der beiden anderen parallel, und wenn alsdann die Grenzen der ersteren durch die Mitte eines der zweiten gehen, wird dieses halbirt und bekommt das Ansehen zweier Spectra der dritten Klasse — ein Umstand, welcher eintritt, wenn die Entfernung zweier Oeffnungen ein Vielfaches ihrer Breite ist.

Sind die Parallelogramm-Oeffnungen sehr hoch, so werden die Spectra sehr niedrig und geben die durch ein einfaches Gitter erzeugte Erscheinung.

Für ein einfaches Gitter, in welchem die Breite der Oeffnungen a, und die Summe der Oeffnungs- und Zwischenraums-Breite c, und die Intensität der Mitte 1 ist, hat man

$$(A)^2 = \left(n \frac{\sin(\pi a \lambda^{-1} \sin\psi)}{\pi a \lambda^{-1} \sin\psi}\right)^2 \left(\frac{\sin(n\pi c \lambda^{-1} \sin\psi)}{n \sin(\pi e \lambda^{-1} \sin\psi)}\right)^2.$$

Sind die Oeffnungen Dreiecke oder Kreise, so zieht man EE und das zugehörige System senkrechter Linien durch den 6strahligen Stern der Dreiecksfigur oder durch die concentrischen Kreise der Kreisfigur. Trägt man bei der Dreiecksfigur die Seiten der Dreiecke selbst auf, so muss man als Einheit auf EE für die Spectra zweiter Klasse die Grundlinie eines Dreiecks nehmen, welches einem der gegebenen Dreiecke an Fläche gleich ist, und e zur Höhe hat. Nimmt man bei dem Kreisbilde D zur Einheit, und 1,220; 2,233; 3,238 etc. zu Radien der ringförmigen Hauptspectra, so müssen die Einheiten auf EE der Grundlinie eines Rechtecks gleich werden, welches zum Flächeninhalt das Quadrat des Oeffnungsdurchmessers, und zur Höhe e hat.

Die sogenannten Parthiegitter bestehen aus mehreren gleichen, aber ungleich weit von einander entfernten, rechtwinkligen Oeffnungen, welche eine Parthie bilden, und in gleichen Entfernungen sich wiederholen.

Für solche ist die Intensität, wenn das Licht senkrecht auf den Schirm fällt,

$$(A)^2 = n^2 A^2 \left(\frac{\sin(\pi a \lambda^{-1} \sin\psi)}{\pi a \lambda^{-1} \sin\psi}\right)^2 \left(\frac{\sin[n\pi c \lambda^{-1} \sin\psi]}{n \sin(\pi e \lambda^{-1} \sin\psi)}\right)^2$$
$$\times ([\int \cos(i - i^{(1)})^2] + [\int \sin(i - i^{(1)})]^2),$$

wenn $i^{(1)} - i^{(1)} = 0$, $i^{(2)} - i^{(1)} = \pi(\beta^{(2)} - \beta^{(1)}) \sin\psi\lambda^{-1}$, $i^{(3)} - i^{(2)} = \pi(\beta^{(3)} - \beta^{(1)}) \sin\psi\lambda^{-1}$ etc. genommen wird, und $\beta^{(2)} - \beta^{(1)}$, $\beta^{(3)} - \beta^{(2)}$ etc. die Abstände des Anfangspunktes der ersten Oeffnung von den Anfangspunkten der zweiten, dritten etc. Oeffnung vorstellen.

Für zwei Oeffnungen wird daher

$$[\int \cos(i - i^{(1)})]^2 + [\int \sin(i - i^{(1)})]^2 = 4 \cos^2 \tfrac{1}{2}(i^{(2)} - i^{(1)}),$$

und für drei Oeffnungen

$$= 3 + 2\cos(i^{(2)} - i^{(1)}) + 2\cos(i^{(3)} - i^{(1)})$$
$$+ 2\cos(i^{(3)} - i^{(2)}).$$

Beugung durch mehrere Reihen gleicher und gleich weit von einander entfernter Oeffnungen.

Bestehen die Oeffnungen aus m gleichen Gruppen, die gleiche Entfernung von einander haben, so ist die Intensität des gebeugten Lichtes

$$(A)^2 = m^2 A_2{}^2 \left(\frac{\sin \frac{1}{2} m\varepsilon_{,,}}{m \sin\varepsilon_{,,}}\right)^2 = m^2 A_2{}^2 Q^2$$

wo

$\frac{1}{2}\varepsilon_{,,} = \pi f (\sin\mu_2{}'' \sin\psi - \sin\mu_2 \sin\chi)\, \lambda^{-1} = \pi f \lambda^{-1}$. FF_1 ist, und $\varepsilon_{,,}$, f, $\mu_2{}''$, μ_2, $FF_{,}$, Q^2 in Bezug auf die Reihe der Gruppen dieselbe Bedeutung haben, welche ε_1, e, μ'', μ, EE_1, P^2 in Bezug auf die Oeffnungen einer einfachen Reihe hatten, und $A_2{}^2$ die Intensität einer einzelnen Gruppe vorstellt.

Ist die Gruppe eine einfache Reihe von n gleichen und gleich weit von einander entfernten Oeffnungen, so ist

$$(A^2) = (mnA_1)^2 .\ P^2 .\ Q^2$$
$$= (mnA_1)^2 \left(\frac{\sin \frac{1}{2} n\varepsilon_{,}}{n \sin \frac{1}{2}\varepsilon_{,}}\right)^2 \left(\frac{\sin \frac{1}{2} m\varepsilon_{,,}}{m \sin \frac{1}{2}\varepsilon_{,,}}\right)^2 .$$

Was die Construction des Grundrisses betrifft, so verzeichnet man zuerst das Bild für **eine** Reihe, zieht durch die Mitte eine Linie FF parallel der Richtung, in welcher correspondirende Punkte der correspondirenden Oeffnungen der verschiedenen Reihen liegen, trägt von der Mitte aus Längen von der Länge $FF_1 = \frac{\lambda}{f}$ auf und zieht durch die Theilpunkte Linien senkrecht durch FF. Diese Linien gehen durch die Mitte der breiteren Spectra, in welche durch die Existenz mehrerer Reihen die Spectra einer einzigen Reihe getheilt werden. Zwischen je zweien derselben liegen wiederum m — 2 Spectra dritter Klasse, die sich auf Lichtpunkte reduciren, wenn m und n sehr grosse Zahlen sind. Diese Lichtpunkte verschwinden aber wegen ihrer Kleinheit und relativen Lichtschwäche gegen die glänzenden Lichtpunkte, als welche die Spectra zweiter Klasse sichtbar werden, und deren Intensität das $(mn)^2$fache der Lichtstärke einer einzigen Oeffnung an dieser Stelle beträgt.

Hierher gehören die Erscheinungen, welche man durch Kreuzgitter (zwei über einander gelegte einfache Gitter), durch Musselin etc. erblickt, indem die Oeffnungen rechtwinklig-vierseitige sind.

Aehnliches bieten die Schachbrettgitter dar, gebildet aus quadratischen Oeffnungen, welche wie die dunklen Felder eines Schachbrettes geordnet sind. Als Ausdruck für die Intensität des Beugungsbildes derselben findet sich:

$$(A)^2 = \left(2mn\ \frac{\sin\frac{1}{2}a_1}{\frac{1}{2}a_1}.\ \frac{\sin\frac{1}{2}b_1}{\frac{1}{2}b_1}.\ \frac{\sin\frac{1}{2}ne_1}{n\sin\frac{1}{2}e_1}.\ \frac{\sin\frac{1}{2}mf_1}{\sin\frac{1}{2}f}.\ \frac{\sin g_1}{2\sin\frac{1}{2}g}\right)^2,$$

wo

$$\begin{aligned} \tfrac{1}{2}a_1 &= \pi a\lambda^{-1}\sin\varrho''\ \sin\psi \\ \tfrac{1}{2}b_1 &= \pi b\lambda^{-1}\sin\varphi''\ \sin\psi \\ \tfrac{1}{2}e_1 &= \pi e\lambda^{-1}\sin\varphi''\ \sin\psi \\ \tfrac{1}{2}f_1 &= \pi f\lambda^{-1}\sin\varphi''\ \sin\psi \\ \tfrac{1}{2}g_1 &= \pi g\lambda^{-1}\sin\mu_3''\ \sin\psi \end{aligned}$$

$g = \sqrt{2}.\ a$, $\mu_3'' = \varrho'' + 45^\circ$ ist.

Beugung durch Dreiecksgitter.

Sind die Oeffnungen des Gitters so angeordnet, wie in Figur 65, und $\varepsilon_,$ der Gangunterschied der aus zwei auf einander folgenden Oeffnungen der Reihe 1,1 tretenden Lichtbündel; $\varepsilon_{,,}$ der Gangunterschied der aus zwei auf einander folgenden Oeffnungen der Reihe 2,2 tretenden Lichtbündel; $\varepsilon_{,,,}$ der Gangunterschied in Bezug auf die Reihe 3,3; und ist A_1 die Intensität des gebeugten Lichtes, welche einer einzigen der Oeffnungen entspricht, so ist der Ausdruck für die Intensität des gesammten gebeugten Lichtes:

$$5)\quad (A)^2 = [(1 + 2\cos\varepsilon_, + \cos 2\varepsilon_, + 2\cos\varepsilon_{,,} + \cos 2\varepsilon_{,,} + 2\cos\varepsilon_{,,,} + \cos 2\varepsilon_{,,,})^2 + (\sin 2\varepsilon_, + \sin 2\varepsilon_{,,} + \sin 2\varepsilon_{,,,})^2] = A_1{}^2M^2.$$

Die Bedingung $A_1 = 0$ giebt die Spectra der ersten Klasse, welche von der Form der Oeffnungen abhängen. Die Bedingung $M = 0$ giebt die Grenzen der Spectra zweiter und dritter Klasse. Der grösste Werth von M^2 ist 100, und dieser Werth wird erreicht, so oft

$$\tfrac{1}{2}\varepsilon_, = \pm m\pi \text{ und } \tfrac{1}{2}\varepsilon_{,,} = \pm n\pi,$$

oder (wenn $EE_{,,}$ $FF_,$ im Grundriss die Entfernung von der Mitte des Bildes in den mit 1,1 und 2,2 parallel gezogenen Richtungen bedeuten, und e′ und e″ die Entfernungen der Oeffnungen in diesen Reihen vorstellen), so oft

$$EE_, = \pm\frac{m\lambda}{e'} \text{ und } FF_, = \pm\frac{n\lambda}{e''}$$

ist

Um die hieraus hervorgehenden Mittelpunkte der Spectra zweiter Klasse zu construiren, ziehe man durch die Mitte des Bildes A die Linien $AE_,$, $AE_{,,}$, $AE_{,,,}$ parallel mit 1,1, 2,2, 3,3, trage von A aus Theile auf, welche respective gleich $\frac{\lambda}{e'}$, $\frac{\lambda}{e''}$, $\frac{\lambda}{e'''}$ sind, und errichte in den Theilpunkten senkrechte Linien. Die Durchschnittspunkte dieser Senkrechten sind die in Rede stehenden Maxima.

Wegen der Periodicität des Factors M^2 ist, abgesehen vom Einfluss des Factors $A_1{}^2$, der Intensitätsgang rings um alle Maxima derselbe.

Steht die Beugungsebene auf 3,3 senkrecht, so ist

$$6)\quad (A)^2 = A_1{}^2 (4 + 4 \cos\varepsilon_1 + 2 \cos 2\varepsilon_1)^2,$$

steht sie auf 2,3 senkrecht, so ist:

$$7)\quad (A)^2 = A_1{}^2 \left[(1 + 4 \cos\varepsilon_1 + \cos 2\varepsilon + 4 \cos \tfrac{1}{2}\varepsilon_1)^2 + (\sin 2\varepsilon_1 - 2 \sin\varepsilon_1)^2\right].$$

Das Beugungsbild ist für den Fall, dass die Oeffnungen regelmässige Dreiecke sind und in den Höhen eines regelmässigen Dreiecks liegen, von der Form Fig. 66.

Für das aus 19 Dreiecken bestehende **Herschel**sche Dreiecksgitter (Fig. 67) wird die Erscheinung ähnlich. Die der Gleichung (5) entsprechende Formel wird

$$(A)^2 = A_1{}^2 \left[(1 + 2 \cos\varepsilon_, + \cos 2\varepsilon_, + \cos 3\varepsilon_, + 2 \cos\varepsilon_{,,} + \cos 2\varepsilon_{,,} + \cos 3\varepsilon_{,,} + \cos 2\varepsilon_{,,,} + \cos 3\varepsilon_{,,,} + 2 \cos\varepsilon_4 + 2 \cos\varepsilon_5 + 2 \cos\varepsilon_6)^2 + (\sin 2\varepsilon_, + \sin 3\varepsilon_, + \sin 2\varepsilon_{,,} + \sin 3\varepsilon_{,,} + \sin 2\varepsilon_{,,,} + \sin 3\varepsilon_{,,,})^2\right],$$

wo ε_4, ε_5, ε_6 sich auf die Oeffnungen 4, 5, 6 beziehen. Die Formel, welche der Gleichung (6) entspricht, wird:

$$(A)^2 = A_1{}^2 (5 + 8 \cos\varepsilon_, + 4 \cos 2\varepsilon_, + 2 \cos 3\varepsilon_,)^2,$$

und die Formel, welche der Gleichung (7) entspricht:

$$(A)^2 = A_1{}^2 \left[(3 + 4 \cos \tfrac{1}{2}\varepsilon_, + 4 \cos\varepsilon_, + 6 \cos \tfrac{3}{2}\varepsilon_, + \cos 2\varepsilon_, + \cos 3\varepsilon_,)^2 + (2 \sin\varepsilon_, + 2 \sin \tfrac{3}{2}\varepsilon_, - \sin 2\varepsilon_, - \sin 3\varepsilon_,)^2\right].$$

Bedeckt man in Figur 65. die drei Oeffnungen an den Dreiecksspitzen, so bekommt die Beugungsfigur die Gestalt der Figur 68., und für die Gleichungen (5, 6, 7) erhält man beziehlich:

$$(A)^2 = A_1{}^2 (1 + 2 \cos\varepsilon_, + 2 \cos\varepsilon_{,,} + 2 \cos\varepsilon_{,,,})^2$$

$$(A)^2 = A_1{}^2 (3 + 4 \cos\varepsilon_,)^2$$

$$(A)^2 = A_1{}^2 (1 + 2 \cos\varepsilon_, + 4 \cos \tfrac{1}{2}\varepsilon_,)^2.$$

Reducirt man die Oeffnungen auf die vier der Figur 69., so

wird das Beugungsbild von der darunter stehenden Gestalt, und die Gleichungen, welche an die Stelle von (5, 6, 7) treten, sind:

$$(A)^2 = A_1^2 \left[(1 + \cos\varepsilon_{,} + \cos\varepsilon_{,,} + \cos\varepsilon_{,,,})^2 + (\sin\varepsilon_{,} + \sin\varepsilon_{,,} + \sin\varepsilon_{,,,})^2\right]$$

$$(A)^2 = 16\,A_1^2 \cos^2 \tfrac{1}{2}\varepsilon_{,}$$

$$(A)^2 = 16\,A_1^2 \left(\cos^2 \tfrac{1}{2}\varepsilon_{,} \cos^4 \tfrac{1}{4}\varepsilon_{,} + \sin^2 \tfrac{1}{2}\varepsilon_{,} \sin^4 \tfrac{1}{4}\varepsilon_{,}\right).$$

Fehlt endlich noch das mittlere Dreieck, so entsteht die Figur 70., und die drei Gleichungen werden:

$$(A)^2 = A_1^2 \left[(\cos\varepsilon_{,} + \cos\varepsilon_{,,} + \cos\varepsilon_{,,,})^2 + (\sin\varepsilon_{,} + \sin\varepsilon_{,,} + \sin\varepsilon_{,,,})^2\right]$$

$$(A)^2 = A_1^2 \left(\frac{\sin \frac{3}{2}\varepsilon_{,}}{\sin \frac{1}{2}\varepsilon_{,}}\right)^2$$

$$(A)^2 = A_1^2 \left(5 + 4 \cos \tfrac{3}{2}\varepsilon_{,}\right).$$

Beugung durch zwei congruente, einander gegenüberstehende Dreiecke.

Ist die Länge der Seiten der dreieckigen Oeffnungen (Fig. 71) durch a, b, c vorgestellt, haben $a_{,}$, $b_{,}$, $c_{,}$ die Bedeutungen, welche ihnen pag. 242. beigelegt sind, bezeichnen δ und δ'' die Winkel zwischen den Verbindungslinien der Spitzen C und C'', deren Länge d sei, mit den beiden Linien, welche man im Schirm senkrecht auf die directen und gebeugten Strahlen gezogen denkt, und ist endlich

$$d_{,} = 2\pi d\lambda^{-1} (\sin\delta'' \sin\psi - \sin\delta \sin\chi),$$

so erhält man für den Fall, dass der Schirm auf den directen Strahlen senkrecht steht, als Ausdruck für die Intensität:

$$(A)^2 = \frac{4A^2}{(\frac{1}{2}a_{,})^2} \times \left(\frac{\sin \frac{1}{2}b_{,}}{\frac{1}{2}b_{,}} \sin(\tfrac{1}{2}d_{,} - \tfrac{1}{2}b_{,}) - \frac{\sin \frac{1}{2}c_{,}}{\frac{1}{2}c_{,}} \sin(\tfrac{1}{2}d_{,} - \tfrac{1}{2}c_{,})\right)^2.$$

Für die hauptsächlichsten, durch die Mitte gehenden Richtungen wird die Intensität durch die folgenden Ausdrücke bestimmt.

1) Für die auf der Seite a senkrechte Richtung XX; wenn h' die auf a senkrechte Höhe der Dreiecke und $2\pi h'\lambda^{-1} \sin\psi = h_{,}$ ist,

$$(A)^2 = \frac{4A^2}{(\frac{1}{2}h_{,})^2} \left(\sin(\tfrac{1}{2}d_{,} - h_{,}) - \frac{\sin \frac{1}{2}h_{,}}{\frac{1}{2}h_{,}} \sin(\tfrac{1}{2}d_{,} - \tfrac{1}{2}h_{,})\right)^2,$$

und in einiger Entfernung von der Mitte des Bildes, sehr nahe

$$(A)^2 = \frac{4A^2}{(\frac{1}{2}h_,)^2} \sin^2 (\tfrac{1}{2}d_, - h_,).$$

2) Für die auf der Seite b senkrecht stehende Richtung YY, wenn h'' die zugehörige Höhe und $h_{,,} = 2\pi h'' \lambda^{-1} \sin\psi$ ist,

$$(A)^2 = \frac{4A^2}{(\frac{1}{2}h_{,,})^2} \left(\sin \tfrac{1}{2}d_, - \frac{\sin \frac{1}{2}h_{,,}}{\frac{1}{2}h_{,,}} \sin (\tfrac{1}{2}d_, - \tfrac{1}{2}h_{,,})\right)^2,$$

und in einiger Entfernung von der Mitte sehr nahe:

$$(A)^2 = \frac{4A^2}{(\frac{1}{2}h_{,,})^2} \sin^2 \tfrac{1}{2}d_,.$$

3) Für die auf der Seite c senkrecht stehende Richtung ZZ, wenn die zugehörige Höhe h''', und $h_{,,,} = 2\pi h''' \lambda^{-1} \sin\psi$ ist,

$$(A)^2 = \frac{4A^2}{(\frac{1}{2}h_{,,,})^2} \left(\sin \tfrac{1}{2}d_, - \frac{\sin \frac{1}{2}h_{,,,}}{\frac{1}{2}h_{,,,}} \sin (\tfrac{1}{2}d_, + \tfrac{1}{2}h_{,,,})\right)^2.$$

4) Für die auf CA'' senkrechte Richtung RR:

$$(A)^2 = 4A^2 \left(\frac{\sin \frac{1}{2}a_,}{\frac{1}{2}a_,}\right)^2 \left(\frac{\sin \frac{1}{2}c_,}{\frac{1}{2}c_,}\right)^2.$$

5) Für die auf C'B'' senkrechte Richtung SS:

$$(A)^2 = 4A^2 \left(\frac{\sin \frac{1}{2}a_,}{\frac{1}{2}a_,}\right)^2 \left(\frac{\sin \frac{1}{2}b_,}{\frac{1}{2}c_,}\right)^2.$$

6) Für die auf A'B'' senkrechte Richtung TT:

$$(A)^2 = 4A^2 \left(\frac{\sin \frac{1}{2}b_,}{\frac{1}{2}b_,}\right)^2 \left(\frac{\sin \frac{1}{2}c_,}{\frac{1}{2}c_,}\right)^2.$$

In den drei letzten Richtungen stimmt also die Erscheinung mit der eines Parallelogramms überein, und zwar mit der Erscheinung derjenigen drei Parallelogramme, welche sich durch Aneinanderschiebung der Dreiecke bilden lassen. Diese Eigenheit lässt sich in folgendem, allgemein gültigen Lehrsatz aussprechen.

Steht der Schirm auf den einfallenden Strahlen senkrecht, so kann man jeden beliebigen Theil einer Oeffnung längs einer auf der Beugungsebene senkrechten Linie verschieben, ohne dass der analytische Ausdruck für die Intensität des gebeugten Lichtes sich ändert.

Die Erscheinung für den Fall, dass die Dreiecke ein Quadrat bilden, dessen mittlerer Theil durch einen, einer Diagonale parallelen, Streif bedeckt ist, stellt die Figur 72 dar, und zwar genau, wenn die Breite des Streifens ein Viertel der Diagonale beträgt.

Die Intensitätswerthe sind alsdann:
auf XX:

$$(A)^2 = \frac{4A^2}{(\frac{1}{3}h_,)^2}\left(\sin \tfrac{1}{3}h_, - \frac{\sin \frac{1}{2}h_,}{\frac{1}{3}h_,} \sin \tfrac{5}{6}h_,\right)^2,$$

auf YY und ZZ:

$$(A)^2 = \frac{4A^2}{(\frac{1}{2}h_{,,})^2}\left(\sin \tfrac{2}{3}h_{,,} - \frac{\sin \frac{1}{2}h_{,,}}{\frac{1}{2}h_{,,}} \sin \tfrac{1}{6}h_{,,}\right)^2.$$

auf TT:

$$(A)^2 = 4A^2 \left(\frac{\sin \frac{1}{4}a_,}{\frac{1}{4}a_,}\right)^2,$$

und auf RR und SS wird:

$$\tfrac{1}{2}a_, = \frac{5}{\sqrt{17}} b\pi\lambda^{-1} \sin\psi$$

$$\tfrac{1}{2}c_, = \frac{1}{\sqrt{17}} b\pi\lambda^{-1} \sin\psi.$$

Was die Construction des Grundrisses betrifft, so ziehe man auf A′B′, A′C′, B′C′ senkrecht die drei Hauptlinien XX, YY, ZZ, trage auf dieselbe respective als Einheiten $\frac{\lambda}{h'}$, $\frac{\lambda}{h''}$, $\frac{\lambda}{h'''}$, und ziche durch die Theilpunkte Linien parallel den beiden andern Hauptlinien. Die Durchschnittspunkte derselben, welche nicht auf den Hauptlinien liegen, sind die dunklen Stellen zwischen den Armen des Sterns. Alsdann trage man auf XX, YY, ZZ Längen respective von der Grösse $\frac{\lambda}{\frac{4}{3}h'}$, $\frac{\lambda}{\frac{4}{3}h''}$ und $\frac{\lambda}{\frac{4}{3}h'''}$. In der Nähe der Theilpunkte (2, 4, 6 . . .) befinden sich die Grenzen der Spectra auf den Hauptlinien, in welchen die Intensität Null ist. Auf XX ist ferner noch ein Durchschnittspunkt einer dunklen Linie, nahe bei $\frac{1}{2}$ (d. h. da, wo $\frac{1}{2}h_, = 45^\circ$ ist.) Auf RR und SS, die senkrecht gegen C′B″ und C′A″ gerichtet sind, liegen die Punkte, in denen das Licht verschwindet, (2′, 4′, 6′ . . .), von der Mitte um die Vielfachen von $\frac{\lambda}{A'''B'''}$ entfernt, wo A‴B‴ die senkrechte Entfernung des Punktes B′ von A′C″ ist. Die Punkte 2 und 2′, 4 und 4′ etc. sind durch dunkle Linien mit einander verbunden.

Stossen die Spitzen C′ und C″ der Dreiecke zusammen, wie in Figur 73, so wird, wegen d = 0,

$$(A)^2 = \frac{4A^2}{\frac{1}{2}a_,^2}\left(-\frac{\sin^2 \frac{1}{2}b_,}{\frac{1}{2}b_,} + \frac{\sin^2 \frac{1}{2}c_,}{\frac{1}{2}c_,}\right)^2.$$

Das Beugungsbild scheint in diesem Falle längs der Richtungen YY und ZZ gespalten, und dies giebt auch der vorstehende Ausdruck zu erkennen, welcher in diesen Richtungen selbst eine schwächere Intensität liefert, als in geringer Entfernung von denselben.

Beugung durch eine regelmässig sechseckige Oeffnung.

Denkt man sich die Oeffnung vom Mittelpunkt aus in Dreiecke zerlegt, nennt die beiden Seiten dieser Dreiecke, welche Diagonalhälften bilden, a und b, die dritte (Vielecks-) Seite c, so ist, wenn man den optischen Mittelpunkt in den Mittelpunkt der Oeffnung versetzt:

$$(A)^2 = \left(\frac{4\,A\,\cos\chi}{a_,\,b_,\,c_,}\right)^2 (a_,\cos a_, + b_,\cos b_, - c_,\cos c_,).$$

In den Richtungen, welche auf den Vielecksseiten senkrecht stehen, wird:

$$(A)^2 = \left(\frac{4\,A\,\cos\chi}{a_,^2}\right)^2 (a_,\sin a_, - \cos a_, + 1)^2,$$

und in grosser Entfernung von der Mitte:

$$(A)^2 = 16A^2\cos^2\chi\,\frac{\sin^2 a_,}{a_,^2};$$

in der Richtung der Diagonalen endlich.

$$(A)^2 = (6\,A\,\cos\chi)^2\left(\frac{\sin\frac{3}{2}a_,}{\frac{3}{2}a_,}\,\frac{\sin\frac{1}{2}a_,}{\frac{1}{2}a_,}\right)^2.$$

Das Beugungsbild besteht aus einer Kreisscheibe, welche von regelmässig sechseckigen Ringen umgeben ist.

Beugung durch concentrische und neben einander liegende ähnliche Oeffnungen.

Die Vibrationsintensität im Beugungsbilde eines von zwei concentrischen ähnlichen Figuren begrenzten Ringes erhält man, wenn man die Vibrationsintensitäten der durch jede der beiden Figuren, als Oeffnung betrachtet, für sich geben würden. Man erhält daher ein Bild von dem Intensitätsgange in einer bestimmten Richtung, wenn man über einer Abscissenlinie zwei Curven construirt, deren Abscissen die Entfernungen von der Bildmitte, und deren Ordinaten die Vibrationsintensitäten der beiden Oeffnungen in diesen Richtungen sind. Die Differenz der Ordinaten stellt alsdann die

Vibrationsintensität im Bilde des Ringes dar. Man findet für die Spectra ungleiche Breiten, die sich aber periodisch wiederholen, wenn das Verhältniss der Oeffnungsbreiten rational ist.

Sind z. B. die Figuren Parallelogramme, deren Seiten sich wie 1 : 2 verhalten, so wechseln in den Hauptlinien immer zwei starke Spectra mit zwei schwachen ab.

Sind die Figuren Kreise, deren Durchmesser sich wie 1 : 2 verhalten, so folgen im Bilde auf ein centrales Scheibchen zwei starke Ringe, alsdann ein sehr schwacher, drei stärkere etc.

Verhalten sich die Durchmesser wie 3 : 4, so folgen auf das Scheibchen sechs nahe gleich breite und immer schwächer werdende Ringe, der siebente Ring ist sehr schwach und schmal, und ihm folgen wieder etwas hellere.

Liegt innerhalb eines concentrischen Oeffnungsringes ein zweiter, und verhalten sich die Durchmesser wie 1 : 2 : 3 : 4, so folgen dem Centralscheibchen zwei schmale, dann zwei breite, diesen ein sehr schwacher von sehr geringer Breite etc.

Die sehr merkwürdige Bildform, welche zwei ähnliche, neben einander liegende Oeffnungen von ungleicher Grösse zeigen, lässt sich vollkommen aus der nachstehenden Intensitätsformel ableiten, in welcher A_1^2 und A_2^2 die Intensitäten des durch die einzelnen Oeffnungen gebeugten Lichts, und ε den Gangunterschied der aus beiden Oeffnungen tretenden Lichtbündel bedeuten:

$$(A)^2 = A_1^2 + A_2^2 + 2A_1A_2 \cos\varepsilon.$$

Da, wo A_1 und A_2 zugleich verschwinden, sind die vollkommen dunklen Stellen; da, wo $\varepsilon = 2m\pi$ ist, wird die Vibrationsintensität der Summe, da, wo $\varepsilon = (2m + 1)\pi$ ist, der Differenz der Vibrationsintensitäten beider Oeffnungen gleich.

Auch die von **Fraunhofer** beschriebene Erscheinung, welche man durch die doppelt gefiederten Vogelfederfahnen erblickt, erklären sich vollkommen aus der Parallelogrammform der Zwischenräume zwischen den Fiederchen. Zwei sich in der Mitte kreuzende Reihen von Spectra bilden sich senkrecht auf den längeren Seiten der kleinen Parallelogramme; und den einen Winkel des Kreuzes halbirend, zeigen sich kleine dicht an einander liegende Lichtpunkte, bestehend aus den Spectren, welche von den kurzen Seiten der Parallelogramme gebildet werden. Durchkreuzen sich die Fiederchen, so entstehen auch in dem anderen Winkel des Kreuzes Spectra.

Die Richtigkeit dieser Erklärung bewährte sich durch die von Schwerd gefundene sehr vollkommene Uebereinstimmung mit den Messungen, die er dieserhalb angestellt hatte.

Der Uebergang zu den Erscheinungen im weissen Licht ist leicht zu machen, namentlich erklärt sich das Erscheinen der Fraunhoferschen dunklen Linien in den Spectren zweiter Klasse bei sehr vielen Oeffnungen 1) aus dem Umstande, dass diese Spectra im homogenen Licht sehr schmal werden, so dass sich die correspondirenden, verschiedenfarbigen Spectra neben einander reihen, 2) aus dem Unmerklichwerden der Spectra dritter Klasse, welche die Räume zwischen denen der zweiten Klasse ausfüllen, und nicht stark genug sind, die dunklen Linien zu verwischen.

Beugungserscheinungen, wenn das Licht von mehreren Lichtpunkten, einer Lichtlinie, oder einer Lichtfläche ausgeht.

Geht das Licht von zwei unabhängig von einander oscillirenden Lichtpunkten aus, so dass die von ihnen ausgesendeten Strahlen nicht interferiren, so erscheinen zwei congruente Beugungsbilder neben oder über einander, und die Intensität in jedem Punkte ist der Summe der dort in beiden Bildern stattfindenden gleich.

Sind überdies die Lichtpunkte von gleicher Helligkeit, so lässt sich diese Intensität auf folgendem Wege ermitteln.

Man denke sich über dem Schirm eine Fläche construirt, deren Ordinaten den Lichtintensitäten in den entsprechenden Punkten des Beugungsbildes des einen Lichtpunktes gleich ist, und lasse diese Fläche so verschoben werden, dass der Mittelpunkt des Bildes über demjenigen Punkte M sich befindet, dessen Intensität gesucht wird. Sind nun P u. P′ die Projectionen der Mitte beider Bilder, so ist die Summe der über P. u. P′ befindlichen Ordinaten der verschobenen Fläche der Intensität von M gleich.

Kommt das Licht von einer gleichförmig leuchtenden Lichtlinie, so ist die Intensität des Punktes M, wenn man die vorige Construction beibehält, und P u. P′ auf die Endpunkte der Lichtlinie bezieht, der Summe der zwischen P u. P' befindlichen Ordinaten gleich.

Kommt das Licht von einer Lichtfläche, die überall mit derselben Stärke leuchtet, so ist die Intensität von M der Summe aller Ordinaten gleich, welche sich in dem Raume befinden, der von den Projectionen der Bildmitten sämmtlicher Lichtpunkte erfüllt wird.

Wenn z. B. die Beugung durch ein einfaches, hohes, vertical stehendes Gitter geschieht, und das Licht einer verticalen Lichtlinie ausströmt, so wird in jeder horizontalen Richtung die Erscheinung dieselbe, und zwar die eines einzelnen Lichtpunktes, so dass die niedrigen Spectra in hohe von derselben Breite verwandelt werden. Sind zwei verticale Lichtlinien vorhanden, so bekommt man ein Bild der Erscheinung (in horizontaler Richtung), wenn man über derselben zweimal die Intensitätscurve eines einzelnen Punktes construirt, und zwar so, dass die Mitten beider um die scheinbare Distanz der Lichtlinien von einander entfernt stehen. Da, wo die Curven sich decken, hat man alsdann nur die Summe der Ordinaten zu nehmen. Das Verhältniss jenes scheinbaren Abstandes zur Breite eines Seitenspectrums lässt sich leicht beim Anblick der Erscheinung abschätzen, wenn man die eine Lichtlinie aufwärts, die andere abwärts verlängert hat.

Die Erscheinungen für verschiedene Entfernungen neben einander liegender Lichtpunkte erblickt man in einem einzigen Bilde, wenn man zwei sich unter spitzem Winkel schneidende Lichtlinien anwendet.

Für ein Gitter von einer einzigen rechtwinkligen Oeffnung bekommt das Bild alsdann die Form der Figur 74.

Für eine rechtwinklige Lichtfläche mit verticalen Rändern, und ein verticales einfaches Beugungsgitter lassen sich die Oerter der Maxima und Minima leicht auf folgende Weise finden:

Ist die Curve in Figur 75. die Intensitätscurve des Gitters in horizontaler Richtung für den Fall eines Lichtpunktes, M die Projection eines Punktes, dessen Intensität man kennen will, und P' u. P'' die Projectionen der Ränder der Lichtfläche auf dem Schirm, so stellt die Fläche P'P''R''R' die Intensität in M vor. Nun wird für solche Punkte M, für welche P'R' = P''R'' ist, die Intensität ein Maximum oder Minimum. Zeichnet man daher die Curve zweimal neben einander so, dass ihre Mitten um die scheinbare

Entfernung der Ränder der Lichtfläche von einander entfernt stehen, so sind die Durchschnittspunkte beider Curven die Oerter der Maxima und Minima.

Merkwürdig ist, dass die Maxima und Minima hierbei den Rändern der Lichtfläche näher liegen, als bei einer feinen Lichtlinie, wovon man sich überzeugt, wenn man aus einem Stanniolblatt ein Rechteck ausschneidet, den einen Rand desselben verlängert (Fig. 76), und durch dasselbe das Licht auf die beugende Oeffnung leitet. Man sieht alsdann, dass das erste Minimum des Rechtecks merklich hinter dem ersten Minimum des verlängerten Randes zurücksteht.

Ist die Lichtfläche sehr breit, so rückt P″ sehr weit von P′ ab, und die Intensität ist dem zur Rechten von P′R′ liegenden Theil der Curvenfläche gleich. Fällt M in P′, so ist sie der halben Curvenfläche gleich; fällt M sehr weit rechts von P′, so ist sie der ganzen Curvenfläche gleich. Es ist daher am Rande der Lichtfläche die Lichtstärke halb so gross, als tief im Innern derselben. Ferner sieht man, dass zwei Punkte, von denen der eine rechts vom Rande P′, der andere links von demselben eben so weit entfernt liegt, um gleich viel von der Lichtstärke am Rande abweichen. Es finden daher auch bei einer grossen Lichtfläche keine eigentlichen Maxima und Minima statt, sondern es tritt nur eine stufenweise Lichtabnahme ein, die zu beiden Seiten der Ränder symmetrisch ist.

Da sich mit der Farbe die Breite der Spectra ändert, so treten dieselben Unterschiede zwischen den Bildern verschiedener Farben ein, welche zwischen den Bildern derselben Farbe für verschiedene Distanzen der verticalen Lichtlinien oder für verschiedene Breiten der Lichtfläche eintreten. Bei einer breiten Lichtfläche in weissem Licht sind daher die Ränder der Abstufungen ausserhalb der Ränder der Lichtfläche roth, innerhalb derselben blau gesäumt.

Ist die beugende Oeffnung nicht ein Gitter, sondern ein Kreis, so tritt ganz Aehnliches ein. Bei ausgedehnten Lichtlinien verschwinden die Maxima und Minima in den ihnen parallelen Richtungen, und durchgängig bei einer ausgedehnten Lichtfläche. Finden Maxima und Minima statt, so liegen die letzteren dem Rande der Lichtfläche näher, als die zum Beugungsbilde einer Lichtlinie gehörigen Maxima und Minima den Rändern dieser Lichtlinie.

Bei einer sehr langen Lichtlinie ist das erste Minimum von derselben nur 210° entfernt, während es bei einem Lichtpunkt 219°,6 entfernt ist.

Ist endlich die Lichtfläche von Kreisform, so verhält sich bei einiger Ausdehnung derselben Alles, wie bei einer viereckigen Lichtfläche. Ist das Licht ausserhalb des Randes der Lichtscheibe noch auf eine hinlängliche Entfernung bemerkbar, so ist die durch die Beugung hervorgebrachte Vergrösserung ihres Durchmessers einem Winkel gleich, dessen Sinus $\frac{220}{180} \frac{\lambda}{D}$ ist, wo D den Durchmesser der beugenden Oeffnung vorstellt.

Elfter Abschnitt.

M e t e o r o l o g i e.

Während die Literatur der übrigen physikalischen Disciplinen fast ausschliesslich eine Journallitteratur ist, finden sich meteorologische Untersuchungen häufig in besondern Werken oder Gelegenheitsschriften, zu welchen die Annuaires gerechnet werden können. Soll daher von dem Rechenschaft gegeben werden, was innerhalb eines bestimmten Zeitraumes in der Meteorologie geleistet worden ist, so muss natürlich auch auf jene besondern Werke Rücksicht genommen werden, in sofern sie eigenthümliche Untersuchungen enthalten. — Ich werde daher zuerst einige Worte über diese, so wie über die bekanntgemachten Beobachtungsjournale sagen.

Was zunächst die Geschichte und Literatur der Meteorologie betrifft, so befindet sich in dem Report der ersten und zweiten Versammlung englischer Naturforscher zu York und Oxford in den Jahren 1831. 1832 auch ein von Forbes abgestatteter Bericht über Meteorologie, in welchem aber die in englischer oder französischer Sprache erschienenen Untersuchungen fast ausschliesslich berücksichtigt sind. Von diesem Report ist 1836 unter dem Titel: Abriss einer Geschichte der neuern Fortschritte und des gegenwärtigen Zustandes der Meteorologie, von Forbes, übersetzt und ergänzt von Mahlmann; Berlin. 1836. 8. 248 S.; eine Bearbeitung erschienen, welche in Beziehung auf Vollständigkeit der literarischen Nachweisungen und klare Uebersichtlichkeit der Darstellung vortrefflich genannt werden kann. Speciellere Nachweisungen über die Meteorologie der Griechen und Römer findet man hingegen in Ideler meteorologia veterum Graecorum et Romanorum; Berol. 1832. 8. 254 S., und in der von demselben Verfasser herausgegebenen Meteorologie des Aristoteles.

Von dem 1831 begonnenen Lehrbuch der Meteorologie von Kämtz ist im Jahr 1836 der dritte Band erschienen. (552 S.) Der Reichthum darin niedergelegter eigner Untersuchungen, sowie die unpartheiische Würdigung der Arbeiten Anderer haben diesem Werke bereits eine allgemeine Anerkennung verschafft; ja man könnte mit Recht erwarten, dass dasselbe den Anfang einer neuen Epoche in der meteorologischen Literatur bezeichnete, wenn nicht oberflächliche Compilationen, wie Lecoq's Elémens de géographie physique et de météorologie; Paris. 1836. 8. 675 S., und Garnier physique du monde; Brüssel. 1837. 480 S., immer noch daran erinnerten, dass der Glaube, die zur Herausgabe einer Meteorologie nothwendigen Vorstudien könnten sich auf die Lecture der Aragoschen Annuaires beschränken, unerschüttert fortbesteht.

Höchst dürftig ist auch Hutchinson a treatise on the causes and principles of the meteorological phaenomena; Glasgow. 1835. 8. Den Artikel Meteorology in der Encyclopaedia Metropolitana habe ich nicht näher vergleichen können.

Unter den meteorologischen Arbeiten Arago's ist die von ihm für die Expedition der Bonite ausgearbeitete Instruction vorzugsweise zu nennen. Sie ist unter dem Titel: Questions à résoudre concernant la météorologie, l'hydrographie et l'art nautique im Annuaire für 1836 erschienen. Ausserdem enthalten seine Annuaires im verflossenen Zeitraum folgende meteorologische Arbeiten:

1) sur l'état thermométrique du globe terrestre, besonders in Beziehung auf die Frage über die Unveränderlichkeit des Klima's (Ann. für 1834);

2) la lune, exerce-t-elle sur notre atmosphère une influence appréciable (für 1833);

3) sur les glaçons, que les rivières charient en hiver (für 1832);

4) sur le tonnerre (für 1838);

Eingestreute meteorologische Bemerkungen finden sich ausserdem in dem Aufsatze: des comètes en général et en particulier de la comète, qui doit reparaître en 1832 (für 1832), und in dem Aufsatz: sur les puits forés, connus sous le nom de puits artésiens, de fontaines artésiens ou de fontaines jaillissantes (für 1838).

Das **Schumachersche** astronomische Jahrbuch enthält folgende meteorologische Aufsätze:

Das für 1837: Die Sternschnuppen von **Olbers**, p. 36 und 278 und 1838 p. 317.

Für 1837: **Leopold von Buch**. über die Temperatur von Jena.

Oersted, über die Wettersäule.

Kämtz, Bemerkungen über die wichtigsten Erscheinungen in der Atmosphäre.

Eine populäre Darstellung der hauptsächlichsten Ergebnisse der neuern Meteorologie habe ich unter dem Titel: „Ueber den innern Zusammenhang der Witterungserscheinungen“ in den von mir herausgegebenen „Meteorologischen Untersuchungen“, Berlin. 1837. 8. 344 S., bekannt gemacht. Diese enthalten ausserdem alle auf das Drehungsgesetz sich beziehenden, in **Poggendorf's** Annalen seit 1827 erschienenen Abhandlungen zu einem Ganzen verarbeitet, mit Zusätzen besonders in Beziehung auf die Climatologie von Hindostan. In näherer Beziehung zum Drehungsgesetz stehen noch:

Eisenlohr; Untersuchungen über den Einfluss des Windes auf den Barometerstand, die Temperatur, die Bewölkung des Himmels und die verschiedenen Meteore, nach 43jährigen zu Karlsruhe angestellten Beobachtungen. Heidelberg. 1837. 4. 112 S.

Emsmann; Untersuchungen über die Windverhältnisse zu Berlin. Frankfurt a. O. 1839. 4. Programm. 16 S.

Reid; an attempt to develop the law of storms by means of facts, arranged according to place and time and hence to point out a cause for the variable winds with the view to practical use in navigation. London. 1838. gr. 8. 436 S.; mit vielen Charten über die fortschreitende Wirbelbewegung der Stürme.

Redfield; on the courses of hurricanes, with notices of the tyfoons of the China See ant other storms. Nautical Magazine. 1839. p. 1.

Für die mathematische Theorie der Erdwärme ist **Poisson's** théorie mathématique de la chaleur, Paris. 1835. 4. 532 S., von vorzüglicher Bedeutung, weil **Poisson** eine von **Fourier's** Annahme sehr abweichende Bestimmung der Temperaturverhältnisse der Grenzen der Atmosphäre zur Wärme des Weltraumes gegeben hat, und die sogenannte eigne Wärme der Erde sich auf eine

Weise entstanden vorstellt, welche eine continuirliche Temperaturzunahme nach dem Innern der Erde als eine nothwendige Folge der Theorie nicht in sich schliesst. Als ein empirischer Beitrag zu den von Poisson angeregten Untersuchungen kann angesehen werden: Pouillet; mémoire sur la chaleur solaire, sur les pouvoirs rayonnants et absorbants de l'air atmospherique et sur la température de l'espace. Paris. 1838. 4. Die Wärmezunahme nach dem Innern der Erde ist von ihrer empirischen Seite besonders in Beziehung auf die abkühlenden Ursachen von Bischof untersucht worden in einem besondern Werke: Die Wärmelehre des Innern unseres Erdkörpers, ein Inbegriff aller mit der Wärme in Beziehung stehenden Erscheinungen in und auf der Erde, nach physischen, chemischen und geologischen Untersuchungen, Leipzig. 1838. 8. 512 S. Einen sehr wesentlichen Beitrag zur Erkenntniss der Temperaturzunahme nach dem Innern der Erde bilden ausserdem: die Beobachtungen über die Temperatur des Gesteins in verschiedenen Tiefen in den Gruben des Sächsischen Erzgebirges, in den Jahren 1830 bis 1832, zusammengestellt von Reich; Freiberg. 1834. 8. 205 S., ein Werk, welches ausserdem eine sehr vollständige Literatur des Gegenstandes enthält. In Beziehung auf Temperatur warmer Quellen ist noch besonders zu erwähnen: Forbes on the temperatures and geological relations of certain hot springs, particularly those of the Pyrenees, and on the verificatien of thermometers. Phil. Trans. 1836. p. 571.

Von meteorologischen Monographien sind mit einigen Nachträgen zu dem Verzeichniss von Fechner in dessen Repertorium folgende zu nennen, von welchen die, bei welchen das Wort: „Beobachtungsjournal" nicht hinzugefügt ist, nur mittlere Resultate enthalten:

Eric Burmann; Tabell ofver medeltemperaturen uti Luften uti Haapa Kylä By i Oefver-Torneo Socken och Norbottens Län (mittlere monatliche Temperaturen von November 1801 bis October 1831) Kongl. Vetens. Handl. for 1832.

Wisniewsky; Observations météorologiques faites à l'Academie Imperiale des Sciences de St. Petersbourg de 1822 à 1834 et calculées par Kupfer. Petersburg. 1838. 4. 214 S.

Observations météorologiques et magnétiques faites dans l'étendue de l'Empire de Russie redigées et publiées par Kupfer. St. Petersburg. 1837. 4. No. I. Observations météorologiques de

St. Petersbourg und tables psychrometriques. No. II. Observations de St. Petersbourg et de Catharinenburg. Die letztern vom Jahr 1836, die erstern von Juli 1835 — Dec. 1836. Zweistündliche Beobachtungen von 8 Uhr Morgens bis 10 Uhr Abends. Thermometer, Barometer, Psychrometer, Winde, Himmelsansicht.

Knorr; über den Gang der Temperatur zu Kasan. P.A.42.647.

v. Baer; über das Klima von Sitka. (gel. 21. Dec. 1838.)

v. Baer; über das Klima von Nowaja Semlja und die mittlere Temperatur insbesondere. (gelesen d. 5. Mai 1837.) 8.

10jährige Beobachtungen von Irkutzk, 4jährige von Sebastopol und Nicolejeff; im Bull. de l'Acad. de St. Peterb.

Rang; Bemerkungen über das Klima und die Witterung des Tambowschen Gouvernements, insbesondere der Stadt Tambow; im Bull. de la soc. imp. de naturalistes de Moscou An. 1837. No. 7. p. 85.

J. C. Ross; Appendix to the narrative of e second voyage in search a north west passage and of a residence in the arctic regions during the years 1829. 30. 31. 32. 33. London. 1835. 4. (Beobachtungsjournal) enthält die stündlichen Beobachtungen der Temperatur, der Windesrichtungen, Windesstärke und Himmelsansicht von October 1829 bis März 1832 und 3malige Barometerbeobachtungen von November 1829 bis April 1832, in den ersten 3 Monaten nur zweimalige.

Holyoke; a meteorogical Journal from the year 1786 to the year 1829 inclusive with a prefatory memoir by Hale in Memoirs of the American Academy, New Ser. vol. 1. p. 107. Cambridge. 1833. (Beobachtungsjournal des Thermometer, Barometer und Himmelsansicht von Salem. Frühere Zusammenstellungen der thermischen Mittel sind erschienen unter dem Titel: Observations made with Fahrenheits thermometer at Salem Massasuchets from the year 1793 to the year 1818 both incl. being the last 26 years of a period of 33 years observations, the first series are publ. in the Mem. of the Amer. Acad. 1795. Mem. of the Amer. Acad. IV. p. 2. Decmbr. 1821.

Ein kurzer Abriss der Beobachtungen von Farrar in Cambridge in Nordamerika ist erschienen im Americ. Almanac 1837. Die Temperaturen von 1790 — 1813 und 1816. 1817. Die vortreffliche Zusammenstellung von Farrar selbst ist:

John Farrar abstract of meteorological observations made at

Cambridge New England im Mem. of the Amer. Acad. vol. III. p. 1. p. 361. Dieser Zusammenstellung sind auch die Beobachtungen von French in Andover vom Jahr 1798 bis 1808 beigefügt.

Dewey results of meteorological Observations made at Williamstown. (1816 — 1819.) Amer. Mem. 4. 2. p. 387.

In dem American Almanac sind ausserdem die monatlichen Mitteltemperaturen von Concord in New-Hampshire, 1828 — 1835 obs. Farrar, mitgetheilt. Die von Boston vom Jahr 1820 — 1829 finden sich in Sillim. Journ. 20. p. 264., die von Archibald Hall in Montreal bestimmten monatliche Mittel. (1826 — 1835) in Jameson Edinb. Journ. 21. p. 236.

Für Hindostan ist ausser dem Journal of the Asiat. Soc. of Bombay von Prinsep vorzugsweise zu nennen:

Goldingham; tables containing results of meteorological observations at the Madras Observatory. Beobachtungsjournal. 1796 — 1807 und 1813 — 1821, die Mittel bis 1825; in Madras Observatory Papers. fol. 1827.

Sykes; on the atmospheric tides and climatology of Dukhun. Ph. Tr. 1835. p. 161.

In Beziehung auf Deutschland sind wichtige Beiträge durch Berechnung länger fortgesetzter Beobachtungsjournale erschienen, nämlich:

Eisenlohr; Untersuchungen über das Klima und die Witterungsverhältnisse von Karlsruhe, über die Schwankungen des Barometers und Thermometers für die verschiedenen Jahreszeiten und über den Einfluss der Winde und des Mondes auf die Witterung. Karlsruhe 1832. 4. 74 S.

v. Schmöger; meteorologische Beobachtungen zu Regensburg, in den Jahren 1774 — 1834. Nürnberg. 1835. 8. 96 S.

Plieninger; zehnter Jahresbericht über die Witterungsverhältnisse in Würtemberg, enthält die thermischen Mittel von 1795 an von Stuttgard. Der elfte, zwölfte und dreizehnte enthält die Resultate der Beobachtung von Stuttgard „des meteorologischen Vereins" in Würtemberg vom Jahr 1835. 1836. 1837, nebst einer Chronik der Witterung dieser Jahre.

Lucas; Resultate zehnjähriger meteorologischer Beobachtungen, angestellt zu Arnstadt in Thüringen. Kastner Archiv 26. p. 36.

Sulzer; zur Klimatologie von Giengen. Kastner Archiv 16. p. 257.

Schön; mittlere Sommerwärme Würzburg's während der neuesten vorzüglichen Weinjahre. Kastner Archiv 26. p. 362.

Kriegk; kurze physisch-geographische Beschreibung der Umgegend von Frankfurt am Main. 1839.

Lohrmann; meteorologische Beobachtungen in Sachsen seit 1828.

v. Hoff; Nachrichten über den Gang der Witterung zu Gotha. Kastner Archiv. 24. p. 273. 26. p. 193.

Nizze; über den Stand des Barometers zu Bützow in den Jahren 1781 — 1789. Stralsund. 4. Programm.

R. Brandes und W. Brandes; über den stündlichen Gang des Barometers und Thermometers im Jahr 1828 zu Salzuflen im Fürstenthum Lippe-Detmold. Lemgo. 1832. 8.

In Frankreich, der Schweiz und Belgien sind ausser den Resumés von Paris, Genf und dem St. Bernhard zu nennen:

Herrenschneider; résumé des Observations météorologiques faites à Strasbonrg 1831 — 1835. Jährlich. 8. Strasbourg.

Schuster; résumé des observations météorologiques faites à Metz, pendant une periode de 10 années de 1825 — 1835 in Mémoires de l'Academie Royale des Sciences de Metz. Tom. 10.

Risso; histoire naturelle des principales productions de l'Europe meridionale et particulièrement de celles des environs de Nice et des Alpes maritimes 1. p. 235. (20jährige Beobachtungen von Nizza.)

Marqué Victor; (7 Jahre Toulouse) Mém. de l'Acad. de Toulouse 1827. p. 126.

Wenkebach; Uitkomsten uit in Nederland gedane weerkundige Waarnemingen. Natuur en Scheikundig Archief 1827. deel V. pag. 331.

Crahay; mémoire sur la météorologie. Beobachtungen in Mastrich 1818 — 1833 in Nouvelles Mémoires de l'Academ. de Brux. 10. 1837.

Quetelet; Observations météorologiques de Bruxelles. 1834. 1835. 1836 in Annales de l'Observatoire de Bruxelles 1831. Tom. I. (Beobachtungsjournal.) Derselbe Band enthält das Beobachtungsjournal der Beobachtungen der Erdwärme in verschiedenen Tiefen.

Quetelet; Aperçu historique des observations de météorologie en Belgique. Nouv. Mém. de l'Acad. de Bruxelles. Tom. 8. 1834.

Studer; Beiträge zur Klimatologie von Bern. 1837. 4. Programm. Die Resultate aus den Windbeobachtungen. Die Temperatur bestimmt von Fueter im bibl. univ. 34.

Notice sur les observations météorologiques faites au college de Fribourg en Suisse bibl. univ. 55. p. 84 und die einzelnen Resumés.

Lombard; du climat de Genève comparé avec celui de quelques localités situées au bord du lac de Genève bibl. univ. 52. p. 1.

In Beziehung auf England:

Giddy; the Climate of Penzance (1807 — 1837) Phil. Mag. 1828. Vol. 3. p. 273.

Howard; the Climate of London deduced from meteorological Observations made in the metropolis and at various places around it. London. 1832. 2. Aufl. 8. In dem hinzugekommenen dritten Bande ist das Beobachtungsjournal bis 1830 fortgesetzt.

Barnes; remarks explanatory and tabular results of a meteorological Journal kept at Carlisle by the late William Pitt during 24 years. 1801 — 1824. Edinburgh Philos. Trans. 11. p. 2. p. 418.

Innes; Table shewing the mean temperature of Aberdeen. 1823 — 1830. Jameson Edinb. phil. Journ. 1831. p. 153.

Baird; table of the general state of the weather in the Isle of Man. 1824 — 1830. ib. p. 150.

Macritchie; meteorogical tables shewing the temperature and pressure at Clunie Masse 1825 — 1836. Jameson Journ. 1833. p. 306 und 1837. p. 36.

Smyth; abstract of the Observatory register at Bedford. 1828 — 1834 in Geography p. 112. Artikel der library of useful Knowledge.

Fergus; Beobachtungen in Dumferline. 1805 — 1824 in Jameson Journ. 13. p. 129. und Jackson in St. Andrews 1821 — 1828. ib. 38. p. 407.

Zu den erfreulichsten Erscheinungen für die Meteorologie muss der Beginn correspondirender Beobachtungen gerechnet werden, welche auf Kosten des russischen Gouvernements in besonders dazu gegründeten Observatorien mit verglichenen Instrumenten und nach einem gemeinsamen Plane an verschiedenen Orten dieses grossen Reiches angestellt werden. So viel nun in dieser Beziehung für die Zukunft sich erwarten lässt, so möchte es für die Gegenwart eben so erspriesslich sein, wenn das bereits vorhandene Material durch Zusammenstellung in einem Werke zugänglich gemacht würde. Ein erfreulicher Anfang dazu ist bereits durch Kupfer geschehen, welcher das Wisniewskische Beobachtungsjournal von St. Petersburg berechnet und publicirt hat. Von der grossen Anzahl vorhandener Beobachtungen von Orten im Innern Russlands sind aber oft nur so unvollständige Data bekannt, dass ein Zusammenfassen wenigstens der monatlichen Mittel für die einzelnen Jahre höchst wünschenswerth wäre. Eine Climatologie Russlands kann nur von Dem geschrieben werden, welchem die Beobachtungsjournale selbst zugänglich sind, denn für die vergleichende Climatologie müssen nothwendig die Mittel nach dem neuen Calender berechnet werden, was oft nicht geschehen ist. Bei der Gründung neuer Observatorien würde es ausserdem möglich werden, früher angewendete Instrumente mit den neueren zu vergleichen und so ihre constanten Fehler zu eliminiren. Arbeiten, wie Schouw's Skildring af Vejrligets Tilstand i Dänmark, Ehrenheim om Climaternes rörlighet Tal, sollten an Ort und Stelle in Beziehung auf England und Frankreich geschrieben werden, wo noch reiches Beobachtungsmaterial unbenutzt vorhanden ist. Cesaris Clima della Lombardia, Cacciatore del real osservatorio di Palermo, Vasalli Eandi résultats des observations météorologiques faites à Turin mit den spätern Nachträgen, Calandrelli opuscolo estsatto di osservazioni meteorogiche mit den spätern Nachträgen in den Opuscoli Astronomici di Calandrelli, Conti und Ricchebach, Traversi Sunto Generale delle Osservazioni meteorologiche in den Esercitazioni dell Ateneo di Venezia haben für Mailand, Palermo, Turin, Rom und Venedig Vortreffliches geleistet, während die Beobachtungen von Neapel, Catanea, Padua etc. sich in Journalen verstreut finden, welche oft nur Wenigen zugänglich sind. Monographien, wie die von Buek über Hamburg, von Clefeld über Danzig, von Halaschka über Prag und die früher erwähnten, neuerdings bekannt gemachten könnten gewiss noch viele in Deutschland geschrieben werden, wo die Einrichtung der Gymnasialprogramme die Bekanntmachung erleichtert.

Die im Jahr 1823 gestiftete meteorologische Societät von London hat in diesem Jahre den ersten Band ihrer Abhandlungen unter dem Titel: Transactions of the meteorological society instituted in the year 1823 publicirt. Er enthält zunächst eine graphische Darstellung der meteorologischen Beobachtungen des Jahres 1837 von acht Orten in England, mit den Zahlenwerthen für die Mittel, ausserdem aber Beobachtungen auch von aussereuropäischen Orten, z. B. York in West-Australien, vieljährige monatliche Mittel von Cheltenham, vieljährige Extreme von London und Thetford. Es ist zu wünschen, dass dieses wichtige Unternehmen in England das Interesse finde, welches es verdient, und dass die vieljährigen Beobachtungsreihen von Wingham, Perth, Inverness, Oxford, York, Glasgow und andern Orten in ähnlichen Retrospects als die von Cheltenham, darin eine Stelle finden.

Die Publication meteorologischer Journale hat vorzugsweise den Zweck, Materialien an die Hand zu geben, die specielleren meteorologischen Erscheinungen der Berechnung zu unterwerfen; denn die Kenntniss der mittleren Zustände kann erhalten werden durch eine Zusammenstellung der Mittel, was durch wenige Zahlen geleistet werden kann. Es ist aber bis zur Evidenz erwiesen, dass die sogenannten unregelmässigen Veränderungen der Instrumente, wenigstens in unseren Breiten, von der Windesrichtung abhängen, und daher ein detaillirtes Beobachtungsjournal ohne Angabe der Windesrichtung einen sehr geringen Werth hat. Es ist daher sehr zu bedauern, dass die Herausgeber des, einen so langen Zeitraum umfassenden Journals von Holyoke die vier Mal täglich beobachtete Windesrichtung aus dem Journal weggelassen haben. Da man in der Physik am einfachsten den Einfluss eines in die Erscheinung eintretenden Elements eliminirt oder wenigstens quantitativ bestimmen kann, wenn man dieses Element zwei Mal, und zwar im entgegengesetzten Sinne wirken lässt, so würden die Holyokeschen Beobachtungen ein Mittel an die Hand gegeben haben, den Einfluss der Lage des Meeres gegen das Land auf die Vertheilung des Druckes, der Temperatur und der Feuchtigkeit in der Windrose in aller Strenge zu bestimmen. Da sich die 36 Bände der handschriftlichen Beobachtungsjournale in den Händen der Americanischen Academie befinden, so darf man die Hoffnung nicht aufgeben, durch nachträgliche Bekanntmachung der unmittelbar beobachteten Windesrichtungen diesem für die Meteorologie so wichtigen, ja in seiner Art einzigen Documente die Bedeutung gegeben zu sehen, von welcher es ohne jene Verstümmelung schon jetzt sein würde.

Von Brewster und von Herschel sind Aufforderungen ergangen, an bestimmten Tagen nach einem festgesetzten Plane stündliche Beobachtungen anzustellen. Diesen Aufforderungen ist vielfach entsprochen worden, es ist mir aber nicht bekannt, ob ausser der in den Meteorogical Transactions erfolgten Zusammenstellung einiger, bereits vergleichende Untersuchungen darauf gegründet worden sind. In dieser Beziehung scheint es mir passender, ein veränderliches Datum zu wählen, als ein beständiges. Denn da ein zufälliges Phänomen eben so gut an dem einen Tage eintreten kann, als an dem andern, so erhält man durch ein veränderliches Datum, auch wenn nichts Ungewöhnliches eintritt, Ergebnisse über die täglichen Veränderungen, und zwar allmählig immer mehr gleichmässig in der jährlichen Periode vertheilte. Würde z. B. im ersten Jahre 6 Mal am 1ten jedes geraden Monats beobachtet, im zweiten Jahre 6 Mal am 1ten jedes ungeraden Monats, dann ebenso am 10ten und dann am 20ten, so würde man schon nach 6 Jahren einen sehr wesentlichen Beitrag zur Kenntniss der täglichen Veränderungen erhalten. Dass man aus der unmittelbaren Vergleichung der Witterungsverhältnisse eines Tages an verschiedenen Orten keine entscheidenden Resultate erhält, kann für die Temperaturverhältnisse wenigstens bewiesen werden.

So lange viele der bei den Beobachtungen angewendeten Instrumente mit constanten Fehlern behaftet sind, wie es besonders bei den Barometern der Fall ist, können Reisende durch Vergleichung des sie begleitenden Instrumentes mit den stationären Instrumenten der Beobachtungsorte, welche sie berühren, der Climatologie die wesentlichsten Dienste thun. In dieser Beziehung hat sich besonders Schouw ein bleibendes Verdienst erworben durch Vergleichung seines Reisebarometers mit dem vieler europäischen Beobachtungsorte. Ebenso hat Prinsep sein Standard Barometer in Calcutta mit dem der Royal Society von London mannigfach verglichen und die in Hindostan gebrauchten Instrumente auf das seinige durch Vergleichung reducirt. Durch den Eifer dieses um die Meteorologie so sehr verdienten Mannes ist die Anzahl der Beobachtungen in jenen Gegenden auf eine unerwartete Weise vermehrt worden. Das von ihm in dem Journal of the Asiatic Society of Bengal monatlich publicirte Beobachtungsjournal von Calcutta, so wie die mannigfachen darin bekannt gemachten Resumés anderer Beobachtungen machen diese Zeitschrift zu einer Fundgrube der wichtigsten Notizen für jene noch so wenig erforschten Gegenden.

Bei der Bekanntmachung thermischer Mittel in Beobachtungsjournalen kommt es häufig noch vor, dass die Stunden nicht angegeben werden, aus welchen diese Mittel bestimmt sind. In den englischen Resumés steht in der Regel Maximum und Minimum, ohne dass man, besonders in tropischen Gegenden, oft beurtheilen kann, ob darunter ein absolutes des Monats gemeint sei, oder ob das Mittel der täglichen Extreme eines Registerthermometers. In andern Uebersichten vermisst man oft die Angabe, ob Réaumursche oder Centesimalgrade gebraucht sind. Ebenso bleibt man häufig im Zweifel, ob Barometerstände auf gleiche Temperatur reducirt sind oder nicht, und auf welche. Das sind Uebelstände, deren Beseitigung wünschenswerth ist. Auch wäre zu wünschen, dass die Beobachter ihren Beobachtungsort so genau wie möglich bezeichneten. Die besten geographischen Hülfsmittel reichen oft nicht aus, einen Ort zu finden, der mitunter nur in seiner nächsten Umgebung bekannt ist. Für Orte tropischer Klimate, wo so häufig innerhalb des Hauses beobachtet wird, sollte jedesmal die Localität beschrieben werden, welche wegen der Aufstellung des Thermometers und der absoluten Höhe des Barometers zu kennen ebenfalls erforderlich ist.

Die Hygrometerbeobachtungen geschehen neuerdings in der Regel durch unmittelbare Bestimmung des Condensationspunktes (Dewpoint) oder durch Vergleichung eines trockenen und nassen Thermometers. Bei einer Menge meteorologischer Fragen kommt es nun nicht auf die relative Feuchtigkeit an, sondern auf die Elasticität des wirklich vorhandenen Wasserdampfes. Es ist daher sehr störend, dass in manchen Beobachtungsjournalen die Angabe des Dewpoint oder die des wet bulb thermometer wiederum auf Procente reducirt wird, die Elasticität daher dann jedesmal durch eine besondere Rechnung gefunden werden muss. Die directe Angabe des Dewpoint scheint mir vorzuziehen. Auch wäre es wünschenswerth, wenn neben den Psychrometerangaben unmittelbar die Elasticität des Wasserdampfes abgedruckt würde. Aus dem reichen Schatz hygrometrischer Beobachtungen sind wohl bisher deswegen nur so wenige Resultate gezogen, weil die Art der Bekanntmachung derselben ihre Benutzung so sehr erschwert. Auch fehlen für die Berechnung der Psychrometerbeobachtung Tafeln, welche für das in Fahrenheitschen Graden angegebene Argument die Elasticität des Wasserdampfes in englischen Zollen angeben. Centesimalgrade statt Réaumurscher für das Argument zu wählen, scheint mir nicht passend, so lange unsere deutschen Mechaniker die Psychrometer nach Réaumur eintheilen, was auch, so lange man die Lufttemperatur nach Réaumur beobachtet, vollkommen angemessen ist, in Frankreich aber so gut wie gar keine hygrometrische Beobachtungen angestellt werden. Es versteht sich aber von selbst, dass für Réaumursche Grade als Argument die Elasticität in Pariser Linien bestimmt sein muss, da die Elasticität des Wasserdampfes, um den Druck der trocknen Luft zu erhalten, von dem Barometerstande abgezogen werden muss, welcher in diesem Maasse ausgedrückt wird. Die Daniellschen Hygrometer sind auch in Deutschland nach Fahrenheit getheilt. Eine Tafel, welche für den in Fahrenheitschen Graden angegebenen Dewpoint die Elasticität in Pariser Linien angiebt, ist daher ebenfalls wünschenswerth. Durch die umfassende Reihe von Beobachtungen, welche Prinsep angestellt hat, indem er ein ganzes Jahr ein Barometer mit Wasserdampf im Vacuum mit einem wahren Barometer verglich, sind Data zu einer Revision der Elasticitätstabelle für die hohen Temperaturen tropischer Gegenden gegeben, von denen zu wünschen ist, dass sie Gegenstand einer genauen Berechnung werden. Die von Prinsep selbst für das Psychrometer gegebene Tabelle hat als Argument die Procente der Elasticität des Wasserdampfes und die Temperatur des trocknen Thermometers, und giebt dafür die Erniedrigung des nassen Thermometers. Diess ist nicht practisch, wenn man die Elasticität des Wasserdampfes aus den Angaben den Instrumentes finden will.

In den amerikanischen Witterungstabellen sind häufig die Windesrichtungen auf 4 zurückgeführt. Diess ist entschieden zu wenig. Die Bezeichnung „herrschender Wind" ist so vag, dass sie ganz vermieden werden sollte.

Die Angabe des Regens scheint mir am passendsten, wie es in England Sitte ist, in Hunderttheilen des Zolls. Die Angabe in Zollen und Linien ist weniger übersichtlich. Es wäre wünschenswerth, dass man alle Regenmesser nach Theilen des Zolls graduirte. Die Angaben sollten ausserdem immer die Regenhöhe anzeigen, nicht die auf eine bestimmte Fläche gefallene Regenmenge. Die Regenmenge durch das Gewicht des herabgefallenen Wassers auszudrücken, hat den wesentlichen Nachtheil, dass man dadurch in das Gebiet provinzieller Maasse geräth, welche alle vergleichenden Untersuchungen bis zum Unerträglichen erschweren.

Da die Vertheilung der Regenmenge in der jährlichen Periode ein eben so wichtiges Element ist, als das herabfallende Quantum, so sollten stets auch die monatlichen Regenmittel ausser dem jährlichen angegeben werden, was aber häufig nicht geschieht. Die Amerikanische Sitte, die Höhe des Schnees in Zollen von der Regenmenge zu sondern, könnte beibehalten werden, wenn die Menge des Schnees auf Wasser reducirt, zugleich in die mittleren Resultaten aufgenommen würde. In Beziehung auf das, was wirklich beobachtet und in die Journale aufgenommen wird, herrscht in den verschiedenen Ländern eine sehr grosse Verschiedenheit. Barometrische Beobachtungen werden in Deutschland in grösster Vollständigkeit angestellt und sehr zweckmässig publicirt, dahingegen sind Regenbeobachtungen sehr selten, ja sie fehlen über die Abnahme nach der Höhe fast ganz. In England hingegen sind die Regenbeobachtungen höchst vollständig, hingegen die Barometerbeobachtungen an registrirenden Instrumenten ohne Correction für Temperatur häufig unbrauchbar. In Frankreich ist die tägliche Oscillation des Barometers fast das einzige Phänomen, welches mit Consequenz verfolgt wird. Sollte sich die Ansicht bestätigen, dass die täglichen Oscillationen des Luftdrucks durch die Zusammenwirkung der einer einfacheren Gesetzmässigkeit folgenden Veränderungen der trocknen Luft und der Elasticität des ihr beigemengten Wasserdampfes ist, so werden die ohne Berücksichtigung des Hygrometers erhaltenen Ergebnisse ein geringes Interesse behalten.

Da nicht alle Erscheinungen beobachtet werden können, so muss eine Auswahl getroffen werden, und es fragt sich daher, welches Princip diese Wahl leiten soll. Durch meteorologische Beobachtungen sucht man zwei verschiedene Zwecke zu erreichen; der eine, welchen wir den klimatologischen nennen können, stellt sich die Aufgabe, durch Elimination der Veränderungen den mittleren Zustand der Atmosphäre kennen zu lernen, um welchen jene Schwankungen geschehen, der andere, der meteorologische nämlich, sucht die Gesetze dieser Veränderung selbst aufzufinden. Das unmittelbar in die Erscheinung Tretende sind die Veränderungen. Diese sind periodische und nicht periodische. Bei der constanten Richtung der Passate sind es vorzugsweise die täglichen Veränderungen, welche mit solcher Bestimmtheit hervortreten, dass man in diesem Sinne die Nacht den Winter der Tropen genannt hat, während die jährlichen Veränderungen am gesetzmässigsten erscheinen, wo die Windesrichtung selbst diese Periode befolgt, d. h. in der Gegend der Moussons. In der gemässigten Zone sind hingegen die nicht periodischen Veränderungen das durchaus überwiegende Phänomen. Da nun die Meteorologie der Kenntniss aller dieser Erscheinungen bedarf, so wird sie ihren Zweck am ersten erreichen, wenn sie die Phänomene da studirt, wo sie am deutlichsten sich darstellen, um sie später auch dort aufzusuchen, wo sie durch überwiegende Erscheinungen mehr oder minder verdeckt werden. Tropische Gegenden werden also vorzugsweise sich zur Auffindung der täglichen Oscillationen eignen, die jährlichen Veränderungen werden in den Ländern, wo Moussons herrschen, am bequemsten erforscht werden können, für die Auffindung der Gesetze der sogenannten unregelmässigen Veränderungen werden hingegen höhere Breiten vozuziehen sein.

Ist nun die einem Beobachter gestellte Aufgabe eine verschiedene je nach der Localität, in welcher er sich befindet, so ist klar, dass auch die Einrichtung der Beobachtungen sich dem entsprechend modificiren wird. Da das Barometer in der tropischen Zone vorzugsweise nur periodisch bewegt wird, so werden dort die Beobachtungsstunden zur Zeit der Wendepunkte dieser Oscillationen am passendsten gewählt werden. In unsern Breiten ist hingegen die Windesrichtung das Moment, welches den grössten Einfluss auf den atmosphärischen Druck äussert. Diess muss daher vorzugsweise berücksichtigt werden, die Berechnung barometrischer und thermischer Windrosen und die Bestimmung der Veränderung der Instrumente bei den verschiedenen Windesrichtungen ist daher hier die nächste Aufgabe, die tägliche Oscillation hingegen eine untergeordnete. Beide lassen sich vereinigen; wenn es aber darauf ankommt, zwischen ihnen zu wählen, so verdient das charakterische Phänomen entschieden den Vorzug.

So wie im Grossen die verschiedenen Zonen zu verschiedenen Einrichtungen der Beobachtungen Veranlassung geben, so ist nun die nähere Localität ebenfalls hierbei von Bedeutung. Orte wie

Genf und der St. Bernhard sind darauf gewiesen, zur Beantwortung der Fragen zu dienen, welche in Beziehung auf die Veränderung der Oscillationen nach der Höhe aufgeworfen werden können, und es ist daher hier wiederum mit dem grössten Dank anzuerkennen, dass die Beobachtungsstunden geändert worden sind, um darüber zu entscheiden, ob sich die täglichen Veränderungen des Barometers auf Bergen anders verhalten als auf Plateaus.

In Beziehung auf den klimatologischen Gesichtspunkt findet zwischen den einzelnen Zonen ein weit geringerer Unterschied statt. Für den mittlern Druck ist die Wahl der Stunden in unsern Breiten gleichgiltig, nicht aber für die Temperatur. Bei Vervielfältigung der stündlichen Beobachtungen wird man allmählig für die verschiedenen Breiten immer sicherere Correctionselemente erhalten, die aber später nur dann angebracht werden können, wenn in den meteorologischen Resumés die Mittel der einzelnen Stunden gesondert erhalten werden. Da z. B. die Mannheimer Stunden 7. 2. 9. eine so grosse Verbreitung erhalten haben, ja in Amerika fast allein angewendet werden, die wahre Temperatur aber nahe $\frac{\text{VII.} + \text{II.} + 2\,\text{IX.}}{4}$ zu sein scheint, so ist eine spätere Correction nicht möglich, wenn in dem Resumé nur $\frac{\text{VII.} + \text{II.} + \text{IX.}}{3}$ angegeben ist. Wünschenswerth wäre es, wenn die registrirenden Instrumente zur Bestimmung der mittlern Temperatur neben den an bestimmten Stunden erhaltenen Ablesungen in andern Ländern so häufig angewendet würden als in England, da die Kenntniss der Grösse der täglichen thermischen Oscillation in den verschiedenen Jahreszeiten ein sehr wesentliches Element ist.

Unter die neuerdings mit mehr Bestimmtheit angeregten Untersuchungen gehören die über die Erdwärme, die nächtliche Strahlung, die directe Einwirkung der Sonne, das Verhältniss der Quellenwärme zur Luftwärme. Für die Bodenwärme haben sich bereits die Beobachtungen bedeutend vervielfältigt, für die Ausstrahlung hingegen sind es vorzugsweise nur die in den Memoirs der Horticular Society von London bekanntgemachten Beobachtungen, welche eine fortlaufende Reihe bilden. Da diese Erscheinungen in so unmittelbarem Zusammenhange mit der Vegetation stehen, so wäre ihre Wiederholung in andern botanischen Gärten gewiss sehr wünschenswerth. Zwei Registerthermometer für Minima, von von denen das eine, dessen Kugel mit Wolle umgeben ist, an einem Orte mit freier Himmelsansicht den Boden oder eine feste Unterlage unmittelbar über ihm berührt, das andere in grösserer Höhe in freier Luft aufgehängt ist, erfordern des Morgens nur eine einzige Vergleichung und könnten bei Tage leicht, um das Ueberdestiliren des Weingeists zu hindern, gegen directe Sonnenwärme geschützt werden. Die directe Einwirkung der Sonne könnte durch ein Maximumthermometer mit geschwärzter Kugel erhalten werden, oder auf einem der andern neuerdings angegebenen Wege. Für das Verhältniss der Quellenwärme zur Luftwärme wären Beobachtungen der Temperatur des herabfallenden Regenwassers sehr förderlich. Die einzige mir bekannte fortlaufende Beobachtungsreihe ist aus der tropischen Gegend von Mallory in Matanzas auf Cuba, da die von Boisgiraud in Frankreich angestellten Beobachtungen, so viel ich weiss, nicht publicirt worden sind. Die Menge des verdunstenden Wassers wird fast nur in England regelmässiger beobachtet, Beobachtungen aus mehr continentalen Orten sind hier ein wesentliches Bedürfniss. Vielleicht wird diese Erscheinung ein Gegenstand der vergleichenden Beobachtungen in Russland. In den von Burney in Gosport publicirten Beobachtungsjournalen findet sich eine Rubrik „Modificationen der Wolken", in welcher die Anzahl der beobachteten Formen nach der Howardschen Terminologie angeführt wird. Diess verdiente nachgeahmt zu werden, da solche Beobachtungen noch ganz vereinzelt stehen. Auch über die Höhe der Wolken an Gebirgen sind in der neuern Zeit nur wenige Data gegeben worden. Orte an dem Nordrande der Alpen wären hierzu vorzüglich geeignet.

Für die Reduction der Barometerstände auf den Frostpunkt haben wir drei Tafeln erhalten im Schumacherschen Jahrbuch von 1836 für französische Linien und Réaumursche Grade, in dem von 1837 für englische Zolle und Fahrenheitsche Grade, in dem von 1838 für Millimeter und Centigrade. Dadurch ist einem wesentlichen Bedürfniss abgeholfen. Wünschenswerth wäre eine grössere Ausdehnung der Tafeln bis auf 22 Zoll für das englische Barometer gewesen, da die englischen Beobachtungsstationen am Himalaya und an den Ghates so hoch hinaufgehen.

Neuerdings sind von mehreren Orten Beobachtungen bekannt geworden über das Zufrieren und Aufgehen der Flüsse in nördlichen Gegenden. Diess giebt einen sehr guten Beitrag zur Kenntniss der Strenge oder Milde selbst für Zeiten, wo keine detaillirten meteorologischen Beobachtungen vorhanden sind. Da für manche Orte gewiss solche Angaben für längere Zeit noch vorhanden sind, so kann ihre Bekanntmachung der Beantwortung der oft angeregten Frage über Veränderung des Klima's förderlich sein.

Die Windesrichtung wird von manchen Beobachtern mitunter nach der Windfahne und dann auch nach dem Zuge der Wolken angegeben. Da sich beide oft von einander unterscheiden, wie besonders deutlich aus Redfield's Beobachtungen in New-York hervorgeht, so sollten sie auch unter einander unterschieden werden. Eine constante Beobachtung beider giebt eine Vergleichung der untern und obern Ströme. Da diese aber nur bei wolkigem Himmel möglich ist, eine Wolkenbedeckung aber häufig eben dadurch entsteht, dass Luftströme ungleicher Temperatur und daher auch ungleicher Richtung über einander wehen (eine nothwendige Folge des Drehungsgesetzes), so ist dadurch die irrige Ansicht entstanden, dass solche ungleich gerichtete Ströme stets über einander wehen. Bei der Zusammenstellung des Wolkenzuges mit den gleichzeitig unten wahrgenommenen Richtungen der Windfahne könnte man jede für sich nach der Lambertschen Formel berechnen.

Da der Einfluss des Gegensatzes von Land und See in den Sommermonaten noch bis in hohe Breiten hinauf merklich ist, so ist das Aufsuchen einer täglichen Periode der Richtung und Stärke des Windes an Küstenorten ein nicht zu übersehendes Element.

Die meteorologischen Relationen aus dem Pflanzen- und Thierreich werden jetzt immer häufiger der Gegenstand regelmässiger Aufzeichnungen. Durch Vervielfältigung solcher Beobachtungen wird es möglich werden, wenigstens in Europa für bestimmte Pflanzen Linien gleicher Blüthezeit oder gleicher Fruchtreife zu ziehen, und auf diese Weise das Wandern einer natürlichen Isotherme über die Oberfläche der Erde zu erhalten. Eine Zusammenstellung der bisher gewonnenen Zahlen würde jetzt schon ein nicht unerhebliches Resultat liefern.

In Beziehung auf Bezeichnung ist wünschenswerth, dass die verschiedenen Formen des Hagels, Graupels und der als Glatteis fallenden gefrornen Regentropfen unterschieden werden. Ebenso sollten grössere Höfe von den kleineren immer deutlich getrennt werden. Bei Gewittern ist nah und fern zu bemerken, weil das Weglassen dieser Bezeichnung die bedeutendsten Unterschiede in den Zahlenangaben hervorbringt, je nachdem nämlich die Summen blos für nahe oder überhaupt für alle wahrgenommenen bestimmt sind. Da der Höhenwinkel, unter welchem der Blitz erscheint, und die Zeitdauer zwischen Blitz und Donner die Höhe der Gewitterwolke bestimmen, das Rollen des Donners aber eine Grenzbestimmung für die Länge des Blitzes gewährt, worauf Arago hingewiesen hat, so ist es wünschenswerth, dass diess ebenfalls Gegenstand der Beobachtung würden. Trockne und feuchte Nebel sollten ebenfalls immer unterschieden werden.

Diese Bemerkungen drängen sich jedem, welcher sich mit meteorologischen Untersuchungen beschäftigt, so häufig auf, dass sie hier zur Sprache gebracht zu haben, wohl gerechtfertigt erscheinen wird. Und so mögen denn einige Worte über die Berechnung von Beobachtungsjournalen ebenfalls hier ihre Stelle finden.

Bei dem grossen Zeitaufwande, welchen jede gründliche, auf Berechnungen von Beobachtungen gestützte meteorologische Untersuchung erfordert, ist nichts abschreckender als die Erfahrung, eine Arbeit gleichzeitig mit einem Andern gemacht zu haben, deren Ausführung eben nur einen consequenten Fleiss erfordert. Das könnte vielleicht, wenigstens theilweise, dadurch vermieden werden, dass der, welcher sich mit einer solchen Arbeit beschäftigt, irgendwie veröffentlichte, welches Beobachtungsjournal und zu welchem Zweck er bearbeitet. Die Berechnung thermischer und barometrischer Windrosen, die Ableitung der Correctionselemente für die Bestimmung der mittleren Temperatur aus stündlichen Beobachtungen, die Bestimmung des Druckes der Dampfatmosphäre in ihren periodischen und von der Windesrichtung abhängigen Veränderungen, sind so wesentliche Elemente, dass sie für viele Orte zu besitzen wünschenswerth ist, und zugleich sind diese Arbeiten so zeitraubend, dass es ein offenbarer Verlust ist, wenn zwei dasselbe Journal ihren Untersuchungen zum Grunde legen. Solche Arbeiten, welche nur den Zweck haben, die Constanten eines bekannten meteorologischen Elementes für einen bestimmten Ort zu liefern, können, wie mir scheint, nicht der Gegenstand eines Prioritätsstreites werden, so dass die Vermuthung, dass bei der Bekanntmachung des Zweckes der unternommenen Arbeit ein an-

andrer sich in ihre Ausführung eindrängen werde, gewiss selten gerechtfertigt erscheint.

Ein zweites Hinderniss der Fortschritte der Meteorologie liegt nicht sowohl in einem Mangel an Material, als vielmehr in der zu geringen Benutzung des bereits vorhandenen. So vielfach auch die Ansicht geltend gemacht worden ist, dass durch gleichzeitige mit verglichenen Instrumenten nach einem gemeinsamen Plane angestellte Beobachtungen das Erheblichste zu erwarten, so wenig ist doch bisher zur Bewährung dieser Ansicht durch wirklich ausgeführte Untersuchungen geschehen. Jede Untersuchung temporärer meteorologischer Erscheinungen des Druckes, der Temperatur und der Feuchtigkeit der Atmosphäre muss aber auf den mittleren Zustand derselben basirt sein. Nun besitzen wir in den Mannheimer Ephemeriden einen Schatz von gleichzeitigen Beobachtungen, welche vom Jahre 1781 — 1792 eine grosse Anzahl von Beobachtungsorten umfassen. Da aber von vielen Orten nicht in dem ganzen Zeitraume Beobachtungen vorhanden sind, so lassen sich die mittleren Werthe der Gesammtreihen nur quantitativ mit einander vergleichen, wenn die mittleren Ergebnisse der einzelnen Jahrgänge unterschieden werden. Nach der damaligen Definition des Mittels ist aber bei den meisten Orten die Temperatur der einzelnen Monate aus den zwei absoluten Extremen desselben bestimmt, eine Zahl, die auf dem jetzigen Standpunkte der Wissenschaft einen höchst geringen Werth hat. Die Arbeit von Schön enthält nicht die monatlichen Temperaturen der einzelnen Jahrgänge, überhaupt umfasst sie keineswegs alle in den Ephemeriden enthaltenen Orte. Eine Berechnung der Mannheimer Ephemeriden zur Feststellung der monatlichen Mittel der einzelnen Jahrgänge, wenigstens in Beziehung auf die Temperatur, würde daher einen sehr wesentlichen Schritt zur Kenntniss der in der jährlichen Periode veränderlichen Temperaturvertheilung auf der Oberfläche der Erde geben und eine Grundlage für die Verbreitung temporärer Witterungsverhältnisse innerhalb jener zwölfjährigen Beobachtungsperiode. Da für 1784 bis 1788 die bedeutenden Vorarbeiten von König in den Ephemeriden selbst gegeben sind, so würde, wenn sich für jeden der einzelnen Jahrgänge ein Berechner fände, durch Zusammenwirken ein wesentlicher Zweck ohne bedeutende Anstrengung erreicht werden. Die jährlich stattfindenden Versammlungen deutscher Naturforscher scheinen zu der Besprechung über solche gemeinsam zu unternehmende Arbeiten am geeignetsten. Für Würzburg und Regensburg sind übrigens diese Berechnungen bereits angestellt, für Mannheim, Tegernsee, Peissenberg, Rom und Padua wenigstens für die meisten Jahre. Sollte diess auch für andere Orte geschehen sein, so wäre eine Publication der Resultate zu wünschen.

Die gleichzeitig mit den Mannheimer Ephemeriden erschienenen meteorologischen Ephemeriden der Baierischen Academie vom Jahr 1781 — 1789 enthalten aus Baiern eine grosse Anzahl Beobachtungen, welche die monatlichen Summen der Grade angeben, aus welchen die Mittel sich leicht berechnen lassen, wenn angenommen werden darf, dass im Laufe der einzelnen Monate keine Beobachtungen ausgefallen sind. In dem letzteren Falle würde man durch eine Berechnung derselben ganz falsche Resultate erhalten. Da es möglich ist, dass die Originalbeobachtungen noch in München vorhanden sind, so würde eine Auskunft darüber sehr wichtig sein, da bei einigen Orten sich aus den angegebenen Zahlen selbst Zweifel erheben lassen, ob eine solche durchgehende Vollständigkeit stattgefunden hat. Der Unsicherheit darüber ist es wohl zuzuschreiben, dass diese Orte, bei den Untersuchungen der Vertheilung der Temperatur auf der Oberfläche der Erde, so gut wie gar nicht benutzt worden sind. Da wir durch die seit 1822 bis 1833 an 13 Orten Böhmens angestellten Beobachtungen die Temperatur dieses Kessellandes kennen gelernt haben, so wäre es interessant, die Wärmeverhältnisse des süddeutschen Hochlandes, für welches so viele unbenutzte Data vorhanden sind, damit in Vergleichung zu stellen. Seitdem durch die umsichtigen Arbeiten von Wenckebach*) die Aussicht eröffnet ist, einen vollständigen Aufschluss über die climatischen Verhältnisse der Niederlande zu erhalten, der bereits von ihm für die barometrischen Mittel gegeben worden ist, gewinnen die Beobachtungen aus dem Innern von Deutschland ein immer grösseres Interesse, da der allmählige Uebergang der Witterungserscheinungen des Seeklima's in die des continentalen nur durch die Betrachtung einer grossen Anzahl einander nahe liegender Orte erhalten werden kann.

Zu den Erscheinungen selbst uns wendend, beginnen wir mit

---

*) Natuur en Scheikundig Archief. 1837. p. 331.

den Temperaturverhältnissen, die wir unter den vier Abschnitten: Bodenwärme, Meereswärme, Luftwärme und Erdwärme zusammenfassen wollen. Die Temperaturverhältnisse der festen Grundlage der Atmosphäre bis zu der Grenze der veränderlichen Schicht sollen zur Bodenwärme gerechnet werden, hingegen Erdwärme alle Beobachtungen umfassen, welche in grösserer Tiefe als der der veränderlichen Schicht sich ergeben, wozu auch die heissen Quellen gerechnet werden können.

Temperaturverhältnisse der Erde.

I. Bodenwärme.

A. Jährliche periodische Aenderungen derselben.

Nachdem Mariotte bereits nachgewiesen hatte, dass vom December 1670 bis zum September 1672 die grösste Veränderung der Temperatur in einem 84′ tiefen Keller der Pariser Sternwarte ⅓ Grad Réaumur betrage, und Hales im Jahr 1724 Thermometer in 2, 4, 8, 16, 24 Zoll Tiefe eingegraben hatte, um zu erfahren, wie tief der Frost in die Erde dringe, wobei er fand, dass die Veränderungen mit steigender Tiefe schnell abnehmen, könnte es auffallend erscheinen, dass diese Untersuchungen erst im Jahre 1762 von Lambert wieder aufgenommen worden, wäre nicht der Zeitraum, welcher die durch Lambert veranlassten Beobachtungen von Ott in Zürich von den neuern trennt, noch bedeutender. Die jetzt auf diese Untersuchungen gelenkte Aufmerksamkeit lässt erwarten, dass die Anzahl der Beobachtungen sich bald bedeutend vermehren wird; es scheint daher passend, die bisher gewonnenen Resultate hier zusammenzustellen.

Was zunächst die Constanz der Kellerwärme betrifft, so hat Poisson in seiner théorie mathématique de la chaleur p. 412 die von Bouvard mit einem von Gay-Lussac construirten Thermometer angestellten Beobachtungen der Temperatur des 28 Meter tiefen Kellers der Pariser Sternwarte mitgetheilt. Die Anzahl der Beobachtungen ist 952, vom 1ten Juli 1817 bis zum 18ten Januar 1835. Die Beobachtungstage waren in der Regel der 1te und 16te jedes Monats. In der folgenden Tafel habe ich für jedes Jahr die absoluten Extreme zusammengestellt, welche übrigens keinen periodischen Gang zeigen, so dass sie wohl zufälligen Störungen zugeschrieben werden müssen. Cent.-Gr.

	Max.	Min.	Unt.
1817	11.779	11.675	0.104
1818	11.774	11.675	0.089
1819	11.774	11.710	0.064
1820	11.814	11.710	0.104
1821	11.814	11.744	0.070
1822	11.814	11.779	0.035
1823	11.849	11.779	0.070
1824	11.884	11.744	0.140
1825	11.849	11.779	0.070
1826	11.849	11.779	0.070
1827	11.884	11.814	0.070
1828	11.919	11.849	0.070
1829	11.989	11.919	0.070
1830	11.971	11.919	0.052
1831	11.982	11.954	0.028
1832	11.982	11.954	0.028
1833	11.971	11.936	0.035
1834	11.971	11.954	0.016

Das Gesammtmittel ist 11.834, doch zeigt sich ein allmähliges Ansteigen der Temperatur. Es ergaben nämlich

die 72 Beobachtungen vom	1. Juli 1817 bis 16. Juni 1820	11.730
„ 134 „ „ „	1. Juli 1820 „ 16. Febr. 1826	11.801
„ 55 „ „ „	1. März 1826 bis 16. Oct. 1828	11.857
„ 91 „ „ „	1. Nov. 1828 „ 18. Jan. 1835	11.950

Mit dieser Zunahme stimmt der Gang eines daneben aufgestellten, von Lavoisier construirten Thermometers überein. In wiefern Veränderung des Nullpunkts der Skale hierbei mitwirkt, ist nicht ermittelt worden.

Die in einer bestimmten Tiefe demnach von den periodischen Veränderungen der einstrahlenden Sonnenwärme unabhängige Temperatur des Bodens, zeigt, je näher seiner Oberfläche, desto grössere Oscillationen. Diese werden in der Regel durch eingegrabene Weingeist-Thermometer ermittelt, deren Skalen etwas aus dem Boden hervorragen. Diess Verfahren wurde in Zürich, Edinburg, Paris, Brüssel, Heidelberg und Upsala befolgt, ein anderes hingegen von Bischof in Bonn angewendet.*) In hölzernen Röhren von 7 Zoll im Gevierte und von 6', 12', 18', 24', 30', 36' Länge wurden mit Wasser gefüllte Flaschen gestellt und die Röhren bis zur Tiefe von 6 Fuss durch einen Embolus von Werk und Leinwand geschlossen, darauf die Zwischenräume der Röhren in dem 40 Fuss tiefen, ausgemauerten Schacht mit Sand ausgeschüttet und durch ein Dach gegen Regen geschützt. Die Temperatur der schnell heraufgezogenen Flaschen wurde dann durch ein eingetauchtes Thermometer bestimmt.

Die bei eingegrabenen Thermometern wegen der Länge der Röhren erhebliche Correction für die Temperatur der Schichten, durch welche sie hindurchgehn, erhält man nach Arago dadurch, dass man ebenfalls eingegrabene Thermometerröhren gleicher Weite und gleicher Länge aber ohne Kugel gleichzeitig mit den Thermometern abliest, deren Kugeln die Tiefe der Schicht bestimmen, an welcher die Temperatur gemessen werden soll. Diess Verfahren findet sich am ausführlichsten auseinandergesetzt in Quetelet mémoire sur les variations de la temperature terrestre à differentes profondeurs in den Nouv. Mém. de l'Acad. de Bruxelles Tom. X. 1837, welches die vollständigste Arbeit über den Gegenstand überhaupt ist.

In Beziehung auf die Vergleichung der in einer bestimmten Tiefe beobachteten mittleren Temperatur mit der an der Oberfläche erhaltenen möchte noch auf einen bisher übersehenen Umstand Rücksicht zu nehmen sein. Aus den in den nachfolgenden Tafeln zusammengestellten Beobachtungen, so wie aus den später folgenden Ergebnissen der Quellentemperatur geht entschieden hervor, dass in den Tiefen, wo überhaupt noch Veränderungen der Temperatur wahrgenommen werden, eine an der Oberfläche ungewöhnlich hohe Wärme, später mehr oder minder auch in der Tiefe, sich als Extrem geltend macht. Da aber eine sehr bedeutende Zeit vergeht, ehe das Maximum an der Oberfläche zu jener Tiefe gelangt, so vergleicht man bei gleichzeitigen Beobachtungen eigentlich Beobachtungen, welche verschiedenen Perioden angehören. Wenn z. B. das an der Oberfläche im Juli 1834 erhaltene Maximum erst Mitte December in der Tiefe von 25' anlangt, so gehören, wie mir scheint, die Beobachtungen vom Juli 1834 bis

*) Die Wärmelehre des Innern unseres Erdkörpers. p. 98.

Juli 1835 an der Oberfläche zu den Beobachtungen von Mitte December 1834 bis December 1835 in der Tiefe. Stellt man sich die Frage, wie verhält sich zu einer bestimmten Zeit die Temperatur der verschiedenen Erdschichten zu einander, so werden gleichzeitige Beobachtungen diese Frage beantworten. Fragt man aber, wie verhält sich, abgesehen von periodischen Veränderungen, die mittlere Temperatur dieser Schichten zu einander, so scheint es am passendsten, Mittel der zwischen die absoluten Extreme fallenden Beobachtungen unter einander zu vergleichen.

Die nachfolgenden Tafeln sind entlehnt:

1) für Zürich die Originalbeobachtungen in Graden von Micheli du Crest aus Lambert's Pyrometrie p. 358, wo sich auch eine graphische Darstellung derselben befindet. Beobachter Ott, 4½ Jahr, zwischen 1762 und 1768.

2) für Edinburgh aus Quetelet's mémoire p. 29. Da die Tiefe der Thermometer in verschiedenen Werken unrichtig angegeben war, so hat Quetelet sich darüber genaue Nachrichten von Ure verschafft. Der Beobachtungsort lag 50 Fuss über dem Meere, in dem Garten des Herrn Ferguson in Abbotshall bei Edinburg. Beobachter Leslie.

3) für Heidelberg aus Muncke's Artikel: Temperatur, des neuen Gehlerschen Wörterbuchs. Beobachter Muncke.

4) für Schwetzingen ebend. Das mittlere Thermometer stand nach dem Ausgraben 0°.9 bis 1° R. höher als die beiden andern mit einander noch genau übereinstimmenden. Der Boden war im Garten von Schwetzingen leichter Sandboden, in Heidelberg hingegen schwerer Tonboden. Der herausragende Theil der Skalen, durch eine Hülse von Weissblech bedeckt, war nur von 2 Uhr an vollständig durch eine Mauer beschattet. Der Heidelberger Beobachtungsort war durch eine Weinhecke vor den directen Sonnenstrahlen geschützt. Die Thermometer waren Quecksilberthermometer mit cylindrischen Gefässen.

5) für Upsala aus: Rudberg über die mittlere Temperatur der Erdrinde. Pogg. Ann. 33. p. 251. und 39. p. 112.

6) für Brüssel aus Quetelet's mémoire. Das Beobachtungsjournal für die Jahre 1834, 1835, 1836 findet sich in den Annales de l'Observatoire de Bruxelles. Tom. I. part. 2. Die Mittel für 1837 und die später anzuführenden Data für 1838 aus dem bulletin de l'Academie des Bruxelles. Es sind diess die einzigen für

die Temperatur der Skalen corrigirten Beobachtungen. Der Beobachtungsort war schattig.

7) Die Beobachtungen in Strasburg werden in Pouillet's Physik und in Quételet's Memoire unter den Beobachtungen über die Erdwärme angeführt, von Pouillet mit den Worten: avec un thermometre etabli à 15' de profondeur, während Quételet sagt: enfoncé en terre à la profondeur de 15'. In den résumés des Observations météorologiques faites à Strasbourg 1831 — 1835, welche ich der Güte des Hrn. Herrenschneider verdanke, findet sich eine Rubrik: mittlere Wärme in 5 Meter Tiefe, ohne weitere Erläuterung. In den Resultaten der Strasburger Beobachtungen vom Jahr 1811 — 1823 wird aber angeführt, dass die Beobachtungen der Temperatur in 5 Meter Tiefe durch Einsenken eines Thermometers in einen Brunnen erhalten sind. Daher glaube ich, dass diese Beobachtungen nicht hierher gehören, deren Mittel wenigstens mit der angeführten Brunnenwärme genau übereinstimmen. In der Ungewissheit darüber habe ich die drei von Pouillet und Quételet angeführten Jahre hier, die übrigen aber unter dem Capitel Brunnenwärme mitgetheilt. Sie werden also wahrscheinlich gar nicht hierher zu nehmen sein.

8) Die Beobachtungen für Bonn aus Bischof's Wärmelehre p. 394. und p. 508.

9) Die Beobachtungen Arago's in Paris, so wie die von Forbes in Edinburg sind noch nicht im Detail publicirt worden. Sollten sie vor Abschluss des folgenden Bandes erscheinen, so werden sie in einem Anhange desselben nachgetragen werden.

Zürich.

(In Achttheilen des Grades der Skale von Micheli du Crest.)

	¼'	½'	1'	2'	3'	4'	6' Tiefe
Januar	— 84	— 80	— 74	— 68	— 60	— 50	— 35
Februar	— 90	— 82	— 78	— 70	— 65	— 54	— 45
März	— 29	— 52	— 49	— 53	— 53	— 48	— 46
April	+ 3	— 20	— 20	— 28	— 29	— 32	— 32
Mai	+ 22	+ 13	+ 11	+ 2	— 2	— 6	— 16
Juni	+ 52	+ 38	+ 33	+ 24	+ 18	+ 11	+ 1
Juli	+ 54	+ 42	+ 40	+ 32	+ 32	+ 26	+ 18
August	+ 44	+ 40	+ 38	+ 34	+ 36	+ 32	+ 26
Septbr.	+ 24	+ 22	+ 24	+ 25	+ 29	+ 28	+ 28
Octbr.	— 12	— 16	— 13	— 7	+ 1	+ 6	+ 14
Novbr.	— 48	— 46	— 42	— 30	— 21	— 13	0
Decbr.	— 72	— 71	— 66	— 56	— 46	— 35	— 20
Mittel	— 12	— 18	— 17	— 16	— 13	— 11	— 9

Zürich.

(Reducirt auf Centesimalgrade.)

	¼'	½'	1'	2'	3'	4'	6' Tiefe
Januar	0.3	0.5	1.6	2.5	3.0	4.8	7.0
Februar	0.6	0.2	1.5	2.3	2.8	4.4	5.5
März	7.7	4.5	5.0	4.5	4.5	5.0	5.5
April	11.7	8.8	8.8	8.1	8.1	7.2	7.2
Mai	14.8	13.2	13.2	11.7	11.6	11.4	10.0
Juni	19.4	16.1	16.1	15.0	13.8	13.2	11.7
Juli	19.5	17.7	16.6	16.1	16.1	15.1	13.8
August	17.8	17.2	16.6	16.1	16.3	16.1	15.2
Septbr.	15.0	14.4	15.0	15.1	15.3	15.2	15.2
Octbr.	10.6	10.4	10.6	10.5	11.7	12.0	13.4
Novbr.	5.0	5.6	6.1	8.0	8.8	9.4	11.6
Decbr.	2.2	2.0	2.7	4.0	5.0	7.2	9.4
Mittel	10.4	9.3	9.4	9.4	9.7	10.1	10.5

Edinburgh. 1816. Cent.

	1′	2′	4′	8′ Tiefe
Januar	0.56	2.39	4.83	6.11
Februar	0.95	2.22	3.89	5.56
März	1.67	2.61	4.22	5.73
April	4.28	3.55	5.22	6.56
Mai	6.67	6.28	6.33	6.67
Juni	10.89	10.00	8.38	7.67
Juli	12.22	11.39	10.78	8.72
August	10.00	11.39	10.33	9.66
Septbr.	10.89	10.73	11.01	10.00
Octbr.	8.33	9.61	9.83	9.77
Novbr.	4.44	6.56	7.95	7.55
Decbr.	1.95	4.44	6.11	7.78
Mittel	6.07	6.76	7.41	7.65

Edinburgh. 1817. Cent.

	1′	2′	4′	8′ Tiefe
Januar	2.00	3.72	4.72	7.27
Februar	2.78	4.44	5.33	5.95
März	4.11	4.55	5.39	5.84
April	7.22	5.78	5.89	5.89
Mai	8.28	7.06	7.00	6.78
Juni	10.61	9.66	8.66	8.78
Juli	12.89	12.78	10.78	9.77
August	11.87	12.17	11.11	10.00
Septbr.	11.67	11.50	11.11	10.39
Octbr.	7.61	9.66	9.66	9.89
Novbr.	5.00	7.06	8.33	8.66
Decbr.	3.28	4.89	7.17	8.00
Mittel	7.27	7.77	7.93	8.10

Edinburgh. 1816 und 1817 Mittel.

	1′	2′	4′	8′ Tiefe
Januar	1.28	3.05	4.78	6.69
Februar	1.86	3.33	4.61	5.75
März	2.89	3.58	4.80	5.78
April	5.75	4.67	5.55	6.22
Mai	7.45	6.67	6.66	6.72
Juni	10.75	9.83	8.52	8.22
Juli	12.56	12.09	10.78	9.34
August	10.94	11.78	10.72	9.83
Septbr.	11.28	11.11	11.06	10.19
Octbr.	7.97	9.63	9.74	9.83
Novbr.	4.72	6.81	8.14	8.10
Decbr.	2.61	4.67	6.64	7.89
Mittel	6.67	7.27	7.67	7.87

Heidelberg.

Thermometer in 1'8 Tiefe. (Réaumur.)

	1820	1821	1822	1823	1824	1825	1826	1827	1828
Jan.	—	1.15	2.50	-0.35	1.56	0.78	—	1.70	2.55
Febr.	—	0.80	3.46	1.27	2.36	2.20	0.71	0.47	2.29
März	—	4.28	5.86	3.33	3.43	3.20	4.83	3.19	4.17
April	—	8.70	8.51	6.96	5.56	8.66	6.70	7.76	6.86
Mai	—	11.44	12.99	11.75	10.36	12.37	9.63	11.69	11.98
Juni	—	12.00	17.80	13.04	13.26	14.09	13.79	14.01	14.89
Juli	—	14.77	16.48	14.00	15.00	16.61	16.77	16.80	16.18
August	—	15.04	15.64	15.35	14.84	15.85	17.35	15.40	14.21
Septbr.	13.29	13.44	14.45	14.22	14.45	—	14.82	13.81	—
Octbr.	8.87	9.89	11.57	9.62	9.88	—	11.33	10.43	—
Novbr.	4.64	6.91	7.47	5.29	7.12	—	5.83	4.81	—
Decbr.	2.26	5.03	3.11	3.96	6.86	—	3.56	3.53	—

Thermometer in 3'6 Tiefe.

	1820	1821	1822	1823	1824	1825	1826	1827	1828
Jan.	—	3.75	4.92	2.96	3.92	4.82	—	3.60	4.49
Febr.	—	3.11	4.76	2.63	3.52	4.11	2.17	2.41	4.13
März	—	4.62	5.91	3.99	4.32	4.13	4.44	3.34	5.93
April	—	7.30	7.92	6.43	5.34	7.02	6.02	6.07	9.34
Mai	—	9.78	11.10	9.75	8.99	10.31	8.09	9.39	12.04
Juni	—	11.10	14.95	11.85	11.30	11.01	11.39	11.57	14.06
Juli	—	13.14	15.20	12.72	13.09	13.50	14.34	13.79	13.00
August	—	13.82	14.78	13.65	13.61	13.75	14.97	14.27	—
Septbr.	13.83	13.56	14.22	13.79	13.58	—	14.08	12.86	—
Octbr.	10.52	11.27	12.26	10.89	10.85	—	11.81	11.05	—
Novbr.	7.65	8.75	9.34	7.45	8.03	—	8.01	7.13	—
Decbr.	4.96	7.11	6.28	5.88	6.89	—	5.45	5.13	—

Thermometer in 5'3 Tiefe.

	1820	1821	1822	1823	1824	1825	1826	1827	1828
Jan.	—	4.10	5.49	4.08	4.75	2.71	—	4.95	5.22
Febr.	—	3.30	4.84	3.05	3.90	2.85	3.30	3.76	4.50
März	—	4.02	5.42	3.80	4.35	4.30	4.41	3.79	4.61
April	—	6.06	7.02	5.64	4.92	6.33	5.83	5.87	6.04
Mai	—	8.16	9.71	8.06	7.89	9.13	7.60	8.71	8.83
Juni	—	10.20	13.17	10.70	10.17	10.99	10.50	10.99	11.41
Juli	—	11.77	14.20	11.71	12.03	12.48	13.36	13.02	13.59
August	—	12.70	14.09	12.79	12.94	13.70	14.45	14.03	13.23
Septbr.	13.36	12.90	13.93	13.19	13.16	—	14.32	13.14	—
Octbr.	10.88	11.41	12.51	11.45	11.51	—	12.56	11.94	-
Novbr.	8.41	9.14	9.94	8.51	8.52	—	9.73	8.83	—
Decbr.	5.58	7.51	7.21	6.61	5.42	—	6.95	6.32	-

Mittel des ganzen Zeitraums.

	1'8	3'6	5'3 Tiefe
Jan.	1.27	4.00	4.47
Febr.	1.69	3.40	3.69
März	4.03	4.36	4.33
April	7.46	6.30	5.96
Mai	11.53	9.59	8.51
Juni	14.11	11.90	11.01
Juli	15.83	13.73	12.77
August	15.46	13.98	13.49
Septbr.	14.07	13.41	13.43
Octbr.	10.22	11.23	11.20
Novbr.	6.01	8.08	9.01
Decbr.	4.04	7.48	6.51
Jahr	8.80	8.95	8.84

Schwetzingen bei Heidelberg.

Thermometer in 2′3 Tiefe.

	1829	1830	1831	1832	1833	1834	1835
Jan.	—	— 0.80	1.79	1.28	1.56	2.43	2.18
Febr.	—	— 1.06	2.15	1.63	1.23	2.55	0.75
März	—	0.57	4.88	3.41	3.56	3.43	—
April	—	4.07	8.83	7.97	5.71	5.00	—
Mai	—	12.05	11.47	9.93	12.75	7.70	—
Juni	—	13.30	13.52	13.62	19.75	11.50	—
Juli	—	15.63	15.67	14.62	21.53	14.43	—
August	—	15.74	16.18	15.31	19.00	16.00	—
Septbr.	—	12.62	12.97	13.34	17.28	15.00	—
Octbr.	9.31	9.76	11.84	10.26	13.90	12.56	—
Novbr.	4.33	7.02	6.88	5.80	8.43	10.43	—
Decbr.	1.08	3.00	4.00	3.31	5.69	7.62	—

Thermometer in 4′ Tiefe.

	1829	1830	1831	1832	1833	1834	1835
Jan.	—	1.76	3.52	3.87	3.00	5.43	6.40
Febr.	—	0.83	3.50	3.70	3.13	6.55	5.00
März	—	2.53	5.19	4.59	4.65	7.68	—
April	—	7.02	7.97	7.41	6.50	8.75	—
Mai	—	10.52	10.21	9.53	11.03	10.57	—
Juni	—	11.88	11.94	12.03	18.56	14.28	—
Juli	—	13.52	13.67	13.03	18.93	15.84	—
August	—	14.14	14.68	13.75	17.90	17.68	—
Septbr.	—	12.33	12.81	12.18	16.65	17.59	—
Octbr.	10.28	10.26	11.81	10.52	14.43	15.22	—
Novbr.	6.59	7.94	8.75	7.06	10.31	13.78	—
Decbr.	3.46	5.13	6.18	5.06	7.06	10.53	—

Thermometer in 5′5 Tiefe.

	1829	1830	1831	1832	1833	1834	1835
Jan.	—	3.30	5.23	5.34	4.00	5.00	3.43
Febr.	—	2.33	4.34	4.50	4.00	5.00	2.26
März	—	3.10	5.27	4.25	5.00	5.68	—
April	—	5.86	6.97	6.25	6.53	7.00	—
Mai	—	8.55	9.01	8.16	11.00	9.35	—
Juni	—	10.20	10.65	10.72	17.35	12.56	—
Juli	—	11.81	12.03	12.75	17.68	15.25	—
August	—	13.16	13.60	13.03	16.81	16.00	—
Septbr.	—	12.30	12.31	11.12	14.75	15.25	—
Octbr.	10.56	10.81	11.65	10.40	12.43	12.56	—
Novbr.	8.00	8.66	9.37	7.72	8.50	10.14	—
Decbr.	5.46	6.71	7.12	6.06	6.06	6.87	—

Mittel des ganzen Zeitraums.

	2′3	4′	5′5 Tiefe
Jan.	1.41	3.99	4.38
Febr.	1.21	3.78	3.74
März	3.17	4.93	4.66
April	6.31	7.52	6.52
Mai	10.78	10.37	9.21
Juni	14.34	13.74	12.29
Juli	16.37	14.99	13.90
August	16.44	15.63	14.52
Septbr.	14.24	14.31	13.14
Octbr.	11.27	12.08	11.3
Novbr.	7.11	9.07	8.7
Decbr.	4.11	6.23	6.3

Upsala. Cent.

1833	1′	2′	3′ Tiefe
Juli	15.86	15.00	13.87
August	13.12	13.03	12.88
Septbr.	12.18	12.01	11.93
Octbr.	8.97	9.08	9.59
Novbr.	3.89	4.62	5.67
Decbr.	0.81	1.77	2.78

1834	1′	2′	3′ Tiefe
Januar	— 1.51	— 0.42	0.40
Februar	— 0.38	— 0.02	0.24
März	0.35	0.63	0.80
April	3.36	3.02	2.74
Mai	8.90	8.09	7.28
Juni	13.65	12.50	11.29
Juli	18.260	16.653	15.104
August	18.450	17.686	16.650
Septbr.	12.903	13.381	13.680
Octbr.	7.370	7.932	8.551
Novbr.	2.201	3.098	4.970
Decbr.	0.364	1.305	2.310
Jahr	6.992	6.989	7.000

Brüssel. Cent.

1834	Oberfl.	0'.58	1'.38	2'.31	3'.08	6'	12'	24'
Jan.	8.7	7.31	7.60	7.94	8.53	—	—	—
Febr.	6.4	3.93	4.64	5.82	6.82	—	—	—
März	7.8	6.11	6.54	7.02	7.58	—	—	—
April	9.3	6.52	6.57	6.94	7.45	—	—	—
Mai	17.3	13.09	12.45	11.81	11.35	—	—	—
Juni	19.6	15.52	14.88	14.38	14.07	—	—	—
Juli	23.0	17.97	17.47	16.86	16.58	14.12	12.53	10.94
Aug.	21.2	17.60	17.86	17.85	17.90	15.94	13.76	11.30
Sept.	17.5	14.78	15.41	15.88	16.28	16.09	14.73	11.77
Oct.	12.1	11.09	12.12	13.18	14.03	15.20	14.91	12.24
Nov.	6.6	6.79	8.21	9.69	10.88	13.52	14.40	12.56
Dec.	5.0	5.21	5.95	7.29	8.36	11.16	13.33	12.65
Mittel	12.9	10.48	10.81	11.22	11.65			
1835	Oberfl.	0'.58	1'.38	2'.31	3'.08	6'	12'	24'
Jan.	4.1	4.54	5.31	6.34	7.24	9.72	12.05	12.51
Febr.	6.0	5.54	5.91	6.51	7.14	8.87	11.11	12.26
März	6.5	5.23	5.79	6.51	7.10	8.57	10.52	11.98
April	10.1	7.61	7.56	7.74	8.14	8.74	10.21	11.69
Mai	13.5	10.42	10.47	10.25	10.27	9.65	10.36	11.48
Juni	18.0	14.97	14.49	14.04	13.69	11.71	11.06	11.34
Juli	20.5	16.39	15.83	15.35	15.16	13.59	12.28	11.46
Aug.	19.6	16.63	16.85	16.74	16.75	15.22	13.49	11.74
Sept.	16.3	14.13	14.79	15.25	15.65	15.55	14.36	12.13
Oct.	10.4	10.02	11.16	12.19	13.14	14.64	14.58	12.53
Nov.	5.5	5.75	7.01	8.27	9.54	12.45	13.96	12.85
Dec.	2.3	3.96	5.48	6.85	8.43	10.82	12.82	12.84
Mittel	11.0	9.60	10.05	10.50	11.02	11.63	12.23	12.06
1836	Oberfl.	0'.58	1'.38	2'.31	3'.08	6'	12'	24'
Jan.	2.6	3.06	3.64	4.59	5.55	8.50	11.55	12.70
Febr.	3.3	3.47	4.26	5.21	5.98	7.99	10.47	12.38
März	7.8	6.65	6.57	6.70	6.97	—	9.89	12.05
April	7.8	7.39	7.48	7.03	8.03	—	9.88	11.71
Mai	10.5	9.30	9.18	9.19	9.44	—	10.19	11.48
Juni	16.4	14.70	13.92	13.31	12.93	—	10.74	11.35
Juli	17.5	15.96	15.73	15.51	15.30	—	12.00	11.44
Aug.	16.3	14.95	15.03	15.12	15.18	—	13.16	11.74
Sept.	13.1	12.58	13.11	13.60	14.09	—	13.86	12.15
Oct.	11.2	11.18	12.04	12.62	13.21	—	13.98	12.44
Nov.	6.5	6.85	7.64	8.67	9.88	—	13.78	12.72
Dec.	5.3	6.29	7.32	8.26	9.09	—	12.94	12.76
Mittel	9.9	9.36	9.66	9.98	10.47	—	11.87	12.06
1837	Oberfl.	0'.58	1'.38	2'.31	3'.08	6'	12'	24'
Jan.	—	3.17	3.96	5.05	6.32	—	12.01	12.74
Febr.	—	4.61	5.07	5.69	6.62	—	10.84	12.44
März	—	3.33	3.92	4.86	5.61	—	10.18	12.18
April	—	4.57	4.48	4.85	5.63	—	9.59	11.83
Mai	—	8.88	8.51	8.34	8.71	—	9.24	11.44
Juni	—	13.95	13.07	12.39	12.32	—	9.73	11.12
Juli	—	15.14	14.95	14.60	14.61	—	10.03	11.17
Aug.	—	16.35	15.56	16.05	16.04	—	12.37	11.40
Sept.	—	12.89	13.80	13.95	14.74	—	13.46	11.84
Oct.	—	11.17	11.74	12.25	13.14	—	13.69	12.18
Nov.	—	6.89	7.80	8.88	10.26	—	13.37	12.49
Dec.	—	5.18	5.76	6.66	7.88	—	12.40	12.52
Mittel	—	8.84	9.05	9.46	10.15	—	11.41	11.95

Strasburg. C.

	1821	1822	1823	Mittel
Januar	7.18	8.91	6.56	7.55
Februar	5.62	8.12	6.73	6.82
März	5.57	8.43	7.35	7.78
April	7.50	9.00	7.97	8.16
Mai	7.96	9.85	9.37	9.06
Juni	9.20	10.75	10.93	10.29
Juli	9.68	11.25	10.62	10.52
August	10.77	12.08	11.56	11.47
September	11.25	12.18	11.25	11.56
October	11.09	11.43	10.93	11.15
November	10.47	10.00	9.37	9.95
December	9.83	7.35	9.53	8.90
Jahr	9.01	9.94	9.34	9.43

Bonn. (R.)

1836			6′	12′	18′	24′	30′	36′
Mai	9	—	6.6	6.05	6.4	7.0	7.75	8.35
	16	7.02	7.2	6.35	6.55	7.15	7.8	8.4
	23	7.96	8.3	6.75	6.7	7.2	7.8	8.4
	30	7.95	8.7	7.0	6.7	7.2	7.8	8.4
Juni	6	8.4	8.95	7.2	6.8	7.2	7.7	8.3
	13	8.95	9.5	7.6	7.3	7.05	7.7	8.25
	20	9.8	10.4	7.9	7.15	7.25	7.7	8.2
	27	10.2	11.0	8.35	7.35	7.35	7.75	8.25
Juli	4	10.7	11.65	8.8	7.55	7.5	7.7	8.3
	11	11.1	12.5	9.2	7.8	7.5	7.75	8.25
	18	11.4	12.9	9.65	8.0	7.6	7.7	8.15
	25	11.1	12.85	10.05	8.25	7.7	7.75	8.10
Aug.	2	11.2	12.5	10.3	8.55	7.85	7.8	8.15
	9	11.3	12.6	10.55	8.8	8.0	7.9	8.15
	15	11.5	13.0	10.7	9.0	8.15	8.0	8.2
	22	11.48	13.0	10.85	9.15	8.25	8.05	8.2
	29	11.40	12.75	11.0	9.3	8.40	8.10	8.2
Sept.	5	11.1	12.8	11.1	9.45	8.55	8.20	8.25
	12	10.8	12.85	11.1	9.58	8.68	8.28	8.28
	19	10.5	11.7	11.1	9.7	8.8	8.35	8.3
	27	10.2	11.0	10.9	9.85	8.95	8.5	8.4
Oct.	3	10.25	10.95	10.7	9.85	9.0	8.5	8.4
	10	10.1	10.55	10.6	9.85	9.1	8.6	8.45
	17	10.15	10.50	10.45	9.85	9.2	8.7	8.5
	24	9.9	10.40	10.35	9.8	9.2	8.75	8.5
	31	9.25	9.9	10.15	9.75	9.2	8.75	8.5
Nov.	9	8.0	8.0	9.7	9.6	9.2	8.75	8.55
	17	7.3	7.2	9.2	9.55	9.15	8.75	8.55
	24	6.5	6.75	8.85	9.45	9.2	8.75	8.6
Dec.	2	6.7	6.4	8.35	9.3	9.2	8.95	8.75
	8	6.95	6.75	8.05	9.1	9.15	8.9	8.75
	15	6.3	6.6	7.95	8.9	9.1	8.95	8.75
	22	5.8	6.2	7.75	8.75	9.05	8.95	8.75
	28	5.3	5.85	7.5	8.6	8.9	8.9	8.7
1837								
Jan.	7	4.1	4.6	7.1	8.35	8.8	8.85	8.75
	12	—	4.25	6.8	8.15	8.75	8.85	8.75
	21	3.6	3.85	6.25	7.95	8.6	8.7	8.7
	26	3.7	3.6	6.05	7.8	8.55	8.75	8.75
Febr.	2	3.8	3.65	5.7	7.5	8.4	8.65	8.7
	9	—	3.2	5.5	7.3	8.2	8.6	8.7
	17	—	3.1	5.25	7.1	8.15	8.6	8.7
	25	—	3.9	5.05	7.0	8.0	8.5	8.6
März	2	3.55	3.8	5.2	6.85	7.9	8.4	8.6
	9	—	3.5	5.15	6.7	7.8	8.35	8.6
	17	3.65	3.6	4.95	6.55	7.65	8.3	8.55
	27	—	3.55	4.9	6.4	7.5	8.2	8.5
April	2	—	3.52	4.85	6.35	7.3	8.15	8.5
	8	—	3.48	4.8	6.3	7.05	8.1	8.45
	13	—	3.3	4.7	6.2	7.05	8.0	8.4
	20	3.2	3.4	4.7	6.15	7.25	7.95	8.4
	27	—	3.95	4.6	6.05	7.15	7.9	8.4
Mai	5	5.85	4.9	4.8	5.95	7.05	7.82	8.33
Mittel			7.795	7.855	8.018	8.137	8.287	8.453

Zur bessern Uebersicht der Erscheinung habe ich in den dem folgenden Bande beigegebenen Figuren 1, 2, 3, 4 die Beobachtungen von Zürich, Edinburg und Brüssel graphisch dargestellt, und zwar für die ersten beiden Orte die mittleren Resultate, für Brüssel hingegen 1835 und 1836 getrennt, um beurtheilen zu können, wie die für ein Jahr gewonnenen Resultate in der Tiefe von 12 Fuss schon bedeutende Sicherheit erhalten.

Bei dem Anblicke dieser Curven sieht man sogleich, wie die in den Wintermonaten bedeutende Temperaturzunahme mit der Tiefe nach dem Frühling hin schnell abnimmt, bis sie endlich Mitte Juni auch in den untern Schichten sich in eine Temperaturabnahme verwandelt, welche dort noch bis zum December fortdauert. Der Durchschnitt der das an der Oberfläche beobachtete Mittel darstellenden Geraden mit den einzelnen Curven giebt die Zeitpunkte, zu welchen dieselben in verschiedenen Tiefen eintreten. Ebenso sieht man aus den convexen und concaven Scheiteln der Curven unmittelbar das immer zunehmende Verspäten des Eintritts der Extreme mit wachsender Tiefe. Dass die Temperatur in der Tiefe von 24 Fuss das ganze Jahr hindurch so hoch ist, dass sie nie bis zu der an der Oberfläche erhaltenen mittleren herabsinkt, ist eine sehr auffallende Thatsache, welche aber erst dann beurtheilt werden kann, wenn die Unveränderlichkeit des Nullpunkts der Skalen erwiesen ist. Das Quantum der Temperaturzunahme lässt sich bei der ungewöhnlich hohen Lufttemperatur von 1834 aus diesen Beobachtungen überhaupt nicht sicher ermitteln.

Bezeichnet man mit t_x die Temperatur in der Tiefe von x Fuss, so werden die Brüsseler Beobachtungen mit grosser Annäherung der berechneten an die beobachteten Werthe dargestellt durch folgende von Quetelet gegebene Gleichungen, in welchen x vom 1. Januar an gerechnet ist,

$$t_{24} = 12^\circ.06 + 0^\circ.73 \sin (x + 110^\circ)$$
$$t_{12} = 12^\circ.05 + 2^\circ.12 \sin (x + 170^\circ)$$
$$t_{6} = 11^\circ.63 + 3^\circ.51 \sin (x + 22^\circ)$$
$$t_{3.08} = 11^\circ.03 + 5^\circ.00 \sin (x + 225^\circ)$$

die Constanten aus den Extremen bestimmt. Nach der Theorie der kleinsten Quadrate hingegen:

$$t_{3.08} = 11^\circ.00 + 4^\circ.95 \sin (x + 225^\circ).$$

Die Edinburger Beobachtungen von Kämtz (Meteorologie 2. p.

183), nach der Besselschen Formel berechnet, werden in Cent. dargestellt durch:

$$t_1 = 6^\circ.718 + 5^\circ.380 \sin(x + 240^\circ\ 58') + 0^\circ.172 \sin(2x + 342^\circ\ 28')$$

$$t_2 = 7^\circ.386 + 4^\circ.744 \sin(x + 229^\circ\ 56') + 0^\circ.157 \sin(2x + 37^\circ\ 15')$$

$$t_4 = 7^\circ.584 + 3^\circ.332 \sin(x + 217^\circ\ 50') + 0^\circ.365 \sin(2x + 349^\circ\ 21')$$

$$t_8 = 7^\circ.875 + 2^\circ.191 \sin(x + 201^\circ\ 55') + 0^\circ.104 \sin(2x + 2^\circ\ 13').$$

Da der Coefficient des zweiten veränderlichen Gliedes unbedeutend ist, so sind also auch hier die Temperaturen nahe gleichartig zu beiden Seiten des Maximums vertheilt.

Lage der Extreme.

Von den von Arago in Paris angestellten Beobachtungen, welche noch nirgends im Detail bekannt gemacht sind, war nach Poisson's Angabe in seiner Théorie de la Chaleur ohne Correction für die von der Temperatur der Kugeln verschiedene Temperatur der Röhren:

Bei d. Tiefe von:	Untersch. d. Temp.	Max. am:	Min. am:
0	16°.870 Cent.		
5'	13.017		
10'	7.800		
20'	2.482	15. Nov.	10. Mai
25'	1.414	18. Dec.	13. Juni

Für Edinburg führt Pouillet Élémens de physique 2. p. 643. folgende absoluten Extreme nach den Beobachtungen an:

	Max.	am	Min.	am	Unt.
		1816: Cent.			
1'	12°.2	21. Juli	0°.6	0 Febr.	11°.6
2'	11.7	24. „	2.2	4. „	9.5
4'	11.1	0 Aug.	3.9	11. „	7.2
8'	10.0	14. Sept.	5.6	16. „	4.5
		1817:			
1'	14°.3	5. Juli	1°.1	0 Jan.	12.2
2'	13.3	10. „	3.3	—	10.7
4'	11.1	Aug.	4.4	3. Febr.	6.7
8'	10.6	20. Sept.	5.8	11. „	4.8

Durch Differentiiren der obigen Gleichungen erhält man hingegen im zweijährigen Mittel:

	Max.	Min.	Unt.
1' —	12°.215	1°.444	10.771
2' —	12.272	2.511	9.761
4' —	11.281	4.616	6.665
8' —	10.143	5.748	4.395

und für die Zeitpunkte:

	Min.	Mittel	Max.	Mittel
Luft	12. Jan.	27. April	27. Juli	23. Oct.
1'	25. „	30. „	2. Aug.	28. „
2'	11. Febr.	12. Mai	8. „	8. Nov.
4'	23. „	28. „	22. „	16. „
8'	15. März	10. Juni	6. Sept.	6. Dec.

Für Zürich giebt Pouillet nach Ott's Beobachtungen ohne Angabe der Berechnungsart:

	Max.	Min.	Unt.
¼'	19°.5 im Juli	— 0.6 im Febr.	20.0
½'	17 7 „ „	0.2	17 5
1'	16.6 „ Aug.	1.5	15.1
2'	16.1 „ „	2.3	13.8
3'	16.3 „ „	2.8	13.5
4'	16 1 „ „	4.4	11.7
6'	15.2 „ Sept.	5.5	9.7

Muncke giebt für Heidelberg und Schwetzingen folgende Zeitbestimmungen für den Eintritt der Extreme:

Maximum:

	Tfst. Thrm.	Mttl. Thrm.	Hchst. Thrm.	Freies Th.
1821	3. Sept.	28. Aug.	26. Aug.	23. Aug.
1822	10. Juli u. 28. Aug.	28. Juni u. 10. Juli	7. Juli	7. Juni
1823	7. Sept.	1. Sept.	31. Aug.	26. Aug.
1824	7. u. 17. Sept.	7. „	14. Juli	12. „
1825	21. Aug.	12. Aug.	18. „	18. Juli
1826	30. „	28. „	5. „ u. 4. Aug.	2. Aug.
1827	14. „	1. „	2. „	30. Juli
1828	12. Juli	8. Juli	6. Juli	5. „
1830	14. Aug.	7. Aug.	30. „	30. „

	Tfst. Thrm.	Mtl. Thrm.	Hchst. Thrm.	Freies Th.
1831	7. Aug.	1. Aug.	30. Juli	2. Aug.
1832	5. „	3. Juli u. 1. Aug.	15. „	14. Juli
1833	5. Juli	7. Juli	7. „	11. Juni
1834	17. Aug.	13. Aug.	17. „	18. Juli
Mittel	16. Aug.	5.5 Aug.	28. Juli	22.5 Juli

Minimum:

	Tfst. Thrm.	Mtl. Thrm.	Hchst. Thrm.	Freies Th.
1821	21. Febr.	14. Febr.	21. Febr.	2. Jan.
1822	1. „	21. Jan.	14. Jan.	8. „
1823	10. „	5. Febr.	14. „	23. „
1824	4. „	1. „	17. „	9. „
1825	1. „	14. „	9. Febr.	7. Febr.
1826	18. „	6. „	1. „	10. Jan.
1827	28. „	23. „	22. „	17. Febr.
1828	24. „	22. „	21. „	17. „
1830	20. „	10. „	6. „	1. „
1831	5. „	3. „	29. Jan.	31. Jan.
1832	5. „	27. Jan.	13. „	5. „
1833	1. „	3. Febr.	23. „	11. „
1834	15. Jan.	11. Jan.	15. „	11. Febr.
1835	17. Febr.	5. Febr.	1. Febr.	7. Jan.
Mittel	8.5 Febr.	4.5 Febr.	30. Jan.	21. Jan.

Da die Tiefe bei den beiden Beobachtungsreihen aber ziemlich verschieden war, so scheint mir das Mittel aus beiden keine rechte Bedeutung zu haben.

Die absoluten Unterschiede waren in Réaumurschen Graden:

	5'.3	3'.6	1'.8 Tiefe
1820	10°.8	12°.7	16°.6
1821	9.6	11.3	17.2
1822	11.4	12.9	18.0
1823	9.8	11.8	16 4
1824	11.6	10.6	19.3
1826	12.0	13.0	18.6
1827	10.9	12 8	18.0
1828	9.8	12.0	18.2
Mittel	10.74	12.14	17.78

	5'.5	4'	2'.3 Tiefe
1829	12.0	15.0	21.5
1830	10.0	12.0	16.0
1831	10.0	10.5	15.5
1832	15.0	17.5	22.5
1833	11.0	13.0	14.0

Quetelet giebt für das Jahr 1838 im Bulletin de l'Acad. de Bruxelles folgende Bestimmungen für das Jahr 1838 und das allgemeine Mittel der ganzen Beobachtungsreihe:

1838.

	Minimum:			Maximum:		
Oberfläche	—	am	27.4 Jan.	—	am	14.5 Juli
0'.58	0°.32	„	7.1 Febr.	15°.56	„	19.7 „
1'.38	1.81	„	16.3 „	16.05	„	18.8 „
2'.31	1.90	„	16.4 „	15.33	„	25.8 „
3'.08	—			15.64	„	27.2 „
12'	9.48	„	19.1 April	14.31	„	23.6 Oct.
24'	10.71	„	20.0 Juni	12.31	„	15.6 Dec.

Allgemeines Mittel 1834 — 1838.

	Minimum:			Maximum:		
Oberfläche	—	am	22.9 Jan.	—	am	22.0 Juli
0'.58	2°.67	„	2.9 Febr.	16°.65	„	26.8 „
1.38	3.66	„	11.4 „	16.48	„	31.1 „
2.31	4.28	„	21.8 „	16.34	„	5.4 Aug.
3.08	5.94	„	24.8 „	16.38	„	8.3 „
12.	9.69	„	21.7 April	14.30	„	12.5 Oct.
24.	11.14	„	18.5 Juni	12.62	„	12.0 Dec.

Für das Jahr 1837 sind mir die Bestimmungen der Extreme von Quetelet nicht bekannt geworden. Ich führe daher nur die früheren, in dem Memoire enthaltenen an.

Quetelet hat die Lage der Extreme vermittelst eines den Beobachtungen sich möglichst anschliessenden parabolischen Bogens bestimmt und findet für Brüssel:

Maximum:

Tiefe	1834	1835	1836	Mittel
Oberfläche	19.5 Juli	24.2 Juli	15.0 Juli	19.6 Juli
0.58	26.1 „	2.0 Aug.	16.8 „	25.3 „
1.38	4.3 Aug.	10.2 „	21.6 „	1.7 Aug.
2.31	10.2 „	15.2 „	25.6 „	6.7 „
3.08	13.9 „	18.3 „	28.5 „	9.9 „
6.	4.3 Sept.	7.9 Sept.		6.1 Sept.
12.	8.1 Oct.	7.8 Oct.	10.2 Oct.	8.7 „
24.	11.7 Dec.	3.0 Dec.	19.8 Dec.	11.5 Dec.

Minimum:

Tiefe	1835	1836	Mittel
Oberfläche	9.0 Jan.	27.3 Dec.	2.7 Jan.
0.58	17.0 „	21.4 Jan.	19.2 „
1.38	23.6 „	22.6 „	23.1 „
2.31	10.0 Febr.	24.2 „	1.6 Febr.
3.08	18.6 „	28.8 „	9.2 „
6.	19.2 März		19.2 März
12.	20.1 April	4.0 April	12.0 April
24.	15.9 Juni	11.7 Juni	13.8 Juni

Die mittlere Temperatur jeder einzelnen Schicht trifft in derselben ein:

1834.		1835.		1836.		Mittel.	
29. April	11. Oct.	23. April	12. Oct.	8. Mai	23. Oct.	30. April	15. Oct.
3. Mai	18. „	7. Mai	17. „	15. „	28. „	8. Mai	20. „
7. „	28. „	11. „	21. „	18. „	13. Nov.	12. „	31. „
9. „	1. Nov.	17. „	30. „	21. „	10. „	16. „	3. Nov.
23. „	8. „	22. „	2. Nov.	23. „	10. „	23. „	7. „
—	—	14. Juni	8. Dec.	—	1. Dec.	—	5. Dec.
—	11. Jan.	14. Juli	2. Jan.	12. Juli	18. Jan.	13. Juli	10. Jan.
—	—	10. Sept.	6. März	10. Sept.	15. März	10. Sept.	11. März

Das am 20. Juli an der Oberfläche beobachtete Maximum langte also am 12. December, d. h. nach 145 Tagen in einer Tiefe von 24 Fuss an. Setzt man den Eintritt des in diesen Jahren sehr unregelmässig fallenden Minimums auf den 15. Januar statt auf den 3., so bedurfte dieses 151 Tage, um am 14. Januar in der Tiefe anzulangen. Bestimmt man ebenso die Zeit für die Mittel, so findet man 133 und 146 Tage, so dass also die mittlere Zeit, in welcher eine 24 Fuss mächtige Erdschicht von der äusseren Wärme durchdrungen wird, 144 Tage beträgt. Aus der Betrachtung der übrigen Thermometer und Beobachtungsorte folgt, dass die Fortpflanzungsgeschwindigkeit ziemlich gleichförmig ist und für 1 Fuss 6 bis 7 Tage beträgt.

Um die Tiefe zu bestimmen, in welcher die Veränderungen verschwinden, leitet Quetelet folgende Gleichungen ab; nach dem Fourierschen Satz, dass die der Tiefe p entsprechende Temperaturdifferenz Δ_p in einer geometrischen Reihe abnimmt, wenn p in einer arithmetischen zunimmt,

$$\text{Zürich} \quad \log \Delta_p = 1.31695 - 0.05500\, p$$
$$= 1.26534 - 0.04659\, p$$
$$= 1.21741 - 0.03844\, p$$

die Constanten bestimmt durch Combination des tiefsten Thermometers mit dem $\frac{1}{2}$, $\frac{1}{4}$ und 1 Fuss tiefer.

$$\text{Edinburgh} \quad \log \Delta_p = 1.068119 - 0.05260\, p$$
$$\text{Upsala} \quad \log \Delta_p = 1.29245 - 0.05265\, p$$
$$\text{Brüssel} \quad \log \Delta^p = 1.15108 - 0.04149\, p$$
$$\text{Paris} \quad \log \Delta_p = 1.37633 - 0.04856\, p$$
$$\text{Strasburg} \quad \log \Delta^p = 1.27875 - 0.03844\, p$$

die Constanten aus den Angaben des untersten und obersten Thermometers bestimmt, ausser für Brüssel, wo sie durch die Angaben der beiden untersten Thermometer erhalten wurden.

Muncke giebt für die Beobachtungen in Heidelberg

$$\log \Delta_p = 1.282853 - 0.03729\, p,$$

und in Schwetzingen

$$\log \Delta_p = 1.25042 - 0.03877\, p.$$

Der von der Leitungsfähigkeit und specifischen Wärme der Erde abhängige Coefficient von p scheint daher mit der Breite zuzunehmen. Fig. 5. enthält die nach diesen Formeln von Quetelet gezeichneten Curven. Die Tiefen, in welchen die grössten Veränderungen nur 1°, 0°.1, 0°.01 betragen würden, sind danach:

	1°	0°.1	1°.01 Cent.
Edinburgh	20.3	39.3	58.3
Upsala	24.6	43.5	62.5
Zürich	27.3	49.5	71.4
Strasburg	31.0	56.0	81.0
Paris	28.0	48.5	68.9
Brüssel	27.7	51.8	75.9

Quetelet meint, man könne hieraus wohl schliessen, dass in hohen Breiten die Veränderungen minder tief eindringen, als in niederen. Dieser Schluss widerspricht aber einerseits der Erfahrung von Boussingault,*) welcher gefunden hat, dass unter den Tropen bereits in einer Tiefe von 1 Fuss die Temperatur schon bis auf einige Zehntel unveränderlich ist, andererseits könnte hierbei der Unterschied des See- und Continentalklima's wohl von Einfluss sein, so dass die Erscheinung nicht allein von der Breite abhinge. Die absolute Grösse der Veränderung in einer bestimmten Tiefe scheint mir nämlich abhängen zu müssen von der absoluten Grösse der Veränderung an der Oberfläche. Kupfer**) ist dagegen der Ansicht, man könne, ohne einen bedeutenden Fehler zu begehen, annehmen, dass alle Punkte der Erdoberfläche, in welchen die grösste Aenderung 0°.2 betrage, sich in derselben Tiefe befinden, welches auch die Aenderungen seien, welche die Temperatur an der Oberfläche selbst erleidet. Den Coefficienten von p findet Kupfer für die beiden Jahre in Edinburgh 0.06747 und 0.05784, für Strasburg 0.03935, für Zürich 0.04786.

Die Extreme und das Mittel von April 1836 bis März 1837 fallen, nach den Beobachtungen in Bonn, wie die folgende Tafel zeigt:

	Mittel.	Maximum.	Minimum.
6	11. Nov. u. 20. Mai	11 — 20. Aug.	11 — 20. Febr.
12	18. Dec. „ 19. Juni	18 — 19. Sept.	18 — 19. März
18	18. Jan. „ 19. Juli	18 — 19. Oct.	18 — 19. April
24	18. Febr. „ 15. Aug.	15 — 18. Nov.	15 — 18. Mai
30	18. März „ 13. Sept.	13 — 18. Dec.	13 — 18. Juni
36	7. April „ 11. Oct.	7 — 11. Jan.	7 — 11. Juli

*) Ann. de Chim. et de Phys. 53. p. 225.

**) Pogg. Ann. 32. p. 282.

Die jährlichen Mittel in diesen verschiedenen Tiefen sind 7°.79, 7°.85, 8°.02, 8°.14, 8°,29, 8°.49, die grössten im Jahre beobachteten Unterschiede 9°.9, 6°.5, 3°.9, 2°.2, 1°.25, 0°.65 Réaumur. Die Quotienten dieser Unterschiede sind 1.523, 1.666, 1.773, 1.760, 1.923, also nicht constant, wie es bei den bisherigen Beobachtungen vorausgesetzt wurde.

Bischoff stellt daher, die in 6n' beobachtete Veränderung mit d_n bezeichnend, die Resultate der Beobachtung durch

$$d_n = \frac{d,}{e\,(e + m)\,(e + 2m) \ldots e + (n - 2)m}$$

dar, wo $e = 1.53$ und $m = 0{,}1$, wornach in 60' Tiefe merkliche Aenderungen verschwinden.

Bei ähnlichen von Reich in Freiberg angestellten halbjährlichen Versuchen war vom September 1836 an die Veränderung (Wärmelehre p. 512):

	Zeit des Max.
in 30 Fuss Tiefe 0°.82	4. Jan.
„ 24 „ „ 1°.13	7. Dec.
„ 18 „ „ 3°.12	21. Nov.
„ 12 „ „ 3°.7	—

Endlich hat Bischof durch die mittlere Temperatur einer 4 Fuss tief auf ähnliche Weise vergrabenen Flasche im Jahr 1835 monatlich die Temperatur des Bodens in Bonn und auf der 1173' höhern Löwenburg gemessen und gefunden, dass die grösste und geringste Wärme in der Höhe später eintritt, als in der Ebene. Der Temperaturunterschied beider Orte betrug 1°.72 im Mittel, der Boden in Bonn war nämlich 7°.75, auf der Löwenburg 6°.03 (p. 216.)

Diesen Resultaten können noch einige Bestimmungen hinzugefügt werden, welche an andern Orten ohne Angabe der monatlichen Mittel erhalten worden sind. In Kasan betrugen im Jahr 1833 nach Knorr's Beobachtungen (Pogg. Ann. 42. p. 655) die Extreme in freier Luft 64°.8 C., in einer Tiefe von 1 Meter unter der Oberfläche 14°.5. Das Minimum — 30°4 am 2ten Januar erschien als — 0°.6 am 25ten März in 1 Meter Tiefe, das Maximum + 34°.4 am 13ten Juli wurde hingegen schon am 26ten bis 29ten Juli als 13°.9 dort beobachtet. Die zu Anfang des Jahres noch + 0°.6 betragende Bodenwärme erhielt sich vom 28ten Januar bis 20ten Mai unter Null und war Ende December wieder bis + 1.4 herabgekommen.

Den Einfluss der verschiedenen geognostischen Beschaffenheit des Bodens auf die Temperaturverbreitung innerhalb desselben scheint zuerst Fox empirisch untersucht zu haben. In seinen in dem dritten Bande der Abhandlungen der Cornwal Geological Transactions enthaltenen Aufsatz: „on the temperature of Mines“ finden sich Beobachtungen, welche vom Juni 1823 bis Mai 1824 an in die Tiefe von 3′ eingegrabenen Thermometern mit 4 Fuss langen Skalen im Granit bei Huel Gorland und im Thonschiefer bei Dolcoath in der Nähe von Falmouth angestellt wurden. Die in der dritten Columne angegebenen Beobachtungen von Falmouth wurden an einem Thermometer in derselben Tiefe im Thonschiefer erhalten, aber vom November 1822 bis August 1823, und im September und October 1824, und zwar in der Höhe von 120 Fuss. (Edinb. Journ of Sc. 1829. X. p. 178.)

Temperatur (F.)

	Huel Gorland im Granit	Dolcoath im Thonschiefer	Falmouth im Thonschiefer
Jan.	44.	44.44	43.5
Febr.	43.63	44.85	43.55
März	42.8	44.08	44.6
April	43.78	44.62	47.55
Mai	46.69	47.85	51.3
Juni	52.74	53.6	53.8
Juli	53.94	53.35	54.75
Aug.	55.3	56.6	56.1
Sept.	56.2	57.8	58.
Oct.	53.7	52.7	54.75
Nov.	49.1	49.67	53.
Dec.	46.	47.85	47.2
Jahr	48.99	49.94	50.67

Auf den Vorschlag von Forbes sind in der Nähe von Edinburg auf Kosten der Versammlung britischer Naturforscher umfassendere Beobachtungen angestellt worden, deren Resultate folgende:

Es wurden Löcher von 3, 6, 12, 24 Par. Fuss Tiefe im Trapptuf des Calton Hill auf dem Grundstück der Sternwarte, in dem homogenen Sandlager des Experimentalgarden und im dichten Kohlensandstein von Craigleith gebohrt und darin Weingeistthermometer vom Februar 1837 bis Februar 1838 wöchentlich einmal abgelesen, und für die von der Temperatur der Kugeln verschiedene Temperatur der Röhren berichtigt. Der jährliche Unterschied der Extreme betrug:

Tiefe	Trapp	Sand	Sandstein
3'	10° 53	11°.23	9°.58 Cent.
6'	6.61	8.30	7.72
12'	3.05	4.19	5.22
24'	0.80	1.16	2.28

In der Gleichung

$$\Delta p = a - bp,$$

wo

$$b = \sqrt{\frac{\pi c}{k}} . \log e,$$

wenn c die specifische Wärme, k die Leitungsfähigkeit des Bodens bezeichnet und Δp die der Tiefe p entsprechende thermische Veränderung ist, a aber eine Constante, welche ausser von c und k noch von andern Elementen der geographischen Lage und des Sonnenstandes abhängt, erhält man für die Werthe von b

im Trapp $b_1 = - 0.0547$
„ Sand $b_2 = - 0.0440$
„ Sandstein $b_3 = - 0.0317$.

Nimmt man die Wärmecapacität des Bodens in diesen 3 Fällen gleich an, so würde die Leitungsfähigkeit desselben daher im Verhältniss von $\frac{1}{b_1^2} : \frac{1}{b_2^2} : \frac{1}{b_3^2}$ sein.

Der jährliche Unterschied verschwindet nach diesen Gleichungen im Trapp bei 58' Tiefe, im Sand bei 72', im Sandstein bei 97'.

Der Eintritt des Maximums geschah im

	Trapp	Sand	Sandstein
3'	6. Aug.	31. Juli	5. Aug.
6'	2. Sept.	24. Aug.	19. „
12'	17. Oct.	7. Oct.	11. Sept.
24'	8. Jan.	30. Dec.	11. Nov.

Um einen Fuss zu durchdringen, bedurfte die Wärme demnach im Trapp 7.5 Tage, im Sand 7.1, im Sandstein 4.9. Die mittlere Temperatur nahm mit der Tiefe zu, sie war nämlich in den 4 Stationen 8°.078, 8.166, 8.278, 8,489 Cent.

B. Tägliche Veränderungen.

In Beziehung auf die täglichen Veränderungen bemerkt Muncke, dass sie in 3 Fuss Tiefe verschwinden, da die stärksten durch Sonnenschein oder Regen hervorgebrachten Wärmeunterschiede an diesen Thermometern selten am zweiten, gewöhnlich erst am dritten Tage sichtbar wurden. Bestimmtere Beobachtungen hat darüber Quetelet angestellt an von Saigey construirten Weingeistthermometern, von denen eins am Boden sich befand, die Kugel des zweiten halb eingegraben, die des dritten ganz eingegraben, die andern in Tiefen von 2, 4, 6, 8, 10 Decimetern, von denen die beiden letztern aber nicht benutzt werden konnten. Im Mittel aller Tage des März trat das Maximum bei den 6 ersten Thermometern ein $0^h.74$, 0.92, 0.97, 6.1 Abends, 1.2 und 5.8 Morgens, wonach also $2^h.8$ Zeit erfordert wird, damit das Maximum eine Erdschicht von 1 Decimeter Mächtigkeit durchdringe. Im Juni erreichten die 4 ersten Thermometer ihren höchsten Stand $1^h.34$, 1.41, 1.45 und 6.90 Abends, wonach die Zeit $2^h.75$ zur Durchdringung einer 1 Decimeter mächtigen Schicht erfordert wird. Die beobachteten grössten Unterschiede selbst waren in jenen beiden Beobachtungsreihen für diese 4 Thermometer:

März	14.90	12.42	12.04	2.19
Juni	20.13	18.81	17.30	3.92.

Vereinigt man die Angaben der 3 ersten Thermometer in ein Mittel, so wird die Bewegung der Wärme dargestellt durch die Gleichungen:

$$\text{im März} \quad \log \Delta_p = 1.11793 - 0.38874\, p$$

$$\text{„ Juni} \quad \log \Delta_p = 1.27300 - 0.33985\, p,$$

wo p in Decimetern die Tiefe der Erdschicht bezeichnet, für welche Δ_p die daselbst beobachtete grösste Wärmeänderung in 24 Stunden ist. Berechnet man nach diesen Formeln diese Veränderung für verschiedene Tiefen, so erhält man nach beiden Formeln:

p.	Δ_p	Δ_p
$0^m.4$	$0^\circ.37$	$0^\circ.82$
$0^m.6$	0.06	0.17
$0^m.8$	0.01	0.04
$1^m.$	0.002	0.007.

Vergleicht man hingegen die Angaben des 4ten Thermometers mit den gleichzeitigen Veränderungen eines im Schatten in der Luft nach Norden aufgehängten Thermometers, so erhält man für dasselbe statt 13°.12 und 18°.75, vielmehr 8°.66 und 10°.10. Hiernach würden jene beiden Gleichungen:

im März $\log \Delta_p = 0.93752 - 0.29854\ p$

„ Juni $\log \Delta_p = 1.00432 - 0.20551\ p$,

also für 0°.01 als tägliche Veränderung die Tiefen von 1 Meter und 1m.46, woraus folgt, dass die täglichen Veränderungen in einer etwa 19 Mal geringeren Tiefe verschwinden, als die jährlichen, für welche letzteren 60 bis 75 Fuss etwa die Grenzen sein würden.

Nach den Beobachtungen von Boussingault (Ann. de Chim. et de Phys. 53. p. 225.) variiren unter den Tropen zwischen 11° N. B. und 5° S. B. in 8 bis 12 Zoll tiefe Löcher unter Bedachung eingesenkte Thermometer höchstens um einige Zehntheile eines Grades. Das Verhältniss der Tiefe, bis zu welcher tägliche Veränderungen eindringen, zu der, bis zu welcher die jährlichen gelangen, muss also hier ein ganz anderes sein. Die mittlere Temperatur dieser obern Schicht stimmt ausserdem mit der der Luft überein.

II. Quellen- und Brunnenwärme.

Der blosse Anblick der Temperaturcurve einer Quelle zeigt, dass die Extreme desto später im Jahre eintreten, je geringer der Unterschied dieser Extreme ist, woraus wir analog den bei eingegrabenen Thermometern erhaltenen Resultaten schliessen können, dass die constanten Quellen aus grösserer Tiefe hervortreten, als die minder constanten. Dieses spätere Eintreffen der Extreme ergiebt sich mit grösserer Bestimmtheit durch Bestimmung der Temperaturcurve der Quelle, vermittelst der sie näherungsweise darstellenden Gleichung. Zwei Quellen in der Nähe von Colinton bei Edinburgh gaben (nach Kämtz Meteorol. 2. p. 191):

$$t_x = 8^\circ.621 + 0^\circ.793 \sin(x + 209^\circ) + 0^\circ.289 \sin(2x + 79^\circ\ 24') \quad \text{C.}$$

$$t_x = 8^\circ.600 + 1^\circ.964 \sin(x + 233^\circ\ 53') + 0^\circ.237 \sin(2x + 79^\circ\ 50')$$

und daraus:

Minimum	Mittel	Maximum	Mittel
21. März	25. Mai	30. Juli	19. Dec.
20. Febr.	10. „	27. „	7. Nov.,

für den Källsprong und die Professorquelle bei Upsala, jene mit einer, diese mit zwei interpolirten Beobachtungen:

$$t_x = 5^\circ.573 + 5^\circ.325 \sin (x + 212^\circ\ 9') + 1^\circ.727 \sin (2x + 5^\circ\ 5')\ \text{C.}$$

$$t_x = 5^\circ.509 + 2^\circ.243 \sin (x + 182^\circ\ 16') + 0^\circ.509 \sin (2x + 311^\circ\ 47')$$

und daraus:

Minimum	Mittel	Maximum	Mittel
6. April	9. Juni	19. Aug.	9. Nov.
24. „	25. „	19. Sept.	15. Dec.

Analog den bei den Beobachtungen eingesenkter Thermometer erhaltenen Resultaten sollte man vermuthen, dass die Quelle, welche eine grössere Unveränderlichkeit zeigt, auch ein höheres thermisches Mittel geben sollte. Dies kann natürlich nur an Quellen geprüft werden, welche in geringen Entfernungen von einander aus einem gleichartig gebildeten Boden entspringen. In dieser Beziehung sind daher die Beobachtungen von Merian in Basel an 8 süssen Quellen von Interesse, weil sie auf einem Raume von $\frac{1}{8}$ Meile entspringend, aus Ablagerungen von gerollten Steinen hervortreten, unter welchen sich ein schmal gegen den Rhein einfallendes Mergel- und Lettenlager hinzieht. Im Jahr 1821 gaben diese 8 Quellen folgende Werthe:

Jan.	5.76	6.96	7.12	6.96	7.60	6.96	8.00	6.40
Febr.	4.80	6.40	6.72	6.56	7.52	6.64	8.00	5.60
März	4.80	6.72	6.88	6.80	7.44	6.24	7.76	6.32
April	5.12	7.12	7.20	7.20	7.44	6.56	7.92	7.04
Mai	6.40	7.52	7.28	7.28	7.44	7.20	7.68	7.84
Juni	6.88	7.76	7.44	7.52	7.44	7.76	7.92	8.16
Juli	7.44	7.92	7.68	7.76	7.52	8.00	7.84	9.12
Aug.	8.08	8.08	7.84	7.92	7.52	8.64	8.00	9.60
Sept.	9.12	8.88	8.80	8.64	8.08	9.60	8.48	9.92
Oct.	9.04	8.40	8.40	8.40	8.00	9.44	8.56	9.28
Nov.	8.00	7.76	7.84	7.84	7.84	8.64	8.40	7.68
Dec.	7.36	7.76	7.76	7.76	7.84	8.00	8.16	7.20
Jahr	6.90	7.61	7.58	7.55	7.64	7.81	8.06	7.85
Unterschied des Maximums und Minimums	4.32	2.48	2.08	2.08	0.56	3.36	0.80	4.32

*) Ueber die Wärme der Erde in Basel. 1823.

woraus hervorgeht, dass bei nicht mineralischen Quellen die störenden Elemente hier wenigstens noch so gross sind, dass man aus der Grösse der Veränderung keinen sichern Schluss auf die Erhöhung des Mittels machen kann.

In Williamstown in Massachusets fand Dewey hingegen an 3 jeden Monat beobachteten Quellen im Jahr 1816 bei einer Lufttemperatur von 44°.35 F. aus 7 Uhr Vormittags, 2 und 9 Uhr Nachmittags 48°.39, 47°.1, 46°.11, deren Veränderung 1°.25, 5° und 18° betrug; im Jahr 1817 bei 43°.79 Luftwärme dieselben 48°.33, 47°.35 und 45°65 bei 1°.5, 7° und 21°.4 Aenderung. (Memoirs of the Americ. Acad. 4. p. 390.)

Um den Einfluss zu untersuchen, welchen die Schwankungen der äussern Temperatur auf die der Quellentemperatur äussern, vergleiche ich ein auffallend warmes Jahr und ein auffallend kaltes mit dem Mittel aus einem längern Zeitraum von Jahren. Die Beobachtungen von Stuttgard sind aus dem 10ten Jahresbericht von Plieninger entlehnt, die von Gosport habe ich aus den im Philosophical Magazin bekannt gemachten Beobachtungen berechnet. Man sieht aus diesen Beobachtungen, dass selbst bei ziemlich constanten Quellen und zwar bei solchen, wo sich das Maximum der Sommerwärme und der Winterkälte auffallend verspätet, dennoch der Einfluss der äussern Lufttemperatur auffallend merklich ist.

Stuttgard. R.

	Luft			Quelle		
	7jährig. Mittel	1834	Unt.	7jährig. Mittel	1834	Unt.
Jan.	— 1.91	+ 3.69	+ 5.60	3.21	5.41	+ 2.20
Febr.	— 1.01	1.01	+ 2.02	3.13	4.53	+ 1.40
März	4.15	3.79	— 0.36	3.88	4.73	+ 0.85
April	7.46	5.62	— 1.84	6.41	5.88	— 0.53
Mai	11.78	13.35	+ 1.57	9.47	10.08	+ 0.61
Juni	13.10	14.89	+ 1.79	11.47	11.69	+ 0.22
Juli	15.63	16.67	+ 1.04	12.79	13.01	+ 0.22
Aug.	14.20	15.82	+ 1.62	13.20	14.43	+ 1.23
Sept.	10.88	13.64	+ 2.76	11.75	13.53	+ 1.78
Oct.	7.31	7.54	+ 0.23	9.74	10.03	+ 0.29
Nov.	2.95	3.47	+ 0.52	6.62	6.58	— 0.04
Dec.	0.40	0.18	+ 0.22	4.37	4.24	— 0.13
	7.08	8.30	+ 1.22	7.94	8.68	+ 0.74

G o s p o r t. F.

	Luft			Quelle			Regenmenge		
	5jähriges Mittel	1830	Unt.	5jähriges Mittel	1830	Unt.	5jähriges Mittel	1830	Unt.
Januar	37.70	32.98	— 4.72	50.91	48.15	— 2.76	1″.36	2″.81	+ 1″.45
Februar	41.76	36.07	— 5.69	49.68	46.95	— 2.73	1.67	1.25	— 0.41
März	46.20	46.01	— 0.19	49.41	47.23	— 2.18	1.81	0.62	— 1.19
April	50.54	49.73	— 0.81	49.50	47.86	— 1.64	3.07	3.24	+ 0.17
Mai	56.67	56.11	— 0.56	50.03	48.51	— 1.52	1.79	1.94	+ 0.15
Juni	61.71	57.88	— 3.83	51.21	49.80	— 1.41	1.89	2.63	+ 0.74
Juli	64.57	63.45	— 1.12	52.73	51.02	— 1.71	2.69	1.95	— 0.74
August	62.70	59.79	— 2.91	54.13	52.77	— 1.36	2.58	3.40	+ 0.82
September	59.06	56.05	— 3.01	54.98	53.32	— 1.66	3.61	2.80	— 0.81
October	53.90	53.24	— 0.66	54.96	53.32	— 1.64	2.16	0.59	— 1.57
November	46.92	48.07	+ 1.15	53.74	52.96	— 0.78	2.74	4.70	+ 1.96
December	43.41	38.26	— 5.15	52.72	51.58	— 1.14	3.20	2.43	— 0.77
Mittel	52.09	49.80	— 2.29	52.03	50.29	— 1.74	29.78	28.35	— 1.43
Unterschied der monatlichen Mittel	26.87	30.47		5.57	6.37				

Da ausser der ungewöhnlichen Temperatur, bei welcher in einem bestimmten Jahre der Regen fällt, auch eine anomale Vertheilung der Regenmenge in der jährlichen Periode von Einfluss auf die Quellentemperatur sein könnte, so habe ich die Regenverhältnisse beigefügt. Man sieht, dass in diesem Jahre wenigstens hierin der Grund der Erniedrigung nicht zu suchen war. Dass es vorzugsweise eine normale Lufttemperatur ist, welche die ungewöhnlichen Temperaturverhältnisse der Quellen und Brunnen bestimmt, geht auch aus den von 1826—1837 täglich von Elsner angestellten Beobachtungen der Brunnenwärme in Kalinowicc in Oberschlesien hervor, in welchen der Sommer des Jahres 1834 sich entschieden als Extrem geltend macht.

Die von Bischof mitgetheilten monatlichen Temperaturen von 18 Quellen in der Nähe von Bonn (Wärmelehre p. 230) beginnen grade mit dem September 1834, also unmittelbar nach jener Periode ungewöhnlich hoher Temperatur, sie können daher nicht den normalen Gang der jährlichen Veränderung zeigen. Die entschieden zu hohe Temperatur zu Anfang dieser Beobachtungsreihen, verglichen mit der am Ende derselben erhaltenen, ist ein Beweis, dass sich solche Einflüsse ungewöhnlicher Lufttemperaturen selbst auf Quellen erstrecken, deren jährlicher Wärmeunterschied nur einen Grad beträgt.

Die von Herrenschneider in Strasburg angestellten Beobachtungen der Brunnenwärme in 5 Meter Tiefe, verglichen mit der Luftwärme, gaben nach den jährlich publicirten Resumés folgende Werthe in Réaumurschen Graden:

Luftwärme:

	1831	1832	1833	1834	1835
Jan.	— 1.043	— 0.458	— 3.071	5.276	1.425
Febr.	2.358	0 734	4.832	1.946	3.472
März	6.003	3.823	3.098	4.529	4.271
April	9.150	8.267	6.881	6.572	7.447
Mai	10.980	10.714	14.578	13.831	11.784
Juni	12.297	13.086	14.861	14.866	14.431
Juli	15.247	15.945	13.886	17.920	15.723
Aug.	15.066	14.298	12.649	15.996	15.187
Sept.	10.894	11.108	10.892	13.628	12.589
Oct.	10.732	7.746	7.375	8.279	7.225
Nov.	4.434	3.411	4.394	4.397	1.008
Dec.	2.808	1.922	5.747	1.176	— 3.119
Mittel	8.244	7.55	8.01	9.035	7.62

Brunnenwärme:

	1831	1832	1833	1834	1835
Jan.	6.375	7.875	7.50	7.50	8.25
Febr.	6.750	6.375	7.50	6.50	6.75
März	7.000	7.175	6.75	7.00	7.50
April	8.000	7.750	7.37	8.25	7.62
Mai	8.625	8.875	9.00	10.38	8.75
Juni	9.250	9.125	9.25	10.13	9.38
Juli	10.000	9.375	10.00	11.75	9.63
Aug.	10.250	9.750	10.25	10.38	9.88
Sept.	10.375	10.375	10.50	11.25	10.75
Oct.	10.375	9.875	10.25	10.38	10.50
Nov.	8.875	8.750	9.50	9.00	7.50
Dec.	8.500	7.875	9.38	8.25	7.38
Mittel	8.528	8.598	8.6	9.27	8.66

Der erwärmende Einfluss der ungewöhnlich hohen Temperatur des Jahres 1834 ist also hier sehr merklich. Aus den Beobachtungen früherer Jahre fand sich (Mémoirs de la Societé des sciences de Strasbourg vol. 2.):

	1815	1816	1817	1818	1819	1820	1821	1822	1823	Mittel
Brunnw.	8.192	7.89	8.073	8.03	8.	7.73	7.213	7.985	7.482	7.843
Luftwrm.	7.649	6.836	7.819	8.156	8.334	7.082	8.212	8.954	7.654	7.855

Da die Quellen- und Brunnentemperatur eine Function der Temperatur des herabfallenden Regenwassers sein wird, so mögen hier noch die Beobachtungen angeführt werden, welche Mallory darüber in Matanzas auf Cuba 23° 2′ NB. 81° 36′ W. L. Gr. im Jahre 1835 angestellt hat. Ein Brunnen von 160′ Tiefe gab 78° F. mit einem Unterschied von noch nicht 1° F. zwischen Sommer und Winter. Die Temperatur der 3 vorhergehenden Jahre war 79, 79.27 und 77.06. Die Temperatur aus Sonnenaufgang, 2 Uhr Mittags und Sonnenuntergang in der ersten Columne, verglichen mit den täglichen Mitteln des Registhermometer und der Temperatur des Regenwassers, giebt in Fahrenheitschen Graden:

Temp. der Luft		Temp. des Regenwassers	Unt.	Regenmenge
72.31	71.51	66.00	5.51	3″.18
68.54	67.74	56.00	11.74	0.77
74.52	73.96	66.00	7.96	0.63
78.47	78.33	70.50	7.83	1.92
80.00	79.86	71.60	8.26	2.32
80.43	80.99	74.00	6.99	5.85
80.81	81.12	72.66	8.46	9.57
81.25	81.64	71.66	9.98	11.50
81.00	81.18	72.00	9.18	7.80
77.09	76.84	69.00	7.84	7.47
77.67	77.30	66.00	11.30	3.38
72.68	71.93	67.00	4.93	1.40
77.06	76.86	68.53	8.33	55.29.

Trüge alles herabfallende Wasser gleichmässig zur Quellentemperatur bei, so würde die aus der Regenmenge bestimmte mittlere Temperatur des eindringenden Wassers demnach bedeutend unter die Lufttemperatur fallen.

Nach den Beobachtungen von Evererst nimmt in Ostindien die Temperatur tiefer Brunnen in allen Jahreszeiten mit der Tiefe zu, in der Regenzeit aber nähert sich die Temperatur der Brunnen der der Regen: 78° F.

III. Vertheilung der mittleren Bodenwärme.

Kupfer hat, worüber bereits in Fechner's Repertorium Bericht erstattet worden ist, die Punkte gleicher Bodenwärme durch Isogeothermen verbunden. die sich demnach den Isothermen als Linien gleicher Luftwärme gegenüberstellen. Diese Linien hat Kämtz einer neuen Berechnung unterworfen und sie graphisch ebenfalls dargestellt. Endlich hat Bischof den Namen Chtonisothermen vorgeschlagen für Curven gleicher Erdwärme unter der Oberfläche der Erde. Was nun diese letztere Bezeichnung betrifft, so muss bemerkt werden, dass die Chtonisothermen keine Curven sind, sondern Flächen. Stellt man sich nämlich allgemein die Frage, wie man fortschreiten müsse, um eine bestimmte an der Oberfläche der Erde wahrgenommene Temperatur immer wiederzufinden, so ist die Antwort: auf einer isothermen Fläche. Ein Theil dieser Fläche wird über der Oberfläche der Erde liegen und nur an den Gebirgen isotherme Durchschnittslinien geben, ein Theil unter derselben. Der Durchschnitt der isothermen Fläche mit der Oberfläche der Erde ist eine isotherme Linie.

In Beziehung auf die Isogeothermen ist von mehreren Seiten der Einwurf erhoben worden, dass noch keineswegs erwiesen sei, dass sie von den Isothermen abweichen. Da theoretisch, so viel mir bekannt ist, noch nicht ermittelt ist, ob die Temperatur des dem directen Sonnenschein ausgesetzten Bodens übereinstimmen müsse mit den Angaben eines in der Luft im Schatten beobachteten Thermometers, so liesse sich darüber nur empirisch entscheiden. Wenn aber die Temperatur des Bodens sich unterscheidet von der Wärme der mit demselben in Berührung befindlichen Atmosphäre, so entsteht die Frage, ob es darauf ankommt, zu untersuchen, welche Orte gleiche Bodenwärme haben, im Gegensatz zu den Orten gleicher atmosphärischer Temperatur, oder ob man vielmehr fragen solle, an welchen Orten Boden- und Luftwärme sich um eine bestimmte Grösse unterscheiden. Es ist sehr möglich, dass die Vertheilung einer andern physikalischen Qualität, wie z. B. der magnetischen Intensität von der isogeothermischen, nicht von der isothermischen Vertheilung abhänge, aber es giebt meteorologische Untersuchungen, wo es wünschenswerther wäre, Linien gleichen Unterschiedes der Luft- und Bodenwärme zu haben.

Diese Bemerkungen werden dadurch gerechtfertigt erscheinen, dass durch Einführung solcher Linien mit bestimmten Namen der Gang der Untersuchung auf eine feste Weise bestimmt wird, von welcher es später schwierig wird,[1] sich wieder loszumachen. Die Vergleichung des quantitativ übereinstimmenden kann aber oft ein untergeordnetes Element sein. Hätte Whevell z. B. Linien gleicher Fluthhöhe statt Linien gleicher Fluthzeit gezogen, so würde seine Arbeit, statt einen allgemeinen Ueberblick zu geben, nur lokale Eigenthümlichkeiten gezeigt haben. Dass er durch die Anzahl der Küstenstriche an den Ufern die Fluthhöhe angab, ist deswegen so belehrend, weil dadurch unmittelbar anschaulich wird, wie die in eine sich verengernde Bucht eintretende Fluthwelle sich allmälig immer höher aufstaut. Denn das Steigern einer Erscheinung ist oft dem Verständniss förderlicher, als das Verfolgen ihrer Unveränderlichkeit. In unserm Falle scheint die unmittelbarste Relation stattzufinden zwischen der Temperatur der Atmosphäre und der ihrer festen oder flüssigen Grundfläche, und es ist daher wünschenswerth, dass, wenn etwas so direct Zusammenhängendes in seiner graphischen Darstellung als etwas von einander vollkommen Unabhängiges gesondert erscheint, das zweite Element eine gleiche Berücksichtigung erfahre.

Aus Quellenbeobachtungen von 15 Orten zwischen 15° und 55° N.B. in dem alten Continent findet Kämtz (Meteor. 2. 208):

1) $t_x = 0°.795 + 24°.649 \cos^2 x$ C.

ebenso 2) $t_x = -0°.754 + 28°.933 \cos^2 x$

3) $t_x = -6°.939 + 37°.875 \cos^2 x$

4) $t_x = -4°.103 + 31°.757 \cos^2 x$

5) $t_x = 1°.644 + 20°.891 \cos^2 x$

6) $t_x = -1°.907 + 32°.665 \cos^2 x$

7) $t_x = -2°.70 + 32°.95 \cos^2 x$

8) $t^x = -2°.965 + 32°.593 \cos^2 x$

9) $t_x = -4°.167 + 32°.964 \cos^2 x$

10) $t_x = -9°.226 + 36°.920 \cos^2 x$

11) $tx = -8°.989 + 37°.052 \cos^2 x$

wo t_x die der Breite x entsprechende Temperatur ist; und

2) aus 14 Orten zwischen Kendal und Wadsöe, 54° 17' — 70° 15' N. B.,

3) aus Germa, Cairo und Palermo, 26° 30' — 38° 7',

4) aus Palermo, Rom und Pavia, 38° 7' — 45° 11',

5) aus 10 Orten zwischen Pavia und Upsala, 45° 11' — 59° 51'.

6) aus 18 Orten zwischen Potsdam und Wadsöe, 52° 16' — 70° 15',

7) aus Cairo, Nicolajef und Petersburg,

8) aus Kisnekejewa, Nichney Tagilsk, Werchoturie und Boyoslowsk, 55° ½' — 60°,

9) aus Darwar - Klatmandu und am Altai,

10) aus 9 Orten zwischen Cumana und Lowville, 10° 27' — 43° 47',

11) aus Maypures-Natchez und Cincinnati, 5° 14' — 39° 6'.

Daraus ergeben sich folgende Durchschnittspunkte der Isogeothermen mit den Parallelkreisen unter verschiedenen Meridianen:

	25°	20°	15°	10°	5°	0°
Inneres Amerika	16° 43'	27° 48'	36° 25'	44° 17'	52° 5'	60° 30'
Oestliches „	15° 39'	27° 9'	35° 54'	43° 48'	51° 37'	60° 0'
Westliches Europa	8° 9'	28° 6'	40° 37'	52° 16'	63° 31'	80° 43'
17° Oestl. Länge	23° 19'	32° 30'	39° 48'	51° 50'	62° 37'	76° 11'
30° „ „	—	34° 20'	43° 16'	52° 0'	61° 31'	74° 2'
40° „ „	—	—	42° 2'	50° 54'	60° 22'	72° 27'
62° „ „	—	—	34° 39'	44° 51'	55° 3'	66° 53'
70° „ „	18° 18'	30° 11'	39° 39'	48° 32'	57° 47'	68° 53'

Die Temperatur der zur ersten Formel benutzten Orte stellt Moser (Pogg. Ann. 34. p. 271.) durch folgende Formel dar, t in Réaumurschen Graden:

$$t = 27.11\,(1 - \sin x) + 3.72\,\sin^2 x$$

oder

$$t = 27.11\,(1 - \sin x + 0.137\,\sin^2 x).$$

Aus Formel (1) und (2) berechnet derselbe die Mittelwärme des Meridians an der Westküste von Europa 18°.5 R. und bestimmt aus einer ähnlichen Rechnung für die übrigen Meridiane die mittlere Wärme der nördlichen Halbkugel 15° R. Die mittlere Temperatur von Amerika würde, wenn die Atkinsonsche Formel zum Grunde gelegt wird, 12°.12 R. werden, die Beobachtungen der Bodentemperatur an der Ostküste von Amerika aber 12°.3 R. geben. Für die Temperatur der südlichen Erdhälfte folgt dann, unter Voraussetzung der für die Abhängigkeit der Vertheilung der magnetischen Intensität von der Temperatur in der Abhandlung näher angegebenen Daten, 13°.93 R.

Die von Kupfer gegebene Darstellung der Abweichung geothermischer Vertheilung von aerothermischer hält A. Erman (Kämtz Meteorol. 2. p. 578.) darum für unstatthaft, weil sie auf einer willkührlichen Vermengung trockner und nasser Erdschichten begründet sei. Bischof (Wärmelehre p. 57) erklärt, dass die Unterschiede der mittleren Luft- und Bodentemperatur zwar bedeutend sein können, aber nur von lokalen Ursachen herrühren, und mit der geographischen Breite in keinem Zusammenhange stehen. Nach ihm sind die von Kupfer in Kasan beobachteten Quellen, der Louisenbrunnen bei Berlin, die von Erman beobachtete Quelle bei Templin, der Laufbrunnen im botanischen Garten zu Tübingen etc. Thermen. Die Annahme von Wahlenberg, L. v. Buch und Kupfer, dass in höhern Breiten die Temperatur der Quellen höher werde, sei eben so unhaltbar, als dass in südlichen Gegenden die Quellentemperatur unter die Lufttemperatur falle, indem die von A. v. Humboldt und L. v. Buch beobachteten Quellen Gebirgsquellen gewesen seien, welche Kälte von höhern Regionen herabbringen.

Nach der durch die artesischen Brunnen jetzt empirisch begründeten Theorie der Quellenbildung durch hydrostatischen Druck aus dem eindringenden Tagewasser scheint das Verhalten der Quellenwärme zur Luftwärme, wie es von Wahlenberg, L. v. Buch und A. v. Humboldt für höhere, mittlere und niedere Breiten ausgesprochen worden ist, so nothwendig, dass die Behauptung der Gleichheit beider Temperaturen unter allen Breiten (abgesehen von lokalen Einflüssen) eines strengen Beweises bedürfte, um für nothwendig anerkannt zu werden. Nennt man nämlich $r_1, r_2 \ldots r_{12}$ die Regenmengen in den 12 Monaten an einem Orte, dessen monatliche Temperaturen nicht unter Null fallen, $t_1, t_2 \ldots t_{12}$ die Temperaturen, mit denen jene Regenmengen herabfallen, so wird das zur Speisung der Quellen verwendete Wasser eine mittlere Temperatur T haben:

$$T = \frac{r_1 t_1 + r_2 t_2 + \ldots r_{12} t_{12}}{r_1 + r_2 \ldots + r_{12}}.$$

Unter der Voraussetzung der gleichen Vertheilung der Regenmenge in der jährlichen Periode, wird, weil dann $r_1 = r_2 \ldots = r_{12}$, abgesehen von der Abkühlung des Regenwassers, die Temperatur jenes Wassers mit der mittleren Lufttemperatur übereinstimmen. Fällt aber, wie es in Südeuropa der Fall ist, in den heissesten Monaten kein Regen herab, so sieht man unmittelbar, dass das die Quellen speisende Wasser eine niedrigere Temperatur hat, als die mittlere Luftwärme des Ortes. Da aber das Frühlings- u. Herbstmaximum der Regen, wenn wir weiter nach Norden fortschreiten, in ein Sommermaximum zusammenfallen, wo dann temporäre Regenlosigkeit vollkommen aufhört, so wird hier das grösste Quantum Wasser mit verhältnissmässig zu hoher Temperatur fallen. Zwischen diesen beiden Punkten muss nothwendig ein Durchgang durch Null stattfinden, wo die Temperatur des die Quellen speisenden Wassers genau übereinstimmt mit der der Luft, und diese Stelle muss ohngefähr in die Schweiz fallen. In höhern Breiten aber wird das auf den gefrornen Boden fallende Wasser erst bei dem Aufthauen eindringen, man kann also ohne merkliche Fehler annehmen, dass in den Monaten, deren Temperatur unter den Frostpunkt fällt, die Temperatur des eindringenden Wassers höher als Null ist. Die Wärme des die Quellen speisenden Wassers wird also hier aus einem doppelten Grunde höher, einerseits nämlich, weil die grösste Wassermenge auch hier in den wärmsten Monaten fällt, andererseits weil das in den kältern Monaten fallende Wasser mit einer höhern Temperatur eindringt, als die der Wintermonate. Wenn sich auch nicht berechnen lässt, wie die Temperatur der hervorsprudelnden Quelle bestimmt wird durch die Wärme des herabgefallenen Wassers und die Wärme der Erdschichten, welche es durchdringt, so ist doch ein solches Anschliessen der Quellentemperatur an die Regenverhältnisse empirisch festgestellt, dass die in den höhern Breiten erhaltenen Data durch den Namen Thermen eben so wenig beseitigt werden, als die in niedern Breiten gewonnenen Ergebnisse durch den Namen Gebirgsquellen. Auch ist nicht einzusehen, wie sich Bischof diese vorwaltende Abkühlung entstanden denkt, da p. 196. nach ihm die Temperatur der Leuckerbäder dadurch möglicherweise erklärt werden könne, dass Wasseransammlungen von 0° in der Höhe von 10300′ sich bei tieferem Eindringen in das Innere des Balm Horns von je 145 Fuss von oben herab um einen Grad R. erwärmen und am Fusse daher mit einer Temperatur von 41°,5 R. hervorbrechen. Wenn nach Bischof meteorisches Wasser in Höhen von 10000 Fuss in den hohen Gebirgen Amerika's eindringend, siedendheisse, am Fusse hervorbrechende Quellen erzeugen kann (p. 197), so sollte man doch meinen, dass so bedeutend erwärmende Ursachen häufig auf die Temperatur der beobachteten Quellen hätten mit einwirken müs-

Die Chtonisothermen sind nämlich nach Bischof streng genommen nur in geringer Ausdehnung im ebenen Lande, parallel mit der Erdoberfläche, sie steigen an in den Bergen, biegen sich unter Seen, unter dem Meere und unter den Gletschern nach unten und bilden also stets mit dem Horizonte Winkel von grösserer oder geringerer Neigung. (p. 195.)

IV. Temperatur der Meere.

Die Temperatur der Meere stellt Kämtz (Meteor. 2. p. 119) durch folgende Formeln dar, wo x die Breite:

Atlantischer Ocean, 0° — 48° N. B.:

$$t_x = 2^\circ.91 + 23^\circ.48 \cos^2 x$$

Grosser Ocean, 0° — 48° N. B.:

$$t_x = -3^\circ.52 + 32^\circ.19 \cos^2 x$$

Atlantischer Ocean, nördlich von 48° N. B.:

$$t_x = -5^\circ.92 + 44^\circ.23 \cos^2 x$$

Grosser Ocean, nördlich von 48° N. B.:

$$t_x = -5^\circ.60 + 35^\circ.07 \cos^2 x$$

Atlantischer Ocean, 0° — 48° S. B.:

$$t^x = -2^\circ.31 + 29^\circ.21 \cos^2 x$$

Atlantischer Ocean, südlich von 42° S. B.:

$$t^x = -9^\circ.78 + 41^\circ.27 \cos^2 x$$

Grosser Ocean, 0° — 39° S. B.:

$$t_x = -9^\circ.02 + 37^\circ.26 \cos^2 x$$

Grosser Ocean, südlich von 36° S. B.:

$$t_x = -9^\circ.81 + 38^\circ.97 \cos^2 x$$

Indisches Meer, 0° — 36° S. B.:

$$t_x = 2^\circ.16 + 24^\circ.94 \cos^2 x$$

Indisches Meer, südlich von 35° S. B.:

$$t_x = -14^\circ.45 + 48^\circ.48 \cos^2 x.$$

Die Temperatur des Aequators wird demnach im grossen Ocean 28°.46, im indischen Meere 27°.10, im atlantischen 26°.64, die des Südpoles — 9°.81, — 9°.78 und — 14°.45; das Mittel des Aequators also 27°.40, des Südpoles — 11°.35, und zwar 5°.6

geringer als die des Nordpoles, der im atlantischen Meere —5°.92, im grossen Ocean — 5°.76 werden würde.

Das Minimum der Meerestemperatur fällt nach Kämtz in den März, das Maximum in den August. In aussertropischen Gegenden beträgt die jährliche Differenz etwa 6 Grad, innerhalb der Tropen kaum 1 Grad. (Alle bisherigen Angaben Cent.)

Den im Januar stattfindenden bedeutenden Temperaturüberschuss der Meereswärme des atlantischen Oceans, selbst fern vom Golfstrom und dem Einflusse der Untiefen stellt A. v. Humboldt durch folgende Tafel dar:

	Meereswärme				Unt.
45° N. B.	12°.2	11°.2	Mailand	0°.7	11°.5
40° „ „	14°.5	14°.1	Rom	7°.1	7°.4
35° „ „	17°.	15°.6	Palermo	10°.6	6°.4
30° „ „	18°.7	17°.8	Cairo	14°.2	4°.5

in welcher Tafel die zweite Zahlreihe die Meereswärme aus Rennel's Angaben berechnet angiebt, welche auf nicht verglichenen Thermometern beruhen, die erste hingegen von A. v. Humboldt aus den mit verglichenen Instrumenten angestellten Beobachtungen abgeleitet ist, welche auf seine Veranlassung durch geübte Beobachter seither angestellt worden sind.

V. Luftwärme.

Mittlere Vertheilung derselben.

Ehe ich zu den täglichen und jährlichen Oscillationen derselben übergehe, werde ich die an die eben angeführten Untersuchungen unmittelbar sich anschliessenden Betrachtungen über die mittlere Vertheilung der Luftwärme anschliessen.

Analytische Formeln, welche die Temperatur eines Ortes als Function seiner geographischen Lage darstellen, haben einen doppelten Zweck, entweder entwerfen sie eine sich der wirklichen isothermischen Vertheilung anschliessende einfachere Vertheilung, um aus den Differenzen beider die störenden Elemente kennen zu lernen, welche die verwickelte Gestalt der Isothermen bedingen, oder sie suchen sich so nahe an die Beobachtungen anzuschliessen, dass durch sie die Temperatur der Punkte, für welche noch keine

Beobachtungen vorhanden sind, mit genügender Annäherung im Voraus bestimmt werden könne, so dass sie also die Gleichungen für die Curven gleicher mittlerer Wärme enthalten. Formeln, welche die Temperatur als Function der Breite allein darstellen, gehören zu der ersten Art, da sie eben voraussetzen, dass die Isothermen den Parallelkrisen parallel laufen, während hingegen die Formeln, welche die Temperatur als Functionen der Breite und Länge darstellen, der zweiten Anforderung zu entsprechen suchen. Diese Berücksichtigung der Länge kann entweder dadurch geschehen, dass man für verschiedene Theile der Erdoberfläche einzeln eine Formel bestimmt, welche die Temperatur als Function der Breite darstellt, oder dass man eine allgemeine Formel entwirft, in welcher die Breite und Länge als veränderliche Grössen eintreten. Den ersteren Weg hat Kämtz befolgt, den letzteren Brewster. Obgleich die ersten Arbeiten von Brewster schon vor das Jahr 1820 fallen, so werde ich sie doch hier erwähnen, da sie in deutschen Journalen nirgends näher besprochen worden sind, und die neueste Formel von Brewster nur eine Modification seiner ältern ist. Was endlich die dritte Coordinate der Höhe betrifft, so ist diese in der von Atkinson gegebenen Formel enthalten, in welcher die Temperatur als Function der Breite und Höhe dargestellt wird.

Kämtz findet, wenn t_x die der Breite x entsprechende Temperatur ist, aus 8 Orten von der Sierra Leone Küste bis Eyafiord:

$$1)\quad t_x = -\ 4^\circ.00 + 32^\circ.93 \cos^2 x;\quad \text{(Cent.)}$$

hingegen

$$2)\quad t_x = -\ 18^\circ.22 + 50^\circ.92 \cos^2 x$$

aus 14 Orten für die Ostküste von Amerika, mit Differenzen der berechneten und beobachteten Werthe, die an der nördlichen und südlichen Grenze 2°.03 und 3°.33 werden, so dass man sieht, dass sie das Gesetz der Wärmeabnahme nach dem Pole hin nicht darstellen. Kämtz trennt daher zur Bestimmung der Temperatur die unter den Tropen und in der Nähe derselben liegenden Orte von den übrigen und findet:

	Aequator
3) $t_x = 0^\circ.46 + 27^\circ.39 \cos^2 x$	27°.85
4) $t_x = 6^\circ.30 + 21^\circ.75 \cos^2 x$	28°.05
5) $t_x = 13^\circ.40 + 14^\circ.03 \cos^2 x$	27°.43
6) $t_x = 9^\circ.95 + 17^\circ.67 \cos^2 x$	27°.62

		Aequator
7)	$t_x = -1.94 + 29°.21 \cos^2 x$	27°.27
8)	$t_x = 3°.07 + 26°.15 \cos^2 x$	29°.22

3) bestimmt aus 3 Orten der Westküste von Afrika,
4) „ „ 4 „ „ Ostküste von Amerika, nördlich v. Aequator,
5) bestimmt aus 2 Orten der Ostküste von Amerika, südlich vom Aequator,
6) aus 8 Orten in Hindostan und dem indischen Meere,
7) „ 2 „ des grossen Oceans,
8) „ 4 „ im Innern von Afrika.

In der gemässigten und kalten Zone:

9)	$t_x = -17°.03 + 51°.09 \cos^2 x$
10)	$t_x = -35°.75 + 81°.58 \cos^2 x$
11)	$t_x = -16°.15 + 43°.58 \cos^2 x$
12)	$t_x = -0°.39 + 27°.48 \cos^2 x$
13)	$t_x = -8°.35 + 53°.78 \cos^2 x$
14)	$t_x = -5°.75 + 53°.93 \cos^2 x$
15)	$t_x = -21°.56 + 56°.77 \cos^2 x$
16)	$t_x = -21°.83 + 56°.56 \cos^2 x$
17)	$t_x = -21°.32 + 56°.98 \cos^2 x$
18)	$t_x = -7°.38 + 34°.94 \cos^2 x$
19)	$t_x = -12°.97 + 48°.96 \cos^2 x$
20)	$t_x = -15°.45 + 48°.94 \cos^2 x$
21)	$t^x = -8°.75 + 36°.77 \cos^2 x$
22)	$t_x = -12°.725 + 43°.661 \cos^2 x$
23)	$t_x = -18°.58 + 49°.551 \cos^2 x$
24)	$t_x = -17°.299 + 53°.393 \cos^2 x$
25)	$t_x = -13°.471 + 42°.827 \cos^2 x$

9) bestimmt aus 6 Orten an der Ostküste von Amerika, zwischen 27° 57′ und 38° 53′ N. B.,
10) aus 6 Orten an der Ostküste von Amerika, zwischen 38° 53′ und 44° 44′ N. B.,
11) aus 4 Orten an der Ostküste von Amerika, zwischen 42° 25′ und 57° 30′ N. B.,
12) aus 10 Orten an der Westküste von Europa, zwischen 32° 38′ und 66° 20′ N. B.,
13) aus 3 Orten in Schottland und Irland, zwischen 55° 58′ und 66° 30′ N. B.,

14) aus 6 Orten an der Westküste von Norwegen, zwischen 60° 20′ und 71° 10′ N. B.,
15) aus 12 Orten im Innern von Nordamerika, zwischen 31° 28′ und 74° 47′ N. B.,
16) aus 7 der südlichsten derselben, zwischen 31° 28′ und 46° 39′ N. B.,
17) aus 7 der nördlichsten derselben, zwischen 44° 53′ und 74° 47′ N. B.,
18) aus Hawai und Fort George an der Westküste von Amerika, zwischen 19° 30′ und 46° 18′ N. B.,
19) aus Abushcher, Slatust und Kasan, zwischen 28° 18′ und 55° 54′ N. B.,
20) aus Calcutta und Barnaul, zwischen 22° 35′ und 53° 20′ N. B.,
21) aus 5 Orten der Ostküste von Asien, zwischen 0° 0′ und 39° 54′ N. B.,
22) aus Bombay, Tobolsk und Beresow, zwischen 18° 58′ und 63° 54′ N. B.,
23) aus Nangasaki, Peking, Jakutzk und Ustjansk, zwischen 32° 45′ und 70° 48′ N. B.,
24) aus Petropaulowsk und Nischni-Kolymsk, zwischen 53° 0′ u. 68° 18′ N. B.,
25) aus Peking, Nangasaki und Petropaulowsk, zwischen 39° 54′ und 53° 0′ N. B.

Dieser Formeln, von denen einige durch die grössere Zahl viel sicherer Beobachtungen, welche seit der Zeit besonders aus Amerika und Asien bekannt geworden sind, eine wesentliche Veränderung erhalten würden, bedient sich Kämtz zur Bestimmung des Ganges der Isothermen zwischen den angegebenen Breitengrenzen und unter den ihnen entsprechenden Längengraden, und erhält dadurch die Durchschnittspunkte der Isothermen an den Küsten der Continente. In der folgenden Tabelle bezeichnen die Zahlen der 2ten — 10ten Columne die Grade nördlicher Breite, unter welchen die in der ersten Columne augegebene Temperatur sich findet unter der in der Ueberschrift der Columnen angegebenen geographischen Länge:

Mittlere Luft-wärme	Ostküste von Amerika	Westkst. des alten Conti-nents.	Norwegen	55° O.L.	65° O.L.	90°	134° O.L.	160°	Ostküste von Asien
25°	22° 0′	18° 49′		28° 20′	21° 38′	19° 18′			16° 39′
20°	31° 38′	31° 27′		34° 51′	30° 2′	31° 40′			27° 50′
15°	37° 48′	41° 33′		40° 55′	37° 10′	37° 56′	34° 7′		35° 59′
10°	40° 45′	52° 3′		47° 37′	43° 49′	43° 51′	40° 35′		42° 15′
5°	45° 26′	60° 7′	63° 23′	52° 43′	50° 25′	49° 44′	46° 23′	49° 44′	48° 57′
0°	52° 30′	66° 48′	70° 56′	59° 2′	57° 20′	55° 22′	52° 14′	55° 18′	55° 53′
— 5°	59° 37′	75° 33′		66° 12′	65° 8′	62° 29′	58° 26′	61° 19′	63° 63′
—10°	67° 40′				75° 32′		65° 25′	68° 18′	73° 28′
—15°	79° 30′						74° 25′	78° 0′	

Unter der Annahme, dass die Temperatur eine Function des Quadrates des Cosinus der Breite sei, bestimmt Atkinson (Mem. of the Astronomical Society p. 175) aus 12 amerikanischen Orten zwischen Cumana und Fort Churchil:

$$t_x = 3^\circ.14 + 84^\circ.91 \cos^2 x,$$

nachher aber die Function der Breite unbestimmt lassend, aus denselben Beobachtungen:

$$t_x = 97^\circ.08 \cos^2 x - 10^\circ.53 - \frac{h}{251 + \frac{h}{200}},$$

wo h die Höhe in englischen Fuss bezeichnet, t aber in Fahrenheitschon Graden ausgedrückt wird, und vergleicht sie mit 42 amerikanischen Beobachtungsorten. Schmidt (physikalische Geographie 2. p. 359) hingegen giebt aus 10 Orten zwischen Cumana und Nordcap in Cent.:

$$t_x = 13^\circ.67 + 17^\circ.13 \cos 2x.$$

Brewster (Transactions of the Royal Society of Edinburgh 9. p. 200) zeigt zuerst, dass die Temperaturabnahme proportional dem Cosinus der Breite die Beobachtungen besser darstelle als die Mayersche Annahme der Abnahme nach dem Quadrat des Cosinus. Er vergleicht in dieser Beziehung 30 zwischen dem Aequator und Uléo unter 65° 3′ N.B. im alten Continent gelegene Orte mit der Formel:

$$t_x = 81^\circ.5 \cos x,$$

und findet die Summe der positiven Abweichungen 13°.12, der negativen 9°.11 F. Die niedrige Temperatur, welche Parry's erste Reise für die arktischen Gegenden des amerikanischen Continents, verglichen mit Scoresby's Beobachtungen im arktischen Meere im Norden Europa's, gegeben hatte, und die Aehnlichkeit der Gestalt der Isothermen mit den isochromatischen Curven zweiachsiger Krystalle bestimmten Brewster zu dem Versuche, die Temperatur durch das Product des Sinus der Abstände von 2 Kältepolen zu bestimmen, deren einen er unter 80° N. B. in der Länge von 95° Ost, 5° nördlich von der Graham Moores Bay gelegen annahm, den andern unter 80° Breite und 100° westlicher Länge nördlich von der Taimura Bay in der Nähe des Nordostcaps. Da aber die Beobachtungen sich diesen Bestimmungen nicht nahe anschlossen, so wählte er 2 Formeln, in welchen d den Abstand vom nächsten Kältepole bezeichnet, nämlich:

$$t_x = 82^\circ.8 \sin d$$

und

$$t_x = 86^\circ.3 \sin d - 3^\circ.\tfrac{1}{2},$$

die erste unter der Annahme, dass die Temperatur der Kältepole Null der Fahrenheitschen Skale bezeichne, die zweite, dass sie $-3^\circ.5$ sei. Durch weitere Vergleichung fand darauf Brewster, dass die Annahme der Temperatur der Kältepole den Beobachtungen nicht vollkommen entspräche, indem die Differenzen meist gleiche Zeichen erhielten. Er bleibt also in jenem Aufsatz zuletzt bei der Annahme stehen, dass die mittlere Temperatur des amerikanischen Kältepoles $-3\tfrac{1}{2}^\circ$ F. sei, die des asiatischen hingegen 1 , so dass

$$t = 81^\circ.8 \sin d + 1^\circ$$

und

$$t = 86^\circ.3 \sin \delta - 3\tfrac{1}{2}^\circ,$$

wo d den Abstand vom asiatischen, δ den vom amerikanischen Pole bezeichnet.

In einem an Herrn v. Humboldt gerichteten Schreiben hat Brewster später diesen Ausdruck modificirt. Er wird dann (Pogg. Ann. 21. p. 323):

$$T = (t - \tau)(\sin^n\delta \sin^n\delta_,) + \tau,$$

wo t das Maximum der mittleren Jahreswärme am Aequator nahe $82^\circ.5$, τ das Maximum der mittleren Jahreswärme an jedem Kältepole, also zwischen 0 und $-3^\circ.5$ F. schwankend, der Exponent n ohngefähr $\frac{2}{3}$, δ und $\delta_,$ die Abstände des Ortes von beiden Kältepolen, von denen der amerikanische unter 73° N.B. und 100° W. L. Gr., der andere unter 73° N. B. und 80° O. L. Gr. liegt. Bezeichnet L die Colatitude des Kältepoles, l die des Ortes, M die Längendifferenz zwischen dem Orte und dem Kältepole, so ist, wenn $L_,$, $l_,$, $M_,$ dasselbe für den andern Pol bezeichnen,

$$\cos\delta = \frac{\cos L \cos(l - \vartheta)}{\cos\vartheta} \qquad \cos\delta_, = \frac{\cos L_, \cos(l_, - \vartheta_,)}{\cos\vartheta_,}$$

$$\operatorname{tg}\vartheta = \cos M \operatorname{tg} L \qquad \operatorname{tg}\vartheta_, = \cos M_, \operatorname{tg} L_,.$$

Von graphischen Darstellungen, welche auf einer kritischen Benutzung des als vorhanden bekannten Beobachtungsmaterials beruhen, sind zu erwähnen:

1) Eine Isothermcharte für Europa von Schouw in dem Handatlas zu Europa, physisch-geographische Schilderung. Kopenhagen. 1833.

2) Eine Aequatorialprojection der Isothermen und Isogeothermen und eine Polarprojection der Isothermen von Kämtz im 2ten Bande der Meteorologie desselben.

3) Beides von Mahlmann in der Uebersetzung des Abrisses der Meteorologie von Forbes.

Temperaturabnahme nach der Höhe.

Atkinson findet aus 128 von Roy, de la Caille, Deluc und Greatorex in England und am Cap angestellten Beobachtungen, dass für 1666 Fuss, dem mittleren Höhenunterschied bei diesen Beobachtungen, das Thermometer 6°.412 F. fällt. Er berechnet darauf nach Mayer's, Daubuisson's und Brewster's beiden ältern Formeln die Temperatur von Peissenberg, Chamouni, Zürich, München, Regensburg, Bern, Genf, Clermont, Dijon und Besançon, und findet 5°.678, 5°.546, 5.°960, 5°.444 als thermische Abweichung der Beobachtung und Berechnung bei einer mittleren Höhe von 1468', also 5°.682 als Temperaturabnahme für diese Höhe. 15 Beobachtungen von Roy geben für 3624' mittlere Höhe 13°.683 Temperaturabnahme, der Gotthard 23°.850 Wärmeabnahme für 6597', endlich der Col de Géant 33°.480 für 10386' Höhe. Daraus erhält man für die Erhebung bis zu den Höhen 1468', 1666', 3624', 6597', 10386', dass das Thermometer um einen Fahrenheitschen Grad sinkt, wenn man ansteigt um 258'360, 259'.828, 264'.854, 276'.604, 310'.215. Daraus schliesst Atkinson, dass wenn h den Höhenunterschied bezeichnet, für eine Temperaturabnahme von n Graden

$$h = [251.5 + \tfrac{1}{2}(n - 1)]\ n$$

ist. Bekanntlich hat Saussure auf dem Col de Geant 14 Tage Beobachtungen von 2 zu 2 Stunden angestellt, um die Abhängigkeit der Temperaturabnahme von der Tageszeit zu ermitteln. Eben so hat Daubuisson aus den einjährigen Beobachtungen des Bernhardhospizes und Genfs im Jahr 1818 die Veränderung der Temperaturabnahme in der jährlichen Periode bestimmt. Diese Beobachtungen hat Schmidt (phys. Geogr. 2. p. 285) durch folgende Formeln dargestellt. Es ist nämlich in der täglichen Periode die in Metern ausgedrückte Höhe h, um welche man sich erheben muss, damit das Thermometer um einen Centesimalgrad sinke:

$$\begin{aligned} h = 164.67 &- 12.31 \cos\varphi - 29.49 \sin\varphi \\ &- 5.50 \cos 2\varphi + 5.92 \sin 2\varphi \\ &+ 1.33 \cos 3\varphi + 0.33 \sin 3\varphi \\ &+ 0.83 \cos 4\varphi - 2.46 \sin 4\varphi \\ &+ 0.97 \cos 5\varphi + 0.82 \sin 5\varphi \\ &+ 1.00 \cos 6\varphi \end{aligned}$$

hingegen in der jährlichen Periode:

$$\begin{aligned} h = 203.34 &+ 24.08 \cos\varphi + 8.39 \sin\varphi \\ &- 9.25 \cos 2\varphi - 12.70 \sin 2\varphi \\ &+ 7.50 \cos 3\varphi + 9.83 \sin 3\varphi \\ &- 4.08 \cos 4\varphi - 1.15 \sin 4\varphi \\ &+ 7.92 \cos 5\varphi + 13.55 \sin 5\varphi \\ &- 8.50 \cos 6\varphi \end{aligned}$$

in der ersten Formel φ vom Mittag, in der zweiten vom Januar an gezählt. Die durch beide Formeln vollkommen dargestellt werdenden Beobachtungen sind, wenn 0. 2. 4. etc. die Stunden bezeichnen:

	h		h
0	148	Jan.	221
2	140	Febr.	214
4	142	März	219
6	141	April	211
8	143	Mai	222
10	157	Juni	210
12	171	Juli	142
14	189	Aug.	149
16	210	Sept.	164
18	195	Oct.	241
20	180	Nov.	201
22	160	Dec.	246

Im Jahre 1827 beobachtete Eschmann auf dem Rigi gleichzeitig mit Horner in Zürich, ebenso im Jahre 1832 Kämtz auf dem Rigi 24 Tage um dieselbe Jahreszeit gleichzeitig mit Horner und 1833 auf dem Faulhorn. Bezeichnet d^x den Höhenunterschied zwischen Zürich und Rigi-Culm, und δx dasselbe für den Höhenunterschied des Faulhorn mit Zürich, Δ_x den Höhenunterschied zwischen Faulhorn und Genf, so ist in Toisen nach Kämtz (Pogg. Ann. 27. p. 345), x vom Mittag an gezählt:

$d_x = 700.587 + 6.016 \sin(x + 74° 35')$
$+ 1.313 \sin(2x + 133° 15') + 0.425 \sin(3x + 206° 58')$

$\delta_x = 1144.45 + 4.119 \sin(x + 58° 12')$
$+ 4.119 \sin(2x + 92° 40') + 0.280 \sin(3x + 66° 25')$

$\Delta_x = 1119.19 + 9.310 \sin(x + 64° 33')$
$+ 2.954 \sin(2x + 108° 20') + 0.712 \sin(3x + 289° 33')$

und wenn h_x die Höhe in Toisen bezeichnet, um welche man sich erheben muss, damit das Thermometer um einen Réaumurschen Grad sinke, für Rigi und Faulhorn:

$h_x = 92.657 + 18.28 \sin(x + 215° 3')$
$+ 2.812 \sin(2x + 325° 56') + 2.690 \sin(3x + 25° 54')$

$h_x = 140.42 + 41.29 \sin(x + 202° 48')$
$+ 7.58 \sin(2x + 278° 35') + 7.31 \sin(3x + 37° 46')$

Die Temperatur war auf dem Faulhorn für die Jahreszeit ungewöhnlich hoch. Aus den Rigibeobachtungen folgt als schnellste Wärmeabnahme 75,4 Toisen für 1 Grad Réaumur gegen 5 Uhr, die geringste, 115 Toisen, um 16½ Uhr. Für das Faulhorn sind diese Stunden nahe übereinstimmend 4½ und 17 Uhr. Die Veränderlichkeit der Temperaturabnahme mit der Tageszeit kann auch so ausgesprochen werden, dass man sagt, die periodischen Aenderungen der Temperatur sind auf den Höhen geringer, als in den Thälern. In dieser Beziehung geben die Beobachtungen für Zürich und den Rigi:

$t_x = 12°.419 + 2°.850 \sin(x + 51° 26')$
$+ 0°.368 \sin(2x + 96° 19') + 0°.286 \sin(3x + 208° 4')$

$t_x = 4°.669 + 1°.467 \sin(x + 67° 51')$
$+ 0°.324 \sin(2x + 85\ 97') + 0°.090 \sin(3x + 236° 11')$

und daraus:

Max.		Min.		Unt.
$2\frac{1}{2}^h$	15°.14	16¼	9.40	5.66
$1\frac{7}{8}^h$	6.34	15¾	3.25	3.07

Die Beobachtungen selbst sind in der folgenden Tafel enthalten, und zwar die von 11 Uhr Abends bis 4 Uhr Morgens interpolirt, in Zürich 1827 von 10 Uhr Abends bis 6 Uhr Morgens; auf dem Faulhorn von 10 Uhr Abends bis 5 Uhr Morgens, in Zürich und Genf von 9 Uhr Abends bis 10 Uhr Morgens.

	Rigi - Culm 1832	Rigi - Culm 1827	Rigi - Culm Mittel	Zürich 1832	Zürich 1835	Zürich Mittel	Höhenunterschied in Toisen 1832	Wärmeabnahme von 1° R. in Toisen 1827 u. 1832
Mittags	6.79	5.3	6.29	15.79	13.10	14.89	707.15	81.86
1	6.91	5.0	6.27	15.94	13.40	15.09	706.51	79.82
2	7.00	4.7	6.27	15.99	13.60	15.19	705.76	78.92
3	6.65	4.6	5.97	15.73	13.60	15.02	704.73	77.79
4	6.63	4.5	5.92	15.62	13.60	14.95	703.92	77.96
5	5.96	4.1	5.34	15.34	13.30	14.66	702.76	75.54
6	5.55	3.7	4.93	14.89	12.80	14.19	701.72	76.03
7	4.97	3.6	4.51	13.76	12.40	13.31	700.13	80.00
8	4.62	3.5	4.21	12.89	11.80	12.53	699.08	84.61
9	4.42	3.2	4.01	12.13	11.30	11.85	698.21	89.80
10	4.29		3.88	11.67	10.78	11.37	696.69	93.99
11	4.18		3.77	11.26	10.37	10.98	697.06	97.78
Morgens	4.07		3.71	10.98	10.09	10.68	696.11	101.04
1	3.96		3.59	10.71	9.81	10.41	695.30	103.23
2	3.85		3.44	10.30	9.39	10.00	694.80	107.47
3	3.74		3.32	9.97	9.06	9.67	694.75	111.57
4	3.63		3.29	9.66	8.74	9.35	694.67	115.03
5	3.86		3.44	9.79	8.82	9.47	695.92	116.75
6	4.20		3.77	10.43	9.35	10.07	697.99	111.73
7	4.56	3.5	4.21	11.28	10.30	10.95	699.60	104.45
8	5.17	3.8	4.71	12.53	10.90	11.99	702.46	96.70
9	5.73	4.4	5.29	13.73	11.70	13.05	705.15	90.72
10	6.38	4.6	5.79	14.63	12.20	13.82	706.55	87.67
11	6.60	5.2	6.13	15.52	12.70	14.58	707.06	83.31

	Temperatur			Höhenunterschied (T.)		Höhenunterschied für 1° Wärmeabnahme
	Faulhorn	Zürich	Genf	Zürich	Genf	
Mittags 0	4°.34	13°.83	13°.08	1158.0	1129.2	126.8
1	4.26	14.53	13.73	58.8	29.5	114.8
2	4.09	15.00	14.03	58.5	29.5	108.8
3	3.69	15.14	14.08	56.5	28.4	103.8
4	2.82	14.62	14.01	53.4	25.9	99.0
5	2.10	13.61	13.38	48.8	22.1	99.3
6	1.64	12.28	12.31	45.1	19.0	106.2
7	1.45	11.14	11.69	44.0	18.5	113.7
8	1.45	10.36	11.06	44.4	18.2	122.6
9	1.21	9.81	10.37	43.2	16.6	127.6
10	1.14	9.04	10.01	41.2	16.4	136.3
11	1.08	8.55	9.75	40.0	15.9	139.9
12	1.00	8.17	9.49	38.3	14.3	144.2
Morgens 1	0.89	7.59	9.09	36.1	12.3	152.6
2	0.78	7.05	8.53	34.5	10.3	164.8
3	0.66	6.31	7.94	32.9	8.8	178.9
4	0.58	5.77	7.51	32.1	8.6	190.6
5	0.59	5.55	7.45	32.5	10.0	195.6
6	0.56	5.92	7.85	33.2	12.2	190.2
7	1.17	6.45	8.62	36.6	15.8	183.5
8	1.86	8.02	9.63	42.2	20.2	164.9
9	2.57	9.96	10.99	47.9	24.0	143.9
10	3.31	11.67	12.05	52.3	26.6	132.5
11	3.97	12.92	12.70	56.1	28.6	127.9

Reich hat die Abnahme der Temperatur des Bodens nach der Höhe im Erzgebirge verglichen mit der Temperaturabnahme der Luft. Er findet für die Bodenwärme 0°.517 C. Abnahme auf 100 Meter oder 193.4 Meter für 1° C. Temperaturabnahme, für die Luftwärme hingegen 0°.574 C. Abnahme auf 100 Meter oder 174.2 Meter für 1° C. Temperaturabnahme. Die verglichenen Orte sind:

	Höhe	Luftw.	Bodenw.
Dresden	116m.9	8°.46	—
Churprinz	314.2	—	8.25
Neue Hoffnung Gottes zu Bräunsdorf	315.9	—	8.15
Freiberg	400.	7.22	—
St. Georg. Schneeberg	456.1	—	8.23
Himmelsfürst	467.7	—	8.09
Urbanus	468.8	—	8.68
Erla Rothenberg	470.2	—	8.05
Marcus Röhling	570.0	5.46	6.41
Stockwerk zu Altenberg	765.8	5.15	5.96
Johann Georgenstadt	756.0	5.05	—
Gnade Gottes daselbst	815.6	—	6.18

die Temperatur von Dresden, Freiberg u. Altenberg 1830 — 1832 auf wahre Mittel reducirt, die der ersten beiden Orte aus 9. 12. 3. 6. 9, die letztere aus 9. 12. 3, für Marcus Röhling und Johann Georgenstadt aus Min. und 12 und 3 U.

Für die Bodenwärme ist nach Reich die Temperatur t in Cent., welche der in Metern ausgedrückten Meereshöhe h entspricht, in dieser Gegend:

$$t = 10°.22 - 0.00517\ h;$$

die Bodenwärme im Niveau des Meeres würde demnach 10°22, die der Luft 9°.27, der Unterschied also 0°.95 betragen, also nahe 1 Grad, ein Resultat, welches aus den directen Beobachtungen der Bodenwärme und Luftwärme sich ebenfalls ergiebt.

Bischof (Wärmelehre der Erde p. 216.) findet aus den Bodentemperaturen von Bonn und der 1173′ höhern Löwenburg einen Unterschied von 1°.717 R., also 683′ für 1° R. Wärmeabnahme.

Einen wichtigen Beitrag hat Boussingault durch seine Beobachtungen an 128 Orten in den Andes gegeben, welche sich von 5 Grad S. Br. bis 11 Grad N. erstrecken. Diese Beobachtungen hat Bischof in der Weise berechnet, dass er nach Boussingault's Angabe die Temperatur der Schneegrenze zu 1°.3 R. bestimmt in der Höhe von 14774 Fuss über dem Meere, und aus der an tiefer gelegenen Orten erhaltenen Bodenwärme die Temperaturabnahme durch Vergleichung mit 1° R. in 14774′ ableitet. Für die Orte bis 2262′ ist der Höhenunterschied für einen Grad R. Wärmeabnahme 698, für Orte zwischen 2318′ und 5260′ beträgt er 671, zwischen 5297′ und 8129′ hingegen 660, endlich von 8160′ bis 16805′ wieder 679′. Im Mittel muss man sich daher unter den Tropen um 677′ erheben, um die mittlere Wärme um 1 Grad R. sinken zu sehen. Die erhaltenen Zahlen deuten die mit der Höhe allmählig geringer werdende Abnahme zwar an, aber nicht mit der Bestimmtheit, um ein quantitatives Resultat daraus abzuleiten.

Bei den mannigfachen meteorologischen Processen, welche innerhalb der Atmosphäre stattfinden, ist es von vorn herein wahrscheinlich, dass die mittlere Temperaturabnahme mit der Höhe ausser den periodischen Veränderungen auch sehr bedeutende nicht periodische erfahren wird, die so unregelmässig werden können, dass die bis zu einer gewissen Höhe stattfindende Wärmeabnahme sich in grösseren Höhen in eine Temperaturzunahme verwandelt. Um für die Grenzen dieser Veränderungen eine Bestimmung zu erhalten, habe ich aus zwanzigjährigen gleichzeitigen Beobachtungen in Genf und auf dem St. Bernhard den Temperaturunterschied dieser beiden Orte für die einzelnen Monate ermittelt, wie sie die folgende Tafel giebt, in welcher die Zahlen die in Réaumurschen Graden angegebenen Unterschiede der monatlichen mittleren Temperaturen beider Orte angeben, welche in den früheren Jahrgängen aus Sonnenaufgang und 2 Uhr Nachmittags, in den späteren aus den mittleren täglichen Extremen bestimmt wurden.

Temperaturunterschied zwischen Genf und dem St. Bernhard.

	Jan.	Febr.	März	April	Mai	Juni	Juli	Aug.	Sept.	Oct.	Nov.	Dec.	Mittel	Höhenunterschied i. fr. Fuss
1818	6.33	8.40	9.08	8.25	8.22	7.80	10.07	9.50	8.74	7.16	7.98	7.29	8.58	6450
1819	8.07	10.22	8.91	8.55	9.40	9.41	9.41	9.47	8.78	8.81	8.85	8.32	8.94	6450
1820	7.39	7.86	9.44	10.68	9.36	9.93	9.59	8.33	8.58	10.15	7.50	6.07	8.74	6450
1821	5.87	6.66	9.64	9.57	9.85	9.91	9.34	8.45	9.25	8.94	7.87	8.76	8.67	6450
1822	7.62	6.17	7.72	9.25	9.43	9.19	8.65	7.98	7.38	7.36	6.08	7.50	7.88	6483
1823	5.41	8.54	8.41	9.32	8.42	9.10	8.41	6.61	6.49	5.84	3.45	7.02	7.33	6483
1824	5.58	5.56	9.08	7.58	9.03	8.00	7.21	7.08	6.78	5.96	5.71	5.26	7.22	6483
1825	6.30	7.40	8.69	9.87	9.82	7.66	8.50	8.91	8.32	8.34	7.72	8.27	8.11	6483
1826	4.98	7.03	9.17	9.32	9.05	9.91	11.57	11.13	8.68	12.59	11.26	10.81	9.46	6415
1827	11.11	9.53	12.33	13.08	11.39	7.95	8.23	10.35	9.33	8.37	7.90	8.81	9.86	6415
1828	5.76	9.18	9.10	9.38	10.13	10.47	9.99	8.88	8.80	9.03	6.98	5.51	8.61	6415
1829	7.33	8.52	6.06	9.57	8.96	10.45	9.04	10.03	10.24	7.67	7.55	11.90	8.48	6415
1830	4.53	3.96	8.05	9.13	9.36	10.42	9.81	9.43	10.04	6.74	7.86	8.24	8.24	6415
1831	5.53	6.73	8.92	9.81	8.86	9.97	10.18	9.95	9.83	8.74	8.37	8.18	8.69	6415
1832	5.37	7.32	8.16	9.40	9.42	10.69	10.33	10.37	7.87	8.22	8.03	7.55	8.56	6415
1833	6.66	9.23	9.19	9.76	9.90	10.84	10.96	9.58	10.15	8.44	7.46	8.85	9.16	6415
1834	9.47	8.14	8.33	9.80	9.76	10.21	10.56	9.85	8.07	9.24	6.89	6.49	8.92	6415
1835	5.70	7.86	8.52	10.49	7.87	9.96	9.02	9.64	10.00	8.20	6.22	5.71	8.58	6415
1836	7.58	8.51	7.63	9.03	8.75	8.51	9.32	8.88	9.10	8.29	8.34	7.60	8.44	6415
1837	6.14	7.91	9.53	8.48	9.00	8.93	10.75	8.92	8.38	8.38	8.56	6.55	8.37	6415
Mittel	6.637	7.737	8.798	9.516	9.299	9.465	9.547	9.667	8.740	8.324	7.529	7.684	8.542	6435
Max.	11.11	10.22	12.33	13.08	11.39	10.84	11.57	11.13	10.24	12.59	11.26	11.90	9.86	
Min.	4.53	3.96	6.06	7.58	7.87	7.66	7.21	7.08	6.49	5.84	3.45	5.51	7.22	
Unt.	6.58	6.26	6.27	5.50	3.52	3.18	4.36	3.05	3.75	6.75	7.81	6.45	2.64	

Die Grösse der Abweichungen dieser monatlichen Mittel ist so bedeutend, dass man leicht einsieht, dass kurze Zeit fortgesetzte Beobachtungen einen sehr unsichern Schluss auf die mittlere Temperaturabnahme machen lassen. Eine weitere Frage ist aber, wie überhaupt so grosse Differenzen entstehen können.

Die Ansicht, dass die südliche Kette der Alpen, zu welcher der St. Bernhard gehört, eine grosse Wetterscheide zwischen den nördlich und südlich von ihr gelegenen Ländern bilde, dass daher der Bernhard oft dem einen Witterungssysteme angehören werde, während Genf einem andern sich anschliesst, liegt so nahe, dass sie ohne Untersuchung zu verwerfen nicht erlaubt wäre. Bei einer über die geographische Verbreitung gleichartiger Witterungserscheinungen unternommenen Arbeit ergab sich aber, dass Florenz, Mailand, St. Bernhard, Genf, Carlsruhe, Stuttgard, Augsburg, Regensburg in der Regel zu einer bestimmten Zeit Abweichungen in demselben Sinne zeigen, d. h. dass eine auffallende kalte oder warme Witterung selten an den Alpen in die entgegengesetzte umschlägt, sondern vielmehr am häufigsten auf beiden Seiten gleichzeitig hervortritt. Das kalte Frühjahr von 1824 z. B. zeigte sich überall in Europa, ja sogar in Amerika, während in Irkutzk eine ungewöhnliche Wärme hervortrat. Dasselbe gilt von dem strengen Winter von 1829 auf 1830 und von dem warmen Winter von 1821 auf 1822, während dessen gleichzeitig strenge Kälte in Amerika und Nordasien sich zeigte. Es bleibt daher nur die andere Annahme übrig, dass grosse Witterungsveränderungen häufig in den höhern Gegenden der Atmosphäre zu den Zeiten eintreten, wo sie in den untern noch nicht bemerkt werden, oder umgekehrt, d. h. entweder aus den obern Luftregionen herabkommen, oder aus den untern in den höhern sich allmählig verbreiten. Ein auffallendes Beispiel bietet in dieser Beziehung der Zeitraum vom October 1826 bis Mai 1827. Der October 1826 war auf dem Bernhard 3 Grad kälter als im zehnjährigen Mittel, während in Deutschland, Frankreich, England und Italien die Temperatur einen Grad höher als gewöhnlich ausfiel. Diese Kälte bleibt nun auf dem St. Bernhard herrschend bis zum Mai und verbreitet sich nur im November über Europa, wo sie, ohne bedeutend zu werden, bald verschwindet und erst im Februar, besonders nach Norden, sich erstreckt, aber eben so schnell wieder höherer Wärme Platz macht. Daher zeigt dieser Zeitraum in unserer Tafel die grössten Abweichungen. Die Vergleichung der hohen Beobachtungsorte in den Mannheimer Ephemeriden mit den gleichzeitigen Temperaturen der niedriger gelegenen Orte führt zu ähnlichen Resultaten.

Berechnet man aus den mittleren Zahlen der Tabelle die Höhe, um welche man zu steigen hat, um die Temperatur um einen Grad Réaumur sinken zu sehen, so findet man:

Jan.	Febr.	März	April	Mai	Juni
969.6	831.7	731.4	676.2	692.0	679.9

Juli	Aug.	Sept.	Oct.	Nov.	Dec.	Jahr
674.0	702.0	736.3	773.1	854.7	837.5	753.3

Schneegrenze.

Für die Höhe h derselben in Toisen gab bekanntlich Hällström für die Breite φ:

$$h = 2462.4 + 293 \sin\varphi - 2501,8 \sin^2\varphi,$$

hingegen erhielt Kämtz (Meteorologie II. p. 173):

$$h = 197,19 + 2337,06 \cos^2\varphi;$$

wonach die Höhe derselben über dem Meere am Nordpole 197,2 Toisen sein würde, während sie Hällström's Formel auf 253.6 setzen würde.

Von Messungen der Schneegrenze sind folgende zu erwähnen:

14 Grad S. B. auf der Cordilera von Vilcanota ist nach Pentland die Höhe der Schneegrenze 4928 Meter, unter 16° 40′ am Illimani hingegen 4720 (Compte rendu 1838 p. 709)

Unter 56° 40′ N. B., 158° 52′ O. L. von Paris, am Schiwelutsch in Kamschatka ist die Höhe der Schneegrenze 4935 pariser Fuss, während die Elsengrenze am Kliutschewsk 2892 Fuss, nach A. Erman. (Pogg. Ann. 38. p. 232.)

Periodische Aenderungen der Lufttemperatur.

Tägliche Aenderungen.

Die Untersuchung der periodischen Veränderungen kann von dem doppelten Gesichtspunkte aus unternommen werden, durch Auffinden der empirischen Gesetze derselben zu den physikalischen Ursachen zu gelangen, welche sie hervorrufen, und die Mittel zu erhalten, durch Elimination der Veränderungen die mittleren Werthe zu bestimmen, um welche die periodischen Schwankungen erfolgen. Der erste Gesichtspunkt ist vorzugsweise bei den täglichen Veränderungen des Barometers geltend gemacht worden, der letztere bei denen des Thermometers. Dort wollte man wissen, warum der Druck zweimal zu- und abnimmt, hier wollte man erfahren, wie viel man den Beobachtungen gewisser Stunden zulegen muss oder von ihnen abziehen, um die mittlere Temperatur des Tages daraus zu berechnen.

Hat man die Unregelmässigkeit der directen stündlichen Beobachtungen dadurch entfernt, dass man aus ihnen eine nach dem Sinus der Vielfachen des Stundenwinkels fortschreitende Formel entwickelt, welche die Beobachtungen mit hinreichender Annäherung darstellt, so giebt eine diese berechneten Werthe enthaltende Tafel die Correctionselemente für eine bestimmte Combination von Beobachtungsstunden. Wäre ausserdem das Gesetz der Abhängigkeit der täglichen Veränderungen von der geographischen Breite bekannt, so würde die aus den stündlichen Beobachtungen eines Ortes erhaltene Verbesserung durch eine dieses Gesetz darstellende Formel oder eine darnach berechnete Tafel auch auf andere Breiten übertragen werden können. Zur Auffindung eines solchen Gesetzes ist aber die empirische Kenntniss der täglichen Variation unter sehr verschiedenen Breiten erforderlich, da ein auf theoretischem Wege abgeleitetes Gesetz die Unterschiede des continentalen und des Seeklima's nicht in sich aufnehmen könnte, daher in seiner praktischen Anwendung von geringem Erfolge sein würde.

Die folgenden Tafeln enthalten eine Zusammenstellung der vollständigsten bisher in dieser Beziehung angestellten Beobachtungen. Die Beobachtungen von Madras habe ich aus den Madras Observatory Papers von Goldingham berechnet, in welchen sie für den 1ten, 10ten und 20ten jedes Monats angegeben sind. Die Beobachtungen von Boothia felix aus der Reise des Capitain Ross waren berechnet, ehe die Arbeit des Hrn. v. Bär erschien. Hr. Bohm hatte die grosse Güte gehabt, die Summen zu berechnen, aus welchen ich die Mittel abgeleitet habe. Da in der v. Bärschen Arbeit die einzelnen Jahrgänge nicht getrennt sind, so habe ich geglaubt, die von uns gefundenen Zahlen hier mittheilen zu dürfen, insofern sie, wie bei Leith und Plymouth, entscheiden lassen, ob die für ein Jahr gewonnenen Resultate auf ein anderes von verschiedener mittlerer Temperatur Anwendung finden.

Ausserdem kann bei einer so langwierigen Rechnung eine Controlle nur wünschenswerth sein. Die Plymouther Beobachtungen sind entlehnt aus der Abhandlung von Harris im fünften Report der Versammlung britischer Naturforscher, die Beobachtungen von Salzuflen aus Pogg. Ann. 42. p. 641, die von Mühlhausen aus dem Aufsatz von Gräger in Pogg. Ann. 46. p. 668. Die Beobachtungen Chiminello's in Padua nach Schouw's Pflanzengeogr. Taf. II. Den Beobachtungen von Boothia felix sind die Mittel aus 2¼ Jahren nach v. Bär's Berechnung hinzugefügt, aus dessen Abhandlung über das Klima von Nowaja Semlja, woraus auch die von der Karischen Pforte und Matotschkin Schar entlehnt sind. (Bull. de l'Acad. de St. Petersbourg 1837. und Pogg. Ann. 43. p. 336.) Sobald die noch fehlenden drei Jahrgänge der Plymouther Beobachtungen erschienen sein werden, sollen sie nachgetragen werden. — Die geographische Lage der Beobachtungsorte ist folgende:

Madras	13° 4′	N. B.	80° 19′	O.	L.	Gr.
Padua	45° 24′	„	11° 52′	„		„
Mühlhausen	51° 15′	„				
Salzuflen	52° 3′	„	8° 40′	„		„
Plymouth	50° 21′	„	4° 6′	W.		„
Leith	55° 58′	„	3° 10′	„		„
Boothia felix	70° 1′	„	91° 52′	„		„
Karische Pforte	70° 37′	„	57° 47′	O.		„
Matotschkin Schar	73°					

Madras 1823. — Fahrenheit's Grade.

Stunde	Jan.	Febr.	März	April	Mai	Juni	Juli	Aug.	Sept.	Oct.	Nov.	Dec.	Jahr
1 Vormitt.	74.70	77.20	79.20	82.97	84.73	86.06	85.33	82.87	82.63	80.07	77.53	75.83	80.76
2 "	74.30	76.30	78.73	82.80	82.77	86.04	84.83	80.40	81.67	80.17	77.50	75.67	80.10
3 "	72.37	75.83	78.33	82.40	82.53	85.13	81.23	80.50	81.33	79.20	76.80	74.93	79.46
4 "	72.70	74.03	79.00	80.90	82.50	84.13	85.27	80.73	79.80	78.50	76.07	73.97	78.97
5 "	71.67	73.03	77.33	80.73	82.30	84.30	83.70	80.67	79.87	77.50	76.07	73.83	78.42
6 "	74.63	78.00	81.03	82.50	84.67	85.33	85.03	82.83	83.27	81.13	76.33	75.47	80.85
7 "	74.73	77.07	78.90	82.53	84.13	85.67	84.67	82.23	82.73	79.50	76.13	74.20	80.15
8 "	74.00	78.23	80.80	85.10	85.40	87.40	85.40	82.93	83.83	82.07	78.17	74.67	81.56
9 "	77.30	80.73	82.23	87.07	88.73	89.00	86.90	83.83	85.60	83.63	81.07	78.73	83.73
10 "	80.33	83.40	84.23	89.80	91.57	91.13	88.23	85.07	87.20	85.83	83.87	81.17	85.99
11 "	82.53	85.00	86.57	91.23	93.40	91.70	89.73	85.73	88.43	87.40	85.00	83.20	87.49
12 "	84.00	85.40	87.47	91.00	92.60	93.40	90.93	87.13	89.90	88.07	83.60	85.43	88.24
1 Nachmitt.	84.17	85.17	86.97	90.60	92.37	93.73	92.33	87.67	90.43	87.33	84.67	85.47	88.41
2 "	84.13	84.80	85.33	90.57	91.67	93.60	93.23	88.00	90.70	87.13	85.40	84.43	88.25
3 "	83.63	84.50	85.10	89.87	90.70	94.13	93.07	88.40	88.33	86.33	84.93	83.70	87.72
4 "	83.20	84.17	85.07	89.27	90.50	92.90	92.20	87.93	86.43	85.50	84.00	83.00	87.01
5 "	81.70	83.40	85.07	88.47	89.10	91.30	90.93	86.30	85.63	84.67	82.27	81.80	85.89
6 "	79.99	82.13	84.10	86.90	87.50	90.53	90.13	85.20	85.40	83.73	81.00	80.00	84.72
7 "	78.10	80.63	82.13	85.33	86.63	89.73	86.73	84.50	84.60	83.00	79.87	79.23	83.37
8 "	77.67	78.67	81.63	84.30	86.40	89.23	85.37	84.73	84.47	82.67	79.40	78.80	82.78
9 "	77.10	78.37	81.53	84.33	86.67	87.77	86.07	84.33	84.70	82.40	79.53	78.70	82.62
10 "	76.53	78.80	81.10	84.10	86.23	87.30	85.77	81.40	84.13	82.33	79.43	77.43	82.29
11 "	76.20	78.27	80.57	83.87	85.57	87.06	85.87	83.67	82.30	81.30	77.66	76.23	81.55
12 "	76.00	77.83	79.80	83.87	84.97	86.83	85.27	83.50	82.67	80.50	76.93	76.07	81.19
Mittel	77.99	80.04	82.18	85.85	87.23	88.89	87.56	84.31	84.84	82.91	80.14	78.83	83.40

Padua 1778 und 1779. — Centesimalgrade.

Stunde	Jan.	Febr.	März	April	Mai	Juni	Juli	Aug.	Sept.	Oct.	Nov.	Dec.	Jahr
Mittern.	3°.25	4°.28	6°.83	11°.97	17°.44	19°.31	23°.02	20°.00	16°.68	13°.94	6°.56	2°.97	12°.19
1	2.98	4.18	6.62	11.49	16.93	19.17	22.49	19.95	16.39	13.85	6.43	2.80	11.94
2	2.98	3.88	6.23	11.17	16.60	18.93	22.06	19.42	16.07	13.63	6.28	2.64	11.66
3	2.76	3.68	5.96	10.95	16.22	18.58	21.65	18.98	15.76	13.42	6.15	2.61	11.39
4	2.72	3.48	5.63	10.57	16.05	18.54	21.34	18.49	15.46	13.18	6.04	2.53	11.17
5	2.38	3.25	5.37	10.20	16.26	18.94	21.89	18.49	15.05	12.94	5.95	2.44	11.10
6	2.30	3.06	5.16	10.25	17.52	20.40	23.47	19.13	15.20	13.00	5.87	2.39	11.48
7	2.15	2.91	5.40	10.76	19.14	21.83	25.36	20.52	16.15	13.21	5.75	2.30	12.12
8	2.37	3.12	6.91	11.74	20.26	22.74	26.37	22.06	17.39	13.91	6.52	2.59	12.99
9	2.84	3.86	6.97	12.80	21.31	23.48	28.10	24.85	19.11	14.69	7.70	3.43	14.09
10	3.58	4.99	8.77	13.56	22.09	24.00	28.92	25.17	19.67	15.56	8.74	4.16	14.93
11	4.43	5.67	8.82	14.09	22.85	24.72	29.52	25.76	20.33	16.16	9.62	5.15	15.59
Mittag	4.94	6.44	9.38	14.62	23.39	25.08	30.01	26.50	21.06	16.68	10.25	5.71	16.17
1	5.44	6.70	9.66	15.13	23.57	25.19	30.47	26.97	21.56	17.10	10.75	6.21	16.56
2	5.60	6.91	9.91	15.43	23.65	25.21	30.73	27.45	21.93	17.43	10.92	6.41	16.79
3	5.52	6.95	10.10	15.70	23.65	25.17	30.48	27.55	21.97	17.47	10.50	5.94	16.75
4	5.19	6.56	9.87	15.65	23.31	24.68	29.59	26.83	21.35	17.34	9.64	5.27	16.27
5	4.80	6.11	9.47	15.50	22.57	23.93	29.11	25.90	20.38	16.23	8.64	4.76	15.61
6	4.45	5.88	9.01	14.92	21.47	23.18	27.82	24.46	19.42	15.60	7.92	4.25	14.86
7	4.11	5.67	8.64	14.43	20.29	22.08	26.64	23.19	18.60	15.09	7.58	4.03	14.19
8	3.80	5.42	8.27	13.62	20.14	21.45	24.80	22.17	18.50	14.86	7.32	3.79	13.68
9	3.65	5.07	7.86	13.17	18.58	20.21	24.14	21.53	18.09	14.59	7.12	3.52	13.12
10	3.49	4.78	7.43	12.69	18.17	19.78	23.97	21.09	17.65	14.27	6.83	3.26	12.78
11	3.35	4.50	7.13	12.28	17.78	19.61	23.39	20.57	17.33	14.07	6.66	3.10	12.48
Mittel	3°.71	4°.89	7°.73	13°.03	19°.97	21°.93	26°.06	22°.79	18°.38	14°.92	7°.73	3°.84	13°.75

Mühlhausen 1837. — Centesimalgrade.

Stunde		Jan.	Febr.	März	April	Mai	Juni	Juli	Aug.	Sept.	Oct.	Nov.	Dec.	Jahr
1	Vormitt.	— 10.85	— 7.56	1.31	2.61	7.51	11.38	12.53	11.95	9.62	7.46	3.77	0.70	5.70
2	„	— 10.91	— 7.62	1.16	2.10	7.04	10.87	12.12	14.58	9.36	7.24	3.67	0.68	5.45
3	„	— 10.93	— 7.69	1.03	1.78	6.80	10.48	11.77	14.32	9.13	7.04	3.61	0.66	5.25
4	„	— 11.03	— 7.73	0.90	1.40	6.75	10.87	11.94	14.08	8.94	6.88	3.56	0.64	5.18
5	„	— 11.05	— 7.75	0.82	1.50	7.18	11.60	12.45	14.37	8.84	6.75	3.55	0.63	5.33
6	„	— 11.07	— 7.74	0.78	2.07	8.01	12.68	13.33	14.90	9.10	6.76	3.58	0.62	5.70
7	„	— 11.09	— 7.70	1.18	3.14	9.14	14.09	14.68	15.88	9.68	7.41	3.71	0.62	6.41
8	„	— 10.96	— 7.35	2.02	4.24	10.36	15.61	16.13	17.11	11.06	8.31	4.18	0.89	7.36
9	„	— 10.05	— 6.40	2.86	5.23	11.62	17.10	17.44	18.64	12.67	9.48	4.69	1.40	8.41
10	„	— 9.56	— 5.20	3.70	6.33	12.50	18.25	18.41	19.82	14.13	10.53	5.17	2.07	9.33
11	„	— 8.79	— 4.28	4.46	7.22	13.20	19.36	19.25	20.85	15.19	11.59	5.50	2.39	10.25
12	„	— 8.30	— 3.52	4.86	7.82	13.72	19.94	19.91	21.68	16.01	12.39	5.64	2.74	10.88
1	Nachmitt.	— 7.94	— 3.05	5.23	8.30	13.91	20.50	20.28	22.13	16.56	12.81	5.69	2.88	11.25
2	„	— 8.18	— 3.04	5.36	8.61	14.18	21.10	20.49	22.50	16.67	13.00	5.54	2.79	11.37
3	„	— 8.40	— 3.37	5.20	8.45	14.22	20.98	20.47	22.33	16.35	12.51	5.23	2.44	11.12
4	„	— 8.96	— 3.96	4.62	7.94	13.98	20.52	20.00	21.97	15.59	11.58	4.87	2.03	10.58
5	„	— 9.82	— 4.74	4.06	7.30	13.35	19.47	19.23	21.19	14.58	10.71	4.51	1.71	9.84
6	„	— 9.73	— 5.31	3.51	6.37	12.54	18.45	18.34	20.24	13.41	9.95	4.34	1.46	9.22
7	„	— 9.92	— 5.80	3.00	5.25	11.56	17.15	17.21	19.11	12.38	9.42	4.20	1.29	8.52
8	„	— 10.20	— 6.23	2.62	4.82	10.64	15.73	16.16	18.14	11.65	8.88	4.07	1.06	8.87
9	„	— 10.43	— 6.54	2.26	4.33	9.88	14.57	15.15	17.22	11.00	8.44	4.01	0.98	7.39
10	„	— 10.50	— 6.86	1.96	3.85	9.24	13.56	14.39	16.49	10.52	8.16	3.94	0.88	6.84
11	„	— 10.60	— 7.01	1.69	3.45	8.58	12.78	13.66	15.90	10.28	7.85	3.87	0.80	6.45
12	„	— 10.75	— 7.46	1.50	2.88	8.02	11.94	12.03	15.38	9.98	7.72	3.86	0.75	6.01
Mittel		— 9.98	— 5.99	2.76	4.86	10.58	15.79	16.14	18.08	12.20	9.30	4.36	1.42	7.982

Salzuflen 1828. — Réaumur's Grade.

Stunde		Jan.	Febr.	März	April	Mai	Juni	Juli	Aug.	Sept.	Oct.	Nov.	Dec.	Jahr
1	Vormitt.	0°.02	0°.16	2°.76	4°.69	8°.01	10°.58	12°.87	10°.95	8°.96	6°.38	3°.50	3°.76	6°.05
2	„	— 0.02	0.07	2.65	4.49	7.66	10.20	12.71	10.76	8.71	6.11	3.17	3.53	5.84
3	„	— 0.14	0.07	2.54	4.24	7.33	9.89	12.47	10.55	8.39	5.76	2.88	3.34	5 61
4	„	— 0.22	0.12	2.52	4.25	7.09	10.09	12.33	10.35	8.06	5.42	2.56	3 19	5.48
5	„	— 0.05	0.20	2.58	4.64	7.53	10.60	12.86	10.75	8.34	5.53	2.72	3.09	5.73
6	„	— 0.03	0.22	2.75	5.19	8.21	11.30	13.49	11.27	8.75	5.80	3.21	3.20	6.11
7	„	— 0.07	0.41	3.13	5 81	9.21	12.09	14.29	11.85	9.74	6.26	3.47	3.32	6.63
8	„	0 04	0.86	3.59	6.80	10.15	12.73	14.85	12.58	10.85	6.71	3.83	3 69	7.22
9	„	0.40	1.49	4.12	7.51	11.13	13.72	15.51	13.13	11.71	7.46	4.31	3.94	7.87
10	„	0.82	1.89	4.58	8.14	11.93	14.40	16.07	13.58	12.55	8.21	4.82	4.21	8.43
11	„	1.19	2.35	4.93	8 90	12.54	14 96	16.55	14.11	13.14	8.76	5.30	4.43	8 93
12	„	1.35	2.63	5.23	9.32	12.96	15.36	16 79	14.56	13.60	9.34	5.79	4.56	9.29
1	Nachmitt.	1.40	2.87	5.39	9.58	13.22	15.85	17.01	14.84	13.84	9.55	6.05	4.58	9.51
2	„	1 38	3.00	5.49	9.41	13.13	16.00	17.08	15.00	14.02	9.62	6.06	4.64	9.57
3	„	1.20	3.08	5.46	9.37	13.21	15.92	17.22	14.90	14.02	9.67	5.92	4 54	9.54
4	„	0.94	2.63	5.23	9.06	13.15	15.64	16.98	14.89	13.89	9.41	5 69	4.41	9.33
5	„	0.74	2.19	4.85	8.76	13.06	15.23	16.87	14.55	13.30	8.86	5.35	4.28	9 00
6	„	0 61	1.73	4.35	8.19	12.55	14.64	16.12	13.93	12.71	8.29	5.07	4.22	8.53
7	„	0 51	1.38	3.94	7.60	12.01	14.04	15.54	13.24	11.61	7.91	4.83	4.29	8.07
8	„	0.41	1.24	3.69	6.96	11.10	13.15	14.63	12.55	10.95	7.69	4.73	4.33	7.62
9	„	0.33	1.00	3.49	6.31	10.44	12.35	14.16	12.03	10.43	7.55	4.60	4.22	7.24
10	„	0 30	0.86	3.24	5.94	9.88	11.66	13.77	11.68	9.87	7.08	4.36	4.12	6.90
11	„	0.21	0.53	3.01	5 62	9.38	11.24	13.32	11.35	9.32	6.78	4.09	3.90	6.56
12	„	0.19	0.30	3.00	5.40	8.86	10.95	12.89	11.17	8.99	6.40	3.78	3.76	6.31
Mittel		0°.48	1°.30	3°.86	6°.92	10°.57	13°.02	14°.85	12°.69	11°.07	7°.52	4°.42	3°.98	7°.55

Plymouth 1833. — Fahrenheit's Grade.

Stunde	Jan.	Febr.	März	April	Mai	Juni	Juli	Aug.	Sept.	Oct.	Nov.	Dec.	Jahr
1 Vormitt.	40.40	46.10	38.50	44.70	52.00	53.56	56.20	54.00	52.80	51.20	47.50	48.66	48.80
2 „	40.50	45.70	38.20	44.50	51.60	53.46	55.80	53.23	52.50	51.00	47.10	48.70	48.52
3 „	40.20	45.00	38.10	44.30	51.50	53.50	55.40	53.10	52.40	50.80	47.10	48.70	48.34
4 „	40.20	45.20	37.90	43.80	51.50	53.40	55.00	52.70	52.16	50.26	46.96	48.60	48.14
5 „	40.00	45.00	37.50	43.90	51.70	54.06	55.30	52.70	52.00	50.00	46.96	48.60	48.14
6 „	39.70	45.10	37.60	44.20	53.40	55.86	57.40	54.00	53.26	50.30	46.70	48.76	48.85
7 „	39.80	45.20	38.50	46.26	56.30	57.50	59.90	56.70	54.50	51.10	47.40	49.10	50.18
8 „	40.50	45.50	40.20	49.10	59.10	59.26	62.20	60.20	57.06	52.96	48.60	49.50	52.14
9 „	41.20	46.60	42.80	50.90	61.00	60.30	63.70	63.20	58.90	55.96	49.86	49.70	53.67
10 „	42.20	47.50	45.00	51.80	62.40	60.70	65.80	65.20	61.00	58.40	51.00	50.70	55.14
11 „	43.20	48.60	45.50	52.96	63.70	61.06	67.20	66.70	61.90	59.80	52.30	51.20	56.15
12 „	44.30	49.80	46.70	53.70	64.30	61.40	67.60	66.60	63.06	60.56	53.60	51.70	56.95
1 Nachmitt.	44.40	49.50	47.20	54.10	64.70	61.70	67.60	67.10	63.30	60.90	53.60	51.80	57.15
2 „	43.90	48.90	46.70	53.70	65.00	61.70	67.00	67.10	63.30	60.10	53.70	51.30	56.86
3 „	43.90	48.70	46.00	53.00	64.20	60.90	67.20	66.40	62.16	59.20	52.36	50.70	56.22
4 „	43.30	47.80	45.40	52.20	63.48	60.76	66.50	65.50	61.00	58.00	51.40	50.36	55.47
5 „	42.60	47.20	44.50	50.86	62.10	59.70	65.30	64.40	59.36	56.46	50.20	49.26	54.32
6 „	42.00	46.60	43.30	49.50	60.36	58.80	63.60	62.70	57.80	54.90	49.86	49.10	53.20
7 „	41.70	46.50	42.20	47.90	58.47	57.70	61.90	60.70	56.20	54.00	49.70	49.06	52.16
8 „	41.20	46.50	41.50	46.80	56.87	56.90	60.30	59.30	55.46	53.50	49.30	49.06	51.38
9 „	41.30	46.60	40.90	46.20	55.60	55.96	58.90	57.90	54.60	52.90	48.60	49.00	50.70
10 „	41.00	46.50	40.40	45.60	54.20	55.40	57.90	56.60	53.66	52.40	48.20	48.86	50.00
11 „	40.80	46.40	39.70	45.40	53.89	55.10	57.30	55.70	53.16	51.86	47.80	48.86	49.65
12 „	40.59	46.30	39.10	44.80	53.28	54.66	56.50	54.80	52.90	51.76	47.60	48.86	49.17
Mittel	41.60	46.78	41.80	48.34	57.94	57.20	61.31	59.81	56.85	54.50	49.40	49.50	52.13

Plymouth 1834. — Fahrenheit's Grade.

Stunde	Jan.	Febr.	März	April	Mai	Juni	Juli	Aug.	Sept.	Oct.	Nov.	Dec.	Jahr
1 Vormitt.	48.66	45.60	46.00	44.70	51.80	54.50	58.80	58.60	57.90	51.86	44.86	44.50	50.64
2 "	48.36	44.90	45.56	44.30	51.20	54.10	58.46	58.10	57.50	51.56	44.80	44.30	50.26
3 "	48.20	44.40	45.40	43.80	50.80	53.66	58.26	57.70	57.20	51.30	44.90	44.20	49.98
4 "	48.16	44.40	45.00	43.70	50.60	53.70	58.30	57.40	57.00	51.60	44.90	44.40	49.93
5 "	47.90	44.10	44.90	43.50	50.60	53.90	58.86	57.20	57.20	51.30	44.80	44.40	49.88
6 "	47.50	43.90	44.96	44.30	51.70	55.80	59.90	58.50	57.40	52.30	44.76	44.40	50.45
7 "	47.70	43.90	45.60	46.50	55.10	58.50	62.86	60.40	58.60	53.00	45.00	44.30	51.78
8 "	47.90	44.30	47.30	49.70	57.80	60.30	64.60	63.10	60.20	54.40	45.30	44.60	53.29
9 "	48.76	45.80	49.10	52.30	59.70	61.76	65.96	65.40	62.70	56.50	46.80	45.20	54.99
10 "	49.50	47.90	50.70	54.40	61.10	62.10	66.30	66.70	64.70	58.50	48.40	46.40	56.39
11 "	50.46	49.70	52.00	55.70	62.60	63.10	67.10	66.80	66.00	59.76	49.60	47.66	57.53
12 "	50.80	50.50	52.90	56.90	63.70	63.40	67.90	67.50	67.10	60.10	50.60	49.30	58.39
1 Nachmitt.	50.90	51.20	53.40	57.70	64.40	63.80	68.46	67.90	67.50	60.10	51.30	49.60	58.85
2 "	50.46	50.90	52.66	57.40	64.10	63.56	68.10	67.90	66.90	59.90	50.70	48.80	58.44
3 "	50.00	50.30	52.10	56.60	63.30	63.40	68.00	67.70	66.00	58.70	50.00	48.30	57.86
4 "	49.80	49.30	51.20	54.70	62.40	62.46	67.36	66.70	64.40	57.30	48.60	47.20	56.78
5 "	49.36	47.60	50.36	53.40	61.60	62.10	66.16	65.60	62.90	56.00	47.40	46.20	55.72
6 "	49.10	47.50	49.10	51.50	59.60	60.90	65.26	64.40	61.50	54.96	46.80	45.70	54.69
7 "	49.20	46.80	47.76	49.40	57.70	59.56	63.86	62.80	60.30	53.90	46.80	45.40	53.64
8 "	48.60	46.40	47.30	48.70	56.50	57.70	62.10	61.10	59.10	53.56	46.40	45.20	52.72
9 "	48.50	46.10	46.76	48.00	55.30	56.80	60.70	60.20	59.00	53.20	46.20	45.10	52.21
10 "	48.70	45.90	46.50	46.40	54.00	56.10	60.10	59.60	58.50	52.80	45.90	45.20	51.64
11 "	48.76	46.10	46.20	45.70	53.20	55.50	59.46	59.40	58.30	52.30	45.46	44.90	51.27
12 "	48.70	46.00	46.00	45.20	52.60	54.80	58.90	58.80	58.20	52.20	45.40	44.70	50.95
Mittel	48.99	46.80	48.28	49.70	57.10	58.80	63.15	62.50	61.08	54.87	46.98	45.80	53.67

Plymouth 1833 und 1834. — Fahrenheit's Grade.

Stunde	Jan.	Febr.	März	April	Mai	Juni	Juli	Aug.	Sept	Oct.	Nov.	Dec.	Jahr
1 Vormitt.	44.53	45.85	42.25	44.70	51.90	54.03	57.50	56.30	55.35	51.53	46.18	46.58	49.72
2 "	44.43	45.30	41.88	44.40	51.40	53.78	57.13	55.66	55.00	51.28	45.95	46.50	49.39
3 "	44.20	44.70	41.75	44.05	51.15	53.58	56.83	55.40	54.85	51.05	46.00	46.45	49.16
4 "	44.18	44.80	41.45	43.75	51.05	53.55	56.65	55.05	54.58	50.93	45.93	46.50	49.03
5 "	43.95	44.50	41.20	43.70	51.15	53.98	57.08	54.95	54.60	50.65	45.88	46.50	49.00
6 "	43.60	44.50	41.28	44.25	52.55	55.83	58.65	56.25	55.33	51.30	45.73	46.58	49.65
7 "	43.75	44.55	42.05	46.38	55.70	58.00	61.38	58.55	56.55	52.05	46.20	46.70	50.98
8 "	44.20	44.90	43.75	49.40	58.45	59.78	63.40	61.60	58.63	53.68	46.90	47.05	52.63
9 "	44.98	46.20	45.90	51.60	60.35	61.03	64.83	64.30	60.80	56.23	48.33	47.45	54.33
10 "	45.85	47.70	47.85	53.10	61.75	61.40	66.05	65.95	62.85	58.45	49.70	48.55	55.76
11 "	46.83	49.15	48.75	54.33	63.00	62.08	67.15	66.75	63.95	59.78	50.95	49.40	56.84
12 "	47.55	50.15	49.80	55.30	64.05	62.40	67.75	67.05	65.08	60.33	52.10	50.50	57.67
1 Nachmitt.	47.65	50.35	50.30	55.90	64.55	62.75	68.03	67.50	65.40	60.50	52.45	50.70	58.00
2 "	47.18	49.90	49.68	55.55	64.55	62.63	67.90	67.50	65.10	60.00	52.20	50.05	57.68
3 "	46.95	49.50	49.05	54.80	63.75	62.15	67.60	67.05	64.08	58.95	51.18	49.50	57.04
4 "	46.55	48.55	48.30	53.45	62.94	61.61	66.93	66.10	62.70	57.65	50.00	48.78	56.12
5 "	45.98	47.40	47.43	52.13	61.85	60.90	65.73	65.00	61.13	56.23	48.80	47.73	55.02
6 "	45.55	47.05	46.20	50.50	59.95	59.85	64.43	63.50	59.65	54.93	48.33	47.40	53.94
7 "	45.45	46.65	44.98	48.65	58.08	58.63	62.88	61.75	58.25	53.95	48.20	47.23	52.90
8 "	44.90	46.45	44.40	47.75	56.65	57.30	61.20	60.20	57.28	53.53	47.85	47.13	52.05
9 "	44.90	46.35	43.83	47.10	55.45	56.38	59.80	59.05	56.80	53.05	47.40	47.05	51.45
10 "	44.85	46.20	43.45	46.00	54.10	55.75	59.00	58.10	56.08	52.60	47.05	47.03	50.85
11 "	44.78	46.25	42.95	45.55	53.55	55.30	58.38	57.55	55.73	52.08	46.63	46.88	50.54
12 "	44.60	46.15	42.55	45.00	52.95	54.73	57.70	56.80	55.55	51.98	46.50	46.75	50.11
Mittel	45.31	46.80	45.04	49.06	57.54	58.23	62.25	61.16	58.97	54.70	48.19	47.71	52.90

Leith 1824. — Fahrenheit's Grade.

Stunde	Jan.	Febr.	März	April	Mai	Juni	Juli	Aug.	Sept.	Oct.	Nov.	Dec.	Jahr
1 Vorm.	41.19	39.9	38.3	42.63	46.56	52.6	55.4	53.3	52.3	46.17	40.4	38.69	45.62
2 „	40.8	40.03	38.3	41.6	46.03	52.3	55.2	53.2	52.1	46.17	40.4	38.71	45.40
3 „	40.8	39.95	38.07	41.00	45.3	52.1	55.1	52.9	51.4	46.07	40.5	39.02	45.18
4 „	40.28	39.68	37.9	40.08	44.7	51.8	54.9	52.5	51.1	46.2	40.47	38.9	44.93
5 „	40.07	39.62	37.65	39.8	44.9	51.8	55.2	52.7	51.2	45.6	40.45	38.8	44.82
6 „	40.1	39.44	37.45	39.9	45.7	52.7	55.8	53.3	51.6	44.8	40.50	38.9	45.00
7 „	40.23	39.27	37.77	42.2	46.9	53.1	56.9	54.5	52.1	45.3	40.7	38.8	45.64
8 „	40.3	39.02	38.3	43.1	48.3	54.3	58.2	55.5	53.4	45.9	40.8	38.8	46.32
9 „	40.64	39.93	39.13	45.9	49.8	55.2	59.7	56.8	55.0	46.6	41.3	39.0	47.41
10 „	41.15	40.74	39.47	47.3	51.1	56.2	60.56	57.9	55.6	47.5	42.1	39.3	48.24
11 „	41.54	41.35	41.13	48.2	52.3	57.3	61.5	58.7	56.5	48.5	43.1	40.4	49.21
12 „	42.3	42.22	42.23	48.9	53.3	57.8	63.2	59.5	57.5	49.3	43.9	41.0	50.09
1 Nachm.	42.83	42.7	42.7	49.3	54.2	58.0	63.2	59.8	58.5	49.9	44.2	41.2	50.45
2 „	43.15	42.7	42.8	49.8	54.7	58.9	63.2	60.0	58.7	49.9	44.7	40.9	50.79
3 „	43.18	42.67	42.9	50.1	54.7	59.9	63.5	60.0	58.8	49.6	44.7	40.33	50.89
4 „	43.00	42.03	42.6	49.9	54.7	59.1	63.6	60.1	57.8	49.07	43.4	39.9	50.43
5 „	42.22	41.4	41.9	49.5	54.1	58.7	63.4	59.7	57.8	48.4	42.8	39.72	49.97
6 „	41.98	40.9	41.07	49.1	53.2	57.7	62.6	59.1	57.0	47.9	42.4	39.52	49.38
7 „	41.7	40.53	40.2	47.8	52.4	56.9	61.7	58.0	55.8	47.2	42.1	39.19	48.64
8 „	41.35	40.2	39.6	46.5	50.9	55.7	60.3	56.8	55.07	46.73	41.7	39.00	47.90
9 „	41.3	40.2	39.2	45.3	49.4	54.5	58.9	55.9	54.3	46.7	41.3	39.09	47.17
10 „	41.26	40.03	38.8	44.6	48.9	53.8	57.6	55.0	53.7	46.0	40.8	39.09	46.64
11 „	41.12	39.9	38.3	43.1	47.8	53.2	56.9	54 3	53.4	45.8	40.4	39.1	46.20
12 „	40.92	39.9	38.3	42.7	47.1	52.7	56.03	53.8	52.7	45.7	40.3	39.29	45.79
Mittel	41.392	40.476	39.753	45,763	49.875	55.263	59.275	56.388	54.724	47.235	41.814	39.444	47.588

Leith 1825. — Fahrenheit's Grade.

Stunde	Jan.	Febr.	März	April	Mai	Juni	Juli	Aug.	Sept.	Oct.	Nov.	Dec.	Jahr
1 Vorm.	39.073	39.437	39.604	43.330	47.016	52.575	56.935	57.355	55.358	49.984	39.325	39.194	46.648
2 „	39.968	39.500	39.162	42.742	46.750	52.200	56.798	56.936	55.058	49.782	38.800	39.331	46.466
3 „	39.823	39.598	38.516	42.050	46.460	52.133	56.087	56.661	54.792	49.685	38.975	39.105	46.198
4 „	39.855	39.509	38.355	41.500	46.161	51.975	55.403	56.629	54.333	49.476	38.858	39.032	45.969
5 „	39.814	39.089	38.275	41.317	46.210	52.067	56.121	56.565	53.992	49.516	39.050	39.016	45.968
6 „	39.774	39.018	38.404	41.542	46.944	52.958	57.637	56.758	54.117	49.484	39.183	39.234	46.307
7 „	39.831	39.321	38.718	43.050	47.476	54.150	58.855	57.542	55.192	49.797	39.417	39.194	46.927
8 „	39.927	39.518	39.524	44.725	48.597	55.250	60.032	58.887	56.442	50.451	39.383	39.468	47.738
9 „	40.121	39.589	40.661	46.842	49.653	56.883	61.298	59.960	58.050	51.137	39.825	39.718	48.700
10 „	40.508	40.473	41.605	48.892	50.702	58.117	62.693	61.170	59.342	52.484	40.825	40.089	49.784
11 „	41.161	41.670	42.701	49.992	51.363	59.017	63.500	61.895	60.667	53.258	41.833	40.645	50.691
12 „	41.748	42.241	44.404	51.142	51.863	59.508	64.484	63.008	61.500	53.766	42.258	41.016	51.464
1 Nachm.	42.000	42.848	44.661	51.617	52.186	60.050	64.670	63.629	62.100	54.008	42.667	41.169	51.848
2 „	42.032	42.821	45.226	51.817	52.540	60.500	65.468	63.826	62.575	54.137	42.708	41.532	52.150
3 „	42.009	42.928	45.259	52.275	52.686	60.533	65.798	63.830	62.258	53.855	42.808	41.250	52.174
4 „	41.371	42.482	45.484	51.858	53.315	60.517	65.807	64.210	62.075	53.193	42.250	41.105	52.019
5 „	41.153	41.562	45.210	51.175	53.645	60.450	66.250	64.387	62.042	52.557	41.517	40.652	51.774
6 „	40.920	41.089	44.630	50.767	53.493	60.591	66.742	64.387	60.333	51.613	41.192	40.355	51.208
7 „	40.475	40.705	43.556	49.275	52.484	59.867	65.975	61.927	58.875	51.065	40.667	39.798	50.449
8 „	40.404	40.250	42.771	47.300	51.137	57.608	62.807	60.589	58.008	50.477	40.442	39.758	49.348
9 „	40.258	39.625	41.718	46.117	49.637	56.242	60.742	59.476	57.283	50.202	40.350	39.532	48.488
10 „	40.395	36.286	41.083	45.425	49.097	55.167	59.492	58.409	56.575	50.129	39.867	39.411	47.913
11 „	40.283	39.170	40.523	44.733	48.508	54.225	58.581	57.779	56.042	49.742	39.492	39.153	47.407
12 „	40.339	39.143	40.242	44.133	47.927	53.675	57.605	57.234	55.517	49.670	39.117	38.855	47.007
Mittel	40.552	40.494	41.676	46.818	49.827	56.511	61.242	60.127	58.022	51.228	40.450	39.901	48.944

Leith 1824 und 1825. — Fahrenheit's Grade.

Stunde	Jan.	Febr.	März	April	Mai	Juni	Juli	Aug.	Sept.	Oct.	Nov.	Dec.	Jahr
1 Vorm.	40.131	39.668	38.952	42.990	46.788	52.587	56.167	55.327	53.829	48.077	39.862	38.942	46.134
2 „	40.384	39.751	38.731	42.171	46.390	52.250	55.999	55.068	53.579	47.976	39.600	39.020	45.933
3 „	40.311	39.774	38.293	41.525	45.880	52.116	55.593	54.780	53.096	47.877	39.737	39.062	45.689
4 „	40.067	39.594	38.127	40.794	45.430	51.887	55.152	54.564	52.716	47.838	39.664	38.966	45.449
5 „	39.942	39.354	37.962	40.558	45.550	51.933	55.660	54.632	52.596	47.558	39.750	38.908	45.394
6 „	39.932	39.229	37.927	40.721	46.322	52.829	56.718	55.029	52.858	47.142	39.841	39.062	45.653
7 „	40.030	39.295	38.244	42.625	47.188	53.625	57.877	56.021	53.646	47.548	40.058	38.997	46.283
8 „	40.113	39.269	38.912	43.912	48.449	54.775	59.116	57.193	54.921	48.175	40.092	39.134	47.029
9 „	40.381	39.759	39.895	46.371	49.726	56.041	60.499	58.380	56.525	48.868	40.562	39.359	48.055
10 „	40.829	40.606	40.537	48.096	50.901	57.158	61.626	59.535	57.470	49.992	41.462	39.694	49.012
11 „	41.350	41.510	42.915	49.096	51.830	58.158	62.500	60.297	58.583	50.879	42.466	40.522	49.950
12 „	42.024	42.230	43.317	50.021	52.581	58.651	63.842	61.251	59.500	51.533	43.079	41.008	50.777
1 Nachm.	42.415	42.774	43.680	50.458	53.193	59.025	63.935	61.714	60.300	51.954	43.433	41.184	51.149
2 „	42.591	42.761	44.013	50.808	53.620	59.700	64.334	61.913	60.637	52.018	43.701	41.216	51.470
3 „	42.594	42.799	44.079	51.187	53.693	60.216	64.649	61.915	60.529	51.727	43.754	40.790	51.532
4 „	42.185	42.256	44.042	50.879	54.007	59.808	64.703	62.155	59.937	51.132	42.825	40.502	51.239
5 „	41.686	41.481	43.555	50.337	53.872	59.575	64.825	62.043	59.921	50.478	42.158	40.186	50.872
6 „	41.450	40.994	42.850	49.933	53.346	59.145	64.671	61.743	58.666	49.756	41.796	39.937	50.294
7 „	41.082	40.617	41.878	48.537	52.442	58.383	63.837	59.963	57.337	49.132	41.383	39.494	49.544
8 „	40.877	40.225	41.155	46.900	51.019	56.654	61.553	58.694	56.539	48.603	41.071	39.379	48.624
9 „	40.792	39.913	40.459	45.708	49.518	55.371	59.821	57.688	55.791	48.451	40.825	39.311	47.829
10 „	40.827	39.658	39.941	45.012	48.998	54.483	58.546	56.701	55.137	48.064	40.333	39.250	47.276
11 „	40.702	39.535	39.411	43.916	48.154	53.712	57.740	56.039	54.721	47.771	39.941	39.126	46.803
12 „	40.629	39.521	39.271	43.416	47.513	53.187	56.817	55.517	54.109	47.635	39.708	39.072	46.398
Mittel	40.972	40.524	40.756	46.082	49.850	56.511	60.257	58.257	56.373	49.174	41.129	39.672	48.266

Boothia felix 1830. — Fahrenheit's Grade.

Februar 1830 bis December 1830. — Januar 1831.

Stunde	1831 Januar	Februar	März	April	Mai	Juni	Juli	August	Sept.	Oct.	Nov.	Dec.	Mittel
1 Vormitt.	—25.97	—30.67	—27.15	—5.00	9.43	31.38	39.49	37.13	25.05	10.48	—11.17	—19.92	2.757
2 "	—26.01	—30.91	—27.21	—5.03	9.99	31.57	39.93	37.26	24.88	10.45	—11.43	—20.08	2.701
3 "	—25.84	—30.68	—27.15	—5.13	10.84	32.08	40.45	37.52	24.92	10.37	—11.35	—20.24	2.983
4 "	—25.68	—30.71	—27.32	—4.53	11.77	32.73	41.32	38.23	25.05	10.37	—11.35	—20.02	3.322
5 "	—25.68	—30.79	—27.65	—4.08	12.87	33.43	42.48	38.42	25.48	9.90	—11.33	—20.05	3.583
6 "	—25.48	—30.81	—27.43	—2.98	14.05	35.57	43.39	38.74	26.07	9.98	—11.52	—19.92	4.138
7 "	—25.40	—30.71	—26.50	—1.51	14.97	36.65	44.29	39.26	26.78	10.27	—11.62	—19.90	4.715
8 "	—25.53	—30.79	—24.51	1.00	15.97	37.40	44.79	40.06	27.75	10.13	—11.60	—20.09	5.382
9 "	—25.52	—29.71	—20.11	2.88	17.09	38.82	45.32	41.03	28.47	10.74	—11.52	—20.05	6.453
10 "	—25.35	—29.03	—16.71	4.40	17.85	40.25	46.21	41.97	29.18	11.21	—11.20	—20.16	7.485
11 "	—25.27	—27.70	—13.82	5.63	18.58	41.37	47.39	42.87	30.10	11.77	—10.97	—20.18	8.314
12 "	—25.24	—26.79	—11.95	7.10	19.45	42.95	48.71	43.65	30.30	11.19	—10.47	—20.11	9.066
1 Nachmitt.	—24.92	—26.87	—11.48	7.90	19.76	43.77	49.09	44.11	30.65	12.56	—10.15	—20.09	9.527
2 "	—24.84	—27.41	—12.09	7.62	19.49	43.60	49.71	44.39	30.35	12.00	—10.28	—20.08	9.372
3 "	—25.19	—28.14	—13.35	6.87	19.27	42.30	49.63	44.37	29.90	11.50	—10.57	—20.14	8.871
4 "	—25.26	—29.70	—15.71	6.73	18.31	41.58	49.08	44.35	29.40	11.15	—11.15	—20.26	8.210
5 "	—24.71	—30.40	—18.21	4.58	18.23	40.35	48.03	43.21	28.48	10.97	—11.63	—20.09	7.601
6 "	—24.73	—30.57	—20.29	2.78	17.26	38.87	47.03	42.55	27.60	10.61	—12.27	—20.21	6.552
7 "	—24.87	—30.94	—21.77	0.73	16.50	37.23	45.76	41.56	26.73	10.58	—12.18	—19.94	5.783
8 "	—25.00	—31.40	—22.98	—1.22	15.37	35.55	44.00	40.65	26.33	10.73	—12.68	—20.29	4.922
9 "	—24.93	—31.30	—23.39	—2.63	14.03	34.38	42.55	39.36	25.80	10.77	—12.23	—20.11	4.358
10 "	—24.87	—31.41	—24.03	—4.18	12.69	33.28	41.45	38.56	25.62	10.81	—12.68	—20.29	3.746
11 "	—24.74	—31.21	—24.73	—4.90	11.74	32.38	40.45	37.61	25.48	10.79	—12.32	—20.50	3.338
12 "	—24.73	—31.70	—25.14	—4.92	11.05	31.70	39.58	37.09	25.13	10.82	—12.57	—20.47	2.987
Mittel	—25.24	—30.01	—21.28	0.54	15.27	37.05	44.59	40.58	27.31	10.84	—11.51	—20.13	5.676

Boothia felix. 1831. — Fahrenheit's Grade.

Februar 1831 bis Januar 1832.

Stunde	1832 Januar	Februar	März	April	Mai	Juni	Juli	August	Septbr.	Octbr.	Novbr.	Decbr.	Mittel
1 Vormitt.	—28.19	—33.23	—38.84	— 9.85	8.71	26.60	34.61	34.42	23.27	8.03	+0.08	—24.77	—0.099
2 „	—28.02	—33.27	—39.05	—10.12	8.58	26.58	34.77	34.37	23.02	8.27	+0.08	—24.53	+0.139
3 „	—28.08	—33.19	—39.26	—10.40	8.76	26.73	34.95	34.37	22.75	8.23	—0.03	—24.44	0.033
4 „	—27.95	—33.39	—39.35	—10.60	9.26	27.58	35.37	34.45	22.62	8.13	+0.02	—24.06	0.172
5 „	—28.09	—33.27	—39.09	— 9.80	11.11	28.73	36.01	34.37	22.42	8.31	+0.42	—23.95	0.597
6 „	—27.75	—33.07	—38.93	— 8.55	12.58	29.75	36.61	34.66	22.37	8.48	+0.08	—23.82	1.034
7 „	—27.98	—33.11	—38.43	— 6.82	14.16	30.33	37.32	35.27	22.67	8.82	—0.28	—23.48	1.539
8 „	—28.06	—33.14	—37.35	— 4.92	15.79	32.28	38.01	35.95	23.05	9.40	—0.87	—23.40	2.228
9 „	—27.58	—32.71	—34.93	— 2.30	18.76	32.83	38.81	36.92	23.32	9.53	—1.02	—23.56	3.175
10 „	—27.29	—32.46	—32.89	— 0.47	20.87	34.40	39.82	37.40	23.58	9.92	—0.95	—23.53	3.927
11 „	—27.39	—31.91	—30.74	+ 1.35	22.64	35.48	40.08	38.05	23.97	10.40	—0.75	—23.43	4.814
12 „	—27.35	—30.87	—28.69	2.17	23.16	36.45	40.58	38.35	24.30	10.68	—0.93	—23.35	5.380
1 Nachmitt.	—26.88	—30.25	—27.47	1.97	23.72	37.13	40.90	38.76	24.65	10.81	—1.15	—23.40	5.733
2 „	—27.00	—30.45	—27.52	1.53	23.85	36.88	41.00	38.76	24.80	10.32	—1.77	—23.50	5.410
3 „	—27.15	—31.05	—28.24	+ 0.65	23.23	36.87	40.51	38.64	24.78	9.87	—1.97	—23.72	4.987
4 „	—26.97	—31.87	—29.40	— 0.95	21.61	35.72	40.11	38.42	24.53	9.37	—2.17	—23.77	4.376
5 „	—27.06	—32.59	—31.47	— 2.37	19.53	34.48	39.66	38.14	24.17	9.06	—2.85	—24.22	3.297
6 „	—27.09	—32.95	—33.66	— 3.78	17.97	33.37	39.08	37.64	23.82	8.90	—2.48	—24.03	2.942
7 „	—27.19	—33.30	—35.48	— 5.97	16.47	32.22	38.79	37.27	23.48	8.76	—2.52	—24.14	2.253
8 „	—27.32	—33.41	—36.23	— 6.42	15.13	31.35	38.29	37.06	23.13	8.71	—2.18	—24.37	1.882
9 „	—27.53	—33.86	—36.90	— 7.53	13.97	29.98	37.64	36.43	22.92	8.56	—2.10	—24.34	1.326
10 „	—27.84	—34.14	—37.52	— 8.12	12.66	28.77	36.76	35.53	22.88	8.52	—1.92	—24.58	1.000
11 „	—27.55	—34.21	—38.02	— 8.80	11.77	28.13	36.00	34.90	22.82	8.45	—1.95	—24.51	0.586
12 „	—27.58	—34.37	—37.87	— 9.10	11.19	27.53	35.32	34.35	22.68	8.41	—1.93	—24.13	0.369
Mittel	—27.54	—32.75	—54.89	— 4.97	16.06	31.67	38.00	36.44	23.42	9.08	—1.22	—23.96	2.375

Boothia felix 1830 und 1831. — Fahrenheit's Grade.

Stunde	Januar	Februar	März	April	Mai	Juni	Juli	August	Septbr.	Octbr.	Novbr.	Decbr.	Mittel
1 Vormitt.	—27.08	—31.95	—33.00	—7.43	9.07	28.99	37.05	35.78	24.16	9.26	—5.55	—22.35	1.329
2 "	—27.02	—32.09	—33.13	—7.58	9.29	29.08	37.35	35.82	23.95	9.36	—5.68	—22.31	1.420
3 "	—26.96	—31.94	—33.21	—7.76	9.80	29.41	37.70	35.95	23.84	9.30	—5.69	—22.34	1.508
4 "	—26.82	—32.05	—33.34	—7.57	10.52	30.16	38.35	36.34	23.84	9.25	—5.67	—22.04	1.747
5 "	—26.89	—32.03	—33.37	—6.94	11.99	31.08	39.25	36.39	23.95	9.11	—5.46	—22.00	2.090
6 "	—26.62	—31.94	—33.18	—5.77	13.32	32.66	40.00	36.70	24.22	9.23	—5.72	—21.87	2.586
7 "	—26.69	—31.91	—32.47	—4.17	14.57	33.49	40.81	37.27	24.73	9.55	—5.95	—21.69	3.127
8 "	—26.79	—31.97	—30.93	—1.96	15.88	34.84	41.40	38.01	25.40	9.77	—6.24	—21.75	3.805
9 "	—26.55	—31.21	—27.52	0.29	17.93	35.83	42.07	38.98	25.89	10.14	—6.27	—21.81	4.814
10 "	—26.32	—30.75	—24.80	1.92	19.36	37.33	43.02	39.69	26.38	10.07	—6.08	—21.85	5.706
11 "	—26.33	—29.81	—22.28	3.49	20.61	38.43	43.74	40.46	27.04	11.99	—5.86	—21.81	6.564
12 "	—26.29	—28.83	—20.32	4.64	21.31	39.70	44.65	41.00	27.30	10.54	—5.70	—21.73	7.223
1 Nachmitt.	—25.90	—28.56	—19.48	4.94	21.74	40.45	44.99	41.44	27.65	11.69	—5.65	—21.75	7.630
2 "	—25.92	—28.93	—19.81	4.58	21.67	40.24	45.36	41.58	27.58	11.16	—6.03	—21.79	7.391
3 "	—26.17	—29.59	—20.79	3.76	21.25	39.59	45.07	41.51	27.34	10.69	—6.77	—21.93	6.929
4 "	—26.12	—30.79	—22.56	2.89	19.96	38.65	44.59	41.39	26.97	10.26	—6.66	—22.02	6.293
5 "	—25.89	—31.49	—24.84	1.11	18.88	37.42	43.85	40.68	26.33	10.02	—7.74	—22.16	5.449
6 "	—25.91	—31.76	—26.98	—0.50	17.62	36.12	43.06	40.09	25.71	9.76	—7.38	—22.12	4.747
7 "	—26.03	—32.12	—28.63	—2.62	16.49	34.73	42.26	39.42	25.11	9.67	—7.35	—22.04	4.018
8 "	—26.16	—32.41	—29.61	—3.82	15.25	33.45	41.15	38.86	24.73	9.72	—7.43	—22.33	3.402
9 "	—26.23	—32.58	—30.15	—5.08	14.00	32.18	40.09	37.89	24.36	9.67	—7.17	—22.23	2.842
10 "	—26.36	—32.78	—30.78	—6.15	12.68	31.03	39.61	37.05	24.25	9.67	—7.30	—22.44	2.373
11 "	—26.15	—32.71	—31.38	—6.85	11.76	30.26	38.23	36.26	24.15	9.62	—7.14	—22.51	1.962
12 "	—26.16	—33.04	—31.51	—7.03	11.12	29.62	37.45	35.72	23.91	9.61	—7.25	—22.30	1.678
Mittel	—26.39	—31.385	—28.086	—2.234	15.669	34.364	41.296	38.511	25.366	9.963	—6.406	—22.049	4.027

Boothia felix. 2½ Jahre. — Centesimal-Grade.

Stunde	Januar	Februar	März	April	Mai	Juni	Juli	Aug.	Septbr.	Octbr.	Novbr.	Decbr.	Jahr
1 Vormitt.	— 32.73	— 35.89	— 36.24	— 21.78	— 12.89	— 1.67	2.80	2.01	— 4.45	— 12.96	— 20.93	— 30.40	— 17.097
2 „	— 32.77	— 35.98	— 36.28	- 21.84	— 12.75	— 1.62	2.99	2.11	— 4.47	— 12.88	— 21.03	— 30.48	— 17.083
3 „	— 32.71	— 36.00	— 36.37	— 21.95	— 12.48	— 1.44	3.05	2.19	— 4.52	— 12.92	— 21.03	— 30.55	— 17.061
4 „	— 32.73	— 35.98	— 36.48	— 21.82	— 11.91	— 1.08	3.42	2.41	— 4.54	— 12.93	— 21.00	— 30.40	— 16.920
5 „	— 32.78	— 35.98	— 37.12	— 21.60	— 11.25	— 0.52	3.95	2.44	— 4.47	— 12.98	— 21.04	— 30.34	— 16.807
6 „	— 32.69	— 35.95	— 37.04	— 21.09	— 10.52	+ 0.38	4.42	2.61	— 4.38	— 12.84	— 21.12	— 30.25	— 16.539
7 „	— 32.68	— 35.90	— 36.25	— 20.07	— 9.70	1.80	4.87	3.01	— 4.04	— 12.76	— 21.20	— 30.16	— 16.090
8 „	— 32.74	— 35.88	— 35.49	— 18.77	— 9.00	2.30	5.13	3.34	— 3.58	— 12.60	— 21.24	— 30.21	— 15.728
9 „	— 32.64	— 35.59	— 33.91	— 17.70	— 8.00	2.12	5.59	3.87	— 3.39	— 12.15	— 21.35	— 30.26	— 15.284
10 „	— 32.68	— 35.41	— 32.55	— 16.76	— 7.22	2.95	6.05	4.25	— 3.14	— 12.06	— 21.20	— 30.22	— 14.832
11 „	— 32.57	— 35.07	— 31.37	— 16.04	— 6.52	3.54	6.50	4.69	— 2.77	— 11.80	— 21.00	— 30.19	— 14.383
12 „	— 32.62	— 34.58	— 30.29	— 15.37	— 6.27	4.09	7.02	5.02	— 2.64	— 11.69	— 20.86	— 30.18	— 14.031
1 Nachmitt.	— 32.26	— 34.19	— 29.80	— 15.18	— 5.91	4.73	7.22	5.24	— 2.43	— 11.67	— 20.91	— 30.16	— 13.777
2 „	— 32.41	— 34.25	— 29.91	— 15.26	— 6.07	4.53	7.41	5.32	— 2.47	— 11.64	— 21.06	— 30.14	— 13.929
3 „	— 32.51	— 34.72	— 30.31	— 15.55	— 6.14	4.02	7.35	5.29	— 2.58	— 12.05	— 21.26	— 30.23	— 14.057
4 „	— 32.50	— 35.19	— 31.18	— 16.23	— 6.69	3.62	7.24	5.21	— 2.74	— 12.25	— 21.48	— 30.34	— 14.377
5 „	— 32.42	— 35.57	— 32.40	— 17.29	— 7.45	2.92	6.55	4.82	— 3.15	— 12.53	— 21.63	— 30.31	— 14.872
6 „	— 32.43	— 35.71	— 33.45	— 18.12	— 8.16	2.27	6.15	4.43	— 3.49	— 12.74	— 21.69	— 30.35	— 15.282
7 „	— 32.48	— 35.99	— 34.23	— 19.10	— 8.78	1.51	5.58	4.39	— 3.82	— 12.87	— 21.73	— 30.42	— 15.662
8 „	— 32.56	— 36.05	— 34.66	— 19.94	— 9.48	0.79	5.07	3.97	— 4.01	— 12.83	— 21.84	— 30.51	— 16.004
9 „	— 32.65	— 36.26	— 35.04	— 20.75	— 10.18	+ 0.83	4.56	3.31	— 4.24	— 12.78	— 21.65	— 30.44	— 16.274
10 „	— 32.59	— 36.36	— 35.35	— 21.24	— 11.01	— 0.61	3.86	2.68	— 4.27	— 12.82	— 21.75	— 30.48	— 16.662
11 „	— 32.57	— 36.35	— 35.63	— 21.54	— 11.38	— 0.91	3.71	2.22	— 4.35	— 12.92	— 21.77	— 30.48	— 16.831
12 „	— 32.60	— 36.38	— 35,68	— 21.78	— 11.75	— 1.30	3.21	2.07	— 4.51	— 12.88	— 21.76	— 30.46	— 16.985
Mittel	— 32.597	— 35.636	— 34.043	— 19.037	— 9.229	1.382	5.154	3.621	— 3.685	— 12.531	— 21.314	— 30.333	— 16.689

Karische Pforte. — Centesimal-Grade.

Stunde	Januar	Februar	März	April	Mai	Juni	Juli	Aug.	Septbr.	Octbr.	Novbr.	Decbr.
Mitternacht	— 19.78	— 18.01	— 25.54	— 18.92	— 10.74	— 1.98	0.59	2.17	— 1.43	— 6.49	— 15.96	— 11.63
2 Vormitt.	— 19.78	— 18.09	— 25.95	— 19.36	— 10.77	— 1.58	0.90	2.35		— 6.59	— 16.11	— 11.34
4 „	— 19.75	— 18.31	— 26.14	— 18.99	— 10.34	— 0.72	1.37	2.44	— 1.82	— 6.54	— 16.25	— 11.15
6 „	— 19.80	— 17.95	— 25.41	— 17.69	— 9.38	0	2.12	2.78		— 6.76	— 16.31	— 10.61
8 „	— 19.91	— 17.38	— 24.54	— 15.71	— 7.61	+ 1.10	2.74	3.12	— 1.43	— 7.15	— 16.87	— 10.30
10 „	— 19.62	— 17.27	— 21.83	— 13.93	— 5.99	2.01	3.57	3.47		— 6.24	— 16.69	— 10.27
Mittag	— 19.12	— 16.77	— 20.57	— 13.10	— 5.33	2.36	3.60	3.82	— 0.21	— 6.13	— 15.90	— 10.07
2 Nachmitt.	— 18.94	— 16.79	— 20.61	— 12.48	— 5.31	2.67	3.65	3.91		— 6.09	— 15.84	— 10.51
4 „	— 18.29	— 17.65	— 21.74	— 12.88	— 6.01	1.96	3.57	3.90	— 0.48	— 6.32	— 15.51	— 10.80
6 „	— 18.81	— 17.70	— 23.08	— 14.60	— 7.12	1.19	3.06	3.71		— 6.63	— 15.41	— 10.90
8 „	— 19.25	— 18.06	— 24.23	— 16.52	— 8.06	0.23	2.26	2.58	— 1.25	— 6.62	— 15.48	— 11.26
10 „	— 19.50	— 18.67	— 24.87	— 17.95	— 9.98	0.96	1.27	2.43		— 6.58	— 15.40	— 11.73
Mittel	— 19.38	— 17.72	— 23.71	— 16.04	— 8.05	0.52	2.39	3.06	— 1.10	— 6.52	— 15.98	— 10.87

Die Beobachtungen vom 23. August 1832 bis 23. Juli 1833 in der Felsenbay von Pachtussow's erster Reise nach Novaja Semlja an einem nicht verglichenen Thermometer. Das Journal der folgenden Seite vom 20. October 1834 bis 2. September 1835 vor der Winterhütte auf der Reise von Pachtussow und Ziwolka. Das Thermometer von Lenz zwischen — 15 und + 25 auf ein Normalthermometer bezogen, und 0°.2 für die Erwärmung der Hütte in Rechnung gebracht.

Matotschkin - Schar. Centesimal - Grade.

Stunde	Januar	Februar	März	April	Mai	Juni	Juli	Aug.	Septbr.	October	Novbr.	Decbr.
Mitternacht	—15.15	—22.42	—15.42	—15.31	—10.19	—0.20	3.12	4.22	—1.56	—5.09	—12.71	—19.56
2 Vormitt.	—15.00	—22.16	—16.22	—15.00	— 9.48	—0.02	2.87	4.03		—4.32*	—12.76	—19.96
4 „	—15.18	—21.95	—16.67	—14.67	— 8.64	+0.15	3.35	3.94	—1.36	—6.09	—12.97	—20.00
6 „	—15.36	—22.06	—16.28	—13.84	— 7.16	0.74	3.68	4.63		—5.32*	—13.13	—20.19
8 „	—15.29	—21.99	—15.67	—12.45	— 5.44	1.71	4.76	5.45	—0.69	—5.49	—13.20	—20.32
10 „	—15.89	—21.94	—15.16	—11.12	— 4.17	2.85	5.20	5.70		—5.46*	—13.22	—20.05
Mittag	—15.10	—22.02	—14.08	—10.54	— 3.42	3.50	5.89	6.39	1.04	—5.04	—13.07	—19.95
2 Nachmitt.	—15.63	—21.85	—14.23	—11.33	— 4.03	3.15	5.57	5.65		—5.40*	—12.91	—19.70
4 „	—15.62	—21.96	—14.42	—12.28	— 5.08	2.12	5.23	5.44	—0.13	—5.27	—12.82	—19.35
6 „	—15.38	—22.16	—14.90	—13.02	— 6.75	1.59	5.03	4.92		—6.01*	—12.62	—19.26
8 „	—15.56	—22.20	—15.11	—14.03	— 8.08	1.22	4.48	4.76	—0.34	—5.59	—12.79	—19.18
10 „	—15.62	—22.25	—15.47	—15.21	— 9.29	0.55	3.91	4.39		—5.80*	—12.85	—18.96
Mittel	—15.40	—22.08	—15.30	—13.19	— 6.81	1.43	4.42	4.96	—0.51	—5.41	—12.92	—19.68

* Da die Beobachtungen um 2, 6, 10 Uhr Vormittags und 2, 6, 10 Uhr Nachmittags, während des Octobers nur in dem letzten Drittheile dieses Monats angestellt sind, so haben die gefundenen Zahlen einen geringeren Werth, als die anderen für 0, 4, 8 Uhr gefundenen, und dürfen nur unter sich verglichen werden. Aber auch in den andern Stunden dieses Monates fanden sich einige Lücken, die offenbar durch das Umziehen der Mannschaft veranlasst wurden. Diese Lücken sind nach der Wahrscheinlichkeit, welche die Notirungen benachbarter Stunden gaben, ausgefüllt.

Die Madras-Beobachtungen beginnen um 6 Uhr, und es zeigt sich um diese Zeit eine plötzliche Aenderung, welche beweist, dass ein störender Einfluss vorhanden war. Sie können daher nicht direct zur Correction benutzt werden, wohl aber, wenn sie durch eine Formel nach dem Sinus des Vielfachen des Stundenwinkels dargestellt werden.

In dem Militärhospitale von Bangalore sind zwei Jahrgänge 1834 und 1835 Beobachtungen von zwei zu zwei Stunden durch Mouat veranlasst, aber nicht im Detail publicirt worden.*) Vergleicht man die Mittel derselben mit den ebenfalls angeführten Beobachtungen um 10 Uhr Morgens, so findet man in allen Monaten das Mittel höher, als die Beobachtung um 10 Uhr. Die mittlere Temperatur tritt daher hier erst nach 10 Uhr ein. Der Unterschied beträgt nur in den Wintermonaten einen Fahrenheitschen Grad, ist in allen andern Monaten geringer, im Herbst zu vernachlässigen. Berechnet man aus den Beobachtungen von Edgeworth in Ambala die Mittel aus den täglichen Extremen und aus 10 und 10 Uhr, so findet man für alle Monate jenes Mittel höher als dieses, doch erreicht dieser Unterschied im jährlichen Mittel nicht einen Fahrenheitschen Grad und wird auch in den einzelnen Monaten nicht bedeutend. Bei der im Orient sehr allgemeinen Sitte, das Thermometer, um es der directen Einwirkung der Sonne und der Rückstrahlung zu entziehen, im Innern des Hauses zu beobachten, lässt sich oft schwer entscheiden, ob an die beobachteten Mittel eine Correction anzubringen sei oder nicht, denn wenn auch die jährlichen Mittel im Hause nahe mit den im Freien erhaltenen übereinstimmen, so ist diess doch keinesweges in Beziehung auf die Vertheilung der Wärme in der täglichen und jährlichen Periode der Fall, da im Innern der Gebäude die Extreme bedeutend verringert werden, und zwar desto mehr, je grösser der Unterschied zwischen Winterkälte und Sommerwärme ist. Bei hochgelegenen Orten der Passat- und der Monsoonzone wird daher der Unterschied bedeutend. Um beurtheilen zu können, wie gross dieser Unterschied werden könne, habe ich die von Robinson auf dem Plateau von Katmandhu in 4350 Fuss Höhe angestellten Beobachtungen um 7, 10, 12, 2, 4 Uhr ausser- und innerhalb des Hauses verglichen und erhalte aus 7 und 2 Uhr ausserhalb für die

*) Journ. of the Asiat. Soc. of Bengal. 5. p. 296.

Monate Juli, August, Sept. die Unterschiede + 0°.25, — 0°.40, + 2°.05 F., im Jahr 1835 aber:

April	Mai	Juni	Juli	Aug.	Sept.
+ 1°.40	+ 0°.80	+ 0°.15	— 1°.20	+ 1°.45	+ 2°.10

Oct.	Nov.	Dec.
+ 3°.80	+ 5°.75	+ 7°.66,

woraus hervorgeht, wie bedeutend die Temperatur in den Wintermonaten innerhalb des Hauses höher ausfällt als ausserhalb.

Aus der tropischen Zone ist die längste Beobachtungsreihe die von Bento Sanches Dorta in Rio Janeiro angestellte. Da diese Beobachtungen in den physikalischen Journalen und Lehrbüchern nirgends vollständig mitgetheilt sind, so stelle ich sie auf der folgenden Seite aus den einzelnen Bänden der Memorias de Mathematica e Phisica da Academia de Lisboa in einer gemeinsamen Tafel zusammen.

Die von Horner und Langsdorff auf der Krusenstern-schen Reise auf dem grossen Ocean angestellten Beobachtungen sind in Cent.:

	Morgens	Abends	Mittel
0	26.12	26.73	26.43
1	26.09	26.77	26.43
2	25.93	26.72	26.38
3	25.94	26.66	26.30
4	25.91	26.61	26.26
5	25.88	26.53	26.21
6	25.93	26 58	26.26
7	26.05	26.30	26.18
8	26.24	26.28	26.26
9	26.38	26.33	26.36
10	26.57	26.30	26.43
11	26.66	26.21	26.43

Mittel 26°.312

Die Beobachtungen in Rio Janeiro sind in Fahr. Gr.:

Januar.

	6	8	10	12	2	4	6	10	Mittel
1782	77.10	77.58	78.46	79.07	78.89	78.73	78.17	—	78.28
83	77.73	79.10	80.57	81.99	82.33	82.42	81.48	—	80.80
84	—	—	—	—	—	—	—	—	—
85	78.20	79.03	81.10	81.71	82.66	83.66	83.00	81.70	81.25
86	75.43	77.00	78.68	80.22	81.26	81.21	80.04	78.18	79.00
87	77.00	78.76	80.58	82.10	83.29	83.82	82.11	80.21	80.98
88	78.20	80.10	82.06	84.44	86.39	86.42	84.34	82.42	82.98

Februar.

1782	78.06	79.16	79.57	80.97	80.97	80.26	79.42	—	79.79
83	77.40	79.47	80.70	82.07	82.58	82.15	81.55	—	80.84
84	77.43	78.17	79.47	80.69	81.65	82.25	81.27	—	80.17
85	77.71	78.30	79.42	80.70	81.64	81.90	81.26	80.51	80.18
86	76.23	77.82	79.66	81.91	83.49	83.97	82.75	80.73	80.44
87	77.41	79.53	81.79	84.04	85.75	86.71	84.52	82.03	82.72
88	75.91	77.86	79.91	81.65	82.87	83.03	80.86	79.08	80.15

März.

1782	78.62	79.00	80.17	81.17	81.14	80.83	80.08	—	80.13
83	72.48	75.70	78.10	79.83	80.58	80.20	79.70	—	78.08
84	75.10	76.01	77.15	78.68	79.70	80.37	79.67	—	78.10
85	74.80	75.17	76.10	76.80	77.30	77.43	79.96	76.35	76.36
86	75.48	77.32	79.03	81.10	83.45	83.20	81.64	79.56	80.10
87	74.66	76.44	78.57	79.74	81.53	81.74	80.11	78.21	78.88
88	74.47	76.40	78.11	79.73	81.24	81.65	79.64	78.39	78.63

April.

1782	71.24	72.79	74.07	75.84	76.84	75.06	74.60	—	74.25
83	73.71	74.45	75.75	77.00	78.39	78.07	78.38	—	76.53
84	74.80	75.40	76.66	78.18	79.06	79.41	79.08	—	77.51
85	74.25	74.71	75.56	75.61	78.01	78.40	78.25	77.75	76.56
86	72.43	72.92	74.55	76.23	77.75	77.50	76.20	74.78	75.30
87	70.88	72.40	74.41	75.93	77.47	78.05	76.57	74.70	75.05
88	71.62	73.58	75.53	77.01	78.38	79.01	77.60	76.47	76.08

Mai.

1782	67.87	69.26	70.97	72.31	73.14	72.70	71.16	—	71.06
83	71.50	71.95	72.56	73.50	74.35	74.93	75.08	—	74.12
84	68.30	68.72	69.58	71.00	72.00	72.79	72.48	—	70.70
85	69.11	69.30	69.98	71.25	72.35	73.58	73.66	73.40	71.58
86	64.71	67.40	70.17	71.76	73.90	74.96	73.51	71.74	71.19
87	64.01	65.10	67.61	69.29	70.40	72.54	71.31	70.81	68.88
88	66.77	68.22	70.74	72.61	74.16	75.14	73.61	72.10	71.71

Juni.

1782	66.55	67.55	68.74	69.75	70.72	70.87	69.20	—	69.05
83	65.05	65.70	66.66	68.23	69.78	71.01	70.98	—	68.20
84	65.80	66.80	67.95	69.47	70.90	71.90	71.31	—	69.17
85	66.24	66.10	67.38	68.76	70.15	71.06	70.76	70.00	68.61
86	65.13	66.42	68.71	70.47	72.50	73.80	71.78	69.78	69.83
87	63.80	65.63	65.05	70.00	72.08	72.40	70.78	69.47	69.03
88	—	—	—	—	—	—	—	—	—

Juli.

	6	8	10	12	2	4	6	10	Mittel
1782	64.38	65 33	66.71	67.29	69.13	69.62	68.64	—	67.30
83	67.17	67.58	68.45	69.72	70.99	71.67	72.10	—	69.67
84	64.25	64.90	67.14	68.73	70.71	72.56	71.35	—	68.58
85	61.24	65.23	66.69	68.00	69.22	70.45	70.13	69.67	67.58
86	63.08	63.95	66.70	68.53	69.95	70.44	69.00	67.20	67 36
87	62.32	63.58	65.95	68.26	69.87	70.82	68.71	66.29	67.02
88	—	—	—	—	—	—	—	—	—

August.

1782	69.41	70.02	71.01	72.27	72.74	73.14	72.19	—	71.53
83	70.74	71.33	72.13	73.47	74.97	75.72	75.51	—	73.41
84	65.30	66.08	68.03	69.39	69.45	70.41	69.53	—	68.31
85	68.90	69.79	71.12	72.53	73.75	74.71	74.45	73.75	72.37
86	65.55	67.56	69.24	71.03	72.29	73.21	71.85	70.53	70.16
87	63.25	65.27	66.89	68.74	70.35	71.01	69.24	67.61	67.76
88	—	—	—	—	—	—	—	—	—

September.

1782	68.41	69.20	70.52	71.24	71.80	72.15	71.40	—	70.67
83	71.06	72.08	72.89	73.84	75.01	75.63	75.17	—	73.67
84	67.00	67.47	68.78	69.51	70.00	70.20	69.53	—	68.93
85	70.00	70.33	71.68	73.17	73.88	73.95	73.10	72.45	72.33
86	64.55	65.80	68.00	69.50	69.88	70.42	69.53	68.15	68.75
87	67.95	69.50	70.97	72.63	73.57	73.87	72.73	71.37	71.64
88	—	—	—	—	—	—	—	—	—

October.

1782	69.64	70.00	71.72	72.04	73.16	73.50	72.30	—	71.76
83	73.18	73.30	74.24	75.07	75.80	75.90	75.60	—	74.73
84	69.96	70.51	71.80	73.25	73.62	73 76	73.23	—	72.40
85	71.03	72.02	73.63	75.09	76.25	76.53	75.10	73.72	74.17
86	69.00	69.99	71.37	73.18	73.40	73.53	72.50	71.66	41.84
87	71.50	72.56	74.22	75.98	76.90	77.19	75.90	74.43	74.86
88	—	—	—	—	—	—	—	—	—

November.

1782	70.45	72.25	73.59	74.58	75.25	75.72	74.82	—	73.81
83	72.18	72.52	73.55	74.82	75.38	75.61	75.38	—	74.20
84	75.77	76.77	77.50	78.60	79.37	80.20	79.26	—	78.30
85	73.66	74.58	76.21	77.68	78.66	77.85	76.88	75.48	76.38
86	69.53	72.10	73.85	75.18	76.12	76.18	74.57	73.40	73.87
87	71.15	72.62	74.85	76.47	77.18	77.07	75.38	73.80	74.86
88	—	—	—	—	—	—	—	—	—

December.

1782	75.39	76.40	77.23	78.64	78.93	79.00	77.97	—	77.65
83	—	—	—	—	—	—	—	—	—
84	74.30	75.21	76.56	77.55	79.12	79.22	78.88	—	77.36
85	75.56	76.62	78.30	79.88	80.62	80.33	79.07	77.82	78.52
86	73.79	75.76	77.41	78.96	80.00	79.93	78.56	77.17	77.70
87	73.81	75.57	77.81	79.58	81.50	80.93	79.23	77.26	78.20
88	—	—	—	—	—	—	—	—	—

In der folgenden Tafel habe ich für die Monate Januar bis Mai die Beobachtungen von 1785—1788, vom Juni bis December die von 1785—1787 in der Weise berechnet, dass das Mittel bestimmt wurde aus 6 Uhr Morgens und Abends, aus 10 Uhr Morgens und Abends und aus dem beobachteten mittleren Maximum und Minimum, gewöhnlich also 6 Uhr und 2 Uhr oder 6 Uhr und 4 Uhr. Daraus erhält man:

	A. Mittel aus 6 u. 6	B. Mittel aus 10 u. 10	C. Mittel aus Mx. u. Mn.	C — A	C — B
Januar	79.790	80.616	80.499	+ 0.709	— 0.217
Februar	79.581	80.391	80.359	+ 0.778	— 0.062
März	77.595	78.039	77.957	+ 0.362	— 0.082
April	74.725	75.469	75.299	+ 0.574	— 0.170
Mai	69.586	70.819	70.113	+ 0.527	— 0.706
Juni	68.080	68.399	68.739	+ 0.659	+ 0.340
Juli	65.847	67.086	66.441	+ 0.594	— 0.641
August	68.874	69.857	69.181	+ 0.307	— 0.676
Septbr.	69.644	70.437	70.124	+ 0.480	— 0.313
Octbr.	72.505	73.172	73.130	+ 0.625	— 0.042
Novbr.	73.529	74.599	74.394	+ 0.865	— 0.205
Decbr.	76.672	77.629	77.549	+ 0.877	— 0.080

Es ist daher wahrscheinlich, dass die gleichnamigen Stunden 9 und 9 hier ebenfalls ein dem wahren Mittel sich nahe anschliessendes geben würden. Nach den von Freycinet in der Zone der Passate angestellten Beobachtungen erhält man die stärkste Annäherung durch die Stunden 2^h 8^h Morgens und 2^h 8^h Abends, welche aber für fortlaufende Beobachtungen so ungünstig liegen, dass sie wohl selten angewendet werden möchten. Das Mittel aus den täglichen Extremen gewährt eine Annäherung an das wahre Mittel bis auf ½ C., wie folgende Angaben zeigen (Poisson Théorie de la Chaleur):

	Isle de France	Coupang auf Timor	Rawak	Agagna auf Guam	Port Jackson
Breite	20° 10′S.	10° 9′S.	0° 2′S.	13° 26′N.	33° 51′S.
O.L. v. Paris	55° 8′	121° 15′	128° 35′	142° 32′	148° 49′
Anzahl d. Tage	18	5	4	6	8
Mittl. Maxim.	24°.94	34°.80	29°.40	29°.92	22°.84
Mittl. Minim.	21.47	23.78	23.20	24 82	17.17
Halbe Summe	23.20	29.29	26.30	27.37	20.06
Mittel der 24 Stunden	22.78	28.52	26.18	27.08	19.74
Unterschied	+ 0.42	+ 0.77	+ 0.12	+ 0.29	+ 0.26

In der heissen Zone ist bei der innerhalb der jährlichen Periode nahe gleichbleibenden Tageslänge anzunehmen, dass die im jährlichen Mittel gefundene Correction, welche an eine bestimmte Combination von Stunden anzubringen ist, um aus derselben die wahre mittlere Temperatur zu berechnen, auch zur Bestimmung der monatlichen Temperaturen angewendet werden kann. Diess ist aber desto weniger der Fall, je mehr sich die Tageslänge in der jährlichen Periode ändert, je grösser also die geographische Breite des Beobachtungsortes ist. In der Winternacht der Polarländer verschwindet die tägliche Veränderung fast ganz, sie wird bedeutend im Uebergang des Winters in den Sommer, in dessen Mitte sie bei der geringen Aenderung der Sonnenhöhe wieder abnimmt. Eine Combination von Stunden, welche für die Sommermonate ein richtiges Mittel giebt, wird daher zu andern Zeiten des Jahres sehr ungünstig zu seiner Auffindung sein. Die aus den monatlichen Temperaturen eines Ortes construirte Wärmecurve desselben wird also entschieden unrichtig sein, wenn für die tägliche Veränderung eine und dieselbe Correction oder gar keine bei allen Monaten angewendet wird.

Die oben mitgetheilten Tafeln enthalten die verlangten Correctionselemente aber in einer direct wenig übersichtlichen Form. Ich habe daher für Salzuflen, Plymouth, Leith und Boothia felix die nachfolgenden Tabellen construirt, bei welchen die Abweichung jeder Beobachtungsstunde von dem Mittel der 24 Stunden angegeben ist, und zwar in der Weise, dass das Pluszeichen bezeichnet, wie viel zu der Beobachtungsstunde hinzuzufügen ist, um aus ihr das wahre Mittel abzuleiten, das Minuszeichen hingegen, wie viel abzunehmen. Die Controlle der Rechnung ist dadurch erhalten, dass die Summe der positiven Differenzen gleich der der negativen ist. Der Uebergang der Pluszeichen in die Minuszeichen zeigt unmittelbar die Zeit an, zu welcher das Mittel Vormittags und Nachmittags eintritt, die Grösse der Differenzen die allmählige Aenderung der täglichen Variation in der jährlichen Periode. Die Mittel der gleichbenannten Stunden sind beigefügt, ebenso die am häufigsten angewendeten Combinationen von 3 Stunden und die unpassende vierstündige Combination, welche wegen der Barometeroscillationen neuerdings häufig gewählt worden ist. Mehrere Combinationen schienen unnöthig, da sie für jeden gegebenen Fall aus der Tafel leicht erhalten werden können. Ich habe die Fahrenheitschen Grade bei Leith und Boothia felix beibehalten, da in jenen Gegenden vorzugsweise diese Skale gebraucht wird. Die Plymouther Beobachtungen habe ich noch auf Réaumur reducirt, nicht aber auf Centesimal, da das Réaumursche Thermometer nächst dem Fahrenheitschen das bei den Beobachtungen gebräuchlichste ist. Für manche Beobachtungsorte dürfte es rathsam sein, aus den Correctionen zweier Tabellen das Mittel zu nehmen. Höchst wünschenswerth wäre es, aus einem Orte eines recht continentalen Klimas eine Beobachtungsreihe zu besitzen. Vielleicht füllt der in Russland gestiftete Verein auch diese Lücke aus. Bis dahin sind die Resultate der Beobachtungen von Salzuflen, welche wir dem beharrlichen Eifer von Brandes verdanken, da sie ohne Interpolation erhalten worden, der sicherste Anhaltspunkt. Dass bei Temperaturen unter Null die mit dem Minuszeichen angegebene Correction den Kältegraden additiv hinzuzufügen, die durch ein Pluszeichen angegebene hingegen abzuziehen sei, braucht wohl nicht erst erwähnt zu werden. Um beurtheilen zu können, in wie fern die für ein Jahr erhaltenen Correctionen auf ein anderes angewendet werden können, habe ich in der folgenden Tafel die einzelnen Jahrgänge unterschieden. (Grade Fahrenheit):

	Plymouth		Leith		Boothia	
	1833	1834	1824	1825	1830	1831
1	+ 3.33	+ 3.03	+ 1.97	+ 2.296	+ 2.919	+ 2.474
2	+ 3.61	+ 3.41	+ 2.19	+ 2.478	+ 2.975	+ 2.237
3	+ 3.79	+ 3.69	+ 2.41	+ 2.746	+ 2.693	+ 2.343
4	+ 3.99	+ 3.74	+ 2.66	+ 2.975	+ 2.354	+ 2.204
5	+ 3.99	+ 3.79	+ 2.77	+ 2.976	+ 2.093	+ 1.779
6	+ 3.28	+ 3.22	+ 2.59	+ 2.637	+ 1.538	+ 1.342
7	+ 1.95	+ 1.89	+ 1.95	+ 2.017	+ 0.961	+ 0.837
8	— 0.01	+ 0.38	+ 1.27	+ 1.206	+ 0.294	+ 0.148
9	— 1.54	— 1.32	+ 0.18	+ 0.244	— 0.777	— 0.799
10	— 3.01	— 2.72	— 0.65	— 0.840	— 1.809	— 1.551
11	— 4.02	— 3.86	— 1.62	— 1.747	— 2.638	— 2.438
12	— 4.82	— 4.72	— 2.50	— 2.520	— 3.390	— 3.004
1	— 5.02	— 5.18	— 2.86	— 2.904	— 3.851	— 3.357
2	— 4.72	— 4.77	— 3.20	— 3.206	— 3.696	— 3.034
3	— 4.09	— 4.19	— 3.30	— 3.230	— 3.195	— 2.611
4	— 3.34	— 3.11	— 2.84	— 3.105	— 2.534	— 2.000
5	— 2.19	— 2.05	— 2.38	— 2.830	— 1.925	— 0.921
6	— 1.07	— 1.02	— 1.79	— 2.264	— 0.876	— 0.566
7	— 0.03	+ 0.03	— 1.05	— 1.505	— 0.107	+ 0.123
8	+ 0.75	+ 0.95	— 0.31	— 0.404	+ 0.754	+ 0.494
9	+ 1.43	+ 1.46	+ 0.42	+ 0.456	+ 1.318	+ 1.050
10	+ 2.13	+ 2.03	+ 0.95	+ 1.031	+ 1.930	+ 1.376
11	+ 2.48	+ 2.40	+ 1.39	+ 1.537	+ 2.338	+ 1.790
12	+ 2.96	+ 2.72	+ 1.80	+ 1.937	+ 2.689	+ 2.007
1. 1	— 0.84	— 1.07	— 0.447	— 0.304	— 0.466	— 0.883
2. 2	— 0.56	— 0.68	— 0.507	— 0.364	— 0.360	— 0.797
3. 3	— 0.15	— 0.25	— 0.447	— 0.242	— 0.251	— 0.268
4. 4	+ 0.33	+ 0.32	— 0.092	— 0.065	— 0.090	+ 0.204
5. 5	+ 0.90	+ 0.87	+ 0.193	+ 0.073	+ 0.084	+ 0.858
6. 6	+ 1.10	+ 1.20	+ 0.398	+ 0.187	+ 0.331	+ 0.776
7. 7	+ 0.96	+ 0.97	+ 0.448	+ 0.256	+ 0.427	+ 0.960
8. 8	+ 0.37	+ 0.67	+ 0.478	+ 0.401	+ 0.524	+ 0.642
9. 9	+ 0.05	+ 0.07	+ 0.298	+ 0.350	+ 0.271	+ 0.251
10. 10	— 0.44	— 0.34	+ 0.148	+ 0.096	+ 0.061	— 0.175
11. 11	— 0.77	— 0.73	— 0.117	— 0.105	— 0.150	— 0.648
12. 12	— 0.93	— 1.00	— 0.352	— 0.286	— 0.356	— 0.997

Salzuflen.

	Jan.	Febr.	März	April	Mai	Juni	Juli	Aug.	Sept.	Oct.	Nov.	Dec.	Jahr	
Mittel	0°.48	1.30	3.86	6.92	10.57	13.02	14.85	12.69	11.07	7.52	4.42	3.98	7.56	Mittel
1 Vorm.	+ 0.46	+ 1.14	+ 1.10	+ 2.23	+ 2.56	+ 2.44	+ 1.98	+ 1.74	+ 2.11	+ 1.14	+ 0.92	+ 0.22	+ 1.51	1
2	+ 0.50	+ 1.23	+ 1.21	+ 2.43	+ 2.91	+ 2.88	+ 2.14	+ 1.93	+ 2.36	+ 1.41	+ 1.52	+ 0.45	+ 1.72	2
3	+ 0.62	+ 1.23	+ 1.32	+ 2.68	+ 3.24	+ 3.13	+ 2.38	+ 2.14	+ 2.68	+ 1.76	+ 1.54	+ 0.64	+ 1.95	3
4	+ 0.70	+ 1.18	+ 1.34	+ 2.67	+ 3.48	+ 2.93	+ 2.52	+ 2.36	+ 3.01	+ 2.10	+ 1.86	+ 0.79	+ 2.08	4
5	+ 0.53	+ 1.10	+ 1.28	+ 2.28	+ 3.04	+ 2.42	+ 1.99	+ 1.94	+ 2.73	+ 1.99	+ 1.70	+ 0.89	+ 1.83	5
6	+ 0.51	+ 1.08	+ 1.11	+ 1.73	+ 2.36	+ 1.72	+ 1.36	+ 1.42	+ 2.32	+ 1.72	+ 1.21	+ 0.78	+ 1.45	6
7	+ 0.55	+ 0.89	+ 0.73	+ 1.11	+ 1.36	+ 0.93	+ 0.56	+ 0.84	+ 1.33	+ 1.26	+ 0.95	+ 0.66	+ 0.93	7
8	+ 0.44	+ 0.44	+ 0.27	+ 0.12	+ 0.42	+ 0.29	0	+ 0.11	+ 0.22	+ 0.81	+ 0.59	+ 0.29	+ 0.34	8
9	+ 0.08	— 0.19	— 0.28	— 0.59	— 0.56	— 0.70	— 0.66	— 0.44	— 0.66	+ 0.06	+ 0.11	+ 0.04	— 0.31	9
10	— 0.34	— 0.59	— 0.72	— 1.22	— 1.36	— 1.38	— 1.22	— 0.89	— 1.48	— 0.69	— 0.40	— 0.23	— 0.87	10
11	— 0.71	— 1.05	— 1.07	— 1.98	— 1.97	— 1.94	— 1.70	— 1.42	— 2.07	— 1.24	— 0.88	— 0.45	— 1.37	11
12	— 0.87	— 1.33	— 1.37	— 2.40	— 2.39	— 2.34	— 1.94	— 1.87	— 2.53	— 1.82	— 1.37	— 0.58	— 1.73	12
1 Nchm.	— 0.92	— 1.57	— 1.53	— 2.66	— 2.65	— 2.83	— 2.16	— 2.15	— 2.77	— 2.03	— 1.63	— 0.60	— 1.95	1
2	— 0.90	— 1.70	— 1.63	— 2.49	— 2.56	— 2.98	— 2.23	— 2.31	— 2.95	— 2.10	— 1.64	— 0.66	— 2.01	2
3	— 0.72	— 1.78	— 1.60	— 2.45	— 2.64	— 2.90	— 2.37	— 2.21	— 2.95	— 2.15	— 1.50	— 0.56	— 1.98	3
4	— 0.46	— 1.33	— 1.37	— 2.14	— 2.58	— 2.62	— 2.13	— 2.20	— 2.82	— 1.89	— 1.27	— 0.43	— 1.77	4
5	— 0.26	— 0.89	— 0.99	— 1.84	— 2.49	— 2.21	— 2.02	— 1.86	— 2.23	— 1.34	— 0.93	— 0.30	— 1.44	5
6	— 0.13	— 0.43	— 0.49	— 1.27	— 1.98	— 1.62	— 1.27	— 1.24	— 1.66	— 0.77	— 0.65	— 0.24	— 0.97	6
7	— 0.03	— 0.08	— 0.08	— 0.68	— 1.44	— 1.02	— 0.69	— 0.55	— 0.54	— 0.39	— 0.41	— 0.31	— 0.51	7
8	+ 0.07	+ 0.06	+ 0.17	— 0.04	— 0.53	— 0.11	+ 0.22	+ 0.14	+ 0.12	— 0.17	— 0.31	— 0.35	— 0.06	8
9	+ 0.15	+ 0.30	+ 0.37	+ 0.61	+ 0.13	+ 0.67	+ 0.69	+ 0.63	+ 0.64	— 0.03	— 0.18	— 0.24	+ 0.32	9
10	+ 0.18	+ 0.56	+ 0.62	+ 0.98	+ 0.69	+ 1.36	+ 1.08	+ 1.01	+ 1.20	+ 0.44	+ 0.06	— 0.14	+ 0.66	10
11	+ 0.27	+ 0.77	+ 0.85	+ 1.30	+ 1.19	+ 1.78	+ 1.53	+ 1.34	+ 1.75	+ 0.74	+ 0.33	+ 0.08	+ 1.00	11
12	+ 0.29	+ 1.00	+ 0.86	+ 1.52	+ 1.71	+ 2.07	+ 1.96	+ 1.52	+ 2.08	+ 1.12	+ 0.64	+ 0.22	+ 1.24	12

Gleichnamige Stunden.

1. 1	− 0.23	− 0.22	− 0.22	− 0.22	− 0.05	− 0.20	− 0.09	− 0.21	− 0.33	− 0.45	− 0.36	− 0.19	− 0.22	1. 1
2. 2	− 0.20	− 0.24	− 0.21	− 0.03	+ 0.18	− 0.05	− 0.05	− 0.19	− 0.30	− 0.35	− 0.06	− 0.11	− 0.15	2. 2
3. 3	− 0.05	− 0.28	− 0.14	+ 0.12	+ 0.30	+ 0.12	+ 0.02	− 0.04	− 0.14	− 0.20	+ 0.02	+ 0.04	− 0.02	3. 3
4. 4	+ 0.12	− 0.08	− 0.02	+ 0.27	+ 0.45	+ 0.16	+ 0.16	+ 0.08	+ 0.10	+ 0.11	+ 0.30	+ 0.18	+ 0.16	4. 4
5. 5	+ 0.14	+ 0.11	+ 0.15	+ 0.22	+ 0.28	+ 0.11	+ 0.07	+ 0.04	+ 0.25	+ 0.33	+ 0.39	+ 0.30	+ 0.20	5. 5
6. 6	+ 0.19	+ 0.33	+ 0.31	+ 0.23	+ 0.19	+ 0.05	+ 0.06	+ 0.09	+ 0.33	+ 0.48	+ 0.28	+ 0.27	+ 0.24	6. 6
7. 7	+ 0.26	+ 0.41	+ 0.33	+ 0.22	− 0.04	− 0.05	+ 0.01	+ 0.15	+ 0.40	+ 0.44	+ 0.27	+ 0.18	+ 0.21	7. 7
8. 8	+ 0.26	+ 0.25	+ 0.22	+ 0.04	− 0.06	+ 0.09	+ 0.07	+ 0.13	+ 0.17	+ 0.32	+ 0.09	− 0.03	+ 0.14	8. 8
9. 9	+ 0.12	+ 0.06	+ 0.05	+ 0.01	− 0.22	− 0.02	− 0.02	+ 0.10	− 0.01	+ 0.02	− 0.04	− 0.10	+ 0.01	9. 9
10. 10	− 0.08	− 0.02	− 0.05	− 0.12	− 0.38	− 0.01	− 0.11	+ 0.06	− 0.14	− 0.13	− 0.17	− 0.19	− 0.11	10. 10
11. 11	− 0.22	− 0.14	− 0.11	− 0.29	− 0.39	− 0.08	− 0.09	− 0.04	− 0.16	− 0.25	− 0.28	− 0.19	− 0.19	11. 11
12. 12	− 0.29	− 0.17	− 0.26	− 0.44	− 0.34	− 0.14	+ 0.02	− 0.08	− 0.23	− 0.35	− 0.37	− 0.18	− 0.25	12. 12
7. 2. 9	− 0.07	− 0.17	− 0.18	− 0.26	− 0.36	− 0.46	− 0.33	− 0.28	− 0.33	− 0.29	− 0.29	− 0.08	− 0.25	7. 2. 9
6. 2. 8	− 0.11	− 0.19	− 0.12	− 0.27	− 0.24	− 0.46	− 0.22	− 0.25	− 0.17	− 0.18	− 0.25	− 0.06	− 0.21	6. 2. 8
6. 2. 10	− 0.07	− 0.02	+ 0.03	+ 0.07	+ 0.16	+ 0.03	+ 0.07	+ 0.04	+ 0.19	− 0.02	+ 0.12	+ 0.01	+ 0.03	6. 2. 10
8. 4. 12	+ 0.08	+ 0.04	− 0.08	− 0.17	− 0.15	− 0.09	− 0.06	− 0.19	− 0.17	+ 0.01	− 0.01	+ 0.03	− 0.06	8. 4. 12
Mx.u.Mn.	− 0.11	− 0.28	− 0.15	+ 0.01	+ 0.42	+ 0.08	+ 0.08	+ 0.03	+ 0.03	− 0.03	+ 0.11	+ 0.12	+ 0.04	Mx.u.Mn.
9.12.3.9	− 0.37	− 0.75	− 0.72	− 1.21	− 1.37	− 1.32	− 1.09	− 0.97	− 1.38	− 0.99	− 0.74	− 0.34	− 0.93	9.12.3.9

Plymouth. — Réaumur's Grade.

	Jan.	Febr.	März	April	Mai	Juni	Juli	Aug.	Sept.	Oct.	Nov.	Dec.	Jahr	
Mittel	5.91	6.57	5.79	7.58	11.35	11.65	13.44	12.95	11.98	10.08	7.19	6.98		Mittel
1 Vorm.	+ 0.35	+ 0.42	+ 1.24	+ 1.94	+ 2.51	+ 1.87	+ 2.11	+ 2.16	+ 1.61	+ 1.41	+ 0.89	+ 0.50	+ 1.41	1
2	+ 0.39	+ 0.67	+ 1.41	+ 2.07	+ 2.73	+ 1.98	+ 1.28	+ 2.44	+ 1.76	+ 1.52	+ 1.00	+ 0.54	+ 1.56	2
3	+ 0.49	+ 0.93	+ 1.46	+ 2.23	+ 2.84	+ 2.07	+ 1.41	+ 2.56	+ 1.83	+ 1.62	+ 0.97	+ 0.56	+ 1.66	3
4	+ 0.50	+ 0.89	+ 1.60	+ 2.36	+ 2.88	+ 2.08	+ 1.49	+ 2.72	+ 1.95	+ 1.68	+ 1.01	+ 0.54	+ 1.72	4
5	+ 0.60	+ 1.02	+ 1.71	+ 2.38	+ 2.84	+ 1.89	+ 1.30	+ 2.76	+ 1.94	+ 1.80	+ 1.03	+ 0.54	+ 1.73	5
6	+ 0.76	+ 1.02	+ 1.67	+ 2.14	+ 2.22	+ 1.07	+ 1.60	+ 2.18	+ 1.62	+ 1.51	+ 1.09	+ 0.50	+ 1.44	6
7	+ 0.69	+ 1.00	+ 1.33	+ 1.19	+ 0.82	+ 0.10	+ 0.39	+ 1.16	+ 1.08	+ 1.18	+ 0.88	+ 0.44	+ 0.85	7
8	+ 0.49	+ 0.84	+ 0.57	− 0.16	− 0.40	− 0.69	− 0.51	− 0.20	+ 0.15	+ 0.45	+ 0.57	− 0.29	+ 0.12	8
9	+ 0.15	+ 0.27	− 0.38	− 1.13	− 1.25	− 1.24	− 1.15	− 1.40	− 0.81	− 0.68	− 0.06	+ 0.12	− 0.64	9
10	− 0.24	− 0.40	− 1.25	− 1.80	− 1.87	− 1.41	− 1.69	− 2.13	− 1.72	− 1.67	− 0.67	− 0.37	− 1.37	10
11	− 0.68	− 1.04	− 1.65	− 2.34	− 2.43	− 1.70	− 2.18	− 2.48	− 2.21	− 2.26	− 1.23	− 0.75	− 1.75	11
12	− 1.00	− 1.49	− 2.12	− 2.77	− 2.89	− 1.85	− 2.44	− 2.62	− 2.71	− 2.50	− 1.74	− 1.24	− 2.12	12
1 Nchm.	− 1.04	− 1.58	− 2.34	− 3.04	− 3.11	− 2.01	− 2.57	− 2.82	− 2.86	− 2.58	− 1.89	− 1.33	− 2.26	1
2	− 0.83	− 1.38	− 2.06	− 2.88	− 3.11	− 1.96	− 2.51	− 2.82	− 2.73	− 2.36	− 1.78	− 1.04	− 2.12	2
3	− 0.73	− 1.19	− 1.78	− 2.55	− 2.76	− 1.74	− 2.38	− 2.62	− 2.27	− 1.89	− 1.33	− 0.80	− 1.84	3
4	− 0.55	− 0.78	− 1.45	− 1.95	− 2.44	− 1.51	− 2.08	− 2.20	− 1.66	− 1.31	− 0.80	− 0.48	− 1.43	4
5	− 0.30	− 0.27	− 1.06	− 1.34	− 1.92	− 1.19	− 1.55	− 1.71	− 0.96	− 0.68	− 0.27	− 0.01	− 0.94	5
6	− 0.11	− 0.11	− 0.52	− 0.64	− 1.07	− 0.72	− 0.97	− 1.04	− 0.30	− 0.10	− 0.06	+ 0.14	− 0.46	6
7	− 0.06	+ 0.07	+ 0.03	+ 0.18	− 0.24	− 0.18	− 0.28	− 0.26	+ 0.32	+ 0.33	0	+ 0.21	0	7
8	+ 0.18	+ 0.16	+ 0.28	+ 0.58	+ 0.40	+ 0.41	+ 0.47	+ 0.43	+ 0.75	+ 0.52	+ 0.15	+ 0.26	+ 0.38	8
9	+ 0.18	+ 0.20	+ 0.54	+ 0.87	+ 0.93	+ 0.82	+ 1.09	+ 0.94	+ 0.96	+ 0.73	+ 0.35	+ 0.29	+ 0.64	9
10	+ 0.20	+ 0.27	+ 0.71	+ 1.36	+ 1.53	+ 1.11	+ 1.45	+ 1.36	+ 1.28	+ 0.93	+ 0.51	+ 0.30	+ 0.90	10
11	+ 0.24	+ 0.24	+ 0.93	+ 1.56	+ 1.77	+ 1.31	+ 1.72	+ 1.60	+ 1.44	+ 1.16	+ 0.69	+ 0.37	+ 1.05	11
12	+ 0.32	+ 0.29	+ 1.11	+ 1.81	+ 2.04	+ 1.56	+ 2.02	+ 1.94	+ 1.52	+ 1.21	+ 0.75	+ 0.43	+ 1.24	12

Gleichnamige Stunden.

1. 1	− 0.35	− 0.58	− 0.55	− 0.55	− 0.31	− 0.07	− 0.23	− 0.32	− 0.63	− 0.59	− 0.50	− 0.41	− 0.43	1. 1
2. 2	− 0.22	− 0.36	− 0.11	− 0.41	− 0.20	+ 0.01	− 0.12	− 0.19	− 0.48	− 0.42	− 0.40	− 0.25	− 0.28	2. 2
3. 3	− 0.12	− 0.13	− 0.16	− 0.16	+ 0.04	+ 0.16	+ 0.02	− 0.03	− 0.22	− 0.18	− 0.12	− 0.12	− 0.09	3. 3
4. 4	− 0.03	+ 0.06	+ 0.08	+ 0.20	+ 0.22	+ 0.33	+ 0.20	+ 0.26	+ 0.15	+ 0.18	+ 0.32	+ 0.03	+ 0.20	4. 4
5. 5	+ 0.16	+ 0.38	+ 0.32	+ 0.52	+ 0.46	+ 0.35	+ 0.38	+ 0.53	+ 0.49	+ 0.78	+ 0.38	+ 0.27	+ 0.40	5. 5
6. 6	+ 0.33	+ 0.46	+ 0.58	+ 0.75	+ 0.57	+ 0.17	+ 0.32	+ 0.57	+ 0.66	+ 0.71	+ 0.52	+ 0.32	+ 0.49	6. 6
7. 7	+ 0.32	+ 0.49	+ 0.68	+ 0.69	+ 0.29	− 0.04	+ 0.05	+ 0.44	+ 0.70	+ 0.76	+ 0.44	+ 0.33	+ 0.43	7. 7
8. 8	+ 0.34	+ 0.50	+ 0.43	+ 0.21	0	− 0.36	− 0.02	+ 0.12	+ 0.45	+ 0.49	+ 0.36	+ 0.28	+ 0.25	8. 8
9. 9	+ 0.16	+ 0.23	+ 0.08	− 0.13	− 0.16	− 0.21	− 0.03	− 0.23	+ 0.08	+ 0.03	+ 0.15	+ 0.20	0	9. 9
10. 10	− 0.02	− 0.07	− 0.27	− 0.22	− 0.17	− 0.16	− 0.12	− 0.39	− 0.22	− 0.37	− 0.08	− 0.04	− 0.24	10. 10
11. 11	− 0.22	− 0.40	− 0.36	− 0.39	− 0.33	− 0.19	− 0.23	− 0.44	− 0.39	− 0.55	− 0.27	− 0.19	− 0.35	11. 11
12. 12	− 0.34	− 0.60	− 0.51	− 0.48	− 0.43	− 0.15	− 0.21	− 0.34	− 0.60	− 0.65	− 0.49	− 0.41	− 0.44	12. 12
7. 2. 9	+ 0.01	− 0.06	− 0.07	− 0.28	− 0.46	− 0.34	− 0.34	− 0.24	− 0.23	− 0.15	− 0.18	− 0.10	− 0.22	7. 2. 9
6. 2. 8	+ 0.04	− 0.07	− 0.04	− 0.05	− 0.16	− 0.16	− 0.15	− 0.07	− 0.12	− 0.11	− 0.18	− 0.19	− 0.10	6. 2. 8
6. 2. 10	+ 0.04	− 0.03	+ 0.11	+ 0.21	+ 0.24	+ 0.07	+ 0.18	+ 0.24	+ 0.06	+ 0.03	− 0.06	− 0.08	+ 0.07	6. 2. 10
8. 4. 12	+ 0.09	+ 0.12	+ 0.08	− 0.10	0	− 0.21	− 0.19	− 0.18	0	+ 0.12	+ 0.17	− 0.11	− 0.02	8. 4. 12
Mx.u.Mn.	− 0.14	− 0.28	− 0.27	− 0.33	− 0.12	+ 0.04	− 0.23	− 0.02	− 0.46	− 0.45	− 0.50	− 0.39	− 0.27	Mx.u.Mn.
9.12.3.9	− 0.35	− 0.44	− 0.94	− 1.40	− 1.50	− 1.03	− 1.22	− 1.43	− 1.20	− 1.09	− 0.72	− 0.41	− 0.99	9.12.3.9

Plymouth. — Fahrenheit's Grade.

	Jan.	Febr.	März	April	Mai	Juni	Juli	Aug.	Sept.	Oct.	Nov.	Dec.	Jahr	
Mittel	45.31	46 80	45.04	49.06	57.54	58.23	62.25	61.16	58.97	54.70	48.19	47.71	52.90	Mittel
1 Vorm.	+ 0.78	+ 0.95	+ 2.79	+ 4.36	+ 5.64	+ 4.20	+ 4.75	+ 4.86	+ 3.62	+ 3.17	+ 2.01	+ 1.13	+ 3.18	1
2	+ 0.88	+ 1.50	+ 3.16	+ 4.66	+ 6.14	+ 4.45	+ 5.12	+ 5.50	+ 3.97	+ 3.42	+ 2.24	+ 1.21	+ 3.51	2
3	+ 1.11	+ 2.10	+ 3.29	+ 5.01	+ 6.39	+ 4.65	+ 5.42	+ 5.76	+ 4.12	+ 3.65	+ 2.19	+ 1.26	+ 3.74	3
4	+ 1.13	+ 2.00	+ 3.59	+ 5.31	+ 6.49	+ 4.68	+ 5.60	+ 6.11	+ 4.39	+ 3.77	+ 2.26	+ 1.21	+ 3.87	4
5	+ 1.36	+ 2.30	+ 3.84	+ 5.36	+ 6.39	+ 4.25	+ 5.17	+ 6.21	+ 4.37	+ 4.05	+ 2.31	+ 1.21	+ 3.90	5
6	+ 1.71	+ 2.30	+ 3 76	+ 4.81	+ 4.99	+ 2.40	+ 3.60	+ 4.91	+ 3.64	+ 3.40	+ 2.46	+ 1.13	+ 3.25	6
7	+ 1.56	+ 2.25	+ 2.99	+ 2.68	+ 1.84	+ 0.23	+ 0.87	+ 2.61	+ 2.42	+ 2.65	+ 1.99	+ 1.01	+ 1.92	7
8	+ 1.11	+ 1.90	+ 1.29	— 0.36	— 0.91	— 1.55	— 1.15	— 0.44	+ 0.34	+ 1.02	+ 1.29	+ 0 66	+ 0.27	8
9	+ 0.33	+ 0.60	— 0.86	— 2.54	— 2.81	— 2.80	— 2.58	— 3.14	— 1.83	— 1.53	— 0.14	+ 0.26	— 1.43	9
10	— 0.54	— 0.90	— 2.81	— 4.04	— 4.21	— 3.17	— 3.80	— 4.79	— 3.88	— 3.75	— 1.51	— 0.84	— 2.86	10
11	— 1.52	— 2.35	— 3.71	— 5.27	— 5.46	— 3.82	— 4.90	— 5.59	— 4.98	— 5.08	— 2.76	— 1.69	— 3.94	11
12	— 2.24	— 3.35	— 4.76	— 6.24	— 6.51	— 4.17	— 5.50	— 5.89	— 6.11	— 5.63	— 3.91	— 2.79	— 4.77	12
1 Nchm.	— 2.34	— 3.55	— 5.26	— 6.84	— 7.01	— 4.52	— 5.78	— 6.34	— 6 43	— 5.80	— 4.26	— 2.99	— 5.10	1
2	— 1.87	— 3.10	— 4.64	— 6.49	— 7.01	— 4.40	— 5.65	— 6.34	— 6.13	— 5.30	— 4.01	— 2.34	— 4.78	2
3	— 1.64	— 2.70	— 4.01	— 5.74	— 6.21	— 3.92	— 5.35	— 5.89	— 5.11	— 4.25	— 2.99	— 1.79	— 4.14	3
4	— 1.24	— 1.75	— 3.26	— 4.39	— 5.50	— 3.38	— 4.68	— 4 94	— 3.73	— 2.95	— 1.81	— 1.07	— 3.22	4
5	— 0.67	— 0.60	— 2.39	— 3.01	— 4.31	— 2.67	— 3.48	— 3.84	— 2.16	— 1.53	— 0.61	— 0.02	— 2.12	5
6	— 0.24	— 0.25	— 1.16	— 1.44	— 2.41	— 1.62	— 2.18	— 2.34	— 0.68	— 0.23	— 0.14	+ 0.31	— 1.04	6
7	— 0.14	+ 0.15	+ 0.06	+ 0.41	— 0.54	— 0.40	— 0.63	— 0.59	+ 0.72	+ 0.75	— 0.01	+ 0.48	0	7
8	+ 0.41	+ 0.35	+ 0.64	+ 1.31	+ 0.89	+ 0.93	+ 1.05	+ 0.96	+ 1.69	+ 1.17	+ 0 34	+ 0.58	+ 0 85	8
9	+ 0.41	+ 0.45	+ 1.21	+ 1.96	+ 2.09	+ 1.85	+ 2.45	+ 2.11	+ 2.17	+ 1.65	+ 0.79	+ 0.66	+ 1.45	9
10	+ 0.46	+ 0.60	+ 1.59	+ 3.06	+ 3.44	+ 2.48	+ 3.25	+ 3.06	+ 2.89	+ 2.10	+ 1.14	+ 0.68	+ 2.05	10
11	+ 0.55	+ 0.55	+ 2.09	+ 3.51	+ 3.99	+ 2.93	+ 3.87	+ 3.61	+ 3.24	+ 2.62	+ 1.56	+ 0.83	+ 2.36	11
12	+ 0.71	+ 0.65	+ 2.49	+ 4.06	+ 4.59	+ 3.50	+ 4.55	+ 4.36	+ 3.42	+ 2.72	+ 1.69	+ 0.96	+ 2.79	12

Gleichnamige Stunden.

1. 1	— 0.78	— 1.30	— 1.24	— 1.24	— 0.69	— 0.16	— 0.52	— 0.72	— 1.41	— 1.32	— 1.13	— 0.93	— 0.96	1. 1
2. 2	— 0.50	— 0.80	— 0.24	— 0.92	— 0.44	+ 0.03	— 0.27	— 0.42	— 1.08	— 0.94	— 0.89	— 0.57	— 0.63	2. 2
3. 3	— 0.27	— 0.30	— 0.36	— 0.37	+ 0.09	+ 0.37	+ 0.04	— 0.07	— 0.50	— 0.40	— 0.40	— 0.27	— 0.20	3. 3
4. 4	— 0.06	+ 0.13	+ 0.17	+ 0.46	+ 0.50	+ 0.75	+ 0.46	+ 0.59	+ 0.33	+ 0.41	+ 0.73	+ 0.07	+ 0.33	4. 4
5. 5	+ 0.35	+ 0.85	+ 0.73	+ 1.18	+ 1.04	+ 0.79	+ 0.85	+ 1.19	+ 1.11	+ 1.76	+ 0.85	+ 0.60	+ 0.89	5. 5
6. 6	+ 0.74	+ 1.03	+ 1.30	+ 1.69	+ 1.29	+ 0.39	+ 0.71	+ 1.29	+ 1.48	+ 1.59	+ 1.16	+ 0.72	+ 1.11	6. 6
7. 7	+ 0.71	+ 1.10	+ 1.53	+ 1.55	+ 0.65	— 0.09	+ 0.12	+ 1.01	+ 1.57	+ 1.70	+ 0.99	+ 0.75	+ 0.96	7. 7
8. 8	+ 0.76	+ 1.13	+ 0.97	+ 0.48	— 0.01	— 0.81	— 0.05	+ 0.26	+ 1.02	+ 1.10	+ 0.82	+ 0.62	+ 0.66	8. 8
9. 9	+ 0.37	+ 0.53	+ 0.18	— 0.29	— 0.36	— 0.48	— 0.07	— 0.52	+ 0.17	+ 0.06	+ 0.33	+ 0.46	+ 0.01	9. 9
10. 10	— 0.04	— 0.15	— 0.61	— 0.49	— 0.39	— 0.35	— 0.28	— 0.87	— 0.50	— 0.83	— 0.19	— 0.09	— 0.40	10. 10
11. 11	— 0.49	— 0.90	— 0.81	— 0.88	— 0.74	— 0.43	— 0.52	— 0.99	— 0.87	— 1.23	— 0.60	— 0.43	— 0.79	11. 11
12. 12	— 0.77	— 1.35	— 1.14	— 1.09	— 0.96	— 0.34	— 0.48	— 0.77	— 1.35	— 1.46	— 1.11	— 0.92	— 0.99	12. 12
7. 2. 9	+ 0.03	— 0.13	— 0.15	— 0.62	— 1.03	— 0.77	— 0.77	— 0.54	— 0.51	— 0.33	— 0.41	— 0.22	— 0.47	7. 2. 9
6. 2. 8	+ 0.08	— 0.15	— 0.08	— 0.12	— 0.38	— 0.36	— 0.33	— 0.16	— 0.27	— 0.24	— 0.40	— 0.21	— 0.23	6. 2. 8
6. 2. 10	+ 0.10	— 0.07	+ 0.24	+ 0.13	+ 0.47	+ 0.16	+ 0.40	+ 0.54	+ 0.13	+ 0.07	— 0.14	— 0.18	— 0.16	6. 2. 10
8. 4. 12	+ 0.19	+ 0.27	+ 0.17	+ 0.10	— 0.61	— 0.48	— 0.43	— 0.34	+ 0.01	+ 0.26	+ 0.39	+ 0.18	— 0.05	8. 4. 12
Mx.u.Mn.	— 0.32	— 0.63	— 0.71	— 0.24	— 0.26	+ 0.08	— 0.09	— 0.07	— 1.02	— 0.88	— 0.90	— 0.82	— 0.60	Mx.u.Mn.
9.12.3.9	— 0.79	— 1.25	— 2.10	— 3.14	— 3.38	— 2.26	— 2.75	— 3.20	— 2.72	— 2.44	— 1.56	— 0.92	— 2.22	9.12.3.9

Leith. — Fahrenheit's Grade.

	Jan.	Febr.	März	April	Mai	Juni	Juli	Aug.	Sept.	Oct.	Nov.	Dec.	Jahr	
Mittel	40.972	40.524	40.756	46.082	49.850	56.511	60.257	58.257	56.373	49.174	41.129	39.672	48.266	Mittel
1 Vorm.	+ 0.84	+ 0.86	+ 1.80	+ 3.09	+ 3.06	+ 3.94	+ 4.09	+ 2.93	+ 2.54	+ 1.10	+ 1.27	+ 0.73	+ 2.133	1
2	+ 0.59	+ 0.77	+ 2.03	+ 3.91	+ 3.46	+ 4.31	+ 4.26	+ 3.19	+ 2.79	+ 1.20	+ 1.53	+ 0.65	+ 2.334	2
3	+ 0.66	+ 0.75	+ 2.46	+ 4.56	+ 3.97	+ 4.38	+ 4.66	+ 3.48	+ 3.28	+ 1.30	+ 1.39	+ 0.61	+ 2.578	3
4	+ 0.91	+ 0.93	+ 2.63	+ 5.29	+ 4.42	+ 4.54	+ 5.11	+ 3.69	+ 3.66	+ 1.34	+ 1.29	+ 0.71	+ 2.818	4
5	+ 1.03	+ 1.17	+ 2.79	+ 5.52	+ 3.30	+ 4.44	+ 4.60	+ 3.63	+ 3.78	+ 1.62	+ 1.38	+ 0.76	+ 2.873	5
6	+ 1.04	+ 1.30	+ 2.83	+ 5.36	+ 3.53	+ 3.55	+ 3.54	+ 3.23	+ 3.52	+ 2.03	+ 1.29	+ 0.61	+ 2.613	6
7	+ 0.94	+ 1.23	+ 2.51	+ 3.46	+ 2.66	+ 2.36	+ 2.38	+ 2.24	+ 2.73	+ 1.63	+ 1.07	+ 0.68	+ 1.983	7
8	+ 0.86	+ 1.26	+ 1.84	+ 2.17	+ 1.40	+ 1.26	+ 1.14	+ 1.06	+ 1.45	+ 1.00	+ 1.04	+ 0.54	+ 1.238	8
9	+ 0.59	+ 0.77	+ 0.86	— 0.29	+ 0.12	— 0.37	— 0.24	— 0.12	— 0.15	+ 0.31	+ 0.57	+ 0.31	+ 0.212	9
10	+ 0.14	— 0.08	+ 0.22	— 2.01	— 0.05	— 1.61	— 1.37	— 1.28	— 1.10	— 0.82	— 0.33	— 0.02	— 0.745	10
11	— 0.38	— 0.99	— 2.16	— 3.01	— 1.98	— 2.51	— 2.24	— 2.04	— 2.21	— 1.71	— 1.34	— 0.85	— 1.683	11
12	— 1.05	— 1.71	— 2.56	— 3.91	— 2.73	— 3.00	— 3.59	— 3.00	— 3.13	— 2.36	— 1.95	— 1.33	— 2.510	12
1 Nchm.	— 1.44	— 2.25	— 2.92	— 4.38	— 3.34	— 3.54	— 3.68	— 3.46	— 3.93	— 2.78	— 2.30	— 1.51	— 2.882	1
2	— 1.62	— 2.24	— 3.26	— 4.73	— 3.77	— 3.99	— 4.08	— 3.66	— 4.26	— 2.84	— 2.58	— 1.54	— 3.203	2
3	— 1.62	— 2.28	— 3.32	— 5.11	— 3.84	— 4.02	— 4.39	— 3.66	— 4.16	— 2.55	— 2.63	— 1.12	— 3.265	3
4	— 1.21	— 1.73	— 3.29	— 4.80	— 4.16	— 4.01	— 4.45	3.90	— 3.56	— 1.96	— 1.70	— 0.83	— 2.972	4
5	— 0.71	— 0.96	— 2.80	— 4.26	— 4.02	— 3.94	— 4.57	— 3.79	— 3.55	— 1.30	— 1.03	— 0.51	— 2.605	5
6	— 0.48	— 0.47	— 2.09	— 3.85	— 3.50	— 4.08	— 4.41	— 3.50	— 2.29	— 0.58	— 0.67	— 0.27	— 2.027	6
7	— 0.11	— 0.09	— 1.12	— 2.46	— 2.59	— 3.36	— 3.58	— 1.71	— 0.96	+ 0.04	— 0.25	+ 0.18	— 1.277	7
8	+ 0.10	+ 0.30	— 0.40	— 0.82	— 1.17	— 1.10	— 1.30	— 0.44	— 0.17	+ 0.57	+ 0.06	+ 0.29	— 0.357	8
9	+ 0.18	+ 0.61	+ 0.30	+ 0.37	+ 0.33	+ 0.27	+ 0.44	+ 0.57	+ 0.58	+ 0.72	+ 0.30	+ 0.36	+ 0.438	9
10	+ 0.15	+ 0.87	+ 0.82	+ 1.07	+ 0.85	+ 1.34	+ 1.71	+ 1.55	+ 1.24	+ 1.11	+ 0.80	+ 0.42	+ 0.990	10
11	+ 0.27	+ 0.99	+ 1.35	+ 2.17	+ 1.70	+ 2.29	+ 2.52	+ 2.22	+ 1.65	+ 1.40	+ 1.19	+ 0.55	+ 1.463	11
12	+ 0.34	+ 1.00	+ 1.49	+ 2.67	+ 2.34	+ 2.84	+ 3.44	+ 2.74	+ 2.26	+ 1.54	+ 1.42	+ 0.60	+ 1.868	12

Gleichnamige Stunden.

1. 1	− 0.30	− 0.70	− 0.56	− 0.65	− 0.14	+ 0.20	+ 0.21	− 0.27	− 0.70	− 0.84	− 0.52	− 0.39	− 0.374	1. 1
2. 2	− 0.52	− 0.74	− 0.62	− 0.41	− 0.16	+ 0.16	+ 0.09	− 0.24	− 0.74	− 0.82	− 0.53	− 0.45	− 0.435	2. 2
3. 3	− 0.48	− 0.77	− 0.43	− 0.28	+ 0.07	+ 0.18	+ 0.14	− 0.09	− 0.44	− 0.63	− 0.62	− 0.26	− 0.345	3. 3
4. 4	− 0.15	− 0.40	− 0.33	+ 0.25	+ 0.13	+ 0.27	+ 0.33	− 0.11	+ 0.05	− 0.31	− 0.21	− 0.06	− 0.079	4. 4
5. 5	+ 0.16	+ 0.11	− 0	+ 0.63	− 0.36	+ 0.25	+ 0.02	− 0.08	+ 0.12	+ 0.16	+ 0.18	+ 0.13	+ 0.133	5. 5
6. 6	+ 0.28	+ 0.42	+ 0.37	+ 0.76	+ 0.02	− 0.22	− 0.44	− 0.14	+ 0.62	+ 0.73	+ 0.31	+ 0.17	+ 0.292	6. 6
7. 7	+ 0.42	+ 0.57	+ 0.70	+ 0.50	+ 0.04	− 0.50	− 0.60	+ 0.27	+ 0.89	+ 0.84	+ 0.42	+ 0.43	+ 0.352	7. 7
8. 8	+ 0.48	+ 0.73	+ 0.72	+ 0.68	+ 0.12	− 0.08	− 0.08	+ 0.31	+ 0.64	+ 0.79	+ 0.55	+ 0.42	+ 0.440	8. 8
9. 9	+ 0.39	+ 0.69	+ 0.58	+ 0.04	+ 0.23	− 0.05	+ 0.10	+ 0.23	+ 0.22	+ 0.52	+ 0.44	+ 0.34	+ 0.324	9. 9
10. 10	+ 0.15	+ 0.90	+ 0.52	− 0.47	+ 0.40	− 0.14	+ 0.17	+ 0.14	− 0.07	+ 0.15	+ 0.24	+ 0.20	+ 0.122	10. 10
11. 11	− 0.06	− 0	− 0.41	− 0.42	− 0.14	− 0.11	+ 0.14	+ 0.09	− 0.28	− 0.16	− 0.08	− 0.15	− 0.111	11. 11
12. 12	− 0.36	− 0.36	− 0.54	− 0.64	− 0.20	− 0.08	− 0.08	− 0.13	− 0.44	− 0.41	− 0.27	− 0.37	− 0.319	12. 12
7. 2. 9	− 0.17	− 0.13	− 0.15	− 0.30	− 0.26	− 0.45	− 0.42	− 0.15	− 0.32	− 0.16	− 0.40	− 0.17	− 0.261	7. 2. 9
6. 2. 8	− 0.16	− 0.21	− 0.28	− 0.06	− 0.47	− 0.51	− 0.61	− 0.29	− 0.30	− 0.08	− 0.41	− 0.21	− 0.316	6. 2. 8
6. 2. 10	− 0.14	− 0.02	+ 0.13	+ 0.57	+ 0.20	+ 0.30	+ 0.39	+ 0.37	+ 0.17	+ 0.10	− 0.16	− 0.17	+ 0.111	6. 2. 10
8. 4. 12	0	+ 0.18	+ 0.01	+ 0.01	+ 0.19	+ 0.03	+ 0.04	− 0.03	+ 0.05	+ 0.19	+ 0.25	+ 0.10	+ 0.045	8. 4. 12
Mx. u. Mn.	− 0.29	− 0.49	− 0.25	+ 0.21	+ 0.13	+ 0.23	+ 0.05	− 0.11	− 0.24	− 0.41	− 0.55	− 0.39	− 0.196	Mx. u. Mn.
9.12.3.9	− 0.37	− 0.65	− 1.18	− 2.26	− 1.53	− 1.73	− 1.95	− 1.55	− 1.72	− 0.97	− 0.93	− 0.45	− 1.284	9.12.3.9

Boothia felix. — Fahrenheit's Grade.

	Jan.	Febr.	März	April	Mai	Juni	Juli	Aug.	Sept.	Oct.	Nov.	Dec.	Jahr	
Mittel	−26.39	−31.385	−28.086	−2.234	15.669	34.364	41.296	38.511	25.366	9.963	−6.365	22.049	4.027	Mittel
1 Vorm.	− 0.69	+ 0.56	+ 4.91	+ 5.20	+ 6.60	+ 5.37	+ 4.25	+ 2.73	+ 1.21	+ 0.70	− 0.82	+ 0.30	+ 2.697	1
2	− 0.63	+ 0.70	+ 5.04	+ 5.35	+ 6.38	+ 5.28	+ 3.95	+ 2.69	+ 1.42	+ 0.60	− 0.69	+ 0.26	+ 2.606	2
3	− 0.57	+ 0.55	+ 5.12	+ 5.53	+ 5.87	+ 4.95	+ 3.60	+ 2.56	+ 1.53	+ 0.66	− 0.68	+ 0.29	+ 2.518	3
4	− 0.43	+ 0.66	+ 5.25	+ 5.34	+ 5.15	+ 4.20	+ 2.95	+ 2.17	+ 1.53	+ 0.71	− 0.70	− 0.01	+ 2.279	4
5	− 0.50	+ 0.64	+ 5.28	+ 4.71	+ 3.68	+ 3.28	+ 2.05	+ 2.12	+ 1.42	+ 0.85	− 0.91	− 0.05	+ 1.936	5
6	− 0.23	+ 0.55	+ 5.09	+ 3.54	+ 2.34	+ 1.70	+ 1.30	+ 1.81	+ 1.15	+ 0.73	− 0.65	− 0.18	+ 1.440	6
7	− 0.30	+ 0.52	+ 4.38	+ 1.94	+ 1.10	+ 0.87	+ 0.49	+ 1.24	+ 0.64	+ 0.41	− 0.42	− 0.36	+ 0.899	7
8	− 0.40	+ 0.58	+ 2.84	− 0.27	− 0.21	− 0.48	− 0 10	+ 0.50	− 0.03	+ 0.19	− 0.13	− 0.30	+ 0.221	8
9	− 0.16	− 0.18	− 0.57	− 2.52	− 2.26	− 1.47	− 0.77	− 0.47	− 0.52	− 0.18	− 0.10	− 0.24	− 0.788	9
10	+ 0.07	− 0.64	− 3.29	− 4.15	− 3.69	− 2.97	− 1.72	− 1.18	− 1.01	− 0.61	− 0.29	− 0.20	− 1.680	10
11	+ 0.06	− 1.58	− 5.81	− 5.72	− 4.94	− 4.07	− 2.44	− 1.95	− 1.67	− 1.13	− 0.51	− 0.24	− 2.538	11
12	+ 0.10	− 2.56	− 7.77	− 6.87	− 5.64	− 5.34	− 3.35	− 2.49	− 1.93	− 0.98	− 0.67	− 0.32	− 3.197	12
1 Nchm.	+ 0.49	− 2.83	− 8.61	− 7.17	− 6.07	− 6.09	− 3.69	− 2.93	− 2.28	− 1.71	− 0.72	− 0.30	− 3.604	1
2	+ 0.47	− 2.46	− 8.28	− 6.81	− 6.09	− 5.88	− 4.06	− 3.07	− 2.21	− 1.20	− 0.34	− 0.26	− 3.365	2
3	+ 0.22	− 1.80	− 7.30	− 5.99	− 5.58	− 5.23	− 3.77	− 3.00	− 1.97	− 0.73	− 0.10	− 0.12	− 2.903	3
4	+ 0.27	− 0.60	− 5.53	− 5.12	− 4.29	− 4.29	− 3.29	− 2.88	− 1.60	− 0.30	+ 0.29	− 0.03	− 2.267	4
5	+ 0.50	+ 0.10	− 3.25	− 3.34	− 3.21	− 3.06	− 2.55	− 2.17	− 0.96	− 0.06	+ 0.87	+ 0.11	− 1.423	5
6	+ 0.48	+ 0.37	− 1.11	− 1.73	− 1.95	− 1.76	− 1.76	− 1.58	− 0.34	+ 0.20	+ 1.01	+ 0.07	− 0.721	6
7	+ 0.36	+ 0.73	+ 0.54	+ 0.39	− 0.82	− 0.37	− 0.96	− 0.91	+ 0.26	+ 0.29	+ 0.98	− 0.01	+ 0.008	7
8	+ 0.23	+ 1.02	+ 1.52	+ 1.59	+ 0.42	+ 0.91	+ 0.15	− 0.35	+ 0.64	+ 0.24	+ 1.06	+ 0.28	+ 0.624	8
9	+ 0.16	+ 1.19	+ 2.06	+ 2.85	+ 1.67	+ 2.18	+ 1.21	+ 0.62	+ 1.01	+ 0.29	+ 0.82	+ 0.18	+ 1.184	9
10	+ 0.03	+ 1.39	+ 2.69	+ 3.92	+ 2.99	+ 3.33	+ 1.69	+ 1.46	+ 1.12	+ 0.29	+ 0.93	+ 0.39	+ 1.653	10
11	+ 0.24	+ 1.32	+ 3.29	+ 4.62	+ 3.91	+ 4.10	+ 3.07	+ 2.25	+ 1.22	+ 0.34	+ 0.77	+ 0.46	+ 2.064	11
12	+ 0.23	+ 1.65	+ 3.42	+ 4.80	+ 4.55	+ 4.74	+ 3.85	+ 2.79	+ 1.46	+ 0.35	+ 0.88	+ 0.25	+ 2.348	12

Gleichnamige Stunden.

1. 1	− 0.10	− 1.14	− 1.85	− 0.99	+ 0.27	− 0.36	+ 0.28	− 0.10	− 0.54	− 0.51	− 0.77	0	− 0.454	1. 1
2. 2	− 0.08	− 0.98	− 1.61	− 0.73	+ 0.19	− 0.30	− 0.06	− 0.19	− 0.40	− 0.30	− 0.52	0	− 0.379	2. 2
3. 3	− 0.18	− 0.63	− 1.09	− 0.23	+ 0.15	− 0.14	− 0.09	− 0.22	− 0.22	− 0.04	− 0.39	+ 0.09	− 0.193	3. 3
4. 4	− 0.08	+ 0.03	− 0.14	+ 0.11	+ 0.43	− 0.05	− 0.17	− 0.36	− 0.04	+ 0.16	− 0.21	− 0.02	+ 0.006	4. 4
5. 5	0	+ 0.37	+ 1.02	+ 0.69	+ 0.24	+ 0.11	− 0.25	− 0.03	+ 0.23	+ 0.40	− 0.02	+ 0.03	+ 0.257	5. 5
6. 6	− 0.13	+ 0.46	+ 1.94	+ 0.91	+ 0.20	− 0.03	− 0.23	+ 0.12	+ 0.41	+ 0.47	+ 0.18	− 0.06	+ 0.360	6. 6
7. 7	− 0.03	+ 0.63	+ 2.46	+ 1.17	+ 0.14	+ 0.25	− 0.24	+ 0.17	+ 0.45	+ 0.35	+ 0.28	− 0.19	+ 0.454	7. 7
8. 8	− 0.09	+ 0.80	+ 2.18	+ 0.66	+ 0.11	+ 0.22	+ 0.03	+ 0.08	+ 0.34	+ 0.22	+ 0.47	− 0.01	+ 0.423	8. 8
9. 9	0	+ 0.51	+ 0.75	+ 0.17	− 0.30	+ 0.36	+ 0.22	+ 0.08	+ 0.25	+ 0.06	+ 0.36	− 0.03	+ 0.198	9. 9
10. 10	+ 0.05	+ 0.38	− 0.30	− 0.12	− 0.35	+ 0.18	− 0.02	+ 0.14	+ 0.06	− 0.17	+ 0.32	+ 0.09	− 0.014	10. 10
11. 11	+ 0.15	− 0.13	− 1.26	− 0.55	− 0.52	+ 0.02	+ 0.32	+ 0.15	− 0.23	− 0.40	+ 0.13	+ 0.11	− 0.237	11. 11
12. 12	+ 0.17	− 0.46	− 2.18	− 1.04	− 0.55	− 0.30	+ 0.25	+ 0.15	− 0.24	− 0.32	+ 0.11	− 0.04	− 0.425	12. 12
7. 2. 9	+ 0.11	− 0.25	− 0.61	− 0.67	− 1.08	− 0.94	− 0.79	− 0.47	− 0.19	− 0.17	− 0.02	− 0.18	− 0.141	7. 2. 9
6. 2. 8	0	− 0.30	− 0.56	− 0.55	− 1.08	− 1.09	− 0.87	− 0.30	− 0.14	− 0.08	+ 0.02	− 0.05	− 0.651	6. 2. 8
6. 2. 10	+ 0.09	− 0.17	− 0.56	+ 0.22	− 0.22	− 0.28	− 0.36	+ 0.07	+ 0.02	− 0.06	− 0.02	− 0.02	− 0.136	6. 2. 10
8. 4. 12	+ 0.09	+ 0.54	+ 0.24	− 0.20	+ 0.02	+ 0.02	+ 0.15	+ 0.14	− 0.06	+ 0.08	+ 0.08	− 0.03	+ 0.151	8. 4. 12
Mx.u.Mn.	− 0.10	− 0.59	− 1.67	+ 0.82	+ 0.29	− 0.36	+ 0.10	− 0.14	− 0.38	− 0.43	+ 0.07	+ 0.05	− 0.453	Mx.u.Mn.
9.12.3.9	− 0.38	− 0.91	− 3.81	− 3.21	− 2.77	− 2.65	− 1.76	− 1.45	− 0.94	− 0.58	− 0.02	− 0.12	− 1.527	9.12.3.9

Aus den in den eben mitgetheilten Tafeln gegebenen Zahlen lassen sich leicht vermittelst der von Bessel gegebenen Anleitung die Constanten der Formel:

$$t_x = a + a_, \sin(x + \alpha_,) + a_{,,} \sin(2x + \alpha_{,,}) + a_{,,,} \sin(3x + \alpha_{,,,}) + \ldots$$

bestimmen, wo t^x die dem Stundenwinkel x entsprechende Temperatur bezeichnet. Diese Rechnung ist von Kämtz für Padua und Leith ausgeführt worden. Bei nicht gleich weit von einander innerhalb der ganzen Periode abstehenden Beobachtungen finden jene Formeln keine Anwendung, und es müssen dann jene Constanten nach den allgemeinen Regeln der Wahrscheinlichkeitsrechnung auf einem viel mühsameren Wege bestimmt werden, da die Vereinigung der einzelnen Glieder nicht mehr in gleicher Weise stattfindet. Bei einer grossen Anzahl in der täglichen Periode gleich weit von einander, z. B. um eine Stunde abstehender Beobachtungen, die dann während der Nacht eine plötzliche, länger dauernde Unterbrechung erfahren, hat man sich nun häufig die Rechnung dadurch erleichtert, dass man jene fehlenden Beobachtungen mehr oder minder willkührlich interpolirt hat, und nun die Constanten aus den wirklich angestellten und willkührlich interpolirten Beobachtungen eben so bestimmt hat, als wenn alle Beobachtungen wirklich angestellt worden wären. Es ist aber einleuchtend, dass dann der Hauptvortheil, nämlich die wahrscheinlichsten Werthe der Constanten zu erhalten, verloren geht. Die von Gräger aus den Beobachtungen von Mühlhausen erhaltenen Constanten haben daher nicht dieselbe Sicherheit als die für Leith und Padua, da in Mühlhausen die Nachtbeobachtungen im Sommer von 11 bis 4 Uhr, im Winter von 10 bis 6 Uhr interpolirt sind.

Die Winkelconstanten hängen vorzugsweise von der geographischen Breite ab, auf die Grössen $a_,$, $a_{,,}$, $a_{,,,}$ hat hingegen die Nähe des Meeres Einfluss, welche alle periodischen Aenderungen vermindert. Ich habe für Salzuflen, Plymouth, Madras und Boothia die Rechnungen nicht durchgeführt, da ich gehört habe, dass wir von Hällström eine umfassende Arbeit über die täglichen Veränderungen erwarten dürfen, in welcher dann wohl alle vorhandenen Data benutzt werden werden. Die folgende Tafel enthält daher nur die Constanten für Padua (P), Mühlhausen (M) und Leith (L), zu besserer Uebersicht neben einander gestellt, x vom Mittag an gerechnet, in Centesimalgraden:

$$t_x = a + a_, \sin(x + \alpha_,) + a_{,,} \sin(x + \alpha_{,,}) + a_{,,,} \sin(x + \alpha_{,,,})$$

		a	$a_,$	$a_{,,}$	$a_{,,,}$	$\alpha_,$	$\alpha_{,,}$	$\alpha_{,,,}$
Januar.	P.	3.7117	1.406	0.5910	0.1315	34° 24′	40° 36′	66° 44′
	M.	— 9.985	1.3316	0.5511	0.1963	54° 13′	57° 45′	61° 40′
	L.	4.9958	0.5896	0.2350	0.0640	38° 15′	30° 58′	357° 48′
Februar.	P.	4.8896	1.720	0.5967	0.2055	30° 16′	49° 44′	86° 33′
	M.	— 5.99	2.2140	0.7471	0.2294	51° 45′	52° 33′	65° 44′
	L.	4.74	0.8732	0.4358	0.0994	48° 55′	29° 12′	61° 51′
März.	P.	7.6846	2.173	0.5335	0.1417	34° 26′	63° 27′	161° 11′
	M.	2.76	2.122	0.582	0.065	54° 21′	63°	228° 34′
	L.	4.8417	1.6643	0.3915	0.0238	38° 1′	30° 32′	125° 52′
April.	P.	13.0288	2.534	0.3676	0.2381	34° 53′	59° 3′	198° 34′
	M.	4.86	3.3272	0.6116	0.1816	51° 43′	76° 36′	262° 20′
	L.	7.8267	2.8267	0.3135	0.3216	41° 53′	78° 0′	192° 9′
Mai.	P.	19.9683	3.755	0.3983	0.3599	59° 52′	105° 43′	247° 14′
	M.	10.582	3.6851	0.3058	0.2574	54° 10′	110° 50′	242° 11′
	L.	9.9167	2.318	0.0782	2.2244	40° 2′	90° 36′	214° 15′
Juni.	P.	21.9254	3.883	0.2282	0.3831	67° 21′	96° 47′	251° 49′
	M.	15.791	5.1228	0.2301	0.2681	56° 53′	95° 3′	260° 36′
	L.	13.2589	2.2871	0.0696	0.2024	45° 23′	353° 33′	194° 49′

Juli.	P.	26.0558	4.391	0.5066	0.5319	65° 23′	98° 19′	252° 47′
	M.	16.14004	4.313	0.3132	0.2234	56° 50′	106°	242°
	L.	15.6992	2.6706	0.098	0.2482	44° 14′	230° 21′	187° 18′
August.	P.	22.7929	4.272	0.7862	0.4988	56° 9′	76° 9′	234° 12′
	M.	18.0755	4.1018	0.51	0.1698	52° 3′	65° 8′	209° 10′
	L.	14.5975	1.2785	0.1147	0.2355	46° 34′	22° 29′	192° 13′
September.	P.	18.3792	3.025	0.7699	0.1580	48° 44′	81° 17′	249° 5′
	M.	12.198	3.708	0.9894	0.1095	55° 45′	61° 58′	183° 27′
	L.	13.5400	2.1247	0.3922	0.1205	45° 59′	54° 12′	206° 58′
October.	P.	14.9258	2.013	0.6517	0.0533	47° 20′	50° 43′	258° 3′
	M.	9.288	2.7875	0.9033	0.0894	55° 50′	63° 38′	73° 42′
	L.	9.5375	1.1515	0.5301	0.1071	56° 52′	50° 2′	116° 19′
November.	P.	7.7392	2.143	0.9282	0.1866	56° 44′	60° 15′	60° 15′
	M.	4.3628	0.9312	0.4133	0.0847	67° 28′	84° 34′	105° 5′
	L.	5.0721	1.0468	0.3018	0.1383	52° 2′	36° 44′	44° 14′
December.	P.	3.8842	1.693	0.6807	0.2337	48° 46′	51° 45′	57° 1′
	M.	1.4210	0.899	0.4035	0.1329	61° 46′	64° 10′	75°
	L.	4.2613	0.5408	0.2714	0.0890	56° 59′	49° 5′	46° 40′

Für Krakau findet endlich Steczkowski aus achtjährigen Beobachtungen am 15ten Januar (1828 — 1835):

$$t_x = -4.298 + 1^\circ.123 \sin(x + 53^\circ 47') + 0^\circ.716 \sin(2x + 58^\circ 56') + 0^\circ.195 \sin(3x + 37^\circ 20')$$

und daraus das Maximum um $1^h.42$, das Minimum um $18^h.22$.

Die Zeit, zu welcher das Mittel der Tageswärme eintritt, ist nach den Bestimmungen von Goldingham, Kämtz, Harris u. Gräger:

Morgens:

	Madras	Padua	Mühlhausen	Plymouth	Leith
Januar	$9^h.2$	$10^h.2$	$9^h.22$	$9^h.22$	$10^h.3$
Februar	8.8	10.1	9.21	9.23	9.9
März	8.7	9.6	8.93	8.36	9.9
April	8.6	9.5	8.51	7.52	9.0
Mai	8.5	7.6	8.18	7.39	9.0
Juni	8.8	7.4	8.11	7.50	8.8
Juli	9.6	7.5	8.26	7.21	8.7
August	8.9	8.2	8.48	7.51	8.8
Sept.	8.6	8.8	8.62	8.9	9.1
Oct.	8.7	9.4	8.71	8.23	9.2
Nov.	8.8	9.2	8.82	8.54	9.6
Dec.	9.5	9.6	9.03	9.14	9.5
Jahr	8.9			8.9	

Abends:

	Madras	Padua	Plymouth	Leith
Januar	$7^h.2$	$8^h.7$	$7^h.16$	$8^h.8$
Februar	7.2	9.7	6.39	7.2
März	7.4	9.2	6.58	8.6
April	7.2	9.1	6.47	8.8
Mai	6.4	7.6	7.25	9.0
Juni	7.8	7.1	7.21	8.6
Juli	6.6	7.1	7.25	8.9
August	7.5	7.9	7.23	8.5
Sept.	7.9	7.9	6.28	8.2
Oct.	6.7	7.5	6.15	6.8
Nov.	6.4	6.6	7.20	7.7
Dec.	8.6	7.5	5.20	6.2
Jahr	7.2		7.	

Die Zeit der grössten Wärme ist Nachmittags:

	Madras	Padua	Leith
Januar	1h.3	2h.1	2h.4
Februar	12.	1.8	1.9
März	12.3	2.4	2.6
April	12.	3.5	3.6
Mai	11.3 V.	2.3	3.8
Juni	2.	2.3	3.7
Juli	2.3	2.2	4.1
August	2.	2.3	3.7
Sept.	2.	1.9	2.5
Oct.	12.	2.1	1.4
Nov.	12.3	1.3	1.7
Dec.	12.7	1.5	1.4
Jahr	12.8	2.	2.6

Die von Goldingham gegebene Bestimmung der Zeit des Eintritts des Minimums scheint mir unsicher wegen der oben angeführten Störung um 6 Uhr. Im jährlichen Mittel tritt das Minimum in Leith ein um 4.6, in Padua 4.3 Morgens.

Die Angaben für Boothia lassen sich aus der Tafel der Differenzen pag. 374 unmittelbar entnehmen, eine grössere Schärfe der Bestimmung ist nur aus einer daraus abgeleiteten Formel zu erhalten, doch würde selbst diese für die Monate, in welchen die Temperatur rasch zu- und rasch abnimmt, keine genügenden Resultate liefern, da die jährliche Veränderung dann innerhalb 24 Stunden so gross wird, dass sie die tägliche Veränderung verdeckt. Es müsste daher erst diese eliminirt werden. So grosse Veränderungen in der jährlichen Periode scheinen aber überall in der Nähe der Kältepole stattzufinden, denn nach den Beobachtungen von Kospini in Nischne Kolymsk und von Wrangel in Ustjansk in 68° 32′ und 70° 55′ N. B. nimmt die Temperatur vom April bis Mai um 12 Réaumursche Grade zu.

Die Grösse der täglichen Oscillation in den einzelnen Monaten des Jahres ist ein von so mannigfachen Ursachen abhängendes Phänomen, dass es nur im Zusammenhange mit den klimatologischen Verhältnissen einzelner Gegenden betrachtet werden kann. So wie im Allgemeinen die tägliche Oscillation abnimmt vom Innern der Continente nach den Küsten hin, so wird sie in der unmittelbaren Nähe derselben noch durch den täglichen Wechsel der Land- und Seewinde verringert. Da die Trübung der Atmosphäre die Insolation und die Ausstrahlung vermindert, so wirkt dieselbe abstumpfend auf beide Extreme. In der heissen Zone ist daher die Regenzeit die Zeit der geringsten täglichen Veränderungen, wie man deutlich in Hindostan sieht, wo das Maximum derselben an den Westküsten auf die Frühlings- und Herbstmonate fällt, an den Ostküsten hingegen in die Sommermonate. Bei der gleichbleibenden Tageslänge am Aequator halten Insolation und Ausstrahlung einander das ganze Jahr hindurch nahe das Gleichgewicht. Mit Entfernung vom Aequator wird aber das gegenseitige Verhältniss derselben immer stärker verändert, bis es an den Polen endlich in ein Extrem ausartet. Die Grösse der täglichen Oscillation würde daher schon in unsern Breiten sowohl im Winter als im Sommer geringer werden, als im Frühling und Herbst. Da aber in Italien der Sommer ohne Niederschlag, dessen Maximum auf Frühling und Herbst fällt, so erreicht die tägliche Oscillation dann in der jährlichen Periode häufig ein erstes Maximum im Frühling und ein zweites im Sommer. Gehen wir von hier weiter nach Norden, wo jene beiden Regenzeiten in einem Sommermaximum zusammenfallen, so wirken dann häufiger Trübung und vermehrte Tageslänge in gleichem Sinne abstumpfend auf die Extreme, die grösste tägliche Oscillation fällt demnach in das Frühjahr. In der kalten Zone endlich, wo die Niederschläge ziemlich gleichförmig in dem ganzen Jahre vertheilt sind, kommt es wiederum vorzugsweise nur auf die Veränderung der Tageslänge an, welche in der Winternacht der Polarländer, so wie in der Zeit, wo die Sonne nicht untergeht, die 24stündige Periode nur insofern durchblicken lässt, als die Mittagshöhe der Sonne die Mitternachtshöhe übertrifft. Ein allmähliger Uebergang dieser verschiedenen Erscheinungen in einander kann nur durch Vergleichung vieler Beobachtungsorte erhalten werden. Das Zusammenstellen einzelner, weit von einander gelegener scheint mir der Lösung des Problems eben nicht förderlich zu sein, welches man überhaupt bisher noch nicht mit gehöriger Schärfe ins Auge gefasst hat.

Veränderungen der Temperatur in der jährlichen Periode.

Da die Richtung, in welcher man auf der Oberfläche der Erde von einem gegebenen Orte aus fortschreiten muss, um stets eine gleiche Lufttemperatur zu finden, in den Sommermonaten eine ganz andere ist, als in den Wintermonaten, so hat man neben der isothermischen Vertheilung der Jahresmittel auf die Unterschiede des continentalen und des Seeklima's als auf ein wesentliches Moment aufmerksam gemacht. Die Vegetationsverhältnisse auf der Erdoberfläche, die Höhe der Schneegrenze über derselben, die Temperaturverhältnisse der verschiedenen Windesrichtungen und die sie begleitenden Niederschläge sind nämlich so innig mit der Vertheilung der Temperatur in der jährlichen Periode verknüpft, dass ein Unberücksichtigtlassen derselben sich von selbst verbietet. Beide Momente werden in einer gemeinsamen Anschauung zusammengefasst, wenn man nach der Gestaltänderung der innerhalb der jährlichen Periode fortwandernden Isothermen fragt. Das Bedürfniss Linien gleicher mittlerer Monatswärme zu besitzen, oder wenigstens Linien gleicher Frühlings-, Sommer-, Herbst- und Wintertemperatur ist daher seit lange gefühlt, ihm ist aber bisher nicht entsprochen worden.

So wie man von dem Jahre zu Unterabtheilungen desselben übergeht, so verlässt man einen von der Natur selbst gegebenen Abschnitt, um zu einem mehr oder minder willkührlich begrenzten überzugehen. Denn die sich von selbst gleichsam darbietende Abtheilung der Jahreszeiten wird unter verschiedenen geographischen Breiten eine ganz andere. In den Polargegenden drängt sich der Sommer in einen kürzeren Zeitraum als den von 3 Monaten zusammen, im südlichen Europa umfasst er hingegen schon einen längeren Zeitraum, ja er erhält zwischen den Wendekreisen eine ganz andere Bedeutung. Man erhält daher eine ganz unrichtige Vorstellung, wenn man das Verhältniss der Sommerwärme solcher Gegenden durch die mittlere Temperatur des Juni, Juli und August ausdrückt. Die Eintheilung in Monate hat daher zunächst das Gute, dass sie nicht darauf Anspruch macht, eine natürliche sein zu wollen, der Zeitraum eines Monats ist ausserdem kurz genug, um nicht in mehrere Jahreszeiten überzugreifen, in Ermangelung kürzerer Abschnitte kann er vielmehr als Masseinheit angesehen werden. Aber die zunächst zu untersuchende Frage ist, bieten unsere jetzigen Beobachtungen bereits Material genug, diese Aufgabe, welche Alex. v. Humboldt in seinem Werke über die Isothermen bereits als eine wesentliche bestimmt hat, mit einiger Vollständigkeit zu lösen.

Der grosse Einfluss, welchen Luftströmungen und die sie begleitenden Niederschläge auf die Temperatur eines Ortes äussern, gleicht sich bekanntlich noch nicht innerhalb eines Jahres aus, so dass die mittlere Wärme eines bestimmten Jahres sich oft um mehrere Grade von der eines anderen unterscheidet. Es bedarf daher zur Bestimmung der Jahrestemperatur eines Ortes der Beobachtungen mehrerer Jahre, um mit einiger Sicherheit auf die gefundenen Zahlen rechnen zu können. Noch viel bedeutender sind die Abweichungen monatlicher Mittel in einzelnen Jahren, um eine quantitative Vergleichung in dieser Beziehung zu erhalten, habe ich in der folgenden Tafel die in längeren Zeiträumen beobachteten Unterschiede der höchsten und niedrigsten Werthe der Mittelwärme jedes einzelnen Monats und des Jahres verglichen. Die Grade sind Réaumursche. Die Beobachtungen selbst sind in einzelne Gruppen getheilt. Die erste zeigt die Abnahme der Oscillation von Süden nach Norden. Der Unterschied der Jahresmittel bezieht sich bei einigen Orten auf die neben dem Namen des Ortes als Exponent stehende Zahl, so dass also Venedig^{16} = 1.82, Basel^{10} = 2.9, Ullensvang^{20} = 3.20, Tambow^{10} = 1.61 bezeichnet, dass in 16 Jahren zu Venedig der grösste Unterschied der Jahresmittel 1°.82 betrug u. s. f. Die folgenden Gruppen heben vorzugsweise den Contrast des Seeklima's und des continentalen hervor, die letzte zeigt die Verhältnisse der heissen Zone. Für die Jahreszeiten: Winter, Frühling, Sommer, Herbst betragen die Unterschiede:

in Berlin	1800 — 1825:	6°.7,	3°.8,	3°.58,	3°.7
„ Regensburg	1773 — 1830:	6°.01,	7°.12,	5°.05,	6°.59
„ Strasburg	1806 — 1820				
und	1831 — 1834:	5°.3,	2°.07,	4°.57,	3°.56
„ Hamburg	1807 — 1824:	5°.63,	3°.53,	3°.37,	2°.74
„ Salem	1793 — 1828:	7°.07,	4°.14,	3°.38,	2°.74
„ Cambridge N.A.	1790 — 1812:	3°.87,	4°.71,	2°.76,	2°.58

Grösste Abweichung monatlicher Mittel.

	Jan.	Febr.	März	April	Mai	Juni	Juli	Aug.	Sept.	Oct.	Nov.	Dec.	Anzahl der Jahre	Untersch. der Jahrsmttl.
Palermo	4.58	6.	3.64	4.12	4.07	4.9	3.79	2.98	4.8	3.42	3.82	3.98	38	—
Florenz	4.66	3.5	3.4	3.6	3.9	3.3	2.85	2.3	3.2	3.3	3.9	5.1	12	1.7
Nizza	4.5	4.	5.7	5.25	3.6	7.6	3.9	4.45	3.75	4.35	4.25	4.45	20	3.55
Turin[19]	6.47	5.23	5.4	5.43	4.94	5.1	3.23	3.80	2.9	3.93	4.03	3.83	23	2.40
Mailand[55]	8.2	9.	6.5	5.5	6.42	5.51	4.6	5.28	6.89	5.2	5.2	6.8	72	2.78
St. Bernhard	8.26	6.64	7.41	4.13	3.93	5.66	6.21	3.45	5.65	5.02	8.17	6.29	21	2.29
Genf	9.79	6.3	6.08	5.92	5.88	5.89	5.06	5.14	4.27	5.09	6.37	7.53	42	2.24
Paris	9.54	7.94	5.87	5.02	5.31	4.67	4.	6.99	3.86	4.88	5.4	9.7	33	2.34
Strasburg[26]	10.62	7.22	6.77	4.96	5.1	4.06	5.15	5.65	3.62	5.63	5.8	9.78	23	2.29
Carlsruhe	9.38	8.35	8.76	6.66	5.15	6.25	4.95	5.31	4.77	6.63	6.62	9.68	40	2.25
Stuttgard	14.09	9.08	6.28	8.27	5.66	5.53	5.31	6.23	4.72	6.94	5.4	10.76	43	3.02
Augsburg	9.62	7.51	5.58	6.23	4.33	5.46	4.89	5.69	6.28	4.89	5.3	10.54	22	—
Regensburg	11.5	8.27	9.81	9.67	7.16	5.86	7.66	7.49	5.17	6.33	6.88	12.45	62	3.18
Berlin	14.18	9.34	7.97	7.26	6.06	6.31	5.77	7.41	4.25	6.89	6.91	12.77	49	—
Hamburg	9.3	8.05	6.16	5.4	5.68	4.28	5.05	5.28	3.15	6.	4.56	8.32	18	—
Copenhagen	8.5	7.93	7.58	5.66	6.34	5.82	5.53	4.78	4.85	4.87	7.8	9.72	39	—
Danzig	9.	7.4	6.1	5.4	6.2	5.9	4.	6.2	4.3	6.9	4.6	7.8	18	2.42
Stockholm	10.59	9.1	7.15	6.36	5.06	4.72	5.57	5.62	4.1	5.48	5.65	10.06	16	3.30
Upsala	13.13	11.26	11.22	7.64	6.76	5.73	5.51	4.78	4.78	7.44	8.56	11.03	40	—
Torneä	11.66	14.67	9.93	8.	9.67	9.28	7.22	7.7	9.2	8.2	8.48	12.58	31	0.96

Grösste Abweichung monatlicher Mittel.

Penzarie	4.22	5.11	4.22	4.22	2.44	3.78	3.56	3.56	2.66	4.	5.78	4.22	21	—
Gosport	5.30	6.36	5.26	3.11	3.23	4.15	3.87	3.64	4.01	3.08	4.42	4.71	16	3.16
London	6.82	6.03	4.93	3.48	5.13	4.16	3.97	3.95	3.41	5.41	4.52	5.51	25	2.79
Lyndon	8.	6.44	5.42	5.33	4.44	4.	3.78	3.11	4.35	4.35	4.22	6.13	28	—
Manchester	8.76	5.42	3.81	5.55	5.20	5.07	5.34	3.15	4.80	4.31	5.33	5.19	25	2.27
Dublin	6.68	5.01	5.71	4.62	3.08	3.19	3.15	3.95	3.73	4.26	4.99	4.14	17	2.42
Carlisle	7.48	3.42	3.67	3.43	3.87	3.93	3.87	3.69	4.40	5.38	5.89	4.44	24	1.74
Kinfauns Castle	5.22	6.05	4.34	3.57	4.54	2.46	2.02	3.14	3.52	4.70	4.25	5.33	20	2.71
Dumfernline	5.29	2.76	3.19	3.50	3.10	3.04	2.60	3.50	3.12	4.90	5.41	7.08	20	—
Haarlem	5.92	5.94	4.05	3.29	4.08	4.18	3.84	3.97	2.64	4.20	4.41	8.72	17	2.65
Mastrich	7.06	5.65	4.86	4.15	4.17	4.92	4.44	5.31	3.62	4.09	4.56	6.93	16	2.37
Coburg	6.4	5.3	6.	4.6	3.7	3.	4.9	3.6	3.5	4.1	4.3	11.4	12	2.16
Tepl	7.66	6.92	3.72	2.30	6.98	3.47	2.96	3.86	2.61	2.83	3.88	10.76	11	1.38
Hohenelb	6.1	7.30	4.7	4.68	4.87	4.27	4.78	6.16	3.14	3.73	6.02	8.45	12	2.18
Saaz	5.19	10.30	4.97	3.69	4.74	5.	3.19	2.82	2.80	3.50	4.60	10.53	10	2.78
Tabor	9.09	8.50	6.11	4.90	8.90	3.47	4.09	5.47	1.93	3.95	4.02	5.42	11	1.34
Brzeznitz	8.47	8.08	4.07	3.26	2.8	2.79	2.33	3.98	3.42	3.51	5.02	10.	10	2.34

Grösste Abweichung monatlicher Mittel.

	Jan.	Febr.	März	April	Mai	Juni	Juli	Aug.	Sept.	Oct.	Nov.	Dec.	Anzahl der Jahre	Untersch. der Jahrsmttl.
Uleoborg	9.44	7.04	7.04	8.40	6.40	6.16	5.04	7.68	6.40	10.72	7.92	8.08	12	3.28
Abo	10.88	10.32	5.52	4.96	2.72	4.24	4.48	4.32	4.	5.12	8.48	6.96	12	1.93
Petersburg	7.37	9.32	8.19	6.38	5.32	4.44	5.41	4.83	3.62	3.60	5.46	9.22	14	3.17
Kasan	5.87	8.35	5.36	3.32	5.39	4.16	3.37	4.78	2.38	4.50	7.06	10.47	8	—
Irkutzk	4.47	4.66	4.76	2.12	2.87	3.90	2.68	1.72	1.25	1.91	3.22	5.02	10	—
Andover	6.84	4.93	5.60	4.36	5.29	3.64	4.36	5.56	2.27	4.53	4.	7.42	11	3.42
Cambridge	7.11	5.82	5.36	5.69	5.69	4.40	3.96	6.36	4.36	4.44	4.40	8.57	23	—
Salem	6.63	7.60	4.84	4.69	6.17	4.44	4.85	4.11	3.92	5.55	4.68	9.28	43	2.69
Montreal	3.28	6.	4.	5.68	4.24	5.04	2.72	3.92	2.88	3.76	5.76	8.56	10	2.48
Calcutta	5.23	4.62	3.64	3.22	2.00	2.10	1.42	0.76	1.66	1.23	1.67	1.91	—	—
Madras	3.42	3.24	4.98	7.47	4.40	2.71	3.29	2.53	2.44	1.73	2.76	2.27	25	1.98
Anjaracandy	1.77	1.47	1.47	1.77	2.80	2.37	1.33	1.17	1.77	2.07	1.92	1.04	10	—
Rio Janeiro	2.66	1.15	1.83	1.27	2.33	1.24	1.24	2.66	2.40	1.17	1.88	1.29	7	—
Jamaica	1.04	1.33	1.77	1.48	1.33	0.88	0.74	1.18	0.88	1.18	1.63	0.88	5	—

Betrachtet man diese grossen Unterschiede, welche selbst im jährlichen Mittel in unseren Breiten von 2½ bis 3½ Grad betragen, in den Wintermonaten sogar 13 Grad werden können, so überzeugt man sich, wie wenig auf die Schlüsse zu geben ist, welche sich auf die Temperaturcurve eines Ortes nach einjährigen Beobachtungen gründen, da selbst mehrjährige Mittel noch bedeutende Differenzen zulassen.

Aber man sieht leicht ein, dass selbst die hier gegebenen Zahlen etwas sehr Willkührliches enthalten. Ein einziger strenger Winter oder heisser Sommer, der vielleicht innerhalb 50 Jahren nicht vorgekommen war, erweitert die oft aus einem langen Zeitraum erhaltenen Grenzen plötzlich sehr bedeutend. Das Maass der Veränderlichkeit der Temperatur muss daher auf eine andere Weise erhalten werden, wenn es sich darum handelt, verschiedene Orte in dieser Beziehung mit einander zu vergleichen.

In den folgenden Tafeln habe ich aus einem langen Zeitraume von Jahren, der für die verglichenen Orte derselbe war, die mittlere Temperatur jedes Monats im ganzen Zeitraume bestimmt und dann aus den Abweichungen der Werthe aller einzelnen Jahre von dem mittleren Werthe des ganzen Zeitraumes das Mittel genommen. Die in dieser Tafel gegebenen Zahlen bestimmen daher die relative Veränderlichkeit der Temperatur, hingegen die in der vorigen die absolute. Die Grade sind Réaumursche. In Torneo z. B., wo die relative Veränderlichkeit im Januar in 18 Jahren 3°.13 beträgt, ist der wahrscheinliche Fehler bei 1jährigen Beobachtungen 3°.13, wenn man die aus einem 18jährigen Zeitraume bestimmte Temperatur als die richtige ansieht. Den möglichen Fehler hingegen erhält man, wenn man das aus vielen Jahren abgeleitete Mittel von dem absoluten Extreme der in den einzelnen Jahren beobachteten Mittel abzieht. Die Zahlen der letzten Columne sind die Mittel aus den Zahlen der zwölf monatlichen.

Mittlere Veränderlichkeit der Temperatur.

1807 — 1824. (Réaumur.)

	Jan.	Febr.	März	April	Mai	Juni	Juli	Aug.	Sept.	Oct.	Nov.	Dec.	Jahr
Madras	0.87	0.76	0.85	0.86	0.50	0.59	0.72	0.62	0.41	0.37	0.59	0.62	0.65
Palermo	0.78	0.71	0.69	0.65	0.63	0.80	0.78	0.65	0.91	0.37	0.59	0.62	0.68
Nizza	1.16	1.06	1.29	1.22	1.14	1.12	1.03	1.15	0.91	0 97	1.15	0.87	1.09
Mailand	0.98	1.37	1.27	1.18	1.08	0.86	1.17	0.90	0.69	0.75	1.11	0.98	1.03
Genf	1.62	1.54	1.32	1.35	0.97	1.28	0.97	0.78	0.88	1 13	1.25	1.16	1.19
Carlsruhe	1.90	1.62	1.37	1.55	1.26	1.05	1.14	0.86	0.79	0.95	1.44	1.72	1.30
Stuttgard	1.89	1.52	1.44	1 51	1.10	1.12	1.11	0.96	0.75	0.98	1.63	1.87	1.32
Regensburg	1.83	1.40	1.21	1.33	1.21	1.21	1.25	1.25	1.02	0.95	0.97	1.90	1.29
Berlin	2.48	1.52	1.31	1.65	1.07	1.18	1.15	1.09	1.05	1.20	1.22	2.10	1.42
Danzig	2.29	1.49	1.23	1.08	0.96	1.03	0.99	1.06	0.88	1.05	0.93	1.99	1.25
Stockholm	2.32	2.02	1.71	1.64	1.53	1.24	1.14	0.84	0.83	1.35	1.14	2.06	1.48
Torneo	3.13	2.68	2.15	1.93	1.70	1.60	1.66	1.56	1.28	1.86	1.95	3.04	2.05
Paris	1.57	1.56	1.14	1.19	1.11	0.93	1.09	0.82	0.79	0.97	1.51	1.54	1.18
London	1.16	1.46	1 14	1.03	1.32	0.84	0.98	0.69	0.68	0.90	1.34	1.09	1.05
Dumfernline	1.06	0.87	0.87	0.93	0.68	0.61	0.48	0.51	0.57	0.99	1.14	2.06	0.89
Penzance	1.27	0.85	0.97	0.77	0.62	0.60	0.82	0.70	0.56	0.73	1.08	0.86	0.82
Salem	0.96	1.41	1.04	0.69	0.79	0.82	0.94	0.68	.0.97	0.65	1.02	1.03	0.92

Mittlere Veränderlichkeit der Temperatur.

August 1820 — Juli 1830. (Réaumur.)

Salem	0.99	1.35	0.91	0.97	1.14	0.63	0.81	0.51	0.85	0.43	1.00	1.17	0.89
Florenz	1.16	1.03	0.64	0.92	0.45	1.11	0.60	0.53	0.79	0.96	1.10	1.10	0.86
Mailand	1.50	1.26	1.09	0.79	0.50	1.12	0.71	0.61	0.63	0.58	1.04	1.08	0.91
Genf	1.66	1.13	1.12	0.81	0.79	1.23	1.06	1.04	0.83	1.09	1.56	1.56	1.16
St. Bernhard	1.88	1.42	1.74	0.92	0.79	1.36	1.11	0.74	1.01	1.02	2.03	1.64	1.31
Carlsruhe	2.55	2.25	0.88	0.79	1.06	1.17	0.85	0.80	0.69	0.75	1.66	2.11	1.29
Paris	2.09	1.69	1.00	0.72	0.88	1.03	0.86	0.74	0.77	0.92	1.33	2.74	1.23
Gosport	1.46	1.44	0.68	0.70	0.63	1.07	0.75	0.74	0.82	0.79	1.09	1.56	0.98
London	1.41	1.20	1.03	0.67	0.96	1.13	0.95	0.64	0.99	0.82	1.03	1.44	1.02
Mastrich	2.58	2.39	1.04	0.87	0.83	1.13	0.67	0.76	0.51	0.84	0.71	2.62	1.25
Stuttgard	2.73	1.07	1.02	0.86	0.96	1.06	0.81	0.72	0.79	0.91	1.84	2.35	1.26
Regensburg	2.45	1.95	1.08	0.87	0.99	1.26	1.09	1.27	1.15	0.78	1.47	2.42	1.39
Augsburg	2.46	1.95	1.11	1.07	0.95	1.08	0.82	0.94	0.78	0.91	1.99	2.64	1.39
Berlin	3.09	2.02	1.05	1.12	0.71	0.93	1.05	0.95	0.66	0.57	1.49	2.69	1.36
Irkutzk	1.58	1.69	1.15	0.66	0.77	0.94	0.51	0.45	0.32	0.56	0.75	1.32	0.89

Mittlere Veränderlichkeit der Temperatur.

1828 — 1834. (Réaumur.)

	Jan.	Febr.	März	April	Mai	Juni	Juli	Aug.	Sept.	Oct.	Nov.	Dec.	Jahr
Marietta	1.89	2.13	1.32	1.09	1.57	0.85	2.01	0.61	0.51	1.10	1.09	1.87	1.34
Condord	1.09	1.57	1.46	1.10	1.02	1.14	1.25	0.64	0.93	0.67	0.83	2.25	1.16
Bedford	1.68	0.74	1.32	0.62	0.77	0.96	0.50	0.82	1.04	0.86	0.53	1.40	0.94
Paris	2.33	1.33	1.23	0.69	0.87	0.43	0.44	1.04	0.93	0.81	0.55	1.82	1.04
Mailand	1.04	1.28	0.75	1.09	0.97	0.61	0.83	1.03	0.79	0.75	0.61	1.22	0.91
Genf	2.29	1.27	0.56	0.91	0.93	0.86	0.83	0.93	0.97	0.91	0.51	1.71	1.06
St. Bernhard	1.67	0.88	0.96	1.01	0.71	0.84	0.78	1.74	1.44	0.56	0.74	1.51	1.07
Basel	2.69	1.78	1.12	0.87	1.04	0.99	0.88	1.29	0.99	0.91	0.69	1.72	1.25
Stuttgard	2.77	1.59	0.96	1.09	1.11	0.65	0.94	1.11	1.09	0.85	0.99	1.91	1.26
Regensburg	2.84	1.78	0.56	1.09	1.11	0.83	1.41	1.60	0.71	1.14	1.11	1.75	1.33
Augsburg	2.87	1.49	0.74	0.78	1.15	0.99	0.93	1.01	1.01	0.87	0.98	1.94	1.23
Berlin	2.04	1.69	0.78	1.03	1.36	0.70	1.05	1.06	0.50	0.64	0.89	2.32	1.17
Petersburg	1.49	2.38	1.46	0.59	0.75	0.89	1.26	1.22	0.76	0.45	1.31	0.97	1.13
Kasan	1.54	2.87	1.30	1.15	1.22	1.17	1.00	1.36	0.76	1.19	1.77	2.60	1.49

Aus der Betrachtung der mitgetheilten Tafeln folgt: Die Veränderlichkeit der Witterung nimmt ab von den Polen nach dem Aequator hin, sie ist ausserdem weder an den Orten eines characteristischen Seeklima's, noch an denen eines entschieden continentalen am grössten, erreicht vielmehr ihr Maximum da, wo sich beide berühren, also in einer gewissen Entfernung von den Küsten. Diess gilt sowohl für die absolute, als für die relative Veränderlichkeit. Unter absoluter Veränderlichkeit wird hier der Unterschied des höchsten und niedrigsten thermischen Mittels jedes einzelnen Monats in einem längeren Zeitraum von Jahren verstanden, wie er in den Tafeln pag. 384. 385. für einzelne Orte angegeben ist, unter relativer Veränderlichkeit die ohne Berücksichtigung des Zeichens genommene Summe der Abweichungen der Monate der einzelnen Jahre von dem allgemeinen Mittel derselben bestimmt aus dem ganzen Zeitraum und dividirt durch die Anzahl der Jahre, wie sie die darauf folgenden Tafeln pag. 388 enthalten. Die Veränderlichkeit des Wetters ist am grössten im Januar, nimmt dann schnell nach dem April hin ab, ist in unsern Breiten im Sommer wieder grösser und erreicht ihr absolutes Minimum im September, dem beständigsten Monat unserer Breiten. Diese Verhältnisse treten im südlichen Italien und in England nicht mit der Bestimmtheit wie an allen den Orten hervor, welche Sommerregen haben, und es ist dadurch der Grund jener grösseren Veränderlichkeit des Sommers unmittelbar angedeutet, indem das ungleiche Eintreten oder gänzliche Ausbleiben unserer Regenzeit im Juni und Juli bedeutende Temperaturunterschiede zwischen den einzelnen Jahren hervorruft. Da aber die Temperatur des Mai einen unbedeutenden Spielraum zeigt, so würde sich darin eine einfache Erklärung der Thatsache finden, dass das Erwachen der Vegetation im Frühling sehr bestimmt an eine bestimmte Zeit geknüpft erscheint, die grössere oder geringere Fruchtbarkeit eines Jahres aber durch ganz andere Verhältnisse bedingt wird.

Ausserdem folgt, dass zu der sichern Bestimmung monatlicher Mittel Beobachtungen von einer sehr langen Reihe von Jahren erfordert werden, und da diese nur für wenige Orte vorhanden sind, so wird man entweder die Frage nach der Gestaltänderung der Isothermen in der jährlichen Periode noch unbeantwortet lassen müssen, oder es muss ein Weg gefunden werden, die aus der geringen Anzahl von Jahren entstehende Unsicherheit auf irgend eine

Weise zu beseitigen. Die Abweichungen einzelner Jahre von dem normalen Mittel, wie es aus einem langen Zeitraum sich ergeben würde, sind nun entweder local oder allgemeiner Natur. Im letzteren Falle wird man, wenn für einen Ort A eine lange Beobachtungsreihe vorhanden ist, die Temperatur eines benachbarten Ortes B, wie sie aus wenigen Jahren bestimmt ist, auf die normale Temperatur desselben zurückführen können, wenn man die Temperatur desselben Zeitraums an jenem Orte A von der normalen Temperatur desselben Ortes A abzieht und die erhaltene Zahl als Correction an die gefundene Temperatur des Ortes B anbringt.

Um die Frage zu entscheiden, ob temporäre, ungewöhnliche Temperaturverhältnisse mehr oder minder local seien, oder sich über grosse Strecken der Erde verbreiten, habe ich aus dem Zeitraume von 1797 — 1804, 1801 — 1824, August 1820 — Juli 1830, und 1828 — 1834 zunächst die mittleren monatlichen Temperaturen der in den obigen Tafeln pag. 397. enthaltenen und einiger anderen Orte bestimmt, und im ersten Zeitraum z. B. die Abweichung jedes einzelnen Monats in jedem der Jahre von 1807 — 1824 mit dem 18jährigen Mittel desselben Monats verglichen und in Tafeln gebracht. Gleiche Zeichen deuten demnach auf dieselbe zu einer gegebenen Zeit vorwaltende Witterungsconstitution an den verglichenen Orten, entgegengesetzte auf einen Gegensatz derselben. Zugleich lässt sich dadurch bestimmen, wie weit eine gegebene Abweichung sich erstreckt, für welche Orte also die sich ergebende Correction angewendet werden kann. Diese Untersuchung ist einerseits unabhängig von der Verschiedenheit der Instrumente der verschiedenen Orte, da jedes Instrument nur mit sich verglichen wird, anderntheils werden die periodischen Veränderungen ebenfalls eliminirt, da diese das allgemeine Mittel und das eines bestimmten Jahres auf gleiche Weise afficiren. Das Resultat dieser Arbeit lässt sich in folgende Sätze zusammenfassen, welche sich ausser auf die hier angeregten Betrachtungen noch auf einige andere meteorologische Fragen erstrecken:

1) Die tropische Atmosphäre des indischen Wasserbeckens scheint keinen mit Sicherheit nachweisbaren Einfluss auf die europäischen Witterungsverhältnisse zu haben.

2) Grössere Abweichungen von der mittleren Temperaturvertheilung treten nie local auf, sondern sind über grosse Strecken

gleichzeitig verbreitet. Die Grösse der Abweichung ist an einer bestimmten Stelle ein Maximum und nimmt dann nach den Grenzen hin ab. Ueberschreitet man diese Grenzen, so findet man starke Abweichungen im entgegengesetzten Sinne. Diese Verhältnisse treten in einer graphischen Darstellung am übersichtlichsten hervor, wenn man nämlich die Abweichungen als Ordinaten auf parallele Gerade als Abscissenachsen bezieht, welche die Mittel der einzelnen Orte für die entsprechenden Zeiten darstellen.

3) Gleichartige Witterungsverhältnisse finden sich häufiger von Süd nach Nord, als von West nach Ost. Bei sehr grossen Abweichungen zeigt sich oft in letzterer Richtung ein doppelter Gegensatz zwischen Europa einerseits und Amerika und Asien andererseits. Die Temperatur des Winters von 1821 zu 1822 und des Januars von 1834 fiel wahrscheinlich nur deswegen so auffallend hoch aus, weil Amerika und Asien gleichzeitig einen strengen Winter hatten. Gewöhnlich aber schliesst sich Europa an einen seiner Nachbarn an. Im December 1829 fiel das Maximum der Kälte nach Berlin, diese Kälte war aber in Kasan noch sehr merklich, während Nordamerika sich einer ungewöhnlichen Wärme erfreute. Die Kälte des Decembers von 1831 war hingegen auf Amerika beschränkt; der in Kasan auffallend milde Winter von 1830 auf 1831 schon in Berlin eher streng. Mitunter aber gehören Europa, Asien und Amerika demselben Witterungssysteme an. So war es in dem strengen December von 1822, wo das Maximum der Kälte in das westliche Europa fiel, in dem milden März desselben Jahres, im kalten Spätherbst von 1820 und in dem milden Winter von 1824 auf 1825. Fällt die Grenze zweier Ströme nach Europa, so zeigen die unbedeutenden Differenzen daselbst nichts Anomales, während zu beiden Seiten Extreme erscheinen. So lag im Februar 1828 Europa indifferent zwischen einer heftigen Kälte in Kasan und Irkutzk, und einem sehr warmen Winter in Nordamerika.

4) Gegensätze der Witterung zeigen sich am häufigsten in den entschiedenen Wintermonaten.

5) Die kalte Zone modificirt oft merklich die Temperatur der sie begrenzenden gemässigten. Das nördliche Europa unterscheidet sich dann schroff von dem südlichen (Januar 1803).

Häufiger aber bleibt ein Extrem auf die kalte Zone beschränkt. So war der in fast ganz Europa strenge Winter von 1798 auf 1799 in Umeo sehr mild, während umgekehrt dem in Umeo sehr strengen Winter von 1803 auf 1804 sich in ganz Europa eine sehr milde Witterung als Gegensatz gegenüberstellt.

6) Abweichungen von der mittleren Vertheilung finden in demselben Sinne oft durch sehr lange Zeiträume hindurch statt, so dass ein ganzes Jahr hindurch jeder Monat eine höhere oder eine niedere Temperatur zeigt, als ihm nach dem Durchschnitt vieler Jahre zukommt. Die vom Juni 1815 bis December 1816 fortdauernde Kälte wird sich als ein Jahr schrecklichen Misswachses in der Erinnerung vielleicht so lange erhalten, als die vom Novembsr 1821 bis November 1822 anhaltende Wärme durch die Güte des Weines von 1822. Dadurch erklären sich die grossen Abweichungen der thermischen Mittel einzelner Jahre.

7) Die Kälte verbreitet sich sehr oft von Norden nach Süden, die Wärme von Süden nach Norden entgegengesetzt der auf die isolirte Franklinsche Windbeobachtung gegründeten Annahme.

8) Es scheint eine ganz willkührliche Annahme, dass auf einen strengen Winter ein heisser Sommer, auf einen milden Winter ein kühler Sommer folgt. In dem heissen Sommer von 1822 war in Berlin kein Gefrornes zu haben, da der vorhergehende Winter so mild war, dass kein Eis hatte gesammelt werden können. Ebenso folgte der heisse Sommer von 1834 in Europa auf einen ungewöhnlich milden Winter. Der strenge Winter von 1829 auf 1830 hingegen nach einem Jahre, dessen Monate sämmtlich eine zu niedrige Temperatur hatten.

9) Aus den oft längere Zeit neben einander liegenden, in demselben Sinne stattfindenden Gegensätzen der Witterung folgt, dass ein in gewissen Gegenden dem Weinbau vorzüglich günstiges Jahr in andern Gegenden ungünstig ausfallen kann.

10) Aus den bisherigen Untersuchungen lässt sich noch nicht mit vollkommner Bestimmtheit nachweisen, dass zu einer bestimmten Jahreszeit in einer gewissen Richtung eine Uebereinstimmung oder ein Gegensatz häufiger eintrete, als zu einer an-

deren Jahreszeit. Im Sommer scheint, wie es aus der Vertheilung des Festen und Flüssigen und der dann herrschenden Windesrichtung nothwendig folgt, in der Richtung von West nach Ost häufiger eine Uebereinstimmung stattzufinden als im Winter.

Die bisher angeführten Resultate machen es sehr wahrscheinlich, dass einander abwechselnd verdrängende Luftströme das Bedingende unserer Witterungsverhältnisse sind. Abgesehen aber von dem mit grosser Wahrscheinlichkeit folgenden, für die Meteorologie wichtigen Ergebnisse, dass zu allen Zeiten dasselbe Quantum Wärme nur ungleich über der Oberfläche der Erde vertheilt sei, dass wir also zunächst wenigstens kein Recht haben, andere äussere Quellen ausser der solaren Wärme anzunehmen, enthalten die mitgetheilten Berechnungen die Mittel, andere Fragen mit grösserer Bestimmtheit zu beantworten, als bisher geschehen. Ob zwischen dem Erscheinen von Cometen z. B. und der gleichzeitigen Witterungsconstitution ein Zusammenhang stattfinde oder nicht, ob vulkanische Ausbrüche oder Erdbeben unabhängig sind von den atmosphärischen Verhältnissen, oder ob sie einander gegenseitig bedingen, hat man dadurch zu entscheiden gesucht, dass man lange fortgesetzte Beobachtungen eines Ortes zum Vergleichungspunkte wählte. Diese Fragen können aber nur auf dem hier eingeschlagenen Wege beantwortet werden, denn da die Extreme eines Ortes oft gerade entgegengesetzt sind denen eines anderen, so sind die so erhaltenen Resultate vollkommen illusorisch. Es muss vielmehr gefragt werden, ob bei dem Erscheinen eines Cometen, ob während eines weit verbreiteten Erdbebens auf grossen Theilen der Erdoberfläche normale Verhältnisse stattfanden, ob im gleichen oder im entgegengesetzten Sinne sich zeigende Abweichungen, ob sie jenen Erscheinungen vorhergingen oder ihnen folgten. So wenig von vorn herein solchen Ursachen eine grosse Bedeutung zuzuschreiben ist, so ist doch eben so gewiss, dass das häufige Zurückkehren zu solchen Ansichten eben deswegen geschieht, weil man die empirische Untersuchung viel zu oberflächlich geführt hat. Die dauernde Ueberzeugung ist nur das Resultat einer umfassenden in die Sache eingehenden Betrachtung; ein einseitiges Hervorheben bestimmter Seiten einer Erscheinung kann wohl überreden und den Einwurf für einige Zeit beschwichtigen, dieser erwacht aber wieder, wenn der erste Eindruck verschwunden ist.

Auf diese Weise erscheint demnach der Weg zur Bestimmung der Gestaltänderung der Isothermen in der jährlichen Periode geebnet. Nach Elimination der täglichen Veränderungen vermittelst der früher mitgetheilten Tafeln*) werden nämlich die thermischen monatlichen Mittel der Orte, für welche eine kürzere Beobachtungsreihe vorhanden ist, vermittelst eines ihnen nahe liegenden Normalortes corrigirt, und die so erhaltenen verbesserten monatlichen Mittel der Construction der Isothermen zum Grunde gelegt. Das Ergebniss dieser Arbeit ohne das begleitende Detail vorzulegen, möchte sich nicht rechtfertigen lassen. Ich begnüge mich daher nur in den folgenden Tafeln die Temperatur mehrerer der Normalorte in den betrachteten Perioden vorzulegen. Die Grade sind Réaumursche, ohne Correction für die tägliche Variation, aber aus Stunden bestimmt, welche so viel wie möglich sich dem Mittel nähern.**) Vergleicht man die Orte, welche in mehreren Tafeln zugleich vorkommen, so sieht man sehr deutlich, wie die Mittel selbst so langer Zeiträume doch Abweichungen in demselben Sinne an den einzelnen Orten zeigen, woraus hervorgeht, dass solche Unterschiede nicht einer Veränderung der Instrumente oder ihrer Aufhängung zugeschrieben werden können.

---

*) Dass die Isothermen etwas weniger gekrümmt sind als man gewöhnlich annimmt, dass ausserdem der Unterschied der Seeklimas und des continentalen etwas kleiner, geht daraus hervor, dass das Mittel aus den täglichen Extremen überhaupt und besonders in den Wintermonaten einen zu hohen Werth giebt, diese Beobachtungsmethode aber vorzugsweise in England angewendet worden ist.

**) Für Madras, Regensburg und Krakau (p. 399) wahre Mittel, für Genf, St. Bernhard, London, Bedford, Paris, Berlin (p. 399) und Gosport aus den täglichen Extremen, für Palermo Morgens 7½ und Abends 8½, für Nizza 8. 8, für Carlsruhe, Stuttgard, Augsburg, Hamburg, Petersburg, Irkutzk, Boston, Cambridge die Manheimer Stunden 7. 2. 9, für Berlin und Manchester 8.1.11, für Danzig 6.2.10, für Salem 8.12.10 und Sonnenuntergang, für Stockholm Sonnenaufgang und 2, für Montreal 7. 3, für Penzance 7. 2, für Mastrich 9. 9, für Haarlem 8. 1. 10, für Florenz 7.12.11, für Dumfernline 9 U. Morgens, für Carlisle 8.1.9.

Mittlere Temperaturen.

1807 — 1824. (Réaumur.) 18jährige Mittel.

	Januar	Februar	März	April	Mai	Juni	Juli	Aug.	Sept.	Oct.	Nov.	Dec.	Jahr
Madras	19.19	20.16	21.19	22.74	24.99	25.14	24.14	23.59	23.03	22.09	20.84	19.61	22.23
Palermo	8.16	8.06	9.20	11.47	14.69	17.19	19.19	19.44	17.65	14.74	11.60	9.09	13.37
Nizza	5.54	6.91	8.29	10.15	13.46	16.25	18.22	18.63	16.53	13.15	9.68	6.65	11.95
Mailand	0.31	3.02	6.30	9.84	14.35	16.74	18.47	18.06	15.37	10.94	5.86	1.98	10.10
Genf	— 0.44	2.01	4.21	6.96	11.34	12.95	14.39	14.20	11.85	8.10	4.32	1.45	7.61
Carlsruhe	— 0.01	2.67	4.66	8.38	12.50	14.03	15.37	15.20	12.50	8.27	4.44	1.58	8.30
Stuttgard	— 0.91	1.79	3.78	7.23	11.70	13.56	14.94	14.65	11.74	7.79	4.06	1.03	7.61
Regensburg	— 2.64	— 0.18	2.61	6.68	11.46	13.08	14.31	14.15	11.20	6.67	2.09	— 1.17	6.52
Berlin	— 1.95	+ 0.34	2.35	6.33	11.03	13.28	14.55	14.68	11.36	7.12	2.91	— 0.33	6.81
Hamburg	— 1.13	0.99	2.79	7.23	10.49	12.43	13.95	14.19	12.07	7.64	3.92	+ 0.94	7.12
Danzig	— 1.51	— 0.10	1.58	5.09	9.10	12.07	14.18	14.14	10.77	6.56	3.10	— 0.21	6.24
Stockholm	— 3.42	— 2.37	— 1.07	2.12	7.23	11.12	13.98	12.80	9.62	5.42	1.50	— 2.15	4.56
Torneo	— 13.01	— 10.92	— 7.34	— 1.98	3.53	10.68	13.53	11.06	6.42	0.	— 6.70	— 10.43	— 0.43
Carlisle	+ 1.70	+ 3.05	+ 3.67	+ 5.85	8.67	10.80	11.95	11.58	9.77	7.16	+ 4.34	+ 2.44	+ 6.75
Dumfernline	1.63	2.39	2.95	4.83	7.41	10.02	11.13	10.58	8.69	6.27	3.71	2.06	5.95
London	1.41	3.20	4.34	6.69	10.00	12.07	13.36	13.21	11.03	7.86	5.01	2.52	7.56
Penzance	4.89	6.12	6.54	8.33	11.47	13.44	14.64	14.15	12.52	10.01	7.47	5.80	9.62
Paris	1.58	3.73	5.18	7.84	11.62	13.17	14.67	14.62	12.42	8.97	5.38	2.76	8.41
Salem	— 3.29	— 2.18	0.64	6.02	10.55	15.22	17.72	16.78	13.71	8.74	3.79	— 0.75	7.25
Krakau	— 3.25	— 0.67	2.43	7.95	12.88	15.61	16.62	15.88	12.41	7.51	2.32	— 0.98	7.35

Bei Stockholm fehlen die Jahre 1804, 1823, 1824; bei Madras die Jahre 1807 — 1812. Ausserdem ist das 18jährige Mittel von Krakau beigefügt, aber aus andern Jahren bestimmt.

Mittlere Temperaturen.

August 1820 — Juni 1830. (Réaumur.) 10jährige Mittel.

	Januar	Februar	März	April	Mai	Juni	Juli	Aug.	Sept.	Oct.	Nov.	Dec.	Jahr
Palermo	8.44	8.15	9.27	11.73	15.05	17.24	19.68	20.23	18.10	14.91	11.16	9.64	13.03
Florenz	3.92	5.46	8.19	11.46	14.85	17.25	20.03	19.52	16.61	12.55	8.07	6.02	11.99
Mailand	0.41	2.36	6.75	10.51	14.29	16.98	19.23	18.83	15.68	11.03	5.52	2.68	10.36
Salem	— 2.66	— 1.37	2.00	6.35	11.34	15.82	18.34	17.20	13.97	8.78	3.15	— 0.21	7.73
Boston	— 2.56	— 1.08	1.71	6.28	11.44	15.55	17.95	16.84	13.60	8.60	3.50	+ 0.17	7.67
Genf	— 1.07	+ 1.03	4.52	7.65	11.05	13.01	14.50	14.31	11.78	7.77	3.71	1.97	7.52
St. Bernhard	— 7.51	— 6.22	— 4.40	— 1.96	1.50	3.60	5.51	5.54	3.40	— 0.65	— 3.50	— 5.29	—0.82
Paris	+ 1.06	+ 2.89	+ 5.82	+ 8.52	11.41	13.63	15.11	15.05	12.85	+ 9.33	+ 5.62	+ 3.46	+8.73
Mastrich	— 0.23	0.84	4.66	8.11	11.75	13.78	15.21	14.61	12.48	8.68	5.02	2.89	8.15
Haarlem	0.83	2.15	4.75	7.94	10.91	13.13	15.29	14.35	12.64	9.34	5.77	3.73	8.32
Gosport	3.07	4.47	6.12	8.15	10.76	12.97	14.60	14.05	12.46	9.82	6.88	5.20	9.01
London	1.57	2.88	4.81	7.35	10.13	12.55	14.18	13.64	11.67	8.17	4.95	3.71	7.97
Carlsruhe	— 0.46	1.60	5.44	9.25	12.57	14.72	16.26	15.64	13.04	8.61	4.48	2.65	8.65
Stuttgard	— 1.49	0.57	4.45	8.40	11.99	13.96	15.66	14.96	11.88	7.87	3.84	1.91	7.83
Augsburg	— 3.11	— 1.03	3.02	7.25	11.00	13.15	14.95	14.45	11.71	7.08	2.44	0.17	6.76
Regensburg	— 2.94	— 1.35	3.20	7.78	11.50	13.56	15.07	14.35	11.59	7.07	2.17	0.10	6.84
Berlin	— 2.39	— 0.37	3.12	7.74	10.92	13.76	15.03	14.79	11.91	8.13	3.33	0.72	7.46
Petersburg	— 7.67	— 5.92	— 2.89	2.30	7.34	12.42	14.18	12.96	8.58	4.17	— 0.72	— 4.19	3.38
Irkutzk	— 15.69	— 12.10	— 5.32	1.86	7.85	12.66	14.60	12.07	6.89	0.85	— 6.71	— 13.68	0.01

Für Florenz ist das Mittel von 1821 — 1830 bestimmt, also nur einige Monate nicht übereinstimmend, für Boston und Palermo von 1820 — 1829, für Petersburg von 1822 — 1834; letzteres deswegen aufgenommen, um zwischen Berlin und Irkutzk einen Ort einschalten zu können.

Mittlere Temperaturen.

1828 — 1834. (Réaumur.) 7jährige Mittel.

	Januar	Februar	März	April	Mai	Juni	Juli	Aug.	Sept.	Oct.	Nov.	Dec.	Jahr
Marietta	0.06	1.73	5.17	10.93	12.88	16.64	18.15	17.44	13.97	9.45	5.12	1.62	9.54
Concord	— 4.57	— 3.95	— 0.23	5.12	10.56	14.22	15.69	15.34	11.08	7.27	2.54	— 2.57	5.87
Montreal	— 7.69	— 5.46	— 0.29	6.65	12.83	16.59	18.48	17.73	13.02	7.42	1.23	— 4.96	6.30
Bedford	+ 2.70	+ 4.30	+ 5.89	7.95	11.62	12.93	14.36	13.60	11.56	9.53	5.89	+ 4.37	8.72
Paris	1.40	3.37	5.60	8.32	12.13	13.86	15.38	14.50	12.09	9.29	5.25	2.90	8.67
Mailand;	0.25	1.93	6.82	9.98	14.14	17.00	19.06	17.76	14.42	10.55	5.51	1.99	9.95
Genf	— 0.24	1.45	4.53	7.62	11.74	13.82	15.20	14.62	11.95	8.27	4.15	1.28	7.89
St. Bernhard	— 6.60	— 6.13	— 3.73	— 1.93	2.26	3.38	5.08	4.90	2.66	— 0.03	— 3.41	— 6.07	— 0.80
Basel	— 0.81	+ 1.51	+ 4.46	+ 8.11	11.99	13.64	15.24	14.29	11.56	+ 8.24	+ 4.00	+ 1.19	+ 7.79
Stuttgard	— 1.51	1.02	4.18	7.48	11.80	13.76	15.56	14.11	11.03	7.82	3.32	0.91	7.47
Regensburg	— 2.93	— 0.54	3.23	7.83	11.70	13.30	15.32	13.73	10.59	7.06	2.65	— 0.33	6.80
Augsburg	— 2.94	— 1.34	2.96	7.02	11.18	12.97	14.48	13.56	10.53	6.39	2.31	— 0.54	6.38
Berlin	— 2.49	— 0.04	2.93	7.31	11.20	14.18	15.43	14.13	11.32	7.60	3.05	+ 0.35	7.08
Krakau	— 4.29	— 1.84	2.32	7.26	12.26	15.23	16.00	15.12	11.78	7.12	0.84	— 1.81	7.41
Petersburg	— 8.84	— 6.49	— 4.54	1.53	7.03	12.45	14.50	12.86	8.23	3.85	— 1.14	— 5.82	2.80
Kasan	— 13.63	— 11.05	— 5.74	2.02	8.87	13.30	15.03	13.08	7.77	2.10	— 2.71	— 10.19	1.57

Mittlere Temperaturen.

1797 — 1804. (Réaumur.) 8jährige Mittel.

	Januar	Febr.	März	April	Mai	Juni	Juli	Aug.	Sept.	Oct.	Nov.	Dec.	Jahr
Madras	19.59	20.64	22.22	23.24	24.48	25.10	23.80	23.62	23.52	22.41	20.74	19.57	22.41
Mailand	1.65	3.42	6.42	10.71	14.45	17.06	19.19	19.08	15.86	11.19	5.96	2.02	10.58
Stuttgard	0.18	1.69	3.72	9.04	12.20	13.94	15.92	15.90	12.95	8.70	5.03	1.09	8.36
Regensburg	— 2.29	— 0.18	2.84	8.74	12.65	13.74	15.34	15.34	12.17	7.51	2.59	— 1.15	7.26
Berlin	— 2.04	— 0.27	1.66	7.76	11.68	12.73	15.02	15.50	12.15	7.56	2.70	— 1.29	6.93
Umeo	— 9.16	— 7.56	— 4.36	0.88	5.02	10.40	12.99	10.90	6.98	2.66	— 2.18	— 7.98	1.46
London	+ 2.81	+ 2.99	+ 4.57	7.41	10.22	12.47	14.02	14.39	11.92	8.58	+ 5.08	+ 2.93	8.12
Manchester	2.64	2.73	3.86	6.44	9.01	11.12	11.87	12.24	10.20	7.13	4.08	2.08	6.95
Dublin	3.44	3.75	4.72	6.30	8.81	11.31	12.42	12.36	10.49	7.66	4.62	3.04	7.41
Salem	— 2.22	— 1.45	1.64	6.52	11.23	16.05	18.38	17.80	14.10	8.84	3.18	— 1.01	7.76

Die Beobachtungsstunden der vorliegenden und folgenden Tafel sind: Für Marietta und Tagetteville Sonnenaufgang 2. 9; für New Bedford Sonnenaufgang, 2, Sonnenuntergang und 10; in Montreal 7 Uhr Morgens und 3 Uhr Abends; in Andover Sonnenaufgang Max. und Sonnenuntergang; in Williamstown und Middletown 7. 2. 9; in New Orleans Sonnenaufgang, Mittag, Untergang und 10; in St. Johns tägliche Extreme.

1826 und 1828 — 1830. (Fahrenheit.)

	Breite	Länge W. Gr.	Jan.	Febr.	März	April	Mai	Juni	Juli	Aug.	Sept.	Oct.	Nov.	Dec.	Jahr	Höhe
Erasmus Hall	40° 37′	73° 58′	32.67	32.83	40.05	48.14	62.05	69.06	73.08	71.69	63.85	53.62	46.41	38.59	52.67	
Union Hall	40° 41′	73° 56′	30.85	31.46	38.33	46.38	58.97	67.61	71.26	71.02	61.22	52.77	44.26	36.69	50.95	
Hartwck	42° 38′	73° 4′	24.65	26.34	34.26	42.93	57.28	64.09	66.52	65.92	57.58	47.96	38.55	31.09	46.43	
Albany	42° 39′	73° 47′	26.63	27.65	37.29	48.88	63.05	69.65	71.80	71.20	61.49	51.16	41.38	34.95	50.32	130′
Lansingburgh	42° 48′	73° 38′	24.99	26.24	35.26	46.99	62.34	70.08	71.35	70.05	61.09	50.92	41.17	32.85	49.68	30′
Middleburg	42° 49′	78° 10′	26.30	27.81	35.51	44.62	57.55	65.45	67.78	66.41	58.37	51.02	41.09	33.94	47.67	
Pompey	42° 56′	76°	22.34	23.42	31.52	40.99	57.16	64.64	67.73	66.41	55.60	46.07	35.72	28.09	45.30	1300′
Utica	43° 6′	75° 12′	24.04	24.60	33.80	44.69	59.91	66.50	69.76	68.17	58.40	49.05	39.20	31.61	47.52	473′

1828 — 1830.

	Breite	Länge W. Gr.	Jan.	Febr.	März	April	Mai	Juni	Juli	Aug.	Sept.	Oct.	Nov.	Dec.	Jahr	Höhe
Clinton	41°	72° 19′	32.16	30.59	36.71	44.34	53.47	63.38	68.53	68.94	61.50	52.33	45.92	39.14	49.75	
Newburgh	41° 30′	74° 5′	26.23	27.87	37.02	47.52	59.20	67.48	71.17	70.88	60.60	53.75	42.86	36.76		150′
Montgomery	41° 32′	74° 10′	27.35	29.20	37.70	48.83	60.59	69.36	72.06	73.18	62.55	52.74	43.47	36.66	48.08	
Dutchess	41° 41′	73° 54′	27.46	31.53	40.04	53.01	63.30	71.76	75.37	75.64	64.41	55.29	45.46	38.31		
Cherry Valley	42° 48′	75° 6′	21.88	22.62	30.85	43.14	55.55	65.19	67.59	65.49	56.55	47.17	37.47	33.83	45.52	1335′
Hamilton	42° 48′	75° 32′	23.57	24.92	31.99	45.19	54.48	63.25	66.18	66.11	56.58	48.39	38.49	31.95	45.94	1127′
Canandaigua	42° 50′	77° 15′	24.59	24.70	34.81	47.29	56.74	66.31	71.54	69.96	57.45	49.93	39.82	33.73	48.60	
Auburn	42° 55′	76° 35′	25.28	25.74	34.23	45.86	57.80	66.08	69.36	66.85	57.72	50.33	40.83	34.74	47.90	650′
Cambridge(W.)	43° 2′	73° 22′	25.06	23.24	33.77	45.59	57.61	65.11	69.14	67.28	58.39	48.66	41.81	34.46	47.60	
Onandaga	43° 2′	76° 10′	27.36	29.15	36.81	45.56	63.33	68.95	69.07	72.47	63.10	52.25	37.42	30.21	49.81	410′
Washington	43° 8′	73° 17′	23.81	22.95	33.38	44.43	55.62	66.03	68.61	67.25	56.60	45.73	39.66	32.64	46.39	
Lowville	43° 47′	75° 25′	19.29	21.47	30.44	44.52	56.43	64.48	67.11	65.92	55.50	47.55	37.44	29.52	44.98	800′
St. Lawrence	44° 40′	75°	19.44	20.09	29.86	43.77	56.54	64.62	67.46	66.55	56.04	47.49	37.77	28.99	44.88	394′

1822 — 1825. Vierjährige Mittel. (7. 2. 9.) F.

	Breite	Länge W. Gr.	Jan.	Febr.	März	April	Mai	Juni	Juli	Aug.	Sept.	Oct.	Nov.	Dec.	Jahr
Fort Johnston	34°	78° 5′	52.41	51.14	59.88	65.02	73.54	78.40	81.54	80.30	75.55	68.61	59.92	53.77	66.68
- Columbus	40° 42′	74° 2′	31.35	29.76	39.95	50.81	60.69	70.61	77.07	73.11	66.64	55.76	43.31	34.87	52.82
Council Bluffs	41° 25′	95° 43′	22.75	27.33	38.11	52.79	64.02	73.38	77.46	76.45	65.86	52.72	37.48	22.56	50.82
Fort Wollcott	41° 30′	71° 18′	29.71	30.86	38.33	47.27	56.62	66.64	72.82	70.56	64.64	54.75	43.71	35.60	51.02
- Howard	44° 40′	87°	18.98	20.67	30.85	43.32	55.96	66.72	74.09	68.79	57.18	44.38	33.49	18.22	44.50
- Sullivan	44° 44′	67° 4′	20.24	20.94	30.93	39.72	48.58	57.39	63.97	62.89	56.68	46.79	35.23	27.24	42.44

1823 — 1825. Drei- und mehrjährige Mittel.

	Breite	Länge W. Gr.	Jan.	Febr.	März	April	Mai	Juni	Juli	Aug.	Sept.	Oct.	Nov.	Dec.	Jahr
Canton Clinch	30° 24′	57° 14′	53.54	51.88	63.59	68.93	77.64	81.73	82.45	82.17	77.61	69.19	60.97	55.66	68.77
- Jesup	31° 30′	93° 47′	54.22	52.31	63.08	67.66	77.13	81.22	83.55	84.06	77.16	68.00	57.83	53.04	68.31
Washington	38° 53′	76° 55′	38.43	36.32	45.91	57.14	65.39	74.41	78.90	75.81	68.19	57.02	42.09	37.88	56.56
Fort Snelling	44° 53′	93° 8′	14.56	20.12	32.51	46.91	59.49	68.96	74.68	72.09	61.49	43.49	31.49	13.28	45.00
- Brady	46° 39′	84° 43′	20.26	15.91	25.55	40.19	49.35	60.60	66.79	65.01	55.30	43.60	32.61	21.21	41.37
Fayetteville[6]	42° 58′	72° 35′	18.88	19.28	30.67	43.28	54.45	64.48	67.27	66.53	56.90	46.90	35.57	24.47	44.18
New Bedford[5]			28.58	30.35	37.67	45.14	54.82	64.98	69.81	69.64	62.16	53.38	42.72	32.49	49.31
Salem[43]	42° 32′	71° 5′	25.59	27.75	35.38	46.02	56.84	67.19	72.49	70.53	62.96	51.34	39.96	30.29	48.86
Cambridge[23]	42° 25′	71° 10′	24.97	27.01	35.46	46.76	56.66	67.36	72.44	70.66	62.43	50.71	38.75	30.05	48.60
Andover[11]	42° 38′	71° 10′	24.50	26.00	33.40	45.30	56.10	66.60	70.40	70.00	61.30	49.20	37.40	29.90	47.60
St. Louis Association[7]			29.50	34.50	42.70	58.60	65.20	73.10	78.10	74.60	66.90	55.80	49.20	33.70	55.20
Williamstown[4]			22.56	20.62	28.72	41.93	54.00	64.03	68.40	64.57	58.33	46.98	39.13	25.46	44.74
St. Johns. NewFndl.[3½]	47° 34′	52° 38′	23.80	21.73	23.73	33.80	38.80	47.02	57.50	59.00	53.73	46.00	33.87	25.83	38.73
Chapel Hill[3]	35° 54′	78° 58′	36.28	49.97	50.82	60.66	67.87	77.67	78.01	76.42	72.93	61.14	51.99	42.43	60.30
New Orleans[3]	29° 58′	90°	53.54	51.42	59.02	66.75	75.58	79.75	80.06	80.16	77.22	68.55	59.64	54.97	67.22
Middletown	40° 26′	73° 59′	34.80	38.17	42.43	53.10	61.47	66.83	71.93	72.23	66.40	57.37	45.73	34.80	53.17

Für Canton Clinch die Jahre 22 — 24; für Snelling 22. 24. 25.

Diese verschiedenen Beobachtungssysteme geben für einen bestimmten Zeitraum die Vertheilung der Temperatur in einem bestimmten Gebiete. Vermittelst eines Normalortes kann das so gewonnene Resultat nun verallgemeinert werden, und es ist daher höchst wünschenswerth, dass an Orten, für welche wir eine lange Beobachtungsreihe bereits besitzen, diese dennoch nicht abgebrochen werden, wenn sie auch für die Bestimmung der Temperatur derselben bereits ausreichen. Diese Normalorte sind für England: London seit 1787, Lyndon 1770 — 1798, Penzance 1807 — 1832, Gosport 1816 — 1831, Manchester 1794 — 1818, Dublin 1792 — 1808, Carlisle 1801 — 1824, Kinfauns Castle 1813 — 1837, während Knutsford, Leadhills, Edinburgh, Andrews, Clunie Manse, New Malton, Bedford, Isle of Man, Aberdeen, Kendal für die weniger sicher bestimmten ebenfalls Anhalt gewähren. Für Frankreich ist vorzugsweise Paris und Strasburg seit 1806 im Detail publicirt. In Italien besitzen wir ausführliche Reihen von Mailand seit 1763, Palermo 1791 — 1829, Nizza 1806 — 1831, Turin 1787 — 1811, woran Neapel, Rom, Florenz, Pavia, Padua, Venedig, Verona, Triest als gut bestimmte Punkte sich anschliessen. In der Schweiz ist Genf als Hauptort zu nennen seit 1796, der St. Bernhard seit 1818, daneben Basel, der St. Gotthard, Lausanne, Freiburg, Zürich als sichere Punkte. Für Süd-Deutschland sind Stuttgard seit 1792, Regensburg seit 1773, Würzburg 1781 — 1788 und 1811 — 1834, Carlsruhe mit einer 43jährigen Reihe bis 1830, Augsburg seit 1819 Hauptorte, woran Heidelberg, Frankfurt, Prag, Arnstadt, Coburg und die Orte der Manheimer Ephemeriden sich anschliessen. In Nord-Deutschland ist Berlin Hauptort seit 1730, neben Hamburg, Danzig, Königsberg etc.; für die Niederlande Haarlem 1819 — 1835, Mastrich 1818 — 1833, ausserdem Franeker, Middelburg, Zwanenburg, Amsterdam, Brüssel, Lüttich und andere Orte. Im Norden Europa's sind Copenhagen, Apenrade, Prästöe, Ullensvang, Söndmör, Lund, Wexiö, Stockholm, Upsala, Hernösand, Torneo, Umeo, Uleoborg, Abo, Petersburg sicher, Hauptort aber Torneo 1801 — 1830, endlich durch die Beobachtungen von Moskau, Tambow, Kasan, Odessa, Sebastopol, Nicolajef, Irkutzk, Nischne-Kolymsk und Ustjansk auch nach dieser Richtung eine Untersuchung möglich, während die Reihe von Salem 1787 — 1828 und von Cambridge 1790 — 1812 für Nordamerika von der grössten Wichtigkeit ist. In der heissen Zone endlich sind ausser mehr als 30 in Hindostan bekannten Punkten zu den längeren Beobachtungsreihen in Rio Janeiro, Jamaica, Cuba, Paramaribo, Quito, noch einzelne Jahrgänge gekommen, von denen die an der Westseite von Australien und von isolirten Inseln des grossen und atlantischen Oceans von vorzüglicher Wichtigkeit sind.

Nachtrag zu den Combinationstönen pag. 53.

Die Erklärung der Combinationstöne und Stösse ist immer darauf zurückgeführt worden, dass man angenommen hat, dass wir uns der periodisch wiederkehrenden, durch Zusammenfallen der Impulse zweier Töne hervorgebrachten stärkeren Schwingungen des Trommelfelles als eines neuen Tones bewusst werden. Für diese objective Natur der Combinationstöne sprechen nun folgende Versuche: Hält man die Zinken zweier durch Resonanz Stösse gebenden Stimmgabeln über ein mit ihnen nahe gleich gestimmtes Fläschchen, so hört man die Stösse mit einer Deutlichkeit, wie sie die Resonanz nie hervorzubringen vermag, ja man nimmt oft Stösse vollkommen deutlich wahr, welche auf einem andern Wege nur undeutlich erhalten werden können. Hält man die Stösse gebenden Stimmgabeln über eine schlaff gespannte Membrane, am besten ein Goldschlägerhäutchen, so springt darauf gestreuter Sand in entsprechenden Intervallen in die Höhe. Je entschiedener nun diese Versuche für die objective Natur der Combinationstöne sprechen, desto auffallender ist, dass man die Stösse deutlich hört, wenn man die eine Stimmgabel dicht vor das eine Ohr hält, die andere dicht vor das andere Ohr, sie also wahrnimmt, wo nur ein Trommelfell durch die Schwingungen des einen der Töne erschüttert wird. Bewegt man die eine tönende Stimmgabel von dem einen Ohre zum andern, so verschwindet auf der Hälfte des Weges der eine Ton vollkommen und damit auch die Stösse, welche bei grösserer Annäherung an das andere Ohr wieder hervortreten. Das Ergebniss dieses Versuches könnte mit der bisherigen Erklärung dadurch in Einklang gebracht werden, dass man annähme, das eine Trommelfell würde vermittelst der festen Theile des Kopfes durch die Schwingungen des andern in isochrone Schwingungen versetzt. Bei fest verstopften Ohren hört man nämlich die Stösse sehr deutlich, wenn man die Stiele beider Stimmgabeln auf die Knochen des Hinterkopfes aufsetzt, am deutlichsten freilich, wenn man dieselben in die unverstopften Ohren hineinsteckt. Bei einer subjectiven Erklärung der Erscheinung würde aber aus derselben ein wesentlicher Unterschied des Auges und Ohres folgen, da dieses die Eindrücke combinirte, während wir bei Vorhalten eines blauen Glases vor das eine Auge, und eines gelben vor das andere gesonderte blaue und gelbe Flecke neben und über einander sehen, nicht aber eine grüne Mischungsfarbe. Dass übrigens zu dem Wahrnehmen der Stösse die Art der Wahrnehmung gleichgiltig sei, geht daraus hervor, dass die drei Arten der Wahrnehmung durch feste Resonanz, durch ein abgestimmtes Fläschchen und durch die Luft aus grosser Nähe bei beliebiger Combination unter einander sie hervortreten lassen. Dass aber selbst bei fester Resonanz die Schwingungen einander nicht gegenseitig modificiren, hört man deutlich, wenn man einen längeren Stab, an dessen Enden die Stimmgabeln als Verlängerung desselben eingeschraubt sind, dicht bei dem Ohre vorüberführt. In der Mitte desselben sind die Schwebungen deutlich hörbar, nach den Enden hin verschwinden sie aber zuletzt vollkommen, weil die Intensität der Töne so verschieden wird, dass der eine durch den andern vollkommen verdeckt wird.

Da der aus zwei gleichzeitig erklingenden einfachen Tönen erzeugte Combinationston mit einem derselben einen zweiten Combinationston hervorbringt und sofort dieser einen vierten, so scheint mir nach den angeführten Versuchen nicht unwahrscheinlich, dass nur der erste objectiver Natur sei, die andern aber subjectiver.

D o v e.

Namenregister.

Verbesserungen.

Seite 109 Zeile 8 v. u. statt Fig. 30 l. Fig. 33.
- 352 letzte Zeile unter März statt 54.89 l. 34.89.
- 324 Zeile 6 v. o. statt Parallelkrisen l. Parallelkreisen.
- 385 - 1 - - - Penzarie l. Penzance.
- 400 - 1 der Anm. statt Tagetteville l. Fayetteville.

Gedruckt bei Julius Sittenfeld in Berlin.

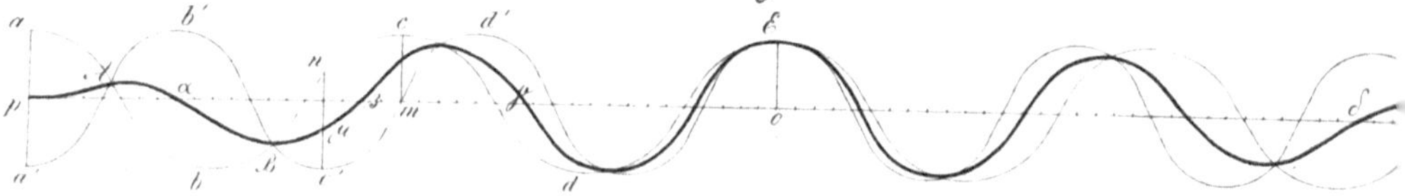

Fig. 1.

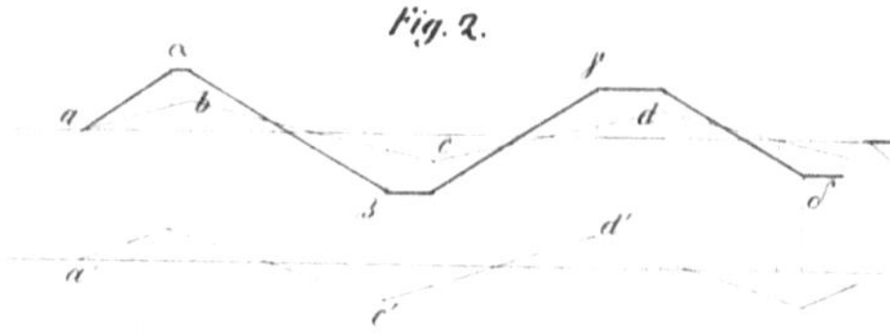

Fig. 2.

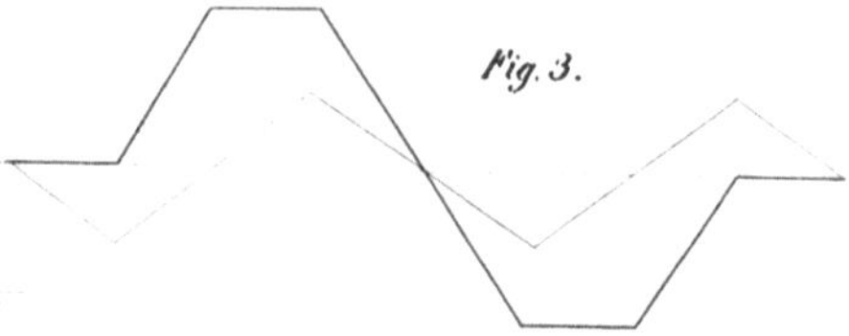

Fig. 3.

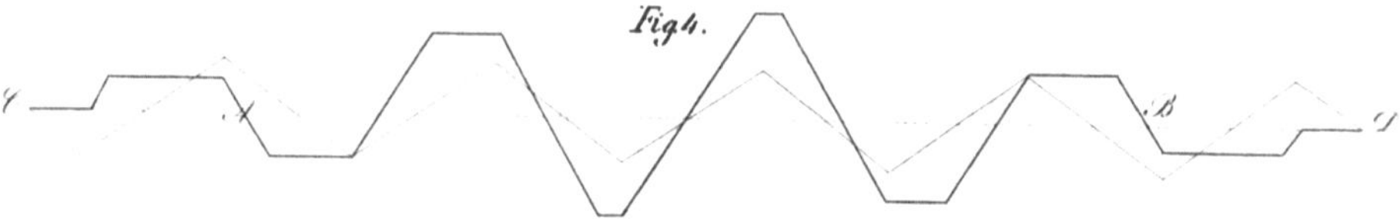

Fig. 4.

Fig. 5.

Fig. 6.

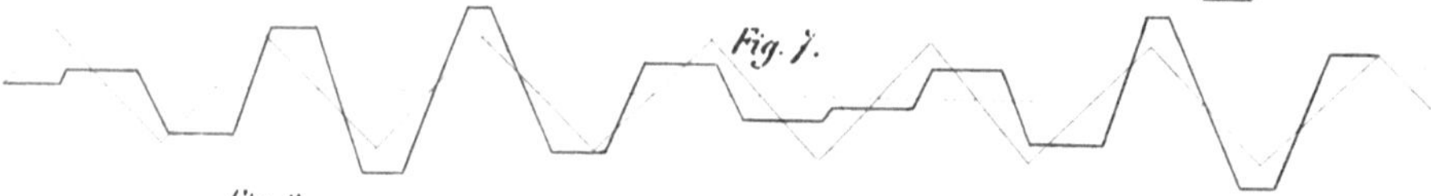

Fig. 7.

Fig. 8.

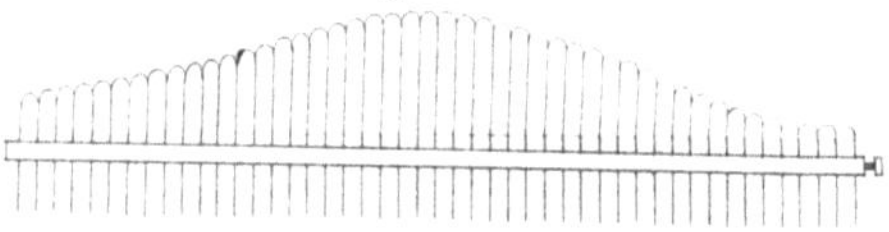

Fig. 9.

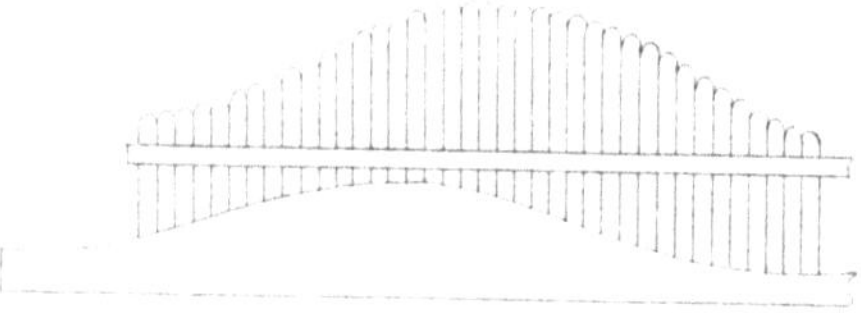

Fig. 11.

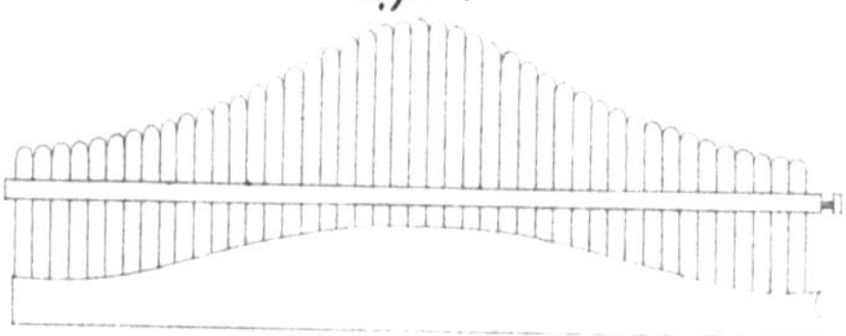

Fig. 10.

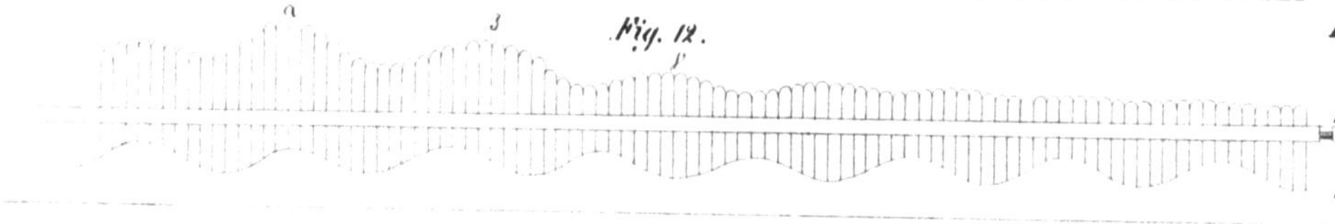

Fig. 12.

Fig. 18.

Fig. 19.

Fig. 20.

Fig. 21.

Fig. 22.

Fig. 23.

Fig. 24.

Fig. 25.

Fig. 26.

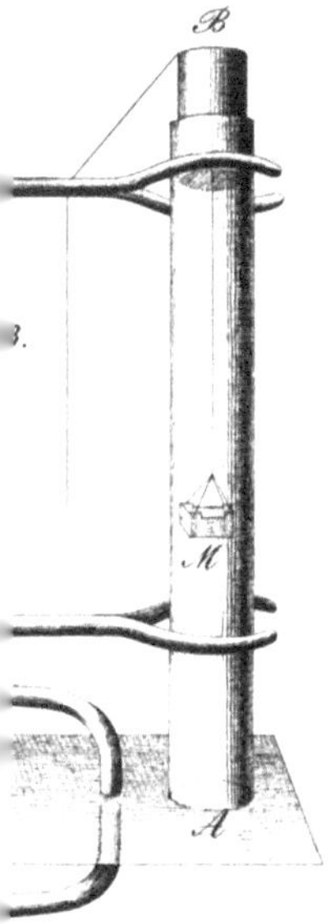

3.

Fig. 15.

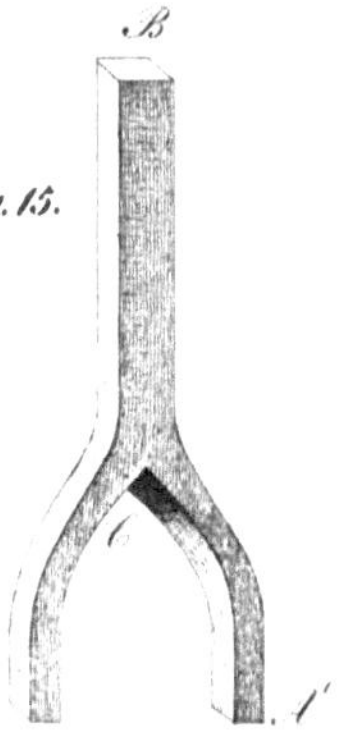

Fig. 14.

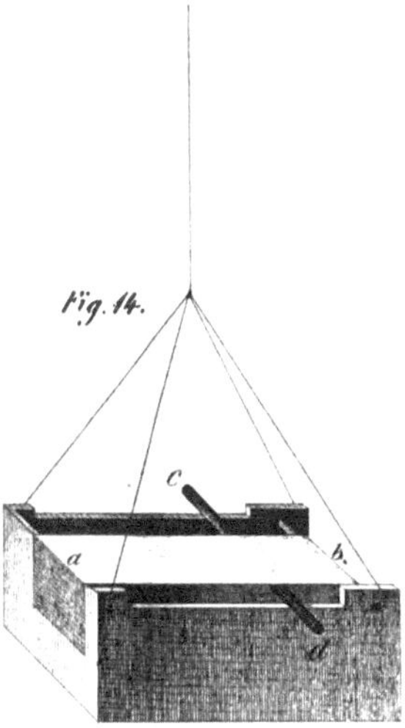

Fig. 30.

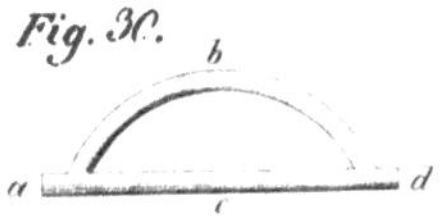

Fig. 31.

Fig. 32.

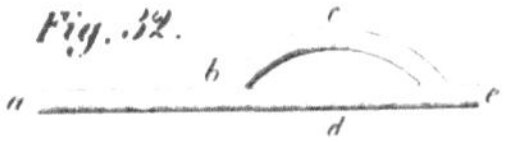

Fig. 33.

Fig. 17.

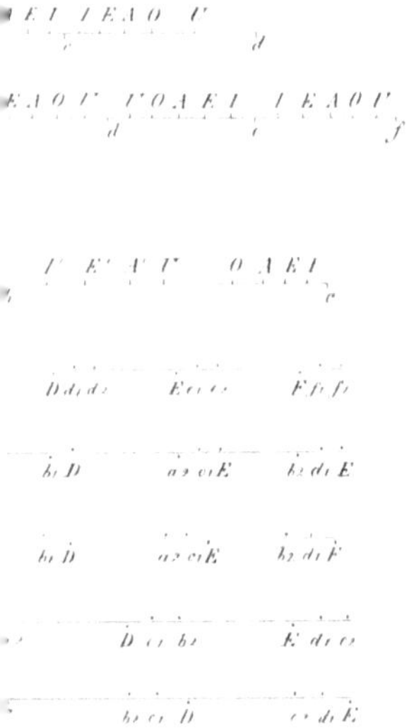

Fig. 28.

Fig. 29.

Fig. 34.

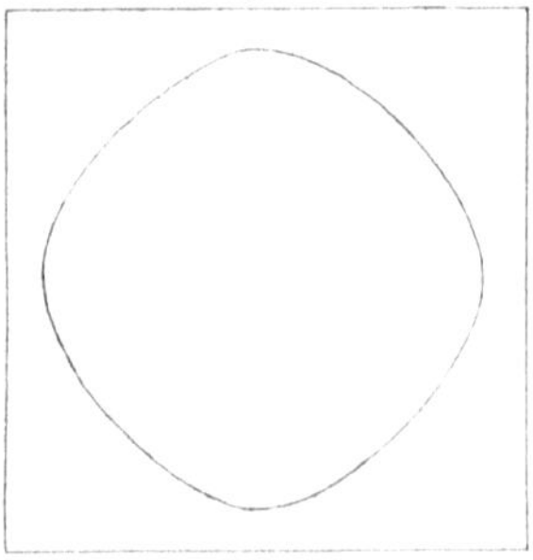

Fig. 35.

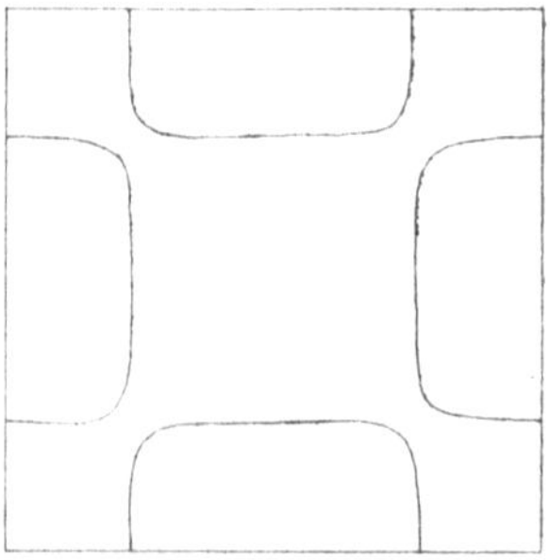

Fig. 36.

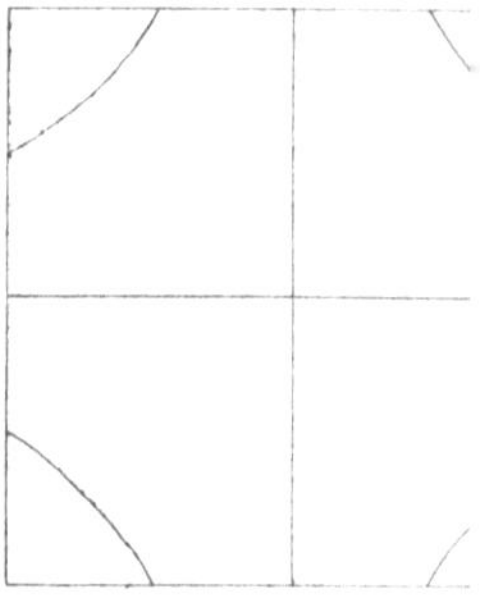

Fig. 37.

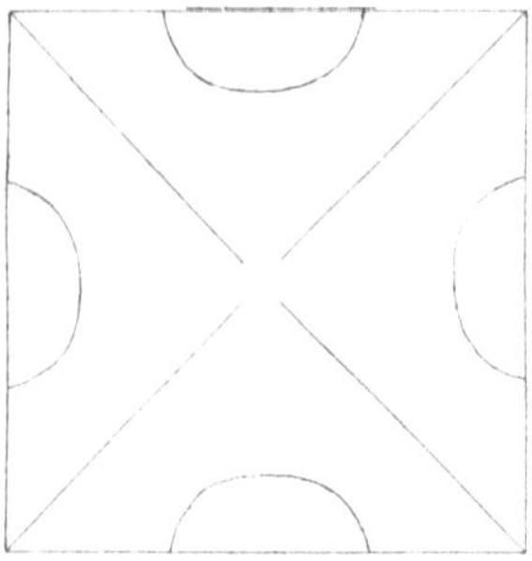

Fig. 38.

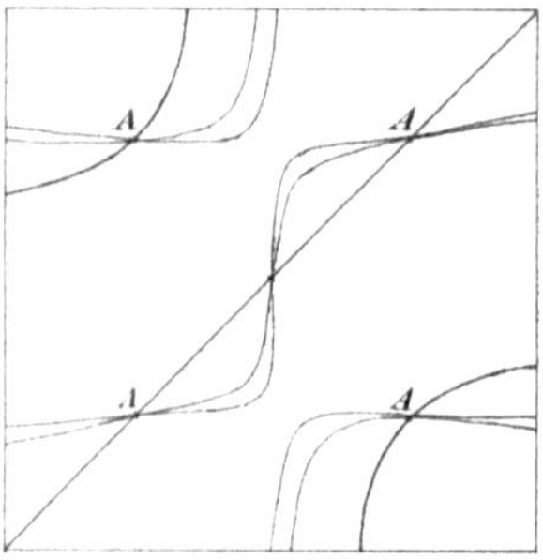

Fig. 39.

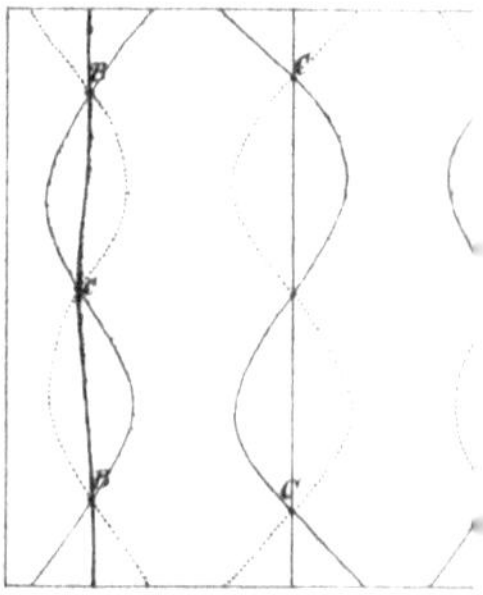

Fig. 40.

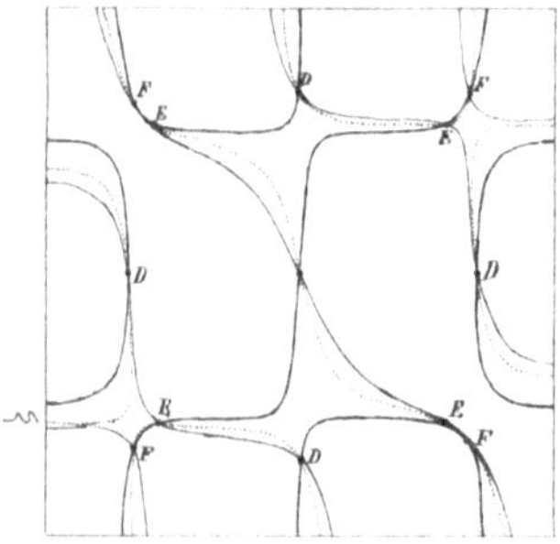

Fig. 41.

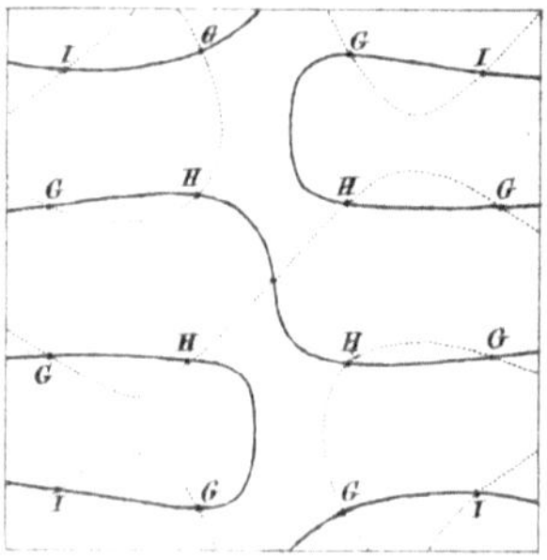

Fig. 42.

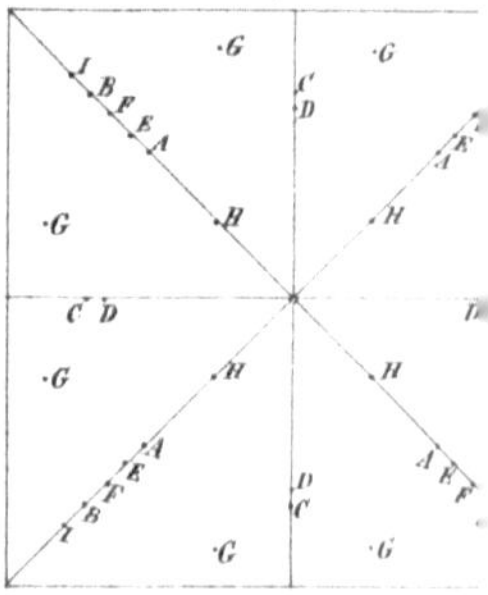

Taf. II.

3. a.

Fig. 44. a.

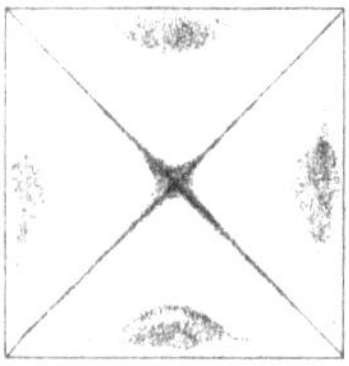

Fig. 45. a.

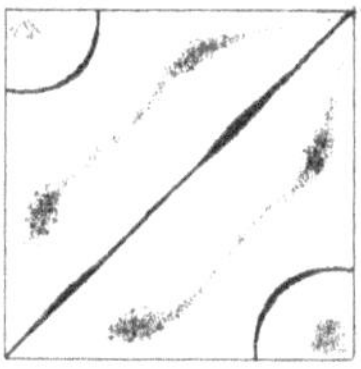

Fig. 46. a.

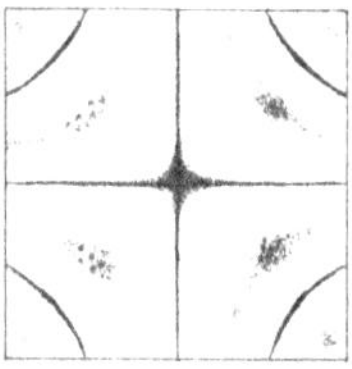

Fig. 47. a.

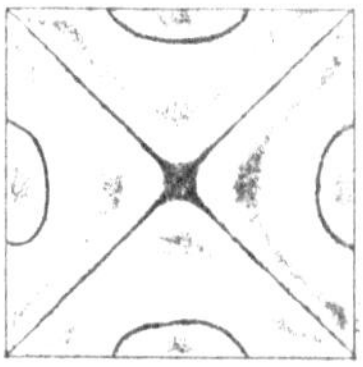

43. b.

Fig. 44. b.

Fig. 45. b.

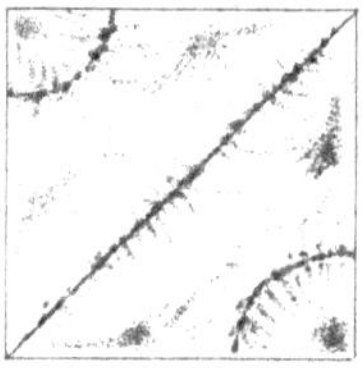

Fig. 46. b.

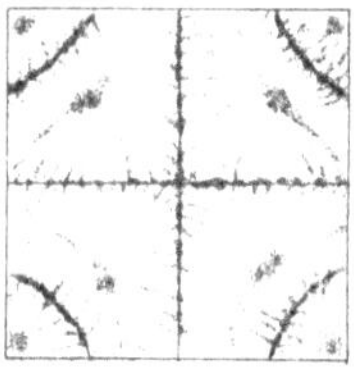

Fig. 47. b.

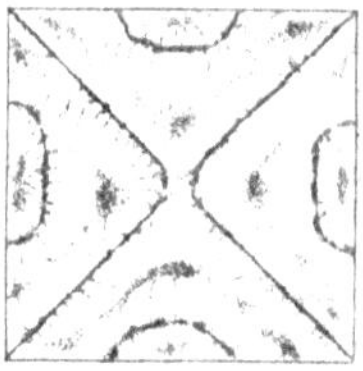

8.

Fig. 49.

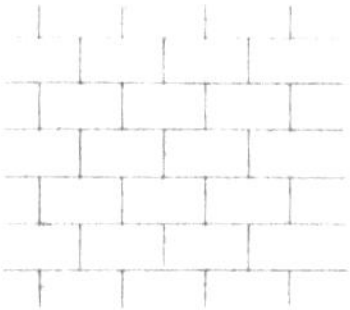

Fig. 50.

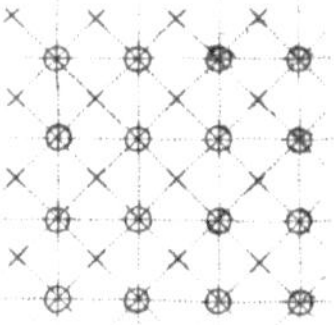

Fig. 52.

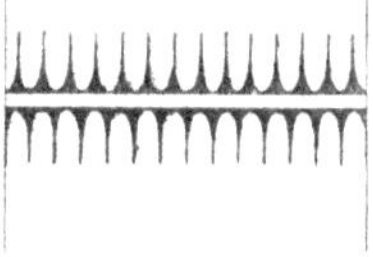

Fig. 51.

Fig. 53.

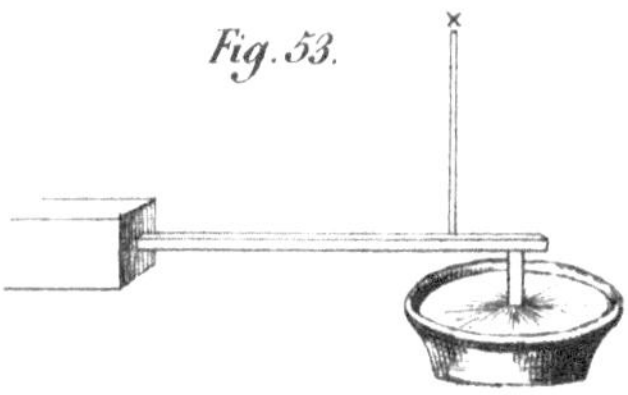

Fig. 54.

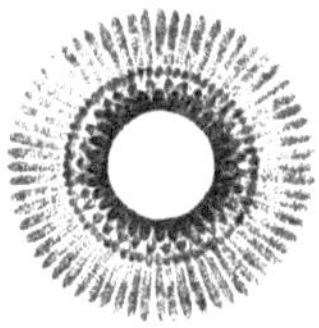

Fig. 55.

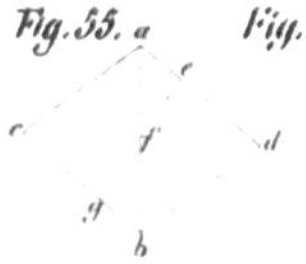

Fig. 56.

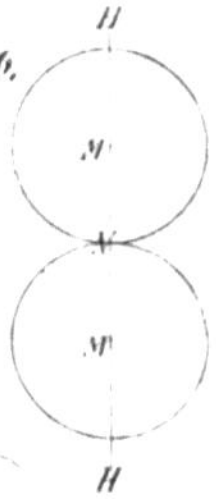

Fig. 57.

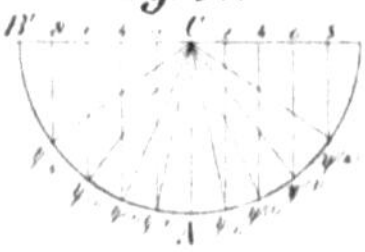

Fig. 58.

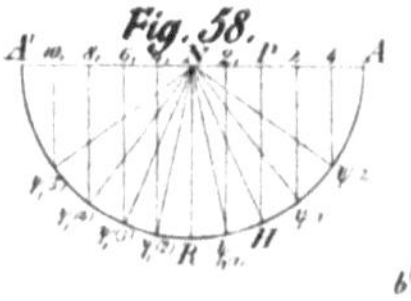

Fig. 59.

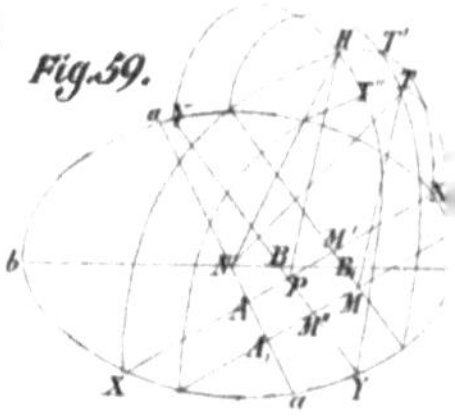

Fig. 63.

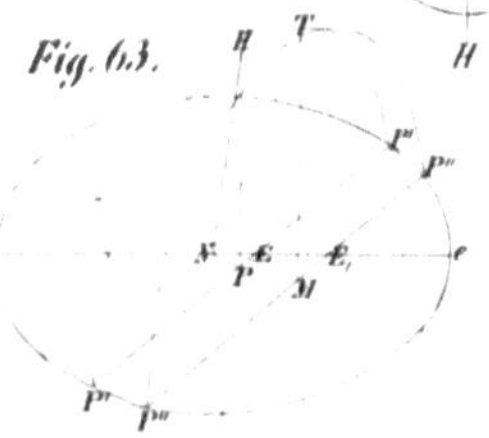

Fig. 64.

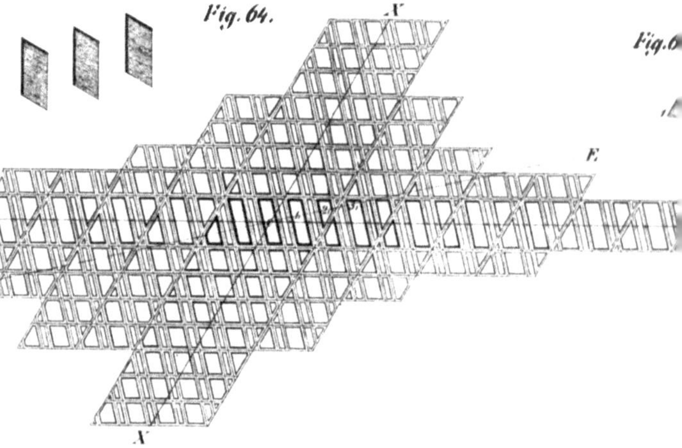

Fig. 67.

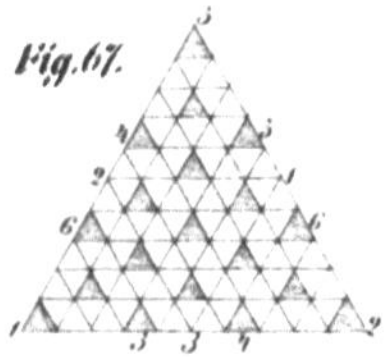

Fig. 69.

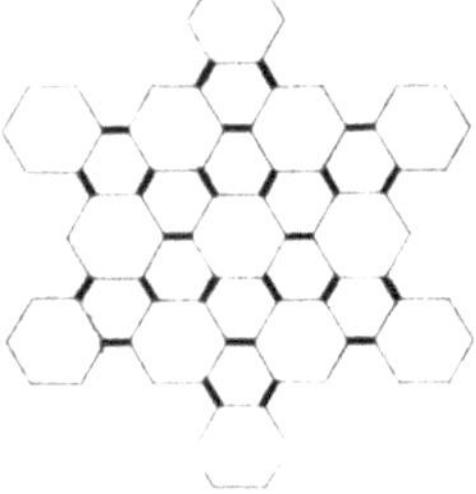

Fig. 70.

Fig. 68.

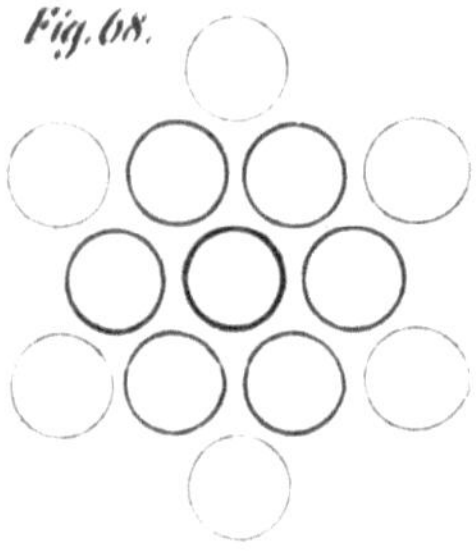

Fig. 71.

Fig. 73.

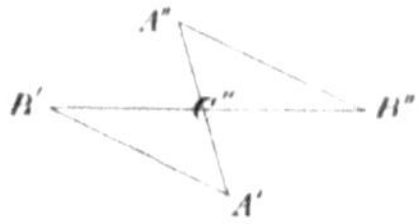

Fig. 76.

Fig. 60.

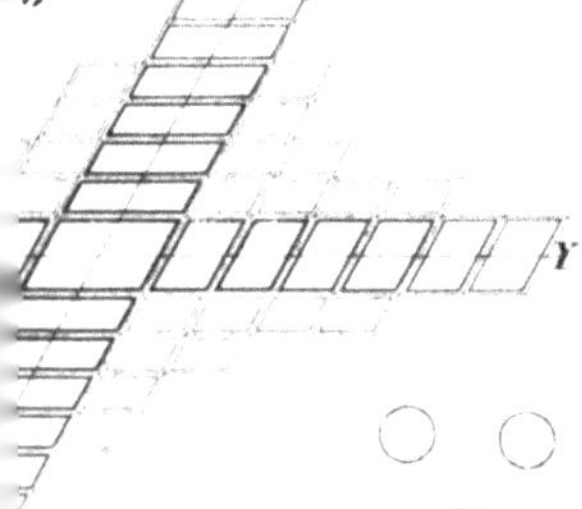

Fig. 61.

Fig. 62.

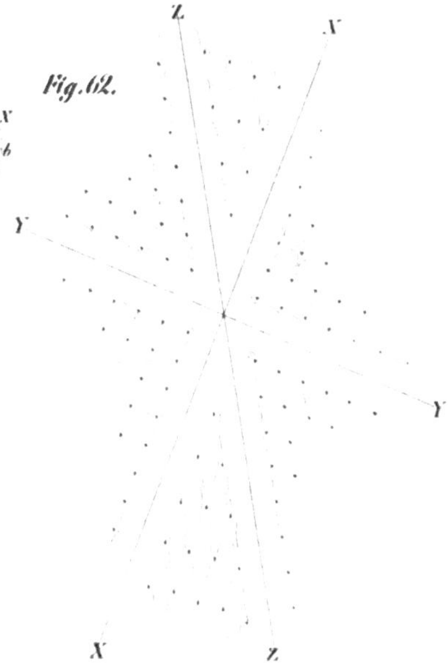

Fig. 66.

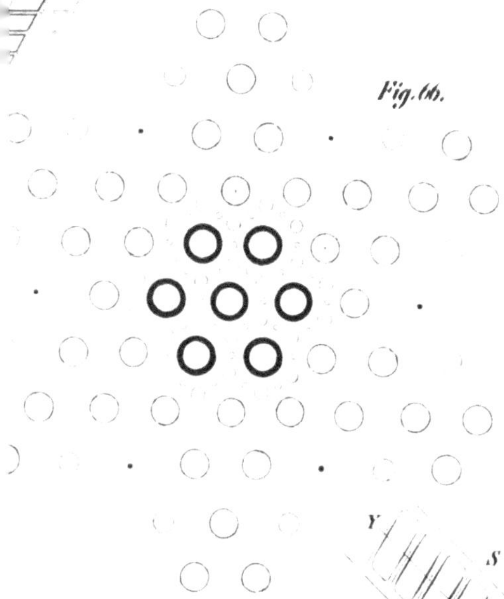

Fig. 72.

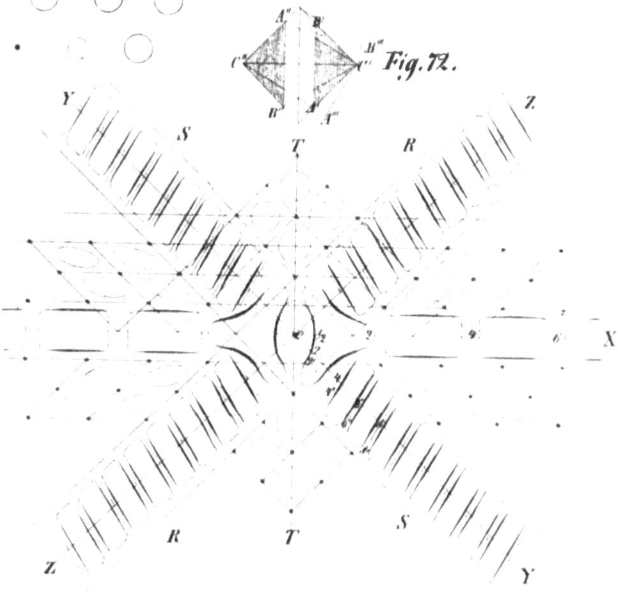

Fig. 75.

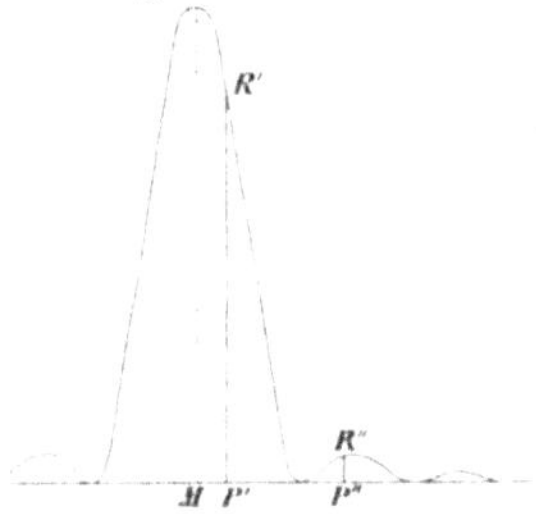

FSC
www.fsc.org
MIX
Papier | Fördert
gute Waldnutzung
FSC® C083411

Kolibri 360 GmbH
Ferdinand-Jühlke-Straße 7
99095 Erfurt, Deutschland
produktsicherheit@kolibri360.de

HEART ATTACK MEDICATIONS EXPLAINED

Straight talk about effects, benefits, and harms

DAVID BLACKBURN

BB
HOMEFRONT

Contents

Preface

For over 20 years I've been a Professor of Pharmacy and a member of a local cardiac rehabilitation program that helps people prepare for life after a heart attack. I thought I was an expert in heart attacks until it happened to my dad in 2014. He was just shy of his 76th birthday and was returning home after a big Christmas Eve meal at my sister's house. The heart attack came on slowly. He thought it was only heartburn so he didn't get it checked out at first. However, the feeling persisted all night so he finally went to the hospital the next morning. For years I had faithfully told people in our cardiac rehabilitation program to seek hospital care promptly if they experienced persistent chest discomfort, yet my own dad waited all night before he did anything about it! To this day, I feel he may have avoided that heart attack if he had gone to the hospital sooner.

Fortunately, dad's heart attack was not severe; however, this relatively healthy 76-year-old man was prescribed 6 prescription drugs to take every day after being discharged home. Although he had worked as a pharmacy professor like me, he still questioned the logic of taking so many drugs. Watching my dad go through the long recovery at home made me realize my approach to informing people about their drugs was all wrong. I was trying to look like a "smart professional" who had all the answers. The information I provided was overly positive and overly simplistic. I was basically suggesting that all these prescriptions were 100% perfect and people would die without them. I wasn't trying to mislead anyone intentionally, but I was taught to emphasize the benefits of prescriptions drugs to encourage faith in the doctor's plan! If I had written this book 20 years ago it would have felt like a "rah rah" cheerleading practice where I attempt to convince people what's good for them. Given all the negative messages about prescription drugs on the internet, health care providers sometimes go overboard trying to emphasize the good over the bad.

To be transparent, I personally believe that most drugs prescribed after heart attacks do more good than harm for the average person. However, the decision to take all of them requires you to accept some risk (and cost!). I completely understand why some people find the disadvantages unacceptable and respect their position. Whatever you think about prescription drugs, I hope this book gives you some helpful perspectives and knowledge about both the good and bad. The information I provide is a combination of my experiences, knowledge, discussions with amazing people, and theories I have cooked up in my own head. I would be nervous if you thought of this as a scientific work even though I do incorporate my views on several scientific studies. Most of all I hope you find it interesting.

Enjoy!

Drug Names Used In This Book

Prescription drugs can have many different names. To avoid confusion, I have used mostly 'generic names' in this book. Generic drug names don't change. However, drug companies make up brand names for each of the drugs they sell. For example, a drug called atorvastatin was initially sold under the brand name, "Lipitor." Currently, a drug called semaglutide has at least three different brand names: "Wegovy," "Ozempic," and "Rybelsus." If you see a drug name you don't recognize in this book, look it up on the internet and you can easily find its brand name if you are not sure what I am talking about.

ONE

Home From The Hospital And Not Feeling Better

Recovery from a heart attack can be difficult and slow. You might have expected to get back to normal after they inserted a few stents and discharged you from the hospital. However, people often feel tired and sluggish for weeks afterward. Part of the problem can be the psychological strain that arises from wondering whether you might have another heart attack at any moment. Plus, strange feelings can develop in your chest even if you are healing perfectly (we will discuss all those strange feelings in your chest later). To make matters worse, the doctor probably prescribed you about 5 new prescription drugs to take every day. Those drugs might be the first long-term prescriptions you have ever taken in your life! It is hard to know whether your current problems are caused by heart damage or all the damn drugs you are taking.

You have probably been told all these prescription drugs are critically important to protect against heart attacks. However, did anyone promise you'll never get another one if you take the drugs faithfully? I suspect not. That's because the drugs are not that good. We have not identified any cure for heart attacks and probably won't for many years to come. I am not trying to convince you that these drugs are useless. However, my goal in this book is to provide balanced and fair information about the drugs you have been prescribed. Many people hear conflicting messages after a heart attack. On one side, you may hear that these drugs will change your life and you will be in big trouble without them. On the other hand, you might hear that prescription drugs are designed by villains who are trying to poison you for money. It's hard to know what to think sometimes. I hope this book can help you make decisions for your own health and perhaps give other people balanced advice they can trust.

Here is some good news. People who have experienced a heart attack are not guaranteed to have another one. In fact, many people will live long, healthy lives after heart attacks. I recently read a study published in the Journal of the American College of Cardiology by a person named Pernille Gro Thrane that you might be interested in. You should be able to look it up on your own at this website if you are interested (*www.jacc.org/journal/jacc; 2024, volume 83, page 2615*). Her research team followed thousands of people who were three months removed from experiencing their first-ever heart attack. They also identified a similar group of the general population who did not have a heart attack around the same time. Both groups were tracked over time to compare what happened to them. Ten years later the number of deaths in the heart attack group was only 2% higher than the general population. In other words, a recent heart attack doesn't guarantee you will be sick for the rest of your life. Virtually all adults in North America are at risk of a heart attack on any given day because we all have the underlying condition that can cause them. Of course, the people who have never experienced a heart attack are often blissfully unaware of their risk. I suspect you were unaware of your risk before it happened also. I believe you are probably not that different from other people around you despite your recent health scare.

The chances of a heart attack are strongly related to your age. A 75-year-old has a higher chance of having a heart attack than a 50-year-old, and a 90-year-old has a higher chance than a 75-year-old. In other words, on any given day heart attacks will happen to more 75-year-olds than 50-year-olds. Risk factors like the genes you inherited from your parents, your stress level, unhealthy eating, lack of physical fitness, and overweightness increase your heart's aging process faster than normal. Thus, a 62-year-old might have the same heart attack risk as a person who is 75. One of the goals of prescription drugs is to help ensure your chance of a heart attack is appropriate for your age. If you are 62 you should face the same heart attack risk as every other 62-year-old around you, even if you had a heart attack previously. In other words, the drugs you have been prescribed are intended to make you normal, but they cannot make you invincible.

The first six months following a heart attack can be difficult.

Experiencing a heart attack is scary. For most people it is the first life-threatening event they have ever experienced. To make matters worse, many people feel unwell after they are discharged home from the hospital. It is extremely common to feel tired and lack energy in the months following a heart attack. For example, it might feel impossible to get through an entire day without a nap. Along with tiredness, you might lack motivation to get out of the house for exercise or social outings. Then, despite feeling tired all day it can be hard to fall asleep at bedtime! Some people have bad dreams, night sweats, or just cannot fall asleep because of racing thoughts. To make matters worse, most people are on high-alert for any unexplained sensations between their neck and their belt-buckle. It is not uncommon to feel weird sensations after your heart attack is over. Every time you feel a pain in your chest, you wonder if this is the start of another heart attack. The constant scrutiny of every single sensation between your neck and your belt buckle is exhausting. Unfortunately, it can last for several months, even in people who are healing perfectly.

These frequent pain sensations can make people worry they are not getting better. The good news is this phase eventually resolves in almost everybody. One night in the next few months you will be getting ready for bed and realize you didn't have a nap that day and you didn't have any worrying sensations in your chest. A few weeks later you may realize you went two or three days without napping or worrying about your heart. Eventually, the "old you" will sneak back so slowly you won't realize it is happening. Just be patient with yourself as recovery can be slow.

I do not have a good explanation for why it takes so long to get back to normal after heart attacks. Personally, I believe it is a result of the physical and psychological trauma that you endured and the procedures you underwent in the hospital. Think about it - you just lived through a life-threatening event just as dangerous as a car accident or fire. Also, your body was subjected to some unnatural procedures in the hospital like surgery and radiation from the scanning of your heart. I believe your entire nervous system is in the process of resetting. So, it is normal to take a long time to get your energy back and to feel better, even if your heart is healing perfectly! Although most people get through this phase eventually, please make an appointment with your doctor if you continue to struggle with sleep, energy, and moods after months of no improvement. If it happens to you, I suggest you reach out to somebody! You are not weak or unique. It is just part of the recovery process that takes longer for some people.

TWO

Explaining The Disease That Causes Heart Attacks

I hope you have found a comfortable place to read this book. Perhaps you are reading in bed or sitting in your favourite chair with your feet up. As you read, you get a chance to rest your feet and take a break from the demands of your day. Although your feet and legs can rest while you read, your heart cannot. As you know, your heart beats all day and all night without a break; it beats about 70 times per minute and continues all night when you are sleeping. It beats faster when you are excited, exercising or feeling upset. As a result, the muscle in your heart is constantly hungry for blood because it is pumping night and day. Fresh blood is delivered to your heart through blood vessels, providing all the energy it needs to keep going.

Basic information about the heart and blood

Your heart consists of millions of individual muscle cells. All are governed by an electrical system that organizes them to contract at once. I think of the electrical organization of the heart like lights in a big room. If you turn on one switch, an electrical current is delivered to all lights at the same time so they turn on together. This "wiring" of the heart allows a huge number of individual muscle cells to act like one single entity by near perfect control of millions of component parts. As these heart muscle cells contract together, the hollow chamber in the middle of the heart shrinks quickly, squeezing fresh blood into your blood vessels. The first blood vessel to receive blood from the heart is called the aorta. It is like the trunk of a tree. It receives all blood pumped by the heart but branches out like a tree to all areas of the body, including the brain, arms, legs, and the heart muscles too.

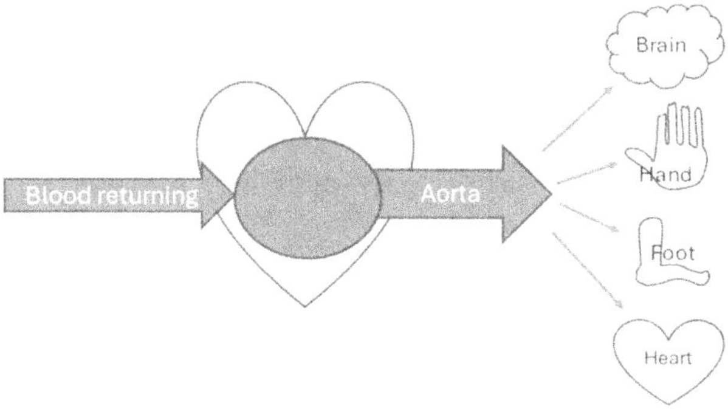

Blood returns from the body to be refreshed by the lungs, then it is pumped out again into the aorta. The aorta splits into multiple branches, carrying fresh blood to all parts of the body. Some of those branches return to the heart to feed its muscle!

Heart muscle cells pump continuously during your lifetime and need a constant source of energy to keep it up. The energy is supplied by glucose (i.e., sugar) and fat molecules that are always present in blood. Each cell in our body is specifically designed for capturing energy from these molecules through controlled chemical reactions. If you have any doubts about how tiny cells can generate "energy" through breaking down big molecules like sugar, I can completely relate. Universities have been teaching these chain reactions to students enrolled in biology, biochemistry, and health sciences for decades. We all memorize these reactions and accept them to be true. However, few people truly understand the specific mechanics of energy production. Most of us just accept that we will likely never understand it completely. However, we know that specific proteins act like robots on an assembly line producing energy through chemical reactions at an incredibly fast speed. Although it is hard to visualize, it is impossible to deny that lots of energy must be required for your heartbeat, your exercise, singing lessons, or even reading this book.

When energy is released from sugar or fat molecules, it is saved in a molecule called ATP (adenosine triphosphate). Although we know ATP holds energy, it is difficult to picture in your head without seeing it. It supposedly acts like a coiled spring that releases energy when it is triggered. However, it is stable enough to hold onto that energy if it's not needed immediately. The use of energy inside the body is one of the primary foundations of life itself. Energy is needed to eat, absorb sugar, eliminate wastes, repair cells, and produce chemical reactions. ATP supplies the "push" needed to get the job done. If ATP cannot be produced, virtually all life activities will cease. In other words, ATP provides energy for more than just contractile forces in a heart muscle cell. It supplies the energy for almost everything a living cell does. Life requires energy.

To state the obvious, glucose and fats in your blood are obtained from the food you eat. To turn those molecules into ATP, oxygen is a critical player. As you know, oxygen is absorbed by your lungs from the air you breathe. The lungs also eliminate carbon dioxide (CO2), so it doesn't build up in your bloodstream. Just like burning coal in a power plant, humans produce C02 through the chemical reactions that make ATP. Therefore, we need to continuously excrete C02 just as we need to continuously absorb oxygen. At the risk of providing too much peripheral information, CO_2 in the blood can react with water to form an acid (HCO_3 or carbonic acid). Therefore, if your lungs aren't working properly and CO_2 is not being eliminated quickly enough, your blood can get acidic from the accumulating levels of carbonic acid. Doctors would call that accumulation of acids, acidosis.

Arteries and veins:

The body contains two main types of blood vessels that carry blood around the body: veins and arteries. Veins are a blue or green colour and can often be seen on the back of your hand or the underside of your wrist. They are responsible for draining blood away from muscles and organs, returning it to the heart and lungs to be refreshed. You can't usually feel veins when you push on them with your finger because they work under a low-pressure system.

In contrast to veins, arteries are responsible for delivery of fresh blood to organs such as your heart, brain, kidneys and muscles. Arteries cannot be seen because they are located much deeper under the skin. Arteries are always full of blood, so you can feel them pulse with every heartbeat. I am sure you have felt your own pulse on the underside of your wrist (in line with your thumb), or in your neck beside your Adam's apple. Finding a pulse means you have located an artery. You can feel an artery's "pulse" because the pressure inside each artery increases due to fresh blood being pumped into the system with each heartbeat. Blockages that cause heart attacks occur in arteries, not veins.

Heart attacks are caused by a blocked artery

As you may recall, the heart is made up of millions of individual muscle cells spread out like bricks of a building. Each of those cells receives a constant supply of fresh blood from individual arteries that branch out to every area. The arteries that deliver blood to your heart are called "coronary arteries". As I mentioned above, heart attacks occur when one of these coronary arteries becomes completely blocked so blood can no longer reach an area of the heart. Each branch of the coronary artery tree will deliver blood to a specific area. Think of it like a neighbourhood of cells as shown in the next picture where there is only one branch delivering blood. Because that artery is the exclusive source of blood, those cells will suffocate if a blockage develops in it. If that blockage isn't opened within hours, many of the cells inside that neighbourhood could be permanently damaged or destroyed. That damage to heart muscle cells is what you feel when a heart attack occurs. Heart cells cannot be replaced, so any permanent damage will be covered with a scar where healthy muscle used to be. Scars in our heart will make it difficult for the heart to pump blood as well as it used to. However, people who get to the hospital quickly can avoid substantial damage. As you probably know, hospitals have an effective procedure to open that blockage quickly so blood can start flowing back to the neighbourhood before damage occurs! Several names are used to describe this procedure such as PCI (percutaneous coronary intervention), angioplasty, stent placements, or revascularization. All these terms are pretty much referring to the same thing.

A Disease called Atherosclerosis Causes Blockages in Coronary Arteries

Blockages in coronary arteries are caused by a complex disease called atherosclerosis. Atherosclerosis is a very common disease among adults in the developed world. It is present in almost all adults – and can even develop in children! That means, you are not that unique from the rest of the world just because you have blockages from atherosclerosis. We expect that most of your friends have this same condition even if they haven't had a heart attack. Fortunately, most atherosclerotic blockages will never block the entire artery and will never cause a heart attack.

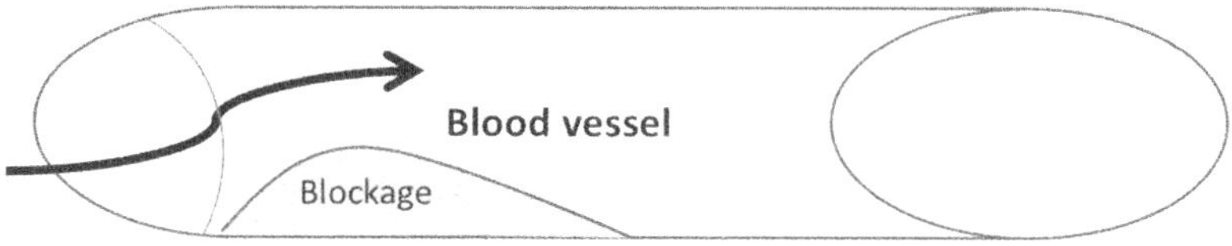

A picture of a coronary artery in your heart that has a blockage from atherosclerosis. However, it is not big enough to notice because blood can still pass over it easily.

Most blockages from atherosclerosis are not large enough to prevent blood from reaching its destination in your heart. For those people who have already experienced a heart attack, it is highly likely that the blockage responsible for the heart attack had been growing in your body for more than 20 years without you noticing it. Even after 20 years, atherosclerotic blockages do not typically grow large enough to cut off circulation. Something else usually happens to cause a heart attack. In fact, heart attacks can be caused by coronary arteries with relatively small atherosclerotic blockages. The real problem occurs when a blockage becomes unstable and ruptures. If a blockage ruptures (or breaks apart), it tricks your body into responding as if your artery wall has been damaged. Damage to artery walls causes the body to trigger a process used to prevent bleeding. Indeed, damage to an artery wall could mean a hole will develop where blood could leak out. Blood contains proteins, cells, oxygen, vitamins, and sugar, so the human body quickly responds to bleeding to preserve these valuable resources at all costs. The process to prevent bleeding by "patching" arteries is brilliant in its simplicity as I will describe later. Platelets are one of the main components of blood responsible for the body's response to damaged arteries.

Platelets:

Platelets are small pieces of cells that continuously monitor artery walls for signs of damage. In the chapter on "blood thinner" drugs, I will describe their actions in greater detail. For now, the bottom line is that platelets will activate strongly if an artery is damaged. Once activated, they will stick to the surface of the damaged section and stick to each other. They respond to all types of damage to artery walls, including when an atherosclerotic blockage ruptures. These ruptured blockages are not likely to bleed but platelets are fooled into responding as if bleeding is imminent. As a result, they form a plug on the surface of this atherosclerotic blockage, making it bigger and more likely to interrupt blood flow.

Evidence for the effects of platelets can be clearly witnessed in people receiving intravenous medications after a heart attack. Virtually everyone develops bruises on their arms where needles were inserted in the hospital. Normally, a needle wouldn't cause a big bruise because platelets act so quickly to plug that hole. However, because hospitalized patients commonly receive "blood thinner" medications from that needle, platelets in that area become paralyzed from the drug making them unable to react as quickly as usual. By the time enough "healthy" platelets arrive in the area, lots of blood has already leaked under your skin to make those nice bruises. Many hospital wards are full of people with bruises on their arms because they receive medications that paralyze their platelets through a needle.

So, what does all this have to do with a heart attack? Basically, if an atherosclerotic blockage in one of your arteries ruptures, platelets react immediately and stick to it. They quickly form a plug that adds to the size of the blockage. In some cases, even small blockages can cause such an intense platelet response that the entire artery can become blocked. That means, the heart cells that receive blood from that artery will begin to suffocate – causing the symptoms of a heart attack. If blood flow can be re-established quickly, you can avoid major damage to that area of the heart.

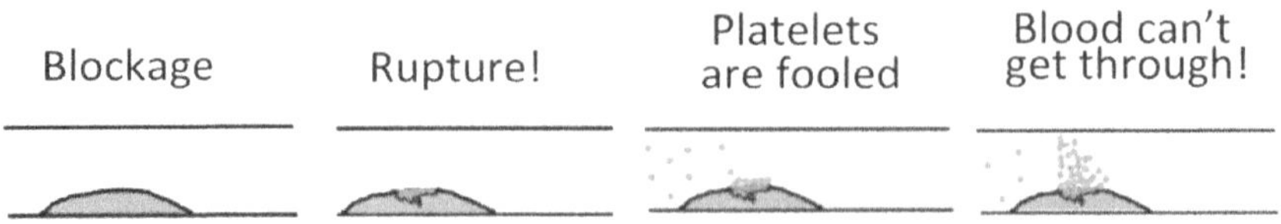

Hopefully the previous section explains how a person can live with atherosclerotic blockages for years without knowing it's there, then all of a sudden they experience a heart attack by surprise. Given these atherosclerotic blockages can exist inside your body for years, you may wonder what triggers a heart attack to happen on a given day. We haven't really figured this out too well yet. Some people live to a very old age with atherosclerotic blockages that never rupture. So why do some rupture and others don't?

It seems that one important cause of atherosclerotic blockage rupture is rapid growth. Basically, these blockages in your vessels are covered by a "skin" or "cap" that can stretch if it expands quickly. Of course, if you stretch it too fast it will rupture just like a balloon. Interestingly, I have heard that large blockages may be less likely to rupture compared to small blockages. Perhaps the large blockages are more stable from slow and steady growth - otherwise they would have ruptured long ago.

Inflammation inside atherosclerotic blockages

Rapid growth of an atherosclerotic blockage is often blamed on a process called Inflammation. When we talk about inflammation, we are simply referring to the way the body reacts to trauma, damage, or infections. A good way to think about inflammation is to remember anytime you have experienced an ingrown whisker, ingrown toenail, or even a black eye. Inflammation is the word used to describe the body's response to an area that has been damaged by trauma or infection. For those of you who have experienced a nail grown into the side of your toe, you can actually feel the "inflammation", which is caused by the body's process of delivering extra fluid and cells to areas that are damaged or infected. That part of your body actually feels "full" from the army of 'soldier-cells' recruited to the area. If an atherosclerotic blockage becomes inflamed (or swollen), the rapid growth may cause it to rupture. I will describe this process in more detail in the chapter about cholesterol and cholesterol-lowering drugs later on. First, let's discuss the role of platelets and the drugs that are used to paralyze them in order to prevent heart attacks.

THREE

Prescription Blood Thinners

As you can see from the previous chapter, platelets play an important role in the development of heart attacks. As a result, platelets are one of the main targets of drugs used to prevent subsequent heart attacks. Although some people call these "blood thinners", the specific drugs used for heart attacks are called "antiplatelet medications". The most widely used antiplatelet medication in the world is aspirin (also called ASA or acetylsalicylic acid). The role of platelets is so important, it is common practice to receive two antiplatelet drugs after a heart attack. Usually aspirin is combined with other types of antiplatelets such as clopidogrel, or prasugrel, or ticagrelor. Usually, two antiplatelet medications will be taken for about one year before one of them will be stopped. The long-term plan for most people is to use aspirin alone until you are old and frail or vulnerable to a bleeding problem.

To understand how antiplatelet drugs work, it will be helpful to remember our earlier discussion about how heart attacks occur.

In the last chapter, I described how blockages in blood vessels can rupture and cause platelets to activate. If the wall of the artery had been torn open, platelets would help prevent bleeding. However, in the case of a heart attack, bleeding is not usually going to happen. Therefore, platelets cause more harm than good in this situation!

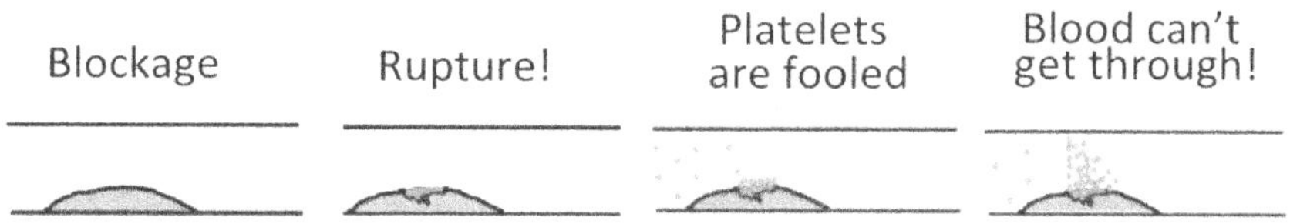

Blockage of blood flow through an artery.

In healthy people, platelets are constantly floating around in the blood. The key feature of platelets are tiny "spikes" (known as receptors) located on their outside membrane. These spikes are constantly bumping into the walls of arteries as the platelet flows throughout the body. The basic premise behind these "spikes" is simple yet utterly brilliant. The spikes are designed to connect with small molecules that are only located OUTSIDE artery walls. In other words, if artery walls are intact, the "spikes" of the platelets will never connect with the molecules they match.

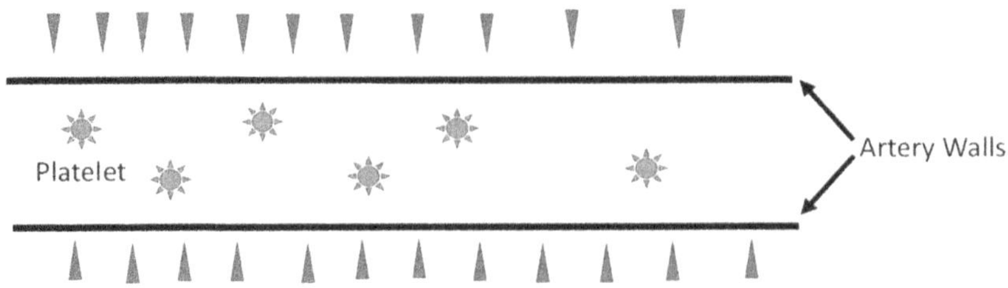

Platelets float around in the blood constantly. Their spikes are matched perfectly to molecules that are hidden behind the artery walls. Therefore, if artery walls remain intact, the platelets will never find the connection they are designed for! On the other hand, if an artery wall becomes damaged, platelets will finally make connections, triggering a major response for preventing bleeding. A simple but effective design!

When artery walls become damaged, platelets become exposed to those previously concealed molecules. Upon exposure, the spikes of platelets connect with these molecules over the damaged area. This new connection causes platelets to activate strongly. Platelet activation involves several events including sticking to the damaged area (i.e., by holding on to those molecules) and releasing chemicals that are stored inside their body. Those chemicals produce clouds that accumulate over the area to activate other platelets as they pass by. Ultimately, a big plug of platelets develops right on top of the damaged area. That would be useful to stop bleeding if the artery had broken open; however, these platelet clusters can grow so big they block the entire artery. On a side note, these groups of platelets are not true blood clots. They are merely a temporary plug that stabilizes the area until actual blood clots can be formed. Real blood clots take more time to form but are much more stable and long lasting.

Actions of Antiplatelet Medications to Prevent Heart Attacks

Antiplatelet drugs like aspirin block specific parts of the platelet required for it to activate. For example, a drug like aspirin enters your blood from your stomach (after you swallow it), floats around in your bloodstream, running into different types of cells, proteins, and other particles. For whatever reason, an aspirin molecule fits perfectly on a specific part of a platelet. I think of it like a refrigerator magnet. As you know, magnets only stick to your fridge door but not to the door to your bathroom. That is to say, aspirin has a special attraction to platelets but not other components of your blood.

It just so happens that aspirin sticks to a spot on the platelet where an important chemical reaction take place. This chemical reaction produces one of the most important chemicals required to activate other platelets. It's called *thromboxane A2* (TXA_2). Once a platelet has been activated, it begins producing TXA_2 very quickly. As TXA_2 builds up, the platelet releases it into the surroundings causing other platelets to become activated. Interestingly, aspirin does nothing more than "stick" to the exact spot where TXA_2 is made. So, it is not doing anything special other than taking up the spot where the main ingredient, arachidonic acid, is converted to TXA_2.

When your doctor prescribes another antiplatelet drug to be taken with aspirin, they use a drug that works differently. The second antiplatelet drug sticks to a receptor that detects one of the other activating chemicals (called ADP). So, when you take aspirin and ticagrelor together (for example), platelets will be unable to produce TXA_2 if aspirin sticks to them, or they will not be activated by ADP if ticagrelor sticks to them. Some platelets may have both drugs stick to them for a double whammy. However, it is not the goal to paralyze all your platelets because you always need healthy platelets in your blood. The goal of these drugs is to reduce the intensity of the platelet responsiveness, so blockages don't get too big. If fewer platelets react to a ruptured blockage, a heart attack is much less likely to happen.

How well do they work?

I have just described a seemingly perfect story for how aspirin and other antiplatelet drugs can prevent heart attacks. Although the explanation for how they work may sound clear cut, please know these drugs are far from perfect. Aspirin (or other antiplatelet medications) only prevent about 20% of heart attacks from happening. That means, if you knew 10 people who had a heart attack last year and who never took aspirin, 2 of them could have avoided that heart attack if they were taking aspirin every day. The other 7-8 people would have had their heart attack either way. It can be argued that the benefit of aspirin (or other antiplatelet medications) is better than 20%. In other words, more than 2 people out of 10 could have avoided a heart attack. However, I do not want us to get caught up in an argument whether the effect of aspirin in preventing heart attacks is 25% or 30%. I want to be clear that aspirin does NOT prevent 50% or 80% of heart attacks, and it certainly cannot prevent 100%. In other words, this is not a blockbuster drug. So, if you are taking aspirin every day, you are definitely lowering the chances of having a heart attack, but it doesn't work on everybody. Unfortunately, our scientific studies have not yet allowed us to figure out who will benefit from aspirin and who will not! The good news is aspirin doesn't have to work for you to avoid a heart attack. We know of numerous other strategies to avoid heart attacks such as eating right, being physically active every day, and using other prescription medications (which we discuss in later chapters). Thus, many people can avoid a future heart attack regardless of aspirin's effects. We can think of aspirin as one of the last lines of defence. If you prefer to read further on the effects of aspirin and antiplatelet medications, you might check out a review article such as "Oral antiplatelet therapy after acute coronary syndrome" written by a group of authors led by Jassan Kamran in the Journal of the American Medical Association (JAMA 2021; 325 (15): 1545 - 1555). Just search that title in your favourite internet browser and you'll likely find it easily.

I would like to highlight two important points in case they weren't clear in the section above. First, having a heart attack does not necessarily make you a frail, sick person for the rest of your life. Let's consider 100 people who had a heart attack in your province or state over the past several months. Up to 70 (i.e., 70%) of them will NOT have another heart attack in the next 5 to 10 years. Many of them will never have another heart attack in their life! That means, you have many reasons to feel optimistic that you can beat this condition and live a normal, healthy life even if these drugs are not perfect! You may have to work a little bit harder than other people to keep your risks low. In other words, you might be more sensitive to the negative effects of salt, sugar, or lack of fitness. However, you can help protect yourself by paying attention to what you eat, how active you are, and what treatments you agree to take.

Why do I need two blood thinners?

As described above, many people are prescribed TWO antiplatelet drugs instead of one. This practice has been happening for at least 20 years now. Originally, heart attack survivors would only receive one antiplatelet drug (i.e., aspirin alone). However, researchers noticed that some of these people were returning to the hospital with signs of another heart attack right after they were sent home! When these people were examined, it was found that a new blockage was often occurring in the exact same place where the OLD blockage used to be. That was not expected since the old blockage was opened using a stent. For those of you who have received a stent, I am sure you have seen a picture of them. They are basically a small metal tube that is placed into the blockage to keep it open. Although that plan seemed foolproof, platelets can be activated by the stent and plug it up entirely. In hindsight, it makes sense that platelets would react negatively to a metal object being wedged inside the blood vessel wall. It is undeniable that forcing a stent into an artery wall causes some damage and we know that blood vessel damage is a primary trigger of platelet activation.

Now that we use two antiplatelet agents routinely after heart attacks, the number of people experiencing blockages of their stents has decreased significantly. Interestingly, it has been found that they can help provide protection against heart attacks even for people who have not received a stent. Of course, the disadvantage of taking two antiplatelet medications at one time is that you are more likely to bleed even though you are less likely to have a heart attack! For that reason, two antiplatelet medications will be used together for a few months to a few years after the original heart attack. Within one year, most people will be told to stop one of the antiplatelet medications and continue taking aspirin only. By that time, a "skin" will have developed over the metal stent so it is not exposed to the blood anymore. We do not believe it is safe to take 2 antiplatelet medications for the rest of your life. If you are taking 2 of these drugs currently, make sure to ask your doctor when you should stop one of them.

Are blood thinners safe?

It is logical to wonder about the long-term effects of drugs when you are told to take them for the next 20 years or more! Who wouldn't? As I stated above, aspirin 81mg is the preferred antiplatelet drug used after a heart attack. Although I do believe there are important risks you should consider, I personally don't think long term use will cause something unexpected like cancer, kidney damage, brain damage, or liver failure. It really doesn't seem like aspirin hangs around in the body that long to cause irreversible damage to your major organs. Also, since platelets are recycled in the body all the time, it seems like the damage to platelets doesn't have long term consequences. Your liver and spleen continuously eliminate cells or cell components that are damaged or old.

To elaborate further about the long-term effects of aspirin, I am not guaranteeing you will never experience an issue with one of your organs (e.g., liver or kidney) because of aspirin, or any other drug for that matter. The reality is that some of these unexpected effects are so rare that we just cannot learn enough from the few cases that have been recorded. However, we know the most important risk of aspirin is bleeding. Aspirin and other antiplatelet drugs are designed to block platelets floating everywhere in your blood, not just in your coronary arteries. Paralyzed platelets are dysfunctional everywhere in the body. As discussed previously, you probably had big bruises on your arms when you were in the hospital. These bruises occurred because nurses poked needles in your blood vessels to inject drugs. Unfortunately, blood thinners were injected into the blood making it difficult for your body to make a clot over the needle hole. As a result, quite a bit of blood leaked out of the blood vessel and spread under your skin to make that big bruise. Eventually, your body did make a clot to stop the leaking blood. It just took longer than it normally does, and your big bruise was evidence of that.

Bleeding problems related to blood thinner use can range from nuisance bleeding (e.g., shaving cuts, small bruises) to bleeding problems that can threaten your life. Nuisance bleeding is quite common in people taking two or more blood thinner drugs. You are likely to find little bruises on your arms after leaving the hospital from a heart attack. Some people find these bruises scary because they have never had them before, and they seem to arise for no reason. However, most doctors will not be concerned about these little bruises if they are small and spaced apart. My best guess for why these little bruises occur is simple. I think we all develop damage in small blood vessels every day. However, under normal circumstances we don't notice because our platelets are fast to respond. However, in people who take antiplatelet drugs, these small bleeds take longer to fix. I would suggest that you make an appointment with your doctors if your bruises are large or numerous or strange in any way. However, if they are quite small or infrequent, doctors usually won't worry.

Serious bleeding can happen when taking aspirin (or other antiplatelet drugs) so we need to be aware. The most common location type of serious bleeding from antiplatelet drugs happens in the stomach or intestines. If you had damage in the lining of your stomach, you might not know it because it is often painless. Sometimes, these damaged areas can grow to become an ulcer. An ulcer can be thought of as an open sore in the lining of your stomach or intestine. Sometimes, they take a long time to heal because your stomach is constantly exposed to acid, food, and bacteria. So, if you have a small ulcer in your stomach lining, it can obviously bleed. Ulcers you can't feel are probably the most concerning because they may bleed for a long time before you even notice. Of course, aspirin and other antiplatelet drugs can make this bleeding last longer or prevent it from healing properly! For this reason, people taking blood thinners are told to inspect their stool for signs of blood. Black or red stools are a clue that bleeding may be occurring in the stomach or intestines, and the doctors should be informed about it promptly. If a bleed persists for a long time, it is possible to lose enough blood to become anemic. In other words, a high number of red blood cells can be lost, resulting in tiredness, pale skin, and other problems. People taking aspirin or other antiplatelet drugs are usually asked to get a blood test done at least once per year to check the level of red blood cells (i.e., RBC count) to make sure it is normal. There are also tests for your stool (i.e., poop) that check for traces of blood that are not visible to the naked eye.

Bleeding problems can occur anywhere in your body. The scariest place for bleeding to happen is in the brain. Although this happens extremely rarely, it is a life-threatening event. Bleeding in the brain can be caused by many things such as head trauma, years of high blood pressure, strokes, or weakened artery walls. However, antiplatelet drugs can make these risk factors more dangerous. Bleeds developing in your brain are dangerous. Brains are not very accessible to surgeons who would otherwise fix damaged arteries with surgery. I do not want to scare you into quitting your blood thinner drugs;

however, I feel we must discuss it to make sure you know both the good and bad about them.

Aspirin used to be recommended for the general public as a "primary prevention" strategy to protect people as they grew older. In the early 2000's, it seemed like everybody was recommended aspirin after they turned 50. However, it was slowly realized that risk of bleeding was too high to be given out like candy. In 2019 a study published in the Journal of the American Medical Association gave us some reliable estimates of the risk for bleeding in middle aged people. The title was *"Association of aspirin use for primary prevention with cardiovascular events and bleeding events. A systematic review and meta-analysis"*. If you are interested, you can search this title on the internet and you'll find it. It's on the website www.jamanetwork.com (volume 321, issue 3, pages 277-287). The study indicated aspirin's protection against heart attacks in the general population was disappointingly low. In other words, it wasn't protecting the general public as much as we had hoped. Also, it increased the chances of developing a serious bleeding problem as we discussed above. Although the risk of bleeding was not exceedingly high, it clearly occurred more often in people taking aspirin versus a "control" group of people not taking aspirin. Serious bleeding occurred in 1,195 out of 74,715 people taking aspirin after about 5 years (i.e., about 1.6% of aspirin users). In the control group of people not taking aspirin, 834 developed serious bleeding out of 73,143 people (i.e., about 1.1% of non-aspirin users). Based on these numbers, we would predict the following: If we gave aspirin to 1,000 people for 5 years, 16 of them would be expected to develop a serious bleed (i.e., 1.6% of them). If we didn't give them aspirin, serious bleeding would have happened in 11 of them (i.e., 1.1% of them). That's 5 extra cases of serious bleeding for every 1,000 people who are given aspirin for 5 years. When you looked only at the number of cases of bleeding specifically in the brain (i.e., the most dangerous type of bleeding), that occurred in 349 of 80,985 people (about 4 in every 1,000) taking aspirin compared to 380 out of 70,465 (about 3 in 1,000) of those not taking aspirin. In other words, the chances of serious bleeding were not extremely elevated; however, they always occurred more often in people taking aspirin compared to people who didn't.

So why would we use antiplatelet drugs at all if they increase the chance for serious bleeding? To answer this question, you must go back to the previous section where we estimated the number of heart attacks that can be avoided by using aspirin. In most people, the chances of avoiding a heart attack with aspirin are way better than getting a serious bleeding problem if it is used after a heart attack. However, it's not recommended to the general public anymore. Hopefully someday we'll find a drug that prevents heart attacks without any risk of bleeding. Unfortunately, we haven't discovered such a remedy yet.

We should highlight one important limitation of the study described above. The people in this study were relatively young and healthy and they were only taking aspirin. That means, the chances of bleeding will be higher when you are taking two antiplatelet drugs together and will also be higher in people who are elderly or frail. According to other studies, it seems that serious bleeding occurs in about 20 out of every 1,000 people who take two blood thinners for one year after a heart attack. Although the chances of bleeding are higher in the first year after a heart attack, the chances of experiencing another heart attack are higher also in that initial period. As discussed previously, most people will only take two antiplatelet drugs together for a year or less. That way, the risk of bleeding drops much lower once you are well on your way into the recovery process. If you seem like a person who is more sensitive to bleeding, the doctor will stop one of your antiplatelet drugs long before 1 year has passed. Ask your doctor about the plan for you so you can stop those drugs as early as possible without losing the possible benefits they provide in the early period of recovery.

In my opinion, there are a few things you can do to help keep your chances of bleeding as low as possible while you are taking antiplatelet drugs. First, make sure your blood pressure is under control. Ask your doctor what level your blood pressure should be at and consider your options for lowering high blood pressure. As you can imagine, high blood pressure puts strain on your artery walls making them more vulnerable to tear. Next, have someone review all the medications, vitamins, and over-the-counter products you take every day. We have heard stories about people who increased their chances of bleeding because they combined drugs or supplements that added more antiplatelet activity. Third, get your blood tests done when your doctor orders them. We previously discussed that blood tests can help doctors detect risks for bleeding. Another common blood test measures how many platelets you have in your blood. As you can imagine, low levels of platelets can increase your chances of bleeding so platelet counts will commonly be tested. Consider asking for the results of these tests so you can follow them yourself. Finally, always check yourself for blood anywhere it is not supposed to be. Remember, you should not have blood in your stool, or your urine, and you should have your doctor examine any strange bruises. Take an active role in your medications and your tests. I think you can make the process of taking medications safer if you pay attention to your body.

Anticoagulant Medications

Anticoagulant drugs are different than antiplatelet drugs even though both are often called “blood thinners”. Anticoagulants are not required for most people who have experienced a heart attack. If you have received an anticoagulant medication, it usually means you have another condition that sometimes accompanies a heart attack. Instead of targeting platelets, anti-coagulants block the factors that make actual blood clots. Blood clots are the material that scabs on your skin when you have a cut. Clots are made up of a substance called ‘fibrin’. Fibrin is not a cell fragment (like a platelet); it is a tough material that is produced slowly in places where more long-term clots are needed. The most commonly used anticoagulants are warfarin, apixaban, dabigatran, edoxaban, and rivaroxaban.

Anticoagulants are used most commonly in people with atrial fibrillation, a heart rhythm problem that can produce clots to form inside the hollow chamber of your heart. That can be a big problem if they break off and travel to other places in your body. The most serious complication occurs when one of these clots breaks off and travels into your brain to cause a stroke. Strokes are like heart attacks because they are caused when a part of the brain loses its supply of blood. Strokes are scary because they involve damage to brain cells. Therefore, doctors are eager to use anticoagulants in people with conditions like atrial fibrillation to try and prevent any clots from forming in your heart and escaping to your brain.

People with atrial fibrillation (or other conditions) will often receive both an antiplatelet drug and an anticoagulant drug after a heart attack. In this situation, the anticoagulant is best at protecting against stroke while the antiplatelet drug is best at protecting your stents from getting clogged up with platelets. However, using these drugs together increases your chance of bleeding. For that reason, doctors will try not to combine them for long periods of time. If this situation applies to you, keep checking with your doctor to see how long you should be taking these drugs together.

FOUR

Medications For Your Heart And Blood Pressure

After a heart attack, a specific combination of two heart medications is routinely prescribed for most people. One of these drugs comes from a family of medications called "beta-blockers" and the other comes from either the "ACE inhibitor" drug family or the "ARB" drug family. I will provide more details on these drugs later, but let's get some general information established first. Both families of drugs can be used to lower blood pressure. For that reason, some health care providers will refer to them as your "blood pressure medications". However, for people recovering from a heart attack, these drugs are prescribed even if you do not have high blood pressure. Therefore, some people call them "heart medications" rather than "blood pressure medications". It can get a bit confusing. I will talk about the benefits of lowering blood pressure first. Next, I'll discuss the other actions of these drugs that help people even if blood pressure is normal.

High blood pressure

The doctor probably checks your blood pressure every time you show up for an appointment. Many people buy a blood pressure machine so they can test on their own at home. Blood pressure is measured using a cuff that gets inflated tightly around your arm. A blood pressure test produces two numbers (e.g., 120/80). Often, a third number is written down too (the heart rate). Heart rate (also called your pulse) is different from blood pressure; it is simply the number of times your heart beats in one minute. The average heart beats around 70 times per minute.

The easiest way to understand blood pressure is to feel your pulse. As you probably know, you can feel a pulse on the inside of your wrist (on the thumb side), or in the front of your neck beside your Adam's apple. When you place your finger over a spot where your pulse is, you should be able to feel a regular beat that matches every beat of your heart. The reason why you can feel a pulse is because our arteries are always full of blood. So, every time the heart pumps, the walls of your arteries are stretched to accommodate a wave of new blood being pushed into them. By feeling your pulse, you are directly feeling the result of increased pressure inside your arteries with every heartbeat. In between heartbeats, the pressure in the arteries decreases but does not fall to zero. Therefore, a blood pressure test produces two numbers; the highest number represents the pressure during each heartbeat (also called the 'systolic pressure'), while the lower number describes the pressure between beats. So, for a blood pressure reading of 120/80 (called 120 over 80), 120 is the highest pressure exerted into the walls of your arteries and 80 is the pressure between beats.

Keeping blood pressure under control is a good way to help stay healthy. However, blood pressure goes up and down all day depending on what you are doing. As a result, it is not useful to measure blood pressure when you are exercising, stressed, or upset because blood pressure is supposed to increase when you are busy. The best time to take your blood pressure is when you are completely relaxed. If your body can lower your blood pressure when you relax and sleep, your heart muscle will have more opportunity to heal from the heart attack. Keep this in mind if you are measuring your blood pressure at home. You should try to be completely relaxed before you start.

The perfect blood pressure to help protect you from damage is not always known. However, we know that blood pressure exceeding 140/90 when you are relaxing can cause damage to your heart, blood vessels, and kidneys. However, rather than argue about what your perfect blood pressure should be, I'd suggest you ask your doctor to understand if it's something you need to address. I suspect they may prefer your blood pressure to be much lower.

Blood pressure lowering medications can help after heart attacks by reducing stress on the heart muscle. When blood pressure is high, greater force is required to pump new blood into arteries with each heartbeat. Think about blowing air through a straw into an empty glass versus a glass full of thick milkshake. It will be much harder to blow air into the thick milkshake because you have more pressure to overcome with your breath. Heartbeats require more force when blood pressure is high. If blood pressure is high when you sleep, heart muscles will grow larger like a weightlifter's muscles. You may think that a larger heart muscle could be beneficial, but that is not true here. A healthy heart is small and flexible as opposed to big and strong. I like to think about heart muscle as a marathon runner. Marathon runners have great muscles, but they are not big and bulky. The job of the heart is like running a marathon because it must pump all day and night without getting tired. In people with normal blood pressure (around 120/80), the heart can pump blood easily into the arteries. However, enlarged hearts become stiff and require more blood, but do not "perform" any better than smaller hearts. In fact, enlarged hearts are more vulnerable to heart attacks, heart failure, or electrical problems (arrhythmias). Doctors will always check if your heart has grown larger using an echocardiogram (or echo test). They will call this "left ventricular hypertrophy" or "LVH". High blood pressure is not the only cause of heart muscle growth, but it certainly plays a role in many people.

High blood pressure also causes stress on the walls of your arteries. There are special cells inside these artery walls called endothelial cells. These cells are important for many reasons such as producing chemicals that help keep blood flowing smoothly. For example, endothelial cells produce a chemical called *nitric oxide* that causes blood vessels to relax, opening wider to let more blood pass through. Interestingly, nitric oxide is also produced when you take a drug called nitroglycerin, commonly prescribed as a spray or a patch. Nitroglycerin is modified into nitric oxide quickly after it gets into your body. If nitroglycerin wasn't converted to nitric oxide, it would probably do nothing in your body. We'll talk more about nitroglycerin later.

Nitric oxide is just one example of a chemical that your endothelial cells produce. They can also produce chemicals to reduce clots, to constrict blood vessels, or they can produce signals to recruit other blood cells if an infection is present.

Coronary artery disease (i.e., blockages in coronary arteries) can develop more easily when endothelial cells are damaged. Preventing high blood pressure is one way of keeping your endothelial cells healthy.

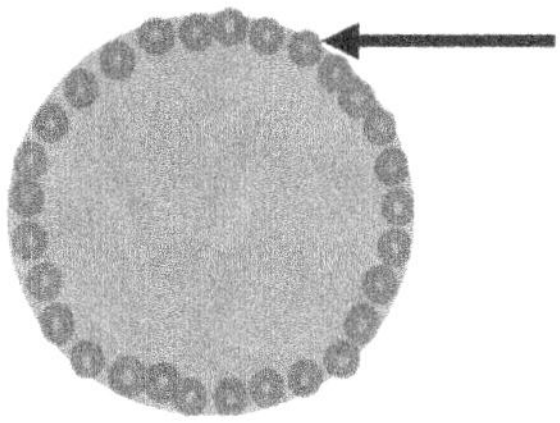

On a related note, blood vessels inside your kidney are especially sensitive to high blood pressure also. In fact, high blood pressure left untreated over many years is an important cause of kidney disease; thus, kidney protection is a known benefit of blood pressure lowering medications for certain people. I often use this example when people ask about the long-term risks of blood pressure lowering medications on kidneys. In many cases, kidneys will be healthier over time if you treat high blood pressure with drugs.

There is another side of the story here for blood pressure drugs. Kidneys do not function well when blood pressure is too low. That means, blood pressure drugs should not be given at high doses initially to people with normal or low blood pressure. I am no expert in kidney function, but I do know of stories where people were hospitalized after starting a new blood pressure drug or increasing the dose too aggressively before they were adequately assessed for characteristics that might signal danger. The job of the kidney is to excrete waste products and extra fluid by producing urine. This process requires a certain amount of pressure inside the kidney to work right. If blood pressure drops too low, the kidney can completely shut down until pressure is re-established. Now, please don't use this fact to be scared. Millions of people take blood pressure drugs every day without any problem. For blood pressure drugs, assessing kidney function with simple blood tests is an easy way to make sure everything is on track.

What if you do not have high blood pressure?

Hopefully it is clear why it can be harmful to live with high blood pressure, especially after a heart attack. However, blood pressure-lowering drugs are routinely prescribed after heart attacks to people with normal or low blood pressure. Obviously, if you have low blood pressure it is easy to think your doctor is nuts when they try to prescribe you blood pressure lowering medications. However, there is a reason for the doctor's persistence with these drugs. Some of these drugs block hormones that can be harmful to your heart's recovery. I will illustrate these effects below for each of the main families of drugs used.

Beta-blocker medications

Beta-blocker medications are recommended to almost everybody who has experienced a heart attack, even if their blood pressure is normal. Several different medications belong to this family. All their names end with "lol", so it is easy to pick them out. Common medications in this family include atenolol, metoprolol, bisoprolol, or carvedilol. They are called beta-blockers because they block a part of a cell called a "beta-receptor". Very creative I know.

Beta-receptors are found in many types of cells, including heart cells. You can think of them like a baseball glove. This receptor (or glove) is shaped perfectly to 'catch' one specific hormone called adrenalin. Although the name "adrenalin" is no longer used in today's scientific community, it is meaningful to many people. Technically, we have two types of 'adrenalin' hormones: epinephrine or norepinephrine. However, for simplicity we will refer to them both as adrenalin in this book. When molecules of adrenalin connect with beta-receptors on your heart muscle cells, the heart is stimulated to beat faster and harder.

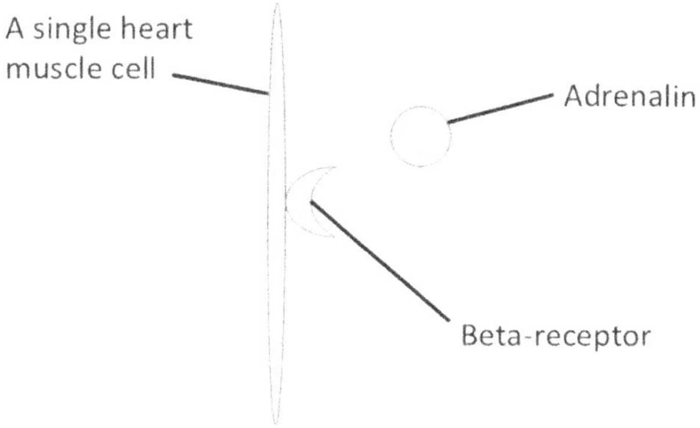

I suspect everyone is familiar with the effects of adrenalin. Adrenalin is released when you are angry, scared, or upset. Your brain releases adrenalin into nerve "wires" that travel to many parts of the body. The brain can also trigger the adrenal gland to release adrenalin directly into the bloodstream. Adrenalin makes your heart beat faster, it makes your lungs to take in more air, your brain to feel more awake, and it pushes more blood to your muscles. The feeling from adrenalin is unmistakable; we have all experienced scary moments of an adrenalin rush where our heart is pounding out of our chest. In other words, adrenalin is a hormone that pushes your heart to work harder.

Forcing your heart to work harder is useful sometimes, like when you are running a race or running away from a scary situation. However, if you have recently experienced a heart attack, your heart needs time to rest and recover. As a result, the effects of adrenalin after a heart attack can prevent damaged heart muscle from recovering properly.

It seems that many people have elevated levels of adrenalin in their blood after a heart attack. Adrenalin is especially high in people who have had severe heart attacks causing lots of damage to their heart muscle. If that damage is not reversed, adrenalin will continue to be released night and day. The body is making a useless effort to stimulate a damaged heart to perform better.

Since the effects of adrenalin appear to slow down recovery after a heart attack and may cause a damaged heart to get worse, one of the strategies for treatment is to block adrenalin's effects. That's what beta-blockers do. Beta-blockers simply mimic the shape of adrenalin so they fit perfectly into beta-receptors located on heart muscle cells. The one key difference between beta-blockers and adrenalin is that beta-blockers do not activate the heart muscle cell after attaching to the receptor. In other words, beta-blockers simply take up space on the beta-receptor so adrenalin molecules cannot get in. In this way, beta-blockers act as a shield for the muscle cell against the harmful effects of adrenalin during recovery. The more severe the heart attack, the more benefits can be gained by using beta-blockers. This benefit is considered important even if you have normal blood pressure.

For more than 25 years, beta-blocker medications have been prescribed after heart attacks. However, questions have been raised recently about the usefulness of using beta-blockers in some people. We know that beta-blockers are beneficial for people who develop significant heart damage. In other words, the body releases adrenalin to deal with a heart that is not pumping well. A constant 'push' from adrenalin in people with poor hearts can make heart damage worse. The evidence for their benefits in this situation is quite clear in studies looking at people with severe heart disease. In 2013, a group of scientists (lead author Saurav Chatterjee) published a summary in the British Medical Journal of all the major studies using beta-blockers in people with severe heart damage, a condition called heart failure. Just a note here, most people do not have severe heart failure after a heart attack, but I am using this example to show where beta-blockers work the best. This study indicated that from every 1,000 people living with severe heart failure, 200 could die within one or two years. Again, those risks are way higher than a person with an average heart attack. However, if all those 1,000 people took a beta-blocker every day, almost 50 people would avoid death during that time. The benefit of beta-blockers in these people is probably due to their ability to shield heart muscle cells from the toxic effects of adrenalin over long period of time (adrenalin is only meant to be around for short periods). Virtually none of these people had high blood pressure because their heart wouldn't be strong enough to produce it. Therefore, the blood pressure lowering effects of beta-blockers are not the likely mechanism of benefit. Ultimately, studies like these are the basis for prescribing beta-blockers to people with heart failure after a serious heart attack. Protection is expected from these drugs regardless of what the blood pressure is (i.e., high or low).

All these studies are great but they don't exactly translate to the average person recovering from a heart attack. Many heart attacks do not cause severe damage. In fact, some heart attacks hardly produce any damage at all. Part of the reason is because hospitals have become so fast at diagnosing heart attacks and opening blocked arteries, that blood supply can be restored before major damage happens. The American Heart Association encourages people to call 9-1-1 quickly after sensing possible signs of a heart attack. They want you to seek a hospital fast so that they can restore blood flow before serious damage occurs. Waiting around to "see what happens" is not recommended if you think you might be having a heart attack. They have great information at www.heart.org if you wish to learn more.

Like I said before, many people do not develop severe damage from their heart attacks. That means they won't have elevated levels of adrenalin in their blood after they have recovered. In practice beta blockers will be prescribed initially for most people, even if they had a mild heart attack. Most doctors desire the protection against adrenalin in those early months of recovery. However, it is completely fair to ask your doctor if your beta-blocker drug will be needed for the long term. We see doctors stopping beta-blockers after 3 years if things are going spectacularly well after a mild heart attack. However, the amount of time to continue a beta-blocker after mild heart attacks is still unknown and arguments can be made both for and against long term use in mild cases. One of the conceptual arguments for stopping it when healing is complete is adrenalin levels are expected to become normal. Few people argue with the opportunity to drop a medication from their daily prescriptions. At the same time, most would agree to error on the side of caution and keep prescribing that drug if it isn't clear whether some heart damage persists. I believe we will discover more knowledge in coming years to help us with this decision.

ACE inhibitor or ARB medications

The next family of medications used commonly after heart attacks are called ACE inhibitors. ACE stands for 'angiotensin converting enzyme'. The way to know if you are taking one of these medications is from their name. ACE inhibitor medications always end in "pril". For example, Ramipril, Lisinopril, Perindopril, trandolapril to name a few. If you do not have a medication that ends in 'pril', check your list for a medication ending in "sartan". Medications ending in "sartan" (such as valsartan, irbesartan, losartan, olmesartan) are called Angiotensin Receptor Blockers, or ARBs for short. Both families of medications block a hormone system called the Renin-Angiotensin-Aldosterone System (or RAAS for short). This RAAS system is a signalling pathway that the body uses to produce two key hormones: angiotensin-II and aldosterone. Angiotensin-II has numerous effects on cells, and it also causes blood vessels to constrict. Aldosterone has direct effects on heart cells and also causes your kidney to retain more sodium (i.e., salt) in your blood. Interestingly, more salt in your blood will hold more fluid, potentially increasing your blood pressure. The details about how these hormones can be dangerous is similar to the story described above with adrenalin. They will increase blood pressure and may also interfere with a healthy recovery of your heart muscle cells if they are damaged.

I have abbreviated this section compared to the beta-blocker section because the story is similar. Basically, people who have experienced severe damage or heart failure from their heart attack have a much greater chance of benefitting from these drugs than people with very mild heart attacks. The bottom line is doctors routinely prescribe a beta-blocker and an ACE inhibitor for people who have had a heart attack. In simpler terms you get a drug that ends in "lol" and a drug that ends in "pril". The angiotensin receptor blocker medications that end in "sartan" are only prescribed if you did not receive a "pril" (i.e., an ACE inhibitor). It is not usually recommended to combine "pril" drugs with "sartan" drugs since their actions are so similar.

To summarize the information we've covered so far in this book, people will usually be prescribed aspirin and ticagrelor for their antiplatelet effects, while the beta-blocker and ACE inhibitor are used to prevent hormones that delay recovery. If you have been reading carefully, I hope the justification for each of them is clear. In the next chapters, I'll discuss two more types of drugs that are usually prescribed after a heart attack, cholesterol-lowering drugs and nitroglycerin.

FIVE

Cholesterol Lowering Drugs

Cholesterol has received much attention for its role in the development of heart attacks. When cholesterol drugs were new to the market, they were only prescribed to people with high cholesterol levels. Nowadays, these drugs are prescribed to anybody who is at risk for a heart attack, even if their cholesterol levels are low! Therefore, if you have experienced a heart attack or if you are at risk for a heart attack, it is recommended that you receive a cholesterol-lowering medication according to almost all health agencies around the world.

A family of drugs called "statins" have been the number one choice for people needing a cholesterol-lowering drug for about 30 years. More recently, new families of cholesterol-lowering drugs have become available and will certainly be prescribed more often in the future. I have decided to focus only on the family of medications called statins because they remain the most common drugs for cholesterol-lowering currently. That said, I may have to update this chapter soon because some really interesting new drugs may become popular in the future. Regardless, if you understand how statins work, it will help you learn about the newer agents because most of them are targetting the same basic system.

In order to understand how these drugs work, we will start back at the basics. You have probably heard that cholesterol can be divided into "good" and "bad" components. "BAD CHOLESTEROL" refers to a particle called low-density lipoprotein or "LDL", and "GOOD CHOLESTEROL" refers to a particle called high-density lipoprotein or "HDL". These terms are based on a simple relationship; people with many LDL particles in their blood are more likely to have a heart attack compared to people with few LDL. That is why it has been called "bad". For "good cholesterol", the relationship is the opposite. People with high HDL in their blood are at a lower risk for heart attacks compared to those with low HDL.

Particles like HDL and LDL float around in the blood of all humans. Since their levels are clearly related to the risk for heart attacks, it makes sense that they have become targets for drugs aimed at protecting against heart attacks. I will not spend much time discussing HDL because it is not a main target of the drugs we use currently. Scientists (and many pharmaceutical companies) have been trying for years to identify a drug that will increase HDL and protect against heart attacks. However, virtually all the drugs targetting HDL have been toxic OR haven't worked properly. It seems that if you forcibly increase HDL levels with a drug, it doesn't always provide the same protection against heart attacks compared to having high HDL that occurred naturally. I suppose I should mention here that moderate alcohol use may increase HDL. However, I will not discuss alcohol in this chapter because I feel it is more like a lifestyle decision than a strategy everybody should consider after a heart attack. Someday a drug that effectively increases HDL and protects against heart attacks may be discovered. However, for the rest of the chapter I will focus on LDL (i.e., bad cholesterol) because it's the main target for all our main classes of cholesterol drugs.

The real story behind cholesterol molecules

Cholesterol is a molecule made up of atoms like everything else on earth that we know of. If you ask an expert in chemistry to draw a molecule of "good cholesterol" and also a molecule of "bad cholesterol" they'll tell you there is no such thing. Cholesterol is a molecule just like water is a molecule. It has a specific combination of atoms that make it the way it is. For example, one molecule of water is made up of two hydrogen atoms combined with one oxygen atom, or H_2O as it is commonly known. Water is water – the structure of the molecule is the same regardless if it is acting good or bad. Water molecules can be bad if you are drowning but great if you are dying of thirst. My wife grew up drinking water from a well on the farm; that that stuff was terrible (i.e., bad water). However, the reason it tasted and looked terrible was because it wasn't pure. It contained other molecules from the earth (like cow poop) mixed with the water molecules. If the filter in the well worked better to remove other molecules, the water would have been perfect.

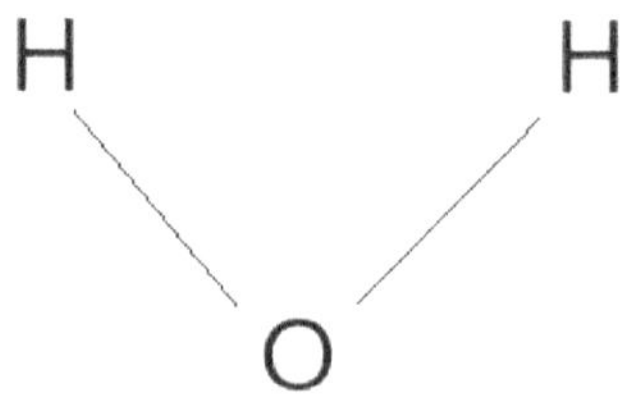

Water – A simple molecule with only 3 atoms (an oxygen and two hydrogen atoms).

Cholesterol is much bigger and more complex than water. According to Wikipedia, a single molecule of cholesterol contains 27 carbon atoms, 46 hydrogen atoms, and one oxygen atom ($C_{27}H_{46}O$). Here is a picture of it.

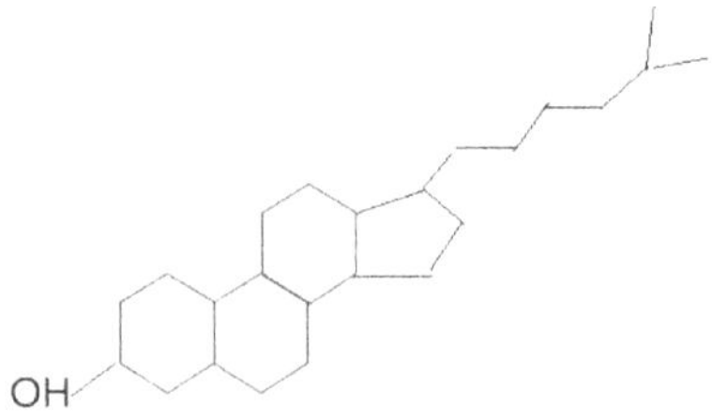

Cholesterol - This is a highly simplified representation of a cholesterol molecule. I have left out some details but hopefully you can clearly see its general structure. First, note how big it must be compared to water. Cholesterol is made up of 74 atoms while water only has 3! Each connection between two lines in a ring represents one carbon atom. For some reason, carbon likes to form rings.

I started the chapter explaining the difference between "good cholesterol" (i.e., HDL) and "bad cholesterol" (i.e., LDL) only to contradict myself now by telling you that a molecule of cholesterol cannot exist in a good or a bad form. There is only one type of cholesterol molecule just like there is only one type of water molecule. That means, LDL is not a cholesterol molecule even though that's how people refer to it. It is a large particle that holds cholesterol and fat molecules in its centre. LDL is part of a family of particles in our body (that includes HDL and several others) that move fatty substances around in the blood. Since our blood contains a lot of water, fats and fatty molecules like cholesterol do not dissolve easily enough to move freely through the body. If you are not sure what I mean, pour some cooking oil or olive oil in a glass of water and mix it around. No matter how much you stir, that oil will not dissolve. When people eat fatty molecules and cholesterol, our body cannot allow those molecules to enter the blood on their own because they will not mix with the water in the blood. So LDL is simply a vehicle that hides fat and cholesterol as it is being transported in the bloodstream. The outside of these particles mixes nicely with water molecules in the blood so they can travel freely without clumping together in fat bubbles like the oil in your glass of water.

The purpose of LDL in the body

Despite their bad reputation, humans need fat and cholesterol to maintain good health. Cholesterol is a necessary molecule for all cells in the body because it is used to build their outside wall (more accurately called a membrane). You have many different types of cells in your body: skin cells, brain cells, muscle cells, liver cells, kidney cells, red blood cells, white blood cells, and many many more. Each of these cells has a membrane (or wall) around the outside that is built from the cholesterol molecule. Therefore, every time the body needs to build a new cell, it must use cholesterol molecules for the "bricks" that hold the wall together. Cholesterol is also used to make several hormones in our body such as aldosterone (i.e., the salt-saving hormone), cortisol (i.e, the healing hormone), testosterone (the male hormone), and estrogen (the female hormone). So, as you can see, cholesterol has many important uses in the body and we actually could not live without it.

In the early years of human existence, LDL was probably really important! I suspect food was hard to find for cavemen and cavewomen; no grocery stores were available 20,000 years ago! However, these people would have a very high demand for both fats and cholesterol because of their active lives searching for food, staying safe, and finding shelter. For example, suppose a caveman (or caveperson) suffered cuts and scrapes on their skin from a fight with a tiger or an injury from a nasty fall. Injuries like these could get infected and make the person sick. One critical response by the body would be to grow new skin cells over the exposed gash. If the exposed area could be covered with new skin quickly, it would be less likely to get infected. However, growing a new layer of skin requires lots of cholesterol because so many new cell membranes are needed. The process would probably look something like the next picture.

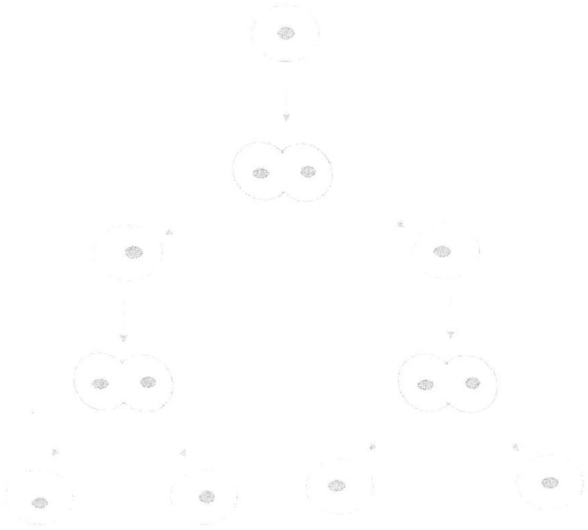

Here we have a single skin cell that has been triggered to create multiple copies of itself. Dividing into two cells requires a lot of cholesterol because cholesterol is an important building block for producing a new cell membrane as I told you earlier. Notice all the new cell membrane that must be built before the cell can officially divide into two. The demand for cholesterol is magnified as more and more cells continue to divide quickly to cover the wounded skin.

Fortunately, most human cells contain machinery that can make cholesterol molecules if some basic ingredients are available. The machinery to make new cholesterol molecules are called enzymes. Enzymes are basically complex proteins that enable certain chemical reactions to take place. Enzymes are highly specialized for specific chemical reactions. One type of enzyme will cause a reaction with a basic molecule, then another enzyme will modify it further, and so on until cholesterol is made after numerous steps with numerous different enzymes.

A big problem arises when the necessary molecules (ingredients) are not available in the cell. One could imagine that a caveperson's cells may not contain the necessary ingredients during periods when food was scarce because resources inside the cell would be depleted. For cells that cannot make their own cholesterol, LDL becomes a critical resource (i.e., it becomes good!). Cells that need cholesterol but lack the necessary ingredients to make thier own will build an 'LDL receptor' on the outside of their cell membrane. These LDL receptors are like traps for LDL floating in the area. I think of these receptors having miniature magnets located at the exact spots where little pieces of metal exist on the LDL. In that way, they probably "pull" the LDL particles in when they are close. This is a massive oversimplification – but I think the basic idea works well to envision what is happening. Once trapped by the receptor, the LDL is swallowed into the cell and broken apart to remove the cholesterol inside it.

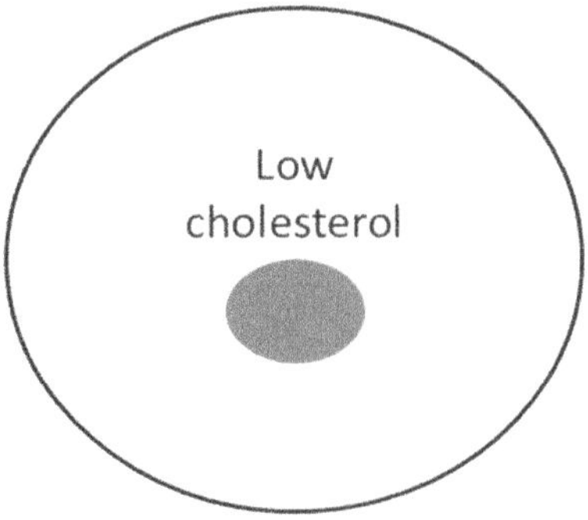

Cell

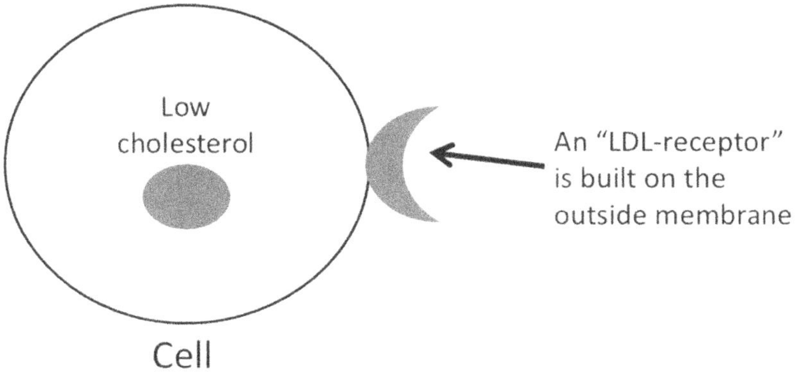
Low
cholesterol
An "LDL-receptor"
is built on the
outside membrane
Cell

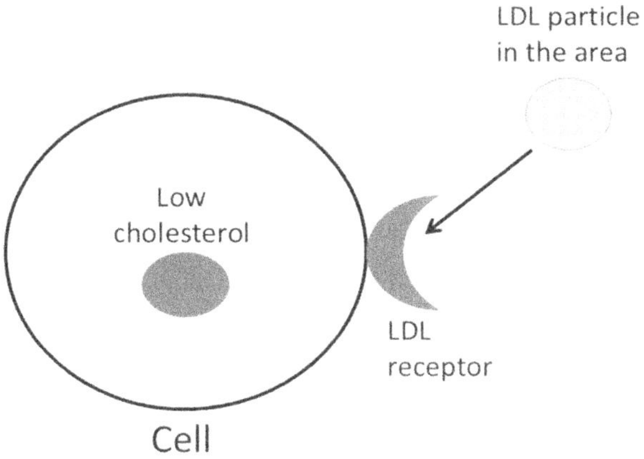
LDL particle
in the area
Low
cholesterol
LDL
receptor
Cell

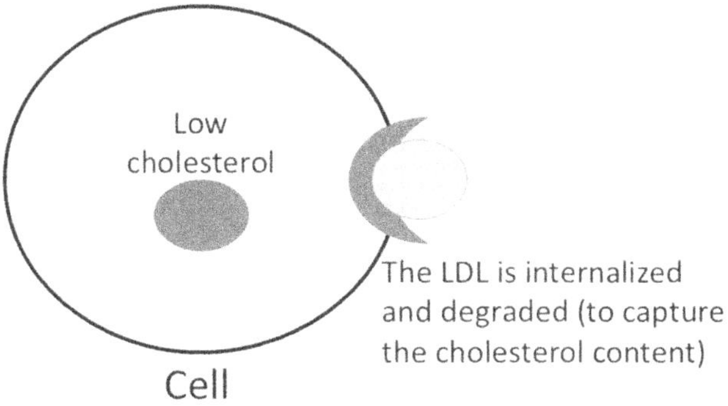
Low
cholesterol
The LDL is internalized
and degraded (to capture
the cholesterol content)
Cell

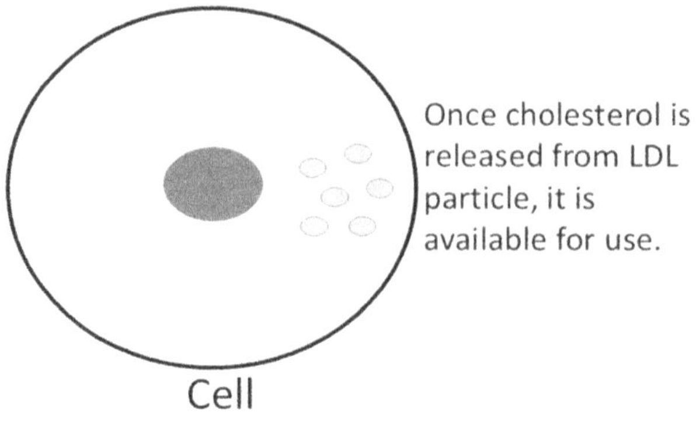

As you can see, LDL cholesterol can be good, not "bad" as its name implies! I used the caveperson example because it was the easiest way to illustrate why LDL would be so useful to humans in ancient times. However, nowadays many of us eat three times a day (at least) and we get grumpy if one of our meals is delayed by an hour! That means our cells are replenished with a regular supply of fat, sugar, and cholesterol whether we need it or not. Also, the time we spend being physically active is nowhere near as frequent as our ancestors. Many people today have a great supply of LDL particles but far lower demand for them because our current lifestyles require fewer cells, fewer hormones, and produce fewer injuries overall. Compared to our cave-people ancestors, I'll bet hardly any of our cells have LDL-receptors built on their outside membranes. That means, LDL particles have nowhere to go anymore!

How LDL cholesterol can become dangerous

The story about cavepeople (i.e., cavemen and cavewomen) has hopefully helped illustrate the role of LDL in the body. LDL has been floating around human beings forever and is definitely useful. However, LDL can turn bad and here's how. Please note, I am about to explain my personal image of what is happening inside the artery wall. You probably shouldn't consider this a rigorous scientific story. However, I feel that it's a story that works to understand this in a simple way. I also think it is a reasonable account of the big picture that scientists have proven.

First, LDL can sneak behind the layer of endothelial cells lining our artery walls. In case you do not remember, endothelial cells protect our artery walls and produce many chemicals to help with blood flow, clotting, and infection control. In other words, they play a role in keeping your blood vessels healthy.

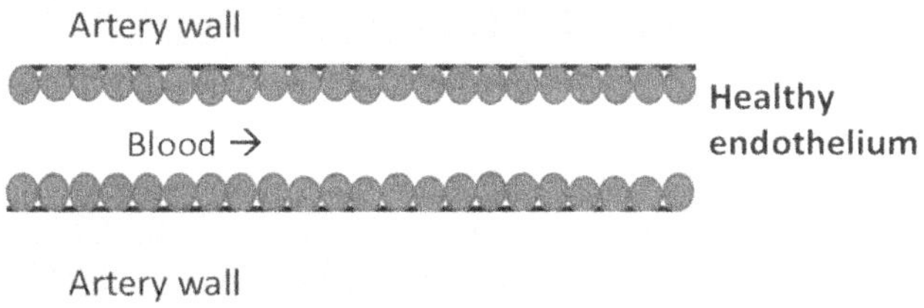

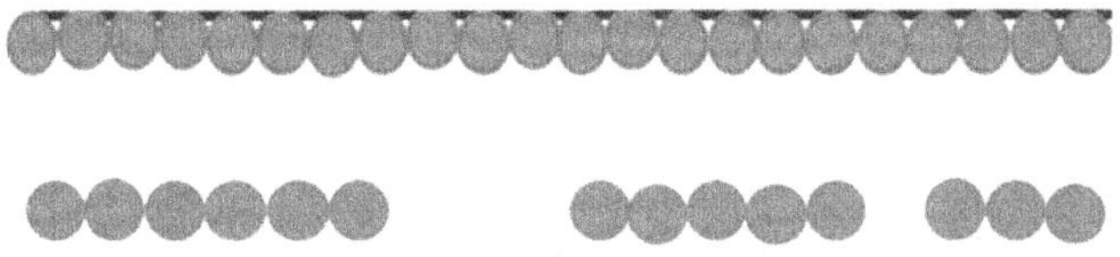

The lining of the endothelial cells are damaged (from high blood pressure, inflammation, smoking, endothelial dysfunction, or other reasons)

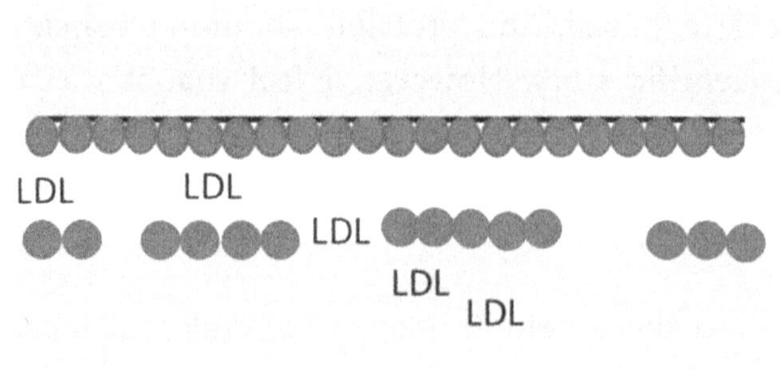

LDL sneaks behind endothelial cells

The fact that LDL can sneak behind endothelial cells is probably not a big problem on its own. The walls of arteries are thick and contain a number of other types of cells that may need LDL sometimes. However, gaps between endothelial cells may be large, letting in too many LDL particles compared to normal. Also, consider that cells inside the artery wall probably do not have any LDL receptors on their membrane because they have adequate supplies to make their own cholesterol. If none of the cells have LDL receptors showing, there is no place for the LDL to go. In this small space, I feel that LDL is less likely to be washed away, especially if a person is not active enough to get their blood pumping regularly. I actually made this last part up – but in my opinion sedentary lifestyles must be harmful at least in part because blood flow is not escalated regularly during the day to wash away garbage.

So, now we have LDL particles that are essentially stuck inside the wall of the artery with no place to go. Over time, they will mix with fluids in the area. The space inside the wall of an artery is similar to an aquarium full of cells, structures, and fluid. Cells will obtain their nutrients from this fluid but will also excrete their waste products into it. This interaction with waste molecules is probably one of the key events that makes

LDL turn "bad". Over time, LDL particles can react with chemicals that may be floating nearby. One particular type of reaction is called "oxidation". Oxidation chemical reactions have been implicated in triggering many health conditions such as heart disease, cancer, and aging. The importance of oxidation chemical reactions is why the use of "antioxidants" or antioxidant supplements are so popular. Wikipedia (www.eng.wikipedi a.org) has reviews of antioxidants, reactive oxygen species, and free-radicals if you are interested in a quick overview.

Chemicals that cause oxidation reactions are either generated as waste products from other cells, or they have been introduced into our blood from smoking, drinking, eating crappy food, or whatever else (I don't really know but this is an important field in science). For some reason, LDL particles are attractive to molecules that can cause oxidation. However, LDL particles are huge; that means a single oxidation reaction with a molecule in the LDL particle wouldn't do much. However, over time, more and more of the LDL particle can become oxidized. Ultimately, widespread oxidation of the LDL particle causes major changes. For the purposes of this book, let us use LDL+ to represent oxidized LDL. Since oxidation is often described as the process of losing an electron from a molecule and since an electron carries a negative charge, let's assume we are left with a positively charged LDL (or LDL+) after it oxidized. Now, please understand that a real expert in chemistry would laugh at the simplicity of this notation. However, for our purposes I am hopeful it will help us keep moving on with the general idea without getting derailed by the chemistry details. Oxidation reactions are powerful enough to fundamentally change a molecule into something else. Think of a brand new swing-set you set up in the backyard 20 years ago. If the metal posts have oxidized, that shiny metal probably looks like flakes of brown leaves by now.

We now have LDL+ particles looking like a rusted swing-set mixing with cells in the wall of your artery. For some reason, cells in our body are alarmed by the presence of LDL+. This causes immune cells in the wall of the artery begin releasing danger signals. By danger signals, I mean chemicals that signal an infection may be present. Some of these chemicals migrate up to the endothelial cells, triggering them to produce receptors facing the blood that recruit cells that fight infections. These immune cells are programmed to enter an infected area to "seek and destroy" bacteria or injured cells. In this case, LDL+ is the target by mistake, which is problematic because the immune cells can swallow the particles but they cannot break them apart (I have no idea why). Worse, these cells keep swallowing more LDL+ until they swell up to a very large size. Now we have numerous immune cells in the wall of the artery that have swollen into big balloons full of LDL+. These "balloons" begin to take up lots of space in the vessel wall. Meanwhile, the danger signals are causing other cells to respond. These same danger chemicals also cause muscle cells on the outside of the artery wall to divide and migrate closer to the middle. Now, the wall is getting fatter and is starting to bulge into the middle of the artery. Worse, the wall of the artery may rupture (if it swells up too much or too fast) and cause platelets to activate and plug up the blood vessel to cause a heart attack.

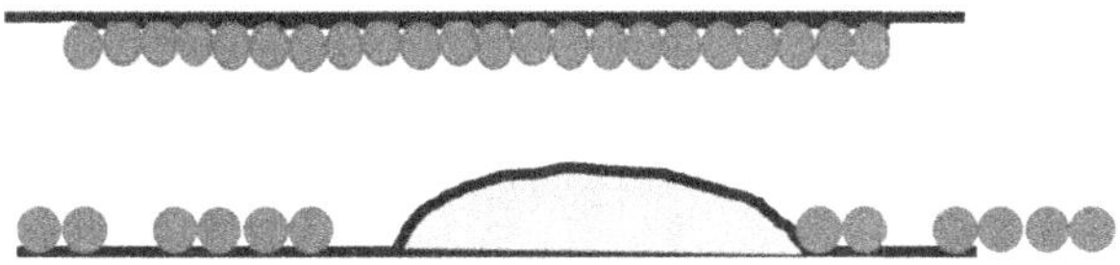

Atherosclerotic plaque - can be present for decades without symptoms.

This story hopefully illustrates how atherosclerotic plaques (or blockages in arteries) are developed. They represent an inflamed artery wall that appeared to start from an immune reaction to LDL+. This condition is extremely common. Virtually all adults have at least a few small blockages in their coronary arteries but many will never experience a heart attack. In other words, many of these small blockages are probably not dangerous. Current research is focused on understanding which blockages will likely rupture in the near future and which blockages are not likely to cause any problems at all. We know about some features that make a person's condition more dangerous. For example, people with multiple blockages are considered at higher risk than people with just one. Also, blockages occurring in people with risk factors such as cigarette smoking, high blood pressure, high cholesterol, diabetes, poor diet, sedentary lifestyle, high stress, and/or a family history of heart attacks are more likely to cause heart attacks. It seems like these factors increase the activity inside these blockages and make them more likely to rupture.

The role of inflammation and heart attacks

What makes some blockages grow fast while others grow slowly? Certainly one important factor is something called inflammation. If one particular artery wall is producing a high amount of danger signals (or chemicals), that means more immune cells will move in, causing more damage, more growth, and perhaps stretching the blockage really fast to a breaking point where it ruptures. Unless you have lived in a bubble your whole life, you have likely experienced inflammation. Think of a nail that has grown into the side of your toe or a whisker that has grown in your face sideways. In both cases, a small area gets inflamed (red and swollen) because your cells release chemicals to attract immune cells and blood to the area. You can feel that area become swollen and tender. Within a few days it seems to resolve, often on its own. You don't know what started it and you don't know what stopped it! This is typical of inflammation. Once the danger signal is triggered, it takes the body awhile to turn it off. This is the same process occurring inside your artery walls and is an important reason why blocked vessels can rupture and cause heart attacks - classic inflammation!

Hopefully, in the future we will be able to determine which of your blockages will rupture and which ones will not. Right now, the most commonly used tests only examine the number and size of blockages in your coronary arteries but they can't tell which one will rupture. Even still, identifying which blockages will rupture may not be enough. My guess is that blockages probably rupture more frequently than we think. Just like my previous point that not all blockages cause heart attacks, I also believe that not all ruptures cause heart attacks. Right now, we are good at identifying people who have a high chance of a heart attack based on factors such as LDL, smoking, diet, blood pressure, and diabetes; however, I expect scientists will develop better tests in the future so we can predict heart attacks more accurately.

Why antioxidants are advertised to prevent heart attacks

I feel like this is a good time to introduce you to the theory behind antioxidant supplements before we finish our discussion about LDL. The market for antioxidants is huge and many people believe strongly in their benefits. In theory, antioxidants should protect against heart attacks. Oxidation reactions change LDL to LDL+, triggering the body to recruit immune cells into the artery wall. If we could take an antioxidant pill that prevents LDL from becoming oxidized, we could perhaps stop blockages from forming in the first place. In the early 2000's, everyone in our cardiac rehabilitation program were prescribed vitamin E after a heart attack. It was the most popular antioxidant and we all believed it would work.

These days, we do not recommend vitamin E anymore. Although a strong argument can still be made for using antioxidants after a heart attack, we have been disappointed in the results of studies conducted on them. These studies enrolled large groups of people; they gave antioxidant supplements to half the group and placebo pills (i.e., lookalike pills) to the other half. In general, these studies did not find fewer heart attacks occurring in people taking antioxidants compared to those taking placebo. As a result, I have lowered my expectations for how well antioxidants work to prevent heart attacks. To be clear, I do not think they are dangerous when taken in recommended doses; I am just disappointed because I used to think they would provide strong protection. Certainly, we do not know everything about antioxidants and I respect people who still believe in their possible benefits. Maybe someday scientists will discover an antioxidant that actually works in coronary arteries and blocks the specific types of oxidation reactions that are involved in the conversion of LDL to LDL+.

Before I leave this section I should mention one prescription drug that may have important antioxidant properties, icosapent-ethyl. It has shown to protect against heart attacks in one study that I know of. However, I think more work is needed to understand it better because its benefits may not result from antioxidant actions at all. Its also lowers the amount of fatty molecules called triglycerides in your blood. At the time of writing this book, it is recommended in Canada for people with atherosclerotic problems who have slightly elevated numbers of their triglycerides. I think the story about this drug will grow as we learn more in the future. For now, you will not likely receive a prescription for this drug after a heart attack unless your triglycerides are higher than normal.

LDL-lowering medications – also known as cholesterol-lowering medications

I'm sorry for getting distracted on the antioxidant topic in the middle of our cholesterol review. Let's get back on track. Now that we have reviewed the importance of LDL particles, we can finally discuss the most commonly prescribed prescription drugs used to lower them, a family of drugs called "statins". Statins are known as "cholesterol lowering" drugs. More specifically, they lower the number of LDL particles in the bloodstream. I realize this distinction is somewhat semantic, expecially considering that LDL particles contain a lot of cholesterol. I just want to be clear that the term "cholesterol lowering" means the same as "LDL lowering" for most people. Also, "high cholesterol" means the same as "high LDL" to the vast majority of people who talk about this stuff.

Statin medications are the most commonly prescribed LDL lowering drugs by far and they have been used since the 1990's.

In recent years, some new types of LDL lowering drugs have become available and appear quite good too! However, I have decided to discuss statins only because this chapter is already quite long. Regardless, virtually all new LDL-lowering drugs work to achieve the same thing; they increase the number of LDL-receptors on the outside of cells (see below for explanation). Therefore, if you understand how statins work I am hoping it will be quite easy to learn about the new drugs if you are interested.

The official name for statins is "HMG-CoA reductase inhibitors". The name, statin, is only a nickname because all the medications in this family end in "statin" such as: atorvastatin, rosuvastatin, pravastatin, simvastatin, lovastatin, and fluvastatin to name a few. Although there are several drugs in the statin family, atorvastatin or rosuvastatin have strong LDL-lowering effects so they are prescribed most commonly.

Statins do not eliminate LDL particles directly. Instead, they fool your liver cells into picking up more LDL from the blood instead of making their own. If you remember from the previous section, I told you that almost all the cells in your body can make their own cholesterol if they have the necessary ingredients. The machinery that makes cholesterol is made up of many enzymes (or proteins that make chemical reactions faster). One of these enzymes is called hydroxy-methylglutaryl CoA reductase or HMG CoA reductase. Like its name says, this HMG CoA reductase enzyme is responsible for breaking down a molecule called "HMG CoA". If the cell can't break down this molecule, the production of cholesterol stops.

After you swallow a statin drug, it enters your bloodstream and enters cells in your liver. In case you are not aware, your liver is located right behind your rib cage at the front of your body. Once inside a liver cell, a statin drug molecule will "stick" to the HMG CoA reductase enzyme because it is shaped perfectly for one spot on that enzyme. Overall cholesterol production is seriously diminished when the statin sticks to the enzyme. After awhile, cholesterol becomes depleted in the cell so new LDL receptors are built on the outside membrane in an attempt to replenish the storage sites quickly. Once LDL receptors are built, LDL particles will now be removed from the bloodstream. If statin molecules enter lots of liver cells, many new LDL receptors will emerge to remove significant numbers of LDL particles from the blood. In this way, the liver becomes a 'vacum' for LDL particles and the number of LDL particles floating in your blood will decrease. All of the drugs in the statin family work this same way. Also, many of the newer families of cholesterol drugs also trigger your liver to build more LDL receptors. They just use slightly different ways to achieve that same outcome.

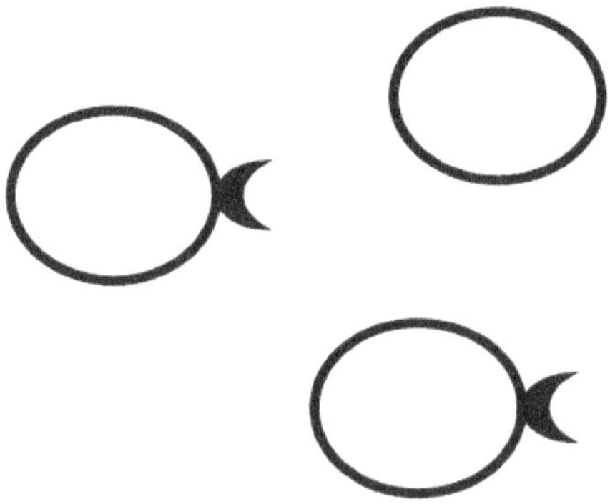

BEFORE USING STATINS - liver cells do not need to express many LDL receptors when they can make their own cholesterol.

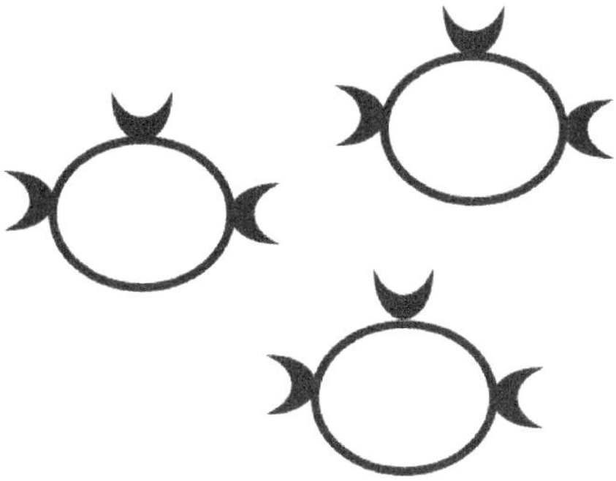

AFTER USING STATINS - Liver cells express more LDL receptors because statins have blocked their ability to make cholesterol. As a result, they take more LDL particles from the bloodstream causing the number of LDL particles to decrease.

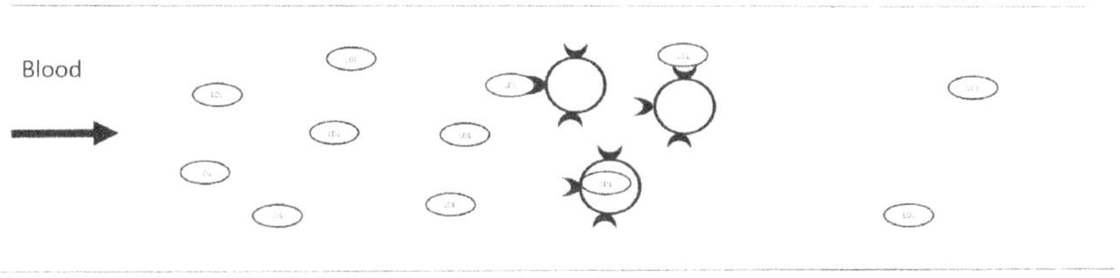

Liver cells with LDL-receptors on their outside membrane decrease LDL particles in the blood.

A lower number of LDL particles in the blood means fewer getting stuck in an artery wall. As a result, oxidation and inflammation should decrease so existing blockages should stabilize and the establishment of new blockages should be slowed down significantly. Indeed, the protection provided by statins seems to be directly related to how far the LDL falls. In other words, statins that cause a large fall in LDL provide better protection against heart attacks than those that cause a small decrease. For this reason, statins are generally prescribed at the highest dose.

To summarize, lowering LDL is intended to cause three main effects in your body: 1) help prevent new blockages from forming, 2) stop the growth of existing blockages (and start to shrink them over time), and 3) decrease the risk that your existing blockages become inflamed. People often ask if statins will remove all the blockages in their arteries. The answer is no. Although these blockages can shrink, they shrink slowly so it doesn't seem possible to get rid of them all. However, if artery walls remain stable over time (i.e., do not get inflamed), a thick "skin" or "cap" is expected for form making them hard to rupture. These thick caps on stable blockages are why we think heart attacks can be prevented without eliminating blockages completely. If they don't rupture or grow, you probably won't even know they are there!

How well does LDL lowering work to prevent heart attacks?

Statins do not prevent heart attacks in everybody so these drugs obviously have limitations. The earliest big studies on statins were first published in the 1990's. Every few years, a group called the Cholesterol Treatment Trialists Collaboration reviews the all the studies on statins and combines them for the best guess about how well they work. Currently, the evidence indicates that the protection from statins depends on how much they lower LDL. Imagine you knew of 5 people who had a heart attack last month but none of them were taking statins beforehand. If each of them had lowered their LDL by 1 mmol/L for at least a year before their heart attack (for those of you in the USA that's a 39 mg/dL decrease), we would expect ONE (i.e., out of 5) of those people would have avoided that heart attack. If LDL was lowered by 2 mmol/L (or 78mg/dL in USA), we would expect 2 out of 5 people would have avoided that heart attack. Statins probably are not doing anything magical here;

heart attacks are being prevented because LDL is lower. So, if you can drop your LDL by other means, that would be great. It's just that most people aren't successful lowering LDL with diet and exercise alone.

In the previous paragraph I referred to five people recovering from a heart attack, suggesting that 1 or 2 of them were avoidable. Now, the story is not quite that simple so I'll illustrate the benefits of statins with more detail. Suppose we have 1,000 people who have been discharged from the hospital after a heart attack. All of them are at risk for another heart attack; however, many people will not experience one in the next 5 to 10 years. That's good news – right? Yes it is, however, we still have some challenges knowing who will have a heart attack and who will not. Let's say these 1,000 people are healthy enough to start exercising and get back to work and their LDL level is about 3.5 mmol/L (or 135mg/dL in the USA). Let's say they took antiplatelets and heart medications but not statins. If we followed them over time, around 150 people (or 15%) of these people would have second heart attack or a related life-threatening event during the next 5 years. Please note, if we chose sicker people, more heart attacks would be expected from that group. Alternatively, if they were generally healthier, we'd see fewer. Let's not get caught up on the exact number. I would like to focus on the effect of statins on this group to illustrate what to expect. Say all those 1,000 people took a statin after the heart attack in addition to their other medications and lowered their LDL by about half; in other words, we lowered their LDL by 1.8mmol/L (or 70mg/dL if you live in the USA). We would expect 30% fewer heart attacks compared to not using the statin in anybody (36% to be exact but let's use 30% as a conservative estimate). Initially, we expected 150 people to experience a heart attack or life-threatening problem without the statin but we think that number would be 105 if all 1,000 took a statin (that's a 30% decrease in heart attacks). To recap, we gave 1,000 people a statin in order for 45 people (i.e., 150-105) to avoid a life-threatening event over 5 years. In some ways, this sounds crazy because 850 of the original 1,000 people weren't going to get a heart attack during that 5 years either way! If you do the math, 45 people were saved for every 1,000 people taking a statin; that translates to saving 1 person from having a heart attack for every 23 people who took their statin for 5 years. I rounded to 23 because we cannot have 0.2 of a person. This statistic is called the "Number Needed to Treat". It is a formula that's been used to help visualize how good a drug really is.

If you are not impressed by the numbers above I completely understand. It is a good reminder that we do not have a cure for heart attacks and our current drugs are only preventing some of them. On the positive side, the estimates above look ahead only 5 years. Our current understanding is that LDL reduction continues to help as long as it is taken. Therefore, if we estimated the benefits of taking statins for 10 years instead of 5, we'd expect 300 people to experience a second heart attack without a statin. Applying the same math as above, the number of people saved would now equal 90 out of the original 1,000 or 1 out of every 12 people that receive a statin for 10 years.

You might think of this as a raffle. Nobody can promise that you will be the one to avoid a heart attack by taking a statin. However, taking a statin every day is like buying a ticket to a lottery where the prize is not having a heart attack. The longer you keep buying your ticket, the better your chances are at winning. However, the prize is "nothing" so you never know if you have won. We estimated that 1 out of 12 people avoids a heart attack over 10 years in our simple example. However, remember that's only the person who prevented a heart attack. Many of those people will not have a heart attack anyways, so it's not like the other 11 out of 12 people are screwed. Most of them were going to be safe regardless.

Finally, I'd like to discuss the people who were not going to experience a second heart attack either way (i.e., statin or no statin). I wish we had a way of knowing who you people are! I think we will eventually do a better job of identifying these people in the future. However, I believe that taking a statin is not a waste of time even if you aren't going to have a heart attack in the next 5 to 10 years. People who lower their LDL over multiple years will have healthier arteries compared to people who don't. I feel that healthier arteries as you get older must be an advantage for healthy aging. So long-term statin use is about preventing heart attacks when you are over 80 also!

Statins are not always good!!!

The previous section illustrates the benefits of statin medications in a perfect world where everybody takes their statin without problems. However, statins have a reputation for causing muscle pain and weakness. I wish I could give you a detailed explanation for why this happens but I can't. That said, I can give you some general impressions that I think are appropriate. First, I do not understand what makes some people vulnerable to muscle side-effects. Fortunately, the vast majority of people aren't affected seriously. I say "not seriously" because I think a lot of people aren't sure if their statin is causing muscle discomfort or not. One of the main problems is distinguishing "regular" aches and pains from statin-induced aches and pains. I don't know about you, but since the age of 50 I have aches and pains commonly even though I don't take a statin! I believe that most people can take a statin medication every day without problems; however, it takes time to know for sure because aches and pains are so common as we get older. For those who aren't sure, a specific blood test can detect muscle damage. The test is called creatine kinase (also known as "CK"). CK is an enzyme that's plentiful inside muscle cells. However, if muscle cells are damaged, CK enzymes escape into the bloodstream and can be detected by the test.

My own drawing of a damaged muscle cell leaking CK into the bloodstream. It probably looks nothing like this in real life!

The higher the CK level the more damage that is occurring somewhere in the body. Most doctors won't worry too much if the CK is only elevated slightly. However, moderate or very high CK levels will be taken seriously by your doctor. Muscle damage resulting in high CK levels doesn't just occur from statins. High CK is observed in people who have had a car accident, heart attack, muscle disease, or serious diseases in general. Regardless, if the CK test is more than slightly elevated, your doctor will usually stop your statin to let your muscles heal. Most times, they will ask you to try another LDL lowering drug OR they may ask you to retry the statin after your CK has returned to normal. Try to give them the benefit of the doubt if they are pressuring you to try again. It just means they believe in the protection from the drug. Ultimately, it's up to you whether you say yes!

The most serious problem with statins is a condition called rhabdomyolysis. It is a major, life-threatening condition where massive numbers of muscle cells are damaged, releasing toxic substances into your blood. These substances can cause serious damage to your kidneys and possibly other organs. Rhabdomyolysis is extremely rare. You may remember a previous section where I mentioned a group called the Cholesterol Treatment Trialists Collaboration. This group has also reviewed many of the studies on muscle effects from statins in a journal called the Lancet (Volume 400 – in the September 10, 2022 issue). They estimated that statins will cause 1 case of rhabdomyolysis out of 100,000 people taking the drug for a year. Rhabdomyolysis can be caused by other things besides statins such as serious diseases or extreme physical exertion. The bottom line here is that the vast majority of muscle aches and pains people feel while taking statins probably will never cause any damage and may not be caused by the drug at all. However, that doesn't matter if it is happening to you. I have talked to countless people over the years who are convinced the statin is causing their muscle pain. In my opinion, you have to feel safe taking a prescription drug regardless of what the CK test says. Hopefully, you can find a way to take it without feeling bad. If not, you decide whether it's worth the hassle.

You will be able to find lots of other possible risks of statins like memory loss, diabetes, or liver injury; however, I think I can sum up my thoughts on these concerns fairly quickly. First, I do not think conditions like liver damage or memory loss are caused by statins other than extremely rare situations that I cannot explain. That said, if a life threatening and unexpected event occurred, I can't blame anybody for stopping their statin even if it wasn't the cause. It is really important that you feel safe while taking your drugs. Don't feel bad about sharing your feelings that you don't feel safe on a drug. You are not alone.

Finally, you may have also heard that diabetes can be caused by statins. This problem was a total surprise to the scientific community. Although studies about statins have been occurring for decades, the link to diabetes was never noticed initially. For example, one study would report diabetes occurring in 3% (i.e., 3 out of 100) of people taking statins and 2% (2 out of 100) of people taking placebo. Then, another study would report new diabetes in 5% of people taking statins compared to 3.5% in people taking placebo. At first, it was thought these results were due to random chance because the differences in diabetes cases were so small. However, results like these kept popping up in many statin trials. If it were random chance, we would expect the percentage of newly diagnosed diabetes to be higher in the placebo group sometimes; however, that rarely happened. So, we have accepted that diabetes can be caused by statins even though the extra number of cases of diabetes appears quite small compared to the number who were going to develop it anyways. I personally do not believe that statins are causing diabetes in healthy people with no risk factors. I also believe you can protect yourself against type 2 diabetes with healthy eating, frequent physical activity, and healthy body weight regardless whether you are taking a statin or not. Finally, statins don't appear to mess with people who have existing diabetes. When you look at heart attack protection, statins protect people with diabetes just as well as those without diabetes. I don't mean to sweep the diabetes concerns under the rug; however, I do think we over-simplify the real story by saying, "statins cause diabetes". It is a legitimate finding that statins increase the risk slightly; however, I feel like it's not as big of a problem as some would suggest. Perhaps I am biased? Please feel free to disagree.

Why can't we use diet and exercise instead of statins?

People often ask why we can't just use diet and exercise or other natural options rather than LDL lowering drugs for people recovering from heart attacks. My first answer is you can do anything you want! Remember, you are the boss of what you take so don't let anybody boss you around! Haha. Now that you know I respect your decision either way, my opinion is that its too late to rely on diet and exercise after a heart attack. Please know I hate to see those words come out of my mouth because I really don't see myself as a single minded drug pusher. However, it seems that diets and exercise are not as effective as LDL lowering medications. Of course, I am speaking about the average person. Obviously, some people have amazing results with diet and exercise. Let's ignore those people for now. The average person will lower their LDL four of five times lower with an LDL drug compared to diet and exercise alone. Of course, diet and exercise will enhance the effects of your LDL-lowering drug so you need both. You might ask if my opinion would change if you absolutely transformed your life, your activity level, and your diet. Maybe – but I still believe strongly in maximum LDL lowering after a heart attack and a diet alone will not cut it in most people.

Alcohol?

For many years, regular alcohol consumption was thought to protect against heart attacks because it increased HDL and had antioxidant properties. One of the reasons why alcohol (mostly red wine) became noteworthy for preventing heart attacks was because of a belief in the "French Paradox". You can look this up on the internet but the general story was that people in France would commonly smoke cigarettes and eat a terrible diet but yet they experienced low rates of heart attacks. The French Paradox theory became popular, suggesting regular wine consumption explained why they were protected from heart attacks. The alcohol debate is an interesting one and I believe there are some good articles on the American Heart Association Website if you are interested to learn more. However, one of the biggest fears in recommending a glass of wine every night is the risks of having too much. Too much alcohol at one time makes you drunk and can lead to accidents and bad decisions. In addition, drinking regularly can have bad health effects even if you are not getting drunk every time. My personal opinion about using alcohol for its possible preventative properties is that we should not be telling people to "start drinking" every night if that's not part of their current lifestyle. At the same time, I don't believe people should be afraid to have a glass of wine in the evening if they can enjoy it and can avoid multiple glasses as the norm.

SIX

Nitroglycerin And Pains In Your Chest

You may have been given a prescription called nitroglycerin to treat chest pain during your recovery. Most people receive it as a spray bottle to squirt under their tongue. However, it is also available as a tablet or a skin patch. In case you are interested, it is the same stuff found in dynamite. You can find a story in Wikipedia about its background if you like. Fortunately, I have never heard of anybody blowing themselves up with it.

In general, nitroglycerin is generally safe because it is not meant to be taken regularly. In other words, if you don't need it, you don't use it. That's quite different from most other prescription drugs that are supposed to be taken every day. Nitroglycerin must be converted into another molecule in your body before it can work. The real "drug" you get from taking nitroglycerin is a molecule called nitric oxide. For some reason, your body quickly breaks the nitroglycerin apart, leaving nitric oxide as the main product of this process. You may have seen this name in an earlier chapter because many of the cells lining your arteries make nitric oxide naturally. Thus, the body is accustomed to this molecule.

Nitric oxide enters the muscle cells surrounding your arteries and veins and causes them to relax. We all have muscle around arteries and veins that allow the body to dilate (i.e., open a blood vessel wider) and constrict (i.e., make the vessel narrower). For example, if you were in a fight and adrenalin was released into your bloodstream the arteries in your stomach would be forced to constrict so less blood would be delivered there; digesting food is clearly not a priority in a fight. On the other hand, adrenalin would cause the arteries in your leg muscles to dilate (i.e., open) so more blood could be directed to feed those muscles at a time when you need to maximize your energy for running away or fighting. Thus, the ability to force arteries and veins to dilate and contract is an important function of the body and nitric oxide is one of the main molecules used to cause dilation.

Most people believe nitroglycerin relieves chest pain by causing dilation of coronary arteries but that may not be the case. In people who are having chest pain, the body has maximally dilated coronary arteries naturally. Therefore, adding nitroglycerin (or nitric oxide more specifically) may not have that big of an effect in this situation. On the other hand, nitroglycerin also dilates veins. If you remember from earlier chapters, arteries deliver blood towards organs while veins drain blood away from organs and return it back to the heart. As it turns out, the more blood you return to the heart, the harder it must work to pump it all out again. Therefore, if you can reduce the amount of blood returned to the heart, you can give the heart a break from how hard it is working to pump it out. That's where dilating veins comes in handy. Dilation of veins can lower the amount of blood returned to the heart even though that might seem counterintuitive compared to arteries. However, veins respond differently because blood is not pushed around by high pressure. The bottom line is a dilated vein can hold more blood in place because it lacks blood pressure to push it back to the heart. Thus, nitroglycerin works to reduce how hard your heart is working, thus giving it a break if it is demanding more blood from an artery that is partially blocked.

Using nitroglycerin

Some people find nitroglycerin confusing because the instructions on the prescription often say "use when needed" but don't provide other details. If you are uncertain about when you are supposed to use it, one thing to remember is that nitroglycerin does NOT prevent heart attacks. I know that might sound unexpected; however, it is true. So, if you use it for chest pain and it works to take that pain away, it means you were not having a heart attack. On the other hand, you don't have to use nitroglycerin for every single chest sensation you experience. If you were having a heart attack, nitroglycerin would not work to stop the pain.

In the beginning of the book, we discussed the difficulties some people have when they get home from the hospital and start feeling frequent sensations or pain in their chest. Here is a strategy that may help you cope with all these confusing signals in the early weeks of recovery. Can you please make sure to check with your doctor before following any of these rules? Perhaps they are not right for your specific situation.

Rule number one. Pain that resolves quickly is NOT a heart attack. Heart attacks do not stop quickly. As we have discussed previously, people can develop fatigue from constantly worrying about sensations in their chest that have nothing to do with a heart attack. These feelings are a very common part of the recovery process. If you experience pain or discomfort that resolves quickly, enjoy the rest of your day without worrying that your heart is weak or sick. That said, if these sensations are occurring all the time or if they are scary in other ways, make an appointment with your doctor to make sure you are healing normally.

Rule number two. If your pain (or discomfort) does not go away quickly, try to stay calm. Sit down and take nitroglycerin if you have it available. If you do not have nitroglycerin, that's ok. Try to relax for 5 minutes and see what happens. It is perfectly acceptable to wait 5 minutes if you are reasonably comfortable otherwise. On the other hand, please don't wait too long past 5 minutes if your pain continues. In our experience, most people wait much longer than they should because they want to see if the pain will resolve on its own. Honestly, heart attack pain (or discomfort) can continue for hours if you just sit at home waiting. Ignoring your persistent discomfort can cause more damage even if your pain is not severe. So, give yourself a short period of time to see if the pain goes away (like 5 minutes). If your pain gets significantly worse, if you start getting dizzy, or if it lasts longer than five minutes, call an ambulance to take you to a hospital. Not everyone takes an ambulance but that is the preferred strategy in most places. Ambulances have potentially life saving treatments on board and they can phone the hospital ahead of time so they will be ready to accept you when you arrive.

For most people who are recovering well, these two rules might help you reduce your worries while making sure you get help when needed. Again, check with your doctor to make sure these rules are right for your personal situation. Most importantly, please do not wait hours with chest discomfort. If it was another heart attack, the faster you get to the hospital, the faster they can open your arteries to let blood back in to save muscle cells from damage.

Avoid nitroglycerin with erectile dysfunction drugs!

I would like to highlight one important warning before we leave this chapter. Overall, we do not see many risks with nitroglycerin despite the huge number of people who take it. However, nitroglycerin can be quite dangerous if it's taken with one of the erectile dysfunction drugs such as Viagra (sildenafil) or Cialis (tadalafil). It seems that the combination of nitroglycerin with one of these drugs can cause your blood pressure to drop so low that you pass out and cannot be revived unless you are rushed to the hospital where they must give you adrenalin-like medications to get your blood pressure back to normal. These incidents are dangerous, so it is advised that you be sure that you never have both drugs in your system at the same time. Even if you have taken an erectile dysfunction drug a few days previously, some of it might be hanging around in your body so you should not take nitroglycerin. There are more details to this precaution that are easy to look up on your own so don't take it from me. Make sure to learn the precautions if you take a drug for erectile dysfunction.

SEVEN

Natural Proudcts, Alternative Products, And Drugs Pulled From The Market

In this last chapter I'd like to share my thoughts briefly about natural products and alternative remedies. I believe many people receive mixed messages about prescriptions versus natural products. Some of our conversations have become highly charged, almost equivalent to a fight between good versus evil. In other words, the 'good' natural products versus the 'evil' prescription chemicals. Isn't this the way the world is moving now? I feel that we are pushed to think of people with different views as evil, while everyone else is a victim of of those same evil people. Just to warn you, I'll take a slightly 'pro-prescription' view in this chapter. I promise that I have zero problems with anyone who disagrees with my views.

Some people think that scientists do not pay any attention to natural substances for health research but I do not think that is true. I have many scientist colleagues who investigate natural molecules that might make useful drugs someday. They consider them an important source of new drug molecules yet to be discovered. Where they get a bad rap (in my opinion), is their willingness to modify those molecules to try and make them better. Take a drug like insulin for example. Insulin is a natural hormone, and we all need it to survive. Type 1 diabetes is a condition where the body cannot make insulin anymore. Insulin is like a key that unlocks cells to allow sugar molecules to enter inside them. If you cannot make insulin, most of your cells will starve even if they are surrounded by available sugar (i.e., high blood sugar). Prior to the discovery of insulin, type 1 diabetes was a death sentence, especially for kids! When the idea for using insulin for type 1 diabetes first became a reality, scientists obtained it straight from dogs. Although it was clear that injecting natural insulin can save people with type 1 diabetes, it had several disadvantages. First, natural insulin cannot be absorbed by your stomach because all the acid and enzymes destroy it too quickly. That's why we do not have "tablets" or "capsules" containing insulin today. However, scientists devised a strategy to inject insulin with a short needle so it cannot be destroyed by your stomach acids and enzymes. Still, these natural insulin injections did not last long so scientists discovered a way to modify the insulin molecules. As a result, insulin injections currently last longer so people don't need to inject themselves as frequently as the old days. Many of these insulin prescriptions used today are not identical to natural insulin. However, I think the changes have been beneficial.

I think the discovery of insulin and its related products are an example of human curiosity and creativity. However, I cannot discuss success stories about drugs without discussing failures too. I just looked at a Wikipedia page entitled, "List of withdrawn drugs". This is a list of prescription drugs that have been withdrawn from the market because of unforeseen problems. I remember several of these drugs as I think back through my career. Two allergy drugs were pulled from pharmacy shelves in the late 90's: Hismanal (astemizole) and Seldane (terfenadine). These drugs were relatively popular at the time because they provided protection against allergy symptoms (runny nose, watery eyes, sneezing) without causing drowsiness like some of the older anti-allergy drugs. However, scientific research was totally ignorant to the possibility that these drugs could affect heart rhythm in rare cases. Once the risk was discovered, they were pulled from pharmacy shelves and now the scientific community has learned an important lesson about screening for these risks with new drugs. Another over-the-counter drug called phenylpropanolamine was popular for stuffy nose and colds; I had taken it many times during cold and flu seasons. We were all quite surprised when a study came out suggesting it might increase the risk for stroke in some people. I seem to remember the evidence wasn't perfect, but they pulled it from the market anyways. A drug from the statin family, cerivastatin (Baycol), was also pulled during my early career because of evidence suggesting the risk of rhabdomyolysis was higher compared to other statins. I don't think they have ever figured out why it was riskier than other statin drugs that remain popular today.

The most notable drug withdrawal that I can remember was rofecoxib (Vioxx). Vioxx was a drug for pain and inflammation that was closely related to other drugs like Advil (ibuprofen) and Aleve (naproxen). It became very popular because it was supposed to be safer on the stomach than those other drugs. In fact, it was on track to be a blockbuster product for the company who manufactured it. However, scientists discovered signals suggesting it might increase the risk for heart attacks. Once that risk was confirmed, the drug was removed from the market and a huge number of lawsuits were launched at the company. I do not mean to side with the company on this issue because I have no idea how much dishonest behaviour surrounded the case. However, I have always felt the actual numbers were less scary than the media suggested. I realize I am probably missing some important information; however, as I write this passage, I am looking at one of the studies that provided definitive evidence for the risk of Vioxx. You can find it on the website of: The New England Journal of Medicine" (NEJM.org). The title was "Cardiovascular Events Associated with Rofecoxib in a Colorectal Adenoma Chemoprevention Trial" (N Engl J Med 2005; 352:1092-1102). If you write that in your internet browser, I'm sure it will come up for you. That article describes a study where they gave 1,287 people rofecoxib (Vioxx) and 1,299 people were given a placebo pill that looked identical but had no drug in it. People took their respective medication daily for about 2 or 3 years on average. After that time, they compared the number of life-threatening events in each group. In the people taking placebo, potentially life-threatening events like heart attacks or strokes occurred in 26 people out of the 1,299 over the two-and-a-half-year period. That worked out to 2 out of every 100 people who took placebo. For the 1,287 people taking rofecoxib (i.e., Vioxx), 46 experienced a potentially life-threatening event, which was about 4 out of every 100 people. If you looked at heart attacks only, the number in the placebo group was 9 out of 1,299 people taking placebo (1 per 100 people) compared to 21 out of 1,287 (2 per 100 people) who took rofecoxib. To be clear, I am happy they removed rofecoxib from the market and I absolutely agree it increased the chances of a life-threatening event. The only thing that confused me was the stories described by the media. You would think this stuff was poisonous, killing people all over the place. However, 96 out of 100 people taking rofecoxib for 2 to 3 years in that study never experienced a life-threatening event at all. Ultimately, this case made people distrustful of their doctors and the researchers who are trying to understand these drugs. Even with these "horrific" stories, I still trust the system enough to feel safe. However, feel free to call me gullible.

We all agree (I think) that prescription drugs have caused harm in this world, no question. The examples provided above are just simple stories I encountered through the years, and I probably lack knowledge about more serious issues. That said, I believe these risks were not related to whether they were "natural" or "synthetic". I believe any substance (natural or synthetic) may have health benefits and may have health risks. In fact, most substances have both risks and benefits at one time. I cannot argue if you have a spiritual view where nature is part of a grand design to heal humans. I hope you are right, but I do not share your opinion. I do not believe amazing natural substances have been planted on earth by a higher power to heal us. I think the natural world is heartless, where survival and health are never guaranteed. The scientific community has so much to learn, and it will continue to make mistakes. However, our knowledge about human health has grown by leaps and bounds over the past thousands of years and it will continue to grow. I often hear memes suggesting that ancient knowledge about health was amazing, but I believe our current knowledge has built upon those amazing people whose knowledge is still important today. We have not ignored the amazing knowledge of our ancestors; we have just built upon it. Our ancestors were experimenting before the word "science" was even invented.

<u>*Natural strategies*</u>

When we talk about natural strategies for health, I believe the most natural approach for any human is a focus on naturally occurring foods (especially fruits and vegetables in their raw form), meat and fish that is cut off the bone without being processed, a lot of physical movement during your day, and avoiding risks like smoking and over-indulging in alcohol. I personally do not believe eating should feel like a party. It should be boring and repetitive, but energizing and clean. To me, that means boring snacks when you are hungry, like fresh vegetables, fruits (but not always fruit over vegetables - that's a message for my kids), or raw nuts if you are starving (no salt, no oils). I strongly believe in getting fitter and stronger. You don't have to become a strongman, you just need to focus on goals such as being able to move more briskly, get out of a chair more easily, and deal with stairs without difficulty. Figure out ways to attain these goals if you don't care about running marathons or having big biceps! Physical fitness should integrate with your daily life as much as possible; ride your bike or walk more, wash your dishes by hand, take the stairs, and stretch when you are watching TV. At the same time, exercise your brain. Try to become smarter or improve your skills at something: read more, learn about a new subject (like drugs – haha), figure out a hobby that interests you even if you suck at it. Become more interested in your friends, family, co-workers, and neighbours. Wouldn't you agree these are the most natural remedies available to humans compared to any other so-called natural product? I believe these are all the natural products you need.

Despite all my preaching above, I have nothing against natural products you can buy. I completely understand why people would investigate other products besides prescription drugs that might help them stay healthy. I think it's really important to take ownership over what you put into your body. For the purposes of preventing heart attacks, the internet is full of products claiming to "clean out" your arteries and cure heart disease. It can be difficult to distinguish between "snake oil" products and treatments that may actually have some merit. I admit, this is an area I have a bit of tunnel vision. I am suspicious of products claiming to clean out your arteries, increase your energy, libido, prevent infections, and cure cancer, all with one product. The more claims they have about health benefits they less likely I am to believe them. According to my understanding of the human body, the system of cells controlling infections is quite different than the system controlling energy and libido, and cancer, etc. As a result, I just cannot believe that one type of molecule can benefit these multiple systems at once. Again, it may be my closed-minded, survival-of-the-fittest personality! Sorry for that.

Over the years I have been interested in the possible benefits of many natural products including antioxidants, omega-3 fatty acids, fish oils, co-enzyme Q, chondroitin, glucosamine, echinacea, a million different types of diets (Atkins, Paleo, low carb, etc), vitamin D, vitamin C, chelation therapy, and red wine to name a few. However, I can honestly say my interests have almost always led to disappointment. That's not to say they are totally useless. I can understand why you might be interested in the possible benefits of some of them. If you are interested in some of these products, I hope you will learn as much as possible before you start taking it. Try hard to find balanced information from multiple sources before you jump in. Check out the safety record of anything you plan to take for your health regardless whether it's a natural product or a common painkiller. A little bit of homework up front will keep you safer and more engaged in the decisions about your health.

EIGHT

Wrap Up

I hope we have covered all the prescription medications you received after your heart attack. Doctors across North America typically follow this similar approach so I feel confident the readers will recognize their own drugs in this book. Now that you have the basic information, it is up to you how to proceed. Here is a recap of the main points:

1. Blood thinners

Most people will receive two antiplatelet medications for a limited time after a heart attack. The most common combinations are: aspirin with ticagrelor – or – aspirin with clopidogrel. However, other combinations are possible too. One antiplatelet medication is usually stopped within a year. Thereafter, it is recommended that people take one antiplatelet drug only, usually a low dose of aspirin once a day (e.g., aspirin 81mg). Antiplatelet medications are known to lower your chances of another heart attack; however, they can also increase your risk of problematic bleeding. Overall, antiplatelet medications are meant to save many more people from having a heart attack than cause a bleeding problem. However, bleeding is their key weakness and you should ask your doctor for advice on how to protect yourself. Some people are more sensitive than others.

2. Blood pressure / Heart medications

It is common to receive a beta-blocker drug combined with an ACE inhibitor. Beta blockers end in “lol” (like metoprolol or bisprolol) and ACE inhibitors end in “pril” (like trandolapril or perindopril). If you don’t see a “pril” drug on your list, look for a drug that ends in “sartan” (like valsartan or irbesartan). The “pril” drugs and “sartan” drugs are almost the same, so you’ll get one, but not both together (i.e., a “pril” plus a “sartan”). The most common complaint about all these drugs is low blood pressure. Despite this concern, doctors will urge you to keep taking these drugs because they want the protection against elevated hormones such as adrenalin during your recovery. Usually, they aren’t trying to lower your blood pressure at all; it is just something those drugs do. It is difficult to navigate this situation in the first few months of recovery because fatigue is a big problem and many people think it is caused by their drugs. In our experience, the fatigue is a common part of the recovery process and it gets better as people get better. However, don’t ignore it. Let your doctor know how you are feeling so they can check you for any sign of a problem besides the normal challenges of healing. In the meantime, do the best you can every day. Recovery can be slow.

3. Cholesterol-lowering medications

LDL is a very important risk factor for heart attacks. The most common drugs used to lower LDL are called statins. Statins have been used since the 1990’s and provide protection against the disease that causes blockages in your arteries. The most common problem caused by statins is muscle aches and pain. These effects are almost impossible to predict. Most people can take a high dose of statin without any problem at all. However, other people are very sensitive to low doses of statins and we still do not know why. If you are unsure if it is causing you problems, a blood test is available to check if your muscles are being damaged. New types of drugs that work differently than statins now available to lower LDL. Some of them have interesting advantages. We will see in coming years if they take over the role of LDL lowering in usual practice.

4. Nitroglycerin spray (taken only when needed)

Pains in the chest can happen frequently during recovery even for people who are healing perfectly. However, it is difficult and exhausting to deal with these sensations every day. Nitroglycerin spray does not prevent heart attacks. So, if nitroglycerin does not work, it is probably time to seek hospital care. On the other hand, if that pain is relieved quickly you are not having a heart attack. Make sure to check with your doctor to figure out the best way to deal with any chest pain you are experiencing. I can only give you the story for the "average" person. Everybody is unique.

Final thoughts:

The average person with a heart attack will be prescribed 2 antiplatelet drugs, 2 blood pressure/heart drugs, an LDL-lowering drug, and a nitroglycerin spray. Recovery can be challenging but our health care system doesn't usually allow time to learn about your treatments in detail. Hopefully this book has given you information you can build upon and perhaps provided a bit of entertainment along the way. Although I have done my best to share accurate information mixed in with my own theories, please do not consider this a rule book for your own care. You need to discuss your treatments with the people who know you best like your health care providers, your family, and the people you trust.

Most importantly, I hope you understand the future can be bright after a heart attack. You are not doomed to live a frail life, living in fear for the next one. Although it seems to take forever to start feeling better, many people will recover fully and live a long, vibrant, healthy life. Be patient, nobody said a healthy life was easy to achieve. It takes persistence and patience to recover and maintain great health. Keep learning and growing. I hope I can do the same.

NINE

Valuable References

Websites:

- American Heart Association – www.heart.org. *This website contains information for the public written in plain language. It also contains information on when you should seek hospital care. If you want more details and less "sugar coating" you can find the guidelines written for doctors under the "Professionals" section (click on "guidelines and statements"). The documents in that section are extremely detailed but a great learning opportunity if you are up for it!*
- Wikipedia (www.eng.wikipedia.org) –*I find Wikipedia very useful when I need a quick primer to start learning about scientific topics. I have found useful information to start learning about antioxidants, reactive oxygen species, the cholesterol molecule, or even the origins of nitroglycerin.*

Survival after a heart attack

- *P.G. Thrane, K.K.W. Osesen, T. Thim, and colleagues. 10-year mortality after ST-segment elevation myocardial infarction compared to the general population. Journal of the American College of Cardiology, 2024, volume 83, issue 25, pages 2615-2625. This recent study looks at how long people live on average after a heart attack. The results are very positive!*

Formation of atherosclerosis

- *G.D. Hammer, S.J. McPhee. Pathophysiology of Disease: An Introduction to Clinical Medicine, 7e; 2013. This is a textbook I have found useful to read about detailed theories regarding how atherosclerosis forms in our arteries.*

Antiplatelet medications:

- *S.L. Zheng, A. J. Roddick. Association of Aspirin Use for Primary Prevention with Cardiovascular Events and Bleeding Events, A Systematic Review and Meta-analysis. Journal of the American Medical Association, 2019, volume 321, issue 3, pages: 277-287. I discussed this article in the section on antiplatelet bleeding. Researchers had expressed concern over the possible risks of aspirin when using it too widely in the general population. I believe this study provided the "nail in the coffin" to change the practice of giving it out to everybody in middle age.*
- *H. Kamran, H. Jneid, W.T. Kayani, and colleagues. Oral antiplatelet therapy after acute coronary syndrome. A review. Journal of the American Medical Association, 2021, issue 15, pages 1545-1555. If you are interested in the recommendations*

and use of antiplatelet drugs after a heart attack, this article provides a detailed summary of current practice and knowledge.

- *Textbook - Advances in Pharmacology, Volume 97. ISSN 1054-3589; Copyright# 2023 Elsevier Inc. ISSN 1054-3589. Chapter 3: A. Brunoa, S. Tacconellia, A. Contursia, P. Ballerinia, P. Patrignani. Cyclooxygenases and platelet functions. If you are interested in learning more about platelets and the effect of aspirin, this is an informative textbook chapter.*

Beta-blockers used in people with severe heart damage

- *S. Chatterjee, G Biondi-Zoccai, A. Abbata, and colleagues. Benefits of B blockers in patients with heart failure and reduced ejection fraction: network meta-analysis. British Medical Journal, 2013, volume 346:f55. I discussed this article when describing how beta-blockers have benefits that are not linked to lowering blood pressure. Many patients become frustrated when they are told to keep taking their beta-blocker drugs even though their blood pressure is low. In this case, doctors are not trying to lower your blood pressure further, they are hoping to provide protection against adrenalin.*

LDL-lowering and the role of cholesterol in the body

- *T. Hevonoja, M.O. Pentikainen, M.T. Hyvonen, P.T. Konvanen, M. Ala-Korpela. Structure of low density lipoprotein (LDL) particles: Basis for understanding molecule changes in modified LDL. Biochimica et Biophysica Acta, 2000, issue 1488, pages 189-210. I included this reference because it provides a clear illustration of what LDL particles look like.*
- *Cholesterol Treatment Trialists (CTT) Collaboration. Efficacy and safety of LDL-lowering therapy among men and women:*

meta-analysis of individual data from 174,000 participants in 27 randomised trials. Lancet, 2015, issue 385, pages 1397-1405. – AND - *Cholesterol Treatment Trialists (CTT) Collaboration. Efficacy and safety of statin therapy in older people: a meta-analysis of individual participant data from 28 randomised controlled trials. Lancet, 2019, issue 393, pages: 407-415. I referred to these studies when talking about the protection from statin drugs. Although there are MANY articles on this topic, I feel these represent current knowledge about statin benefits currently.*

- *T. Cai, L. Abel, O. Langford, and colleagues. Associations between statins and adverse events in primary prevention of cardiovascular disease: systematic review with pairwise, network, and dose-response meta-analyses. British Medical Journal, 2021, issue 374, n1537. Here is a study looking at safety problems with statins. The results are quite "statin-friendly". I suspect some would argue with this result because statins are often considered to be dangerous drugs by the public. However, I believe this study captures the current understanding of statin safety from the perspective of health care providers.*

Vioxx (rofecoxib) and the risk for heart attacks

- *R.S. Bresalier, R.S. Sandler, H. Quan, and colleagues. Cardiovascular events associated with rofecoxib in a colorectal adenoma chemoprevention trial. New England Journal of Medicine, 2005, Volume 352, issue 11, pages 1092-1102. In chapter 7, I highlight specific drugs that have been removed from the market during my career. This study was important for the case against the pain killer, rofecoxib (Vioxx).*

About the Author

David Blackburn is a Professor of Pharmacy who has worked with a local heart attack recovery program for over 20 years. He conducts research on the use of prescription medications and the reasons why people stop taking them. His discussions with heart attack survivors have taught him more about recovery than any of his textbooks from university. People recovering from heart attacks do not have access to balanced information about the numerous prescription drugs they receive. David's goal was to write a book to explain what is known (and not known) about the prescription drugs we take every day.

Made in the USA
Monee, IL
04 November 2026

67384274R00059